简明模具工实用技术手册

第 3 版

彭建声　编著

机械工业出版社

本书是专为从事模具制造与维修的技术工人编写的综合性专业手册。其内容主要包括：模具工应知应会的专业基础知识和操作技能；各类冷冲模、塑料模、合金压铸模、锻模等模具的加工、制造要点以及装配、调试方法。其中，还收集、总结了模具制造及维修中近百余项小经验、小妙招及小窍门，以便于在生产现场中，提高解决生产难题的能力。

本手册内容丰富，实用性强，语言通俗易懂，文图简明清晰。可供从事模具制造与维修的技术工人及技术人员在工作现场查阅使用，也可供模具设计、工艺管理人员以及相关院校的师生参考。

图书在版编目（CIP）数据

简明模具工实用技术手册/彭建声编著. —3 版.
—北京：机械工业出版社，2011. 3
ISBN 978 - 7 - 111 - 33266 - 4

Ⅰ. ①简…　Ⅱ. ①彭…　Ⅲ. ①模具 - 技术手册
Ⅳ. ①TG76 - 62

中国版本图书馆 CIP 数据核字（2011）第 016421 号

机械工业出版社（北京市百万庄大街 22 号　邮政编码 100037）
策划编辑：刘彩英　责任编辑：刘彩英
版式设计：霍永明　责任校对：程俊巧
封面设计：姚　毅　责任印制：杨　曦
北京京丰印刷厂印刷
2011 年 4 月第 3 版 · 第 1 次印刷
169mm × 239mm · 33. 25 印张 · 2 插页 · 665 千字
0 001—4 000 册
标准书号：ISBN 978 - 7 - 111 - 33266 - 4
定价：69. 00 元

电话服务　　　　　　　　　　　　　网络服务
社 服 务 中 心：（010）88361066
销 售 一 部：（010）68326294
销 售 二 部：（010）88379649
读者购书热线：（010）88379203

策划编辑（010）88379772
门户网：http：//www. cmpbook. com
教材网：http：//www. cmpedu. com

前 言

在现代工业主要工艺装备的模具制造中，模具工占有主导地位，其技能、技艺的高低，直接影响到模具的质量。随着我国工业技术的迅速发展，工业企业急需培养大批模具制造、修配方面的高技能人才，以适应工业快速发展的需要。为此，在机械工业出版社的大力支持下，我们走访了国内有关模具企业，收集了大量的技术资料和经验，参考了近年来出版的国内外文献，吸取了同仁的宝贵经验及加工技巧，并结合多年来自己的工作实践和体会，编写了这本《简明模具工实用技术手册》，以达到相互交流、互相学习、共同提高技能技艺的目的。

本手册第1、第2版出版以来，得到了广大读者的支持，先后重印了10余次。在出版发行过程中，收到了很多读者的来函来电，在对本书给予高度肯定的同时，也提出了很多宝贵意见和修改建议，在此表示衷心的感谢！

随着工业的迅速发展，科技的不断进步，新工艺、新技术不断涌现，深感第2版某些内容和某些加工工艺已经陈旧落后，在广大读者的要求、建议下，在出版社的大力支持下，为适应现代加工技术的需求，对本手册进行第3版修订。

这次修订，本着“简明、实用”的原则，对第2版进行了大幅度修改，删去了已过时、陈旧的内容，增添了很多生产中实用性很强的新技术、新工艺。并收集、整理了近百项改革创新的小技巧、小经验、小窍门，以便于广大读者在生产中应用。在本书的修订过程中，得到了许多大专院校、有关模具制造及使用企业的大力支持，并提供了很多宝贵的经验和技术资料，在此深表谢意。同时，在编写过程中，杨淑敏、秦晓刚等同志为本书的编写付出了辛勤劳动，在此致以诚挚的感谢！由于编者技术水平有限，经验不足，书中难免存在缺点和错误，恳请广大读者和同仁批评、指正！

编 者

目　　录

第一章　模具工的职能及使用设备

一、模具工在工业生产中的作用

模具工系指专门从事模具制作与修理的专业工人。它是利用各种手工工具以及一些简单的设备来完成目前采用机械加工、电加工及其他特种加工方法不太适宜或不能完成的模具制造与修理工作。其主要工作内容及任务是：

1）模具零件的钳工加工。例如：划线、钻孔、攻螺纹、铰孔、锉削修配等。

2）模具零件经机、电加工后的钳工加工修配。

3）模具的装配与调试。

4）模具的修理与维护。

5）模具生产过程中，各零件的加工进度、质量状况的组织与管理。

6）模具制作中的各种夹具、量具、样板、样架的制作与保养。

由于模具生产多属于多品种单件生产，而且模具生产制造技术几乎集中了机、电加工的精华，有时又是机、电、钳结合加工。尽管目前模具制造已采用了比较先进的设备和加工工艺，如计算机 CAD/CAM 的应用及 CN 数控加工、高速精密加工等，但模具的最后精加工仍然离不开模具钳工的手工操作。由此看来，模具的加工与制造，赋予模具工操作的秘密性，原因是生产制造模具的技术来源于模具工的实践经验和技巧的积累。这就标志着模具工在号称“百业之母”、又称“帝王工业”的模具制造业占有主导地位，并为其发展与进步发挥着积极的作用。

二、模具工工作职责及义务

当前模具生产过程中，由于模具生产仍属于单件多品种生产，每套模具的结构及组成零件各自不同，故很难实现大批量专业化流水线生产，而是根据各企业不同的生产规模、模具类型、设备状况和生产技术水平，采用不同的组织管理形式，对其进行零件的加工，最后由模具工装配、调试成形。在管理上，多采用模具工负责制或分工序负责制的生产管理形式和方法，即模具图样经设计技术部门设计审核，并由工艺部门编制工艺规程文件后，由生产管理部门根据模具的复杂程度和模具工的技术水平，确定制作人员，并将图样、工艺文件或毛坯交给负责制作的模具工，同时提出作业计划完成日期。模具工在接到任务后，应按下述规程来履行自身的职责及义务：

1）熟读模具图样及工艺，了解模具结构、技术要求和各零件的加工及装配工艺。

2）根据计划完成日期，制定整套模具和每个零件的加工、装配及调试进度计划。

3）依据进度计划，安排各零件的加工。对于需在本企业内完成的机械加工、电火花加工以及热处理或需外加工、外协（标准模架、螺钉、圆柱销、弹簧、橡皮）的零件，要提出质量和进度要求，交管理人员统一安排。

4）接到加工和外协加工回来的零件，要认真做好检验，特别是对模具主要零部件的材质、关键尺寸、硬度、精度、表面质量、重要功能等要进行检测。如果发现问题，应及时找检验及有关人员解决，以免影响装配质量和装配进度。

5）按图样或装配工艺文件进行装配。如果在装配过程中发现图样或工艺有不合理的地方，应向设计人员或工艺人员提出改进意见，并要确保装配（或修理）的模具符合设计与工艺要求，特别是对主要零件的尺寸、配合关系及安装尺寸等，要随时安装，随时检测。

6）在模具组装检查合适后，要按模具的工作条件，在相应的成形设备上进行安装试模与调整。发现问题或缺陷，不管是哪方面的原因造成的，模具工都要负责解决，以确保模具能生产出合格的制品零件，达到正常投入生产或交付使用的目的。

三、模具工应知应会专业知识与技能

鉴于模具制造的多样性和复杂性，要求模具工在模具制造和修理过程中手脑并用，工作性质相对精细、严格、技术性强。这是因为，一副模具制成后的质量优劣、精度高低，除了与加工设备有关外，最主要还是取决于模具工的技艺水平和技能水平的高低。因此，作为一名合格或优秀的模具工，不仅要有丰富的模具专业理论知识，还要练就一身过硬的钳工操作技艺、技能，并要在长期的实践中，积累经验，钻研技术，以制出优质、高效的模具，更好地服务于生产。

1. 应知的专业基础理论知识

1）机械制图知识。

2）机械加工常用数字计算知识。

3）公差配合与表面质量知识。

4）模具结构及成形机理知识。

5）模具材料与热处理知识。

6）模具生产过程及要求方面的知识。

7）模具机电加工工艺知识。

8）模具装配与调试知识。

9）模具生产过程的企业管理知识。

10）模具使用与维护修理知识。

2. 应会的基本操作技能

1）能读懂模具装配图、零件图并能绘制零件图。

2）能编制一般零件的加工工艺。

3）能用火花鉴别法鉴别零件材料。

4）能鉴定零件的硬度。

5）能对零件按图样进行划线、钻孔、铰孔、攻螺纹、修配及研磨、抛光等作业。

6）能正确使用量具和量仪对零件进行精密测量和检测。

7）能按工艺要求制作各种夹具和量具。

8）能按工艺文件装配和调试各类模具。

9）能根据制品的质量缺陷，判断其产生原因及采取相应措施进行补救和修理。

10）能组织和协调模具零件的加工进度和质量。

四、模具工级别考核及注册

模具工属于技能工种。根据模具工所掌握的专业理论知识、技能以及制模、修模的动手能力，将模具工的级别通常分为学徒工、初级工、中级工、高级工、技师和高级技师。各级别都规定了各自应知、应会的技能标准并要定期通过国家注册考试和考核，并取得相应的注册证书，以作为企业聘用和支付劳动报酬的依据。随着级别的晋升，其自身价值也得到提高。因此，作为一名模具工，在受聘企业中工作，不仅要树立主人翁的劳动态度，热爱本职工作，对工作认真负责，遵守劳动纪律，加强职业道德修养，更要努力钻研技术、练就一身过硬的技术本领，充分发挥个人的智慧和才能，不断进取，早日达到高级技工及技师的水平，成为国家及模具工业急需的实用型人才，为模具工业的发展做出自己的贡献。

模具工要想通过高级技工的考核与注册，除了要掌握本级别所规定的普通钳工的各种操作技能，熟悉模具制作与修理知识，更主要的还是要通过长期工作实践的积累，才能具备如下的技术能力：

1）改进产品设计的能力。

2）独立设计简单模具和工装的能力。

3）改进加工工艺的能力。

4）单独装配复杂模具及调试的能力。

5）解决生产技术难题的能力。

6）组织协调生产及质量状况管理的能力。

五、模具工常用设备及检测量具

（一）常用设备的使用与要求

模具工常用设备及使用要求见表1-1。

表1-1　模具工常用设备及使用要求

设备名称	图　示	用途及使用注意事项
钳工工作台	防护网	1. 主要用途 钳工工作专用台案，用来安放虎钳，及放置工具及加工零件等 2. 使用要求 要求台面离地面800～900mm，桌面应包装铁皮
台虎钳		1. 主要用途 台虎钳安置在工作台上，用来夹持工件，以便于加工 2. 使用要求 1）台虎钳应牢固地安装在工作台上,不得松动 2）台虎钳夹持工件的力应适中，一般只能是尽双手的力扳紧手柄，绝不能将台虎钳手柄加长来增大夹紧力 3）夹持精密工件时要用软钳口（一般用纯铜或黄铜皮） 4）夹持软性或薄壁工件时，不能用力过大，以防工件变形 5）夹持过长或过大的工件时，要另用支架支撑，以免使台虎钳承受过大的压力 6）对台虎钳内的螺杆和螺母以及滑动的地方，要经常加润滑油
砂轮机	上海砂轮机厂制造	1. 主要用途 用来刃磨钻头、錾子及其他刀具等 2. 使用要求 1）工作者必须站在砂轮机侧面，不可面对砂轮 2）开电门后，等砂轮运转正常后，再进行使用 3）搁架与砂轮应随时保持小于3mm的距离，否则容易发生事故，同时也不便于在侧面刃磨

（续）

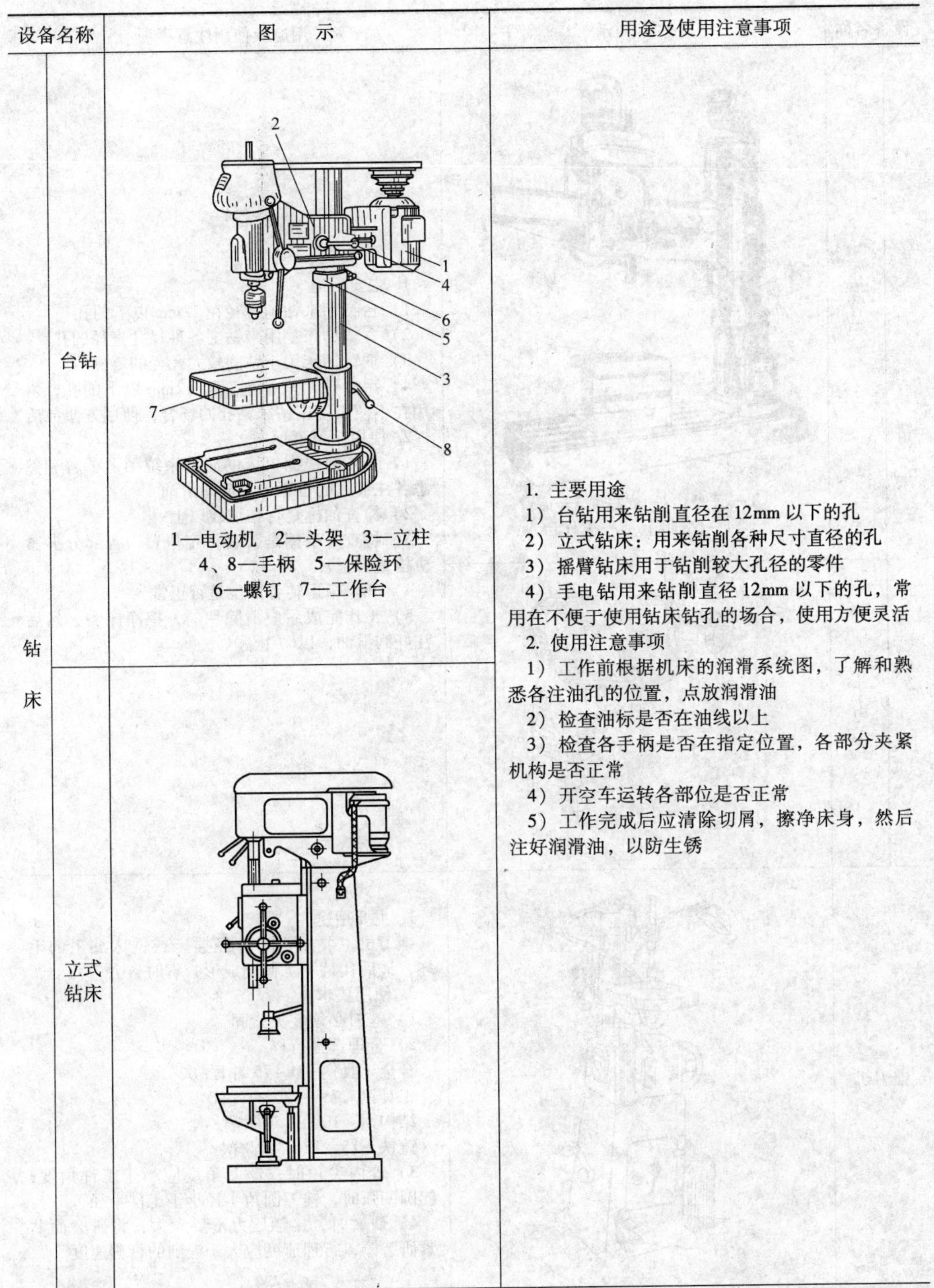

设备名称		图　示	用途及使用注意事项
钻床	台钻	1—电动机　2—头架　3—立柱 4、8—手柄　5—保险环 6—螺钉　7—工作台	1. 主要用途 1）台钻用来钻削直径在 12mm 以下的孔 2）立式钻床：用来钻削各种尺寸直径的孔 3）摇臂钻床用于钻削较大孔径的零件 4）手电钻用来钻削直径 12mm 以下的孔，常用在不便于使用钻床钻孔的场合，使用方便灵活 2. 使用注意事项 1）工作前根据机床的润滑系统图，了解和熟悉各注油孔的位置，点放润滑油 2）检查油标是否在油线以上 3）检查各手柄是否在指定位置，各部分夹紧机构是否正常 4）开空车运转各部位是否正常 5）工作完成后应清除切屑，擦净床身，然后注好润滑油，以防生锈
	立式钻床		

（续）

<table>
<tr><th colspan="2">设备名称</th><th>图　示</th><th>用途及使用注意事项</th></tr>
<tr><td rowspan="2">钻
床</td><td>摇臂钻</td><td>1—底座　2—立柱　3—摇臂
4—钻轴箱　5—工作台</td><td rowspan="2">1. 主要用途
1）台钻用来钻削直径在12mm以下的孔
2）立式钻床：用来钻削各种尺寸直径的孔
3）摇臂钻床用于钻削较大孔径的零件
4）手电钻用来钻削直径12mm以下的孔，常用在不便于使用钻床钻孔的场合，使用方便灵活
2. 使用注意事项
1）工作前根据机床的润滑系统图，了解和熟悉各注油孔的位置，点放润滑油
2）检查油标是否在油线以上
3）检查各手柄是否在指定位置，各部分夹紧机构是否正常
4）开空车运转各部位是否正常
5）工作完成后应清除切屑，擦净床身，然后注好润滑油，以防生锈</td></tr>
<tr><td>手电钻</td><td></td></tr>
<tr><td colspan="2">锉刀机</td><td></td><td>1. 主要用途
锉刀机主要用于零件经插床或铣床加工的毛坯，最后代替手工锉削成形，省时省力
2. 使用要求
1）锉刀必须装夹紧固
2）合理选择行程
合金工具钢　0～75冲程/次
工具钢　75～120冲程/次
结构钢　100～150冲程/次
铸铁　75～120冲程/次
3）锉内尖角时，锉刀角度应小于工件角度；锉圆凹弧时，锉刀圆角半径小于工件半径
4）研磨时，接触压力不要太大，将研磨面贴紧研磨棒，行程速度应大于锉削的行程速度</td></tr>
</table>

（续）

设备名称	图 示	用途及使用注意事项
压印机	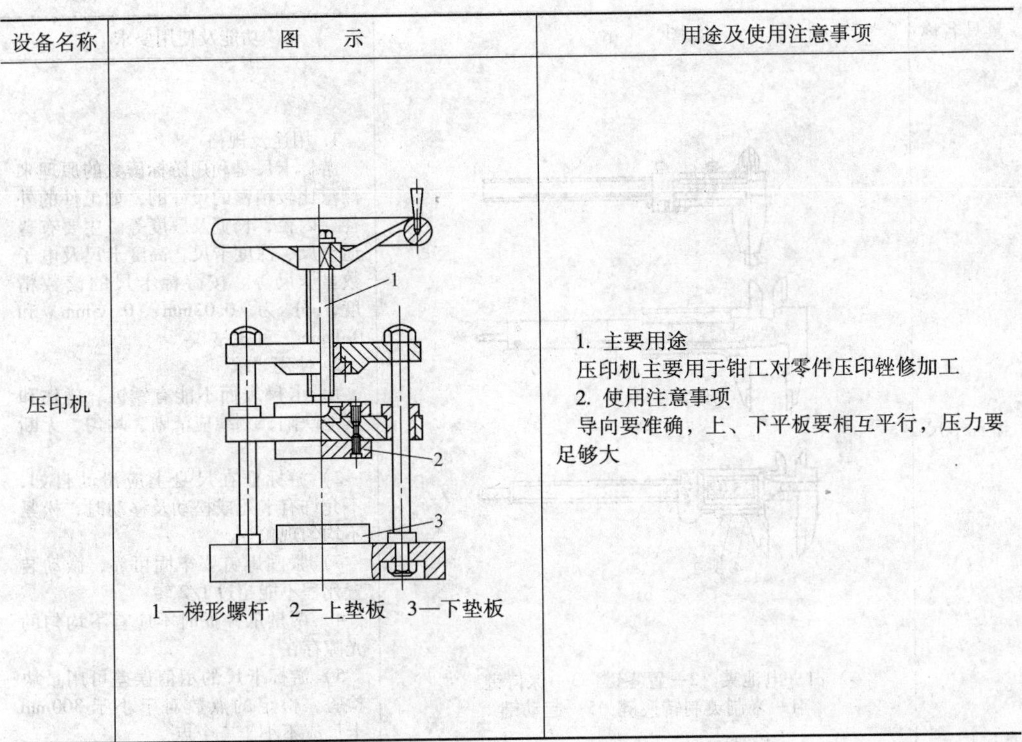 1—梯形螺杆 2—上垫板 3—下垫板	1. 主要用途 压印机主要用于钳工对零件压印锉修加工 2. 使用注意事项 导向要准确，上、下平板要相互平行，压力要足够大

（二）常用检测量具的使用与要求

模具工常用的检测量具见表1-2。

表1-2 模具工常用检测量具的使用与要求

量具名称	图 示	功能及使用要求
钢尺		1. 用途及规格 钢尺是最常用的一种粗略测量工具分金属直尺和金属卷尺两种，主要适于模具及零件外形及大型形孔的粗略测量。金属直尺的规格有1000mm、500mm、300mm和150mm四种；金属卷尺有1m、2m两种最小刻度为0.5mm 2. 使用要求 直尺必须保持平直不弯，尺的短边和长边应互相垂直

（续）

量具名称	图 示	功能及使用要求
游标卡尺	a) b) 1—电池夹 2—置零键 3—保持键 4—米制英制转换键 5—起动键	1. 用途及规格 游标卡尺是利用游标读数的原理来测量比较精密的尺寸的，如工件的外径、内径、长宽及厚度等。主要有普通卡尺、深度卡尺、高度卡尺及电子数显卡尺等。按游标卡尺的读数精度，分为 0.02mm、0.05mm 和 0.1mm 三种规格 2. 使用要求 1）卡尺表面不能有锈蚀、碰伤和其他缺陷，刻线应清晰、均匀、无断线 2）游标框在尺身上应滑动自如，不允许有卡死或松动及移动时，松紧不均匀现象 3）紧固螺钉要牢固可靠，微动装置死程不能超过 1/2 转 4）两量爪并拢时不应有不均匀的光隙存在 5）游标卡尺的示值误差可用量块检验，检定的点数对于小于 300mm 卡尺应不小于三个点
塞尺		1. 用途及规格 塞尺又叫厚薄规或间隙规，由一组薄钢片组成，主要用于测量零件配合间隙的大小。国产成套塞尺为 0.02 ~0.1mm，共 10 片，间隔 0.01mm，故测量精度为 0.01mm。从 0.02 ~ 0.1mm 共分成五组，前者为第一组，适于模具间隙的测量 2. 使用要求 因为塞尺很薄，容易折断、生锈，使用时应细心，用完后涂油放好。使用时应由薄到厚逐级试塞

（续）

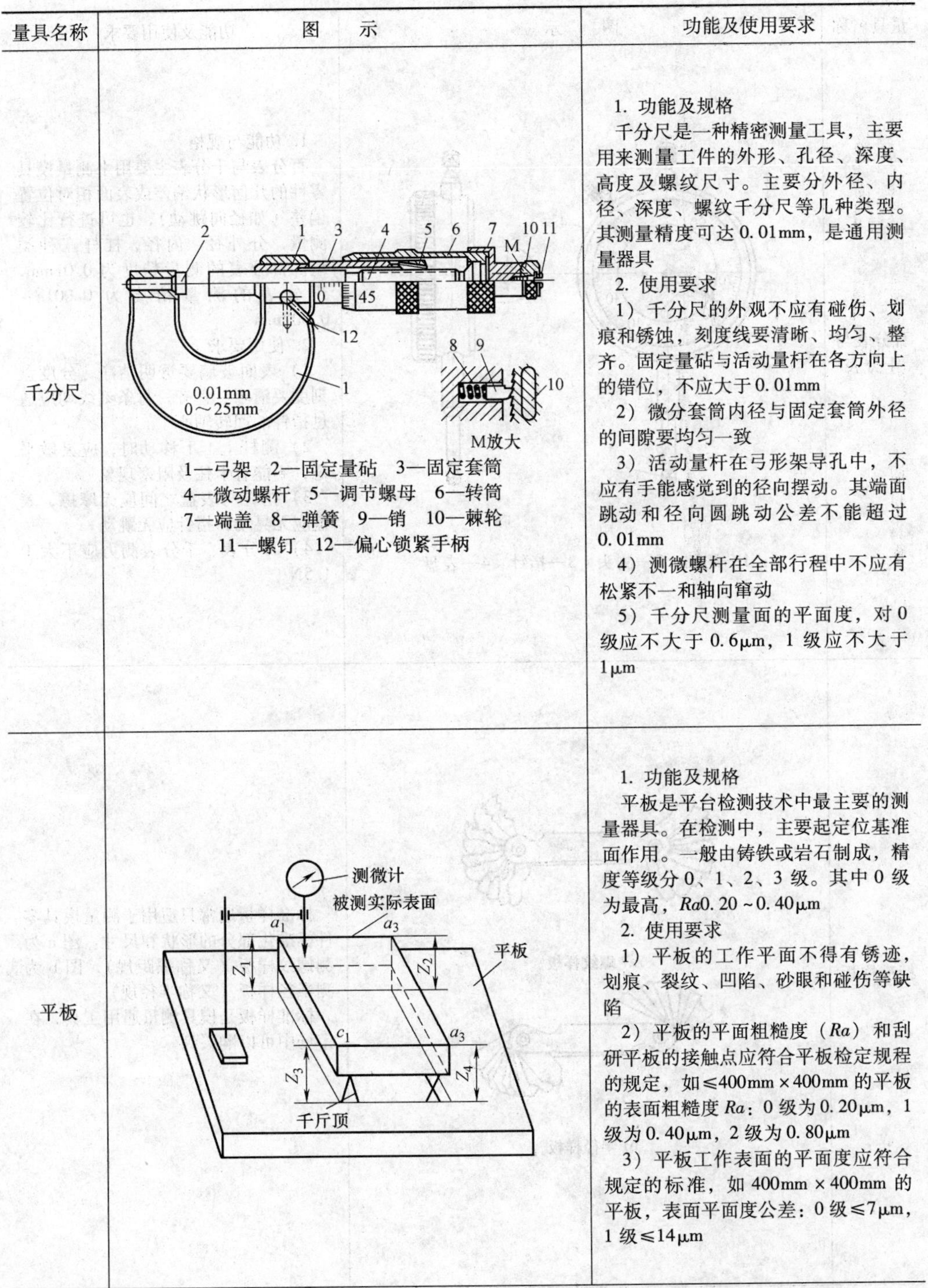

量具名称	图　示	功能及使用要求
千分尺	1—弓架　2—固定量砧　3—固定套筒　4—微动螺杆　5—调节螺母　6—转筒　7—端盖　8—弹簧　9—销　10—棘轮　11—螺钉　12—偏心锁紧手柄	1. 功能及规格 千分尺是一种精密测量工具，主要用来测量工件的外形、孔径、深度、高度及螺纹尺寸。主要分外径、内径、深度、螺纹千分尺等几种类型。其测量精度可达 0.01mm，是通用测量器具 2. 使用要求 1）千分尺的外观不应有碰伤、划痕和锈蚀，刻度线要清晰、均匀、整齐。固定量砧与活动量杆在各方向上的错位，不应大于 0.01mm 2）微分套筒内径与固定套筒外径的间隙要均匀一致 3）活动量杆在弓形架导孔中，不应有手能感觉到的径向摆动。其端面跳动和径向圆跳动公差不能超过 0.01mm 4）测微螺杆在全部行程中不应有松紧不一和轴向窜动 5）千分尺测量面的平面度，对 0 级应不大于 0.6μm，1 级应不大于 1μm
平板		1. 功能及规格 平板是平台检测技术中最主要的测量器具。在检测中，主要起定位基准面作用。一般由铸铁或岩石制成，精度等级分 0、1、2、3 级。其中 0 级为最高，*Ra*0.20～0.40μm 2. 使用要求 1）平板的工作平面不得有锈迹，划痕、裂纹、凹陷、砂眼和碰伤等缺陷 2）平板的平面粗糙度（*Ra*）和刮研平板的接触点应符合平板检定规程的规定，如≤400mm×400mm 的平板的表面粗糙度 *Ra*：0 级为 0.20μm，1 级为 0.40μm，2 级为 0.80μm 3）平板工作表面的平面度应符合规定的标准，如 400mm×400mm 的平板，表面平面度公差：0 级≤7μm，1 级≤14μm

（续）

量具名称	图　示	功能及使用要求
百分表与千分表	1—测轴　2—测头　3—指针　4—表盘	1. 功能与规格 百分表与千分表主要用来测量模具零件的几何形状偏差或表面相对位置偏差（如径向跳动），也可进行比较测量，分外径、内径、杠杆三种类型。百分表的测量精度为 0.01mm，千分表的测量精度为 0.001 ~ 0.002mm 2. 使用要求 1）表面玻璃要透明洁净，分度盘刻度要清晰、整齐，每条刻线均应通过指针的回转轴心 2）测杆上、下移动时，应灵敏平稳，不能有卡住及阻塞现象 3）指针与表盘之间应无摩擦，表盘应无晃动，指针应无跳动 4）百分表、千分表测力应不大于 1.5N
标准样板	a) 螺纹样板 b) 半径样板	标准样板通常只适用于测量模具零件标准化部分的形状和尺寸。图 a 为测螺纹样板（又称螺距规），图 b 为测半径样板（又称半径规） 标准样板是模具测量通用工具，在市场中可以购买到

（续）

量具名称	图　示	功能及使用要求
角尺	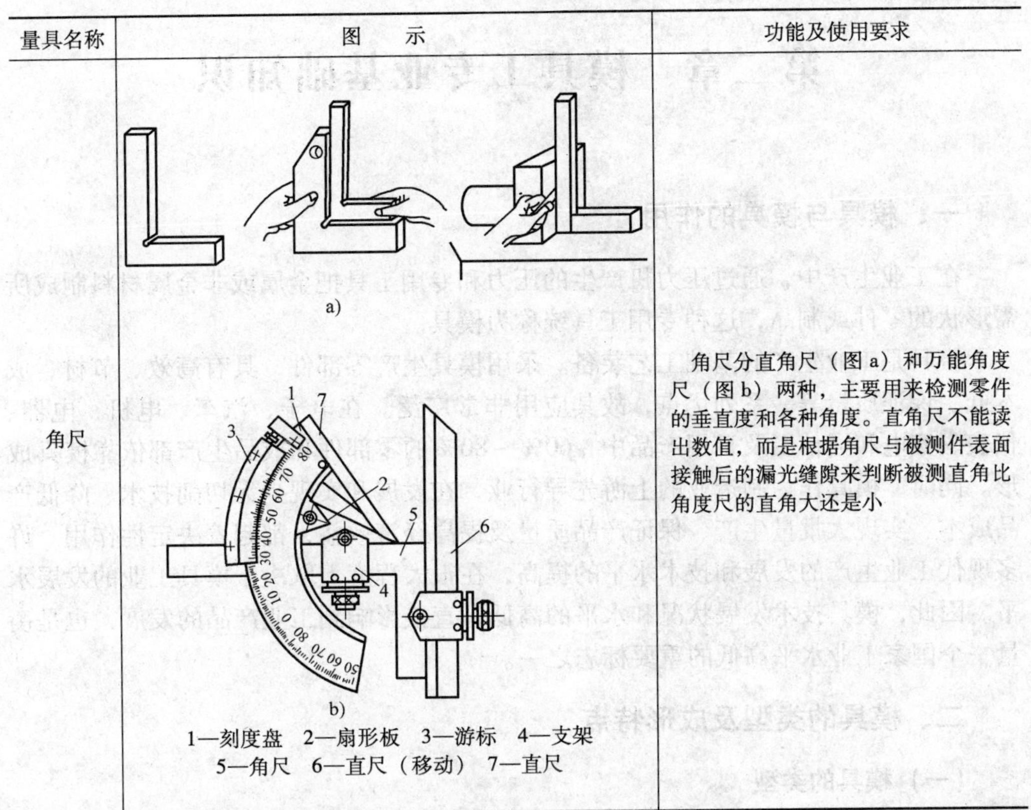 1—刻度盘　2—扇形板　3—游标　4—支架 5—角尺　6—直尺（移动）　7—直尺	角尺分直角尺（图 a）和万能角度尺（图 b）两种，主要用来检测零件的垂直度和各种角度。直角尺不能读出数值，而是根据角尺与被测件表面接触后的漏光缝隙来判断被测直角比角度尺的直角大还是小

六、模具工安全操作及要求

1）工作场地要经常保持整齐清洁，搞好环境卫生。使用的工具和加工的零件、毛坯和原材料等的放置要有顺序，并且整齐稳固，以保证操作的安全和方便。

2）使用的机床、工具要经常检查（如砂轮机、钻床、毛电钻和锉刀等），发现损坏要停止使用，待修好后再用。

3）在钳工工作中，如錾切、锯割、钻孔以及在砂轮上修磨工具等，都会产生很多切屑。清除切屑时要用刷子，不要用手去清除，更不要用嘴吹，以便切屑飞进眼里造成不必要的伤害。

4）使用电器设备时，必须严格遵守操作规程，防止触电造成人身事故。如果发现有人触电，不要慌乱，要及时切断电源进行抢救。

5）在进行某些操作时，必须使用防护用具（如防护眼镜、胶皮手套及防护胶鞋等），如发现防护用具失效，应立即修补更换。

第二章　模具工专业基础知识

一、模具与模具的作用

在工业生产中，通过压力机产生的压力和专用工具把金属或非金属材料制成所需形状的零件或制品，这种专用工具统称为模具。

模具是工业生产的基础工艺装备。采用模具生产零部件，具有高效、节材、成本低、保证质量等一系列优点，故其应用非常广泛。在电子、汽车、电机、电器、仪表、家电和通信以及日用产品中，60%～80%的零部件和成品生产都依靠模具成形。同时，模具作为制造业的上游先导行业，在发展和实现少无切削技术、降低产品成本、实现大批量生产、保证产品质量及提高经济效益，都起着决定性作用。许多现代工业生产的发展和技术水平的提高，在很大程度上取决于模具工业的发展水平。因此，模具技术发展状况和水平的高低，直接影响到工业产品的发展，也是衡量一个国家工业水平高低的重要标志之一。

二、模具的类型及成形特点

（一）模具的类型

在工业生产中，模具的种类很多，按材料在模具内成形的特点，可分为若干类型。其主要分类见表2-1。

（二）模具的成形特点

1. 冷冲模成形制品特点

在常温下，把金属或非金属板料放入模具内，通过压力机和安装在压力机上的模具对板料施加压力，使板料发生分离或塑性变形制成所需尺寸和形状的零件制品，这类模具即称为冷冲模。各类冷冲模的成形特点见表2-2。

2. 型腔模成形制品特点

在生产中，把经过加热熔化的金属或非金属材料，借助于压力机的压力，注入装于压力机上的模具型腔内，待冷却后，按型腔表面形状形成所需的制品零件，这类模具统称为型腔模。主要包括锻模、合金压铸模、塑料压缩及注射模等。各类型腔模的成形制品特点见表2-3。

表 2-1　模具的分类

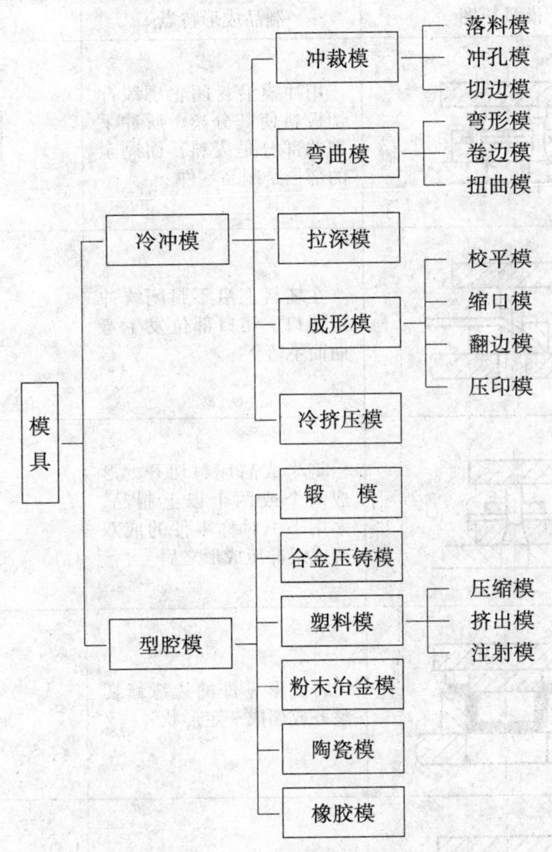

表 2-2　各类冷冲模成形特点

冲模名称		模具简图	制品成形特点	制品简图
冲裁模	剪切模		将板料以敞开的轮廓切断分离开，得到平整的制品零件	
	落料模		用冲模沿封闭轮廓线将板料冲切开。冲下来的部位为制品零件，而剩余的部分为废料	

（续）

冲模名称		模具简图	制品成形特点	制品简图
冲裁模	冲孔模	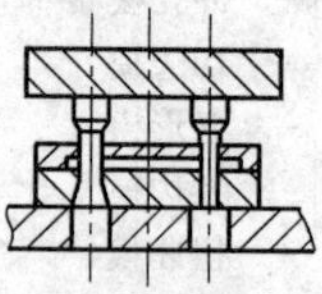	用冲模沿封闭轮廓线冲切板料使其分离，所冲下来的部分是废料，而剩余的部位是制品零件	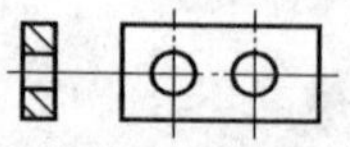
	切口模	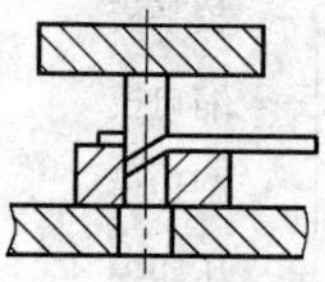	在坯料上沿不封闭线冲出切口，切口部位发生弯曲而不落下	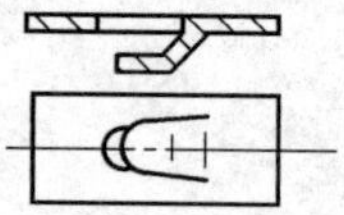
	剖切模	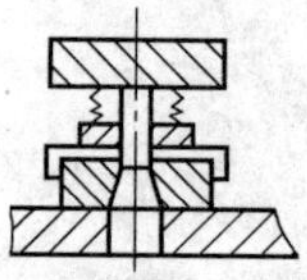	将半成品坯料切开，形成两个或两个以上制品，多用于不对称零件的成双或成组冲压成形之后	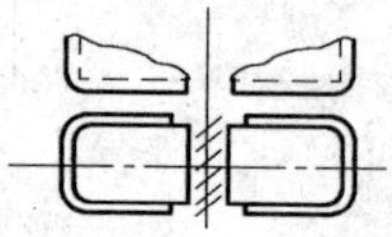
	切边模	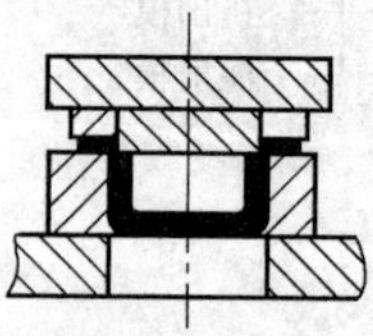	将成形零件的边缘修切整齐或切成一定形状	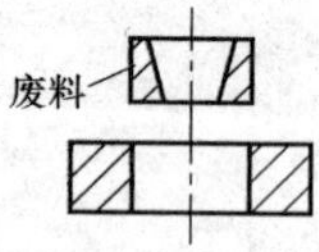 废料
	整修模	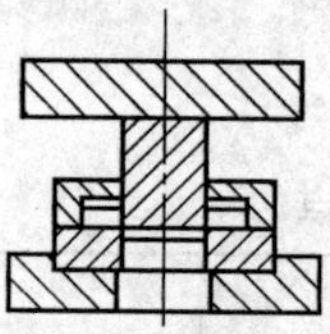	将坯件边缘预留的加工余量切掉，以得到准确尺寸及光滑垂直的剪切断面	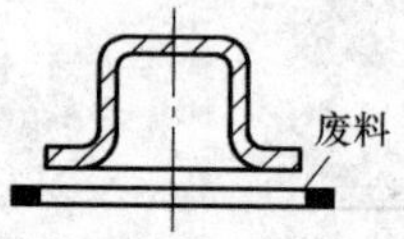 废料
弯曲模	压弯模	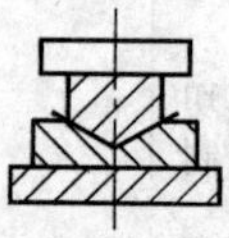	将平的坯件，利用冲模压成一定角度形状的制品零件	
	卷边模	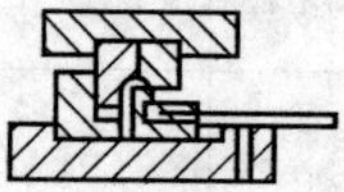	将坯料的边缘，按指定的半径，翻卷成一定形状的圆弧制品零件	
	扭弯模	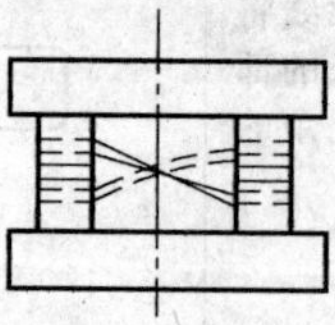	将平面坯件的一部分与另一部分相对扭转一个角度，变成曲线形零件	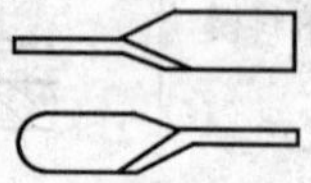

（续）

冲模名称		模具简图	制品成形特点	制品简图
拉深模	不变薄拉深模	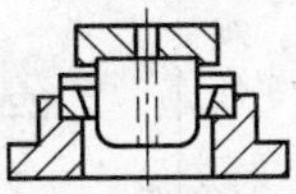	将坯件压成任意形状的筒形零件或将其形状尺寸作进一步改变而不引起料厚的变化	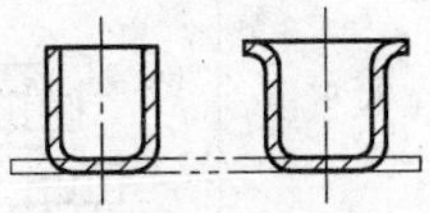
	变薄拉深模	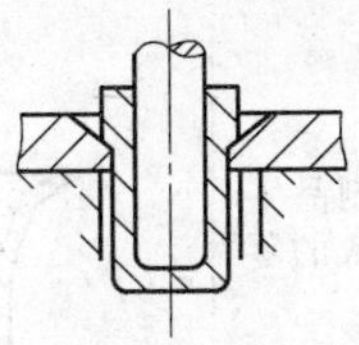	将坯件减小直径和壁厚，而使空心坯件尺寸改变	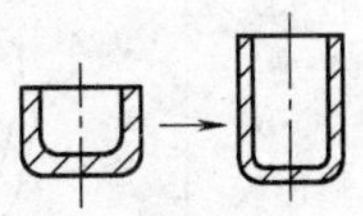
	双动拉深模	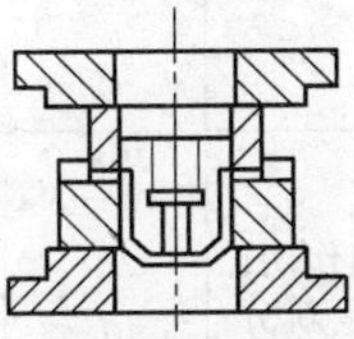	将平板毛坯在双动压力机上拉深，而得到大型的曲面形空心零件	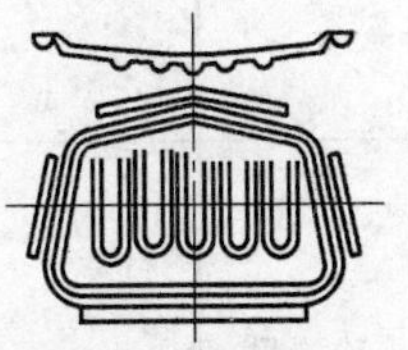
成形模	成形模	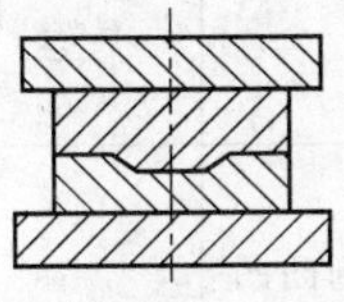	采用材料局部拉深的办法，形成局部凸起、凹坑的成形零件	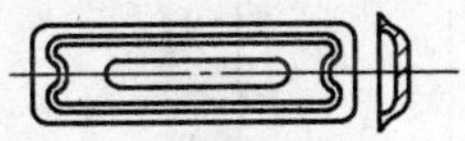
	翻边模	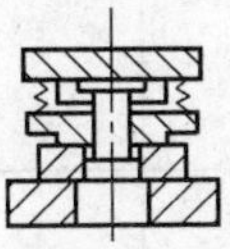	沿原先冲出的孔边，采用拉深的办法，使坯件形成所要求的凸缘	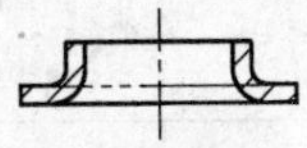
	胀形模	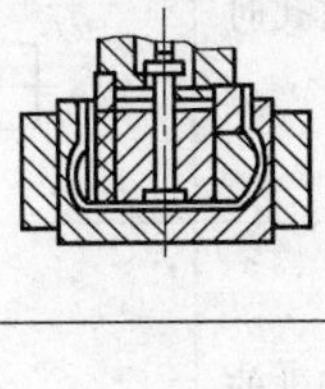	将空心或管状坯件，从里向外加以扩张而形成所需形状的零件制品	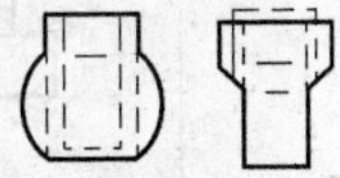
	缩口模	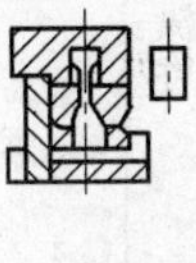	将空心或管状坯件的端部由外向内压缩成所需要形状的零件制品	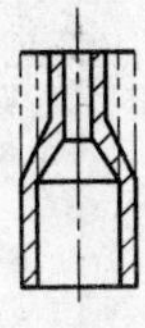

（续）

冲模名称		模具简图	制品成形特点	制品简图
成形模	校平模		将制品不平的表面，利用冲模压制成平直的零件制品	表面有平面度要求
	整形模		将拉深或弯曲的制品零件，压制成正确形状的零件	
立体成形模	冷镦模		通过压力机及冲模作用，使金属毛坯的体积重新分配及转移，使局部变粗而形成所需形状的零件	
	冷挤压模		将金属坯料冲挤到凸凹模之间，使其发生塑性变形，使厚的坯料变成空心薄壁零件	
	冲中心模		采用冲针在零件表面冲挤中心窝孔，以便钻孔时定中心	
	压印模		采用将金属局部挤进的方法，在零件表面形成浅的凹窝、花纹、字样及符号	

（续）

冲模名称	模具简图	制品成形特点	制品简图
精冲模	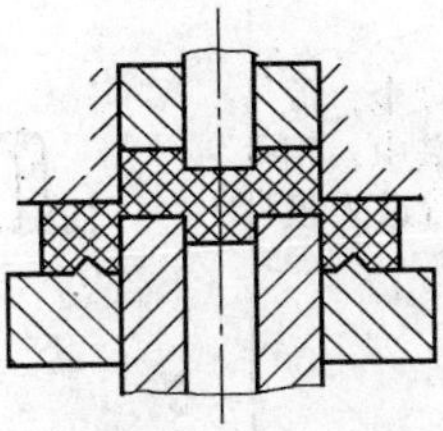	使板料处于三向受压的状态进行冲裁，冲制出冲切面无裂纹和撕裂、尺寸精度较高的制件	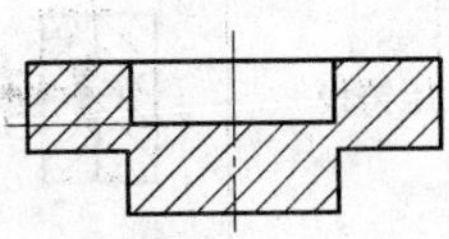

表 2-3　型腔模成形制品特点

模具名称	模具简图	制品成形特点	制品简图
锻模	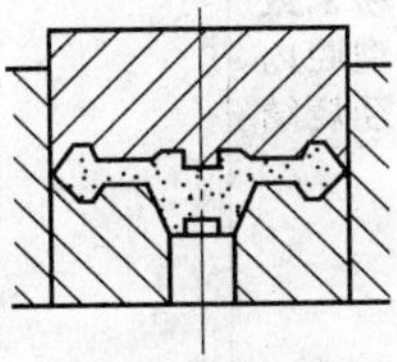	将金属坯料加热后放在模膛内，利用锻锤的压力使材料发生塑性变形，充满模膛后获得所需的锻件	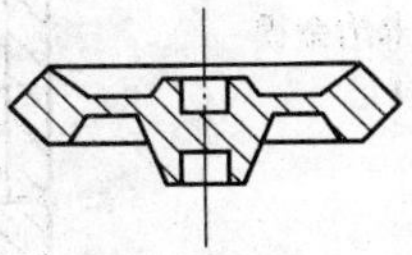
塑料模 压缩模	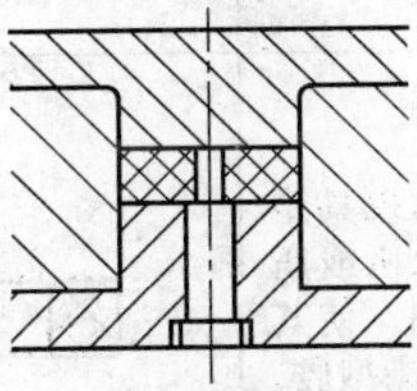	将塑料置入模具型腔内，在压力机上加热加压，使软化的塑料充满型腔，保压一定时间后，硬化成零件制品	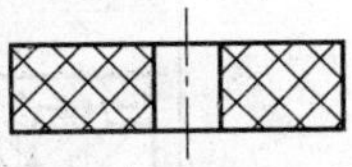
压注模	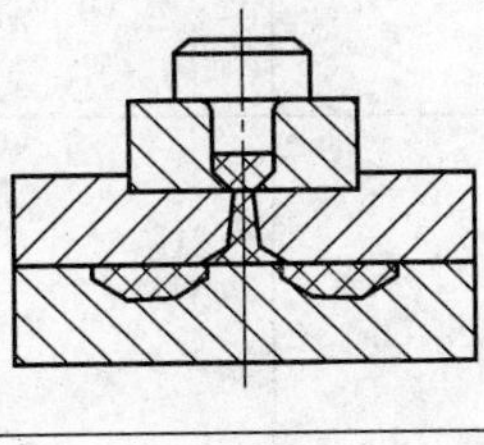	通过柱塞，使加料腔内受热熔融的塑料经浇道压入型腔，保压冷却固化后形成制品	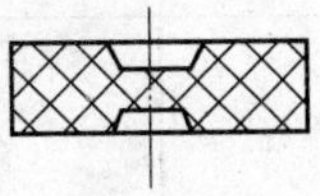
注射模	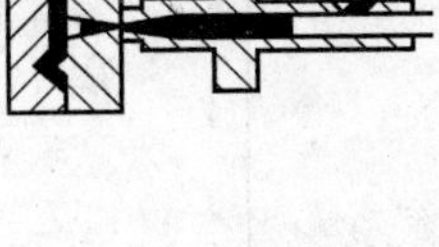	将塑料放入注射机料筒中加热，使其熔化成流动状态，再以很高的速度和压力推入模具型腔中，冷却后形成零件	

（续）

模具名称	模具简图	制品成形特点	制品简图
压铸模		将熔化的金属合金，放入压铸机的加料室中，用压铸机活塞加压后进入模具型腔而形成零件	
粉末冶金模	装粉 压制	将混料后的合金粉末或金属粉末放入模具型腔内并将其高压成形，经烧结后形成制品	
橡胶成形模	$\phi140$	将胶粒直接放入模具型腔内，在平板硫化机或压力机上加压、加温，使其在受热、受压下充满型腔，硫化后成为零件	
玻璃模	制品 直径	将熔融的玻璃原料置入模腔内，用压缩空气吹压成形而形成制品零件	

三、模具基本结构的构成

（一）冷冲模

1. 结构组成及各零件的作用

冷冲模的结构组成及其作用见表2-4。

表2-4　冷冲模的结构组成及其各零件的作用

零件种类	零件名称	零件作用
模具基本结构 工艺零件 工作零件	凸模 凹模 凸凹模 刃口镶块	完成板料的分离成形
模具基本结构 工艺零件 定位零件	定位销（板） 挡料销（板） 导正销 导料板 定位侧刃 侧压器	确定条料（坯件）在冲模中的正确位置
模具基本结构 工艺零件 压料、卸料及出料零件	压边圈 卸料板 顶出器 顶销 推杆 推板 废料刀	使零件从条料上分离后，将零件从冲模中卸下来。而拉深模的压边圈起防止失稳起皱作用
模具基本结构 辅助零件 导向零件	导柱 导套 导板 导块	保证上、下模的正确位置，以保证冲压精度
模具基本结构 辅助零件 支承及支持零件	上、下模板 模柄 固定板 垫板 限位器	连接固定工作零件，使之成为完整的模具结构
模具基本结构 辅助零件 紧固零件	螺钉 圆柱销	紧固、连接各类零件，圆柱销兼起稳固定位作用
模具基本结构 辅助零件 缓冲零件	弹簧 橡皮	利用弹力起卸退料作用

2. 结构特点及工作过程

冷冲模基本结构特点及工作过程见表 2-5。本模为单工序冲裁落料模。

表 2-5 单工序导向冲裁模

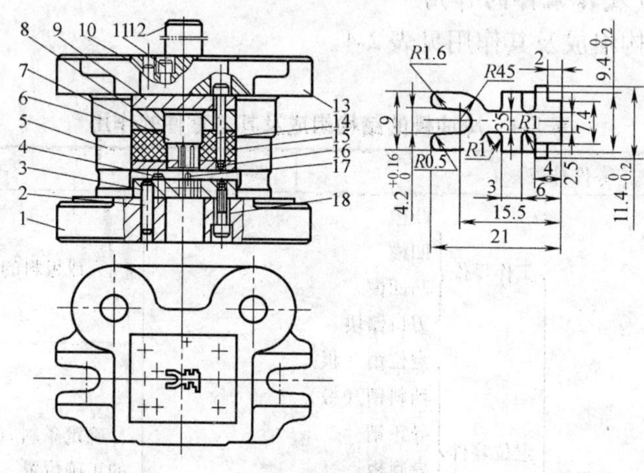

结构构成			模具结构特点	模具工作过程
零件种类	零件名称	件号		
工作零件	凸模	7	本模具为冷冲压用单工序带有导向装置的冲裁落料模。其模具主要由上模与下模两部分组成。通过固定在上模的导套6与下模的导柱5以H7/h6间隙配合形式，将上、下模定向连接在一起而成为一整体模具。其凸模7固定在凸模固定板上与垫板，上模板、卸料板组成上模；凹模与下模板由螺钉、圆柱销紧固组成下模	模具在工作时，条料靠导料销导正送进并由挡料销定位。当压力机滑块带动上模下降时，使凸模7与放在凹模3上的板料接触，卸料板16将板料压紧，待继续下降，凸、凹模刃口互相作用使板料与零件分离，并从下模漏料孔落下，完成冲裁。待上模回升时，依靠橡皮缓冲力，由卸料板将条料从凸模卸出回原位，准备下次冲裁
	凹模	3		
定位零件	导料销	4		
	挡料销	17		
卸料零件	卸料板	16		
	卸料橡皮	15		
导向零件	导柱	5		
	导套	6		
支承零件	凸模固定板	8		
	垫板	9		
	上模板	13		
	下模板	1		
紧固件	内六角螺钉	11、14、18		
	圆柱销	10、2		
模柄		12		

（二）锻模

1. 锻模的结构组成

锻模的结构比较简单，如模锻锤上的锤锻模结构见表 2-6。

表 2-6 锻模的结构组成及工作过程

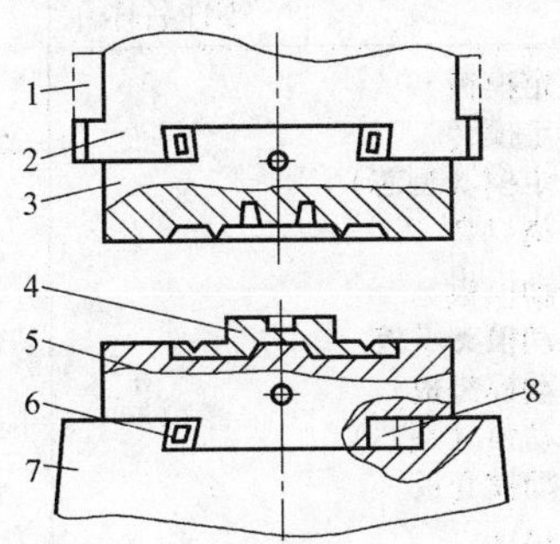

结构组成				模具特征及工作过程
零件种类	零件名称	件号	零件作用	
工作零件	上模模块 下模模块	3 5	在承击面上布置有模膛主要起成形锻件用	本模为应用在模锻锤上的锤锻模，主要由上模块 3 与下模块 5 两部分组成，分别由键 8、楔 6 固定在锤头及模座上 模具在工作时将烧红透的坯料放在下模模膛内，开启锻锤上、下模 4 合拢，锤击加压，坯料在模膛内形成制件
支承零件	导轨 锤头 模座	1 2 7	导轨、锤头、模座一般为模锻锤上零件，起支承模块、导向承击重力作用	
紧固零件	楔 键	6 8	将模块紧固在锻锤上	

2. 锻模模块各部分名称

锻模模块各部分名称见表 2-7。

表 2-7 锻模模块各部位名称

图示	件号	名称	件号	名称
	1	支承面	7	分模面
	2	燕尾	8	侧面
	3	起重孔	9	楔紧面
	4	模体	10	承击面桥部
	5	基准面	11	飞边槽桥部
	6	模膛	12	飞边槽仓部

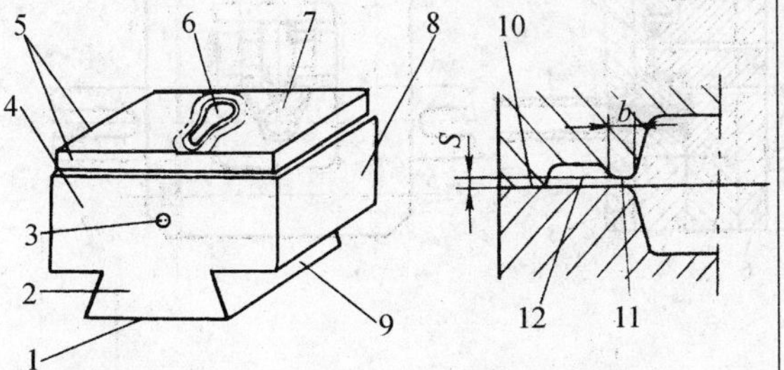

（三）合金压铸模

1. 结构构成

压铸模一般由三部分组成，即定模部分、动模部分和卸料部分。如果压铸件要求有侧孔及鼓凸和凹坑时，为了使压铸一次成形，又有侧抽芯机构部分，压铸模结构组成及各组成零件的作用见表 2-8。

表 2-8 压铸模结构的组成及各零件的作用

零件类型		零件名称	作用
合金压铸模	定模部分	定模板 定模套	固定定模型腔
		定模（型芯）	成形制品
		浇口套	合金注入通道
	动模部分	动模板 动模支承板 动模垫板	支承动模
		动模（型芯）	成形制品零件
		动模套板	固定动模型芯
	导向零件	导柱 导套	对定、动模导向，使其处于正确位置
	开模或卸料零件	推杆固定板、垫板 推杆、反推杆	开模或顶出制品
	紧固零件	紧固螺钉 销钉	紧固连接各类零件，使其成为模具整体

2. 典型结构及工作过程

压铸模的结构形式根据所使用的压铸机不同，可分为立式、卧式及全立式和热压室压铸模等不同形式。其中，卧式及立式压铸模在生产中应用最多。卧式偏心浇口压铸模结构及工作过程见表 2-9。

表 2-9 卧式偏心浇口支架铝合金压铸模

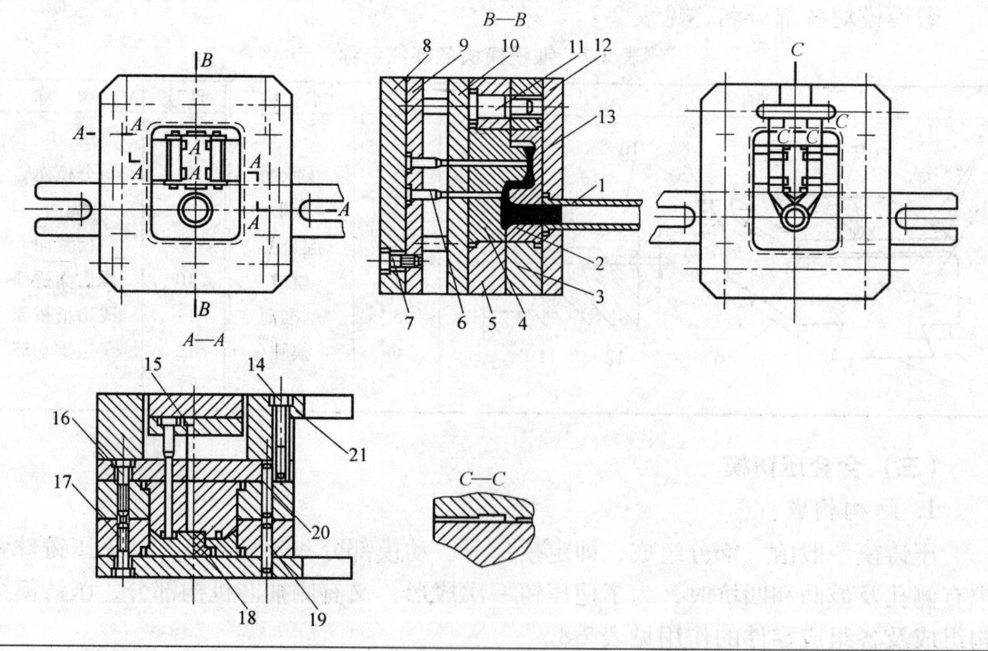

（续）

结构组成			结构特点	工作过程
零件类型	零件名称	件号		
定模	浇口套 定模镶块 定模套 定模板	1 2 3 13	1）模具由动模、定模及卸料三部分构成，并由导柱 11、导套 12 导向 2）定模镶块 2、动模块 4 分别镶嵌在定模套 3 及动模套 5 内。在定模座板上镶嵌有浇口套，直接由此压射合金。浇口套 1、定模套、定模板定模块组成定模，而动模支承板、动模套动模垫组成动模。其中，动模镶块与定模镶块组成型腔而成形制件 3）推件杆 6、反推杆 15 及推杆固定板 9 动模垫板 10 组成开模卸件机构	模具在工作时，首先使定、动模处于闭合状态，用料勺将熔融合金浇入浇口套内。开机后，合金在压铸机活塞推杆推动下，以高压高速经流道推进定、动模块合拢后组成的型腔内，保压冷却后金属固化形成与型腔相符的制品零件，再次起动压铸机使推件复位机构动作，反推杆将动、定模分开，而推杆则把制品推出模外，完成压铸制件过程。再合模即可重复上述动作，二次压铸成形
动模	动模镶块 动模套 动模垫板 动模支承板	4 5 10 21		
卸模及卸料零件	顶件杆 推杆垫板 推杆固定板 反推杆（复位杆）	6 8 9 15		
导向零件	导柱 导套	11 12		
紧固零件	螺钉（内六角）	7 16 14 17		
	销钉	19 20		

（四）塑料压缩模

1. 结构构成

塑料压缩模的结构组成见表 2-10。

表 2-10　塑料压缩模的结构组成

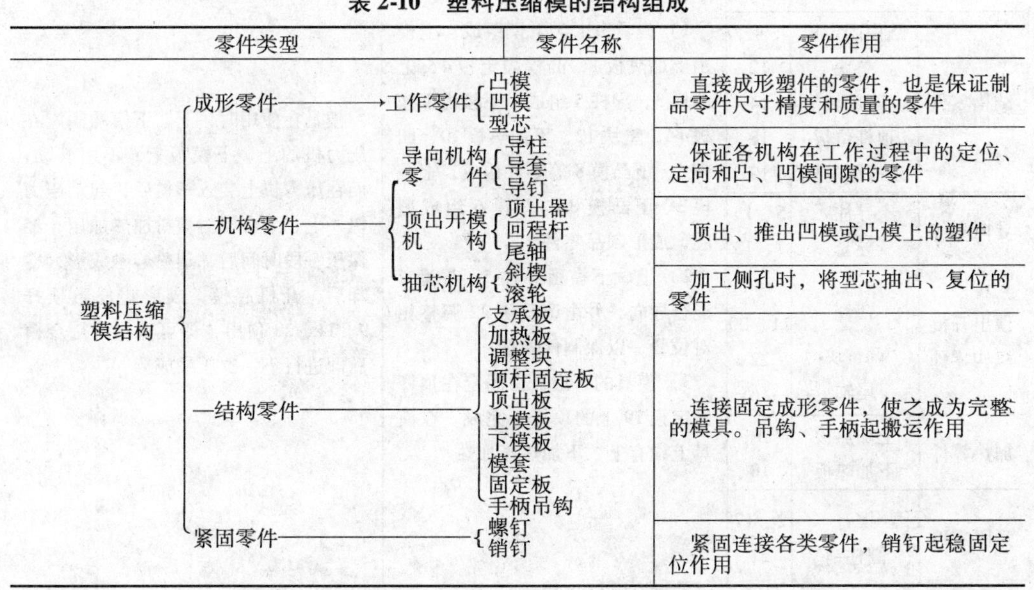

零件类型		零件名称	零件作用
塑料压缩模结构	成形零件——工作零件	凸模 凹模 型芯	直接成形塑件的零件，也是保证制品零件尺寸精度和质量的零件
	机构零件——导向机构零件	导柱 导套 导钉	保证各机构在工作过程中的定位、定向和凸、凹模间隙的零件
	机构零件——顶出开模机构	顶出器 回程杆 尾轴	顶出、推出凹模或凸模上的塑件
	机构零件——抽芯机构	斜楔 滚轮	加工侧孔时，将型芯抽出、复位的零件
	结构零件	支承板 加热板 调整块 顶杆固定板 顶出板 上模板 下模板 模套 固定板 手柄吊钩	连接固定成形零件，使之成为完整的模具。吊钩、手柄起搬运作用
	紧固零件	螺钉 销钉	紧固连接各类零件，销钉起稳固定位作用

2. 典型结构

压缩模分移动式、固定式及垂直分型面三种结构。主要成形热固性塑料制品。固定式压缩模见表 2-11。

表 2-11　固定式压缩模

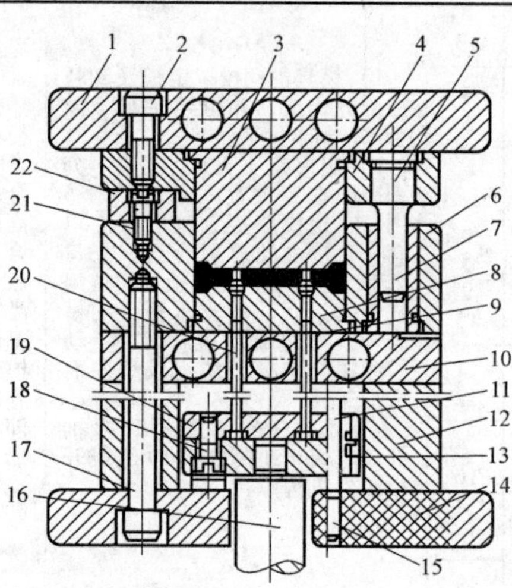

结构组成			结构特点	工作过程
零件类型	零件名称	件号		
成形零件	上凸模	3	1）模具由上、下模组成，上模由上加热板 1，凸模固定板 4，上凸模 3，导柱 5 组成，下模由下模板 14，垫块 12，下加热板 10，凹模 6，下凸模 8 等零件构成，上凸模 3、下凸模 8 与凹模 6 组成型腔，成形制品零件 2）上、下模由导柱 5、导套 7 配合导向，并由调整块 22 调整相对位置，以保制件质量 3）模具的开启，由固定在顶杆固定板 19 上的顶杆 9 完成。在模具上设有上、下加热板加热	模具在使用时，上、下模均固定在压力机的上、下模板上，不用移动，而在压力机上装入塑粉后，起动压力机，上、下合模对塑粉加热加压，经保压一段时间后，塑粉熔融成形，冷却后，开机起模，成形塑件由顶杆 9、11、20 顶出，即可取出，待合模后即进行下一次压缩成形
	下凸模	8		
	凹模	6		
结构零件	凸模固定板	4		
	垫块	12		
	下模板	14		
	顶杆垫板	18		
	顶杆固定板	19		
导向零件	导柱	5、15		
	导套	7、13		
顶出开模机构零件	顶杆	9 11、20		
	调整块	22		
	尾轴	16		
加热零件	上加热板	1		
	下加热板	10		
紧固零件	螺钉	2、17		
	圆柱销	21		

（五）塑料注射模

1. 结构组成

塑料注射模结构组成见表2-12。

表2-12　塑料注射模结构组成

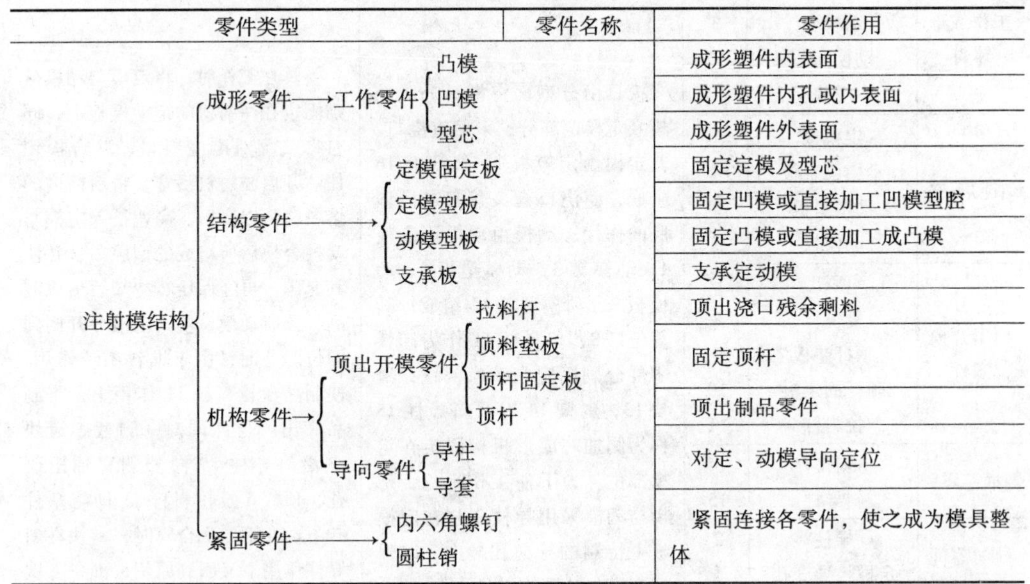

零件类型			零件名称	零件作用
注射模结构	成形零件	工作零件	凸模	成形塑件内表面
			凹模	成形塑件内孔或内表面
			型芯	成形塑件外表面
	结构零件		定模固定板	固定定模及型芯
			定模型板	固定凹模或直接加工凹模型腔
			动模型板	固定凸模或直接加工成凸模
			支承板	支承定动模
	机构零件	顶出开模零件	拉料杆	顶出浇口残余剩料
			顶料垫板	固定顶杆
			顶杆固定板	
			顶杆	顶出制品零件
		导向零件	导柱	对定、动模导向定位
			导套	
	紧固零件		内六角螺钉	紧固连接各零件，使之成为模具整体
			圆柱销	

2. 典型结构

注射模主要用于成形热塑性塑料零件。分立式、卧式、角式三种结构。其中，立、卧式注射模的典型结构见表2-13。

表2-13　塑料注射模的典型结构

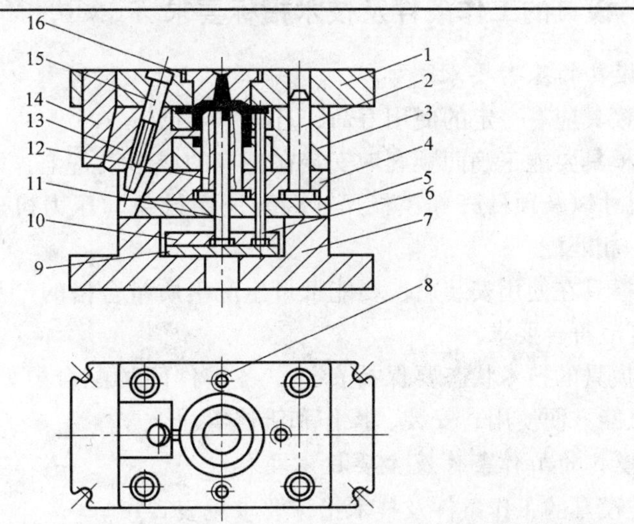

（续）

<table>
<tr><th colspan="3">结构组成</th><th rowspan="2">结构特点</th><th rowspan="2">工作过程</th></tr>
<tr><th>零件类型</th><th>零件名称</th><th>件号</th></tr>
<tr><td rowspan="4">工作成形零件</td><td>浇口套（定模）</td><td>16</td><td rowspan="21">模具由分型面将模具分成动模及定模两部分，采用直浇口。其定模由定模板 1，浇口套 16 组成，而浇口套又兼起定模型腔的作用；动模由动模固定板 4、动模套 3，动模垫板 5、动模板 7、动模型芯 12 组成；其复位杆 8、拉料杆 11 作为卸料零件分别固定在动模部位；滑块 13，斜楔 14 以及斜导柱 15 作为侧抽芯成形机构固定在定模部位。为了使工作平稳，定模与动模采用导柱 2 与在定模板上特制的导向孔导向，以保证定模与动模的相互位置精度</td><td rowspan="21">模具在工作时，将定模与动模分别固定在注射机的定动模板上，同时将喷嘴对准浇料口，并合模锁住。开启注射机活塞，将料筒内的熔融塑料以高压、高速挤入定模与动模合模后所组成的型腔内，并使其充满，再经保压、冷却后形成制品，开启动模，使其定模分开回到原位。此时，由于推料系统作用，使制品在拉料杆 11 作用下，将制品卸出。与此同时，侧型芯滑块 13 沿斜导柱 15 向外侧移抽出侧孔，顶杆 6 及拉料杆 11 即将塑件卸下。在第二次合模时，斜块在斜导柱作用下又回到原位，准备下次注射</td></tr>
<tr><td>动模套</td><td>3</td></tr>
<tr><td>动模型芯</td><td>12</td></tr>
<tr><td>滑块</td><td>13</td></tr>
<tr><td rowspan="4">结构零件</td><td>定模板</td><td>1</td></tr>
<tr><td>动模固定板</td><td>4</td></tr>
<tr><td>动模垫板</td><td>5</td></tr>
<tr><td>动模板</td><td>7</td></tr>
<tr><td rowspan="5">顶出开模零件</td><td>顶杆</td><td>6</td></tr>
<tr><td>复位杆</td><td>8</td></tr>
<tr><td>顶杆垫板</td><td>9</td></tr>
<tr><td>顶杆固定板</td><td>10</td></tr>
<tr><td>拉料杆</td><td>11</td></tr>
<tr><td rowspan="2">侧抽芯零件</td><td>斜楔</td><td>14</td></tr>
<tr><td>斜导柱</td><td>15</td></tr>
<tr><td rowspan="2">导向零件</td><td>导柱</td><td>2</td></tr>
<tr><td>定模板导套孔</td><td>1</td></tr>
<tr><td rowspan="4">紧固螺钉</td><td rowspan="4">内六角螺钉
圆柱销</td><td rowspan="4">图示未标出</td></tr>
<tr></tr>
<tr></tr>
<tr></tr>
</table>

四、模具的工作条件及技术指标要求

1. 模具的基本要求

1）模具应有一定的使用寿命，且成本要低。

2）模具要能正确而顺利地安装在相应的成形设备上，即模具的闭合高度、安装槽孔尺寸以及顶件杆和模板尺寸要与所用设备（压力机、注射机、压铸机、模锻设备）相匹配。

3）模具在使用安装后，要能批量生产出质量合格的产品，例如其制品形状和尺寸精度应符合要求。

4）模具的技术状态要保持良好，各零件间的配合要始终处于良好的运行状态，并且能方便使用、安装、操作和维修等。

2. 模具的工作条件及主要技术指标

各类模具的工作条件及技术指标要求见表 2-14。

表 2-14　各类模具的工作条件及主要技术指标要求

模具种类和名称		型面受力/MPa	工作温度/℃	型面粗糙度 $Ra/\mu m$	尺寸精度/mm	硬度 HRC	寿命（参考）（万件）
冲模	一般钢冲模	200~600	室温	<0.8	0.01~0.005	58~62	100~300
	硬质合金冲模						4000~8000
塑料模	一般钢塑料模	70~150	180~200	≤0.4	0.01	35~40	40~60
	合金钢塑料模						>100
合金压铸模	中小型铝合金件用压铸模	300~500	600	≤0.4	0.01	42~48	10~20
	中大型铝合金件用压铸模						5~7
锻模	热锻模	300~800	700（表面）	≤0.8	0.02	40~48	≥1（机锻）
	冷锻模	1000~2500	室温	<0.8	0.01	58~64	>2
粉末冶金模		400~800	室温	<0.4	0.01	58~62	>4

注：1. 表内数据只供参考。

2. 冲模一次刃磨可冲 37 万次以上。

五、模具的生产过程

模具的生产过程，即是将原材料转为模具的全过程，它有明显的社会性。这是因为模具属单件生产方式，其生产任务的来源，取决于用户合同。因此，模具是非定型产品，一般属单件生产规模。对于每副要生产的模具，都要按“合同”规定的技术要求，进行创造性的研究、开发设计与制造。

模具的生产流程一般是：制品工艺性加工分析→模具设计→制造工艺规程的制定→模具原材料的采购→生产准备→零件坯件的加工→模具零件的制作→零件的热处理→零件的检验→模具的装配→试模与调整→验收交付用户使用。其生产过程中各环节的工作内容及责任单位见表 2-15。

表 2-15　模具生产过程的内容及责任单位

步序	生产过程	工作内容与要求	责任部门
1	产品与制件结构工艺性分析	根据用户合同及要求，对所要加工的制品零件实物或图样，进行认真的分析与研究。根据制品形状、大小、尺寸精度要求，首先初步确定模具结构形式和精度，并结合本企业设备及技术条件和能力，确定有无加工、生产的可能性	模具销售及模具设计、工艺人员

（续）

步序	生产过程	工作内容与要求	责任部门
2	模具设计	根据产品零件图，制定加工工艺方案、所需模具套数，并设计出模具总图、零件图，标明尺寸、精度、表面粗糙度及材料热处理要求等。绘出图样，经审核、会签后交由管理部门	模具设计人员
3	制定工艺规程	工艺人员接到模具设计图样后，制定模具制造工艺规程，并根据本企业的设备、技术能力，编制出模具与零件制造工业路线、加工工艺及工序卡片，并规定出所用材料、工具、标准件，供采购人员采购。编出零件加工模具装配、调试工序卡片，供生产加工及检验，作为进行技术准备、组织生产、指导生产的依据	工艺设计人员
4	组织生产零部件	按零部件生产工艺规程及工艺卡。组织零部件的生产、加工、准备或购进标准件（螺钉、销钉、标准模架）。并按要求，采用机械加工、电加工及其他工艺方法制造、加工出符合设计图样要求的零部件	生产管理、采购、加工生产及检测人员
5	模具装配	按规定的模具技术要求及装配工艺规程，将加工检验合格的零部件及外协、外购标准件。按装配图进行连接与组装，装配成符合模具设计图样的整体模具	模具钳工
6	试模与调整	将装配好的模具，在规定的成形压力机上，安装、试模、边试边调整、校正，直到批量生产出合格的制品零件为止	模具钳工
7	检验验收与包装	将调试合格的模具组织检测及验收，并打好标记。将验收试模的制品样件及验收的模具进行包装，运输发放到用户	生产管理、设计工艺、质检及用户验收等人员

在模具生产过程中，模具设计及模具制造者均应了解模具生产全过程的程序和内容。前道工序的操作者，要把后道工序作为自己的“用户”，使后道工序满意自

己的工作效果；而后道工序又作为前道工序的检验、验收者，互相监督检查，相互制约、协作。只有这样，才能使模具生产的全过程有条不紊、有秩有序的进行，才能生产制造出结构合理、精度较高、质量稳定、符合用户要求的模具，以提高企业的信誉度，使企业永远处于不败之地。

六、模具制造特点及工艺特征

模具制造是指在相应的制造装备和制造工艺的条件下，直接对模具构件材料进行加工，以改变其形状、尺寸、相对位置和性质，使其成为符合要求的构件，再将这些构件按模具总装配图配合、定位、连接与固定，装配成为整体模具的过程。

1. 模具制造特点

1）模具是非定型产品，属单件生产方式，每套模具均有不同的技术要求。因此，模具制造对工人技术等级要求较高，须具有丰富实践经验及技艺水平的高智能型人才。

2）模具是为批量、大批量定型工业产品生产服务的，是根据用户合同组织制造生产的，其任务来源的随机性很强，计划性较差。因此模具生产的组织形式、生产管理、经营与服务方式，需实行智能性的运行机制和生产组织规模。

3）模具属单件生产属性，在模具制造过程中，同一工序的加工，往往内容较多。如模具成形零件型面粗糙度和装饰性加工，标准模板等零部件的钻孔、攻螺纹等补充加工；以及模具装配、调试等，技艺性手工劳动量仍然很大。即使在现代化工业生产中，模具制造采用 NC、CNC 加工装备或采用模具 CAD/CAM 技术也离不开模具钳工的高超手工技艺。

4）模具生产制造技术，几乎集中了机械加工的精华，有时是机电结合加工。在加工中，某些工作部分的尺寸及位置，必须经过试验后方能确定。因此，生产效率较低，周期一般较长，加工成本也比较高。

5）经装配后的模具，均需经试模调整，验收后，才能交付使用。

2. 模具制造程序及设备

模具的加工制造过程，主要是通过各种专业加工工艺以及工艺过程管理、设备、卡具，按工艺顺序进行加工、装配、调试来完成模具的制造任务。在加工制作过程中，根据不同类型的模具和使用性能，对其采用合理的加工工艺和方法。其中，选用合理的加工设备，是制造高质、高精度模具的主要因素之一。

模具加工制造程序大致为：原材料的采购、下料、制备坯料，零件的粗加工、工作部位的精加工、零件的热处理、零件的检测与修配、模具的装配试模与调整、验收。

在模具加工与制作过程中，设备的使用，应根据各工序的性质、尺寸精度要求来选择，其常用加工设备见表2-16。

表 2-16 模具加工常用机床设备

加工工序	常用设备	加工工序	常用设备
下料	锯床 气割机	工艺性及工作成形零件加工	仿形刨床，成形磨床电火花机床，线切割机床，数控机床，（车、铣、磨）数控加工中心设备超声波加工设备铸造成形设备
坯件制备	铸造机械 锻压设备		
结构性零件加工	普通车床 普通刨床 普通铣床 插床 镗床 普通平面磨床 内外圆磨床 台钻、摇臂钻床	热处理	各种热处理设备，碱浴炉，盐浴炉，化学热处理及表面硬化设备
		装配	气动及机动研磨设备，各种压印、抛光机械
		调试与验收	与模具相关的成形机械 专用试模机

3. 模具生产的工艺特征

根据模具设计的基本要求，模具生产具有如下工艺特征：

1）模具是单件生产的产品，即模具是根据制品零件的结构要素进行设计和制造的专用成形工具。

2）模具制造的关键工艺是凸、凹模及其相关成形零件的专业工艺，模具的装配工艺及模具制造工艺过程的优化设计与工艺过程的高度节约化。

3）模具生产需采用多种专业工艺、多道工序才能保证加工要求。因此，模具的制造工艺流程一般很长。

4）模具生产制造技术，几乎集中了机械加工的精华，有时是机电结合加工，但离不开钳工手工技巧的操作。模具零件的毛坯制造一般采用木模手工造型、砂型铸造或自由锻造加工而成。而模具零件除采用一般普通机床加工外，还需要采用高效、精密的专用加工设备及电火花、线切割加工机床加工。其模具装配及调试，全靠工人手工技巧来完成。

5）模具零件的加工，一般多采用通用夹具，由划线和试切法来保证尺寸精度，为了降低成本，很少采用专用夹具加工，一般采用配作加工方法。随着科学技术的进步，我国目前正在推广模具 CAD/CAM/CAE 技术，成形零件型面加工的 FMS（柔性加工系统）技术等符合单件生产工艺特点，符合高度节约化的模具制造工艺。

6）模具生产专业厂一般都实现了零部件和工艺技术及其管理的标准化、通用化、系列化，把单件生产转化为批量生产的生产方式。

4. 模具零件的加工

在模具制作过程中，其零件的加工主要是根据零件所需的精度、表面质量要求，来选择不同的加工方法和加工工序。主要是由粗加工工序、精加工工序及光整加工工序完成。

(1) 结构性零件的加工

模具结构零件主要包括支承零件，如模板、凸模、凹模及型腔固定板、垫板、卸料板、导向零件（导柱、导套），以及其他为完成成形工作的辅助零件等。这类零件由于通用性很强，故有的零件已实现了标准化生产，如模架及各种板类坯料等。这些零件，在加工时均可根据模具零部件及其技术要求，采用通用机械或专用生产线进行加工。如对精度要求较高的矩形板类零件凹模套板、凸凹模固定板、上下模座以及定动模板等，可以采用备料（锯切）→坯件的制备（锻压或铸造）→粗刨加工→精刨加工→精磨加工→精密划线→精密加工成形（铣削、插削、镗削、钻削等)。而对于导柱、导套类零件，应采用备料（锯切）→车削内、外圆→热处理（淬、回火）→磨削内、外圆→光整研磨加工。

在加工时，应根据零件的结构要素和技术要求，首先编制零件加工制造的工艺规程。其内容主要包括零件加工工艺路线的拟定、零件坯料的选择和确定、工艺装备及机床设备的选用、加工工艺基准的选择，以及工序尺寸与公差的计算、各工序的检测规则等，并以工艺文件的形式来指导生产与加工。操作者可以按文件规定的规程，进行加工及检验，以制出合格的零件。

(2) 工艺性零件加工

模具工艺性零件主要包括模具工作成形零件以及与成形有关的部件。这类零件一般要求精度、表面质量均很高，所以是模具制造中的关键工序。其加工方法一般为：毛坯的制备（锻压或锯切）→划线→坯料粗加工（采用普通机床进行基准面或六面体加工）→精密划线（或编制数控机床加工程序、制作穿孔纸带及各种精加工刀具、工装准备）→精密成形加工（数控机床、电火花加工、数控线切割加工、成形磨削加工）→光整加工成形（型腔模的型腔与型芯的抛光)。

在加工时，和结构性零件一样，首先应编制加工工艺规程，操作按加工工艺规程选择设备、工装进行逐步加工、检验。其加工工艺方法可根据设备条件、技术能力，分别按传统的手工工艺（钳工手工锉削压印加工或钳工手工修磨配作加工)、普通机械加工（成形磨削加工、冷挤压型腔成形加工)、数控机床加工（NC、CNC加工)、电火花成形加工（电火花穿孔及数控线切割加工、电解磨削加工)、电铸成形及采用 CAD/CAM 计算机制模技术加工等。但无论采用上述何种方法加工，最后都要由钳工做最后整修加工，以加工制作出合格的零件，便于最终的模具装配。

5. 模具的装配与调试

根据模具装配图样和技术要求，将模具已加工好的零部件，按一定工艺顺序进行配合与定位、连接、固定使之成为一体的过程称为模具装配。

模具装配是模具制造工艺全过程中的关键工艺。在装配时，要求每一相邻零件或相邻装配部件组合之间的配合和连接，均需按装配工艺确定的装配基准进行定位和固定，以保证它们之间的配合精度及位置精度。从而确保模具凸模（或型芯）与凹模（或型腔）间精密、均匀地配合，以及模具定向开合运动及其他辅助机构如卸料、抽芯、送料等运动的精确性。

模具装配方法见表2-17。

表2-17　模具的装配方法

装配方法	工艺说明	适用范围
修配装配法	装配时，选择其中易于拆装的零件作为修配件，采用机械加工、电动、风动修配等工具，修磨预留修配量与其相邻零件相配合，达到精度要求，如凸、凹模、导柱、导套配作加工装配，可放宽其中一个零件制造公差，装配时，通过修磨达到装配精度要求	模具装配与制造中常用的方法，主要适用于缺少高效、高精度加工设备条件下，单件及批量较小的模具装配
调整装配法	装配时，采用调整补偿的实际尺寸或位置，如采用螺栓、斜面、挡环、垫片调整连接件的间隙，使其在装配后达到允许的公差和极限偏差，保证模具装配精度	在模具装配中采用的比较多的方法，如组合冲模的装配以及无导向简易模具的装配，为保证凸、凹模间隙和组成刃口，常采用调节螺栓或斜面，来调节和固定拼合元件的位置以达到装配要求
分组装配法	装配时，将零部件分组，同组零件进行互换性装配，并保证各组相配零件的配合公差保证在允许范围内。如导套、导柱的生产加工可以互选配对分组，然后进行装配	适用于批量不大，装配精度较高，不宜采用控制加工误差，来保证互换性装配精度的模具装配
互换装配法	装配时，各相配零件或其装配单元无须选配，直接装配后即可达到装配精度及要求	适用于大批量、专业化生产的模具装配，零件的互换性好，无需选配

七、模具的生产方式与加工制造要求

1. 模具生产制造方式的选择

模具生产制造方式选择的原则，主要根据模具的品种，批量大小，精度要求以及企业的专业化程度及设备的技术条件来选择其原则是：

1）对于大批量工业产品生产用的模具，需要达到寿命长、维护保养费用低的要求。一般选用高硬度、高耐磨性材料，采用电化学加工、电火花加工等方法予以保证。在生产方式上，一般采用成套性生产。即根据模具标准化系列设计，使模具坯料成套供应。模具各部件的备料、锻、车、铣、刨、磨等初次或二次加工，均由生产管理部门专人负责管理。而各部件的精加工、热处理、电加工等则由模具钳工自己管理，最后由模具钳工整修成形并按装配图装配、试模、调整，直至生产出合格的零件制品。这样做的目的能使生产出来的模具部件有较强的通用性和互换性，便于模具的装配和修理，并且可使模具的生产周期短，质量也比较稳定。

2）对于多品种、小批量工业产品生产用的模具，为达到制造成本低的要求，在制造工艺上一般采用单件生产及配制的生产方式。如小批量汽车、飞机零件，生产用大型覆盖件模具等，在生产工艺上可采用低熔点合金浇注、金属喷镀、环氧树脂模具等方法来制造符合技术要求的模具。

3）对于大型模具，一般可采用自动化加工方式。如模具的型腔，可采用数控铣床加工，目的在于提高效率，降低成本。

4）对于小型精密模具，可以采用精密的电火花加工机床、精密磨床、坐标磨床，以及坐标镗床来进行加工。

5）对于同一种零件制品需多个模具来完成，在加工和调整模具时，应保持前后的连续性。在调整时，应由一个调整组负责到底，直到生产出完整的合格零件为止。

2. 模具生产制造的基本要求

在现代工业生产中，模具已成为大批量生产各种工业产品和日用生活用品的重要工艺装备。而在各加工行业中，应用模具的目的在于保证产品质量、提高生产效率和降低制造成本。因此，在模具生产制造中，不但要有合理、正确的模具设计，还必须要有高效、高质量的模具制造技术作为保证。制造模具时，一般应满足以下几个基本要求：

（1）保证模具的质量好、精度高

模具是批量生产零件制品的专用成形工具。为了生产出合格的产品和发挥其效能，在模具生产过程中，模具的设计与制造必须要具有较高的精度和质量。模具的精度取决于模具成形的制品精度要求和模具的结构设计要求。为了保证制品的精度和质量，模具中与制品成形有关的零件精度通常要比制品精度高 2 ~ 4 个数量级，模具的结构要保证模具开合模动作准确等精度要求。因此，按工艺规程所生产出的模具，从零件制造到组装都应能达到模具设计图样所规定的全部精度和质量，并通过试模能批量生产出合格的制品零件。

（2）保证交货期，制造周期短

为了满足生产的需要和提高产品的竞争力，在制造模具时必须在保证质量的前提下尽量缩短模具制造周期，按合同及时交货。模具制造周期的长短主要取决于模具企业制造技术和生产管理水平的高低。为缩短制造周期，应力求缩短成形加工工艺路线，制定合理的加工工艺规程，编制科学的工艺标准和加工工序，经济合理地使用设备，力求变单件生产为多件批量生产，采用和推行“成组加工工艺”方式。

（3）保证模具使用寿命，提高耐用度

模具是比较昂贵的工艺装备。目前模具的制造费用占产品成本的10%～30%，其使用寿命的长短直接影响产品成本。因此，除了小批量和试制性产品外，一般都要求模具有较长的使用寿命和耐用度，这就要求在制作模具时，根据生产制件批量大小，选用优质的模具钢，提高热处理质量，或采用一些特殊提高耐用度的措施，来设法延长模具使用寿命。

（4）节约原材料，降低制模成本

模具的制造成本直接影响到制件的成本，而模具制造成本主要与模具的复杂程度、模具材料、制造精度要求、加工手段、加工方法有关。因此，在制造模具时，模具设计及工艺技术人员，必须要根据制品要求，合理设计模具和制定加工工艺，合理利用材料，以保证模具成本的低廉。

（5）提高模具加工水平，保证良好的劳动环境和条件

制作模具时，要根据企业现有条件，尽量采用新工艺、新技术、新材料，以提高模具制造质量，提高劳动生产效率、降低成本，以使模具有较高的技术经济效益和水平。同时，在加工制造时，应使操作者在不超过国家标准所规定的噪声、粉尘、温度等工作环境下工作。

上述要求是相互关联，相互影响的。片面的追求高精度、高寿命，必然会导致制造成本的增加，而若追求低成本、短周期，又会影响质量、精度和寿命。因此，在设计与制作模具时，应根据实际情况全面考虑，在保证制品质量的前提下，选择与制品生产量相适应的模具结构和制造方法，以力求使模具成本降到最低限度。

八、模具技术水平的提高及发展趋势

1. 提高模具制造技术水平的措施

在现代化工业生产中，模具已广泛地应用于各生产领域，并发挥了积极的作用。如何提高模具制造技术水平，已成为当务之急。在模具生产制造中，衡量模具技术水平，主要包括模具制造周期的长短、模具的使用寿命及耐用度、模具的精度高低、模具的制造成本及模具标准化程度等几个方面。在模具制造中，提高模具技术水平的措施，主要应从以下几方面下功夫。

（1）建立健全模具工业体系产业基础

在生产中，为了尽快发展模具产业，提高其技术水平，适应社会产品工业化规模，应建立健全模具制造专业企业和为模具企业提供生产装备企业群体，以组成强大的模具产业基础，为工业现代化生产服务。同时，这些模具产业群体应配备相应的先进技术装备，如数控机床、加工中心，并逐步实现CAD/CAM计算机辅助制模技术。

（2）采用高精设备，提高加工工艺水平

为了提高模具制造精度及质量，在加工制造中，应尽量采用先进的、高精度设

备。例如采用 NC、CNC 成形铣削、磨削机床、加工中心等一系列数控机床，尽量减少用落后的手工操作对加工精度的影响，以提高制造精度和质量。同时，逐步实现 CAD/CAM 模具设计与制造一体化制模技术，并建立模具制造用柔性加工生产线或车间（FMS 技术），以优化模具生产过程，实现模具制造生产现代化的产业基础和科学基础。

（3）实现科学管理，加强生产制造中的质量控制

在模具生产中，为提高模具技术水平，要对其生产的全过程实现科学的管理，并加强在生产制造中的质量控制，以保证精度和质量的提高。这就要求，在加工与制作中，要全面执行质量保证与质量管理（GB/T 19000）系列标准，以生产出优质、高效的模具产品。为此，要在制造加工的每一个环节，必须使其质量始终处于受控状态，并在模具结构方案的决策、模具设计、模具材料的选用及其性能、模具标准件及其配件质量、模具制造工艺及其规程的编制、工作成形零件的加工、结构零件的制造、模具的装配与试模、模具的验收等诸方面进行必要的质量监控。

（4）努力实施模具标准化工作

模具设计与制造标准化工作是现代模具生产的技术基础和必备条件。实施模具标准化生产即是将模具中的通用部件设计成通用标准件，并组织规模生产，以提高模具设计和制造的效率，缩短模具制造周期，提高模具制造水平。

（5）加强人才培训，提高生产技艺技能

模具生产技术，一般属于高智能的脑力及体力劳动的结合。在设计与制造时，需要高超的理论和技艺及丰富的创造性。因此，为了提高模具制造技术水平，应不断对工程技术人员及操作工人进行技术培训、学习和研究先进的制模技术，并经常进行技术交流，加强协作不断引进先进技术，以提高模具制造技术水平。

2. 模具发展趋势

模具是现代加工制造业规模生产中使用极为广泛的工艺装备，并在产品生产的各行各业中发挥着极其重要的作用。随着我国经济的腾飞和产品制造业的蓬勃发展，模具制造业也进入了高速发展的时期。目前，我国现有模具生产专业厂已达到 2 万余家，从业人员不断增加，产值、效益逐年提高，一些大型、精密、复杂、长寿命的模具不断地被生产出来，一批批模具制造的新技术、新工艺、新材料不断涌现，为我国社会主义经济建设做出了突出的贡献！但自加入世贸组织以来，模具制造业随之也面临国际市场日益激烈的竞争。因此，为赶超世界先进水平，模具行业必须在设计技术、制造工艺和生产模式等方面尽快发展与加速调整，以促使模具现代化的实施。要想达到这个目标和要求，今后模具的发展趋势应从以下几方面进行考虑：

1）模具的结构设计应与成形设备的高速、自动及精密化相适应。即为了适应当前高速压力机的使用，应发展多工位连续模及具有组合功能的双色、多色塑料注

射模等多功能模具，以发挥模具的高效率，适应大批量生产的需求。同时，还要发展高精度及自动化程度较高的模具，以适应精密零件的成形及生产成形的安全性。

2）积极组织开展模具标准化工作，实现模具的快速制造与加工。这是因为实施模具的标准化生产可以实现模具生产与销售工作并行。利用网络化制造系统采用统一数据库和文件传输格式，实现信息集成和数据资源共享，采用高速加工等先进制造工艺，为模具快速制造提高有效的实施平台。

3）发展与应用快速成形技术生产制造模具。如在模具制造中，采用计算机对产品零件进行三维造型，然后进行平面分层处理，再由计算机控制成形装置从零件基层开始，逐层成形和固化材料，最后完成零件的成形技术。或者研究和发展立体平板印刷、物体选层制造、激光烧结、熔丝沉积等快速成形法，加速模具的制造，缩短模具的生产制造周期。

4）发展和建立专为模具制造与设计服务的计算中心，实现计算机辅助设计和制造（CAD/CAM）的模具生产系统。

5）开发和研究模具新材料以及模具表面硬化技术，以制造出高强度、高寿命的优质模具。如在模具制造中，积极推广 CVD、PVD、TD 等表面硬化技术，以使模具获得较高的耐用度，提高其使用寿命。

6）发展和开发模具制造的新技术、新工艺。如在模具制造中积极开发、研究精密模具与加工制造技术，采用高速切削加工法以及研发模具表面研磨抛光新技术、新工艺。

7）积极探索与研究适于新产品开发及多品种小批量的快速、经济型模具结构与加工制造方法。

8）研究和发展自动化水平较高的模具生产专业化设备和技术，以提高模具生产制造的技术水平。

9）积极探索、研究 CAD/CAPD/CAM/CAE、DNC、PDM 和网络集成等技术在模具开发中的应用，以实现网络化制造、加快信息的提取和传递、达到快速制造与加工制造模具的目的。

10）研究模具成本的合理运算方法及模具制造加工中的科学管理方法，以提高模具企业的经济效益。

第三章　模具材料的选用及热处理要求

模具材料是模具制造的基础。模具材料的使用性能和热处理技术，直接影响到模具的质量和使用寿命。这是因为，模具材料的工艺性能，关系到模具加工的难易程度、模具加工的精度，表面粗糙度质量和加工费用。同时材料性能与热处理质量又决定了模具的耐用度及使用寿命。因此，做为在模具加工与制作中起主导作用的模具钳工，不仅要掌握有关模具材料的性能及其热处理专业知识，而且在接到模具制造任务后，首先要对所发给的坯件，对着模具设计图所规定的各零件材质，进行逐个认真核查，特别是对成形零件，必要时要进行火花鉴别，以防由于材质用错，而影响模具加工质量及耐用程度。同时，更要杜绝任何的材料的代用，以使模具获得良好的工作性能及寿命。

一、模具材料性能指标

（一）材料力学性能指标名词解释

材料力学性能名词解释见表 3-1。

表 3-1　材料力学性能名词解释

<table>
<tr><th>性能名词</th><th>代号</th><th>名词解释</th><th>单　　位</th></tr>
<tr><td>1. 强度极限</td><td colspan="3">强度极限是金属材料在外力作用下抵抗变形和断裂的能力，常用的指标有屈服、抗拉、抗剪三种</td></tr>
<tr><td>（1）屈服强度</td><td>σ_s</td><td>金属在外力的作用下抵抗发生塑性变形的能力</td><td rowspan="3">MPa
（N/mm^2）</td></tr>
<tr><td>（2）抗拉强度</td><td>σ_b</td><td>金属在外力的作用下，发生拉断时的应力</td></tr>
<tr><td>（3）抗剪强度</td><td>τ</td><td>金属材料在受剪切状态的力作用下，不致破坏的最大应力</td></tr>
<tr><td>2. 塑性</td><td colspan="3">金属材料在外力作用下，产生永久变形而不致引起破坏的性能称为塑性。常用的塑性指标有：伸长率 δ，断面收缩率 ψ 等</td></tr>
<tr><td>（1）伸长率</td><td>δ</td><td>金属材料在受拉力作用断裂时，伸长的长度与原有长度的百分比</td><td rowspan="2">%</td></tr>
<tr><td>（2）断面收缩率</td><td>ψ</td><td>金属材料在受拉力作用断裂时，断面缩小的面积同原有断面的百分比</td></tr>
<tr><td>3. 硬度</td><td colspan="3">金属材料能抵抗更硬的物体压入其内部的能力称为硬度。常用的硬度指标有布氏硬度（HBW）、洛氏硬度（HR）</td></tr>
<tr><td>（1）布氏硬度</td><td>HBW</td><td>用一定的负荷（30000N），把硬质合金球（ϕ10mm）压入材料表面上，然后用材料表面上球印的表面积来除负荷所得的商为硬度值</td><td>N/mm^2</td></tr>
<tr><td>（2）洛氏硬度</td><td>HR
HRC</td><td>用一定的负荷把淬硬钢球或 120° 圆锥形金刚石压入器压入材料表面，然后用材料表面上压印的深度来计算硬度大小。其中用 1500N 负荷和圆锥形金刚石压入器求得的硬度用 HRC 代号表示</td><td>—</td></tr>
</table>

（二）常用金属材料力学性能

常用冲压材料力学性能见表3-2。

表3-2　冲压常用材料力学性能

材料名称	牌　　号	力学性能			
		抗剪强度 τ/MPa	抗拉强度 σ_b/MPa	屈服强度 σ_s/MPa	伸长率 δ（%）
钢　材	Q235	310~380	375~460	≥235	≥26
	08F	220~310	275~380	—	≥27
	10	250~344	295~430		≥24
	45	440~560	450~600		17
	D21~D44	190			
铝	1070A	80	74~108	49~78	25
铝镁合金	5A02	127~158	177~225	98	
铝锰合金	3A21	69~98	108~142	49	19
纯铜	T1　T2	157	196	69	30
	T3（硬）	235	294		
黄铜	H62（软）	255	294		35
	H62（硬）	412	412		10
	H68（软）	235	294	98	40
	H68（硬）	392	392	245	15
锡青铜	QSn4-3	471	539		3~5
铝青铜	QA17	511	588	182	10
铍青铜	QBe2	511	647		2
镁锰合金	MB1（冷）	118~137	167~186	118	3~5
	MB8（冷）	147~177	225~235	216	14~15

二、常用模具钢材类型及火花鉴别

1. 模具钢材类型

常用模具钢材类型见表3-3。

表3-3　常用模具钢材类型

钢材类型	牌　　号	性　　能	用　　途
普通碳素结构钢	Q235、Q215 Q255	有一定的伸长率和强度以及韧性较好	适于制作模座及模板类零件
优质碳素结构钢	08F、10、45 15Mn、65Mn	有较高的强度及韧性，便于切削加工	适于制作模具结构类零件

（续）

钢材类型		牌号	性能	用途
碳素工具钢		T7、T8、T10、T10A	切削性能良好，淬火后有较高硬度及耐磨性	适用于制造尺寸小形状简单冷冲模凸、凹模
合金工具钢	低合金工具钢	CrWMn、9Mn2V、9SiCr GCr15、5CrMnMo	经淬火后，耐磨性，韧性较好，变形小	适用于制造形状复杂制品零件模具成形零件
	高合金工具钢	Cr12、Cr12MoV 3Cr2W8V	淬透性、耐磨性好，热处理后变形小	适用于承载、冲击，工件形状复杂的冷作及热作模具
高速工具钢		W18Cr4V W6Mo5Cr4V2	具有良好的淬透性，硬度、强度高，韧性好，耐磨性高	适于制造冷挤压模工作零件

2. 各类钢材火花鉴别法

各类钢材的火花鉴别，是在砂轮机上打磨检测观查，根据不同的花束来判断钢种类型。其方法见表3-4。

表3-4 钢材的火花鉴别法

钢材类型	火花图示	观花说明
低碳钢	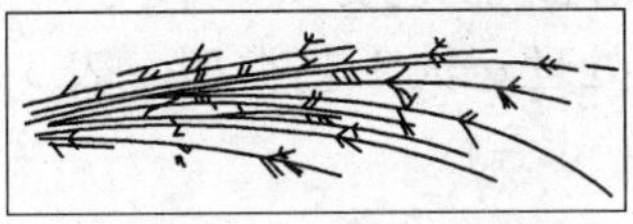	整个火束呈草黄带红，发光适中流线稍多，长度较长，自根部起逐渐膨胀粗大，至尾部又逐渐收缩，尾部下垂成半弧形。色稍暗，时有枪尖尾花，花量不多，爆花为四根分叉一次花，呈星形，芒线较粗，在流线上的爆花，只有一次爆裂的芒线称一次花，表明含碳量 < 0.25%
中碳钢	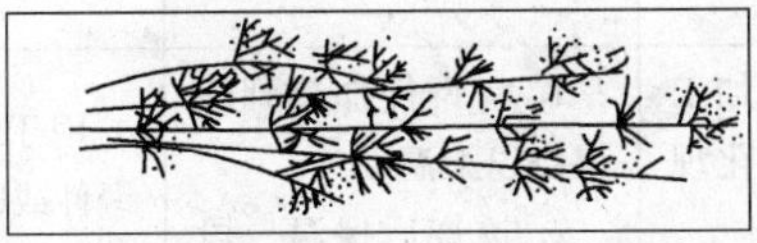	火束呈黄色，发光明亮，流线多而细长，尾部垂直，尖端分叉，爆花为多根分叉二次花，附有节点，芒线清晰有较多的小花和花粉产生并开始出现不完全的两次复花，火花盛开，射力较大，花量较多约占整个火束的3/5以上
高碳钢	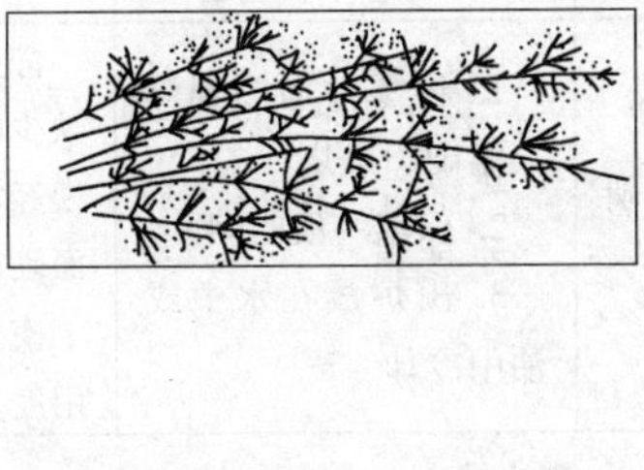	火束呈黄色，光度根部暗，中部明亮，尾部次之。流线多而细，长度较短，形挺直，射力强，爆花为多根分叉二、三次爆裂三层复花，花量较多，占整个花束的3/4以上
铬钢		火花与高碳钢相似，铬钢的含量越高，产生的爆花也越多。花为二、三次爆裂复花，花形较大，花量多而拥挤。但火束比高碳钢明亮，颜色为黄色而带白花，流线短而稍粗，多为大型爆花，枝状爆花不显著

（续）

钢材类型	火花图示	观花说明
高速钢（W18Cr4V）		火束细长，呈赤橙色，发光极暗弱，几乎无火花爆裂

三、模具零件的热处理

（一）模具零件热处理目的

热处理是模具制造中的重要工序。模具零件热处理的目的是利用加热和冷却的方法，改变钢材内部组织，使其提高硬度、韧性、耐磨性和其他所需要的力学性能。一般说来，模具质量的好坏及使用寿命的长短，在很大程度上取决于零件热处理的质量。因此，在模具制作中，不断提高热处理技术水平和合理的改进其工艺方法是非常重要的。

（二）模具热处理主要工序和作用

按照国标 GB/T 12603—2005《金属热处理工艺分类及代号》热处理工艺主要分为整体热处理、化学热处理及表面硬化处理三大工艺类型。表 3-5 列出了整体热处理的方法与应用。

表 3-5 模具热处理工序内容及应用

工序名称	定义	目的	方法	应用
退火	把钢加热到临界点以上某一温度，透烧后保温一段时间然后使工件随炉冷却的操作过程	1. 消除由于机加工而产生的表面硬化现象 2. 消除由于机械加工存在于金属内的残余应力，便于以后的机械、电加工	1. 将钢件加热到临界点以上温度 2. 透烧后保温一段时间 3. 随炉冷却或在土灰、石英砂中缓慢冷却	用于模具的铸钢件、锻件或冷压件，改变由于锻打产生的内应力，降低由于冷作硬化而形成的硬度，便于机械加工及电加工成形
淬火	将钢件加热到临界点以上（淬火温度），保温一段时间，透烧后，置入水中（油中或碱液中），冷却下来的操作过程	为了提高零件的硬度及耐磨度	1. 将零件加热到淬火温度、透烧 2. 保温一段时间 3. 出炉放在水中或油中冷却	淬火是模具制造不可缺少的工序，如凸、凹模经淬火后，提高了表面硬度和耐磨性，增加了模具的使用寿命及耐用度

（续）

工序名称	定义	目的	方法	应用
回火	将淬火后的零件，加热到临界点以下的一定温度，在该温度下停留一段时间，然后冷却下来的操作过程	消除淬火后的内应力，适当地降低钢的硬度，以提高钢的韧性	将零件淬火后紧接着放在炉内加热到临界点以下一定温度（回火温度），保温一段时间后，冷却	模具零件淬火后马上进行回火处理，以提高钢的韧性提高模具的耐用度
调质	将淬火后的钢制零件，进行高温回火，这种复合热处理工艺称为调质	1. 细化晶粒，以提高零件的加工性能和冲击韧度 2. 降低硬度，改善可加工性	把淬过火的钢件加热到500～600℃，保温一段时间，随后冷却下来	做为模具零件淬火及氮碳共渗前的中间热处理
渗碳	将钢件放在含碳的介质中（气体、固体、液体），使其加热到一定温度，将碳渗入到钢的表面的操作过程	提高零件表面的含碳量，继续热处理后，得到高硬度而耐磨的表面及韧性良好的心部	1. 在盐浴内，进行渗碳处理，主要成分是碳化硅 2. 在气体渗碳炉中利用甲烷气体作主要原料进行渗碳处理 3. 采用固体渗碳	渗碳后，零件表面提高了硬度及耐磨性，故在模具制造中常用来对导柱、导套做渗碳处理

（三）常用模具钢热处理规范

（1）碳钢、合金钢退火工艺

碳钢、合金钢退火工艺见表3-6。

表3-6 碳钢、合金钢退火工艺规范

钢号	装炉温度/℃	加热温度/℃	等温温度/℃	透烧时间/h	等温时间/h	工艺说明
30～40	≤500	840～860	—	2～4	—	1）保温结束后，随炉冷却即可 2）根据工件大小和装炉量多少，选取透烧时间，工件大、装炉量多时，时间长一些 3）根据含碳量选加热温度，含碳量低，则加热温度高一些
45～60	≤500	800～840	—	2～5	—	
T7、T8	≤500	750～770	600～660	3～5	1～2	根据工件大小和装炉量多少选取透烧时间和等温时间，工件大、装炉量多则时间长一些
T9～T13	≤500	750～770	620～680			

（续）

钢号	装炉温度/℃	加热温度/℃	等温温度/℃	透烧时间/h	等温时间/h	工艺说明
Cr12 Cr12MoV	≤500	850~870	720~750	3.5~5	4~5	1）这两种钢退火以后，表面容易硬度高，所以要十分注意透烧时间和等温时间，不能太短 2）透烧及等温时间，应根据工件大小和装炉量多少来确定
5CrMnMo 5CrNiMo	≤500	850~870	620~680	4~6	4~5	1）根据工件大小和装炉量多少来确定透烧时间的长短 2）保温结束后，以每小时不大于50℃的速度冷却到500℃以下出炉

（2）碳钢、合金钢淬火工艺规范

碳钢、合金钢淬火工艺见表3-7。

表3-7 碳钢、合金钢淬火工艺

钢 号	淬火温度/℃	淬火介质	说 明
T7~T8	780~830	先水后油	1）淬火前要进行火花鉴别，确认钢种类型 2）在水中停留时间不要过长，待工件冷却到150~250℃后，立即转入油中冷却，在水中停留时间一般按0.20~0.35s/mm计算 3）如果是容易变形或开裂的工件，一定要用碱浴淬火，碱浴淬火的工件淬火温度要比水油双介质淬火温度高出30~40℃
T9~T13	760~810	先水后油	
35~40	830~850	先水后油	
45~50	810~840	先水后油	
60	820~840	先水后油	
CrWMn	820~840	油	1）淬火前要进行火花鉴别 2）淬火时要首先在空气中预冷一下，预冷时间以保证工件能得到图样要求的硬度为标准 3）淬火时不要在油中完全冷透，当工件冷却到200℃左右时，即可从油中取出，以防止开裂 4）淬完火要立即进行回火，以防止工件开裂 5）对表面粗糙度要求较高的模具，要用生铁末装箱后，进行加热
9SiCr	850~870	油	
5CrMnMo 5CrNiMo	830~850	油	
Cr12 Cr12MoV	980~1100	油或流动空气	

（3）碳钢、合金钢回火工艺规范

模具零件在淬火后，应立即进行回火处理以提高钢的韧性和耐磨性，其工艺见表3-8。

（4）新型模具工热处理工艺规范

目前，市场上又出现了很多新模具钢品种，这为模具的质量提高及寿命的延长提供优质条件。其新型模具钢热处理规范及用途见表3-9。

表 3-8　碳钢、合金钢回火工艺

钢号	回火温度/℃	硬度 HRC	冷却	工艺说明
T8	160～180	64～60	空冷	将淬火后的零件，立即装入生铁屑的铁箱内，装炉升温至回火温度，然后进行保温，并随箱冷却
T10	160～180	64～62		
Cr12	150～170 或 500～520	≥61		
Cr12MoV	150～180 或 500～520	≥61		
CrWMn	160～180	≥61		
9Mn2V	150～180	60～65		

表 3-9　新型模具钢热处理工艺规范

钢号	退火		淬火			回火		用途
	加热温度/℃	硬度 HBW	加热温度/℃	冷却介质	硬度 HRC	加热温度/℃	硬度 HRC	
6Cr4W3Mo2VNb	860+740 等温	217～187	1120～1160	油	58～65	540～580	58～62	适用于高强韧性冷挤、冷镦及冷冲模凸、凹模
5Cr4Mo3SiMnVAl	860+720 等温	200～220	1090～1120	油	61～62	510～540 二次	60～62	适用于冷挤模凸、凹模
6Cr4Mo3Ni2WV	—	241～270	1100～1140	油	61～62.5	520～560 二次	61～62.5	适用于冷冲、冷挤、冷镦凸、凹模
7Cr7Mo3V2Si	860+750 等温	220～260	1100～1150	油	60～61	530～570 2～3 次	57～63	适用于冷镦冷冲凸、凹模
5Cr4W5Mo2V	850+750 等温	197～212	1130～1150	油	62～63	400 500～620	61～60 52～54	适用于高强韧性冷镦、冷冲模
7CrSiMnMoV	850+640 等温	217～241	820～1000	油或空	>60	180～200	58～60	适用于中薄板的冲孔落料模

（5）常用模具钢真空淬火工艺参数

为了提高模具零件热处理质量，防止裂纹及形变，目前常采用真空淬火工艺，其工艺参数见表 3-10。

表 3-10　常用模具钢真空淬火工艺参数

钢材型号	预热		淬火			回火温度/℃	硬度 HRC
	温度/℃	真空度/Pa	温度/℃	真空度/Pa	冷却方式		
CrWMn	500～600	0.1	820～840	0.1	油（<40℃）	170～185	62～63
9Mn2V	500～600	0.1	780～820	0.1	油冷	180～200	60～62
Cr12	500～550	0.1	960～980	10～1	油或 N_2 气	180～240	60～44

（续）

钢材型号	预　热		淬　火			回火温度 /℃	硬度 HRC
	温度 /℃	真空度 /Pa	温度 /℃	真空度 /Pa	冷却方式		
5CrNiMo	500~600	0.1	840~860	0.1	油或N_2气	400~500	39~44.5
Cr12MoV	一次 500~550 二次 800~850	0.1	980~1050 1080~1120	10~1	油或N_2气	180~240 500~540	60~64 58~60
W6Mo5Cr4V2	一次 500~600 二次 1150~1250		1100~1150 1150~1250	10		200~300 540~600	58~62 62~66
W18Cr4V	一次 500~600 二次 800~850		1000~1100 1240~1300			180~220 540~600	58~62 62~66

（四）模具零件的化学热处理

化学热处理是将钢制冲模零件放置于一定的活性介质中保温，使一种或几种元素渗入它的表面层，以改变其化学成分、组织和性能的热处理工艺。化学热处理的类型很多，其中在冲模制造中常用的主要有渗碳、渗氮、碳氮共渗、渗硫、渗硼、渗金属等。模具零件采用化学热处理技术后，可大大提高零件的耐用度和使用寿命，现已被广泛地应用于模具制造生产之中。

化学热处理常用的方法见表 3-11。

表 3-11　化学热处理方法及应用

处理方法	工艺内容	目的及应用
渗碳	渗碳是把零件放置于渗碳介质中并加热到 850~950℃，保温一定时间，使碳原子渗入钢件表面的化学热处理工艺。其处理方法主要有固体渗碳、液体渗碳、气体渗碳、真空渗碳和离子渗碳。其中，在模具制造中气体渗碳是经常采用的方法	工件经渗碳之后，其表面强度和耐磨性大大提高。同时，由于心部和表面含碳量不同，故硬化后的表面大大提高了耐用度，如模具中的导柱、导套即是经过渗碳-淬火联合工艺处理的
渗氮	渗氮是向零件表面渗入氮原子。主要包括气体渗氮、离子渗氮。其中气体渗氮一般在井式炉内进行，即将工件放在密封炉内加热，并通入氨气，氨气在 380℃以上受热分解出氮原子并被钢表面吸收，形成氮化物向内部扩散	渗氮的目的是在工作表面获得一定深度的渗氮层，从而提高零件的硬度强度、耐磨性
渗硫	渗硫是在已硬化的工件表面渗一层硫。其方法包括低温电解渗硫，离子及气体渗硫等。其方法与渗碳渗氮基本相同，一般渗层厚度为 5~15μm	零件渗硫后可减少摩擦即减少、咬合、擦伤和磨损。主要适用于拉深及冷挤压模的凸、凹模零件

（续）

处理方法	工艺内容	目的及应用
多元素共渗	将多种元素如碳、氮等同时渗入模具零件表面称为多元素共渗。主要包括碳氮共渗、硫氮共渗、硼氮共渗、硫氮碳共渗等多种，其中碳氮共渗在冲模制造中应用最多	多元素共渗技术主要提高零件的硬度、强度和韧性，同时提高零件疲劳极限及耐磨性
渗金属	将机械加工好的模具零件加热到适当的温度，使金属元素扩散渗入表层，如渗铬、渗钒等，其中在冷镦模中的工作零件多数采用渗钒工艺	可使零件表面硬度提高，增加耐磨性。如 Cr12 钢渗钒后其寿命可提高 6 倍以上

（五）模具零件的表面硬化

在模具制造中，为了提高模具的耐用度和延长使用寿命，在设计和加工时，一般都预先按照其用途选择优质的模具材料并进行适当的热处理，以提高其硬度、强度和韧性。若结果不能获得满意的耐用度效果，就应该采用零件表面硬化技术，以获得更高的硬度，延长其使用寿命。

模具零件表面硬化的目的是使模具获得较高的耐用度。其表面硬化方法主要有表面涂镀、表面镀膜以及高能束强化技术。这些表面技术的采用，可以大幅度地提高模具表面性能，成倍地延长使用寿命。并对提高模具的加工效率和质量、减少昂贵模具材料的消耗具有十分深远的意义。

模具零件的表面硬化方法见表 3-12。

表 3-12　模具零件表面硬化方法

硬化方法		工艺说明	效果及应用
表面电镀技术	镀硬铬	表面电镀，它是在电解质溶液中将零件作为阴极以镀层金属作为阳极，通过电解方法在零件表面上沉积一层金属的加工过程	提高零件表面硬度及耐磨性，硬度可达 1000～2000HV，主要适于拉深模
	非晶态合金镀		
	镀镍		
表面镀膜技术	物理气相沉积法（PVD）	表面镀膜技术是采用气相沉积的原理，在工件表面上覆盖厚 0.5～10μm 的一层过渡层元素（Ti、V、Cr、W、Mo、Nb）与 C、N、O 和 B 的化合物，使其具有很高的硬度和抗粘附、抗磨损能力	提高模具零件表面硬度（TiC 为 3200～4000HV、TiN 为 2450HV）、抗粘附力、抗磨损能力，提高模具耐用度
	化学气相沉积法（CVD）		
	浸蚀碳化物法（TD）		
高能束强化技术	激光淬火	高能束是由高密度光子、电子、离子组成的激光束，电子束、离子束通过特定装置被聚焦到很小，甚至细微尺寸形成的极高能量密度（10^3～10^{12} W/cm^2）的粒子束。将这些粒子高能束作用工件表面可使其表面特性改变	能提高零件表面硬度和强度及耐磨性。其表面光滑，变形小，很适合形状复杂、大型覆盖件冲模表面处理
	激光表面合金化		
	电子束加热表面强化		
	离子注入硬化法		
	零件高频脉冲淬火法		

四、模具零件材料及热处理要求

(一) 冷冲模用钢材及热处理要求

(1) 工作零件

冷冲模工作零件材料及硬度要求见表3-13。

表3-13 冲模工作零件所用材料及热处理硬度要求

模具类型		冲件情况	选用材料牌号	热处理工艺	硬度HRC	
					凸模	凹模
冲裁模	1	形状简单，冲裁材料厚度 $t<3$mm 带台肩的快换式凸模，形状简单的凹模镶块	T8A T10A 9Mn2V Cr6WV	淬火	56~62	60~64
	2	形状复杂的 $t>3$mm 凸凹模及形状复杂的镶块	9SiCr，CrWMn，9Mn2V，Cr12，Cr12MoV Cr4W2MoV	淬火	58~62	60~64
	3	要求耐磨的凸、凹模	Cr12MoV GCr15， Cr4W2MoV	淬火	60~62	62~64
	4	冲材料较薄的凹模及薄板冲模	T8A T7A	淬火	43~48	43~48
弯曲模	1	一般弯曲凸、凹模	T8A T10A	淬火	50~60	50~60
	2	要求高耐磨、形状复杂、生产批量大的凸、凹模及镶块	CrWMn Cr12 Cr12MoV	淬火	60~64	60~64
	3	热弯曲的凸、凹模	5CrNiMo 5CrNiTi 5CrMnMo	淬火	52~56	52~56
拉深模	1	一般拉深凸、凹模	T8A T10A	淬火	58~62	60~64
	2	连续拉深模凸、凹模	T10A CrWMn	淬火	58~62	60~64
	3	要求耐磨及批量大的凸、凹模	Cr12，YG15 Cr12MoV YG8	淬火 YG15，YG8 不淬火	62~64	62~64
	4	不锈钢拉深模凸、凹模	W18Cr4V YG15，YG8	淬火 不淬火	62~64	62~64
	5	热拉深凸、凹模	5CrNiMo 5CrNiTi	淬火	52~56	52~56

（续）

模具类型	冲件情况			选用材料牌号	热处理工艺	硬度 HRC	
						凸模	凹模
冷挤模	1	铝件冷挤模	凸模	Cr12MoV，CrWMn Cr12，Cr6WV	淬火	62～64	—
			凹模	Cr12MoV，CrWMn T10A，W18Cr4V	淬火	—	62～64
	2	锌合金挤压	凸模	Cr12MoV，Cr12 W18Cr4V	淬火	62～64	—
			凹模	YG15　YG20	—	—	—
	3	铝件冷挤压	凸模	Cr12MoV，W18Cr4V	淬火	62～64	—
			凹模	Cr12MoV，CrWMn	淬火	—	62～64
	4	钢件冷挤压	凸模	W6Mo5Cr4V2 GCr15	淬火	62～64	—
			凹模	Cr12MoV，CrWMn Cr4W2MoV	淬火	—	62～64

（2）结构及辅助支承零件

冷冲模结构及辅助支承零件所用材料及热处理要求见表 3-14。

表 3-14　冲模辅助支承及结构零件所用材料及热处理要求

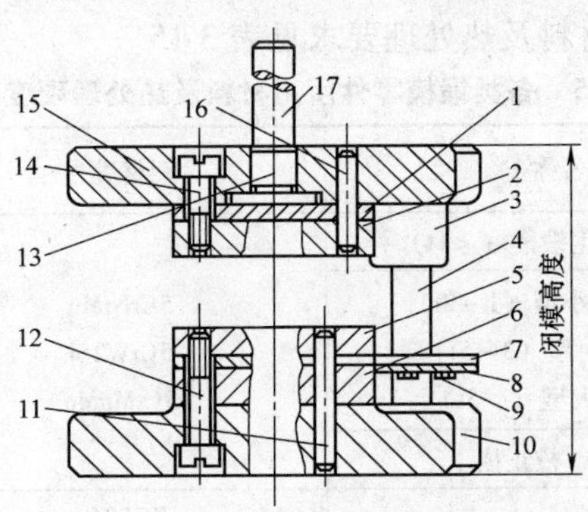

图中序号	零件名称	零件使用状况	材　料	热处理硬度要求 HRC
15 10	上模座 下模座	一般负荷	HT200、HT250	—
		负荷较大	HT250、Q235A	—
		负荷特大，受高速冲击	45	调质 28～32
		用于滚动导柱模架	QT500—7、ZG310—570	—
		用于大型冲模	HT250、ZG310—750	—

（续）

图中序号	零件名称	零件使用状况	材　　料	热处理硬度要求 HRC
17、13	模柄	压入式、旋入式模柄	Q235A、Q275	—
		通用互换式模柄	45、T8A	43～46
		带球面活动式模柄	45	43～48
4 3	导柱 导套	大批量生产	20	56～60（渗碳）
		单件生产	T10A	56～60
		用于滚动配合	Cr12、GCr15	62～64
2 5	固定板 卸料板	—	45	—
1	垫板	一般负荷	45	43～48
		单位压力特大	T8A	52～55
7	导料板	—	45、Q235	—
11、16	圆柱销	—	（45）T7A	（42～48）50～55
12、14	内六角螺钉	—	45	头部淬硬 43～48
	各种弹簧	—	65Mn	43～48
6、8、9	定位块、定位板	—	45	43～48

（二）锻模用钢材及热处理要求

各类锻模零件所用材料及热处理要求见表 3-15。

表 3-15　各类锻模零件所用材料及热处理硬度要求

锻模种类	零件名称		钢材牌号	硬度要求 HRC	
				模腔表面	燕尾部分
锤锻模	整体锻模	小型锻模（<1t）	5CrNiMo 5CrW2Si 5CrMnMo	42～47	35～39
		中小型（1～2t） 中型（3～5t） 大型（>5t）		39～44	32～37
		校正模		42～47	32～37
	镶块锻模	模体	ZG50Cr ZG40Cr	42～47	32～37
		镶块	5CrNiMo 4CrMnSiMoV 3Cr2W8V		
	铸钢堆焊锻模	模体	ZG45Mn2	42～47	32～37
		镶块	5CrNiMo 5CrMnMo		

（续）

锻模种类	零件名称		钢材牌号	硬度要求 HRC 模腔表面	硬度要求 HRC 燕尾部分
胎模	摔子	上、下模	45，40Cr	37～41	
	扣模		T7	40～44	
	弯曲模	模把	20	—	
	垫模套模	模套	5CrMnMo 5CrNiMo	38～42	
		冲头 模垫	45Mn2 40Cr	40～44	
	合模	小型 中型 大型	5CrMnMo，40Cr 5CrNiMo，T7， T8	40～44 40～44 38～42	
		导销	40Cr，45，T7	38～42	
	冲切模	热切冲头 热切凹模	7Cr3、T7、T8 45、T7、T8	42～46 42～46	
		冷切冲头 冷切凹模	T7，T8	46～50	
摩擦压力机锻模	凸模镶块		4Cr5W2VSi，3Cr2W8V	390～490HBW	
	凹模镶块		3Cr2W8V，5CrMnMo	390～440HBW	
	凸、凹模模体		40Cr，45	349～390HBW	
	整体凸、凹模		5CrMnMo	369～422HBW	
	下、上压边圈		45	349～390HBW	
	上、下垫板		T7，T8	369～422HBW	
	上、下顶杆		T7，T8	369～422HBW	
	导柱、导套		T7，T8	56～58	
切边模	热切边凹模		8Cr3，5CrNiMo，T8A	368～415HBW	
	冷切边凹模		Cr12MoV，T10A	444～514HBW	
	热切边凸模		8Cr3，5CrNiMo	368～415HBW	
	冷切边凸模		9CrV，8CrV	444～514HBW	
	热冲孔凹模		8Cr3	321～368HBW	
	热冲孔凸模		8Cr3，3Cr2W8V	368～415HBW	
	冷冲孔凹模		8Cr3，3Cr2W8V	56～58	
	冷冲孔凸模		Cr12MoV，Cr12V，T10A	56～60	

（三）压铸模用钢材及热处理要求

合金压铸模零件材料及热处理要求见表3-16。

表3-16 压铸模零件材料及热处理要求

零件名称		钢材牌号	热处理工序	硬度要求HRC
型腔镶块 型芯 滑块镶块	压铸锌、铅锡合金	3Cr2W8V 4Cr5MoSiV1（H13） 5CrMnMo 4CrW2Si	1. 坯件锻造后完全退火 2. 淬硬	44~48
	压铸铝镁合金	4Cr5MoSVI（H13） 3Cr2W8V 4Cr5Mo2MnVS1（Y10） 3Cr3Mo3VNb（HM3）	1. 坯件锻造后完全退火 2. 淬硬	42~46
	压铸铜合金	3Cr2W8V 3Cr3Mo2MnV- NbB CY4	1. 坯件锻造后应进行完全退火 2. 淬硬	40~44
浇口套 浇口镶块 分流锥		与型腔镶块相同	1. 坯件锻造后应进行完全退火	
			2. 淬硬	44~48
			3. 必要时再进行表面氮化	500~550HV
定、动模板		45、T7	—	—
定模套		45	—	—
动模套		50、45	—	—
推杆		4Cr5MoSiV1 3Cr2W8V	淬硬	45~50
垫板		T7、T8	淬硬	50~52
复位杆、斜销、楔紧块		T8A	淬硬	50~55
底板、支承垫块		Q235、45	—	—

（四）塑料模用钢材及热处理要求

（1）工作零件

塑料模工作零件材料及热处理要求见表3-17。

表3-17 塑料模工作零件材料与热处理要求

模具类型		零件名称	采用钢材牌号	硬度要求HRC
压缩及压注模	形状简单的冷压加工凹模类模具	凸模（型芯） 凹模 螺纹型芯 螺纹型环 成型嵌镶件 成型推杆	20、15 （渗碳淬火）	54~58
	形状简单要求不高的模具		45	43~48
	形状简单批量较小的一般压缩模		T8、T10、T8A、T10A	54~56
	批量较大、复杂形状压缩模		9Mn2V CrWMn 20Cr	54~58

（续）

模具类型		零件名称	采用钢材牌号	硬度要求 HRC
压缩及压注模	高温压缩模	凹模 凸模（型芯） 螺纹型芯 螺纹型环 成型镶嵌件 成型推杆	9CrWMn、5CrW2Si Cr6WV	55~58
	受冲击较大压缩模		5CrMnMo 5CrW2Si、20Cr	50~55
	高耐磨、高精度、高寿命模具		Cr4W2MoV CrMn2SiWMoV	53~58
注射模	形状简单或批量较小模具	动、定模 型腔、型芯 螺纹型芯 型环 成型镶嵌件 成型推杆	45、50 5CrMnMo	50~55
	形状复杂或批量较大模具		9Mn2V 9CrWMn	55~58
	高耐磨、高精度、高寿命模具		CrMn2SiWMo Cr4W2MoV Cr6WV	55~58
	高耐腐蚀性模具		3Cr2W8V 38CrMoAl	调质、氮化 35~42
	用于冷挤压加工的型腔模具		20、15	渗碳渗火 54~58

（2）结构零件

塑料模结构零件材料及热处理要求见表3-18。

表3-18　塑料模结构零件材料及热处理要求

零件名称		钢材牌号	热处理工艺	硬度要求 HRC
模体零件	定模、动模板 动模座板 定模座板	45	调质	230~270HBW
	支承板 浇口板	45、T8	淬硬	43~48
	凸凹模固定板 动定模固定板 推件板	45	调质	230~270HBW
		Q235	—	—
		T8A、T10A	淬火	54~58
		45	调质	230~270HBW
浇注系统零件	主浇道衬套 拉料杆 分流锥 浇口套	T8A、T10A	淬火	50~55

（续）

零件名称		钢材牌号	热处理工艺	硬度要求 HRC
导向零件	导柱 导套	20	渗碳淬火	50～55
		T8A、T10A	淬火	50～55
	限位导柱 推板导柱、导套 导销	T8A、T10A	淬火	54～58
抽芯机构零件	斜导柱、滑块 斜滑块	T8A、T10A	淬火	54～56
	楔紧块	45、T8A、T10A	淬火	43～48
推出机构零件	推杆、推管	T8A、T10A	淬火	54～58
	推块、复位杆	45	淬火	43～48
	挡板	45	淬火	43～48
	推杆固定板 卸模杆固定板	45、Q235	—	—
定位零件	圆锥定位件	T10A	淬火	58～62
	定位圈	45	—	—
	定距螺钉、限位钉、 限位块	45	淬火	43～48
支承零件	支承杆	45	淬火	43～48
	垫块	45、Q235		
压注模 加料室	加料圈	T8A、T10A	淬火	50～55
	柱塞	T8A、T10A	淬火	50～55
辅助零件	手柄 套筒	Q235	—	—
	喷嘴	45	—	—
	吊钩	45	—	—

五、模具零件热处理变形的钳工矫正

模具零件经热处理后发生变形和裂纹是不可避免的。若发现变形较大而影响使用时，模具钳工可采各种方法对其矫正，恢复其使用。其钳工矫正方法见表3-19。

表 3-19 模具零件淬火变形后钳工矫正方法

矫正方法	图 示	工艺操作
锤击校正法	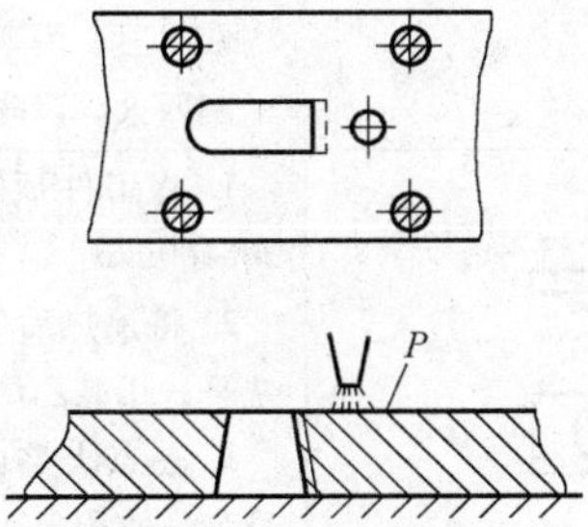	若零件在淬火后发生局部变形，可采用锤击法校正。即用氧乙炔枪对准变形部位加热后，用锤子进行敲击，使变形减小。在敲击时，绝不允许敲击刃口，要远离刃口 3 ~ 5mm 处，使之扩大延伸
加热冷却法	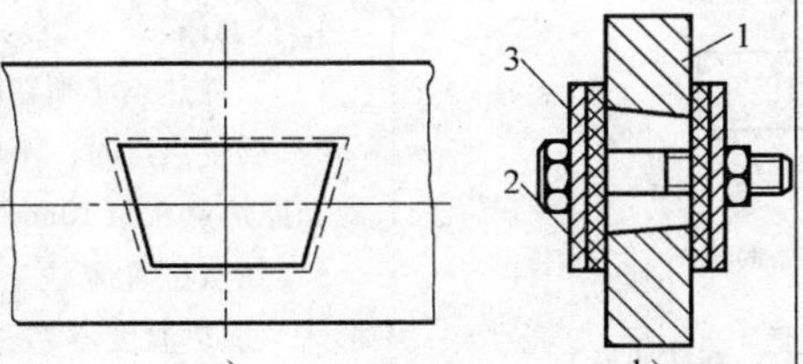 a） 变形工件 b） 校正方法 1—凹模 2—石棉板 3—压板	1. 变形方式：四周尺寸加大 2. 矫正方法：把凹模刃口用石棉包起，并用螺栓紧固后，放在电炉中重新加热至 500 ~ 600℃，然后急速冷却，借助其热应力使其收缩，恢复原来形状 3. 注意事项 1） 加热温度不能超过 Ac_1 点 2） 冷却时，碳钢用水冷，合金钢用油冷 3） 淬火工件需正火后才能缩孔 4. 反复缩孔 3 ~ 4 次后，再回火一次
镀铬矫正法	—	在涨大及收缩部位，采取局部镀硬铬，以弥补该变形部位尺寸
机械挤压法（回火校正）	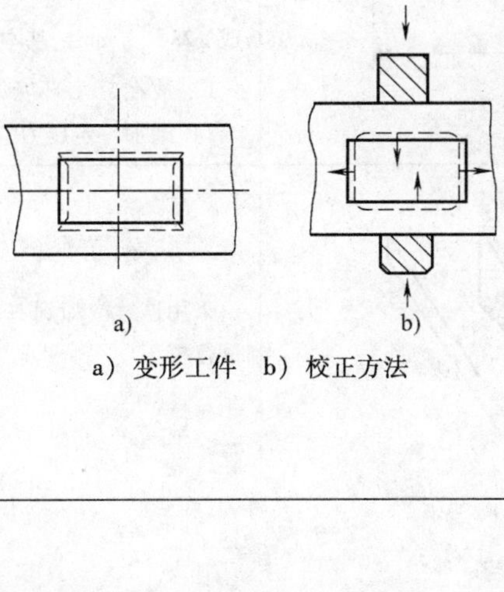 a） 变形工件 b） 校正方法	第一步：挤压。用专用夹具将工件夹紧并施一定压力 第二步：回火。将工件连同夹具一起，在回火炉中加热，温度 200 ~ 350℃，保温 0.5 ~ 1h 第三步：再次加压。加热后的零件从炉中取出，再次加压，使尺寸比图样小 0.05 ~ 0.1mm 左右 第四步：自然冷却后，钳工修磨到尺寸 注意：回火加压温度不能超过工件回火温度，若反复数次回火矫正时，应逐次提高回火校正温度 10 ~ 20℃

（续）

矫正方法	图　示	工艺操作
镶嵌校正法	—	对于带凹槽的工件，在淬火冷却介质中取出后，用塞块嵌在凹槽中，空冷并一起回火，以防槽变形
热点校正法	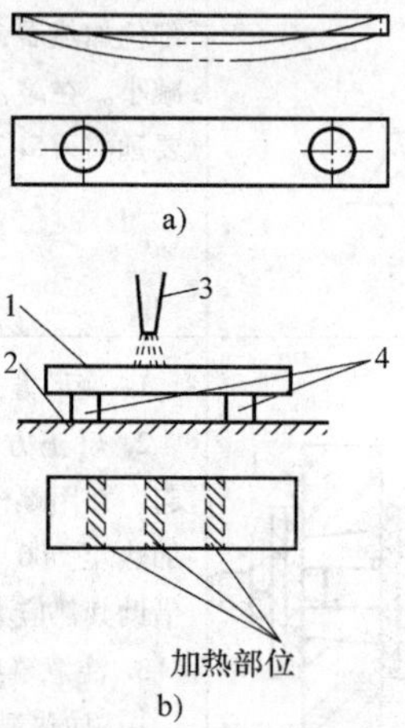 a) 1 2 3 4 加热部位 b) a）变形工件　b）矫正方法 1—零件　2—平台　3—喷枪　4—垫块	1. 将工件预热 180～200℃，时间为 30～60min 2. 将预热后的工件放在等高垫铁上垫平，用氧乙炔枪喷热点（图 b） 3. 热点火焰由于使热点处温度迅速升高，体积急速膨胀而又受到周围的挤压限制其胀大，热点后冷却尺寸又收缩，周围又承受拉应力，从而达到矫正目的 4. 注意事项 1）工件热点必须在回火充分后进行 2）反复热点时，不应在同一处进行，应和原热点相距 10mm 为宜 3）热点位置应是工件鼓起的最大变形区，加热温度不超过 700℃，当受热部位呈现红色时（600～650℃），即可快速冷却 4）热点后，工件应进行回火处理
冷校正法	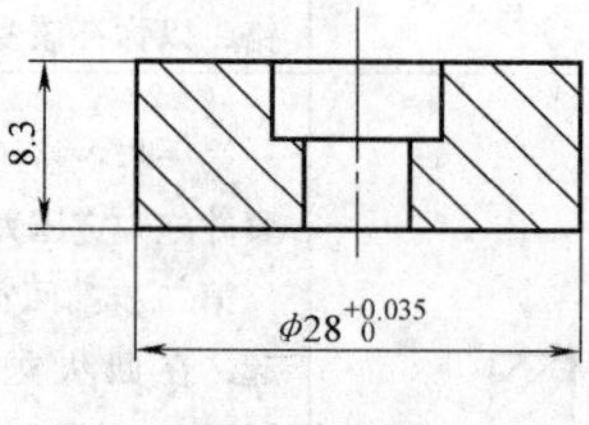 8.3 $\phi28^{+0.035}_{0}$	图示零件为 Cr12MoV 材料，其变形情况为：淬火前尺寸为 $\phi28^{+0.035}_{0}$ mm，而淬火后尺寸缩小为 $\phi28^{0}_{-0.05}$ mm，若将其经 -20℃冷处理 10min 后，则尺寸变为 $\phi28^{+0.04}_{0}$ mm，再经低温回火又变成 $\phi28^{+0.03}_{0}$ mm，基本合格 1）放在 70℃环境下冷却 2）施加一定压力，弥补变形
Ms 点校正法	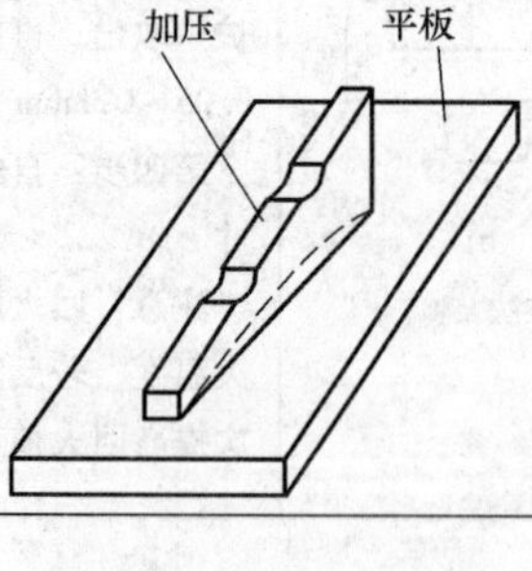 加压　平板	采用连续冷却到 Ms 点附近取出加压进行校正

（续）

矫正方法	图　示	工艺操作
冷压校正法	L 支承点	细长轴零件若硬度在 28～30HRC 时，经调质处理发现凸鼓变形，可在此点进行冷压校正，校正后再及时回火
重新淬火法	粘土	将工件重新退火，修正合格后再进行第二次淬火。在第二次淬火时，其表面要经过喷砂处理，清除表面氧化皮
化学腐蚀法	—	对于形孔收缩或外形胀大的凸、凹模可采用 20% 硝酸 +20% 硫酸 +60% 蒸馏水腐蚀。腐蚀深度双面 0.12mm/min，对不腐蚀部位，涂硝基漆或石蜡保护

第四章　模具图样的识读与划线方法

一、模具图样的识读

在机械加工中，准确地表达制品的形状、尺寸及其技术要求的图样称为机械图。机械图是工程的语言，是制造各种机械零件、设备的重要依据。不同的生产部门对图样有不同的要求。模具制造业中使用的图样称为模具图样。做为一名模具工，必须要有读懂模具图样的能力。只有这样，才 能准确制出零件及进行装配，制作出优质的模具制品来。

（一）机械图基本知识

1. 图线的种类及应用

模具的机械图样是由各种不同的图线组成的。《机械制图国家标准 GB 4457. 4—2002 规定了各种图线形式及用途，见表 4-1。

表 4-1　图线的表示方法及用途

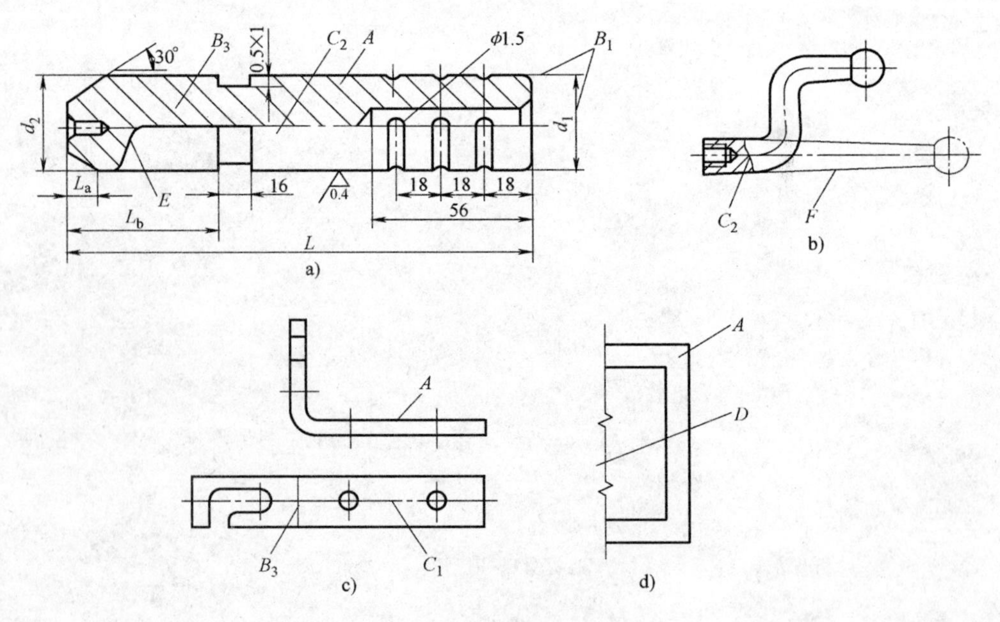

（续）

图线名称	图线形式	图线宽度	应　　用	图示代号
粗实线	d	$d=0.5\sim2$mm	可见轮廓线	A
细实线		约 $d/2$	尺寸线及尺寸界线 螺纹牙底线、齿轮齿根线 剖面线	B_1 B_3
波浪线		约 $d/3\sim d/2$	视图的分界线	E
双折线		约 $d/3\sim d/2$	断裂处的边界线	D
虚线	4～6　1	约 $d/2$	不可见轮廓线	
细点划线	15～20　2～3	约 $d/3\sim d/2$	轴线、对称中心线	C_2、C_1
双点划线	15～20　4～5	约 $d/3\sim d/2$	极限位置的轮廓线、毛坯的轮廓线模具图制件的轮廓线	F

2. 投影视图

在模具图中，多数是以三视图的表达形式，如图 4-1 所示。所谓视图即是把人的视线假想成相互平行且垂直投影面的一组射线，将制品在三投影体系中，然后从三个方向观察，在三个投影面上得到的三个视图，如图 a 所示。然后，将三个投影面展开在一个平面上即为三视图，如图 b 所示。

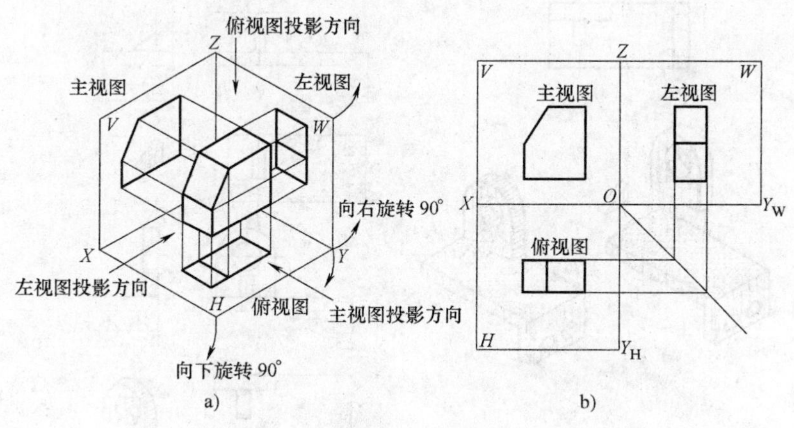

图 4-1　三视图

a）三视图的获得　b）三视图图面

在 GB/T 4458.1—2002 中规定，在三面投影体系中的正面投影称为主视图，水平投影称为俯视图，侧面投影称为左视图如图 4-1b 所示。其三视图间规律是：主、俯视图长对正，主、左视图高平齐、俯、左视图宽相等。

在视图中，一般只画出机件的可见部分，（用粗实线），必要时才画出不可见部分（用虚线）。视图主要用于表达机件的外部结构形状。视图分为：基本视图、局部视图、斜视图和旋转视图。其基本视图是指把机件向六个投影面投影所得到的视图；而局部视图是指将机件的某一局部向基本投影面投影所得到的视图，这是在模具图中常遇到的视图。

投影面上的投影。其三视图就是将实体零件置于三个互相垂直且交于一点的投视平面而组成

实际上，对于每一个机件不可能是单一个几何体，而是由几个几何体所组合而成的，故又称为组合体。故在识投影视图时，必须将几个视图联系起来才能想像机件的整个形状。同时还要熟悉各基本体的投影特征以及弄清视图中图线和线框的含义。其投影视图的识图方法见表 4-2。

表 4-2　投影视图识读方法与步骤

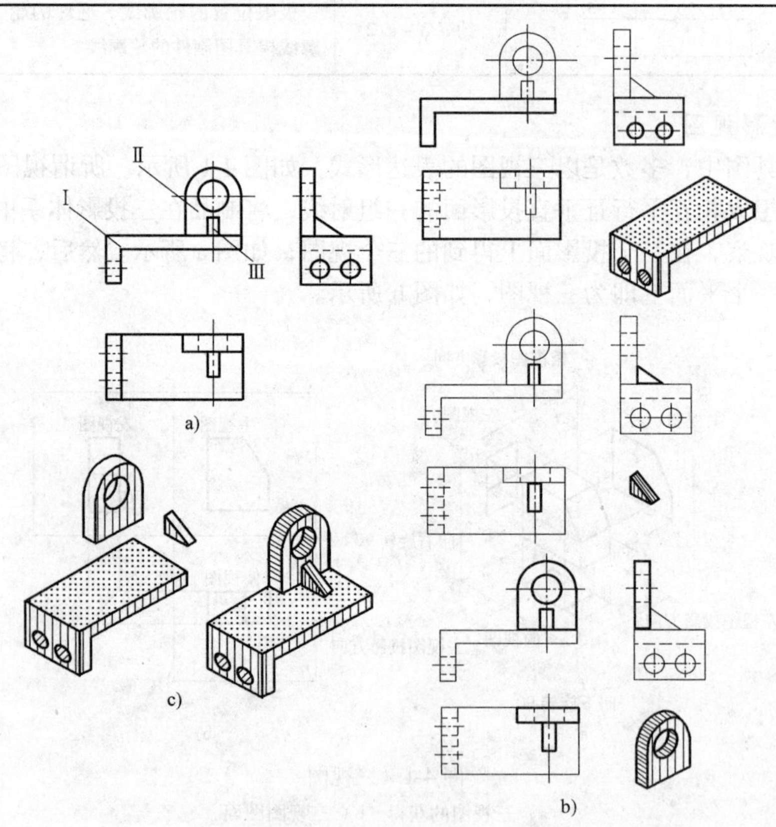

（续）

步序	步　骤	识图说明	示例解释
1	面对图样，想象全貌	面对三视图，通过分析、想象机件的整体原始形象和外观	面对表图 a 所示的三视图，通过分析，在主视图中，可较明显地反映出该机件可划分Ⅰ、Ⅱ、Ⅲ三部分，配合俯视图可反映出Ⅰ、Ⅱ两部分特征形状，配合左视图反映出Ⅲ部分的形状特征
2	对准投影及线面分析想象各部位形状	由图线、线框及三等关系想象各部分形状	结合俯视图和左视图并根据三视图间三等关系的规律，找到三部分的对应投影并想象出这三部分的形状如图 b 所示
3	综合起来想整体形状	由各部分的位置关系，组合方式、表面连接形式或搞清面与面的相对位置空间状况，最后想象出机件的整体形状	根据Ⅱ在Ⅰ的右、后上方并且Ⅱ的右与Ⅰ的右、后面对齐；Ⅲ在Ⅰ的上方与Ⅱ的前面正中靠齐，起连接加强Ⅰ、Ⅱ的作用，即可想象出机件的整体形状，如图 c 所示

3. 剖视图

剖视图就是假想的用剖切平面将机件剖开移去剖切平面和观察者之间的部分，将剩余的部分向投影面上投影所得到的视图，如图 4-2 所示。

剖视图分全剖、半剖、局部剖视三种类型。剖面在图样表示方法，对于模具用的钢铁材料是用 45°或 135°间距相等的细实线。画有剖面线的部分表示剖切面剖到的实体部分。如图 4-2 所示 *B*。

在识读剖视图时，应按下述方法进行：

（1）找剖切位置

根据剖切符号找到剖切位置。剖切符号两端的箭头表示投影方向，表示剖视图的名称用大写的英文字母。剖切符号、箭头和字母一般用粗短线，通过机件的对称面或轴线，如图 4-2 中 *A—A* 线，即表示剖切位置。

（2）看剖面符号

金属材料的剖面，采用 45°间距相等的细实线表示，画剖面线的部位，即表示剖切面剖到实体的部分，如图 4-2 中的 *B* 面。

4. 尺寸标注

机件的大小，在图样上一般是通过长、宽、高三个方向的尺寸数值来表示的，如图 4-3 所示。

尺寸数值的单位为 mm，一般不写出。图样中的尺寸标注有四要素，即尺寸线，尺寸界线，尺寸数字和箭头。尺寸线与尺寸界线表示尺寸度量的范围用细实线绘制，尺寸线与尺寸界线处，画有箭头，或 45°斜线、圆点，但通常采用箭头，如图 4-3 所示。

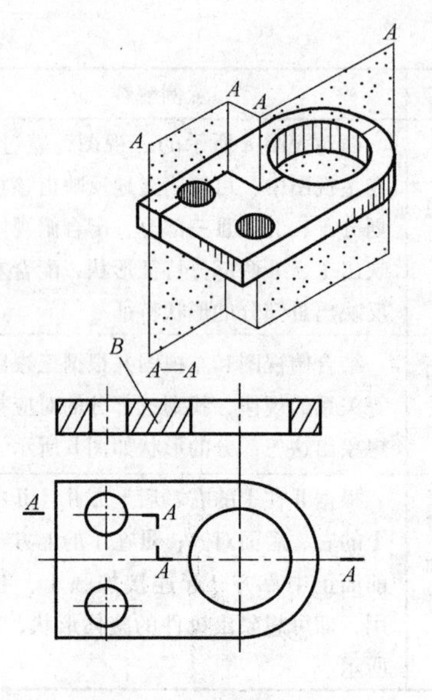

图4-2 剖视图

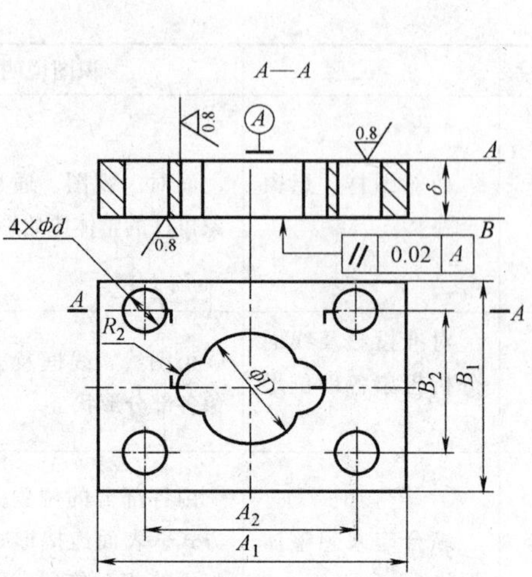

图4-3 图形尺寸数字

在识读尺寸时，应注意 R、ϕ 等符号。看图时，水平方向的数字字头朝上，垂直方向的数字字头朝左，倾斜的数字字头永远有朝上的趋势，以区分带6、9的数字。

5. 标题栏与明细栏

每张图样的右下角均应有标题栏，标题栏的规格格式在 GB/T 10609. 1—2008 都有明确的规定。并且在装配图上，还设有明细栏。其位置在标题栏的上方，并标有零件的名称、件数、使用材料、热处理要求等，如图4-4所示。

在识读标题栏与明细栏时，一定要掌握其图样的比例，了解其材料、热处理要求等事宜，以便做到胸中有数。

6. 技术要求

在模具图样上，为保证零件的制造与装配以及检验等要求，一般都注有合理的技术要求，其中包括：零件各表面的粗糙度；零件主要尺寸的尺寸公差、形位公差；零件的热处理要求；零件的特别加工要求、检验和试验说明以及表面装饰说明等。这些内容有的可以用国标规定的代号直接标注在图形及尺寸上，无规定的代号可以用文字说明。故在识读图样时，必须首先要弄懂其代号的涵意及其所代表的数值大小，方可进行加工与制作。

(1) 公差与配合

在图样上，尺寸是用特定单位（mm）表示长度的数字。长度值包括直径、半径长度，宽度，高度及中心距等。在批量加工时，并不是要求制造出绝对一样的尺

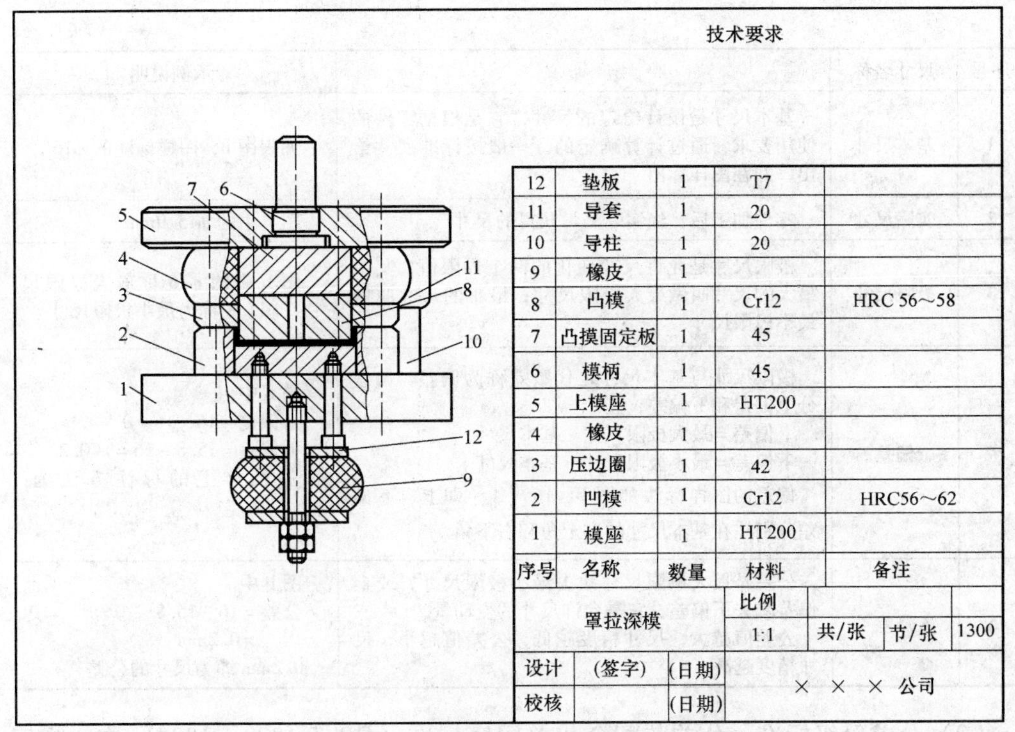

12	垫板	1	T7	
11	导套	1	20	
10	导柱	1	20	
9	橡皮	1		
8	凸模	1	Cr12	HRC 56～58
7	凸摸固定板	1	45	
6	模柄	1	45	
5	上模座	1	HT200	
4	橡皮	1		
3	压边圈	1	42	
2	凹模	1	Cr12	HRC56～62
1	模座	1	HT200	
序号	名称	数量	材料	备注

罩拉深模		比例 1:1	共/张	节/张	1300
设计	(签字)	(日期)	× × × 公司		
校核		(日期)			

图 4-4　模具装配图

寸零件，而是将零件的尺寸限定在一个合理的范围内使其变动，以满足使用要求，并方便了加工。其变动范围即为尺寸公差。

1）尺寸类型及定义。在图样上有关尺寸术语及定义见表 4-3。

表 4-3　零件尺寸、尺寸偏差与公差

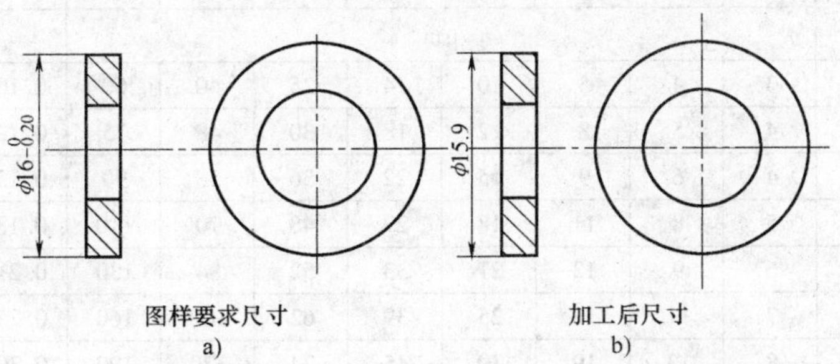

（续）

序号	尺寸名称	定　义	示例说明
1	基本尺寸	基本尺寸是设计给定的尺寸，它是根据零件的使用要求，通过计算确定的，一般按标准尺寸给出，并在图样标出	如表图 b，图样标注的 $\phi16$
2	实际尺寸	零件加工后，经实际测量获得的尺寸	图 b 中的 $\phi15.9$mm
3	极限尺寸	极限尺寸是允许尺寸变化的两个界限值。其中最大的尺寸叫做最大极限尺寸；最小的尺寸叫做最小极限尺寸	图 b 中的 $\phi16$ 称最大极限尺寸；$\phi15.8$ 称为最小极限尺寸
4	偏差	极限尺寸与基本尺寸之代数差称为偏差。偏差分上偏差和下偏差，其： 上偏差 = 最大极限尺寸 - 基本尺寸 下偏差 = 最小极限尺寸 - 基本尺寸 偏差的图样标法如图 b，$16_{-0.20}^{0}$，即上、下偏差分别注在基本尺寸的右上角和右下角	图 b 中： 上偏差 = 16 - 16 = 0 下偏差 = 15.8 - 16 = -0.2 在图样上的标注方法为：$16_{-0.2}^{0}$
5	公差	公差是最大极限尺寸减去最小极限尺寸，或上偏差减去下偏差。它是允许尺寸的变动量 公差值越大，尺寸精度越低，公差值越小，尺寸精度越高	图 b 中 公差 = 16 - 15.8 = 0.2mm 0.2mm 即为尺寸的公差

2）公差等级标准。公差与配合相关国家标准（GB/T 1800 ~ 1804）中，规定标准公差（尺寸精度）分为 20 个等级。各级标准公差的代号由 IT 和公差等级号组成即 IT01、IT0、IT1、IT2…IT18。从 IT01 到 IT18 数字越大，公差值越大，其精度越低。其中 IT01 级精度最高，公差值最小；IT18 精度最低，公差值最大。在满足使用要求的前提，公差值越大越好，这样可方便加工。表 4-4 列出了模具中常用的尺寸小于 500mm 的标准公差数值，供使用时参考。

表 4-4　模具中常用的标准公差数值（IT4—IT15）

基本尺寸	公差等级										
	IT4	IT5	IT6	IT7	IT8	IT9	IT10	IT11	IT12	IT13	IT14
	μm								mm		
≤3	3	4	5	10	14	25	40	60	0.10	0.14	0.25
>3 ~ 6	4	5	8	12	18	30	48	75	0.12	0.18	0.30
>6 ~ 10	4	6	9	15	22	36	58	90	0.15	0.22	0.36
>10 ~ 18	5	8	11	18	27	48	70	110	0.18	0.27	0.43
>18 ~ 30	6	9	13	21	33	52	84	130	0.21	0.33	0.52
>30 ~ 50	7	11	16	25	39	62	100	160	0.25	0.39	0.62
>50 ~ 80	8	13	19	30	45	74	120	190	0.30	0.46	0.74
>80 ~ 120	10	15	22	35	54	87	140	220	0.35	0.54	0.87

（续）

基本尺寸	公差等级										
	IT4	IT5	IT6	IT7	IT8	IT9	IT10	IT11	IT12	IT13	IT14
	μm								mm		
>120～180	12	18	25	40	63	100	160	250	0.40	0.63	1.00
>180～250	14	20	29	45	72	115	185	290	0.45	0.72	1.15
>250～315	16	23	32	52	81	130	210	320	0.52	0.81	1.30
>315～400	18	25	36	57	89	140	230	360	0.57	0.89	1.40
>400～500	20	27	40	63	97	155	250	400	0.65	0.97	1.55

在识图或加工时，若只标注IT级别没有标公差数值时，应根据所标级别等级、再根据尺寸大小，通过查表，即可知公差数值。

在公差分析中，通常把基本尺寸，上、下偏差、公差之间的关系画成简图，如图4-5所示。在这个图形中由代表上、下偏差的两条直线所限定的一个区域称为公差带，而确定上、下偏差位置的一条基准直线称为零线。零线表示基本尺寸。

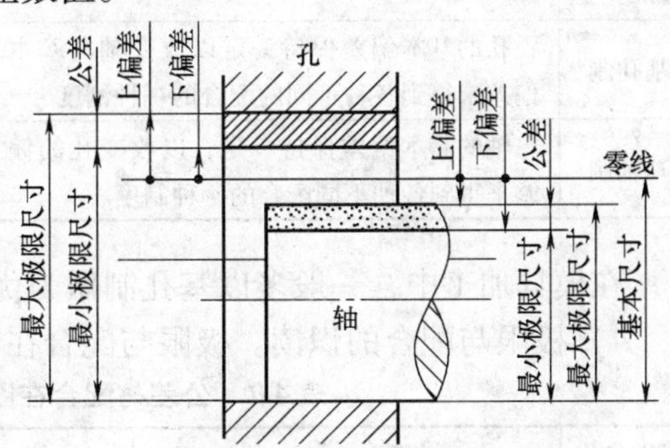

图4-5 公差带示意图

为了确定公差带的相对位置，将上、下偏差中的某一偏差规定为基本偏差，一般为靠近零线的那个偏差。当公差带位于零线上方时，基本偏差为下偏差；当公差带位于零线下方时基本偏差为上偏差。国家标准对孔与轴分别规定了28个基本偏差，其代号用拉丁字母表示。大写字母表示孔、小写字母为轴构成基本偏差系列。基本偏差系列中A～H（a～h）用于间隙配合J～ZC（j～zc）用于过渡和过盈配合。

在基本偏差系列中，孔、轴的公差带代号由基本偏差代号和公差等级代号组成。如ϕ50f8表示轴的基本尺寸是50mm，公差等级f为8级。

3）配合的类型与定义。配合是指基本尺寸相同的孔和轴公差带之间的关系。孔和轴公差带相对位置不同，将有松紧程度不同的配合性质，即有大小不同的间隙或过盈，从而可满足不同的使用要求。表4-5列出了各种配合的种类及应用。

表4-5 配合的种类及应用

序号	配合名称	定义	应用范围
1	间隙配合	在孔、轴配合中，如果孔的最小极限尺寸大于或等于轴的最大极限尺寸称为间隙配合	适用于工作有相对运动或虽无相对运动却要求能经常拆装的孔轴零件，如模具导柱、导套间的配合

（续）

序号	配合名称	定义	应用范围
2	过盈配合	在孔、轴配合中，孔的最大极限尺寸小于或等于轴的最小极限尺寸	适用于主要靠过盈保证相对静止或传递负荷的孔轴零件，如冲模中导柱与模座配合
3	过渡配合	在孔、轴配合中其之间可能具有间隙或过盈的配合其间隙及过盈量都很小	适用于即要对准中心又要求拆装方便的孔轴零件，如凸模在固定板内的固定

国家标准规定：孔、轴配合时，有两种制度，即基孔制与基轴制。其含义与特点见表4-6。

表4-6　基孔制与基轴制

基准类型	定义	代号	特征
基孔制	孔的基本偏差保持一定以改变轴的基本偏差来得到各种不同的配合的一种制度	H	基孔制的孔称为基准孔，其下偏差为0。常用配合59种，优先配合为13种
基轴制	轴的基本偏差保持一定，以改变孔的偏差来得到各种不同配合的一种制度	h	基轴制的轴称为基准轴，其上偏差为0。常用的配合47种，优先配合为13种

在模具加工中，一般多以基孔制做为优先选用。

4）极限与配合的识读。极限与配合在图样上的标注与识读见表4-7。

表4-7　公差与配合在图样上的标注与识读

图样名称	图示	图样标注说明
零件图	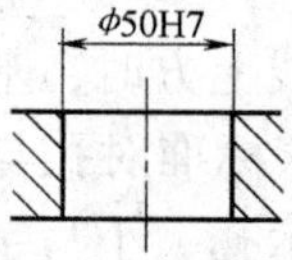 $\phi 50H7$	在基本尺寸后，只标有公差带代号H7
	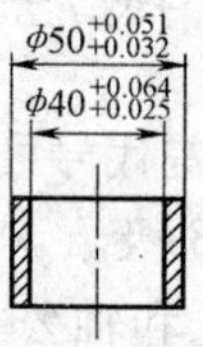 $\phi 50^{+0.051}_{+0.032}$ $\phi 40^{+0.064}_{+0.025}$	在基本尺寸后，只标注上、下偏差
	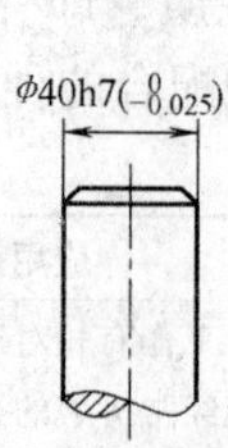 $\phi 40h7(^{\ 0}_{-0.025})$	在基本尺寸后，公差带代号和极限偏差同时标注

（续）

图样名称	图　示	图样标注说明
装配图	ϕ50H7/p6 ϕ40F8/h7	在基本尺寸后面用分式表示，分子是孔的公差带代号和公差级别；分母是轴的公差带代号及级别
识读示例	示例：配合代号是 ϕ55H8/f7，查表确定孔、轴的偏差 极限偏差值可以根据孔、轴的公差带代号从相关手册中的“孔的极限偏差”和“轴的极限偏差”表中查出。即从“孔的极限偏差”表中，先从左边纵行查找基本尺寸 55（在 >50 ~ 65 范围内），再从表的上边横行查基本偏差代号 H 栏中公差等级 8 中，两者相交处有 $^{+46}_{0}$ 数值，即孔的标注为 $\phi55^{+0.046}_{0}$；同理，可以查找轴的极限偏差，其轴的标注为 $\phi55^{-0.030}_{-0.060}$。然后，再根据极限偏差，画出公差带示意图，从图中可以判断出此表示为基孔制间隙配合形式	

（2）形位公差

零件的形状和位置发生变化产生的公差称为形位公差。它是指零件的实际形状和实际位置想对于理想的设计形状和位置所允许的变动量。如果零件存在严重的形状和位置偏差，将影响模具的制造质量和精度。因此，在模具设计图样上，不仅要求尺寸公差外，还会根据设计要求，合理定出形状和位置偏差的最大允许值。

1）形位公差项目、符号。在国家标准中规定了十四个形状和位置公差项目。各项目的代表符号、名称参见表 4-8。

表 4-8　形位公差的项目、符号

分　类	项　目	符　号	分　类		项　目	符　号
形状公差	直线度	—	位置公差	定向	平行度	//
	平面度	▱			垂直度	⊥
	圆度	○			倾斜度	∠
	圆柱度	⌭		定位	同轴度	◎
	线轮廓度	⌒			对称度	⌯
	面轮廓度	⌓			位置度	⌖
				跳动	圆跳动	↗
					全跳动	⌰

形位公差在图样上标注形式，如图 4-6 所示，其多数以方框格式表示。即

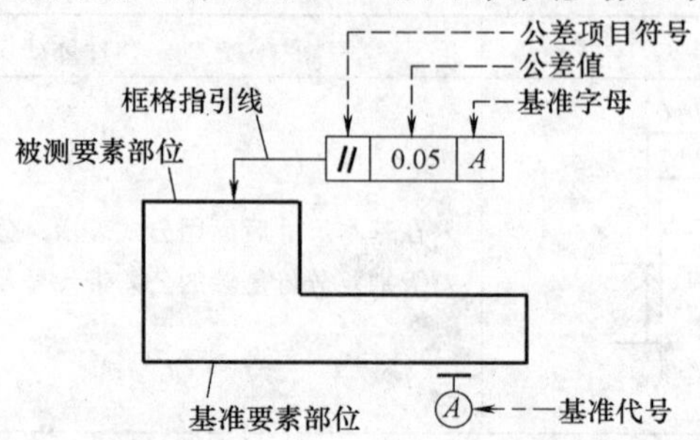

图 4-6　形位公差在图样上的标注形式

2）形位公差的识读。形位公差的识读方法主要先找出指引线的箭头与被测要素的位置以及基准符号与基准要素的位置，然后再分析与识别其所代表的意义形位公差类别及公差大小，如表 4-9 所示。

表 4-9　形位公差的识读

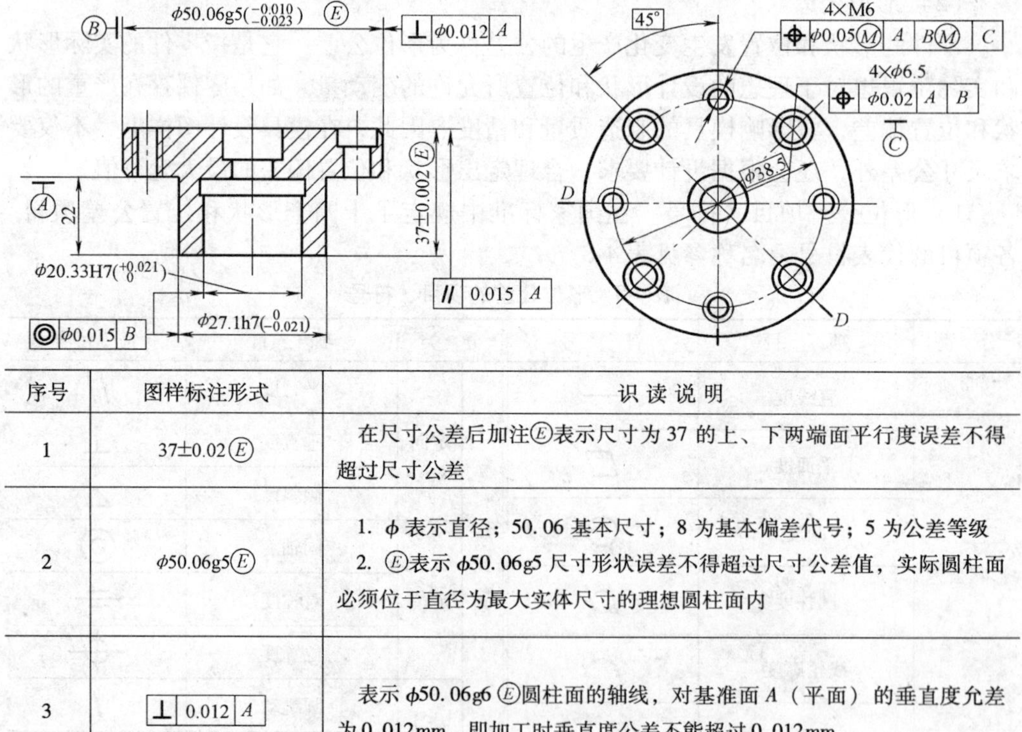

序号	图样标注形式	识 读 说 明
1	37±0.02Ⓔ	在尺寸公差后加注Ⓔ表示尺寸为 37 的上、下两端面平行度误差不得超过尺寸公差
2	φ50.06g5Ⓔ	1. φ 表示直径；50.06 基本尺寸；8 为基本偏差代号；5 为公差等级 2. Ⓔ表示 φ50.06g5 尺寸形状误差不得超过尺寸公差值，实际圆柱面必须位于直径为最大实体尺寸的理想圆柱面内
3	⊥ 0.012 A	表示 φ50.06g6 Ⓔ圆柱面的轴线，对基准面 A（平面）的垂直度允差为 0.012mm，即加工时垂直度公差不能超过 0.012mm

（续）

序号	图样标注形式	识读说明
4	// 0.015 A ◎ 0.015 B	表示上端面对基准面 *A* 平面的平行度公差为 0.015mm，即在加工时，其平行度允差不能超过 0.015mm 表示 ϕ20.33H7 和 ϕ27.1h7 圆柱面轴线分别对基准 *B*（ϕ50.06g5 圆柱面轴线）的同轴度公差为 0.015mm，即加工后的零件，其同轴度允差不能超 0.015mm
5	⌖ ϕ0.20 A B	表示 ϕ6.5 的四个孔的实际轴线对由基准 *A*、*B* 所确定的 4 孔理想位置轴线的位置度，加工后不能超过 ϕ0.20mm 公差值

（3）表面粗糙度

1）表面粗糙度的基本概念。在模具生产中，经过加工的零件，其表面多少都存在大小不同的峰、谷组成高低不平的痕迹。这种痕迹就是表面的微观几何形状误差也就是表面粗糙度。表面粗糙度对零件的配合耐磨性、密封性都有很大影响，甚至会影响使用，故在机械加工中，表面粗糙是制件表面的一个重要质量参数。

2）表面粗糙度评定参数。国家标准规定，表面粗糙度的评定参数应从轮廓算术平均偏差（用 *Ra* 表示），微观平面度十点的高度（*Rz* 表示）和轮廓最大高度（*Ry* 表示）三个中选取。常用的数值为 25、12.5、6.3、3.2、1.6、0.8……0.025 等。其中，*Ra*0.025 ~6.3μm 为长用参数。数值越大，表面粗糙度越高；数值越小，表面粗糙度越低，表面越光滑。

3）表面粗糙度的符号与代号。表面粗糙度以代号形式在零件图上标注，代号由符号和参数组成，其意义和识读见表 4-10。

表 4-10　表面粗糙度符号意义及代号识读

符号	意义及说明	代号	说　明
√	基本符号表示表面可以用任意方法获得	3.2	表示表面可以用任何方法获得的表面粗糙度 *Ra* 上限值为 3.2μm
▽	表示表面是用去除材料的方法获得，如车、铣、刨、磨、钻，又称加工符号	1.6 0.8	表示表面是用去除材料方法获得的表面粗糙度 *Ra*，上限值为 1.6μm，下限值为 0.8μm
◯	表明表面是用不去除材料的方法获得，如铸、锻、轧等，又称毛坯符号	6.3	表示表面是用不去除材料的方法获得的表面粗糙度 *Ra*，上限值为 6.3μm

表面粗糙度代号一般注在图样可见轮廓线、尺寸线、尺寸界线或它们的延长线上，其符号的尖端从材料外指向表面。因此，在识读时，一定要注意，如图 4-7 所示的标注法。其中图 a 表示表面处于不同位置时的标注方法，图 b 为应用示例。

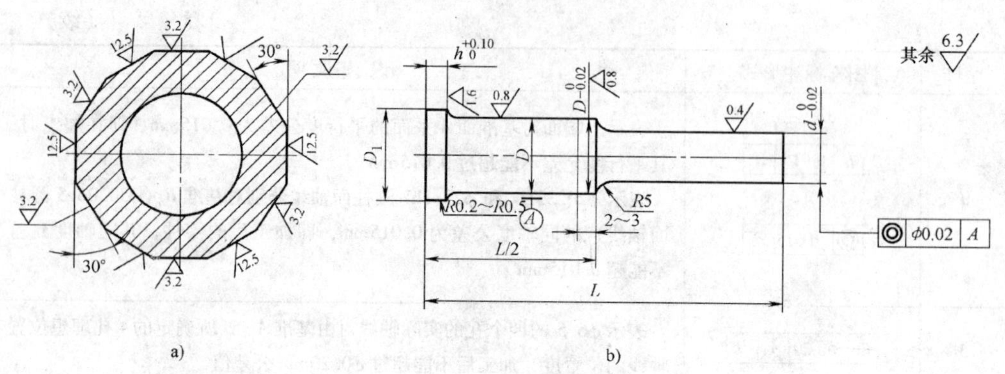

图 4-7 表面粗糙度标注

（二）模具零件图的识读

1. 零件图的作用

表示模具零件的结构、大小和技术要求的图样称为模具零件图。它是制造和检验模具零件的重要依据，是组织模具生产过程中的主要技术文件之一。它主要包括图形、尺寸、标题栏及技术要求等。图 4-8 所示为一凹模零件图。

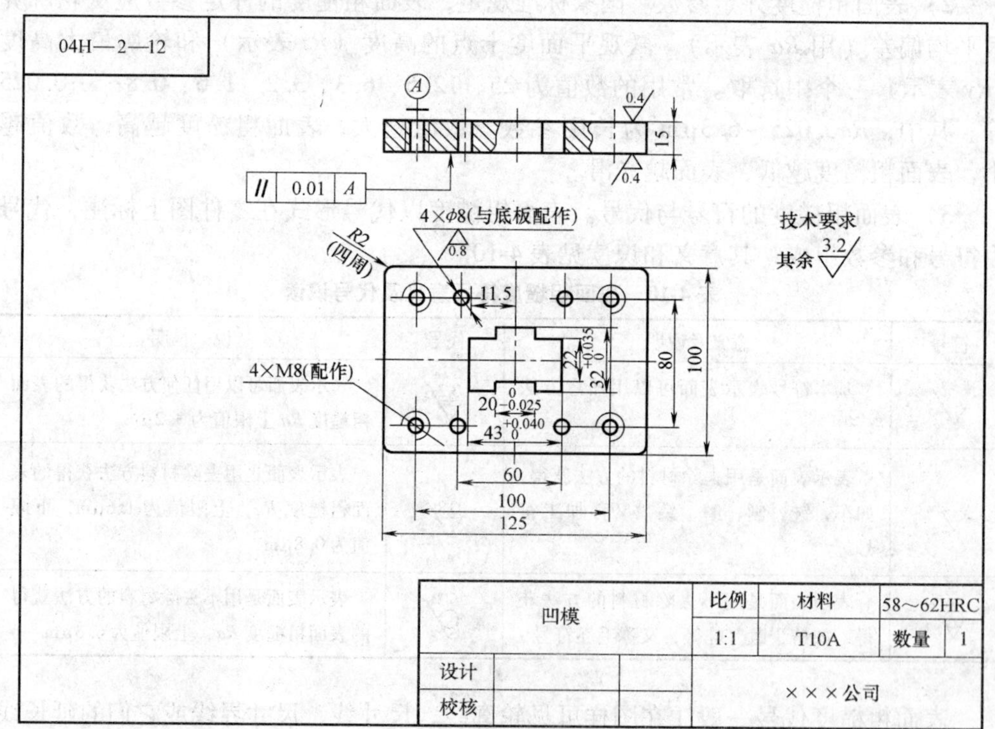

图 4-8 凹模零件图

2. 零件图的识读方法与步骤

识读零件就是要弄懂零件图中所表达的各项内容。一方面要看懂视图，想像出零件的结构形状，另一方面还要看懂尺寸和技术要求等内容，以便于采用相应的制造和检验方法，以达到图样上的设计要求。

识读零件图的方法和步骤见表4-11。

表4-11　识读零件图的方法与步骤

步序	识图方法	说　明
1	读标题栏	从标题栏可以了解到零件的名称、材料、比例、数量及热处理要求，以便对零件有一个初步认识
2	纵观全图	开始看图时，先找出主视图，然后再看其他视图，并找出各视图间的相互关系，弄清弄懂所表达的内含
3	详细观图	进行形体、结构分析，搞清投影关系并初步想像出整个零件的外观形状
4	分析尺寸	找出各组成部分的尺寸，并了解各尺寸的作用，确定零件的总体尺寸
5	了解技术要求	分析技术要求，了解零件的结构特点，以确定各零件的制造方法
6	归纳总结，想出零件形状要求	在观看视图，分析尺寸，了解技术要求的基础上，进行归纳总结，并确定零件的整体形状和加工各方面要求

3. 识图示例

在识读零件图时，按识读的方法和步骤、要多看、勤想，每一步骤都不能孤立进行，而要相互联想，边看边分析，以对所示的零件结构、尺寸、技术要求综合考虑，最后想像出零件的整体形状。如图4-8所示的凹模零件，其识读的过程见表4-12。

表4-12　模具零件图的识读

图　示	识图步骤		说　明
凹模零件图（见图4-8）	1	读标题栏	先看标题栏从中可知这个零件为凹模，材料为T10A，数量为1个，比例为1:1，硬度要求：58～62HRC
	2	纵览全图	图中凹模的表态，采用了两个视图，即主视图和俯视图。主视图采用阶段剖视表态了该凹模内外形状
	3	详细看图	结合主视图和俯视图，可以看出凹模的外形为一长125mm、宽100mm、高15mm的长方体，内部有一个凹模刃口，四个螺孔和四个圆柱销孔并从俯视图可以看出各孔位置

（续）

图　　示	识图步骤		说　　明
凹模实体图	4	分析尺寸	零件图中属于定形尺寸的为 125、100、$15.43^{+0.040}_{0}$、$32^{+0.035}_{0}$、$20^{0}_{-0.025}$、$4\times\phi8.4$；属于定位尺寸的为 100、60、22、80、11.5。图中有些尺寸附有文字说明，如 $4\times\phi8$ 销孔加工时与底座配作。
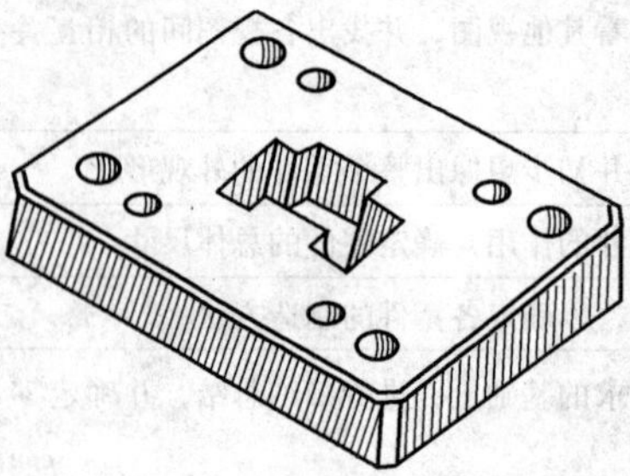	5	注重技术要求	图中刃口尺寸标有公差，如 $43^{+0.40}_{0}$、$22^{+0.035}_{0}$，这对加工时要采用精加工以保证尺寸精度；在凹模上、下表面还有形位公差平行度要求，故在加工中要采取措施保证上、下平面、平行，允差不能超过 001mm 同时技术要求中规定除图示中各平面规定粗糙度等级外，余为 3.2μm，故在加工时应给以考虑，同时热处理淬硬硬度为 58～62HRC
	6	归纳总结想出实体形状	将上面识读过程中获得的技术讯息综合考虑和归纳从而更深刻理解全图，想像出零件的实际形状和加工要求

（三）模具装配图的识读

1. 装配图的作用及内容

在模具图中，表示模具产品及其组成各零件的连接、装配关系的图样，称为模具装配图，它是表现模具整体结构和各零件位置关系的图样，也是装配及验收的依据，如图 4-4 所示的盒形件拉深模。

装配图图面中主要包括模具整体结构图样技术要求和标题栏以及零件明细栏等。

2. 装配图识读方法与步骤

在模具生产中，做为负责装配的模具钳工必须要看懂模具装配图，才能保证装配质量和要求，更好、更快的完成装配任务。在识读装配图时，主要应注意以下几项内容：

1）了解模具的性能、功用及工作机理。
2）零件的相对位置及装配关系。
3）零件在模具中的主要作用和结构。
4）模具的装模高度及应用设备。

识读的方法与步骤见表4-13。

表4-13　识读装配图的方法与步骤

步序	识读方法	识读说明
1	看标题栏、明细表整个图面核对零件位置	首先看标题栏和明细表栏，了解装配模具的名称、性能、功用和零件的种类、材料、数量及其所在装配中的位置
2	观察各视图，并做投影分析	观看在装配图上都有哪些视图及表达方法并找出各视图投影对应关系，明确各视图所表达的内容
3	深入了解各零件的工作原理及配合关系	1）从主视图开始，对照零件图，了解其与各视图的关系 2）由各零件的剖面线的不同方向和间隔、分清各零件的轮廓范围 3）由装配图上所标注的代号，了解零件间的配合关系（在装配图上未标出的，自做分析） 4）根据零件序号，对照明细表找出零件位置、数量，并参照零件图来识别零件，并想像形状 5）分析零件作用，近而想出其工作动作原理 6）明确各零件间的连接关系及方法
4	分析各零件关系及用途、安装方法	弄清主要工作零件的位置，连接装配方法及相互作用和与其他零件的相互关系，并明确各辅助零件的用途及装配连接方式
5	归纳总结，想像出模具总体结构形状及动作原理	在进行了解分析的基础上，还要对技术要求全部尺寸进一步研究，完善观图思路，归纳总结以进一步了解想像出模体整体结构、装配工艺方法，拆装顺序，从而明确模具整体形象及动作原理

3. 装配图识读示例

在装配图识读时，要按识读方法与步骤进行综合考虑，不能孤立进行。现以图4-9所示的极片落料模为例，进一步说明装配图的识读过程。其中，图4-10为识读后，想像的模具实体图样结构。装配图识图过程见表4-14。

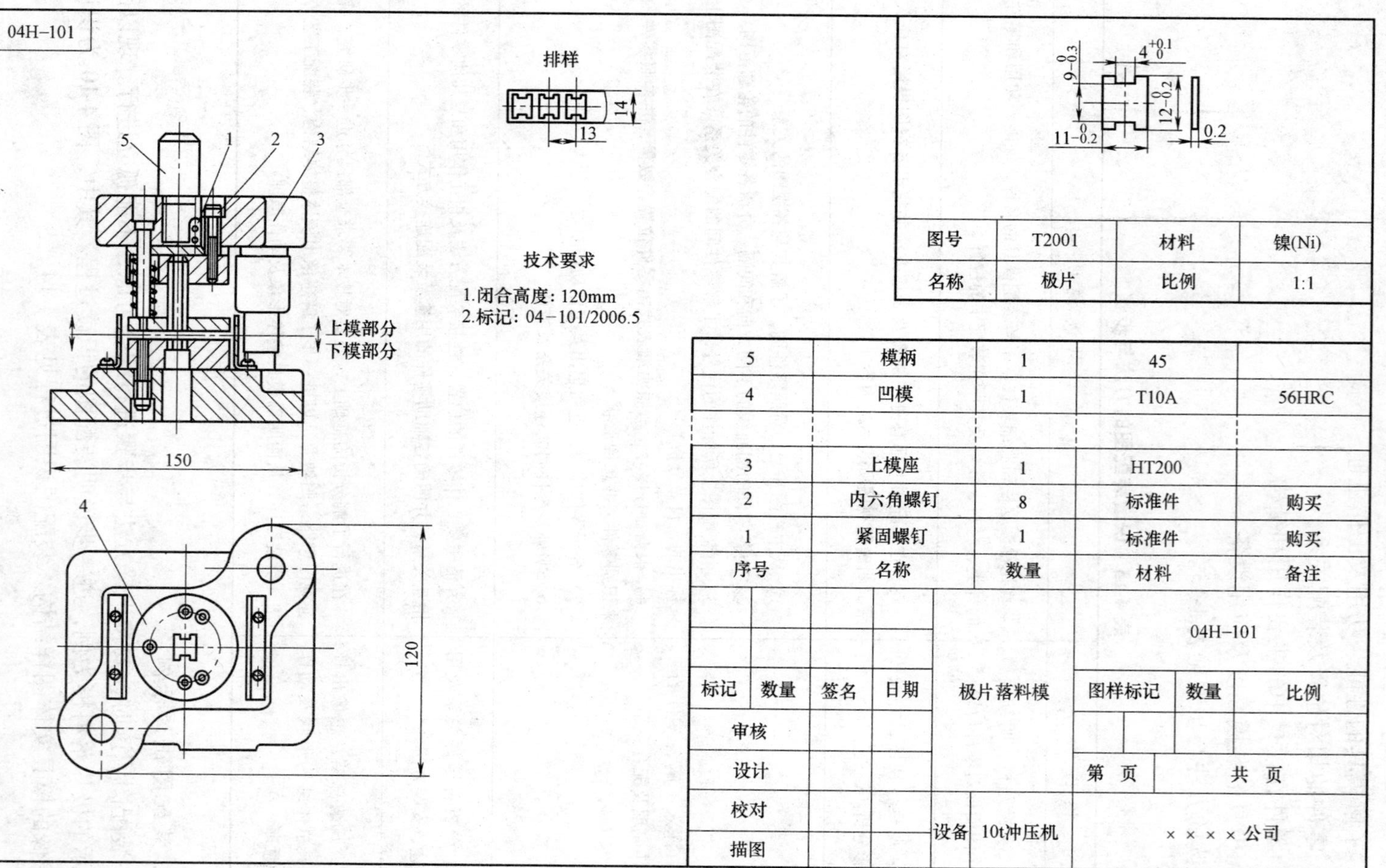

图 4-9 极片落料模（总装配图）

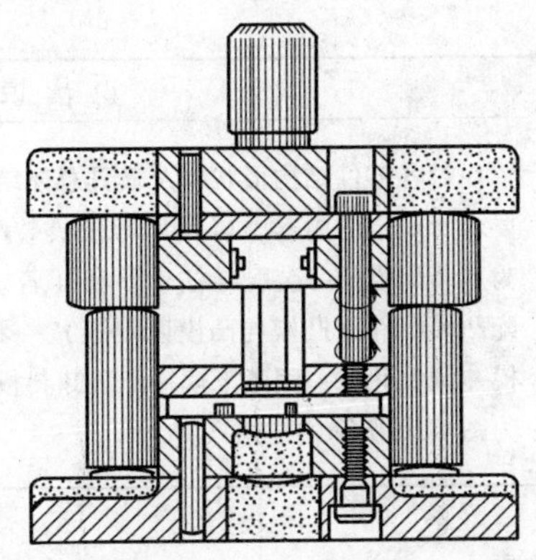

图 4-10 极片落料模（立体实体图）

表 4-14 总装配图识读示例

识读方法与步骤		识读说明
第一步	看标题栏、明细表，并核对零件的所在位置及模具整个尺寸大小和闭合高度	1. 通过看标题栏及明细表，了解到该模具的名称为极片落料模共由19个零件构成 2. 看整个图面，发现模具由上、下模两部分组成，长150mm、宽120mm，闭合高度为120mm 3. 看明细表与图面对照，了解到各个零件在模具中的位置
第二步	详观各视图，做投影分析，了解其模具结构构成	1. 该模具采用了两个视图，其主视图将模具所有零件画出，采用了阶梯剖视，并处于闭合状态，俯视图只画出了下模部分表达了模架为对角导柱模架，送料方式由前向后推进 2. 从主视图中明显观察到，凸模7和凹模13的形状及固定安装方法和位置以及上模边上模座3、垫板7、凸模固定板4由内六角螺钉、销钉连接；而下模由底座14和凹模13由螺钉、销钉紧固而成
第三步	深入了解各零件部件的配合关系及模具动作过程分析	1. 从主、俯视图中可知，模具工作时，由毛坯由前向后推进。上模下行，卸料板15首先与毛坯接触，并在弹簧16作用下将其压紧，上模继续下降，凸模7与凹模13作用进行冲裁。冲裁后，上模回升，卸料板15将紧箍在凸模上的条料卸下，回落原位，制件则从凹模的漏料孔中落下，完成第一次冲裁。依次下去，可批量生产 2. 借助零件图分别与装配图相对照，进一步分析卸料板15与凸模7，卸料板与卸料弹簧10之间的配合关系
第四步	深入分析各零件部件的相互配合关系及对其在模具内动作用途	凸、凹模是这套模具的主要工作零件，借助零件图可想像出它们的形状，然后再分析其他零件结构形状，以及通过装配图找出各零件安装方法，相互关系和在模具中的作用

（续）

识读方法与步骤		识读说明
第五步	归纳总结想像出模具总体结构及立体空间形状和内部结构及动作工作过程	在对各零件结构形状以及模具总体结构分析的基础上进一步了解技术要求所规定的内容，以及思考模具装配的工艺顺序。其装配顺序大致为：装配模柄→装配导柱、导套（若购制的标准模架，可省略）→装配凸模组件（凸模与凸模固定板）→将凹模安装在下模板上→配装上模→调整间隙→固紧下模→配装卸料板。其模具的整体立体图基本可想为图4-10所示的样式

（四）模具工艺文件识读

模具工艺文件是指工艺设计人员按模具设计图样，在模具制造之前，根据本企业的技术能力和生产条件，所编制的能指导整个模具零件加工及装配、调试等模具生产全过程的工艺性文件。它是制造模具，组织生产的重要文件。一般分工艺过程卡、工艺卡和工序卡三种。一旦制定、审核、会签批准下发后，即成为企业内部生产的法规性文件，各工序各部门都要遵照执行。因此，做为制造模具主要参与者——模具工，必须要熟读工艺文件的主要内容，特别是装配、调试工艺卡和工序卡。

1. 模具制造工艺过程卡

模具制造工艺过程卡，是以工序为单元，以表格形式简要说明零件加工与装配过程的工艺性文件。其内容主要是按加工顺序，列出模具零件或装配所经过的工艺路线、工艺内容，使用的工装设备及所需的工时定额等。它是模具生产准备、编制生产计划；材料与工具采购计划以及组织生产的依据。一般分发到生产调度及工艺管理人员，从而可调度产品制造的全过程和加工方案，用以指挥、组织生产。图4-11所示的导套零件，其加工工艺过程卡格式见表4-15。

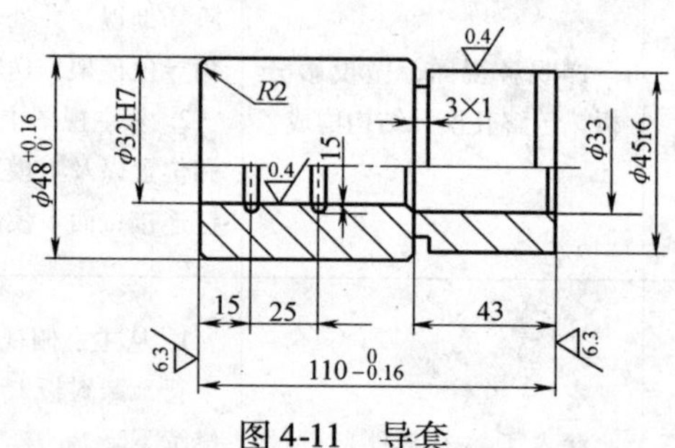

图4-11　导套

2. 模具制造工艺卡

模具制造工艺卡是按着模具及其零件的某一工艺阶段的加工内容而编制的工艺文件。它以工序为单位，详细说明某一工艺阶段的各工序内容、工艺参数（切削用量等）、操作要求和采用的机床及卡具等。

模具制造工艺卡，一般分发到工艺人员及车间、工段管理人员。通过模具制造工艺卡，可掌握此工艺阶段的工作内容，达到本工艺阶段组织、监督生产的目的。表4-16列出了图4-11所示的车削加工工艺。

表 4-15　导套加工工艺过程卡

模具制造工艺过程卡								
零件名称		导套	模具名称及编号	MG4 钳口片落料模	零件编号		MG4-5	
材料名称		20	毛坯尺寸	$\phi52\times115$	件数		2	
工序	机号	工种	施工简要说明	定额工时/min	实际工时	操作者	检验	等级
1		备料（锯切）	备 $\phi52\times115$ 的 20 圆钢、锯切下料	65				
2	C620 车床	车削	1. 按图样粗车成形 2. 内孔留 0.5mm 磨加工余量	80				
3		热处理	1. 渗碳：厚度 0.8～1.2mm 2. 淬硬：58～62HRC					
4	内圆磨床	内圆磨	内圆磨削留 0.01～0.015mm 研磨量	50				
5	C620 车床	研磨	用研磨工具研到尺寸	40				
工艺员		签名	年　月　日	零件质量等级				

表 4-16　导套车削加工工艺卡

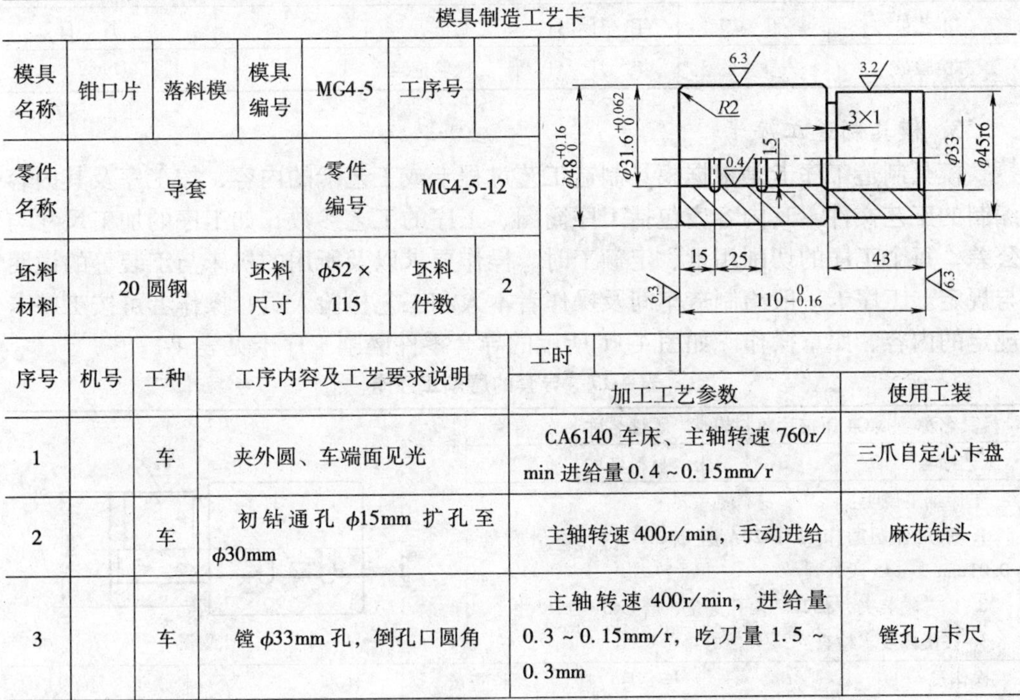

模具制造工艺卡						
模具名称	钳口片	落料模	模具编号	MG4-5	工序号	
零件名称	导套		零件编号	MG4-5-12		
坯料材料	20 圆钢		坯料尺寸	$\phi52\times115$	坯料件数	2

序号	机号	工种	工序内容及工艺要求说明	工时 加工工艺参数	使用工装
1		车	夹外圆、车端面见光	CA6140 车床、主轴转速 760r/min 进给量 0.4～0.15mm/r	三爪自定心卡盘
2		车	初钻通孔 $\phi15$mm 扩孔至 $\phi30$mm	主轴转速 400r/min，手动进给	麻花钻头
3		车	镗 $\phi33$mm 孔，倒孔口圆角	主轴转速 400r/min，进给量 0.3～0.15mm/r，吃刀量 1.5～0.3mm	镗孔刀卡尺

（续）

序号	机号	工种	工序内容及工艺要求说明	工时		
				加工工艺参数		使用工装
4		车	车45r6，外圆至45.4并倒3°角	主轴转速760r/min，进给量0.4～0.18mm/r吃刀量1.5～0.3mm		外圆车刀、卡尺
5		车	切3×1槽	主轴转速400r/min，手动进给		切槽刀
6		车	调头夹外圆，车另一端面，保证总长110mm	主轴转速760r/min，进给量0.3～0.15mm/r，吃刀量1～0.5mm		端面尺刀、卡尺
7		车	粗、半精镗内孔至ϕ31.5mm，孔口倒圆角	主轴转速400r/min，进给量0.3～0.15，吃刀量0.5～1mm		镗孔刀卡尺
8		车	挖2—R1.5油槽	主轴转速400r/min，手动进给		挖槽刀
9		车	车ϕ48mm外圆到尺寸倒R2圆角	主轴转速760r/min，进给量0.7～0.3mm/r，吃刀量0.5～1.5mm		外圆车刀、卡尺
10		检	按图样检验各尺寸	—		各种量具
工艺员		年　月　日	制造者			年　月　日
检验员		年　月　日	检验记录			

3. 模具制造工序卡

模具制造工序卡是根据模具制造工艺过程卡或工艺卡的内容，按工序及其内容编制的工艺文件。其内容应包括工序简图、工序的工艺参数，如工序的加工尺寸与公差，每个工序的切削用量、定额工时、操作要求以及所用的机床与工装等的说明与规定。工序卡一般给制造车间及操作者本人和工艺检验人员，操作者可按工序卡规定的内容、照章操作。如图4-11所示的导套零件磨削工序卡见表4-17。

表4-17　导套的磨削工序卡

模具名称	MG4钳口片落料模	零件名称	导套	
工艺序号		材料名称	20	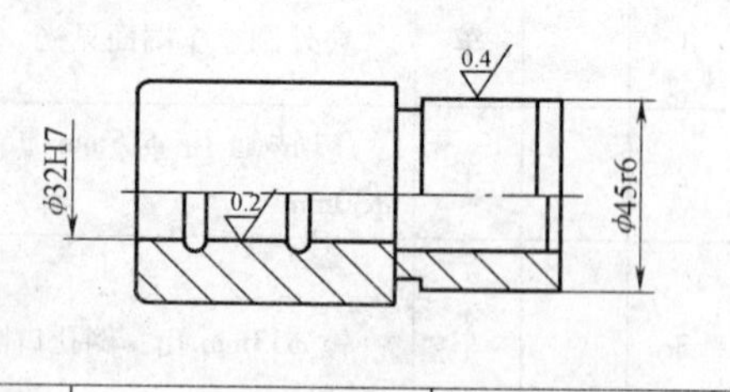
工序加工说明： 1. 采用外圆磨床MA1420A磨ϕ32H7内孔留研磨量0.01mm夹ϕ45段外圆 2. 以芯轴装夹，ϕ32H7内孔定位，磨ϕ45r6到尺寸 3. 按图样要求检查				
操作员		年　月　日	检查员	年　月　日

二、模具坯件的划线

模具零件开始加工前，在毛坯或半成品上划出加工图形、加工界限称为划线。即模具零件的加工，无论是毛坯还是半成品，往往都是要在划线以后才能进行机械、电火花加工，很多模具零件的制造，是从划线开始的，因此，划线是模具工的一种基本操作，也是其应该掌握的基本功。

（一）划线的作用及工具

1. 划线的类型与作用

（1）划线的类型

按划线用途分有以下三种：

1）在板料上划落料线，供气割、锯切下料使用。

2）在模板的铸锻毛坯上划线，用以后续刨、铣加工中确定加工面尺寸，位置和孔的中心。

3）在加工半成品（光坯）上划线，用以确定精加工表面及孔的位置与尺寸。根据零件的复杂程度，划线又可分为平面划线和立体划线。其中平面划线是基本的划线方法，也是立体划线的基础。

（2）划线的作用

1）确定零件各表面的加工余量、孔的位置，使机、电加工有明确的位置。

2）通过划线可以检查毛坯是否正确，毛坯误差小时，可通过划线借料补救。

3）借助划线，可进一步全面理解模具图样的设计意图，对图样能彻底的看清，以便制做出优质合格的模具。

2. 划线常用工具

划线常用工具见表4-18。

表4-18　常用划线工具名称及用途

工具名称	图　示	用　途
平板		用铸铁制成，其表面经精刨或刮削加工，可做为划线及检测的基准
划针	15°~20°	划针是划线的基本工具，常用的划针是用 ϕ3 ~ 6mm 弹簧钢丝或高速钢丝制造，尖端磨成15° ~ 20°尖角，并经热处理，硬度应达到55 ~ 60HRC，有的钢针在尖部还焊有硬质合金，使其保持长期锋利

（续）

工具名称	图　示	用　途
划规	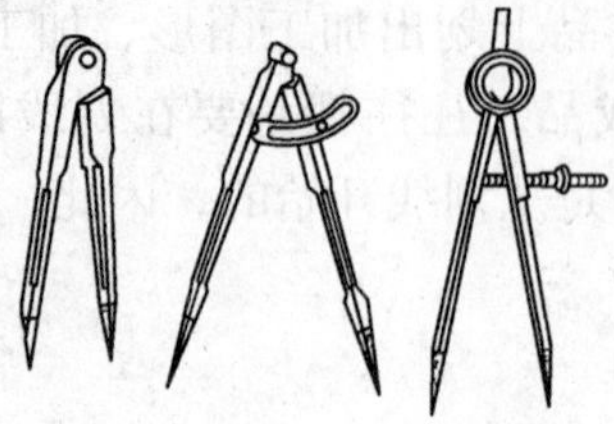 a)　b)　c) 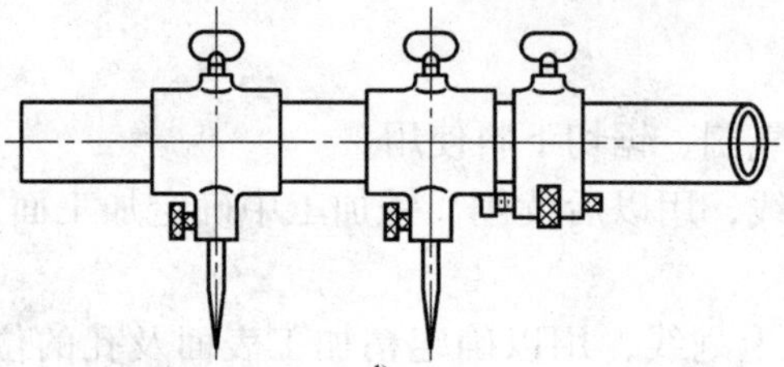 d)	常用的划规有普通划规（图 a）扁形划规（图 b）、弹簧划规（图 c）三种在划大尺寸时可采用图 a 所示的大尺寸划规 划规主要用来划圆及圆弧、等分线段、等分角度以及量取尺寸等
划线盘	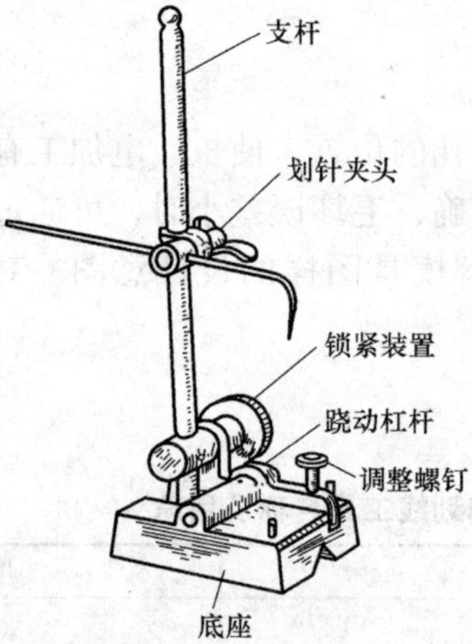 支杆 划针夹头 锁紧装置 跷动杠杆 调整螺钉 底座	划线盘是用来在工件划线和找正工作位置常用的工具，其直头用来划线，而其弯头用来找正工件位置
游标高度尺	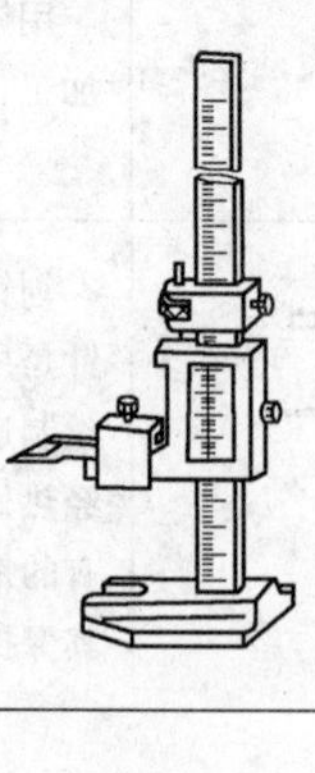	用于精密划线和测量的工具，要注意保护其刀刃，以免损坏

（续）

工具名称	图　示	用　途
方箱	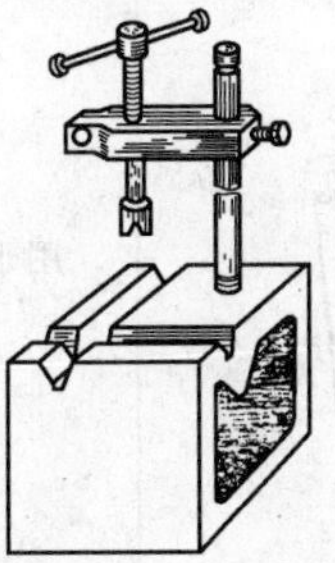	方箱是一空心长方体，其相对平面相互平行，相邻平面互相垂直。划线时，用C型夹头将工件夹在方箱上，再通过翻转，便可一次将工件上互相垂直的线全部划出 方箱上的V形槽平行相应的平面是装夹圆柱体工件用的
V形块	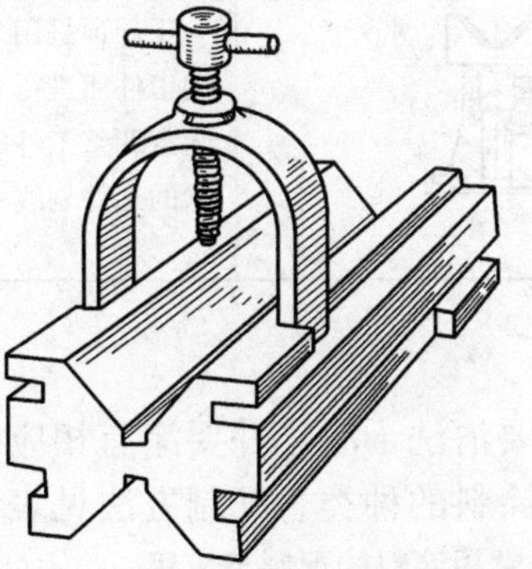	一般V形块都是一副两块，其夹角一般为90°或120°，用来支承轴类零件。带U形夹的V形块可翻转三个方向，在工件上划出相互垂直的线
样冲	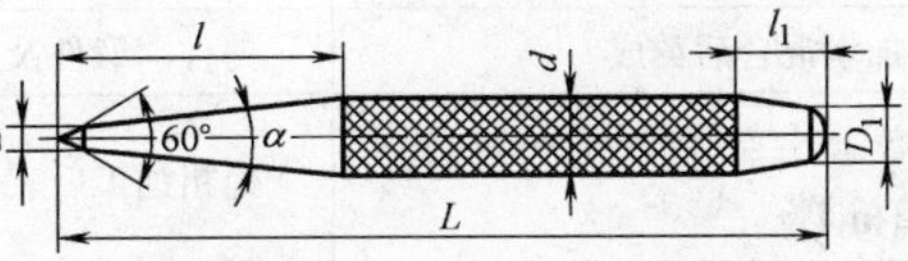	样冲是用工具钢制成50~60HRC。其尖角磨成60℃，也可以废刀具改制 使用时样冲应先向外倾斜，以便于样冲对准线条，对准后再直立，用手锤锤击样冲孔，以保证划线清晰
直角、三角与钢板尺	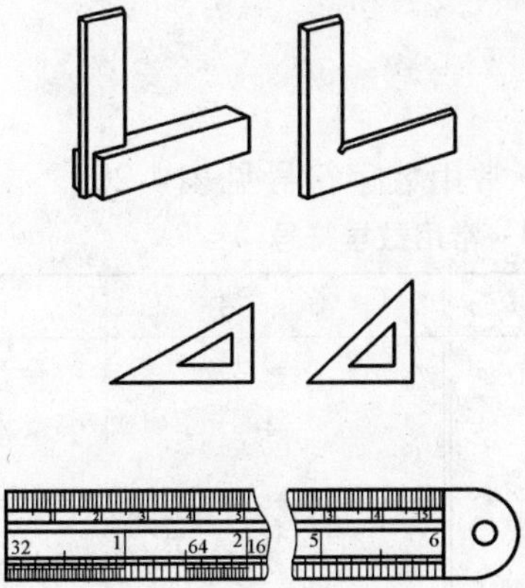	1. 直角尺（90°）如图a，主要用来划线时做为平行线、垂直线的导向工具 2. 三角尺（图b），用于量取量值及划角度 3. 钢板尺：用于连接直线和尺寸度量（图c）

（续）

工具名称	图示	用途
分度头	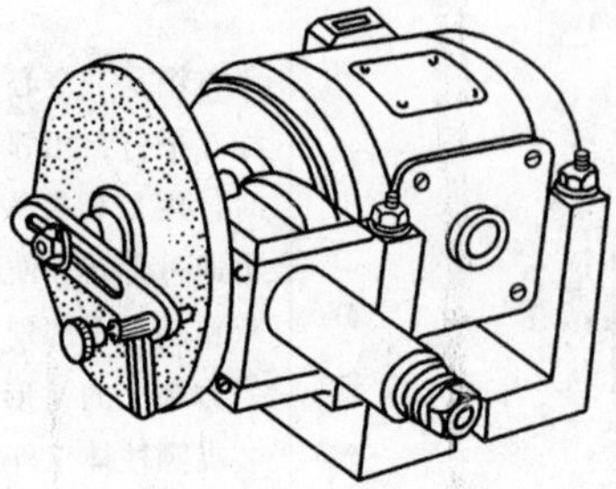	用于圆形零件划角度线
千斤顶	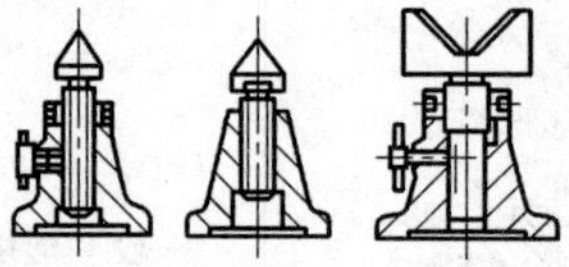	千斤顶是用来支持毛坯或形状不规则工件而进行立体划线的工具，它可随意调整工件的高度，以便对不同形状的工件划线

3. 划线用涂料

毛坯或半成品坯件，在划线前均要清洗干净，并要涂有相应的涂料于其应划线的表面上，以便于线条清晰可见。其涂料的种类、配制方法见表4-19。

表4-19 划线常用涂料的配制与应用

涂料名称	配制方法	应用范围
白灰水	大白、桃胶或猪皮胶加水混合后熬成	铸件、锻件及大型模板
紫色涂料	紫色染料（青莲、普鲁士蓝2%～3%）；漆片（洋干胶3%～5%）；酒精3%	经粗加工后表面划线
硫酸铜涂料	硫酸铜加入少量水	用于精加工表面划线

（二）划线常用的数学计算

1. 常用数学符号

按GB 3102.11—1993国家标准，常用数字符号见表4-20。

表4-20 常用数学符号

符号	意义	符号	意义
$+$	加，正号	$=$	等于
$-$	减，负号	$\neq$	不等于
$\times$或$\cdot$	乘	$\equiv$	恒等于
$a \div b$或$\frac{a}{b}$	a除以b或b除a	$<$	小于

（续）

符　号	意　义	符　号	意　义
$\leqslant$	小于或等于	∞	无穷大
$>$	大于	$()$	圆括号
$\geqslant$	大于或等于	$[\ ]$	方括号
$\propto$	成正比	$\angle$	平面角
$a:b$	a 比 b	▱	平行四边形
a^c	a 的 c 次方	$\triangle$	三角形
$\sqrt{a}$	a 开平方	$\odot$	圆
$\sqrt[n]{a}$	a 开 n 次方	$\perp$	垂直
$\pm$	正或负	$/\!/$	平行
$\mp$	负或正	$\backsim$	相似
Σ	总和	$\cong$	全等
$\%$	百分比	π	圆周率（$\pi=3.1416$）

2. 常用数学公式

在模具制作中，常用的数学公式见表4-21。

表4-21　常用数学公式

序号	项　目	计算公式
1	分数运算	$\frac{a}{b}\pm\frac{c}{b}=\frac{a\pm c}{b}$ $\frac{a}{b}\pm\frac{c}{d}=\frac{a\cdot d\pm b\cdot c}{b\cdot d}$ $\frac{a}{b}\times\frac{c}{d}=\frac{a\cdot c}{b\cdot d}$ $\frac{a}{b}\div\frac{c}{d}=\frac{a\cdot d}{b\cdot c}$
2	开方与乘方运算	1）开方与乘方的关系 $a^2=A$　则　$\sqrt{A}=a$ $b^3=B$　则　$\sqrt[3]{B}=b$ $a^n=D$　则　$\sqrt[n]{D}=d$ 2）乘方的运算 $a^m\cdot a^n=a^{m+n}$ $a^m\div a^n=a^{m-n}$ $(a^m)^n=a^{m\cdot n}$ 3）常用平方根数值 $\sqrt{2}=1.4142$；$\sqrt{3}=1.732$

（续）

序号	项　目	计算公式
3	比例计算	设 $a:b=c:d$ 或 $\frac{a}{b}=\frac{c}{d}$ 则　$a\cdot d=b\cdot c$ $b:a=d:c$ 其中：$a:c=b:d$，$d:b=c:a$ $\frac{a+b}{b}=\frac{c+d}{d}$（合比） $\frac{a-b}{b}=\frac{c-d}{d}$（分比） $\frac{a+b}{a-b}=\frac{c+d}{c-d}$（合分比）
4	对数运算	1. 若 $a>0$　$a\neq1$　$a^x=m$ 则：$\log_a m=x$ 2. 1 的对数为 0；$\log_a 1=0$ 3. 底的对数为 1；$\log_a a=1$ 4. $\log_a(M\cdot N)=\log_a M+\log_a N$ 5. $\log_a\left(\frac{M}{N}\right)=\log_a M-\log_a N$ 6. $\log_a(M^n)=n\log_a M$ 7. $\log_a\sqrt[n]{M}=\frac{1}{n}\log_a M$
5	乘法及因式分解	$(x+a)(x+b)=x^2+(a+b)x+ab$ $(a\pm b)^2=a^2\pm2ab+b^2$ $(a\pm b)^3=a^3\pm3a^2b+3ab^2\pm b^3$ $(a+b+c)^2=a^2+b^2+c^2+2ab+2bc+2ca$ $a^2-b^2=(a+b)(a-b)$ $(a+b+c)^3=a^3+b^3+c^3+3a^2b+3ab^2+3b^2c+3bc^2+3a^2c+$ $3ac^2+6abc$

3. 常用三角函数

(1) 三角形的计算

常用三角形计算方法见表 4-22。

表 4-22　常用三角形计算公式

三角形	图　形	计 算 公 式
直角三角形		1）三角函数 正弦：$\sin\alpha = a/c$；余弦：$\cos\alpha = b/c$ 正切：$\tan\alpha = b/a$；余切：$\cot\alpha = c/b$ 正割：$\sec\alpha = c/a$；余割：$\mathrm{cse}\alpha = c/a$ 2）各边的关系（勾股定理） $c^2 = a^2 + b^2$ 3）计算公式 $\sin^2\alpha + \cos^2\alpha = 1$；$\tan\alpha = \sin\alpha/\cos\alpha$ $\cot\alpha = \cos\alpha/\sin\alpha$ $\tan\alpha \cdot \cot\alpha = 1$
任意三角形		1）正弦定理 $a/\sin A = b/\sin B = c/\sin C = 2R$ R——外接圆半径 2）余弦定理 $\cos A = \dfrac{b^2 + c^2 - a^2}{2bc}$；$\cos B = \dfrac{c^2 + a^2 - b^2}{2ca}$；$\cos C = \dfrac{a^2 + b^2 - c^2}{2ab}$

其0～90°的角之正弦（sin）余弦（cos）和正切（tan）余切（cot）函数值，可从有关的“数学手册”查取。

（2）常用三角函数数值

常用角度的三角函数值见表4-23。

表 4-23　常用角度的三角函数

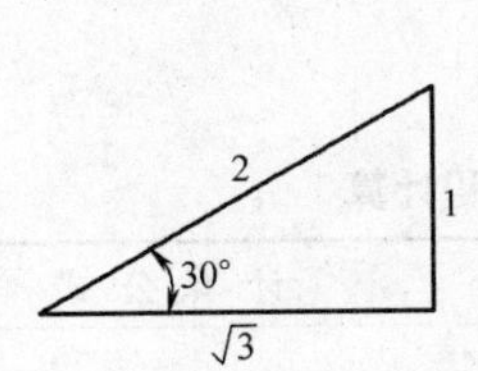

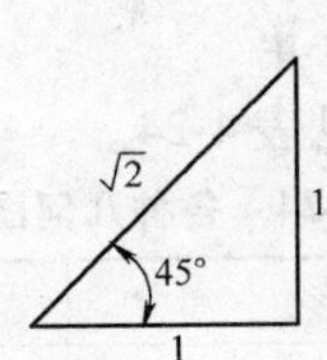

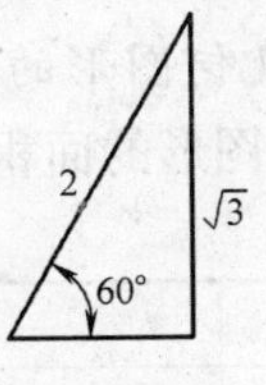

角度 α	$\sin\alpha$	$\cos\alpha$	$\tan\alpha$	$\cot\alpha$
0°	0	1	0	∞
30°	1/2 = 0.5	$\sqrt{3}/2$ = 0.866	$1/\sqrt{3}$ = 0.577	$\sqrt{3}$ = 1.732

（续）

角度 α	sinα	cosα	tanα	cotα
45°	$1/\sqrt{2}=0.707$	$1/\sqrt{2}=0.707$	1	1
60°	$\sqrt{3}/2=0.866$	$1/2=0.5$	$\sqrt{3}=1.732$	$1/\sqrt{3}=0.577$
90°	1	0	∞	0

（3）应用示例

示例：如图 4-12 所示的工件上有 A、B 两个孔，其孔的中心距 $AB=85$mm，$\angle BAC=36°52'$。设计算两孔的纵横距离 BC 和 AC 的长短。

解：在直角三角形 ABC 中，$AB=85$ $\angle ABC=36°52'$

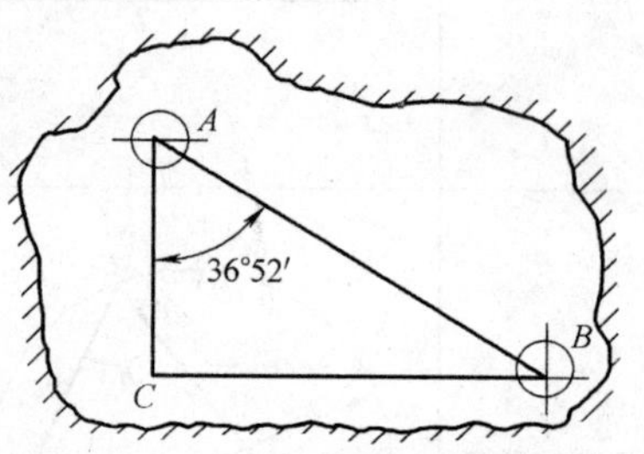

图 4-12　孔的纵横距离计算

$\because \sin\angle BAC = BC/AB$

$\therefore BC = AB\cdot\sin\angle BAC$

经查（“数学手册”三角函数表）：$\sin 36°52' \approx 0.5999$

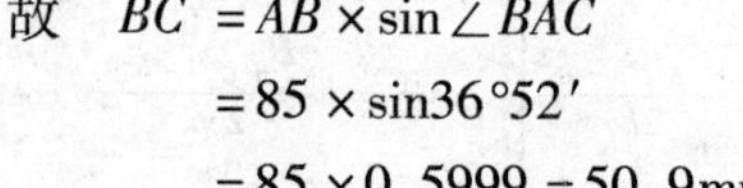

故　$BC = AB\times\sin\angle BAC$

$=85\times\sin 36°52'$

$=85\times 0.5999=50.9\text{mm}$

又$\because \cos 36°52' = AC/AB$

$\therefore AC = AB\cdot\cos 36°52'$

经查（数学手册三角函数表）$\cos 36°52' \approx 0.800$

故　$AC = AB\cdot\cos 36°52'$

$=85\times 0.8000$

$=68\text{mm}$

经查表计算：$BC=50.9\text{mm}$

$AC=68\text{mm}$

4. 各种几何图形的面积计算

各种几何图形的面积计算见表 4-24。

表 4-24　各种几何图形面积计算

序号	名称	图　形	计 算 公 式
1	等边三角形	h, 60°, a	底边　$a=1.55h$ 高　$h=0.866a$ 面积　$A=\frac{1}{2}a\cdot h$ $=0.433a^2=0.578h^2$

（续）

序号	名称	图　形	计算公式
2	直角三角形	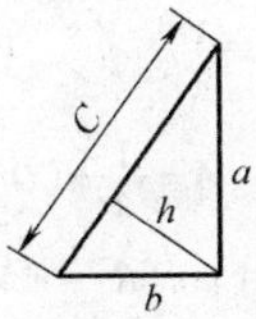 C a h b	斜边　$c=\sqrt{a^2+b^2}$ 斜边高　$h=a\cdot b/c$ 面积　$A=a\cdot b/2$
3	平行四边形 矩形	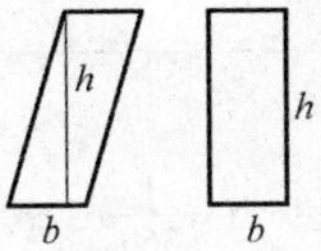 h b h b	面积　$A=b\cdot h$
4	菱形	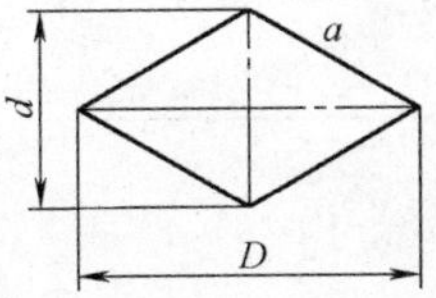 a d D	边　$a=\frac{1}{2}\sqrt{D^2+d^2}$ 面积　$A=\frac{1}{2}D\cdot d$
5	正方形	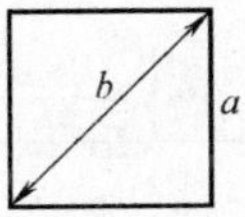 b a	边　$a=0.707d$ 对角线　$d=1.414a$ 面积　$A=a^2$
6	梯形	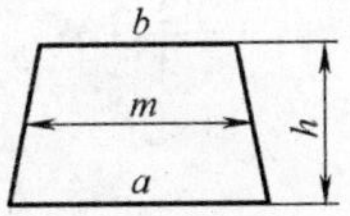 b m h a	中线 $m=(a+b)/2$ 面积　$A=\frac{1}{2}(a+b)\cdot h=mh$
7	圆	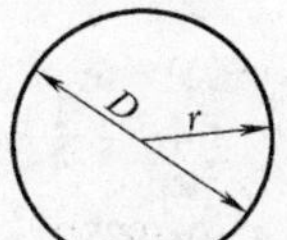 D r	$A=\frac{1}{4}\pi D^2=0.785D^2$ 或　$A=\pi r^2=3.14r^2$
8	椭圆	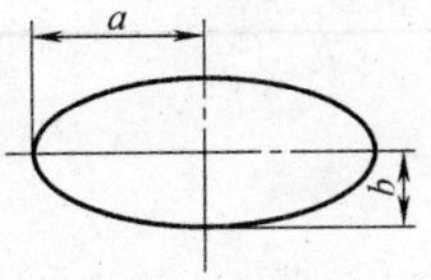 a b	面积　$A=$长轴半径×短轴半径×π 或　$A=\pi a\cdot b$

（续）

序号	名称	图形	计算公式
9	圆环	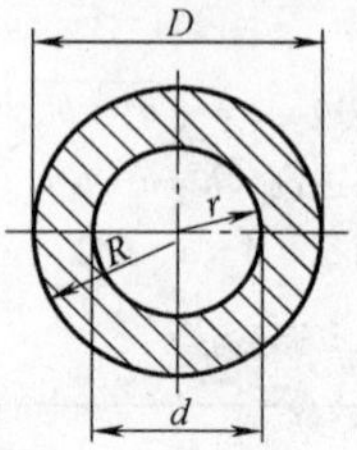	面积 $A=\frac{1}{4}\pi(D^2-d^2)$ 或 $A=\pi(R^2-r^2)$
10	扇形	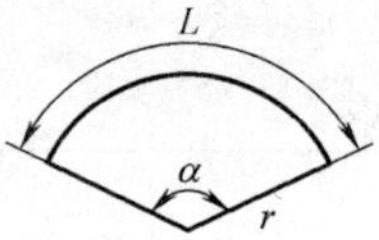	面积 $A=\frac{1}{360}a\cdot\pi r^2$ 或 $A=r/a\cdot l$ 其中 L—弧长
11	弓形	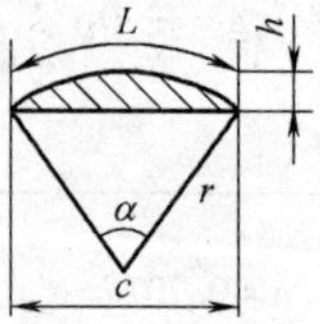	面积 $A=\frac{1}{2}L\cdot r-C\cdot(r-h)/2$
12	抛物线弓形	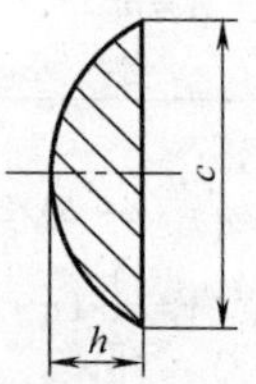	面积 $A=\frac{2}{3}\cdot bh$
13	角缘	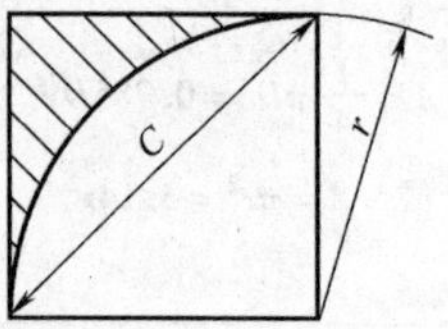	面积 $A=r^2-\frac{1}{4}\pi r^2=0.215r^2$ 或 $A=0.1075C^2$

注：π—圆周率，π=3.1416。

5. 多边形计算

多边形计算方法见表4-25。

表 4-25 正多边形的计算

图示	计算公式
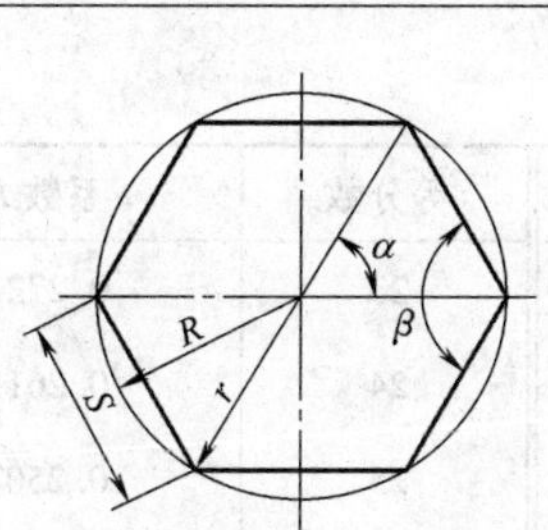	圆心角 α：$\alpha=\frac{1}{n}360°$ 顶角 β：$\beta=180°$ 外接圆半径 R：$R=\sqrt{r^2+\frac{1}{4}S^2}$ 面积 A：$A=\frac{1}{2}n\cdot s\cdot r$ 式中 n—边数

n	S	R	r	A
3	$1.732R$	$0.577S$	$0.289S$	$1.299R^2$
4	$1.414R$	$0.707S$	$0.502S$	$2.000R^2$
5	$1.176R$	$0.851S$	$0.688S$	$2.387R^2$
6	$1.000R$	$1.000S$	$0.866S$	$2.598R^2$
8	$0.765R$	$1.307S$	$1.207S$	$2.828R^2$

6. 弓形件尺寸计算

弓形件尺寸计算方法见表 4-26。

表 4-26 弓形件弧、弦长的计算

图形	计算方法	
a) b)	圆直径 D	$D=H+L^2/4H$
	弦长 L	$L=2\sqrt{H(D-H)}$
	弧长 l	$l=\pi r\cdot\alpha/80°$
	弦高 H	$H=\frac{1}{2}(D\pm\sqrt{D^2-L^2})$ 当弓形小于半圆时取“－”，大于半圆时取“＋”

计算示例：

已知某工件（图 b）上的孔，孔径 $D=20$mm，尺寸 $A=16.5$mm

求：尺寸 $L=$？

解：按表中弓形弦长 L 的计算公式

$$L=2\sqrt{H(D-H)}$$

其中 $H=D-A=20-16.5=3.5$mm

故 $L=2\sqrt{3.5\times(20-3.5)}=15.2$mm

7. 等分圆周系数 K

等分圆周系数 K 见表 4-27。

表 4-27　等分圆周系数 K

等分数	系数 K	等分数	系数 K	等分数	系数 K
3	1.7321	13	0.4716	23	0.2723
4	1.4142	14	0.4450	24	0.2611
5	1.1756	15	0.4158	25	0.2507
6	1.0000	16	0.3902	26	0.2411
7	0.8678	17	0.3676	27	0.2321
8	0.7654	18	0.3473	28	0.2240
9	0.6840	19	0.3292	29	0.2162
10	0.6180	20	0.3129	30	0.2091
11	0.5635	21	0.2980	31	0.2023
12	0.5176	22	0.2845	32	0.1960

8. 常用法定计量单位及换算

（1）常用计量单位换算（表 4-28）

表 4-28　常用计量单位及换算

名称	单位	符号	换算关系
长度	米	m	1m
	分米	dm	=10dm
	厘米	cm	=100cm
	毫米	mm	=1000mm
	微米①	μm	$=10^6$ μm
	纳米	nm	$=10^9$ nm
面积	米²	m^2	1m^2
	分米²	dm^2	=100dm^2
	厘米²	cm^2	$=10^4 cm^2$
	毫米²	mm^2	$=10^6 mm^2$
体积	米³	m^3	1m^3
	厘米³	cm^3	$=10^6 cm^3$
平面角②	秒	″	1°
	分	′	=60′
	度	°	=3600″

① 机械加工常用“道”表示长度，其 1 道 = 10μm = 0.01mm

② 平面角中 1° = 60′ = (π/180) rad = 3600″ = (π/10800) rad

1″ = (π/648000) rad

其中　rad—弧度

（2）英制与公制换算（表 4-29）

表 4-29　in（英寸）与 mm（毫米）换算

mm in / in	0	1	2	3	4	5	6	7	8	9	10
0	—	25. 400	50. 800	76. 200	101. 60	127. 00	152. 40	177. 80	200. 20	228. 60	254. 00
1/16	1. 588	25. 988	52. 388	77. 788	103. 19	128. 59	153. 99	179. 39	204. 79	230. 19	255. 59
1/8	3. 175	28. 575	53. 975	79. 375	104. 78	130. 18	155. 58	180. 98	206. 38	231. 78	257. 18
3/16	4. 763	30. 167	55. 563	80. 963	106. 30	131. 76	157. 16	182. 56	207. 96	233. 36	258. 76
1/4	6. 350	31. 750	57. 150	82. 550	107. 95	133. 35	158. 75	184. 15	209. 55	234. 95	260. 35
5/16	7. 938	33. 338	58. 738	84. 138	109. 54	134. 94	160. 34	185. 74	211. 14	236. 54	261. 94
3/8	9. 525	34. 925	60. 325	85. 725	111. 13	136. 53	161. 93	187. 33	212. 73	238. 13	263. 53
7/16	11. 113	36. 513	61. 913	87. 313	112. 71	138. 11	163. 51	188. 91	214. 31	239. 71	265. 11
1/2	12. 700	38. 100	63. 500	88. 900	114. 30	139. 70	165. 10	190. 50	215. 90	241. 80	266. 70
9/16	14. 288	39. 688	65. 088	90. 488	115. 89	141. 29	166. 69	192. 09	217. 49	242. 89	268. 29
5/8	15. 875	41. 275	66. 675	92. 075	117. 48	142. 88	168. 28	193. 68	219. 08	244. 48	269. 88
11/16	17. 463	42. 863	68. 263	93. 663	119. 06	144. 46	169. 86	195. 26	220. 66	246. 06	271. 46
3/4	19. 050	44. 450	69. 850	95. 250	120. 65	146. 05	171. 45	196. 85	222. 25	247. 65	273. 05
13/16	20. 038	46. 038	71. 438	96. 838	122. 24	147. 64	173. 04	198. 44	223. 84	249. 24	274. 64
7/8	22. 225	47. 625	73. 025	98. 425	123. 83	149. 23	174. 63	200. 03	225. 43	250. 83	276. 23
15/16	23. 813	49. 213	74. 613	100. 013	125. 41	150. 81	176. 21	201. 61	227. 01	252. 41	277. 81

注：换算公式为：毫米数 = 英寸数 ×25. 4，即 1in = 25. 4mm。

9. 计算器的使用

计算器（图 4-13）是模具工在工程计算及划线时必备的使用工具。目前使用的函数计算器多为液晶显示，其窗口以计算时输入并显示计算结果数字，可进行加、减、乘、除、倒数、乘方、开方、平方及立方根、三角函数、对数等各种运算、计算快捷方便。其使用及运算方法，可根据使用说明书来进行操作。

（三）划线找正与划线基准的选择

1. 划线找正方法

毛坯在划线时，一般把工件顶在三只千斤顶上（大件），首先要把毛坯找正。其方法是：

1）为了保证不加工面与加工面间各点的距离相同（即壁厚均匀），应将不加工面用划针盘找平（当不加工面为水平面时），或把不加工面用直角尺找垂直（当不加工面为垂直面时，如各类模板）。

2）如有几个不加工表面时，应以面积最大的不加工表面找正，并照顾其他不加工面，使各处壁厚尽量均匀，孔与轮毂或凸台尽量同心。

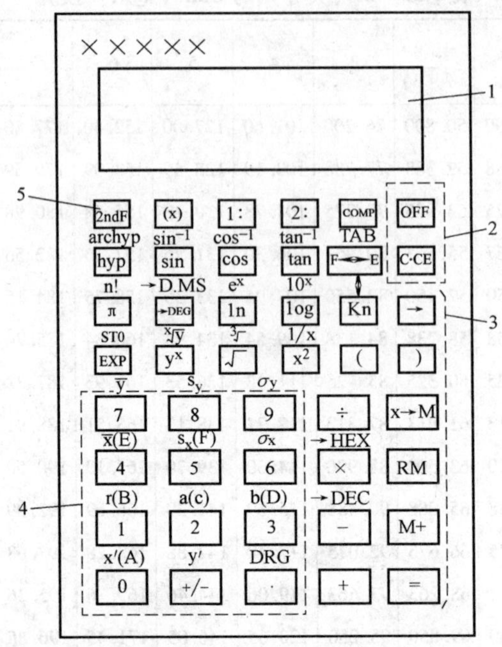

图 4-13　计算器面板结构

1—显示屏视窗　2—基本操作键　3—功能键　4—数字键　5—第二功能键

2. 划线基准的选择

基准就是根据的意思。划线时就从基准开始。确定工件几何形状、位置的线或面叫做划线基准。正确地选择划线基准是划好线的关键，有了合理的基准，才能使划线准确、方便和提高效率。因此划线前对图样要进行认真、细致的分析，选择正确的基准。

（1）基准选择原则

1）根据图样尺寸标注：在零件图上，总有一个或几个基准来标注起始尺寸。划线时，就可以在工件上选定与图样所表明的相应平面或线作为基准。

2）根据毛坯形状：如果毛坯上有孔、凸起部或毂面时，就应以孔、凸起部或毂面的中心作为基准。凡车工车出的圆柱形工件，通常以中心为基准。

3）根据工件加工情况：如果毛坯上只有一个表面是已加工面，就以这个表面作为基准；如果都是毛坯表面，就以较平整的大平面作为基准。

（2）选定基准的方法

确定划线基准时，即要保证划线的质量、提高划线效率，同时划线基准应尽量与设计基准一致，这样可以直接量取到划线尺寸，减少、换算手续。为了方便，在划线时，最好选择较大和平直的面做为划线基面。

在划线时，选定基准的方法见表4-30。

表4-30　选定基准的方法

序号	基准形式	图示	说明
1	以两个相互成直角的外平面（或线）	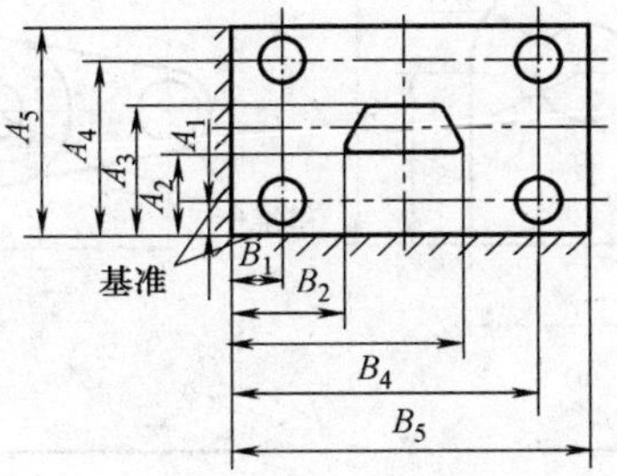	划线前先把两个外平面加工平，并互成90°直角，以后其他尺寸都以这两个平面为基准划出加工线，如凹模固定板、卸料板平面划线
2	以两条中心线为基准	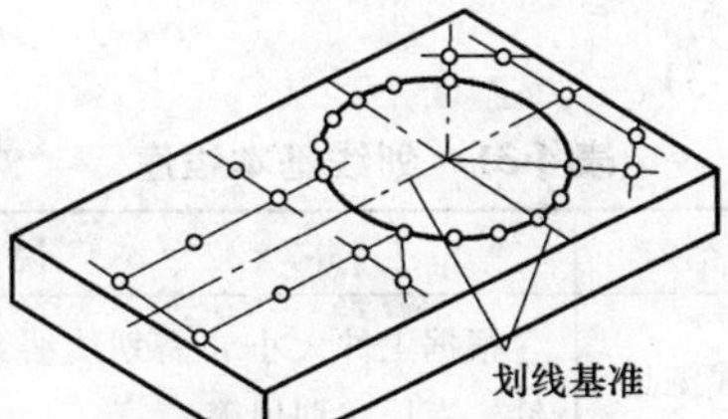 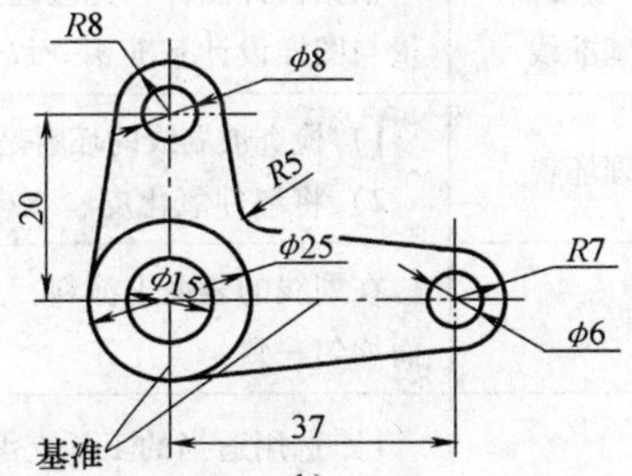	划线时先找出工件相对的两个位置，划出两条中心线。然后再根据中心线划出其他线
3	以一个平面与一条中心线为基准	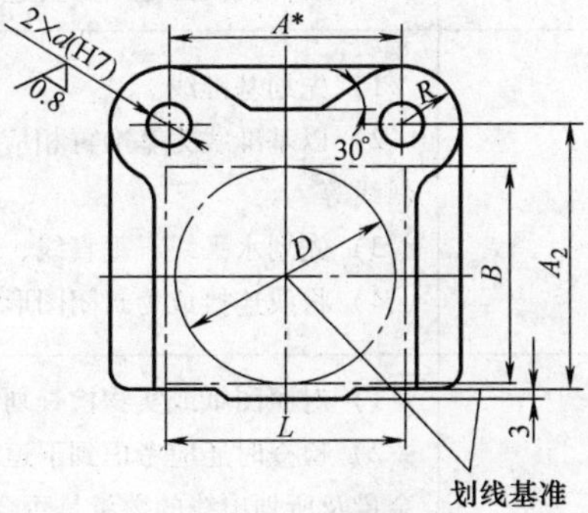	划线前先将平面加工平，然后划出中心线。以其为基准再划其他线

（续）

序号	基准形式	图示	说明
4	以点为基准	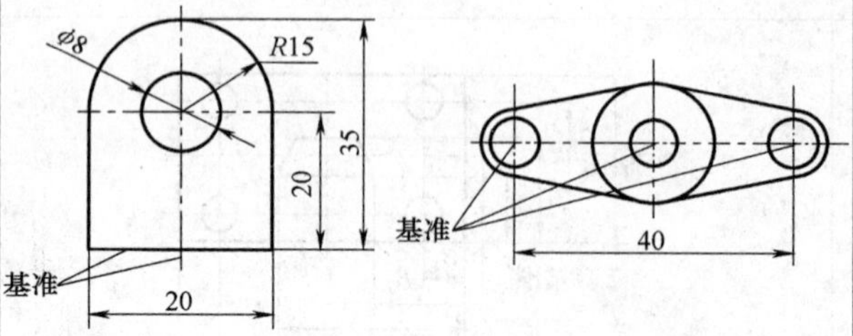 ϕ8 R15 35 20 基准 20 a)　基准 40 b)	划线前先找出工件中心点，再以中心点为基准划其他各线

（四）划线的基本程序

划线的基本程序见表4-31。

表4-31 划线基本程序

步序	项目内容		说明
第一步	划线前的准备工作	准备划线工具	根据工件大小和需划线线条准备好划线工具，如平台、划针、直尺、划规等
		选择基准面或基准线	根据设计图样，先按选择基准线的原则，选准基准形式。尽量与图样设计基准相一致，以减少量取换算的麻烦
		清理坯料	1）检查被划线的坯料是否尺寸合适确定在划线时是否需借料 2）将坯件氧化皮、飞边清理干净
第二步	划线表面涂料		在划线的表面上涂料，如石灰水、硫酸铜等。涂层一定要薄而均匀一致
第三步	定位与找正		1）选用适当的工具支承工件，使有关的平面处于合适的位置上 2）工件夹装固定后，要进行找正
第四步	进行划线连接		1）先划基准线 2）以基准线为基准再相应划出各垂直线、平行线、圆弧及斜线等 3）先划水平线、垂直线、斜线，再后划圆弧、圆 4）将线连接成为封闭图形
第五步	检查		1）对照图纸或实物检查划线的正确性。并检查是否有漏划。 2）检查时还应考虑到下道工序的要求确定一下所留的加工余量及所划出线的数量是否合理及确保加工要求

（续）

步序	项目内容	说　明
第六步	点样冲眼	1）在线条中间或线与线交叉点是坯件表面孔的中心，要用样冲点洋冲眼，以使划线清楚 2）对于下道工序是粗加工工序，样冲孔要打深一些；若是精加工最好不要打样冲眼

（五）划线方法

1. 各种线条的划线法

各种线条的标准划法见表4-32。

表4-32　各类线条的划线方法

划线内容		图　示	划线方法
直线		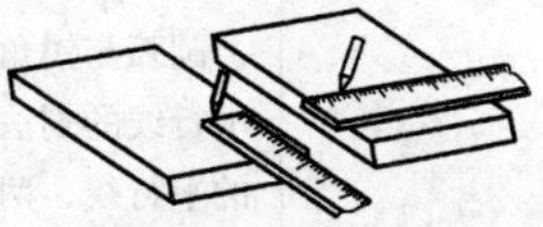	先在工件表面需要的尺寸处划出直线两端点，后用钢尺及划针连接两端点，即成一条直线
平行线	几何划法	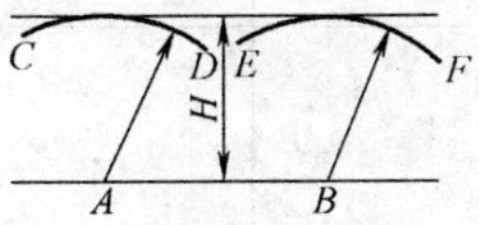 C D E F H A B	在划好的直线上，取AB两点，以A、B为圆心，用同样半径R划出两圆弧，再用钢尺作两圆弧的切线
平行线	用角尺划线	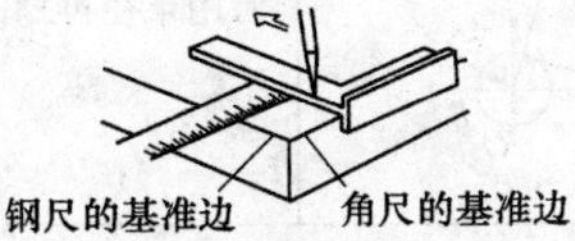 钢尺的基准边　角尺的基准边	先用钢尺和划针，划好需要的距离，再用角尺紧靠垂直面，一边对正划好的距离，用划针划出平行线
垂直线	划垂直平分线	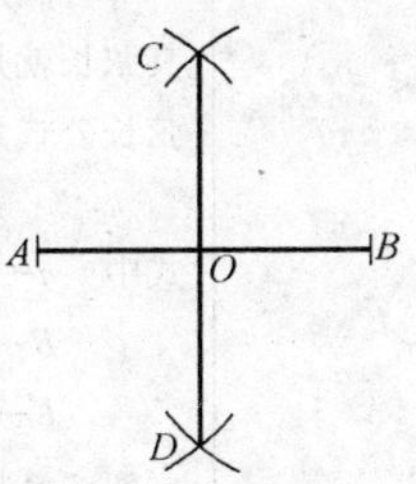 C A O B D	以直线两端为圆心，用任意长为半径分别划弧得对称交点，连接后即成为垂直线
垂直线	从线内一点划垂直线	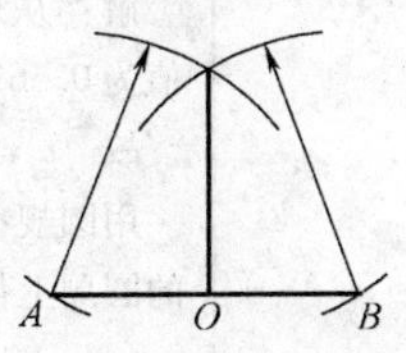 A O B	以线上已知点O为圆心，用任意长为半径，划两个短弧交在直线上得A、B，再以A、B为圆心，用任意长为半径划弧，得交点C，连接C则为垂直线

（续）

划线内容		图　示	划线方法
求圆心	用定心角尺求圆心	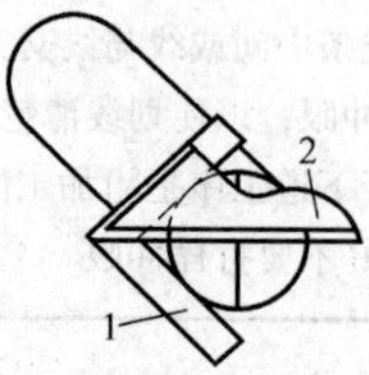	定心角尺是在角尺1上面铆一个直尺2，将角尺直角分成两半。使用时，把角尺放在工件的端面上，使角尺内边和工件圆柱表面相切，沿直角尺划一条线，然后转一角度在划一条线，其交点就是圆心
	用游标高度尺和V形铁配合求圆心	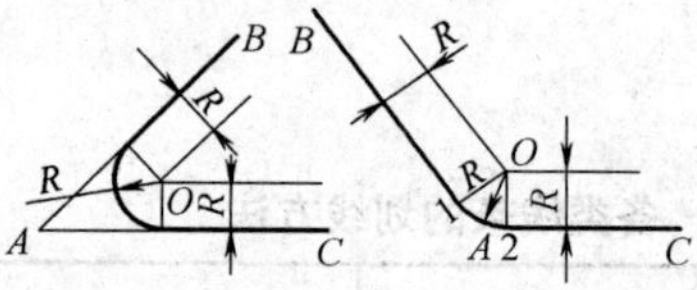	将工件放在两个V形槽内，把游标高度尺的卡脚调整到工件上表面的高度，然后减去工件的半径划一直线。再翻转一个任意角度，用同样的高度划线，两条线的交点即为所求的圆心
圆弧连接	圆弧与角边相切		圆弧与锐角、直角、钝角相切时，可按平行线的划法以圆弧半径为距离，划角边的平行线，两平行线的交点即是圆心，然后用划规定好半径划出圆弧
	圆弧相切	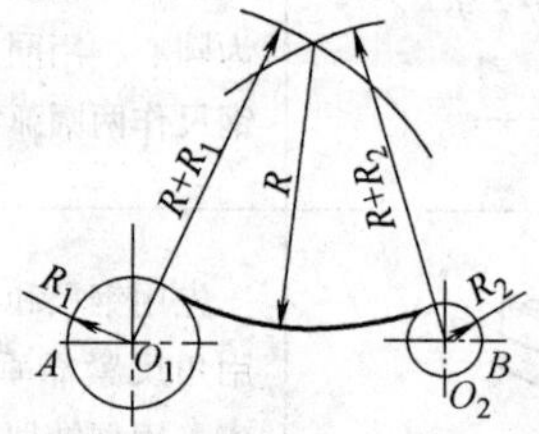	先把相切的圆弧半径相加求出圆心，然后用半径再划圆弧，两圆弧即可相切
等分圆周法		—	等分圆周时，可通过查表求出其弦长，其弦长就是圆周各等分间的直线距离。求弦长公式为 $a = R \cdot K$ 式中　a—弦长； R—圆的半径； K—系数（表4-27） 如：试将直径120mm的圆分成11等分 解：从表4-27中查出，圆周等分时K值为0.5635 故　$a = 0.5635 \times 120/2 = 53.81\text{mm}$ 用圆规在钢尺上量得这一长度，在所划的圆周上依次量取即可

2. 利用分度头划线

划线时，在分度头主轴上装上三爪自定心卡盘，将工件夹持住，即可分度和划线。

图4-14为一万能分度头。划线时将工件夹紧在三爪自定心卡盘中。在夹盘后面有一个360°的刻度盘，盘上有几圈不同数目的小孔，利用这些小孔根据计算算出在每分完一个读数后手柄需要转过的转数和孔数。

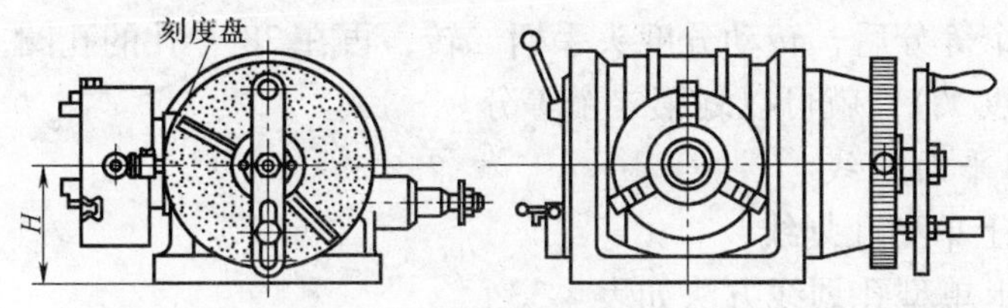

图4-14　万能分度头

利用分度头划线时，将游标高度尺调整到 H 尺寸，则在工件上划出的即是直线（图4-15中的 AB 线）。要划与 AB 垂直的直线时，先看好划 AB 线时的刻度盘的读数 α 角，再摇动手柄，使三角卡盘转动90°，即转动到刻度盘的读数为：$\alpha+90°$ 或 $\alpha-90°$，这时用原高度尺就能划出与 $AB\perp$ 的 CD 线，如图所示。若要划出与 AB 线 α 角的直线，则可摇动手柄使卡盘转过 θ 角，即刻度盘的度数为 $\alpha-\theta$，以原高度游标卡尺划线即可得到与 AB 线夹 θ 角的 OE 线；如果要划出离中心 O 为 L 的 F 点，只需将卡尺调整到 $H+L$ 划线即可。如需在 OE 线上划出离中心 O 为 M 的 G 点，只需转动三爪自定心卡盘，使 OE 线垂直 AB 线，即刻度盘上读数为 $\alpha-\theta-90°$ 或 $\alpha-\theta+90°$，将高度尺调整到 $H+M$ 或 $H-M$，划线即可得出 M 线段。

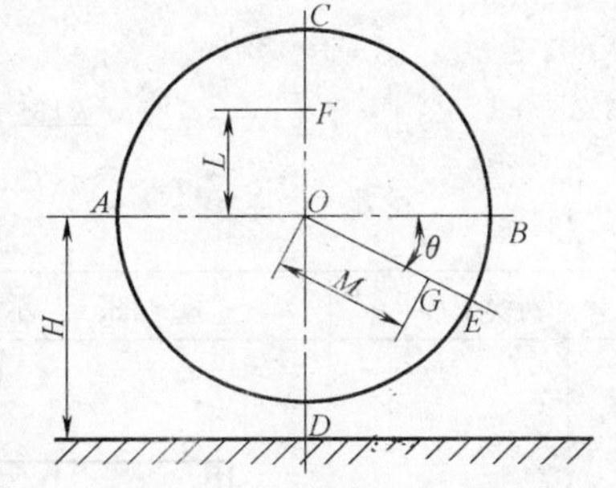

图4-15　利用分度头划线

利用分度头进行分度时，可通过手柄经过蜗轮、蜗杆传动进行分度。假如蜗轮、蜗杆传动比为1/40，则计算公式如下：

$$n = 40/z$$

式中　n——分度头手柄应转过的转数；

z——工件的等分数。

例1　要划出均匀分布在圆周上的10个孔，试求每划完一个孔后，手柄的转数。

解　根据公式

$$n = \frac{40}{Z} = \frac{40}{10} = 4$$

即每划完一个孔的位置后，手柄应转 4 圈，使工件进行分度后再划另一个孔。

例 2　要把圆周分成 14 个等分，试求每次分度头手柄的转数。

解　根据公式

$$n = \frac{40}{Z} = \frac{40}{14} = 2\frac{12}{14} = 2\frac{24}{28}$$

即划完一个等分后，转动分度头手柄二转，再在 28 个孔的孔圈上，摇过 24 个孔距（调整分度叉），就可以划第二个等分。

3. 零件的平面划线

(1) 平面上单型孔划线

工件平面上单型孔划线方法如表 4-33。

表 4-33　平面单型孔划线法

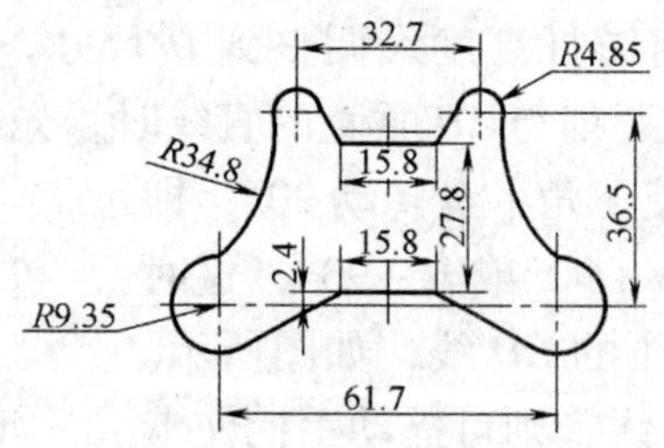

划线程序		图　示	划 线 说 明
1	坯料准备	51.7 0.8 0.8 81.4	1）将毛坯刨成六面体，每边放余量 0.3 ~ 0.5mm，其尺寸为：81.4mm × 81.7mm × 42.5mm 2）将所要划线平面及相邻互相垂直的侧面平磨成直角 3）去毛刺，划线平面去油、去锈后，涂硫酸铜涂料
2	划直线（一）	10 20	1）将基准面放平在平台上 2）用游标高度划线尺测得实际高度 3）以 $\frac{1}{2}A$ 划中心线 4）计算各圆弧中心位置尺寸并划中心线；划线时用钢尺大致确定划线横向位置

（续）

划线程序		图 示	划 线 说 明
3	划直线（二）		1）将另一基准面放在平板上 2）划 R9.76mm 中心线，并加放 0.3mm 余量 3）计算其他线尺寸并划线
4	划圆弧		1）在圆弧十字线中心轻轻敲样冲印 2）用圆规划圆弧线 3）R34.8mm 圆弧中心在坯料之外，取一辅助块；用平口钳夹紧在工作侧面，求出圆心划线
5	连接斜线		用钢尺、划针连接各线

（2）平面多型孔划线

平面上多型孔划线，多用于冲压模具的连续模和多凸模的冲裁模。这类模具的凹模、凸模固定板和卸料板，各型孔的尺寸和它们之间的相对位置精度要求较高，一般在划线时要注意以下两点：

1）在具有多型孔的级进模中，各工位步距的累积误差都有一定要求。故在划各工位步距中心线时，应按图 4-16 所示的方法，以 0 点为基准，步距 P 为步距，分别划出 P、$2P$、$3P$ 等分点或其中间一点为基准由中间向两侧分，这样就不会造成误差的积累，划出线来比较准确。

2）型孔为圆形时，由于这些孔系一般安排在立铣、工具铣床上或坐标镗床上加工，故划线比较简单。型孔为非圆孔时，则划线方法则比较复杂。多型孔及非圆孔的划线方法见表 4-34。

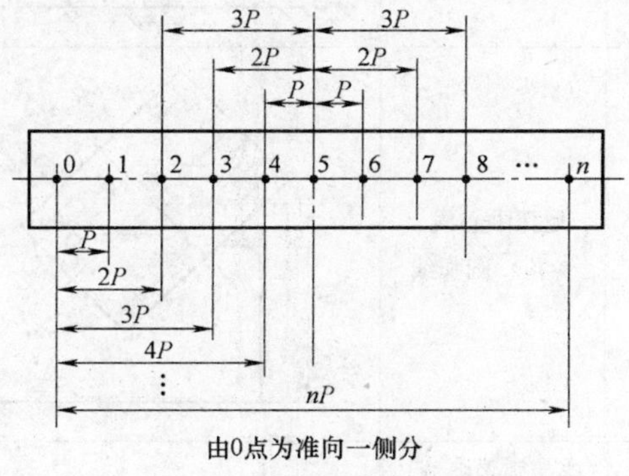

图 4-16 直线上划等分

表 4-34　多型孔的划线方法

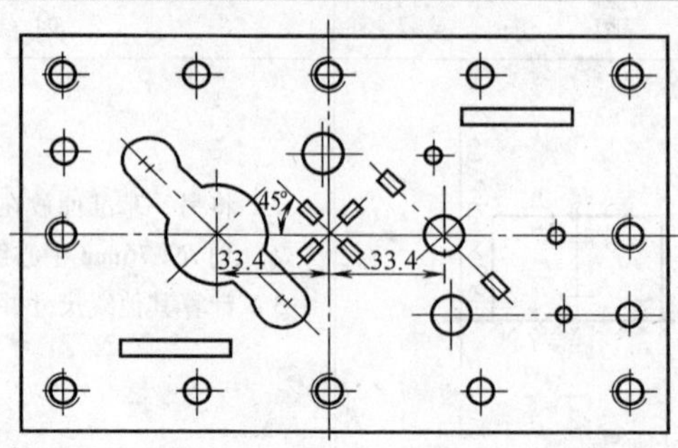

划线步序		图　示	划 线 说 明
1	坯料准备	—	刨六面体，上、下面磨平，留有一定的余量，并在划线面上涂色
2	划十字中心线	—	以凹模块的一对互相垂直的平面为划线基准，划出十字中心线（x、y 的坐标线）和各螺孔、销孔的十字中心线
3	划侧刃孔	—	以垂直的基面为基准，划出两个定距侧刃孔和四个圆形孔的十字中心线
4	划斜线	—	通过凹模块十字中心线交点用万能角尺划出45°角斜线
5	划平行于45°线的条直线	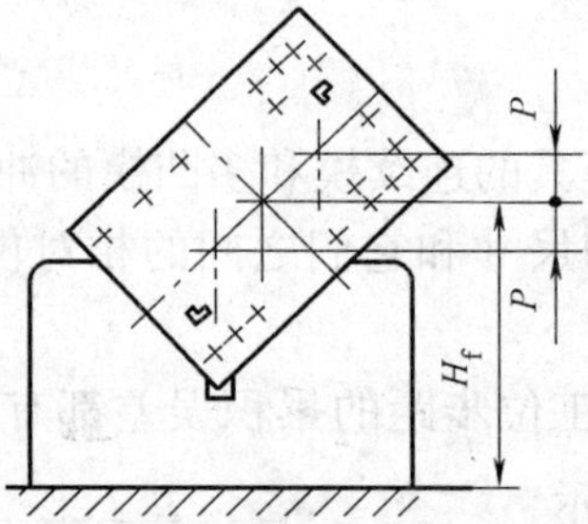	将凹模块放在V形架上，用高度游标卡尺校平45°斜线（图示）。然后再用高度尺测得基准面至 D 点的距离 H_1，根据尺寸 H 计算出各尺寸，划出平行于45°线的各线，即 $P=33.4\times\cos45°\approx23.61\text{mm}$
6	划孔中心线、各孔、圆弧线	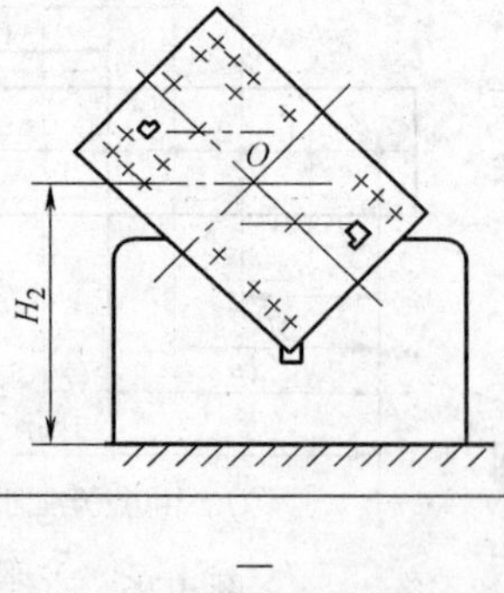	将凹模块转90°再放在V形架中，用90°角尺校正45°斜线垂直度误差（图示）并测得尺寸 H，再计算各尺寸，划出各线，并与前线交叉，即为孔的中心线。 在孔的中心中，用圆规根据各弧孔的半径划出弧线及孔
7	连接弧及各线、成形	—	连接各圆弧线使其成形

表4-34所示的多型孔平面划线，在冲模制造中是经常遇到的。若划线后采用电火花穿孔加工，型孔的外轮廓线可以不必划出，只许划出模块的基准线和供电极定位用的基准孔即可。若采用数控线切割加工，也不必划出型孔轮廓线，则应先镗出型孔的线切割穿丝孔，并编制好数控程序即可加工。

4. 型腔模的划线

型腔模（锻模、压铸模、塑料模）划线，是在模块表面上划出型腔的轮廓，其划线方法与平面划线基本相同。但由于型腔在加工时，其加工部分的复杂程度不一样，则在模块平面上需划出哪些线，和其所需要的加工方法有关。各种加工方法的划线方法，见表4-35。

表4-35　型腔划线与加工方法的关系

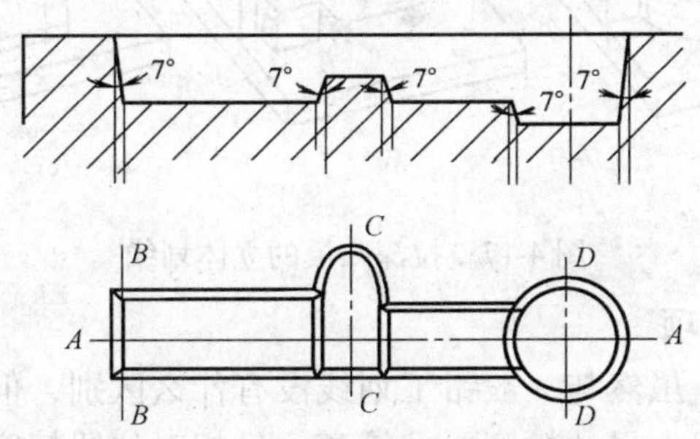

加工方式	划线方法
立式铣床铣削	采用立式铣床铣削，则型腔的加工顺序应是先加工深处，然后再加工浅处。其划线的方法，应向平面划线那样，在模块平面上划出全部线
电火花加工	划线时，只划出供电极与模块间作定位用的型腔轮廓线，其他线可不必划出
仿形铣削加工	采用仿形铣削型腔时，一般不需在模块平面上划出型腔轮廓线，只要在靠模和模块上划出作定位的 x、y 基准线即可加工。但有时也可以在模块平面上划出表示型腔位置的轮廓线，但不是型腔的加工线，可作为检查模块与靠模上所划线的位置是否一致用的当两者不一致时可予以修正

5. 成形模立体划线

立体划线主要适用于拉深、弯曲、成形等冲模中的凸模及凹模镶块以及锻模、塑料模、压铸模的型芯和型腔及其镶块的划线。它是在零件几个不同的表面上进行划线，其划线方法与一般的平面划线基本相同。

由于型腔加工部分的复杂程度不一样，在模块平面上需划出哪些必要的线，则要综合考虑所加工型腔及凸模的加工方法。一般说来，在划线时，要经过对零件多次进行翻转，才能将各面所需的线划出。因此，在划线前应明确工件的加工工艺方法及过程，按照工艺要求，确定划线方法及选择好基准。

如图 4-17 所示，是一拉深模的凸模座窝座及中心线的划线，其划线步骤如下所述：

1）将凸模座夹紧于角铁上，凸模座另一基准面与平板合平，用游标划线尺划出平行平板平面的中心线与窝座线，见图 4-17a 所示。

2）将凸模座转动 90°，用角尺与千斤顶校正基准面的垂直度，夹紧后用游标高度尺划出中心线与窝座线，如图 4-17b 所示。

3）将凸模座底面平放在平板上，划出窝座深度线，如图 4-17c 所示。

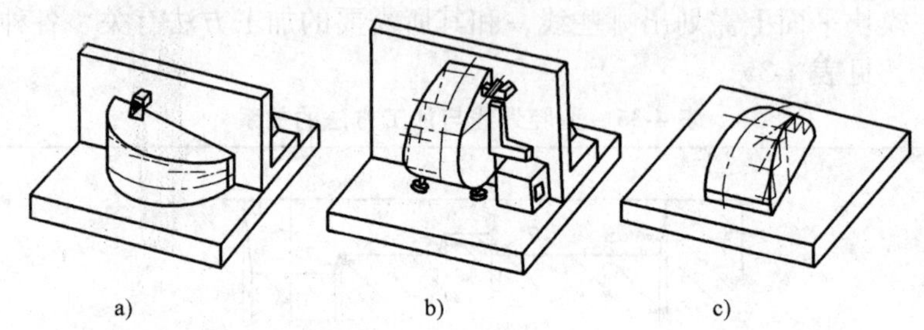

图 4-17 拉深凸模的立体划线

（六）划线注意事项

模具零件的划线，虽然与一般钳工划线没有什么区别，但由于模具是精密的工装，其工作部分的形状、尺寸精度要求较高，且相对位置精度又有一定的要求，因此在划线时，难度较大，必须精心准备，且要注意以下几点：

1）为避免模具工作部分在模具装配后产生错位，上下模划线时，最好用样板或定好尺寸的圆规或划线尺一次划出。

2）划线开始前，一定要注意划线毛坯的质量要求，即要充分考虑注意到模板各平面之间的垂直度和平行度要求。假如模板各面相互位置不正确，就会使划线和后续工序的加工造成误差，使模具精度降低。

3）在划线时，对于具有同一形状的型面零件，如冲裁模的凸模与凹模，其型面的划线最好同时进行。

4）划线要在对模具零件的尺寸公差与其相关尺寸、形状充分了解后再进行。基准线（模块中心线）要划得明显。为便于加工，最好要在基准线附近做出标记。

5）工件上划好的线，随着加工进展将会消失，对于以后有用的线，事先延长到工件的外侧，并在非工作面上做出标记。

6）线划完后，要用样冲打样冲孔。其孔的大小、疏密要适当、准确。

7）对于拉深、弯曲模等成形类模具的划线，必须要考虑正常情况下的收缩量。

8）对于型腔模的型腔及型芯、镶块等，由于这些零件都带有拔模斜度，所以在划线时应注意斜度的基点是在模具分型面上还是在型腔的底面，一定要标示清楚。

第五章　模具零件加工及质量控制

模具生产属于多品种小批量单件生产，它不像大批量生产那样采用流水作业计划方式来进行成套生产，而多采用模具钳工负责制的管理模式。因此，模具工在模具生产中，不仅要完成本工序的加工和装配调试工作，而且还要负责部分零件的加工工艺方案制定及组织、指导工作。这就要求，在模具制造过程中，要熟悉自己所制模具零件的加工工艺过程和质量控制方法，以保证产品质量、提高生产效率、缩短制造周期，降低制造成本，提高效益。

一、零件的加工工艺过程及流程

（一）零件生产工艺过程内容

模具的生产过程是指将原材料变成成品模具的全过程。即在一定的工艺条件下，改变模具原材料的形状和性质，使之成为符合设计要求的模具零件，再经装配与调试而得到整副模具产品的全过程。其内容包括：模具生产技术准备、零件成形加工、装配与调试三个主要阶段。其中，零件成形加工，是模具制造全过程地关键性工艺过程，它直接影响到后续的模具装配质量和制造周期的长短。

零件生产工艺过程是指，按照图样设计要求，采用不同的加工设备及工艺方法，将原材料进行加工，以达到其形状、尺寸精度以及表面质量、性能等各项要求。其工艺过程内容主要包括铸造、锻造、机械加工、热处理、电加工、特种加工、钳工修配、检验等不同生产加工形式。模具零件只有通过这些系列加工，才能将毛坯转化成成品零件，用于模具的装配。

零件的加工工艺过程，是由一个或多个工序组成的，而每一个工序又由安装、工位、工步和走刀行程所构成。因此，要加工出合格的模具零件，必须要科学地研究工艺过程和深入分析工艺过程的组成，以保证模具生产正常有序的进行。

（二）零件生产制造工艺流程

模具零件生产工艺流程见表5-1。

表5-1　模具零件生产工艺流程

工艺流程	加工内容
模具图样分析 ↓	根据模具图样，分析模具结构及零件结构工艺性，若发现问题，应及时提出改进意见

（续）

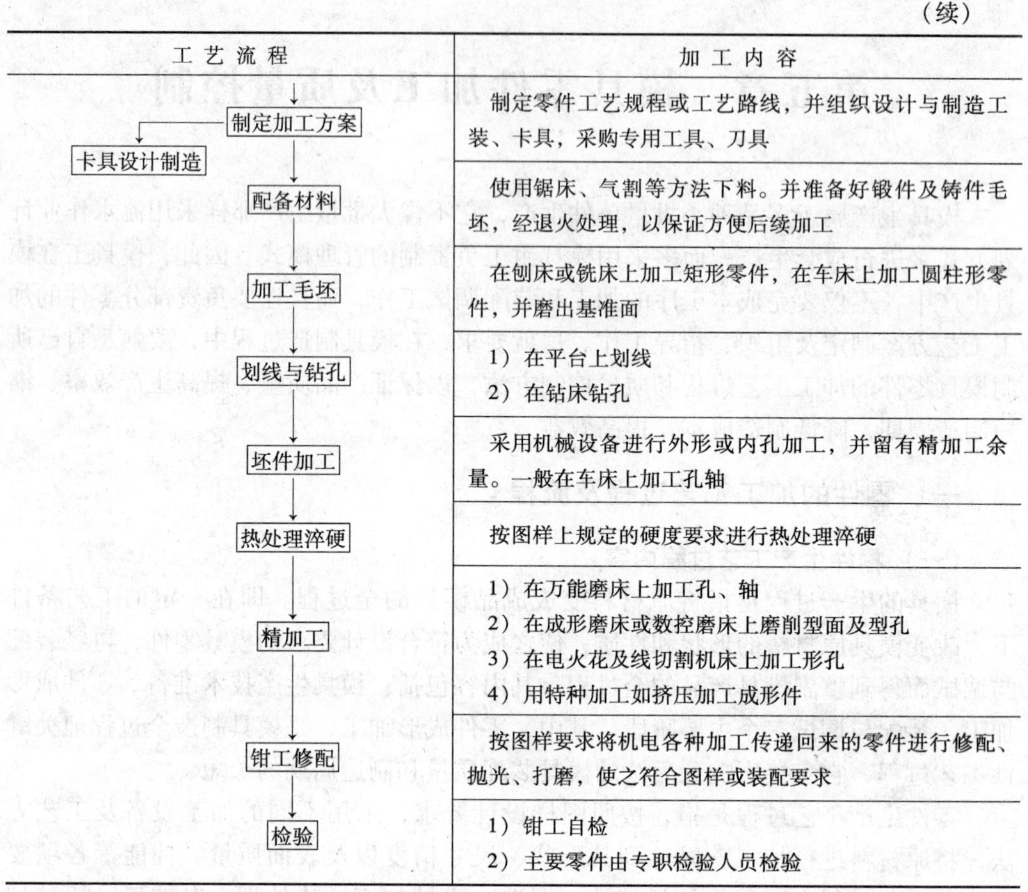

工艺流程	加工内容
制定加工方案 卡具设计制造	制定零件工艺规程或工艺路线，并组织设计与制造工装、卡具，采购专用工具、刀具
配备材料	使用锯床、气割等方法下料。并准备好锻件及铸件毛坯，经退火处理，以保证方便后续加工
加工毛坯	在刨床或铣床上加工矩形零件，在车床上加工圆柱形零件，并磨出基准面
划线与钻孔	1）在平台上划线 2）在钻床钻孔
坯件加工	采用机械设备进行外形或内孔加工，并留有精加工余量。一般在车床上加工孔轴
热处理淬硬	按图样上规定的硬度要求进行热处理淬硬
精加工	1）在万能磨床上加工孔、轴 2）在成形磨床或数控磨床上磨削型面及型孔 3）在电火花及线切割机床上加工形孔 4）用特种加工如挤压加工成形件
钳工修配	按图样要求将机电各种加工传递回来的零件进行修配、抛光、打磨，使之符合图样或装配要求
检验	1）钳工自检 2）主要零件由专职检验人员检验

（三）零件生产纲领与类型

1. 生产纲领

生产纲领是指每批需要制造产品的数量，也称为生产量。零件的生产纲领 No 可按下式计算：

$$No = N \cdot n(1 + \alpha + \beta)$$

式中 No——零件的生产纲领（件）；

N——机械产品（模具）在计划内产量（件）；

n——每台机械产品中该零件数量（件）；

α——该零件的备品率（%）；

β——该零件的废品率（%）。

2. 模具零件生产类型

每批的生产量确定后，就要根据加工车间的具体情况，按一定期限分批投产。其每批投入的零件数量称为批量。模具制造业的生产类型主要分为单件生产和成批生产两种，其中多以单件生产为主，只有在模具标准化程度高、且模具使用批量大或专业化生产厂家才采用模具标准零部件的批量生产，如标准模板、模座、导柱、导套等，而模具的工作成形零件，仍属于单件生产范畴。其各类生产的特点见表5-2。

表 5-2　模具生产类型及工艺特点

生产类型	工 艺 特 点	应 用 范 围
单件生产	1）零件单独加工相互配合的零件成配对加工，无互换性 2）模坯一般手工铸造及自由铸造，精度低加工余量较大 3）使用的机床设备为通用设备，其工具也多为通用夹具、刀具和量具等，对工人的技术能力要求要熟练。一般由划线法及试切法来保证尺寸精度和质量 4）在生产中只编制简单的工艺卡，其生产效率较低，但制造成本较高	适于单个及数量较小的模具加工或用于钳工修配，多在中小工厂或模具应用不多的企业对模具制造
成批生产	1）加工出的零件普遍具有互换性，但保留某些试配 2）坯件的加工部分用金属或模锻加工，毛坯精度高，加工余量小 3）使用的加工机床除部分为普用机床外，部分采用专用机床，按零件类别分工段排列。夹具及量具和刀具多采用专用，要求中等熟练的操作工即可。其尺寸精度部分靠划线，其他多为工夹具保证 4）为保证产品质量，要有较详细的工艺规程和工序卡；其生产率高，成本较低	适用模具用量较多及模具专业化较强，模具标准化程度较高的厂家

二、模具零件工艺性分析

在模具零件加工前，首先必须要对零件进行加工分析，即要从加工制造的角度来研究模具零件图的各方面是否存在不利于加工制造的因素，并将不利因素与设计、工艺部门协商消除，以免造成后续工序的难度及不必要的损失，这也是做为一模具工的职责和义务。

模具零件的工艺分析内容见表5-3。

表 5-3　模具零件加工前的工艺分析及审核

序号	分析审核项目	分析审核内容
1	零件图样的完整性与正确性检查	1）检查相关零件的结构与尺寸是否吻合 2）检查零件图投影关系是否正确，表达是否清楚 3）检查零件的形状和位置尺寸是否完整、正确

（续）

序号	分析审核项目	分析审核内容
2	零件材料加工性能审查	1）审查零件的材料及热处理要求是否正确、合理 2）审查工艺文件。需先淬硬，再用电火花线切割加工的工件型腔或凹模孔不宜用淬透性差的工具钢，应采用Cr12Cr4W2MoV等合金钢为好 3）形状复杂的模具工作零件，应采用微变形钢，如Cr12MoV、Cr2Mn2SiWMoV以减少变形磨削的困难
3	零件加工结构工艺性审查 （零件加工难易程度）	1）零件不必要的清角，窄槽应去除 2）不必要的尺寸较小的形孔及外表面应去除 3）尺寸接近的圆形过孔和圆形排料孔应修改成统一尺寸 4）不必要的平圆底锪孔应修改成120°，以便于加工 5）矩形凸、凹模类零件的吊装台阶若四面全有，应修改成两面吊装台阶
4	零件技术要求审查	1）检查尺寸偏差及表面粗糙度标注，在不影响使用的前提下，偏差越大，粗糙度 *Ra* 值越高，越便于加工 2）检查形位公差的合理性 3）检查其他技术要求是否完整、合理、符合现有生产条件和技术能力，不要要求太高，以增加加工难度

三、模具零件加工工艺内容及要求

1. 零件的加工工艺内容

模具零件加工工艺主要内容及作用见表5-4。

表5-4 模具零件的加工工艺内容及作用

序号	加工工艺	加工内容及作用
1	坯料制备	1）铸件坯料：铸件主要有铸钢件和铸铁件两种，是通过砂型铸造工艺而成，应用于模座及大型覆盖件冲模 2）锻件：锻件是通过将钢坯经过加热、在锻锤的锤击下经反复拔长、镦粗而成形的。主要应用于模板类零件，如凸、凹模固定板以及成形零件（凸、凹模及型芯型腔）等 3）型坯：型坯是通过锯割或气割将圆棒料或板材切割而成 上述三种备料，均应留有余量，并经热处理退火，调质及时效处理后使用
2	成形加工	模具零件的成形加工，是将坯料利用机、电加工设备，将其加工成符合图样要求的零件，这是模具制造的最关键工序

（续）

序号	加工工艺	加工内容及作用
3	热处理	将零件、经加温、保温及淬入工作液冷却后，以改变内部组织、改善性能，使其能方便加工，提高零件本身的硬度和韧性达到使用效果。主要包括：退火、淬火、回火、时效处理和化学热处理、表面硬化等
4	钳工修配	零件的钳工整修主要包括零件加工前的对坯料的划线和经机、电加工后的精密加工及锉修研配等，以使零件更能符合图样要求，达到装配使用的目的

2. *零件的加工要求*

零件经过加工后，应满足下述工艺要求：

1）零件的加工要保证零件图样所规定的形状及尺寸要求，并将加工的尺寸精度控制在所标注的尺寸精度范围内。

2）零件加工的表面质量要达到图样上所规定的表面粗糙度等级要求。

3）零件加工后的热处理要满足图样规定的硬度要求。

4）零件的加工，必须要满足装配时各配合要求。

5）零件的加工要满足图样所规定的所有技术要求。

四、模具零件加工工艺方案拟定

（一）表面加工方法选择

1. *表面加工工艺类型*

零件表面加工工艺类型见表5-5。

表5-5　模具零件表面加工工艺类型

加工工艺类型		适用模具	加工精度
铸造加工工艺	锌合金制造 低熔点合金浇注 铍铜合金铸造 陶瓷型铸造 合成树脂铸造	冷冲模、塑料模、橡胶模 冷冲模、塑料模 塑料模 冷冲模、塑料模等各类模具 冷冲模	一般
机械切削加工工艺	普通加工机床加工 精密加工机床加工 数控加工机床加工 仿形加工机床加工 靠模机床加工 成形磨削加工	冷冲模、塑料模、压铸模、锻模、橡胶模等所有模具零件加工	一般 精 精 精 精 精

（续）

加工工艺类型		适用模具	加工精度
特种加工工艺	冷挤压加工 超声波加工	塑料模、冷冲模、橡胶模	精
	电火花加工 线切割加工 电解加工 电铸加工	冷冲模、塑料模及其他各类型模具零件加工	精
	腐蚀加工	塑料模、玻璃模	一般

实践证明：在模具制造中，没有哪一种加工方法能适应所有的要求。这就需要充分了解各种加工方法的特点，综合判断其加工可能性和局限性，选取与要求相适应的方法。为了发挥各种加工方法的特点，在模具制造中常把一种加工方法与其他加工方法综合应用，以达到良好的加工效果。例如：

1）仿形铣加工后，再用电火花机床精加工。

2）用电铸法来制造电火花加工型腔时用的电极。

3）数控铣床加工、电火花精加工，其数控加工与电极制造选用同一数控穿孔带。

4）精密铸造后进行电火花精加工，其加工电极按铸造模型制作。

5）利用电铸法和喷镀法联合制造模具的型腔。

6）电解加工型腔，用计算机辅助设计和制造电极。

目前，各类模具从粗、精加工到装配调试，都发展和配备了各种形式和规格的高效精密加工设备，基本实现了机械化及自动化生产。加工装备除有光学、数字控制、程序控制的精密成形磨床、坐标镗床、坐标磨床、多轴成形铣床外，电火花加工、线切割加工、电解加工等设备都得到了广泛应用。

2. 表面加工方式

表面加工一般分粗加工、精加工与光整加工三种形式，其各种加工工艺形式、特点及用途见表5-6。

表5-6　表面加工方式及特点

工序名称	加工特点	用途
粗加工工序	从坯件上切去大部分加工余量，使其形状和尺寸接近成品要求的工序，如粗车、粗镗、粗铣、粗刨及钻孔等 加工精度不低于IT11，表面粗糙度 $Ra > 6.3\mu m$	主要应用于要求不高或非表面配合的最终加工，也可作为精加工前的预加工

（续）

工序名称	加 工 特 点	用　途
精加工工序	从经过粗加工的表面上切去较少的加工余量，使工件达到较高精度及表面质量的工件。常用的方法有精车、精镗、铰孔、磨孔、磨平面及成形面，电加工等	主要应用于模具工作零件，如凸、凹模的成形磨削及型腔模的定模芯动模芯等件的电加工
光整加工工序	从经过精加工的工件表面上切去很少的加工余量，得到很高的加工精度及很小的表面粗糙度值的加工工序	主要用于导柱、导套的研磨、珩磨以及成形模模腔的抛光

3. 加工方法的选择

模具零件的加工，根据零件结构形式及尺寸要求精度不同，可选择不同加工工艺方法。但在只用其中某一种加工方法不能达到设计要求时，要选用几个工步联合加工，以最终达到零件的各项技术要求。其选择原则是：

1）根据零件所要求的尺寸精度和表面粗糙度要求进行选择。在选择加工方法时，首先要根据被加工零件的表面形状、特征及尺寸精度和表面质量要求来选择。这是因为，不同的加工方法，其所达到的精度及粗糙度等级不同。同时，也应考虑到零件上比较精确的表面，是通过粗加工半精加工和精加工逐步达到的，对这些表面仅仅根据质量要求，选择相应的最终加工方法是不够的，还应正确地确定从毛坯到最终成形的加工方案。表5-7、5-8、5-9为常见的外圆、内孔和平面的加工方案，供选择时参考。

表5-7　零件平面加工方案选择

序号	加 工 方 案	经济精度	表面粗糙度 *Ra*/μm	适 用 范 围
1	粗车→半精车	IT9	6.3~3.2	主要用于端面加工
2	粗车→半精车→精车	IT8~IT7	1.6~0.8	
3	粗车→半精车→磨削	IT9~IT8	0.8~0.2	
4	粗刨（铣）→精刨（铣）	IT10~IT9	6.3~1.6	不要求淬硬平面
5	粗刨（铣）→精刨（铣）→刮研	IT7~IT6	0.8~0.1	精度要求较高的
6	粗刨→精刨→宽刃刨削	IT7	0.8~0.2	不淬硬平面
7	粗刨（铣）→精刨（铣）→磨削	IT7	0.8~0.2	精度要求高淬硬面，如各类模板上、下面
8	粗刨（铣）→精刨（铣）→粗磨→精磨	IT7~IT6	0.4~0.2	
9	粗铣→精铣→磨削→研磨	IT6以上	0.05~0.1	高精度平面
10	粗铣→拉削（精度由拉刀精度而定，模具生产很少采用）	IT9~IT7	0.8~0.2	批量大、较小的平面

表 5-8 外圆表面加工方案选择

序号	加工方案	经济精度	表面粗糙度 Ra/μm	适用范围
1	粗车	IT11 以下	50 ~ 12.5	适用于淬火钢以外的各种金属零件
2	粗车→半精车→精车	IT8	1.6 ~ 0.8	
3	粗车→半精车→精车→抛光	IT8	0.2 ~ 0.025	
4	粗车→半精车	IT11 ~ IT8	6.3 ~ 3.2	
5	粗车→半精车→磨削	IT8 ~ IT7	0.8 ~ 0.4	主要用于淬火钢，如模具成形类零件及推料杆等
6	粗车→半精车→粗磨→精磨	IT7 ~ IT6	0.4 ~ 0.1	
7	粗车→半精车→粗磨→精磨→抛光	IT5	0.1	
8	粗车→半精车→精车→金刚石车	IT7 ~ IT6	0.4 ~ 0.025	用于有色金属加工
9	粗车→半精车→粗磨→精磨→研磨	IT6 ~ IT5	0.16 ~ 0.08	用于较高精度的外圆加工
10	粗车→半精车→粗磨→精磨→超精磨	IT5 以上	<0.05	

表 5-9 孔加工方案选择

序号	加工方案	经济精度	表面粗糙度 Ra/μm	适用范围
1	钻	IT12 ~ IT11	12.5	加工未淬火钢或铸铁零件
2	钻→铰	IT9	3.2 ~ 1.6	
3	钻→铰→精铰	IT8 ~ IT7	1.6 ~ 0.8	未淬火钢或铸铁，孔径可为 15 ~ 20mm
4	钻→扩	IT11 ~ IT10	12.5 ~ 6.3	
5	钻→扩→拉	IT9 ~ IT8	3.2 ~ 1.6	
6	钻→扩→粗铰→精拉	IT7	1.6 ~ 0.8	孔径 >15mm 的孔
7	钻→扩→粗铰→手铰	IT7 ~ IT6	0.4 ~ 0.1	
8	粗镗（或扩孔）	IT12 ~ IT11	6.3	铸孔或锻出孔
9	粗镗（扩）→半精镗→精镗	IT8 ~ IT7	1.6 ~ 0.8	
10	粗镗→半精镗→磨孔	IT8 ~ IT7	0.8 ~ 0.2	主要用于淬火钢零件
11	粗镗→半精镗→精镗→金刚镗	IT7 ~ IT6	0.2 ~ 0.1	
12	钻→扩→铰→珩磨	IT7 ~ IT6	0.2 ~ 0.025	主要用于精度要求高的孔，如导套
13	钻→扩→铰→研磨	IT6 以上	0.2 ~ 0.025	

模具零件的表面，特别是成形工作零件，如冲模的凸、凹模，型腔模的型芯、型腔等，差不多都是由曲面组成。这些零件曲面的加工，在有条件的企业多采用专用设备及特种加工方法加工。故在选择零件表面加工方法时，应根据零件的精度及

表面质量要求和现有企业生产条件进行选择，见表5-10。

表5-10　成形表面加工方案选择

序号	加工方案	经济精度	表面粗糙度 $Ra/\mu m$	适用范围
1	粗铣→仿形铣	0.2～0.5mm	1.6～3.2	各种形状曲面
2	刨（铣）→热处理→成形磨	IT6	0.4～1.6	凸模型芯及凹模镶块以及淬硬后的各种形状曲面
3	刨（铣）→热处理→光曲磨	±0.01mm	0.2～0.4	
4	刨（铣）→热处理→坐标磨	0.005mm	0.1～0.2	
5	刨（铣）→磨→热处理→电火花穿孔	0.01～0.05mm	0.8～1.6	凹模（型腔）孔、盲孔
6	刨（铣）→磨→热处理→线切割加工	快走丝 ±0.01mm 慢走丝 ±0.005mm	0.4～1.6 0.2～0.8	各种淬火后的凸凹模、型芯制作
7	刨（铣）→冷挤压	IT8～IT10	0.1～0.4	各种型腔加工
8	陶瓷型铸造	IT13～IT16	1.6～6.3	各种型腔模制作
9	电铸	0.02～0.05mm	0.2～0.4	

2）根据材料的性质进行选择。例如，淬火钢要采用磨削加工。

3）根据工件的结构形状、大小选择。如对于回转零件可以采用车削及磨削方法加工孔，而矩形模板上的孔，一般都不宜采用车削或内孔磨削，而通常采用镗削或铰削加工。

4）根据有配合要求的孔和轴来选择，如凸模及型芯与固定板、凸模（型芯）与凹模（型腔）、凸模与卸料板等。主要是为了保证配合间隙和过盈要求，其精加工的工艺方案见表5-11。

表5-11　保证配合间隙（或过盈）的工艺方案

工艺方案	加工方法	适用范围
分别加工	孔（凹模或型腔）和轴（凸模或型芯）分别按图样尺寸和公差进行加工	孔的公差＋轴的公差≤配合间隙（过盈）公差
配作加工	先选择孔或轴其中的一件，按图样尺寸及公差加工，作为基准件；然后按此基准件加工后的实际尺寸配作另一件，并确保配合所需的间隙及过盈	孔的公差＋轴的公差＞配合间隙（过盈）公差

其中，模具中的凸模（型芯）与凹模（型腔）配作加工方法见表5-12、5-13。

表 5-12 常用以凸模（型芯）为基准配作凹模（型腔）方法

序号	凸模或型芯（基准件）加工方法	配作凹模或型腔的加工方法
1	成形磨削	成形磨削（镶块结构的凹模） 电火花穿孔或加工型腔 钳工压印配作加工
2	线切割	电火花穿孔或加工型腔 线切割（凸、凹模均采用线切割） 钳工压印配作加工
3	钳工按样板加工	压印加工
4	外圆磨削	内圆磨削 精车成形（淬硬后车），适用于间隙较大时
5	精车成形（先精车后抛光）或淬硬后再精车	精车成形（淬硬后车） 适用于冲裁间隙较大时

表 5-13 常用以凹模（型腔）为基准配作凸模方法

序号	基准件（凹模、型腔）加工方法	配作凸模或型芯的方法
1	钻铰及镗加工	外圆磨削（外圆磨床、工具磨床）
2	内圆磨削	外圆磨或精车成形
3	精车成形（淬硬后车加工）	精车在淬火前后进行，适于间隙大的模具
4	线切割成形	仿形刨、压印加工、线切割
5	电火花加工	仿形刨、压印配作加工
6	钳工精修加工	压印配作加工

5）根据生产效率及经济性要求选择加工方案。如零件需批量较大时，应尽量采用高效的专用机床及高效的先进加工工艺。如导柱、导套的加工可采用专用机床及研磨加工。

6）根据本企业自身能力选择。即根据本企业本车间的现有设备及加工条件。充分利用现有设备，挖掘企业潜力，充分发挥技术人员和操作工人的积极性和创造性。同时，也应考虑不断改进现有工艺方法和设备，不断创新，推广新技术、新工艺，提高模具制造工艺水平。

（二）零件加工顺序安排

模具零件在加工过程中，为保证零件的加工质量，合理使用加工设备，便于安排热处理工序，应对加工顺序（俗称工序）进行认真安排。

1. 机械加工工序安排

机械加工工序安排，应力求经一次在设备上安装后，能加工出多个被加工表面和完成多个工序的加工，即工序的内容应力求集中。其安排原则见表5-14。

表5-14　机械加工工序安排原则

序号	安排工序原则	说　明
1	先粗后精	模具零件加工应先安排粗加工，再进行精加工成形。因为零件经粗加工后，可切除大部分加工余量，再进行逐步减少余量，采用半精及精加工，可以保证质量与精度
2	先加工基准面，后加工其他各面	先加工出基准面后，可使后续加工以此面为基准，能方便加工，确保形位精度要求及表面质量要求
3	先主后次	先安排主要加工面而后安排次要加工面，可以确保主、次之间的位置精度，如冲模凹模的上、下面一般为装配基准面，应先加工，而其他各形孔，则为次要面，在加工时，以上、下面为基准进行加工，然后再加工其他孔槽
4	先平面后内孔	零件平面加工好后，可以作为孔加工时的基准，这样可稳定、可靠的对孔加工，以确保尺寸及位置精度

2. 零件热处理工序安排

模具零件热处理工序安排见表5-15。

表5-15　模具热处理工序安排

序号	热处理工序	工序安排方法	说　明
1	退火 正火 时效处理	零件坯料的锻、铸之后，进行机械加工之前	降低坯件硬度、改善加工性能，便于后续机械电加工
2	调质	零件粗加工之后，精加工之前	改善材料综合力学性能，方便后续加工
3	淬火与回火	1）若使用电火花、线切割及成形磨削时，应在这些精加工前、半精加工后进行 2）若不采用电加工或成形磨削，应在精加工成形后进行	1）提高硬度及耐磨性 2）热处理变形后，可通过精加工（电加工成形磨）修整
4	氮化处理	半精加工后进行	氮化后的微小变形可通过精加工后修复

3. 零件检验工序安排

1）零件在粗或半精加工后进行检测，以确保半精加工后加工余量，保证后续精加工尺寸及公差值。

2）零件在重要工序前、后，如电火花、线切割、成形磨对凸、凹模成形加工前后以及零件热处理前后，均应按排检验工序检验，以保证加工质量及加工前加工余量的正确性，预防出现废品。

3）零件应在完成所有加工工序后，安排检测，以确定所加工的零件是否符合图样要求，方便装配。

（三）加工基准的选择

1. 基准的概念及类型

基准即是用来确定生产对象上几何要素间的几何关系所依据的哪些点、线、面。在模具零件设计与加工过程中，按不同要求来选择哪些点、线、面作为基准，是直接影响零件加工工艺性和各表面间尺寸、位置精度的主要因素之一。

基准按其作用不同，可分为设计基准及工艺基准两大类，见表5-16。

表5-16　基准的定义及作用

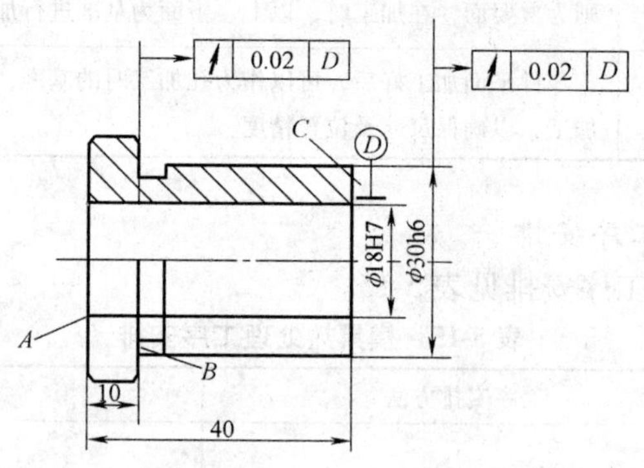

基准名称		定　　义	图 示 说 明
设计基准		设计零件图时，用以确定其他点、线、面的基准称为零件的设计基准，如表图所示的导套零件	表图所示： 1）零件轴线（中心线）是外圆与内孔的设计基准 2）端面 A 是端面 B 的设计基准
工艺基准		零件在加工和装配中使用的基准称为工艺基准：	分定位基准，测量基准、装配基准
	定位基准	工件在夹具或机床上定位时使用的基准称定位基准，该基准使工件的被加工表面相对于机床、刀具获得确定位置	在加工时，若使用芯棒在外圆磨床上磨削外圆（φ30h6）时，则内孔则为定位基准
	测量基准	测量工件已加工表面位置及尺寸时所依据的基准	在以内孔为基准（套在检验芯棒上）检验外圆（φ30h6）尺寸的径向跳动和端面圆跳动时，其内孔为测量基准
	装配基准	装配时用来确定零件在模具中的位置时所依据的基准	装配基准常为零件主要设计基准，如图中的中心轴线

2. 基准的选择

模具零件在加工时，定位基准的选择对于保证加工精度，尤其是保证零件间的位置精度至关重要。其选择原则见表5-17。

表5-17 零件加工工艺基准选择

序号	选择原则	选择方法
1	基准重合原则	工艺基准与设计基准尽量重合，以免基准的不重合造成加工后出现误差
2	基准统一原则	同一个工件上多个表面的加工应选一统一基准如模板上孔的坐标，一般以板的右下角互为垂直面为基准
3	基准对应原则	有装配关系或相互运动关系的零件基准的选取方式应一致。如在同一套模具中，各模板的基准均应以右下角为基准，不要有的用下角，有的用导柱孔中心
4	基准传递转换原则	利用坐标镗床镗孔时，首先应以模板右下角为基准，在镗第二个孔时应改以第一孔为基准，这样便于加工。而模板在粗加工时应以中心线为基准，四周均匀去除，而精加工时，则应以加工好的坯件模板右下角为基准

(四) 机床与工艺装备的选用

在拟定零件的加工工艺方案时，对机床与工装的选择也是很重要的，它对保证零件的加工质量和提高生产率有着直接影响。

1. 机床与工装选用原则

机床与工装选用原则见表5-18。

表5-18 零件加工机床及工装的选用

序号	选用机床与工装	选用原则
1	机床的选择	1）机床的加工范围应与零件的外廓尺寸相对应，小零件选小机床，大零件选大机床，做到合理匹配使用 2）机床的加工精度应与零件要求的加工精度相适应，各种机床能达到的加工精度见表5-19 3）机床的生产率应与加工零件的生产类型相适应，即单件小批生产使用通用机床，大批生产采用专用机床
2	夹具的选择	1）单件小批量生产尽量选用通用夹具，如各种卡盘、台钳、回转台等 2）大批量生产应选用高效高精度专用气、液专用夹具
3	刀具的选择	1）尽可能采用标准刀具，必要时选用高效率的复合刀具或专用刀具 2）刀具的规格、类型及精度应符合加工要求
4	量具的选择	1）单件小批量生产时，采用通用量具、量仪，如游标量具及百分表等，大批量生产时，选用高效、高精度专用量仪、量具 2）量具的精度必须与加工精度相适应

2. 模具用机床的选用

各类模具用加工机床选用见表5-19。

表5-19 模具零件加工用机床的选用

设备类型		主要用途	经济精度	表面粗糙度 $Ra/\mu m$
车床	通用车床	1）车削模具零件的各种回转体端面及表面 2）钻孔、扩孔、铰孔	一般 IT7 ~ IT6 精细车 IT6 ~ IT5	1.6 ~ 0.8 0.4 ~ 0.2
	数控车床		0.02 ~ 0.1mm	3.2 ~ 0.8
刨床	牛头刨床	加工水平面、垂直面、斜面、台阶、燕尾、T形、V形槽	IT9 ~ IT8	6.3 ~ 1.6
	仿形刨床	加工各种凸模	IT10 ~ IT6	3.2 ~ 0.8
插床		加工直壁外形、内孔及斜壁表面、清角等	IT11 ~ IT10	3.2 ~ 1.6
铣床	通用铣床	加工模具零件平面、斜面、台阶以及成形面	一般 IT10 粗铣 IT8	3.2 1.6
	仿形铣床	加工凸模、型芯、型腔等曲面	IT8 ~ IT6	6.3 ~ 3.2
	数控铣床	加工平面、斜面、内外轮廓曲面等成形表面	0.02 ~ 0.1mm	0.8 ~ 0.2
钻床		钻孔、扩孔、铰孔及锪孔	IT12 ~ IT11	50 ~ 12.5
镗床	通用镗床	1）孔及孔系加工 2）通孔与不通孔加工	IT9 ~ IT7	6.3 ~ 0.8
	坐标镗床		IT8 ~ IT7	1.6 ~ 0.8
磨床	通用磨床	磨平面、磨垂直面及斜面	IT6 ~ IT5 上、下平面平行度 < 100: 0.01	1.6 ~ 0.4
	外圆磨床	磨零件外圆	IT6 ~ IT5	0.8 ~ 0.2
	内圆磨床	磨零件内孔		0.8 ~ 0.4
	成形磨床	1）加工凸模及凹模镶块形状 2）加工型芯及型腔镶块	IT6 ~ IT5	0.4 ~ 1.6
	光学曲线磨床	3）电火花用电极	±0.01mm	0.2 ~ 0.4
	数控坐标磨床	4）各种成形零件曲面	±0.005mm	0.1 ~ 0.2
电火花机床		1）加工零件型孔 2）加工型腔	0.01 ~ 0.05mm	0.8 ~ 1.6
线切割机床		加工零件型孔	快走丝 ±0.01mm 慢走丝 ±0.005mm	0.4 ~ 1.6 0.2 ~ 0.8
电铸设备		加工成形型腔模成形件	0.02 ~ 0.05mm	0.2 ~ 0.4
高效加工机床		1）加工淬硬零件 2）加工电火花用电极 3）用于快速模具制造	±0.01mm	0.2 ~ 0.8

五、模具零件加工工艺方法

(一) 板类零件的加工

1. 板类零件加工要求

模具大都是圆形及矩形板类零件组成的，在模具中主要具有连接、定位、导向和卸料、推出制品作用。由于其作用不同，则其形状、尺寸、精度等级要求也不尽相同。但在加工与制造时，均应满足表5-20中的要求。

表5-20　模具板类零件加工要求

序号	要求项目	加工要求
1	模板材料的核对	1）各种模板作用不同，选用材料也不同，在加工前必须对坯料进行核对，重要工作零件要进行火花鉴别 2）材料按图样核对，不准代用
2	上、下面平行度与相邻面间垂直度	1）加工时应保证各模板图样上规定的平行度及垂直度要求 2）冷冲模模板上、下平面平行度、相邻面的垂直度为IT5~IT4，塑料模为IT5级以上
3	尺寸精度及表面质量	1）零件加工要满足尺寸公差及粗糙度要求 2）冷冲模模板：IT8~IT7，Ra1.6~0.63μm 型腔模模板：IT7~IT6，Ra0.8~0.32μm
4	孔的加工精度	1）零件加工后常用模板各孔的配合精度一般应达到IT7~IT6，Ra1.6~0.32μm 2）孔轴线与上、下模板垂直度应达到IT4级 3）对应模板上各孔之间的孔间距应保持一致，一般要求±0.02mm以下

2. 冲模平板类零件加工

冲模平板类零件加工工艺过程见表5-21。

表5-21　冲模平板类加工工艺过程

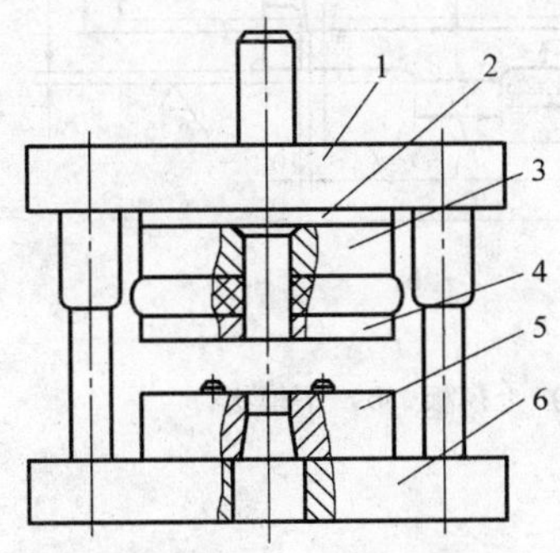

1—上模板　2—垫板　3—凸模固定板　4—卸料板　5—凹模板　6—下模板

（续）

名　　称	图　　示	加工工艺过程
上模板与下模板	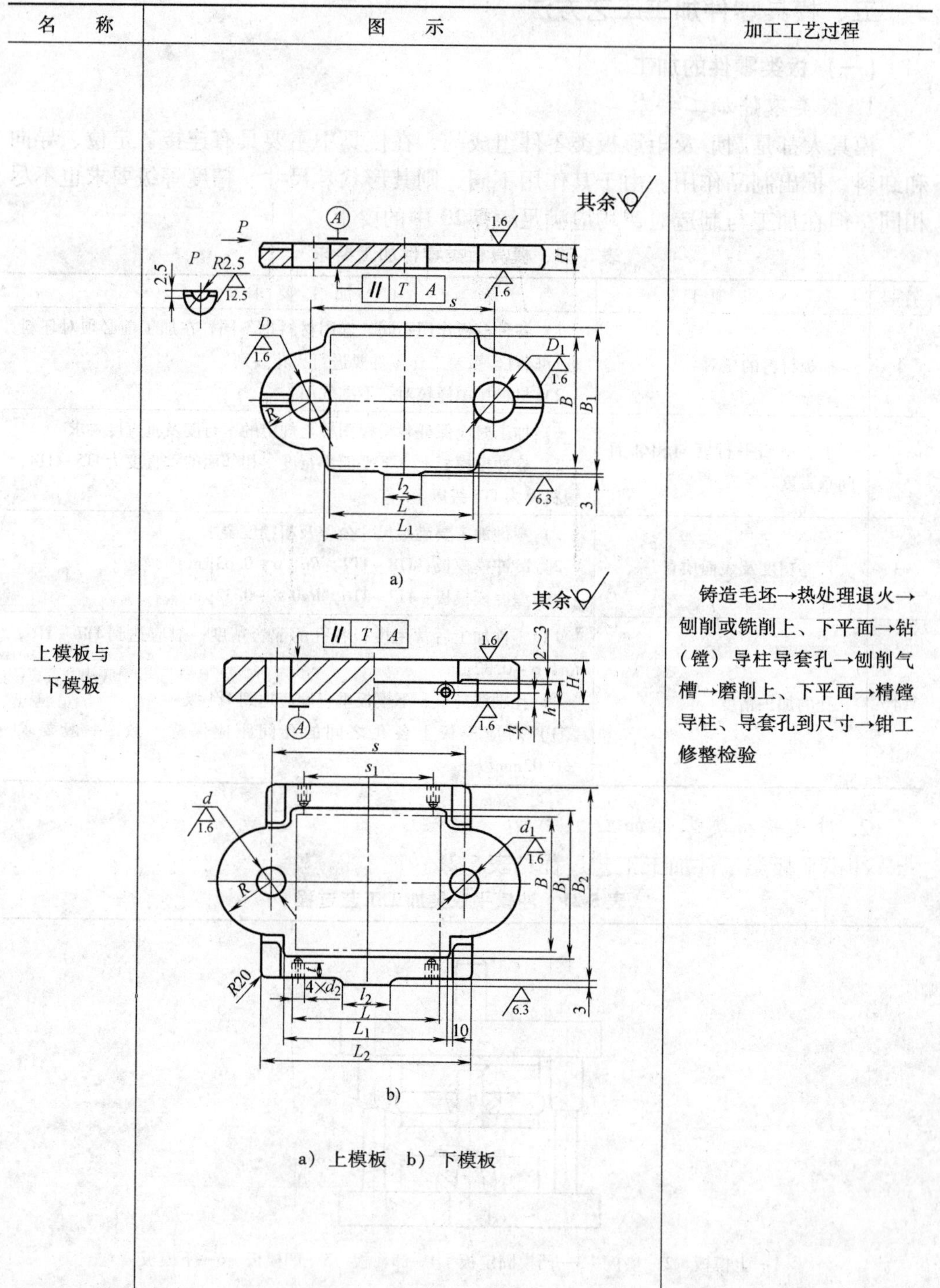 a）上模板　b）下模板	铸造毛坯→热处理退火→刨削或铣削上、下平面→钻（镗）导柱导套孔→刨削气槽→磨削上、下平面→精镗导柱、导套孔到尺寸→钳工修整检验

（续）

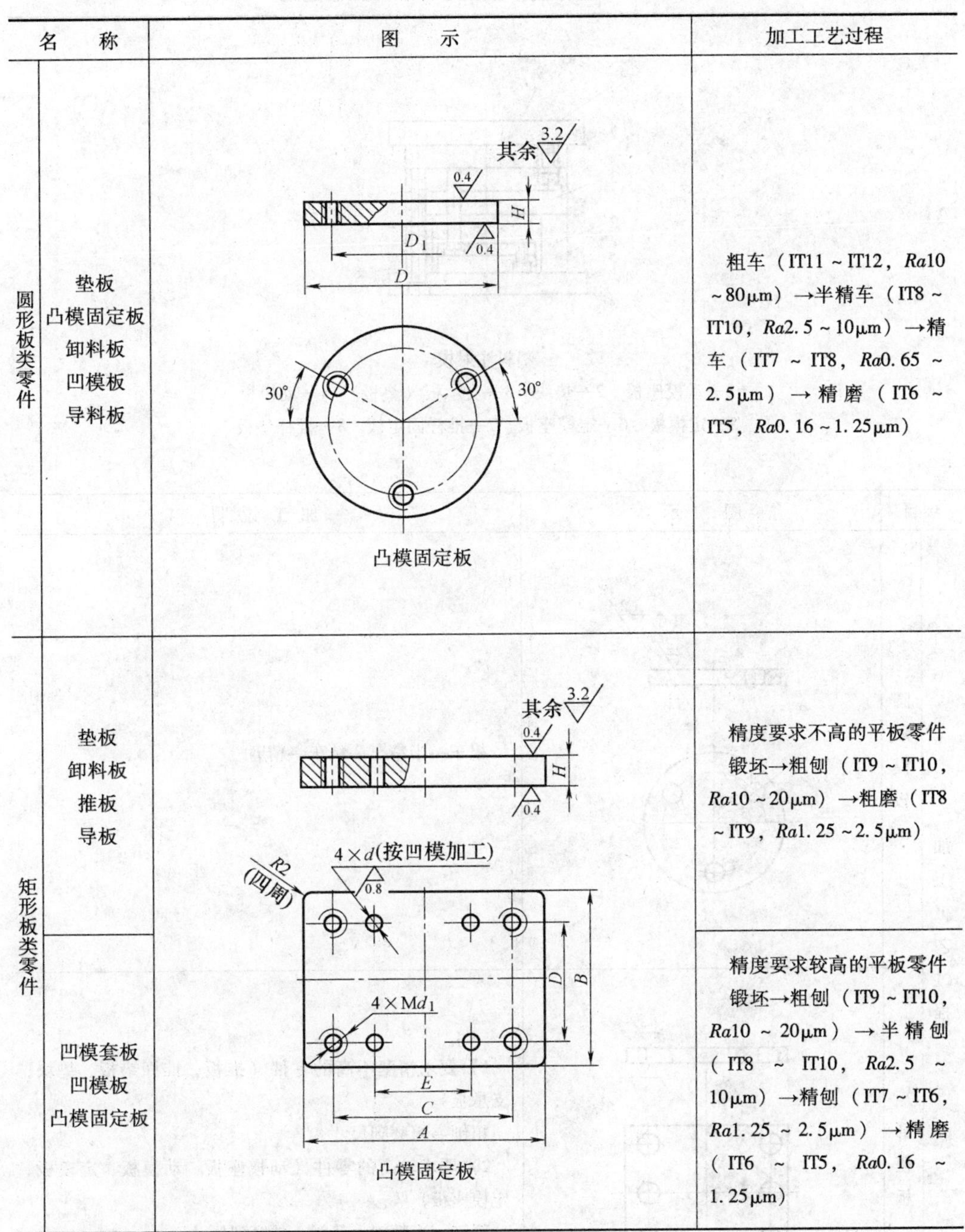

名称		图示	加工工艺过程
圆形板类零件	垫板 凸模固定板 卸料板 凹模板 导料板	凸模固定板	粗车（IT11～IT12，*Ra*10～80μm）→半精车（IT8～IT10，*Ra*2.5～10μm）→精车（IT7～IT8，*Ra*0.65～2.5μm）→精磨（IT6～IT5，*Ra*0.16～1.25μm）
矩形板类零件	垫板 卸料板 推板 导板	凸模固定板	精度要求不高的平板零件 锻坯→粗刨（IT9～IT10，*Ra*10～20μm）→粗磨（IT8～IT9，*Ra*1.25～2.5μm）
	凹模套板 凹模板 凸模固定板		精度要求较高的平板零件 锻坯→粗刨（IT9～IT10，*Ra*10～20μm）→半精刨（IT8～IT10，*Ra*2.5～10μm）→精刨（IT7～IT6，*Ra*1.25～2.5μm）→精磨（IT6～IT5，*Ra*0.16～1.25μm）

3. 型腔模平板类零件加工

型腔模平板类零件加工工艺过程见表5-22。

表 5-22 型腔模平板类零件加工工艺过程

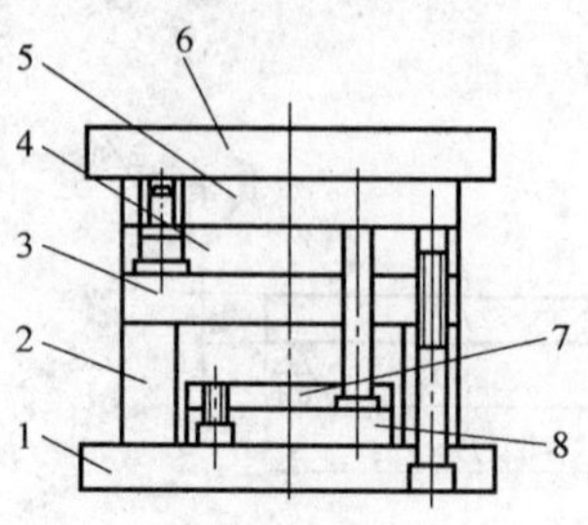

塑料注射模

1—动模座板 2—垫块 3—支承板（垫板） 4—动模板
5—定模板 6—定模座板 7—推杆固定板 8—推杆垫板

项目		图示	加工说明
加工工艺过程	圆形模板	其余 3.2 0.4 0.4	粗车→半精车→精车→精磨
	矩形模板	0.4 0.4	1）要求精度不高的零件（推板、推杆垫板、垫块、支承板） 粗刨→粗磨到尺寸 2）要求较高的零件（动模座板、动模板、定模板、定模座板） 粗刨→半精刨→精刨→精磨到尺寸

（续）

项目	图示	加工说明
加工要求	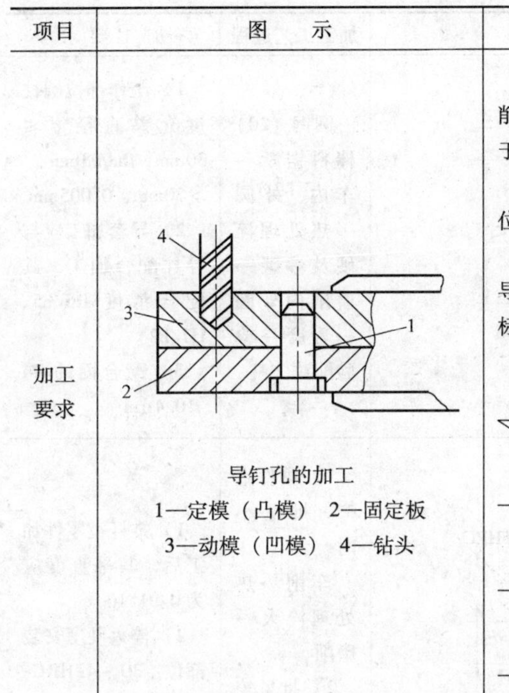 导钉孔的加工 1—定模（凸模） 2—固定板 3—动模（凹模） 4—钻头	1）零件板料在精磨以后上、下平面应留有0.6mm磨削余量，导柱、导套孔应各放2mm的镗孔余量，以便于后续磨镗加工到尺寸 2）若定模与动模的导套、导柱孔径相同时，应用定位装卡的方法合在一起镗钻加工，如图所示 3）对于需淬硬的模板，在热处理前应加工好导柱、导套、导销孔，但要留有精磨余量，以便淬硬后再用坐标磨床磨孔消除变形量 4）加工后的各模板尺寸应符合表5-22-1要求

表5-22-1 型腔模模板加工要求

分类 名称	垂直度 /mm	平行度 /mm	表面粗糙度 Ra/μm
各类模板	相邻面 0.03:300	上、下平面 0.02:300	上、下面0.8 余1.6
垫块 （支承板）	—	长度端面 0.02:300	长度：端面0.8

（二）导向及推杆类零件加工

模具导向、推杆类零件均属于圆柱或圆筒形体，主要采用车削及内外圆磨加工。其加工工艺过程见表5-23。

表5-23 导向及推杆类零件加工工艺过程

零件名称		图示	加工工艺过程	加工要求
导向零件	导柱	L、56、18、18、18、16、L_b、L_a、0.4、d_1、d_2、$\phi1.5$、0.5×1、30°	圆钢（20）棒料切断→车外圆及端面→钻锪工艺孔→热处理淬火渗碳→外圆磨→研磨→检验配对	1）工作部位圆度允差：直径$d\leqslant30$mm时，0.003mm >30mm时，0.005mm 2）安装部位对工作部位圆柱度允差不能超过工作部位允差的1/2 3）导向配合精度IT5～IT6，Ra0.8～0.4μm

（续）

零件名称		图示	加工工艺过程	加工要求
导向零件	导套	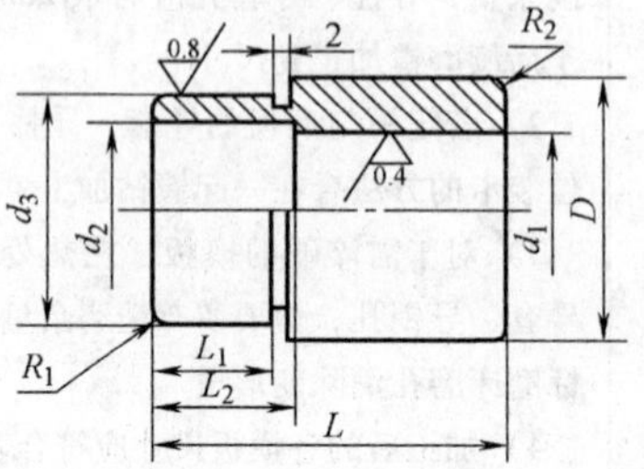 0.8　2　R_2　0.4　d_3　d_2　d_1　D　R_1　L_1　L_2　L	圆钢（20）棒料锯断→车内、外圆→热处理淬硬及渗碳→磨削内外圆→珩磨→检验配对	1）工作部位圆柱度允差直径 $d \leqslant 30\text{mm}$，0.003mm；$>30\text{mm}$，0.005mm 2）导套加工应与导柱配合加工，其配合精度 H6/h5、H7/h2 3）配合面的 $Ra<0.4\mu\text{m}$
推杆类零件（顶件杆、复位杆）		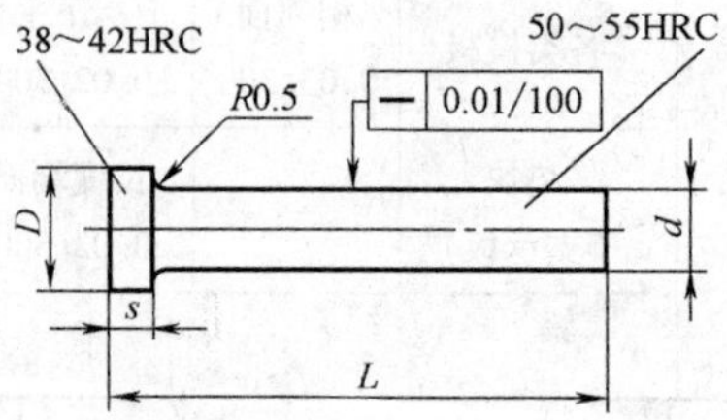 38～42HRC　50～55HRC　R0.5　— 0.01/100　D　d　s　L	1）单件生产、批量小时 车削→热处理淬火→磨削 2）批量较大时 拉削→精车→外圆磨	1）推杆类零件加工后，其平直度应为 0.01∶100 2）淬火硬度安装部位：30～42HRC；工作部位：50～58HRC

（三）模具成形零件加工

模具成形零件又称工作零件。它是模具型腔的承载体，其功能主要是赋于制件一定的形状和尺寸。模具成形零件精度的高低，表面质量的好坏，直接影响到模具和加工出制品零件的质量与精度以及模具本身的寿命长短。

1. 成形零件的类型及工作条件

模具成形零件的类型及工作条件见表 5-24。

表 5-24　模具成形零件的工作条件及要求

模具类型	主要成形零件名称	型面受力 /MPa	工作温度 /℃	型面粗糙度 Ra/μm	尺寸精度 /mm	硬度 HRC	预计达到的寿命 （$\times10^3$）次
冷冲模	凸模、凹模	200～600	室温	<0.8	0.005～0.01	58～62	一次刃磨>30
压铸模	定模、动模、型芯	300～500	600（铝合金）	≤0.4	0.01	42～48	>70
塑压模	凸模、凹模、型芯	70～150	180～200	≤0.4	0.01	35～40	>200
注射模	定模、动模、型芯						
锻模	上模体、下模体	300～800	700（表面）	≤0.8	0.02	40～48	>10

2. 成形零件的加工工艺方法

模具成形零件的加工工艺方法见表5-25。

表5-25 模具成形零件加工工艺方法

工艺方法		工艺说明	优缺点	适用范围
传统手工艺方法	钳工手工锉修压印成形	先按图样加工锉修凸(凹)模之一件成形，经淬硬后，以其作为样冲反压凹（凸）模，边压印边锉修直到间隙及配合合适为止	方法陈旧，周期较长，费工费时，需模具钳工自身有较高的技艺，加工精度较低	适用于一般设备缺乏的小型企业，单件生产冲裁模
	钳工手工压印锉削加工			
	钳工手工修配加工	根据图样经车、铣、刨磨粗成形后，钳工修磨，修配抛光后成形	劳动强度大，加工精度较低，质量不易保证	适用于设备短缺的弯曲、拉深以及形状简单的型腔模
机械加工	成形磨加工	利用专用成形磨削机床，对淬硬后零件进行成形磨削	加工精度高，解决了零件由于淬火变形影响，但工艺计算复杂，需要高精度磨削专用夹具和成形砂轮	冷冲模、型腔模型芯、凸模及凹模镶块等
	冷挤压型腔	在常温下，利用加工淬硬的冲头对金属坯料挤压成形	样冲可多次使用，比较经济，压制后型腔表面光洁，精度较高	塑料模、锻模压铸模型腔成形，适用大批量生产
电加工	电火花	利用电火花放电通过电极电腐蚀金属坯料进行穿孔和不通孔加工成形	加工精度高，解决了热处理淬硬变形影响	冷冲模凹模孔及型腔模型腔加工
	线切割加工	利用靠模、光电跟踪及数控技术对金属板料进行切割加工成形	加工精度高，废品少，可对淬硬后金属切割，减少对淬硬变形的影响	冷冲模凹模、凸模及型腔模型腔镶块等加工
	电铸成形	利用电镀原理使其成形	加工精度高，但工艺时间长耗电较大	适用于形状复杂、精度要求较高的小型塑料模
铸造成形技术	锌合金制模	利用锌合金熔点低(380℃)特点，在砂型中铸造成形	锌合金强度、硬度较低，故尺寸精度、寿命较低	适用生产量小或新产品试制模具
	铍铜合金制模	通过铸造热挤压锻造冲压等工艺制造模具	工艺简单，但寿命较低	适用于制造吹塑和塑料注射模

（续）

工艺方法		工 艺 说 明	优 缺 点	适 用 范 围
铸造成形技术	陶瓷型铸造	利用质地较纯、热稳定性较高的耐火材料制作模具型腔	生产周期短，节省材料有较高的尺寸精度（IT8～IT10）及表面质量（$Ra1.25\mu m$）而且模具性能好	适用于铸造形状复杂、图案花纹的精致模，如塑料、玻璃等型腔模成形零件
	低熔点合金浇注制模	利用熔点低、冷凝时体积膨胀等特点的低熔点合金通过在压力机上铸模或在专用设备上铸模	成本低，浇注容易，是一种比较简单、快捷、经济型的模具制作工艺，但寿命较低，只适于小批单件生产中使用	适用于弯曲、拉深、成形和校正等工序模具及多品种、小批量产品模具
数控机床及加工中心加工（NC、CNC）		采用NC、CNC机床进行成形零件加工，是由事先编好的程序按工步进给的顺序和自动变换、控制机床自动加工成形零件	工作效率较高，保证加工精度和质量，是目前最先进的模具零件加工设备	适于各类模具的凸、凹模型腔、型芯精密加工
CAD/CAM计算机辅助设计与制模技术		采用CAD/CAM技术使模具设计制造技术一体化，即在CNC机床上进行成形零件加工，不仅能使“进给”工步的变换和顺序符合CAD/CAM软件要求，而且按成形零件成形要素和技术要求进行加工与检验，并以全自动化完成加工	加工精度高、质量好是目前最先进的制模方法之一。但设备昂贵、技术含量较高	适于各类模具凸凹模、型芯型腔的精密加工

3. 成形零件加工工艺过程

模具的成形零件如冲模的凸模、凹模，型腔模的型腔、型芯等，其加工工艺过程一般可根据企业现有设备条件确定。其大致工艺过程是：下料→锻造加工→钳工划线→加工坯件（通用机床加工六面体）→精密划线或编制程序及电极制造→加工型面、型孔（粗加工、留后续加工余量）→热处理→精密加工（成形磨、数控NC、CNC机床、电火花或线切割）→钳工整修成形→检测。

由于成形零件设计结构不同，则加工过程也不尽相同并有各自的加工特点，其加工过程见表5-26。

表 5-26　模具成形零件加工工艺过程

零件名称		图　示	加工工艺过程及特点
凸模（型芯）	直通式凸模	铆翻后磨平	1）加工特点：沿轴向加工或沿断面轮廓切向加工 2）加工工艺过程 简单断面：机械加工→热处理→磨削 复杂断面：机械粗加工→热处理→平面磨削→线切割
	台阶式凸模	45　16　28　ϕ2.9　0.36　13　R(随仿形条件而定)	1）加工特点：在加工时必须考虑台阶与工作部位的轴线同轴或平行 2）加工工艺过程 精度要求较高时：锻压→机械粗加工（车铣或仿形刨）→热处理→成形磨或线切割→钳工整修 精度要求不高时：锻压→机械粗加工→精加工→热处理→钳工修配
	曲面式凸模（型芯）	ϕd_1　ϕd_2　Rd　ϕD	1）加工特点：多为三维式曲面型腔模型芯在加工时其表面形状要与样板测量相结合，并要选择合理定位面做边检测边精细加工，以保证与凹模配合 2）加工工艺过程 大型凸模：机械粗加工→热处理→精加工→修磨→抛光→钳工整修 小型凸模：机械粗加工→热处理→曲面磨或成形磨→抛光→钳工整修

（续）

零件名称		图示	加工工艺过程及特点
凹模（型腔）	直通孔凹模（型腔）	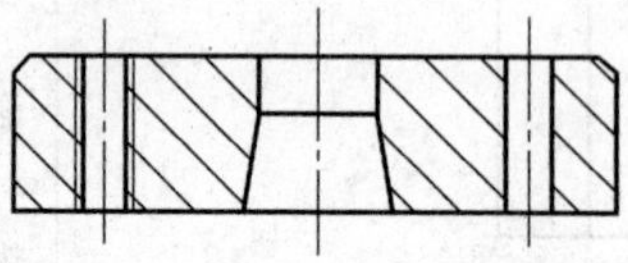	1）加工特点：孔为直通，在加工时，应保证良好的成形性能，最好与凸模配合加工，即先按图样加工凸模；再以凸模配作凹模孔，并保证配合间隙 2）加工工艺过程 简单形孔：粗加工→精加工（与凸模配作）→热处理→磨刃口 复杂形孔：机械粗加工→热处理→磨工作面→电火花或线切割
	不通孔凹模（型腔）	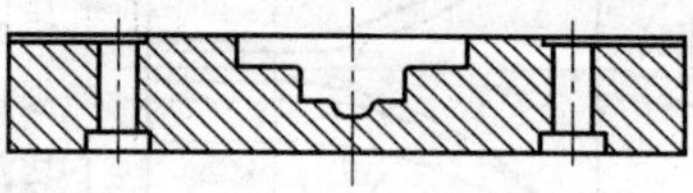	1）加工特点：一般为型腔模型腔，在加工时，要保证与凸模形状吻合，最好与凸模配作加工 2）加工工艺路线 小型凹模：锻压→机械粗加工→热处理→电火花加工型腔→抛光→钳工修配 大型凹模：锻压→机械粗加工→热处理→精加工（电加工）→修磨→抛光

六、零件加工工序间加工余量

（一）型材坯料预留机械加工余量

1. 热轧圆钢棒最小加工余量

热轧圆钢棒经锯切下料后，其加工余量应按下述原则预留。

1）锯切后需要经锻造加工时，在型材（圆钢棒）≤250mm 时，余量取 2～4mm；型材尺寸 >250mm 时余量取 3～6mm。

2）在作中心孔加工时，其长度方向上应预留 3～5mm。

3）在作车削加工时，其车床夹头长度 <70mm 时，应留 8～10mm 加工余量；夹头长度≥70mm 时应预留 6～8mm 加工余量以作为工艺装夹量。

在表5-27中，列出了热轧圆钢加工前最小加工余量，供备料参考。

表5-27　热轧圆钢棒加工前预留最小加工余量　（单位：mm）

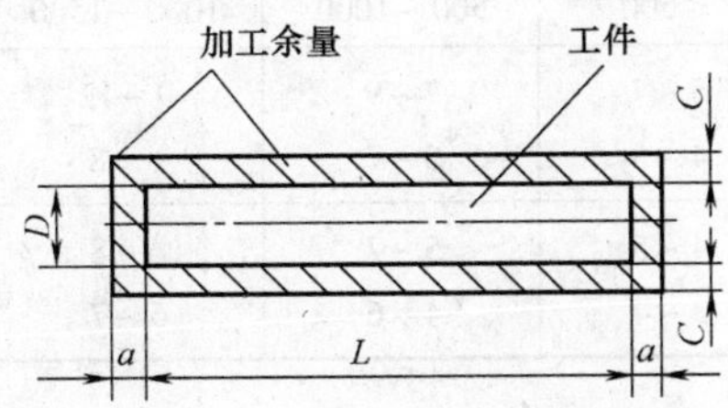

工作直径 D	工作长度 L									
	<50		>50～80		>80～150		>150～250		>250～400	
	余量 $2a$、$2c$									
	$2c$	$2a$	$2c$	$2a$	$2c$	$2a$	$2c$	$2a$	$2c$	$2a$
<10	3.0	1.5	3.0	1.5	3.0	1.5	3.5	2.0	3.5	2.0
>10～18	3.0	1.5	3.0	1.5	3.0	1.5	3.5	2.0	4.0	2.0
>18～30	3.0	2.0	3.0	2.0	3.5	2.0	4.0	2.0	4.0	2.0
>30～50	3.5	2.0	3.5	2.0	3.5	2.5	4.0	2.5	4.5	2.5
>50～75	3.5	2.5	3.5	2.5	4.0	3.0	4.5	3.0	5.0	3.0
>75～100	4.5	3.0	4.0	3.0	4.0	3.5	4.5	3.5	5.0	3.5

注：1. 表中数值适用于淬火工件，若工件不需要车去脱碳层，则直径余量可适当减少20%～25%。
2. 决定毛坯直径应根据钢材规格，适当选择相邻近的尺寸。

2. 板材气割后预留机加工余量

钢板型材经气割后，预留机械加工余量见表5-28。

表5-28　气割板材毛坯机械加工余量　（单位：mm）

板材厚度	工件外形长度或直径			内　孔
	≤100	>100～250	>250～630	
	单面余量及公差			
<25	3±1	3.5±1	4±1	5±1
>25～50	4±1	4.5±1	5±1	7±1
>50～100	5±1	5.5±1	6±1	10±1

注：表中数值仅供参考。

（二）铸、锻件交出预留加工余量

1. 铸坯预留机械加工余量

铸坯交出最大机械余量见表5-29。

表 5-29 铸坯最大机械加工余量 （单位：mm）

材料	铸造加工表面位置	铸件最大尺寸				
		≤500	500~1000	1000~1500	1500~2500	2500~3150
铸钢	上面	5~7	7~9	9~12	12~14	14~16
	下面、侧面	4~5	5~7	6~8	8~10	10~12
铸铁	上面	4~5	5~7	6~8	8~10	10~14
	下面、侧面	3~4	4~6	5~7	7~9	9~12

2. 锻坯预留机械加工余量

（1）矩形锻件

矩形锻件机械加工余量见表 5-30。

表 5-30 矩形锻件预留机械加工余量与公差 （单位：mm）

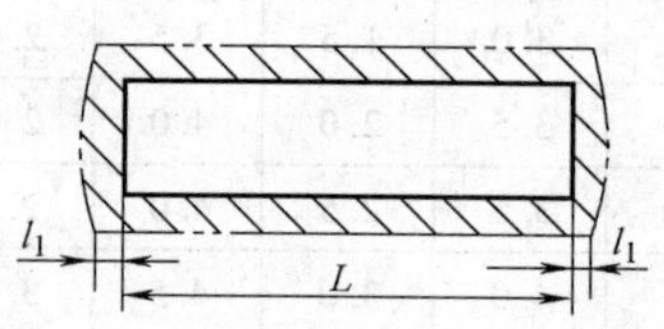

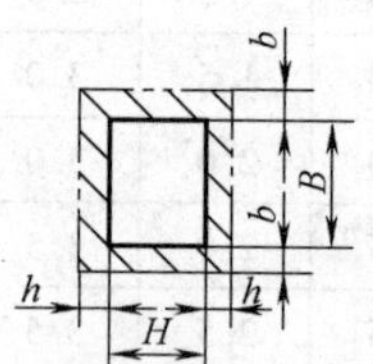

工件断面尺寸 B 或 H	工件长度 L									
	<150		151~300		301~500		501~750		751~1000	
	加工余量 2b、2h、2l 及公差									
	2b 或 2h	2l	2b 或 2h	2l	2b 或 2h	2l	2b 或 2h	2l	2b 或 2h	2l
<25	4^{+3}_{0}	4^{+4}_{0}	4^{+3}_{0}	4^{+3}_{0}	4^{+3}_{0}	4^{+3}_{0}	4^{+4}_{0}	4^{+5}_{0}	5^{+5}_{0}	5^{+5}_{0}
26~50	4^{+4}_{0}	4^{+4}_{0}	4^{+4}_{0}	4^{+5}_{0}	4^{+4}_{0}	4^{+6}_{0}	4^{+5}_{0}	5^{+6}_{0}	5^{+6}_{0}	6^{+7}_{0}
51~100	4^{+4}_{0}	4^{+5}_{0}	4^{+4}_{0}	4^{+5}_{0}	4^{+4}_{0}	5^{+7}_{0}	5^{+6}_{0}	5^{+7}_{0}	5^{+6}_{0}	7^{+6}_{0}
101~200	5^{+5}_{0}	4^{+5}_{0}	5^{+5}_{0}	5^{+7}_{0}	5^{+4}_{0}	8^{+2}_{0}	6^{+6}_{0}	8^{+8}_{0}	—	—
201~350	5^{+7}_{0}	5^{+8}_{0}	6^{+5}_{0}	9^{+9}_{0}	6^{+6}_{0}	10^{+9}_{0}	—	—	—	—
351~500	9^{+6}_{0}	10^{+8}_{0}	7^{+6}_{0}	13^{+10}_{0}	7^{+7}_{0}	13^{+10}_{0}	—	—	—	—

注：1. 表列加工余量及公差均不包括锻件的凸面与圆弧。

2. 应按 H 或 B 的最大断面尺寸选择余量。例如 H = 50mm、B = 120mm、L = 180mm 的零件，H 的最小加工余量应按 120mm 取 5mm，而不是按 50mm 取 4mm。

（2）圆形锻件

圆形锻件预留加工余量及公差见表 5-31。

表 5-31　圆形锻件预留机械加工余量与公差　（单位：mm）

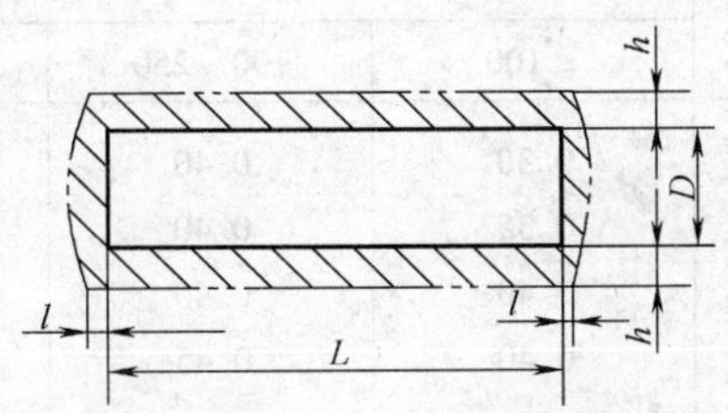

工件直径 D	工件长度 L											
	<30		31~80		81~180		181~360		361~600		601~900	
	加工余量 2h、2l 及公差											
	2h	2l	2h	2l	2h	2l	2h	2l	2h	2l	2h	2l
18~30	—	—	—	—	3^{+2}_{0}	3^{+3}_{0}	3^{+2}_{0}	3^{+3}_{0}	4^{+3}_{0}	4^{+4}_{0}	4^{+3}_{0}	4^{+4}_{0}
31~50	—	—	3^{+3}_{0}	3^{+4}_{0}	3^{+3}_{0}	3^{+4}_{0}	3^{+3}_{0}	3^{+4}_{0}	4^{+4}_{0}	4^{+4}_{0}	4^{+4}_{0}	4^{+5}_{0}
51~80	—	—	3^{+3}_{0}	3^{+4}_{0}	4^{+4}_{0}	4^{+4}_{0}	4^{+4}_{0}	4^{+5}_{0}	4^{+4}_{0}	4^{+5}_{0}	4^{+4}_{0}	4^{+5}_{0}
81~120	4^{+4}_{0}	3^{+3}_{0}	4^{+4}_{0}	3^{+4}_{0}	4^{+4}_{0}	4^{+4}_{0}	4^{+4}_{0}	4^{+5}_{0}	4^{+4}_{0}	4^{+5}_{0}	4^{+5}_{0}	4^{+5}_{0}
121~150	4^{+4}_{0}	4^{+3}_{0}	4^{+4}_{0}	4^{+3}_{0}	4^{+4}_{0}	4^{+5}_{0}	—	—	—	—	—	—
151~200	4^{+4}_{0}	4^{+4}_{0}	4^{+5}_{0}	5^{+5}_{0}	5^{+5}_{0}	5^{+5}_{0}	—	—	—	—	—	—
201~250	5^{+6}_{0}	5^{+4}_{0}	5^{+5}_{0}	4^{+5}_{0}	—	—	—	—	—	—	—	—
251~300	5^{+5}_{0}	4^{+4}_{0}	6^{+6}_{0}	5^{+5}_{0}	—	—	—	—	—	—	—	—

注：1. 表列数值均不包括凸面及圆弧。

2. 表列长度方向的余量及公差，不适于切断坯料。

（三）坯件磨削加工前留磨余量

1. 矩形件

矩形件平面磨削前留磨余量见表 5-32。

表 5-32　矩形件平面磨削前留磨余量　（单位：mm）

宽度 B	厚度 H	工件长度 A			
		≤100	100~250	250~400	400~430
≤200	≤18	0.30	0.40	—	—
	19~30	0.30	0.40	0.45	—
	31~50	0.40	0.40	0.45	0.50
	>51	0.40	0.40	0.45	0.50

（续）

宽度 B	厚度 H	工件长度 A			
		≤100	100~250	250~400	400~430
>200	≤18	0.30	0.40	—	—
	19~30	0.35	0.40	0.45	—
	31~50	0.40	0.40	0.45	0.55
	>50	0.40	0.45	0.50	0.60

注：1. 本表只适于淬火零件，不淬火零件的磨削留磨余量应比表中数据适当减少20%~40%。

2. 如零件两次磨削可比表中数值适当加大10%~20%。

2. 圆形件

轴类圆形件在经车削后，其上、下端面留磨余量见表5-33。

表5-33 圆形件上、下端面留磨余量 （单位：mm）

直径 D	工件长度 L					
	≤18	19~50	51~120	121~260	261~500	>500
≤18	0.20	0.30	0.30	0.35	0.35	0.50
19~50	0.30	0.30	0.35	0.35	0.40	0.50
51~120	0.30	0.35	0.35	0.40	0.40	0.55
121~260	0.30	0.35	0.40	0.40	0.45	0.55
261~500	0.35	0.40	0.45	0.45	0.50	0.60
>500	0.40	0.40	0.50	0.50	0.60	0.70

注：1. 本表只适于淬火零件，不淬火零件，在磨削前留磨余量应比表中数值减少20%~40%。

2. 如需经两次磨削，其留磨余量可比表中数值加大10%~20%。

3. 套筒类零件

套筒类及轴类零件内、外圆磨削前，预留加工余量见表5-34。

表5-34 内孔与外圆留磨余量（长度在200mm以内） （单位：mm）

直径 D	材料35、45、50Cr12				材料T8、T10、T10A			
	内孔		外圆		内孔		外圆	
	壁厚≤15	>15	≤15	>15	≤15	>15	≤15	>15
6~10	0.25~0.35	0.30~0.35	0.35~0.50	0.25~0.50	0.25~0.30	0.25~0.30	0.35~0.50	0.35~0.60
11~20	0.35~0.40	0.40~0.45	0.40~0.55	0.30~0.55	0.30~0.40	0.35~0.40	0.40~0.55	0.40~0.65
21~30	0.40~0.50	0.50~0.60	0.40~0.55	0.30~0.55	0.40~0.50	0.35~0.45	0.40~0.55	0.40~0.70

（续）

直径 D	材料 35、45、50Cr12				材料 T8、T10、T10A			
	内孔		外圆		内孔		外圆	
	壁厚≤15	>15	≤15	>15	≤15	>15	≤15	>15
31~50	0.55~0.70	0.60~0.70	0.40~0.55	0.30~0.55	0.55~0.70	0.40~0.60	0.40~0.55	0.55~0.75
51~80	0.65~0.80	0.80~0.90	0.45~0.60	0.30~0.60	0.65~0.80	0.50~0.60	0.45~0.60	0.65~0.85
81~120	0.70~0.90	1.00~1.20	0.60~0.80	0.35~0.70	0.70~0.90	0.55~0.75	0.60~0.80	0.70~0.90

注：如果内径/壁厚>5 或者长度/外径≥2 时，应选用表中上限值为宜。

七、零件加工精度控制方法

（一）加工精度概念与内容

1. 精度与误差的概念

在模具零件加工过程中，由于受加工过程中各种因素的影响，会使刀具和零件向正确的相对位置产生偏移，因而使加工出的零件不能与理想的要求完全符合。零件加工后，实际测量的几何参数与所设计的理想几何参数的符合程度称为零件的加工精度。反之，零件加工后，实际加工的几何参数对理想设计的几何参数偏离程度称加工误差。在生产中，主要是用控制加工误差来保证零件加工精度的。

加工精度用 IT 表示，国家标准规定：精度从 IT01~IT18 共 20 个等级，数字越大，精度越低。而误差又称偏差。如 $C^{+\delta}_{-\sigma}$，其 $+\delta$ 为上偏差，$-\sigma$ 为下偏差。

2. 加工精度的内容

模具零件加工精度主要内容见表 5-35。

表 5-35　模具零件加工精度主要内容

加工精度内容	图　示	控制方法
零件的尺寸精度	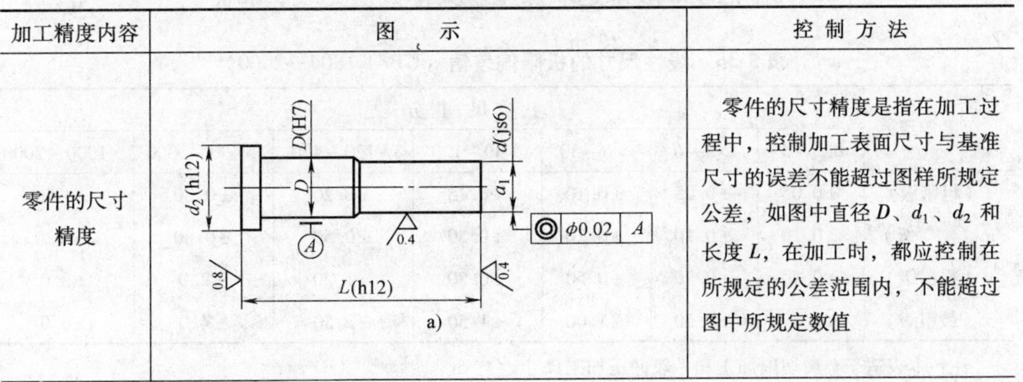 a)	零件的尺寸精度是指在加工过程中，控制加工表面尺寸与基准尺寸的误差不能超过图样所规定公差，如图中直径 D、d_1、d_2 和长度 L，在加工时，都应控制在所规定的公差范围内，不能超过图中所规定数值

（续）

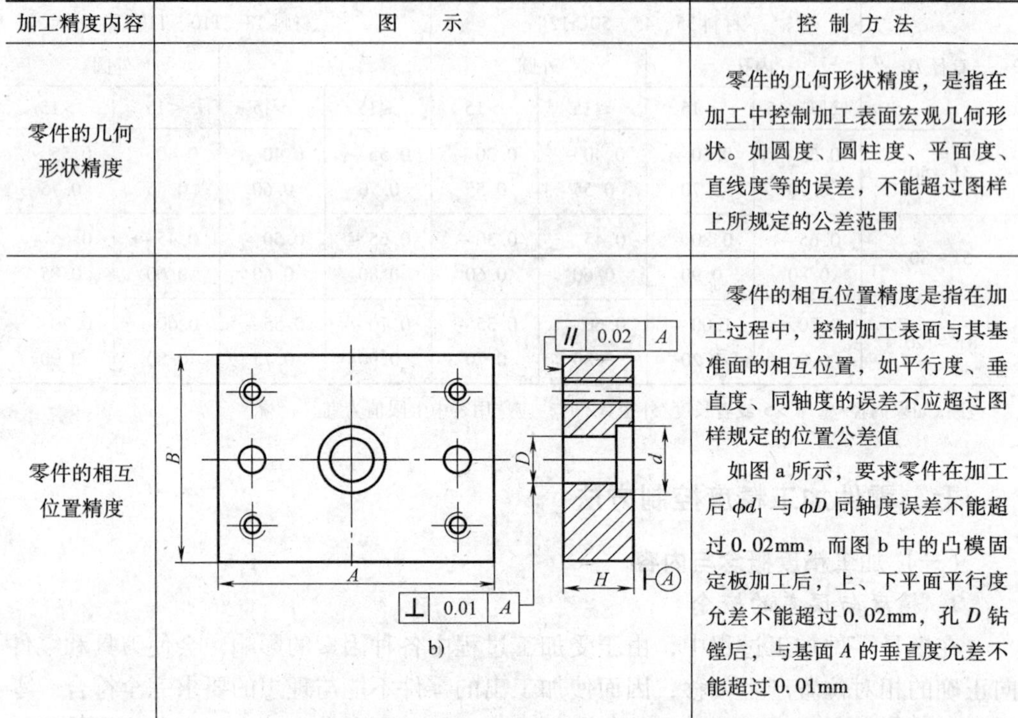

加工精度内容	图　示	控 制 方 法
零件的几何形状精度		零件的几何形状精度，是指在加工中控制加工表面宏观几何形状。如圆度、圆柱度、平面度、直线度等的误差，不能超过图样上所规定的公差范围
零件的相互位置精度	b)	零件的相互位置精度是指在加工过程中，控制加工表面与其基准面的相互位置，如平行度、垂直度、同轴度的误差不应超过图样规定的位置公差值 如图 a 所示，要求零件在加工后 ϕd_1 与 ϕD 同轴度误差不能超过 0.02mm，而图 b 中的凸模固定板加工后，上、下平面平行度允差不能超过 0.02mm，孔 D 钻镗后，与基面 A 的垂直度允差不能超过 0.01mm

（二）尺寸精度控制方法

1. 尺寸控制范围

模具零件加工过程中，在模具零件设计图样或工序图中，对尺寸公差进行了标注，加工时，即以标注的公称尺寸所规定公差范围内进行加工，将尺寸控制在公差范围内即可。模具常用的标准公差值参见本书第四章表 4-4。而未注公差的尺寸可按极限偏差的 IT14 ~ IT16 级要求（表 4-4）加工，也可按线性尺寸的极限偏差（GB/T 1804—2000）中的 m 级来选取加工。具体数值见表 5-36。

表 5-36　线性尺寸的极限偏差值（GB/T 1804—2000）

公差等级	尺寸分段						
	0.5 ~ 3	>3 ~ 6	>6 ~ 30	>30 ~ 120	>120 ~ 400	>400 ~ 1000	>1000 ~ 2000
f（粗密级）	±0.05	±0.05	±0.10	±0.15	±0.20	±0.30	±0.50
m（中等级）	±0.10	±0.10	±0.20	±0.30	±0.50	±0.80	±1.20
c（粗糙级）	±0.20	±0.30	±0.50	±0.80	±1.20	±2.0	±3.0
v（最粗级）	—	±0.50	±1.00	±1.50	±2.50	±4.0	±6.0

注：本表适于金属切削加工和一般冲压加工尺寸。

2. 控制方法

在加工中，尺寸精度控制方法见表5-37。

表5-37　尺寸精度控制方法

序号	尺寸精度控制方法	控制工艺说明
1	选用合适的加工设备及方式加工	零件在加工时，为控制尺寸精度，应根据零件图中所规定的公差等级，选用适应的机加工设备及方法加工，见表5-38
2	选用高精度刀具进行加工	在加工时，选用高精度刀具进行加工，或设法提高刀具精度
3	采用试切校样方法进行加工	在切削零件时，先按工艺规程确定方法试切，然后进行测量，根据测量结果，适当调整刀具直到合乎精度要求再进行加工
4	利用靠模进行加工	对于形状复杂的零件，在切削加工时可利用靠模、行程开关、行程挡块及百分表测试等方法确定好刀具与工件相对位置后再进行加工
5	采用边加工边测量方法加工	在加工时，采用边测量边加工，可得到高精度工件
6	采用NC、CNC机床加工	数控机床加工精度高，一般精度可达到0.01mm，故可加工出尺寸精度较高的零件

表5-38　加工设备与尺寸精度关系

加工方法	精度等级（公差）（IT）	加工方法		精度等级（公差）（IT）
砂型铸造	14～15	铣床	粗铣	9～11
锻造	15～16		精铣	8～10
钻削	11～14	铰孔	细铰	8～11
插削	10～12		精铰	6～8
粗车、粗刨、粗镗	10～12	磨床	平磨	5～8
细车、细刨、细镗	9～11		圆磨	5～7
精车、精刨、精镗	7～9		精磨	2～5
金刚石镗孔	5～7	珩磨		4～8
金刚石车削	5～7	研磨		1～5

（三）配合尺寸精度控制

1. 模具零件的配合类型

模具零件的配合类型及应用见表5-39。

表 5-39　模具零件配合种类及应用

配合类别及名称	用　途	模具零件所需的配合种类	
		配合类别	举　例
过盈配合	用于模具工作时，零件间没有相对运动，且又不经常拆装的零件	H7/r6	导柱与导套与底座间的配合
		H7/r5	硬质合金镶块与凹模体的配合
过渡配合	用于模具工作时，零件之间没有相对运动且又需经常拆装的冲模零件	H7/m6	圆柱销与销孔，凸模与凸模固定板间的配合
间隙配合	用于模具工作时，零件之间有相对运动的零件	H6/h5 或 H7/h6	导柱与导套及导板与凸模间的配合
		H7/h6	浮动模柄与模座间的配合

2. 模具零件常用配合极限偏差

模具零件常用配合极限偏差值及单件生产时推荐采用的配合间隙（-）或过盈量（+）数值见表5-40、表5-41。

表 5-40　冲模零件常用配合的极限偏差　　（单位：μm）

孔公差带					轴公差带										
基本尺寸/mm		H			f		h		js	k	m		r		u
大于	至	6	7	8	7	8	5	6	6	6	5	6	5	6	8
—	3	+6 0	+10 0	+14 0	-6 -16	-6 -20	0 -4	0 -6	±3	+6 0	+6 +2	+8 +2	+14 +10	+16 +10	+32 +18
3	6	+8 0	+12 0	+18 0	-10 -22	-10 -28	0 -5	0 -8	±4	+9 +1	+9 +4	+12 +4	+20 +15	+23 +15	+41 +23
6	10	+9 0	+15 0	+22 0	-13 -28	-13 -35	0 -6	0 -9	±4.5	+10 +1	+12 +6	+15 +6	+25 +19	+28 +19	+50 +28
10	18				-16 -34								+31 +23	+34 +23	+60 +33
18	24	+11 0	+18 0	+27 0	-20 -41	-16 -43	0 -8	0 -11	±5.5	+12 +1	+15 +7	+18 +7	+37 +28	+41 +28	+71 +41
24	30														+81 +48
30	40	+13 0	+21 0	+33 0	-25 -50	-20 -53	0 -9	0 -13	±6.5	+15 +2	+17 +8	+21 +8	+45 +34	+50 +34	+99 +60
40	50														+109 +70

（续）

孔公差带					轴公差带										
基本尺寸/mm		H			f		h		js	k	m		r		u
大于	至	6	7	8	7	8	5	6	6	6	5	6	5	6	8
50	65	+16 0	+25 0	+39 0	−30 −60	−25 −64	0 −11	0 −16	±8	+18 +2	+20 +9	+25 +9	+54 +41	+60 +41	+133 +87
65	80												+56 +43	+62 +43	+148 +102
80	100	+19 0	+30 0	+46 0	−36 −71	−30 −76	0 −13	0 −19	±9.5	+21 +2	+24 +11	+30 +11	+66 +51	+73 +51	+178 +124
100	120												+69 +54	+76 +54	+198 +144
120	140	+22 0	+35 0	+54 0	−43 −83	−36 −90	0 −15	0 −22	±11	+25 +3	+28 +13	+35 +13	+81 +63	+88 +63	+233 +170
140	160												+83 +65	+90 +65	+253 +190
160	180	+25 0	+40 0	+63 0		−43 −106	0 −18	0 −25	±12.5	+28 +3	+33 +15	+40 +15	+86 +68	+93 +68	+270 +210
180	200				−50 −96								+97 +77	+106 +77	+308 +236
200	225	+29 0	+46 0	+72 0		−50 −122	0 −20	0 −29	±14.5	+33 +4	+37 +17	+46 +17	+100 +80	+109 +80	+330 +258
225	250												+104 +84	+113 +84	+356 +284
250	280	+32 0	+52 0	+81 0	−56 −108	−56 −137	0 −23	0 −32	±16	+36 +4	+43 +20	+52 +20	+117 +94	+126 +94	+396 +315
280	315												+121 +98	+130 +98	+431 +350
315	355	+36 0	+57 0	+89 0	−62 −119	−62 −151	0 −25	0 −36	±18	+40 +4	+46 +21	+57 +21	+133 +108	+144 +108	+479 +390
355	400												+139 +114	+150 +114	+524 +435
400	450	+40 0	+63 0	+97 0	−68 −131	−68 −165	0 −27	0 −40	±20	+45 +5	+50 +23	+63 +23	+153 +126	+166 +126	+587 +490
450	500												+159 +132	+172 +132	+637 +540

表 5-41 单件生产时推荐采用的配合间隙及过盈值 （单位：μm）

基本尺寸/mm		过盈配合				过渡配合				间隙配合			
大于	至	H8/u8	R7/h5	H7/r6	H7/r5	H7/m5	H7/m6	H7/k6	H7/js6	H6/h5	H7/h6	H7/f7	H8/f8
—	3	+28 +8	+18 +8	+14 +2	+12 +2	+4 −6	+6 −6	+4 −8	+1 −11	−1 −9	−2 −14	−9 −23	−10 −30
3	6	+36 +10	+21 +8	+20 +6	+18 +5	+7 −6	+9 −5	+6 −8	+1 −13	−2 −12	−3 −17	−13 −30	−15 −41
6	10	+43 +12	+25 +10	+25 +7	+23 +7	+10 −6	+12 −6	+7 −11	+1 −16	−2 −13	−3 −21	−17 −38	−20 −51
10	18	+52 +14	+30 +12	+30 +9	+28 +8	+12 −8	+14 −7	+8 −13	+2 −20	−3 −16	−4 −25	−21 −47	−24 −62
18	24	+62 +22	+37 +16	+37 +15	+34 +14	+12 −8	+14 −7	+8 −13	+2 −20	−3 −16	−4 −25	−25 −53	−24 −62
24	30	+73 +30	+37 +16	+37 +15	+34 +14	+12 −8	+14 −7	+8 −13	+2 −20	−3 −16	−4 −25	−25 −53	−24 −62
30	40	+89 +38	+46 +20	+45 +18	+41 +17	+14 −10	+16 −9	+10 −15	+2 −23	−3 −19	−5 −30	−27 −60	−30 −77
40	50	+99 +48	+46 +20	+45 +18	+41 +17	+14 −10	+16 −9	+10 −15	+2 −23	−3 −19	−5 −30	−27 −60	−30 −77
50	65	+120 +60	+55 +23	+54 +22	+49 +21	+16 −12	+20 −10	+12 −18	+3 −28	−4 −24	−6 −36	−38 −77	−36 −91
65	80	+135 +75	+59 +25	+56 +24	+51 +23	+16 −12	+20 −10	+12 −18	+3 −28	−4 −24	−6 −36	−38 −77	−36 −91
80	100	+164 +93	+68 +30	+65 +28	+61 +27	+19 −14	+23 −13	+15 −21	+3 −33	−4 −28	−7 −43	−45 −91	−44 −109
100	120	+184 −113	+71 +33	+68 +31	+64 +30	+19 −14	+23 −13	+15 −21	+3 −33	−4 −28	−7 −43	−45 −91	−44 −109
120	140	+216 +133	+82 +39	+80 +37	+75 +35	+22 −16	+27 −15	+17 −24	+3 −38	−5 −32	−8 −49	−54 −107	−52 −128
140	160	+236 +153	+84 +41	+81 +38	+77 +37	+22 −16	+27 −15	+17 −24	+3 −38	−5 −32	−8 −49	−54 −107	−52 −128
160	180	+252 +165	+86 +39	+84 +37	+79 +35	+26 −18	+31 −16	+19 −28	+4 −44	−6 −37	−9 −56	−55 −111	−61 −150

（续）

基本尺寸/mm		过盈配合				过渡配合				间隙配合			
大于	至	H8/u8	R7/h5	H7/r6	H7/r5	H7/m5	H7/m6	H7/k6	H7/js6	H6/h5	H7/h6	H7/f7	H8/f8
180	200	+288 +192	+99 +49	+96 +46	+89 +45	+26 -18	+31 -16	+19 -28	+4 -44	-6 -37	-9 -56	-62 -124	-61 -150
200	225	+309 +207	+101 +51	+99 +45	+92 +42	+29 -21	+35 -19	+22 -32	+9 -45	-7 -42	-10 -64	-63 -129	-71 -173
225	250	+335 +233	+105 +55	+103 +49	+96 +46	+29 -21	+35 -19	+22 -32	+9 -45	-7 -42	-10 -64	-63 -129	-71 -173
250	280	+373 +258	+117 +60	+115 +54	+108 +51	+34 -23	+41 -20	+24 -37	+5 -56	-8 -48	-11 -72	-71 -145	-79 -194
280	315	+408 +293	+121 +64	+119 +58	+112 +55	+34 -23	+41 -20	+24 -37	+5 -56	-8 -48	-11 -72	-71 -145	-79 -194
315	355	+453 +327	+134 +72	+131 +64	+123 +61	+36 -26	+44 -24	+28 -40	+5 -62	-9 -53	-13 -80	-79 -159	-88 -214
355	400	+498 +372	+140 +78	+137 +70	+129 +67	+36 -26	+44 -24	+28 -40	+5 -62	-9 -53	-13 -80	-79 -159	-88 -214
400	450	+559 +421	+155 +87	+152 +77	+142 +74	+39 -29	+49 -26	+31 -44	+6 -69	-10 -58	-14 -89	-86 -176	-96 -234
450	500	+609 +471	+161 +93	+158 +83	+148 +80	+39 -29	+49 -26	+31 -44	+6 -69	-10 -58	-14 -89	-86 -176	-96 -234

注：表5-40、5-41摘自王新华编《冲模钳工手册》。

3. 配合尺寸精度控制方法

1）正确选择零件的加工基准面和测量基准面。

2）正确按工艺操作并做到严格检查。

3）按图样的平均尺寸（公差带的中心）加工。

4）采用配制加工方法加工。

5）采用标准化或者互换性较高的零件。

八、零件加工表面质量控制

模具零件的表面质量，是指模具零件在加工后的表面层状态。它主要包括零件的表面粗糙度、表面层的金相组织状态、力学性能和残余应力的大小等性能。

在模具零件加工过程中，模具零件的加工质量、除加工精度外，表面质量的好坏也是重要因素之一。这是因为，当模具的工作性能在使用过程中逐渐变坏或不能再使用时，这与零件的表面磨损和腐蚀以及表面疲劳强度的破坏有直接关系。因此，零件的表面质量，直接影响模具的工作性能和寿命以及工作的可靠性，所以，操作者在加工模具零件时，在注重尺寸与配合精度的同时，更应该注重零件的表面质量，特别是零件的表面粗糙度等级。

（一）零件的表面粗糙度及应用

1. 表面粗糙度定义

模具零件在加工过程中，其加工后的表面由于受各种加工因素的影响，总会存在着许多高低不平、具有较小间距的峰谷，这种微观的几何特性称为零件的表面粗糙度。

表面粗糙度一般以代号形式在零件图上标注。其代号由符号与参数组成。如“$\surd$”表示零件表面无须加工，而“$\overset{3.2}{\bigtriangledown}$”表示表面可以用任何方法加工获得。其表面粗糙度上限值 *Ra* 为 3.2μm，也可以用文字 *Ra*3.2μm 表示。

2. 表面粗糙度对模具质量的影响

表面粗糙度的高低，对模具质量有如下影响：

1）影响模具零件间的配合精度。

2）影响模具零件的耐磨性。

3）影响模具零件的疲劳强度。

4）影响模具零件的耐蚀性。

由此看来，零件的表面粗糙度对模具的精度、使用性能及模具寿命影响很大。因此，在制造与加工模具零件时，操作者一定要按零件图样要求，设法满足其表面粗糙度的要求。

3. 表面粗糙度的应用

表面粗糙度在模具零件中的使用要求见表 5-42。

表 5-42 模具零件的表面粗糙度使用要求及范围

表面粗糙度 *Ra*/μm	使用范围
$\overset{0.1}{\bigtriangledown}$ ~ $\overset{0.3}{\bigtriangledown}$	抛光旋转体表面，如型腔模型芯、型腔表面与平面以及精度要求较高的成形模型芯、型腔表面
$\overset{0.3}{\bigtriangledown}$ ~ $\overset{0.4}{\bigtriangledown}$	1）弯曲、拉深、成形的凸模与凹模工作表面 2）冲裁模刃口表面 3）滑动导向表面，如导柱外表面及导套内孔配合面

（续）

表面粗糙度 $Ra/\mu m$	使用范围
0.8	1）成形凸、凹模刃口 2）凸模与凹模及型腔镶块结合面 3）过盈及过渡配合需热处理的配合表面 4）支承定位及紧固表面 5）磨削加工的基准面 6）要求精确的工艺基准面
1.6	1）内孔表面在非热处理零件上的配合面 2）底板平面
6.3	不与制品零件接触的非工作成形零件表面或要求不精密的模具辅助零件表面
12.5	粗糙不重要的表面，如模板、模套外表面以及端面
○	不需加工的表面，如铸造模座的侧面

（二）表面粗糙度与加工设备的关系

模具零件表面粗糙度等级与加工设备的关系见表5-43。

表 5-43 表面粗糙度与加工方法的关系

加工方法	表面粗糙度	加工方法	表面粗糙度
车削	6.3 ～ 0.8	平面磨	1.6 ～ 0.4
刨削	12.5 ～ 1.6	外圆磨	0.8 ～ 0.2
铣削	6.3 ～ 1.6	内圆磨	0.8 ～ 0.4
钻孔	6.3 ～ 3.2	电火花穿孔	3.2 ～ 1.6
铰孔	3.2 ～ 1.6	线切割（快走丝）	3.2 ～ 1.6
坐标镗孔	1.6 ～ 0.8	线切割（慢走丝）	1.6 ～ 0.8
仿形铣	12.5 ～ 3.2	坐标磨	0.8 ～ 0.4
NC 加工	3.2 ～ 0.8	研磨	0.4 ～ 0.1
成形磨	1.6 ～ 0.6	珩磨	0.2 ～ 0.1

（三）细化表面粗糙度的措施

在模具零件加工过程中，除了选用相应的加工方法及设备外（表5-43），还应采取必要的加工措施，设法细化零件的表面粗糙度。如表5-44所示为在机械加工过程中操作者应采取的方法与措施，供加工时参考。

表5-44 机械加工细化表面粗糙度措施

影响粗糙度细化的因素	产生现象	消除及控制方法
加工机床振动	工件表面产生振痕	1）消除由外界周期性的干扰力引起的机床振动，如断续的切削力、电动机、带轮、主轴及砂轮不平衡的惯性力引起的振动，使刀具与工件的距离发生周期性变化，使工件表面产生振痕 2）采用隔离基础的方法，消除来自机床外的空压机、柴油机及其他从地面传入的干扰力 3）提高工艺系数的刚度，特别要提高工件、刀杆等刚度 4）修磨刀具及改变刀具的装夹方法，改变切削力的方向，减小作用于工艺系统的切削力 5）减小刀具后角，用油石修磨刀具，使其锋利
加工要素不尽合理	工件表面产生刀划痕	1）改变刀具的几何参数，增大刀尖圆弧半径和减小负偏角 2）采用宽刃精铣刀、精车刀时，需要减少振动 3）减少加工时的进给量
工艺流程不佳	工件表面产生集屑瘤	1）根据具体情况，改用适宜的切削速度，并配有较小的进给量 2）在中低速切削时，加大刀具前角或适当增大后角 3）改用润滑性能良好的切削液，如动、植物油 4）必要时可对工件材料进行正火、调质热处理以提高硬度、降低塑性及韧性
磨削加工操作不当	表面出现拉毛及烧伤	1）正确选用砂轮磨削用量和磨削液 2）降低工件线速度和纵向进给速度 3）仔细修整砂轮，适当增加光磨次数 4）减小磨削深度 5）更换新磨削液使之清洁

（四）提高零件表面质量的途径

在模具零件加工过程中，设法提高零件表面质量的主要途径是：

1）采用合理、先进的加工方法（NC、CNC）及加工余量，以细化表面粗糙度及消除零件的表面硬化。

2）采用合理的磨削工艺及磨削余量，以消除表面残余应力而产生的裂纹、拉毛与烧伤。

3）选用合适电规准，以减少零件在电火花及线切割后的表面变质层。

4）选择适当的热处理工艺，如高频感应加热淬火、渗碳、渗氮等消除零件表面残余应力。

5）采用滚压、挤压、拉削、喷砂等方法，以获得较精细的表面粗糙度及提高零件的抗疲劳强度。

6）采用研磨、珩磨等光整加工工艺，以消除机、电加工后的表面切削痕及变质层，细化表面粗糙度。

第六章　模具零件的钳工整修与检测

模具生产制造技术，几乎集中了机、电加工的精华。但无论采取何种先进的机电加工设备，都离不开模具钳工的手工操作技巧。由此看来，模具的加工与制造，是一种机、电、钳结合的加工技术。它赋于模具钳工操作的秘密性。其原因是生产制造模具的技术来源于模具钳工手工操作实践经验的积累。因此，作为一名模具工，除了要掌握模具专业制造基础知识外，更要练好钳工的锯切、錾切、锉削、钻孔、研配与抛光等基本功，不断钻研、创新，积累丰富的经验，才能配合先进的制模设备、工艺，制作加工出优质、高效的模具，更好地服务于生产。

一、零件的锯割加工

在模具零件加工制造中，用手锯或机锯把材料分开或在零件上锯出沟槽的操作称为锯切。模具钳工主要是用手锯对原材料进行零件的切断下料或切去零件多余的部位，以便于后续工序的加工。

1. 锯割的设备与工具

锯割主要在钳工工作台上进行，借助台虎钳夹住工件或材料，利用手锯对其切割加工。其主要工具是锯弓与锯条，其选用方法见表6-1。

表6-1　锯弓与锯条的选用

名称	图　示	功用及规格选用
锯弓	a) b)	用来张紧锯条，有固定式及可调式（图a、b）两种。固定式只能安装一种长度的锯条，而可调式锯弓可以通过调节安装不同长度的锯条

（续）

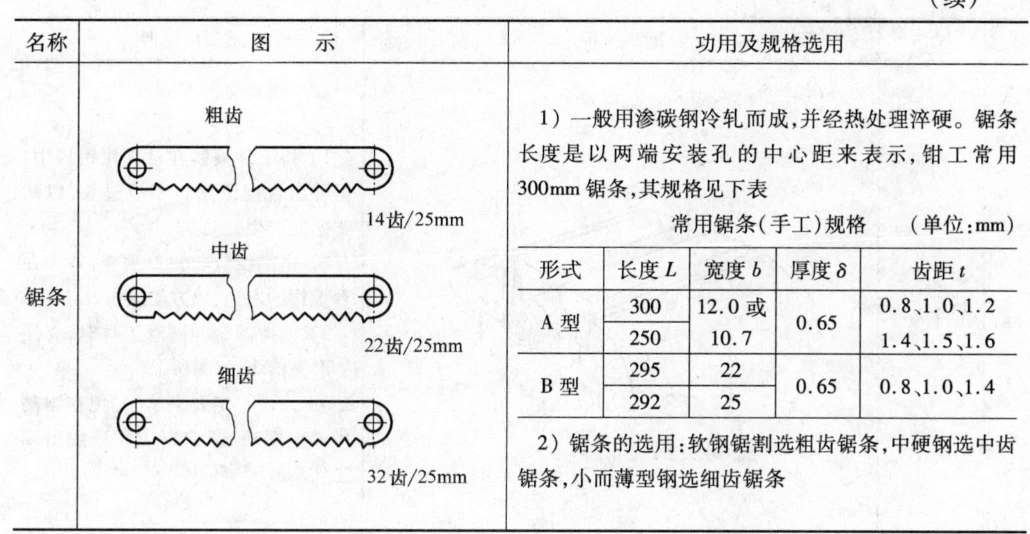

名称	图　示	功用及规格选用
锯条	粗齿 14齿/25mm 中齿 22齿/25mm 细齿 32齿/25mm	1）一般用渗碳钢冷轧而成，并经热处理淬硬。锯条长度是以两端安装孔的中心距来表示，钳工常用300mm锯条，其规格见下表 2）锯条的选用：软钢锯割选粗齿锯条，中硬钢选中齿锯条，小而薄型钢选细齿锯条

常用锯条（手工）规格　　（单位：mm）

形式	长度 L	宽度 b	厚度 δ	齿距 t
A型	300	12.0或	0.65	0.8、1.0、1.2
	250	10.7		1.4、1.5、1.6
B型	295	22	0.65	0.8、1.0、1.4
	292	25		

2. 锯割方法

锯割方法见表6-2。

表6-2　锯割方法

步序	操作	图　示	操作说明
1	锯条安装	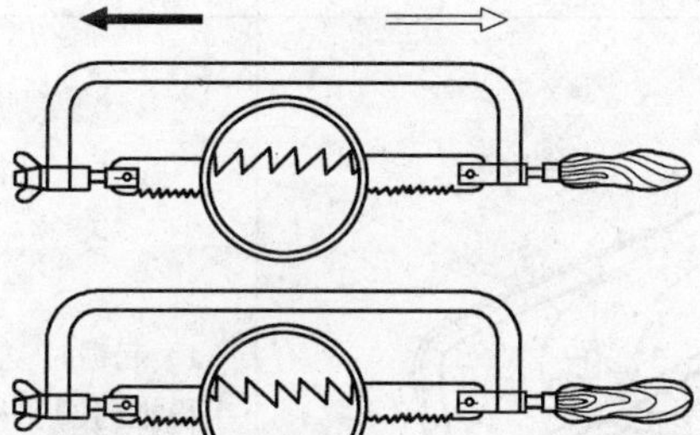 a) 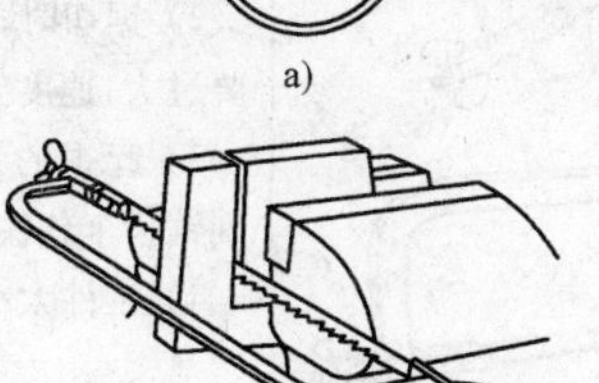 b) a)正确　b)错误	1）安装时锯齿必须向前，如图a所示 2）锯条安装后，不能过紧或过松，要松紧适中，否则易折断 3）若锯缝超过锯弓高度，应将锯弓与锯条调成90°，如图b所示

（续）

步序	操作	图示	操作说明
2	工件夹持	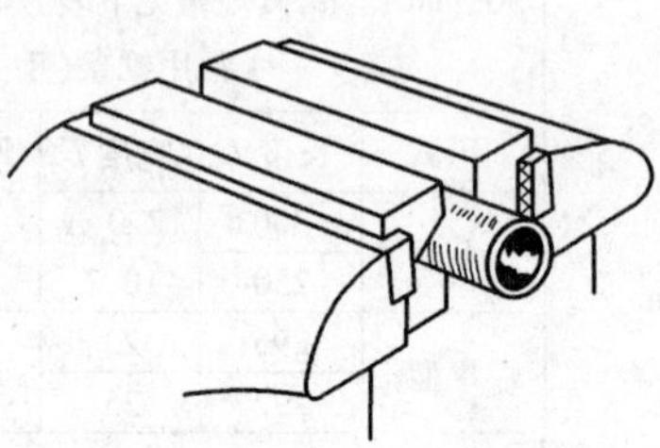	1）将工件夹紧在台虎钳钳口中，但伸出台虎钳钳口不应过长，以防锯割时产生振动 2）锯割线应与钳口垂直，并夹在台虎钳的左边，以方便操作 3）夹持圆钢与圆管工件时，要用V形夹槽块，如图所示 4）工件一定要夹紧，避免在锯割中产生振动，影响锯切质量或出现工伤事故
3	手锯握法	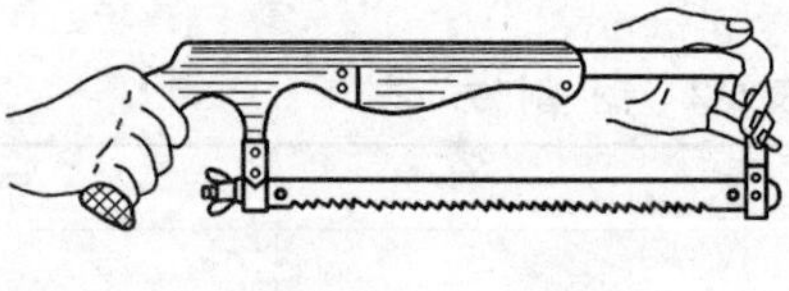	1）锯切时右手握住手柄，左手压在锯弓前上部，稳稳地掌握锯弓 2）操作者要站稳
4	起锯	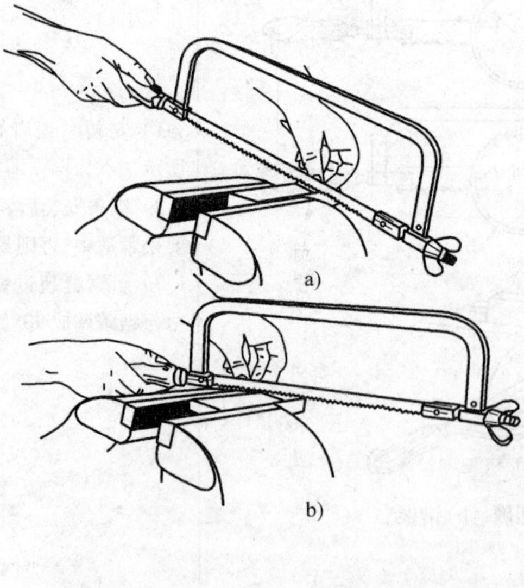 a) b)	1）起锯时，左手拇指靠住锯条，右手稳推（拉）手柄，进行拉推锯切 2）锯切时，来回行程要短，压力不要过大，速度要缓慢 3）起锯的角度要小（约15°），否则锯齿卡住棱角易折断 4）工件太小时，可用三角锉起锯

（续）

步序	操作	图　示	操作说明
5	锯切基本方法与要领		1）锯割时，两臂、两腿、上身要动作协调一致。两臂稍弯曲并用力推进 2）手锯退回时不要用力压 3）锯条往返应走直线，并用锯条全长锯割 4）锯割速度和压力，应根据材料性质，锯切截面大小而定，即硬材料压力要大，但速度要慢 5）当材料要锯断时，压力要轻速度要慢，行程也要减小，并要用手扶住工件，以免落下伤人

3. 锯条损坏的原因及预防

锯割时，锯条容易断裂及损坏，其预防方法见表6-3。

表6-3　锯条损坏原因及预防方法

锯条损坏形式	原　因	预防方法
锯条折断	1）锯条装得过松或过紧 2）工件抖动或松动 3）锯缝歪斜，找正时锯条扭曲折断 4）压力太大 5）新锯条在旧锯缝中卡住	1）锯条松紧应装得适中 2）工件装夹应稳固，且使锯缝尽量靠近钳口 3）握稳锯弓，使锯缝与划线重合 4）压力应适当 5）调换新锯条后应从新的方向锯割
锯齿崩裂	1）锯条粗细选择不当 2）起锯方向不对 3）突然碰到砂眼或杂质	1）正确选用粗、细锯条 2）纠正起锯方向和起锯角度 3）锯割铸件碰到砂眼时应减小压力
锯齿很快磨损	1）锯割时不加冷却液 2）速度太快（新工人易犯这个毛病）	1）注意选用冷却液 2）锯割速度应适当

4. 锯割安全注意事项

1）在锯割时，锯条必须安装正确，松紧合适，防止锯条折断从弓架上弹出，出现工伤事故。

2）锯削不要用力过大或速度过快。

3）当锯割将要完成时，要用手扶着被锯掉部位，以防自由落下砸脚。

二、零件的錾切

錾切是用锤子打击錾子对金属工件进行切削加工的方法。尽管是一种古老而传统的切削加工方式，并被现代加工设备所代替，但它在模具加工中有时仍被采用。如去除模板锻件的毛刺、凸台，去掉凹模孔中的余料以及錾油槽和花纹等。

1. 錾切的方法

錾切的方法见表6-4。

表6-4　零件的錾切方法

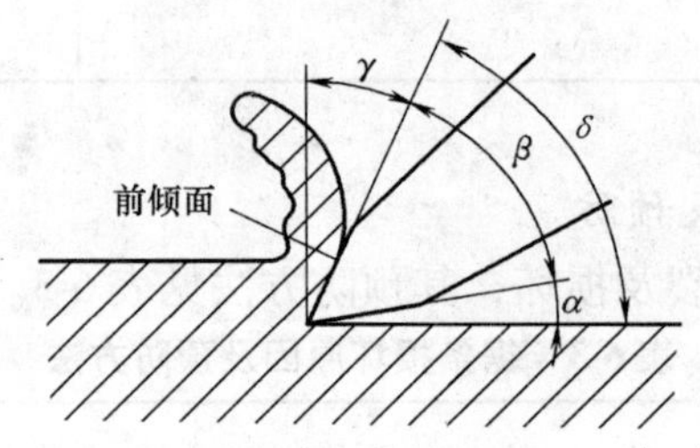

项目	图　示	操 作 说 明
錾切工具（錾子）	锋口　斜面　柄　剖面　头　30°～70°　a) 锋口　斜面　柄　剖面　头　b) 锋口　斜面　柄　剖面　头　c) a)扁錾　b)窄錾　c)油槽錾	1）材料：50、60钢或T7、T8碳素工具钢 2）淬火硬度 刃口：52～57HRC 锤击部位：32～40HRC

（续）

项目	图　示	操作说明
錾子的刃磨	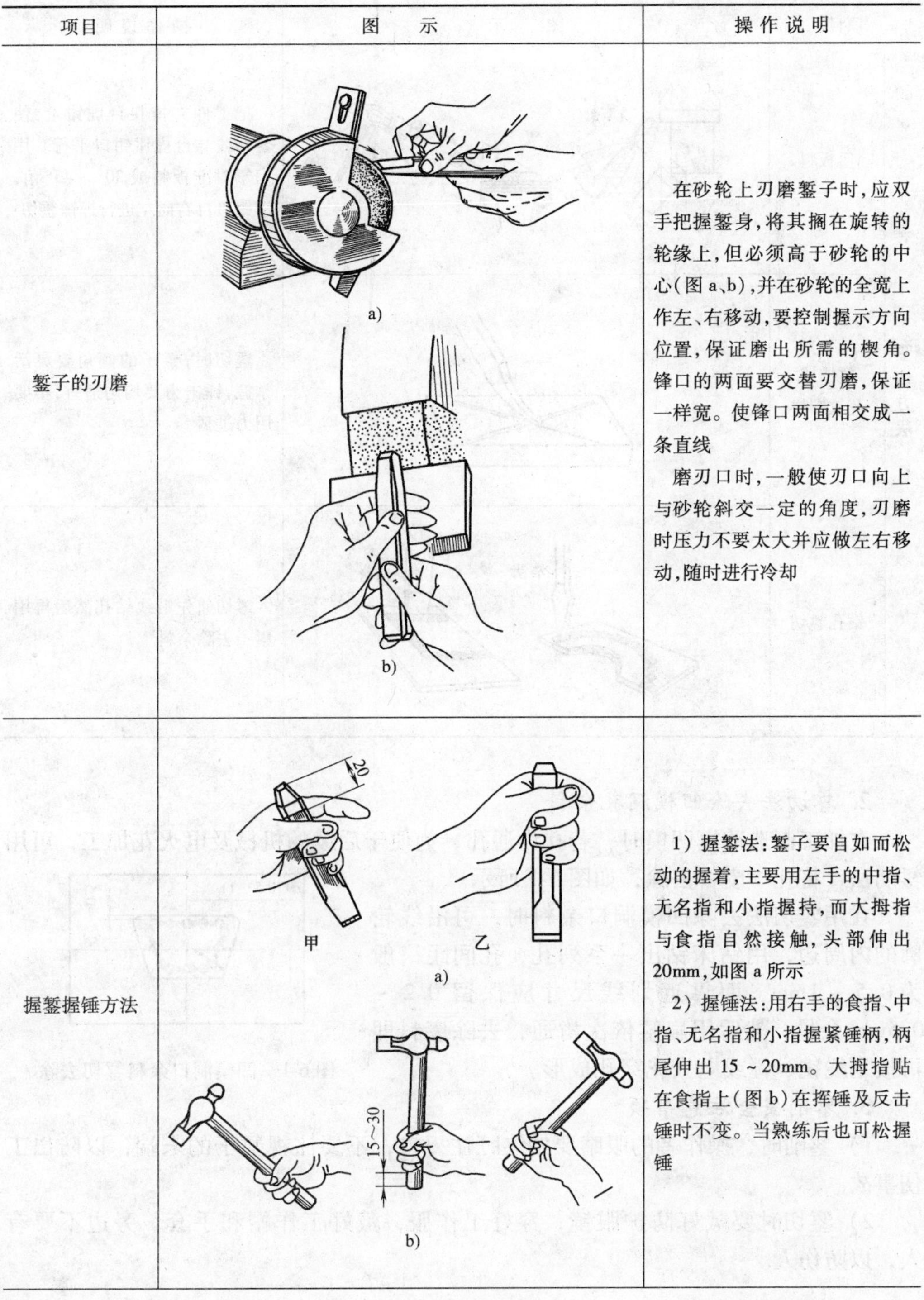	在砂轮上刃磨錾子时，应双手把握錾身，将其搁在旋转的轮缘上，但必须高于砂轮的中心（图a、b），并在砂轮的全宽上作左、右移动，要控制握示方向位置，保证磨出所需的楔角。锋口的两面要交替刃磨，保证一样宽。使锋口两面相交成一条直线 磨刃口时，一般使刃口向上与砂轮斜交一定的角度，刃磨时压力不要太大并应做左右移动，随时进行冷却
握錾握锤方法		1）握錾法：錾子要自如而松动的握着，主要用左手的中指、无名指和小指握持，而大拇指与食指自然接触，头部伸出20mm，如图a所示 2）握锤法：用右手的食指、中指、无名指和小指握紧锤柄，柄尾伸出15～20mm。大拇指贴在食指上（图b）在挥锤及反击锤时不变。当熟练后也可松握锤

（续）

项目		图　示	操作说明
錾切方法	錾板料	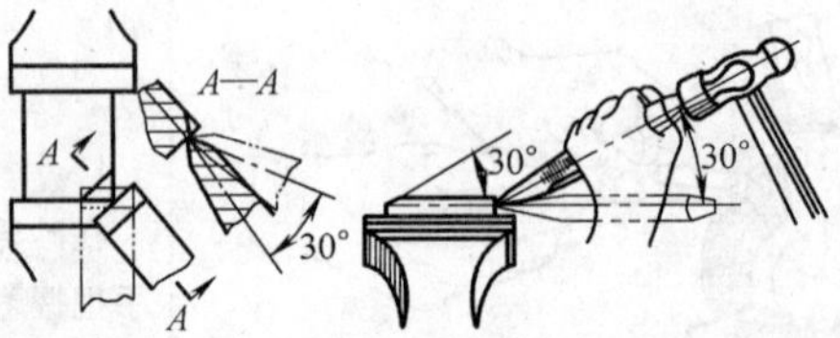 A—A A A 30° 30° 30°	把工件夹持在台虎钳上，使錾切线与台虎钳钳口平行。用扁錾对准板料成 30° ~45°角，沿钳口自右向左进行挥锤錾切
	錾槽或花纹图样	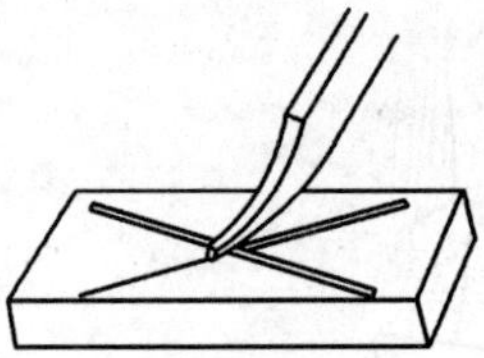	錾切时，錾子的倾角要灵活掌握，锤击力要均匀适宜，不要用力过猛
	钻孔錾切	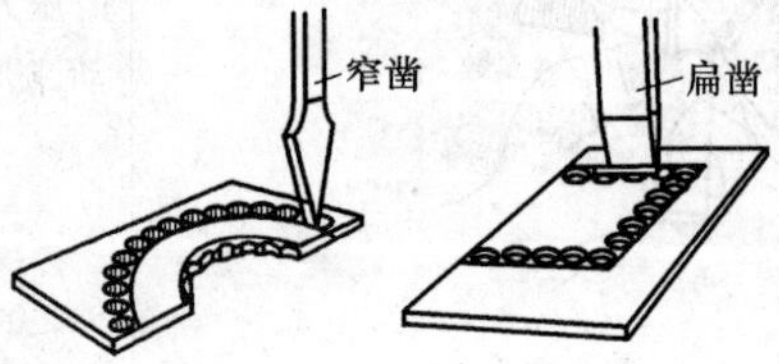 窄凿 扁凿	錾切前先沿线钻孔然后再用錾子去除余料

2. 錾切法去除凹模洞孔余料

在加工制造冲模凹模时，若孔为通孔，为便于后续的机械及电火花加工，可用錾切法，将孔中废料去除，如图 6-1 所示。

在用錾切法去除凹模洞口余料时，可沿线轮廓的内周边，用钻床钻出一系列孔，孔间距一般为 0.5 ~1mm，而靠近划线尺寸应保留 0.2 ~ 0.5mm 余量，然后用扁錾依次凿通，去除废料即可按划线铣、镗或电火花穿孔成形。

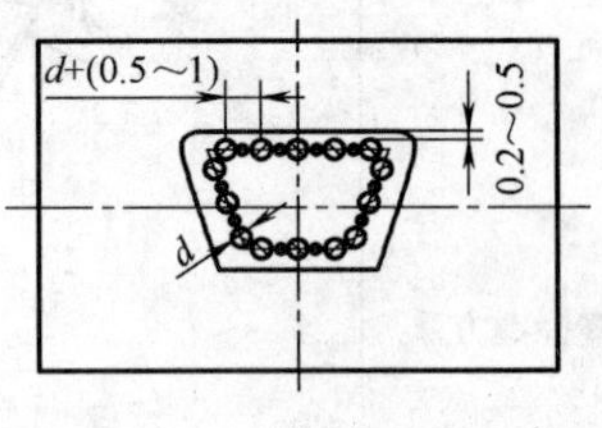

图 6-1　凹模洞口余料錾切去除

3. 錾削安全注意事项

1）錾削时，操作者的眼睛要始终盯住刃口，不要注视錾子的末端，以防出工伤事故。

2）錾切时要戴好防护眼镜，穿好工作服，戴好工作帽和手套，旁边不要有人，以防伤人。

3）錾子要经常刃磨，保持锋利刃口。

三、零件的校正与弯曲

1. 零件的校正

在模具制造中，用手工或机械的方法消除原材料的不直、不平和翘曲以及零件经热处理后的变形，称为校正。

（1）校正的工具

1）铁砧及校正平板，主要用于校正时对工件的支承及做校正工件的基准面。

2）锤子、铜锤和木锤作为加工工具。

3）平尺、角尺和直尺，作为检验工具。

（2）校正方法

零件的校正方法见表6-5。

表6-5　零件的校正方法

校正方法	图　示	操作说明
扭转校正法	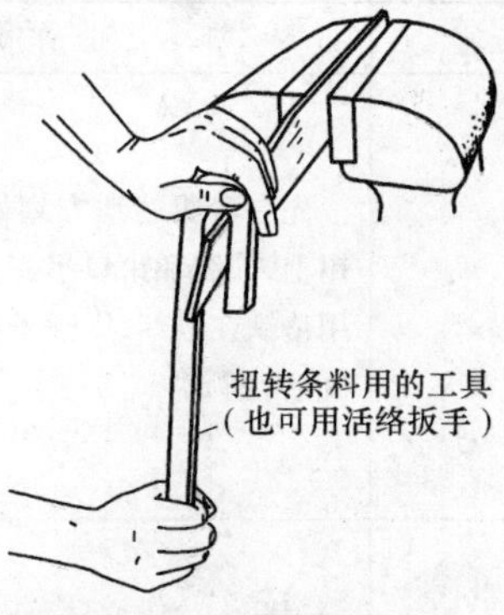 扭转条料用的工具（也可用活络扳手）	将发生扭转变形的工件，夹持在台虎钳上，用特制的扳手，将其扭转到原来的形状。操作时，左手扶着扳手的上部，右手握住扳手的末端，施加外力直到平直为止。主要用于薄板条形零件
弯曲校正法	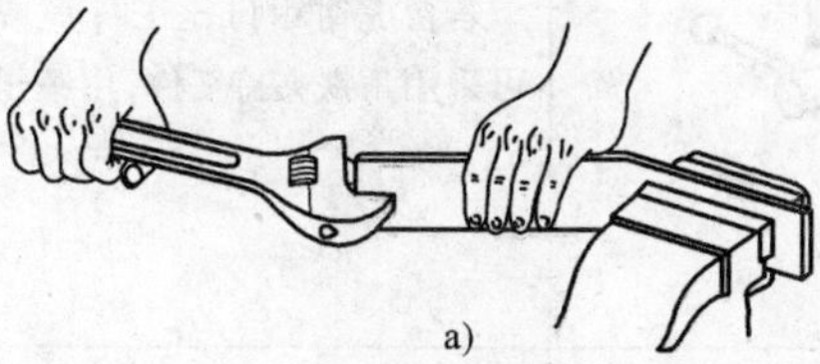 a) 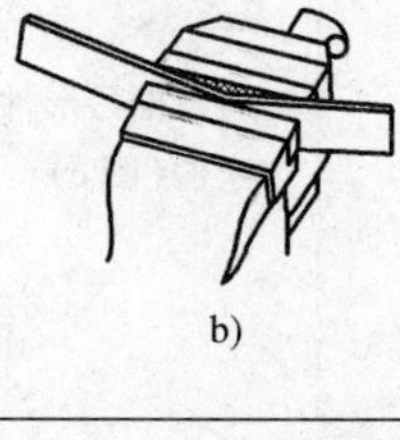 b)	1）若零件（窄直板料）在厚度方向上产生弯曲，可把弯曲的部位夹在台虎钳钳口中，然后在末端用扳手扳动，使其回直，如图a所示 2）若零件窄而小，可将弯曲变形的部位夹在台虎钳钳口内，利用台虎钳的压力把其初步压平（图b），再放在铁砧或平板上，用锤子继续校到平直度合适为止

（续）

校正方法	图　示	操作说明
敲击校正法	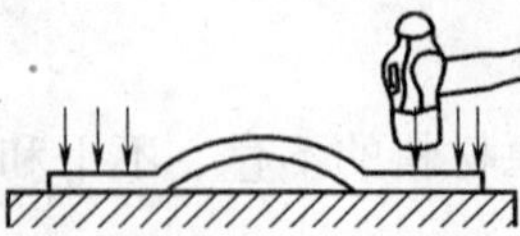	对于中间凸起的板类零件，可将其放在平板上。左手扶着零件，右手挥锤先锤击板料边缘，再逐渐向凸起部位锤击，而且要快敲，越靠近凸起越要轻而快，使其逐渐校平

（3）校正注意事项

1）对薄板料零件校正敲击时，应用木锤或平木块校平，严禁用铁锤。

2）校正零件时，要戴好手套，穿好防护服，以免发生伤害事故。

2. 弯曲制件

在模具制作中，用薄板料、棒料将其弯成一定角度而制成零件的方法称为弯曲，如冲模中弯曲挡料销或安全罩等，其弯曲方法见表6-6。

表6-6　零件的弯曲成形方法

弯曲方法		图　示	操作方法
板料零件锤击弯曲	垫铁直角弯曲	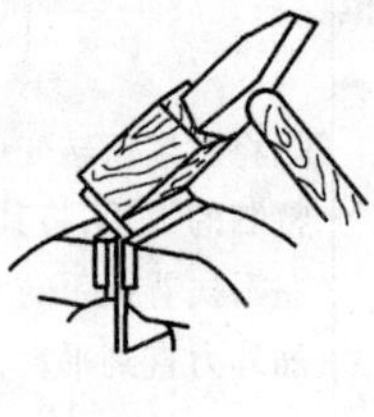 a)	先在弯曲的地方划好线，然后夹在台虎钳上，使线和钳口平齐，用锤子敲打根部或用垫铁在根部，用锤子敲打垫铁，即可弯曲成形（图a）
	角铁夹持直角弯曲	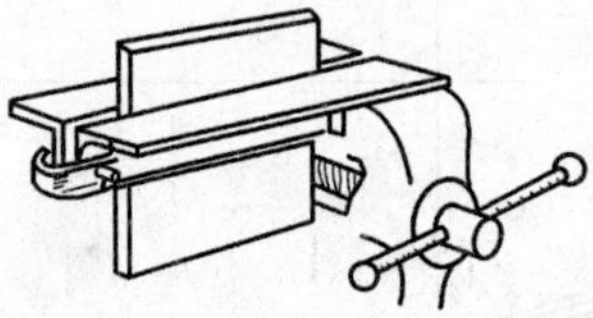 b)	若台虎钳钳口比工件短或深度不够时，可采用角铁夹持工件，用锤子敲击弯曲（图b）
	垫块弓形弯曲	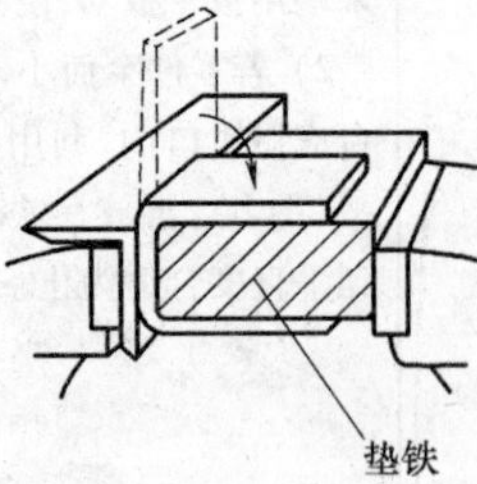 垫铁 c)	若弯曲弓形件，可以采用垫块作胎具，锤击弯曲（图c）

（续）

弯曲方法	图　示	操作方法
管子弯曲		1）直径比较小的采用冷弯成形，直径比较大的要热弯成形 2）为了避免弯曲部位发生凹瘪，可在管内灌入砂子，并用木塞堵口，但木塞要有通气孔 3）直径小的钢管用手工弯曲，直径大的要用弯管器弯曲，如图所示

四、零件的锉削加工

锉削是指用锉刀从金属坯件表面锉去多余部分的金属而获得能符合图样的要求和尺寸精度与表面质量的零件的一种加工方法。锉削加工是在模具制作及修理中被广泛应用的一种钳工加工形式，主要有钳工的手工锉削，钳工利用锉锯机锉削两种方法。它不但可以锉削平面、圆弧面，而且还可以锉削各种形状的曲面、沟槽。即使零件经机、电加工后，也离不开钳工手工锉削的修整加工。

1. 手工锉削法

（1）手工锉削常用设备与工具

手工锉削常用的设备主要有钳工工作台、台虎钳而工具主要是锉刀。钳工常用的锉刀主要是用高碳工具钢 T12 及金刚石制成。分钳工锉、异形锉、整形锉等三大类型，其硬度均在 62HRC 以上。各类锉刀的形式代号见表 6-7（A）。

表 6-7(A)　锉刀的类别、型号与功用

类别	类别代号	形式代号	形　式	图　示	用途
钳工锉（锉刀、钢锉）	Q	01 02 03 04 05 06	齐头扁锉 尖头扁锉 半圆锉 三角锉 方锉 圆锉	(01) (05) (06) (04) (03)	锉削或修整金属工件的表面、孔和槽。规格分：粗、中、细、双细、油光5种，长度100～450mm

（续）

类别	类别代号	形式代号	形式	图示	用途
异形锉	Y	01 02 03、04 05、06 07 08、09 10	齐头扁锉 尖头扁锉 半圆锉、三角锉 方锉、圆锉 单面三角锉 刀形锉、双半圆锉 椭圆锉	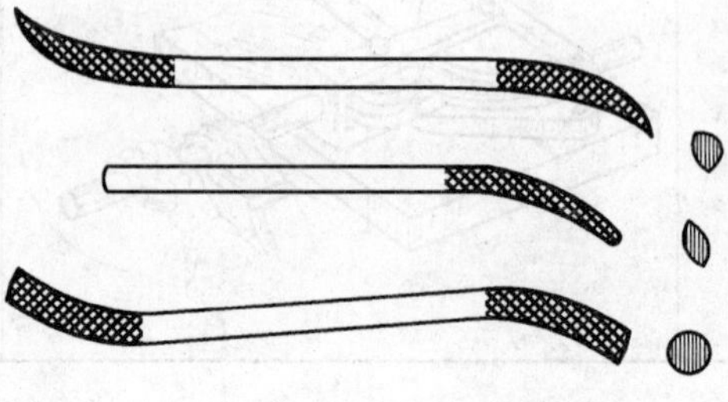	适用于锉削各种异形形状的模具零件
整形锉（什锦锉组锉）	Z	01、02 03、04 05、06 07、08 09、10 11、12	齐头扁锉、尖头扁锉 半圆锉、三角锉 方锉、圆锉 单面三角锉、刀形锉 双半圆锉、椭圆锉 圆边扁锉、菱形锉	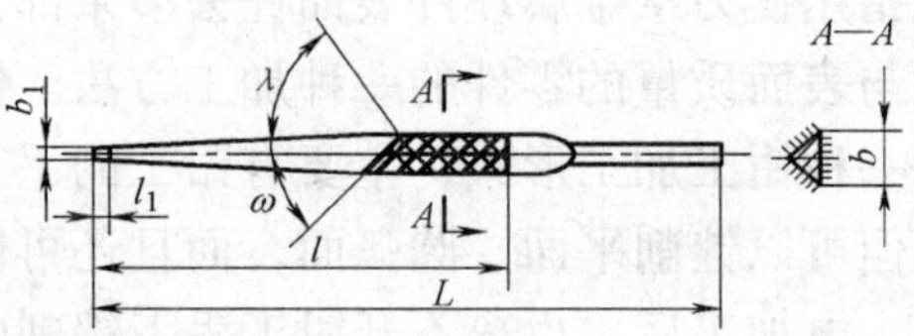 A—A b_1 l_1 ω A l L b	锉削小而精细的模具零件。市场上分5支、8支、10支、12支组供应。同时，市场还专供金刚石整形锉，以锉削淬硬工件
硬质合金旋转锉（上海工具厂）	—	—	倒锥形旋转锉 椭圆形旋转锉 弧形圆头旋转锉 火矩形旋转锉 锥形圆头旋转锉 圆柱形旋转锉 圆柱形球头旋转锉 圆球形旋转锉 60°圆锥形旋转锉	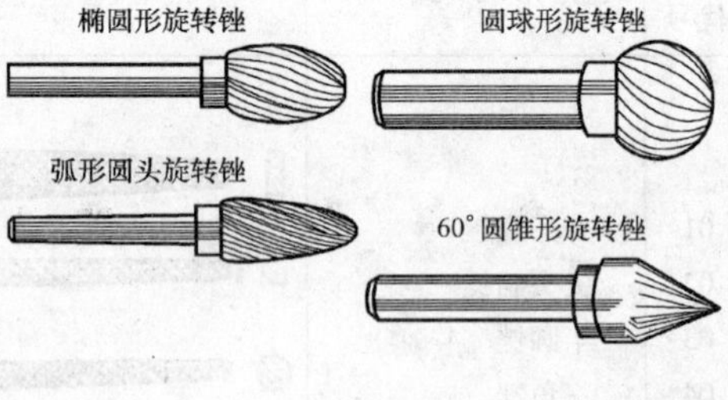 椭圆形旋转锉 圆球形旋转锉 弧形圆头旋转锉 60°圆锥形旋转锉	硬质合金旋转锉可取代金刚石锉刀来加工淬火后硬度小于65HRC的各种模具，它主要用于对模具型腔的整形和修去毛刺，亦可装在风动及电动工具上使用，是模具工现代新型工具之一

(2) 锉刀的选用

锉刀的选用方法及原则见表6-7（B）。

表6-7(B)　锉刀的选用方法及原则

序号	选用项目	图　示	选用方法及原则
1	锉刀形状	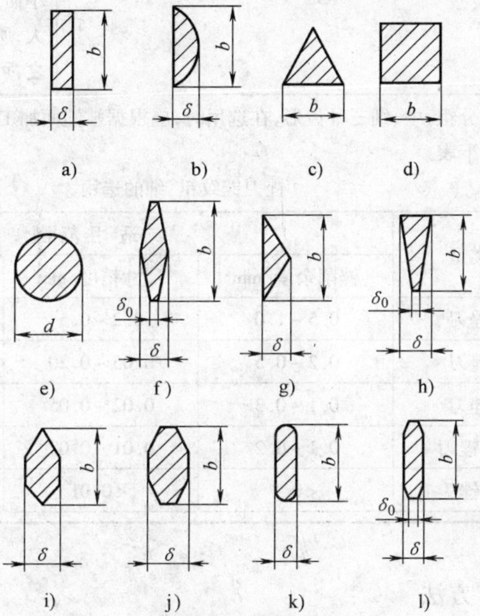 a) b) c) d) e) f) g) h) i) j) k) l) 锉刀的断面形状 a)扁锉　b)半圆锉　c)三角锉　d)方锉　e)圆锉 f)菱形锉　g)单面三角锉　h)刀形锉　i)双半圆锉 j)椭圆锉　k)圆边扁锉　l)棱边锉 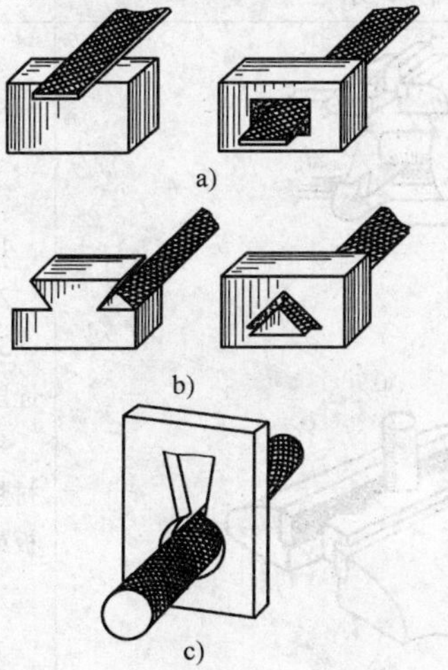 a) b) c) 示例 a)锉平面　b)锉三角　c)锉圆孔	锉刀的断面形状很多，如图所示。在选择时，要根据工件被锉表面形状选择相应的锉刀，如锉平面时选扁锉(图a)，锉燕尾及三角形时选三角锉(图b)锉圆孔时选圆锉(图c)

（续）

<table>
<tr><th>序号</th><th>选用项目</th><th colspan="4">图 示</th><th>选用方法及原则</th></tr>
<tr><td>2</td><td>锉刀规格</td><td colspan="4">—</td><td>锉刀规格、尺寸长度很多，选用时应按工件加工面的大小而定。工件加工面尺寸越大，所选锉刀规格也越大，反之，可选小规格的锉刀</td></tr>
<tr><td rowspan="8">3</td><td rowspan="8">锉刀锉纹粗细的选用</td><td colspan="5">锉刀一般分粗、中、细三种齿形，在选用时，应根据被锉面加工精度及表面粗糙度等级选用。详见下表
锉刀锉纹粗、细的选用</td></tr>
<tr><td rowspan="2">锉刀类型</td><td colspan="4">适 用 范 围</td></tr>
<tr><td>锉削余量/mm</td><td>尺寸精度/mm</td><td colspan="2">表面粗糙度 $Ra/\mu m$</td></tr>
<tr><td>粗齿锉刀</td><td>0.5～1.0</td><td>0.2～0.5</td><td colspan="2">5.0～12.5</td></tr>
<tr><td>中齿锉刀</td><td>0.2～0.5</td><td>0.05～0.20</td><td colspan="2">6.3～3.2</td></tr>
<tr><td>细齿锉刀</td><td>0.1～0.3</td><td>0.02～0.05</td><td colspan="2">6.3～1.6</td></tr>
<tr><td>双细齿锉刀</td><td>0.1～0.2</td><td>0.01～0.02</td><td colspan="2">3.2～0.8</td></tr>
<tr><td>油光锉</td><td><0.1</td><td><0.01</td><td colspan="2">0.8～0.4</td></tr>
</table>

（3）手工锉削的操作方法

在手工锉削模具零件时，其加工方法见表6-8。

表 6-8 手工锉削的操作方法

项 目	图 示	操 作 方 法
工件的装夹	a) b) a）板料 b）棒料	1）工件应夹持在台虎钳的正中间 2）工件夹持要紧固，但不能变形 3）工件伸出钳口不宜太高，以免锉削时产生振动 4）夹持不规则的工件，钳口应加衬垫，其精密工件应用软垫，如用铝板或铜板等

（续）

项目		图示	操作方法
手握锉刀法	大锉刀	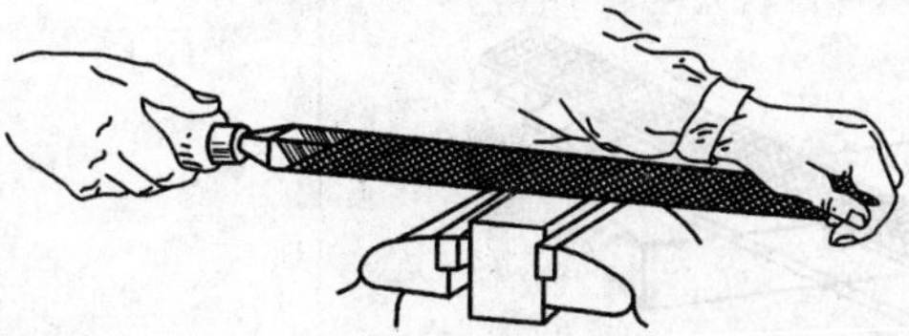	将锉刀握在右手中心。大拇指放在锉刀柄上面，其余 4 指握住锉刀柄。左手拇指根部压住锉刀前沿。中指和无名指抵住锉刀尖，如图所示
	中锉刀	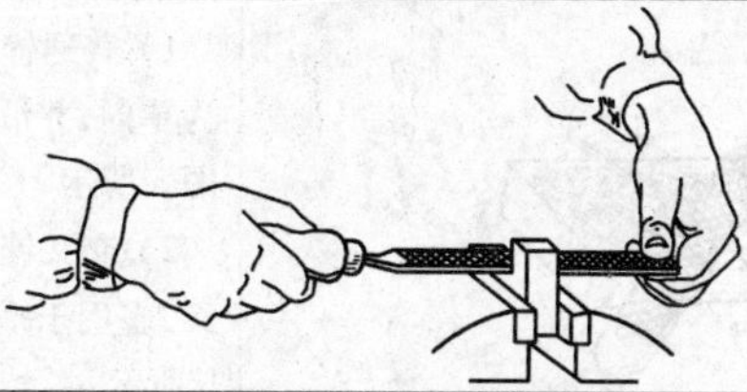	右手握锉法与大锉刀相似。左手拇指、中指和食指握住锉刀尖部，如图所示
	小锉刀	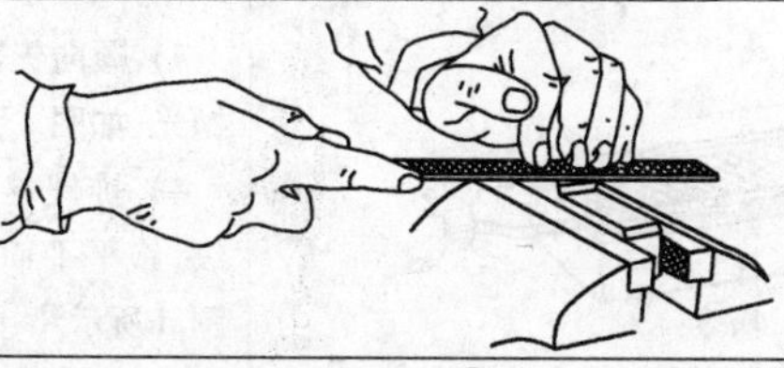	右手握法与大锉刀相同。左手的 4 指均压在锉刀的中央（图示）或用中指、食指握住锉刀尖，拇指放在锉刀中央
	组锉（什锦锉）	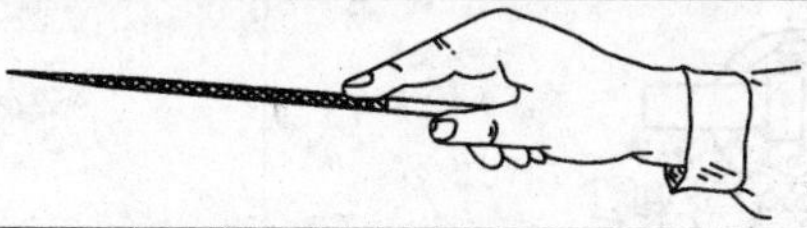	锉刀较小，可用一只手拿住锉刀，大拇指和中指握住两侧，食指伸直，其余握住锉柄，如图所示
锉削动作要领		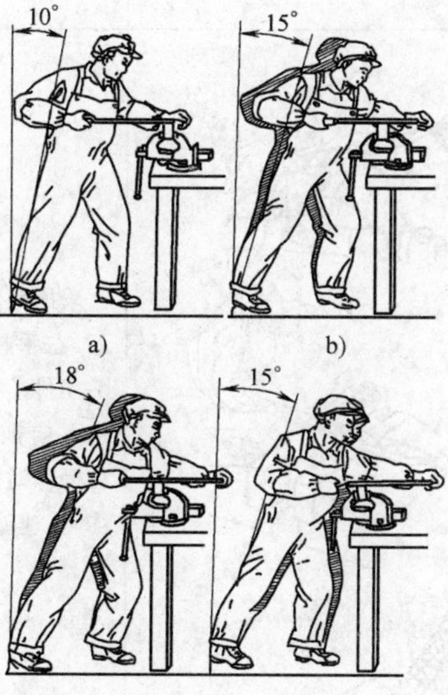 a)　b)　c)　d)	操作者站在台前锉削时，右腿要伸直，左腿稍弯，身体稍向前倾，将身体重心落在右脚。两手握锉刀放在工件上面，左臂弯曲，右小臂与工件表面始终保持水平，但要自然 锉刀开始向前推进时，身体一同向前，当推进锉刀约 2/3 长度时，身体停止向前，两臂将锉刀推到头 锉刀后退时，身体复位，两手不加压力，将锉刀收回。如此往复地做直线运动，使工件锉削成形。但要注意如下锉削要领： 1）保持锉刀始终做平直运动 2）锉削压力不能太大，也不能太小。在向前推锉时，手上有一种自感韧性为好 3）收回时不要给锉刀任何压力 4）锉削速度不要太快，每分钟大约 30 ~ 40 次左右为宜

（续）

项目		图示	操作方法
锉削方法	平面锉削	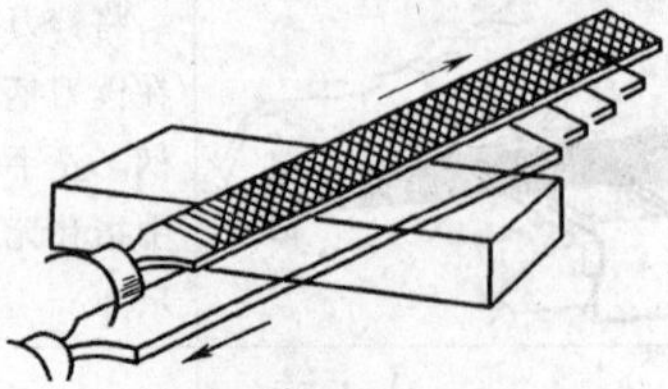 a) 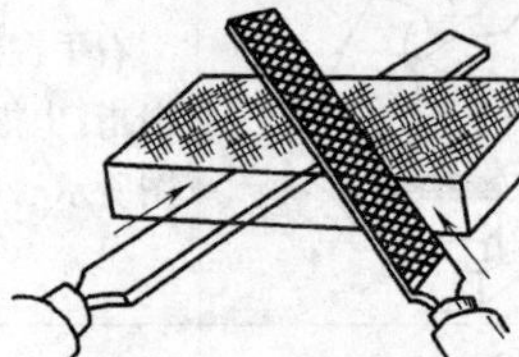 b) 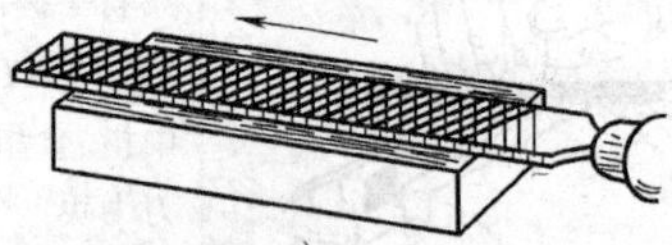 c) 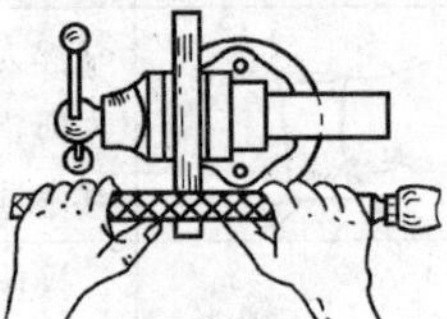 d)	1）普通锉削法。锉刀的运动方向为单向，并沿工件横向表面锉削，如图 a 所示 2）交叉锉削法。锉刀运动方向交叉，多用于平面锉平前的修整，如图 b 所示 3）顺向锉削法。交叉错后，用来抛光，如图 c 所示 4）推锉锉削。主要用于顺直锉纹，修平平面，提高表面光亮度，如图 d 所示
	圆弧面锉削	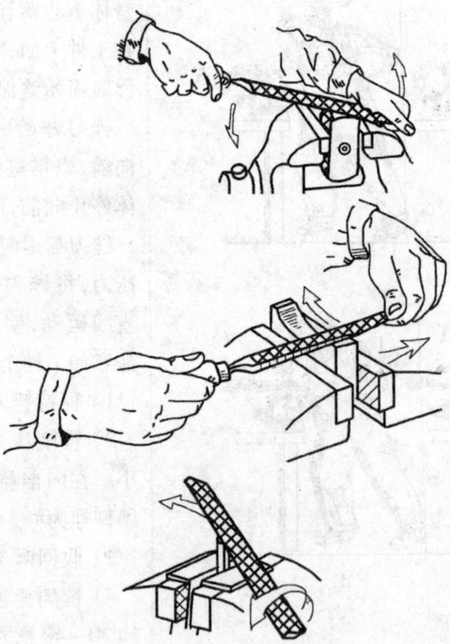	采用滚锉法，即开始时，锉刀头向下，右手抬高，左手压低，使锉刀紧贴工件。然后推锉，使锉刀头逐渐由下向前作弧形运动，如图所示。在操作时，两手要动作协调，压力要均匀，速度要适中，仔细操作

2. 锉刀机锉削

模具零件的外形与内孔，在用刨床、插床或铣床加工后，可利用锉刀机进行精锉成形，以代替手工锉削，减轻劳动强度，提高效率。

采用锉刀机加工，一般在工件淬硬前进行。在使用前，一定按工件的形状大小以及锉修后的要求的尺寸精度、表面粗糙度等级，选择合适的锉刀，并将其正确地安装到机床上。安装后，还要首先校正锉刀与弓架滑杆的平行度以及锉刀与工作台面的垂直度。

锉削时，一般按工件工作表面划线进行。当锉削较长的直边及曲面边时，应在工作台上安装导板。而在选用锉刀时，需准备各种形状及尺寸的锉刀。锉刀角应小于工件要求的角度；锉凹圆弧时，锉刀的圆角半径要小于工件圆弧半径。反之，锉凸圆弧时，要大于工件的圆弧半径。

模具成形零件的形状，一般都是由直线与圆弧连接而成。故在锉削时，应根据零件形状的不同，选择不同的锉削顺序。其选择方法见表 6-9。

表 6-9　锉刀机锉削零件锉削顺序

序号	零件形状组成	图　示	锉削顺序
1	凸圆弧—直线	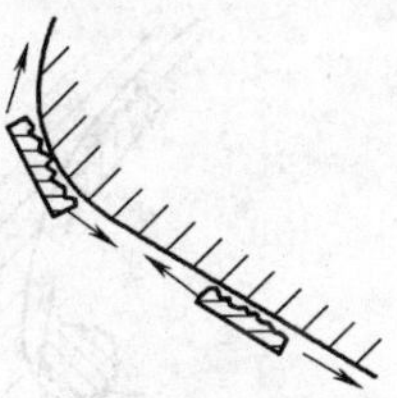	先锉直线,后锉圆弧
2	凹圆弧—直线	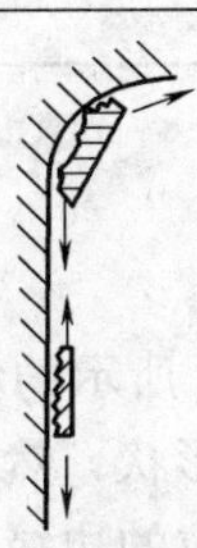	先锉圆弧,后锉直线
3	凸圆弧—凹圆弧	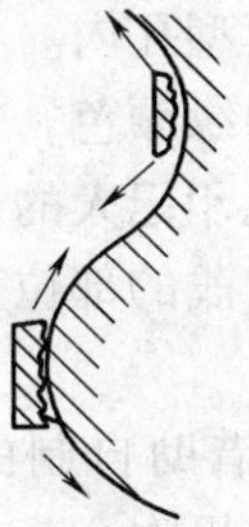	先锉凹圆弧,后锉凸圆弧

（续）

序号	零件形状组成	图示	锉削顺序
4	凸圆弧—直线—凹圆弧		凹圆弧→直线→凸圆弧
5	大凸圆弧—小凸圆弧		先锉大凸圆弧，而后锉小凸圆弧
6	大凹圆弧—小凹圆弧		先锉小凹圆弧，后锉大凹圆弧

3. 手工锉削模具零件示例

例 1. 冲裁凹模刃口的锉削

冲裁凹模刃口多数采用如图 6-2 所示的斜刃口。其锉削方法如下：

第 1 步，先用粗锉按划线锉出形状，然后再用精锉锉削。

第 2 步，将凹模成形孔工作部位的边缘涂上红色染料，再将加工好的凸模置入凹模型孔内。

第 3 步，将凸模取出。观察边缘颜色，并用细精锉精修，即在凹模刃口上留有红色印记大的部位应少锉或不锉，而在挤出亮点或染色较浅的部位多锉，直锉到划线位置或间隙合适为止。

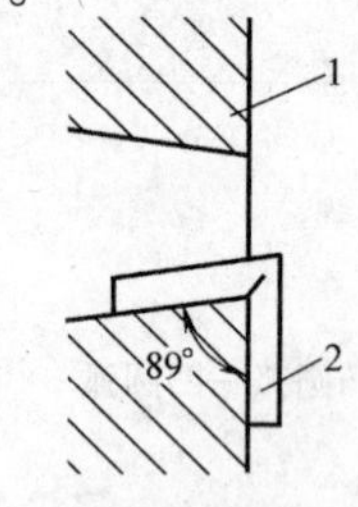

图 6-2 冲裁凹模刃口的锉削

1—凹模 2—专用角尺

第 4 步，在锉削后角时，应借助自制的专用角尺，边检验边锉削，直到截面与角尺吻合为止。但应注意：不要碰坏已锉修好的工作刃口。

例2. 形状复杂的凹模孔锉削

当凹模孔是由几个不同的圆弧形状组成时（图6-3），在锉削时，应先用钻头钻出孔1和孔2（钻头直径应小于孔直径），然后用錾削刃具将中间部位的废料錾除，再按划线或直线样板锉出直线3和直线4，即可锉修成形。

对于比较复杂的凹模型孔，可根据孔的形状，做出几块或多块型板，边锉削边检验，如图6-4所示的凹模型孔。

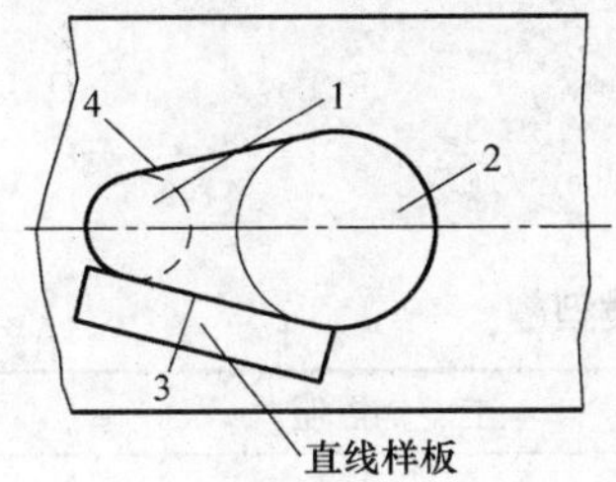

图6-3　凹模孔的锉削

1、2—凹模型孔圆弧　3、4—凹模型孔的直线

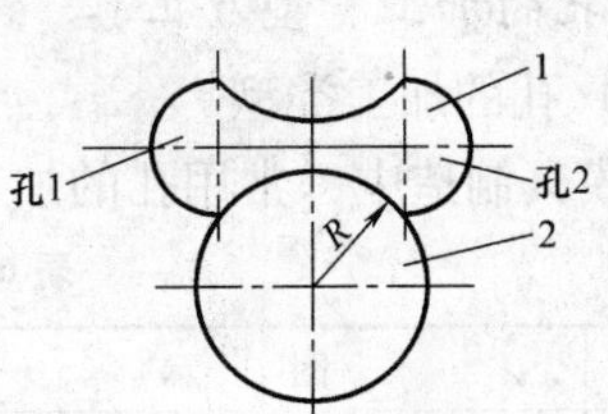

图6-4　复杂凹模孔的锉削

1—凹模孔　2—型板

在锉削时，为了精确，也可以借助型板与样柱联合使用进行锉削。如图6-4所示的凹模孔，也可以用下述方法进锉修加工。当孔1和孔2精锉后，将与孔1及孔2紧密配合的样柱插入孔中，使直线型板与样柱接触并加以固定，取出样柱，切去中间余料，再沿型板锉削中间部位，锉出凹模后角即可得到准确的凹模型孔。

在锉削的过程中，无论锉削哪一部分外形都不要碰坏相邻已锉修好的凹模孔及其他型面与刃口。为防止此现象发生，可以将锉刀的侧面在砂轮机上磨光或将锉好的型面用盖板或棉纱布头盖好保护。

4. 锉削产生废品的原因

锉削易产生废品的原因见表6-10。

表6-10　锉削废品及产生原因

序号	废品现象	产生原因
1	工件损坏	夹持方法不正确或夹持力量过大而引起的工件损坏
2	工件中间凸起、塌边或塌角	操作不熟练，没有及时测量边、角的地方或使用中间凹的锉刀
3	工件尺寸锉小	没有随时检查加工余量及尺寸
4	表面不光洁、有擦伤	锉削时，没有及时消除锉刀内的切屑或选用的锉刀粗细不适当

5. 锉削安全注意事项

在锉削加工时应注意以下事项：

1）不准用无柄或破损柄把的锉刀作业，以防伤手。

2）不准用嘴吹铁屑，防止铁屑飞进眼中。

3）不得用手摸锉削过的表面，以防止锉刀打滑。

4）锉削的锉刀不准碰撞工件，以防锉刀脱落伤人。

5）锉刀放置时不要露出钳台外面，以免掉下伤脚或损坏锉刀。

五、零件孔及孔系钳工加工

1. 孔的加工类型及工具

(1) 孔的加工类型

在模具制造中，常用孔的加工类型见表6-11。

表6-11　常用孔的加工类型

加工方式	图　示	工艺说明
钻孔	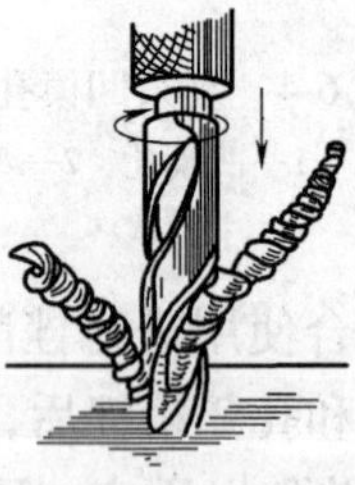	用钻头在实心材料上钻孔
铰孔	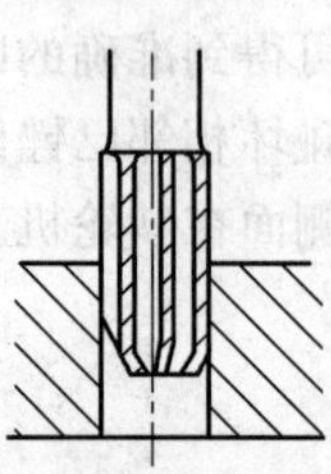	用铰刀对孔进行精加工，以降低孔的表面粗糙度值提高孔的加工精度
锪孔	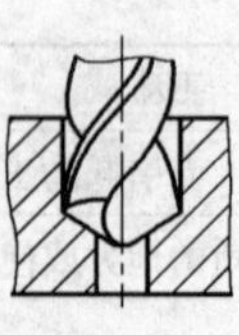	用锪孔钻头把已加工孔扩大或在孔的端面锪窝，加工成所需孔的形状

零件在钻孔、铰孔和锪孔时，工件一般固定不动，通过钻头或铰刀的转动和进给完成加工。

(2) 钻孔设备

模具工在钻孔时，主要用的钻孔设备有台式钻床、立式钻床、摇臂钻床及手电钻等（外形结构见本书表1-1图示），其主要技术参数见表6-12。

表 6-12 钻孔设备主要规格型号及技术参数

规格型号		主要技术参数					
		外形尺寸（长×宽×高）/mm	主轴转速/(mm/r)	最大钻孔直径/mm	主轴行程/mm	进给量/(mm/r)	工作台尺寸/mm
台式钻床	Z4006A	590×275×540	1000~7100	6	75		250×250
	Z4012	640×375×1030	560~3500	12	100	—	—
	Z515	782×440×825	320~2900	15	100		350×350
立式钻床	ZA5025	1025×700×2320	50~2250	25	200	0.13~0.45	ϕ450
	ZA5032	1015×700×2320	45~2000	32	200	0.13~0.45	ϕ450
	Z5150A	1090×980×2790	31.5~1400	50	350	0.056~1.8	560×480
摇臂钻床	Z3025×10	1710×800×1600	50~2350	25	250		—
	Z3050×16	3100×1200×2500	25~2000	50	315	0.06~0.90	—
	Z3080×25	3730×1400×3825	16~1250	80	450	0.04~3.2	—

（3）钻孔及铰孔工具

钻孔工具有麻花钻、群钻及硬质合金钻头等；铰孔工具主要有整体式圆柱机铰刀、手铰刀及可调节手铰刀（活络铰刀和螺旋槽铰刀等）；而锪孔工具有柱形锪钻、锥形锪钻及端面锪钻。其功用规格见表6-13。

表 6-13 钻孔、锪孔、铰孔工具类型、功用及规格

名称		图示	用途	主要规格
钻孔工具	直柄麻花钻		供装在机床、钻床及手电钻的钻夹头中，用于在金属实心工件上进行钻孔	直径（mm）：0.20~1.95；2.00~3.00；3.00~14.00
	锥柄麻花钻	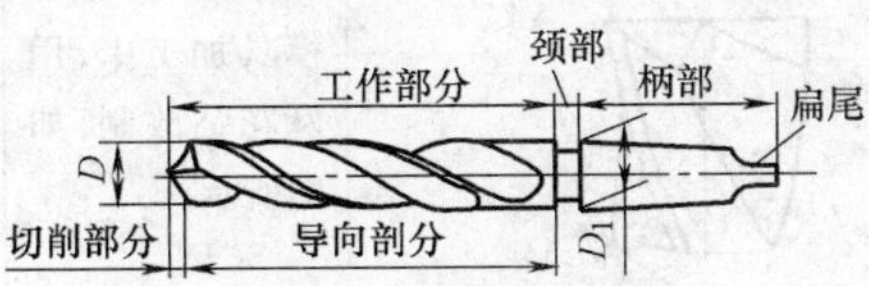 工作部分 颈部 柄部 扁尾 D D_1 切削部分 导向剖分	麻花钻的柄部制成莫氏锥度。供直接装夹在机床上带莫氏锥度孔的主轴中，用于在金属实体上钻孔	直径（mm）：3.00~14.00；14.25~23.00；23.25~31.75；32.00~50.50等

（续）

名称		图示	用途	主要规格
钻孔工具	硬质合金钻头	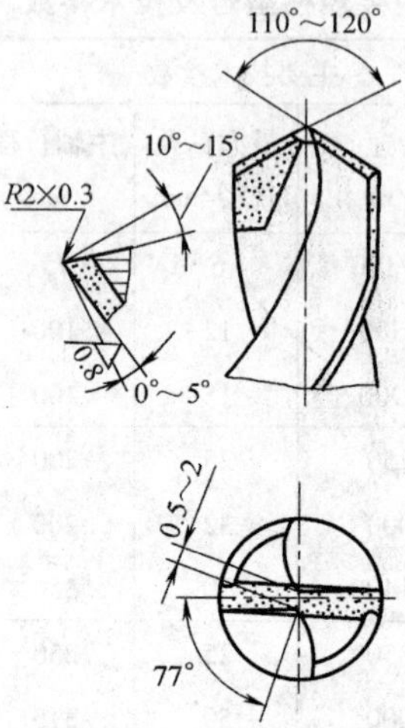 110°～120° 10°～15° R2×0.3 0.8 0°～5° 0.5～2 77°	在麻花钻的钻头切削部位焊一块硬质合金刀片，主要用于高速钻削铸铁及淬硬钢等坚硬材料	直径（mm）：0.20～3.175；3.2～6.5；及1～20；5～20整体硬质合金麻花钻头
扩孔钻头			扩孔钻主要用于扩大工件孔径，可作为孔的半精加工或铰孔预加工。与麻花钻相比，没有横刃，钻心较粗，刚度好，且刀齿较多(3～4齿)，导向性能好，切削平稳	直径(mm)：整体式：10～32 焊硬质合金：12～35
锪孔工具	柱形锪钻	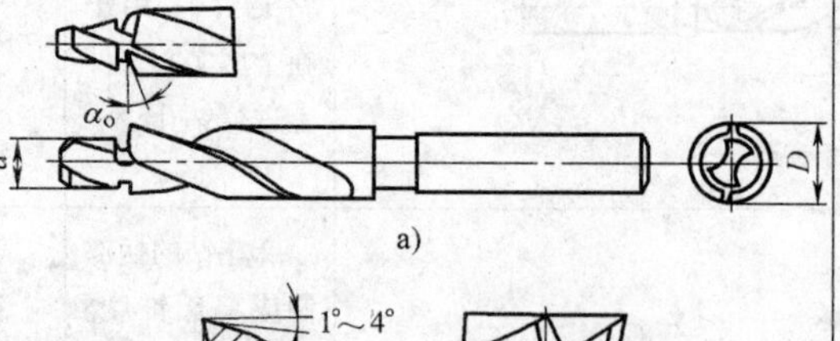 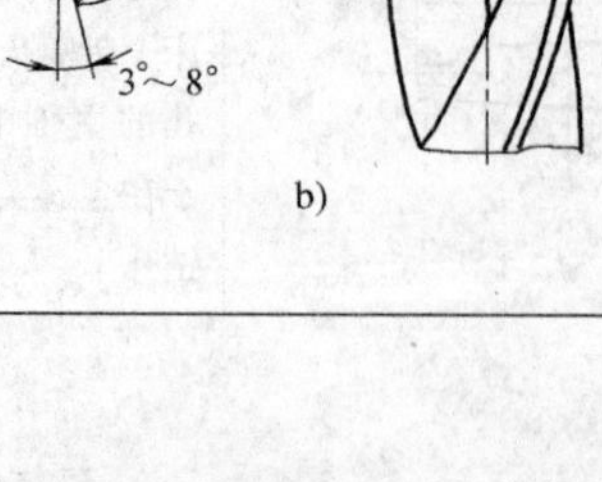 α_o d D a) 1°～4° 3°～8° b)	主要用于扩圆柱形沉孔，如模具中的内六角螺钉沉孔。一般在模具加工中，用麻花钻改制，如图所示	内六角螺钉用过孔：M6～M24 如M6：$d \times D$，7×11 M10：d × 10，11.5×16.5

（续）

名称		图　示	用　途	主要规格
锪孔工具	锥形锪钻		用于锪锥形沉孔，和锥形螺钉。多以麻花钻改制，如图所示	根据沉头螺钉端部大小及角度刃磨出钻头角度
手用铰刀			用于手工铰制工件上已经钻削或扩孔加工出的孔，以提高孔的精度和降低孔表面粗糙度值。铰刀按加工孔的精度等级分为H7、H8、H9三级	直径（mm）：1、2、2.5、3、4、4.5、6、7、8、10、12、14、16、18、19、20、32、36、40等

2. 钻孔

（1）钻头的刃磨

钻孔开始前，都要根据钻孔材料，将钻头在砂轮机上磨出不同的角度，以便于钻削加工。根据不同级材料，钻头磨出的顶角、后角、横刃斜角及螺旋槽斜角大小见表6-14。

表6-14　钻头刃磨角度及几何形状与加工材料关系

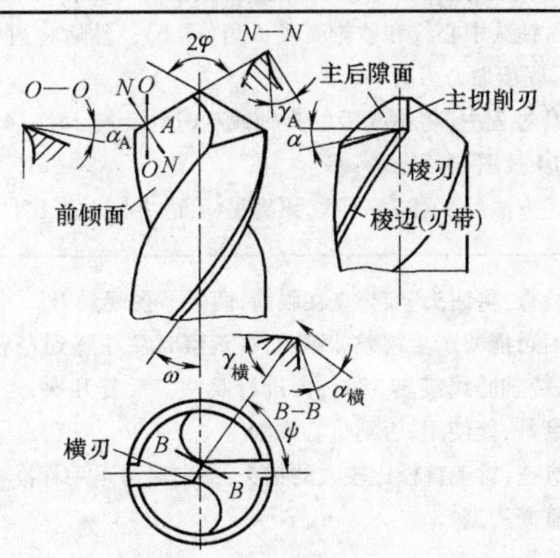

（续）

加工材料	顶角 2φ/(°)	后角 α/(°)	横刃斜角 ψ/(°)	螺旋槽斜角 w/(°)
铸铁	118～135	5～7	25～35	20～32
铸钢	118～120	12～15	35～45	20～32
钢材	118～125	12～15	35～45	20～32
高速钢	135	5～7	25～35	20～32
铝及铝合金	90～120	12	35～45	17～20
铜及铜合金	110～130	10～15	35～45	30～40
硬橡胶	60～90	12～15	35～45	10～20
木材	70	12	35～45	30～40

注：表中数据只供参考。

在刃磨时，一般采用手工在砂轮机上刃磨，其钻头的顶角、后角和横刃斜角应一起磨出。刃磨方法见表 6-15。

表 6-15　钻头刃磨的方法

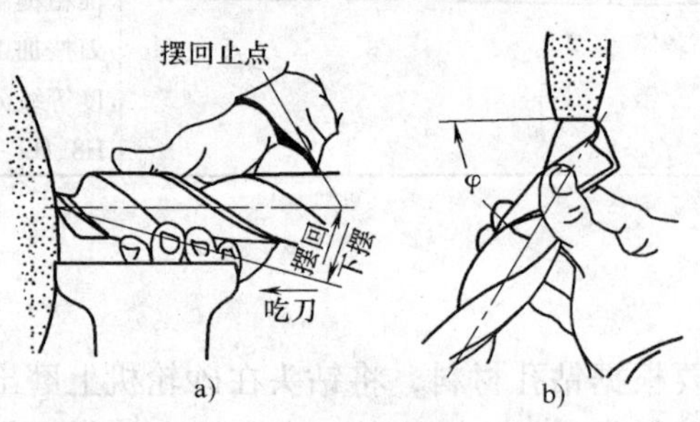

步　序	刃磨操作方法
钻头的刃磨	1）磨削时，一手握住钻身靠在砂轮的搁架上作支点，另一手捏住钻柄，使钻身处于水平位置（图 a），钻头中心线和砂轮面成 ϕ 角（图 b）。然后将刃口平行地接触砂轮面（不低于砂轮中心），逐步加力刃磨 2）在刃磨过程中，将钻头沿钻头轴线顺时针旋转 35°～45°，钻柄向下摆动约等于后角角度（表 6-14 及图 a） 3）按上述方法反复磨 2～3 次，再磨另一面，并同时磨出顶角、后角和横刃斜角
磨后检查	1）目测检查：将钻头竖起，立在眼前，两眼平视观看刃口，但背景要清晰。因为两刃一前一后，观察时可能要产生视差。因此，在观察时往往感到左刃（前刃）高于后刃（右刃），这时可将钻头绕轴心线旋转 180°，再进行观察。反复几次，若结果一样，则表明前、后刃对称，钻头已磨好，能使用，否则重心磨削 2）样板检查：对于直径比较大的钻头，磨削后可采用标准样板对各角度进行检查。若差别较大，应重新刃磨

（2）钻孔方法

零件钻孔的方法及加工工艺过程见表6-16。

表6-16　零件钻孔方法及工艺过程

钻孔步序		图　示	操作方法
钻前的准备	工件准备	—	零件钻孔前，对于小孔要在钻孔部位点冲样冲眼；而大型孔，要先划好线，并在中心点样冲眼。样冲眼一定要在孔的中心上
	钻孔设备的检查	—	检查钻床运行状态，在夹持好钻头（钻头要固紧，并要垂直工作台面）后要空转试车，并要进行润滑
工件的夹装		a) b) 工件 工作台 c)	1）手钳夹持：在对 $\phi6$mm 以下的孔钻孔时，最好用手钳夹持（图a），不能用手扶工件，以免发生安全事故 2）平口台虎钳、压板或V形铁夹持：对于 $\phi6$mm 以上的孔钻削一定要用专用夹具夹持，图b为压板夹持

（续）

钻孔步序		图　示	操作方法
切削用量确定	背吃刀量	—	背吃刀量是指每个切削刃的钻削长度。一般小于 ϕ30mm 的孔通常一次钻出，背吃刀量是钻头的半径；大于 ϕ30mm 的孔分两次钻出，背吃刀量分二次计算
	进给量	—	进给量是指钻头转一周，钻头沿其轴线方向的位移量。一般随钻头直径的加大进给量也加大；当孔的精度要求较高和表面粗糙度 Ra 较小时，应取较小的进给量；孔的深度或钻头较长时，要取更小的进给量
	切削速度	—	切削速度是指钻头转动时，切削刃上离钻头中心最远的一点，在一分钟内走过的路程。计算方法是： $v=\pi Dn/1000$ 式中　D—钻头直径（mm） n—钻头转速（r/min）
	切削用量选择方法	—	在保证刀具使用寿命及降低能耗的情况下，选择切削用量的顺序是：背吃刀量→进给量→切削速度。根据经验，用小钻头钻孔，进给量取小些，切削速度取大些（大钻头相反）；在软材料上钻孔时，进给量取大些，切削速度也相应大些（在硬材料上钻孔则恰好相反）。用高速钢钻头对碳钢钻孔的切削用量见表6-16-1

表6-16-1　高速钢钻头在碳钢上钻孔切削用量

钻头直径/mm 切削速度/(m/min) 进给量/(mm/r)	2	4	6	10	14	20	24
0.05	46	—	—	—	—	—	—
0.10	26	42	40	—	—	—	—
0.15	—	31	36	38	—	—	—
0.20	—	—	28	33	38	—	—
0.25	—	—	—	20	34	35	37
0.30	—	—	—	27	31	31	34
0.35	—	—	—	—	28	29	31
0.40	—	—	—	—	26	27	29
0.50	—	—	—	—	—	—	26

（续）

<table>
<tr><th colspan="2">钻孔步序</th><th>图　示</th><th>操 作 方 法</th></tr>
<tr><td colspan="2">冷却液的选用</td><td>—</td><td>钻孔时，为了降低切削温度，提高钻头使用寿命，要有足够的切削液不断输入到钻削孔中，以提高钻孔质量
钻削各种材料采用的切削液见表6-16-2
表6-16-2　钻削各种材料用切削液
<table><tr><th>工件材料</th><th>切削液（体积分数）</th></tr><tr><td>各类结构钢</td><td>3%～5%乳化液，7%硫化乳化液</td></tr><tr><td>不锈钢、耐热钢</td><td>3%肥皂液+2%亚麻油水溶液，硫化切削油</td></tr><tr><td>铸铁</td><td>不用或用5%～8%乳化液、煤油</td></tr><tr><td>铜及铜合金</td><td>不用或用5%～8%乳化液</td></tr><tr><td>铝及铝合金</td><td>不用或用全系统损耗用油</td></tr></table></td></tr>
<tr><td rowspan="2">钻孔方法</td><td>在平面上钻通孔</td><td> 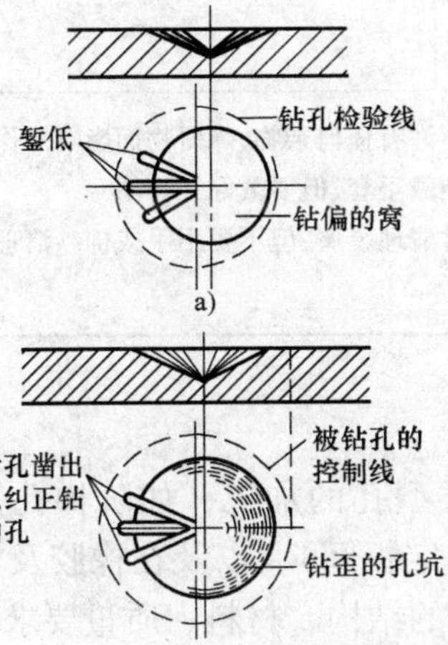錾低
钻孔检验线
钻偏的窝
a)
 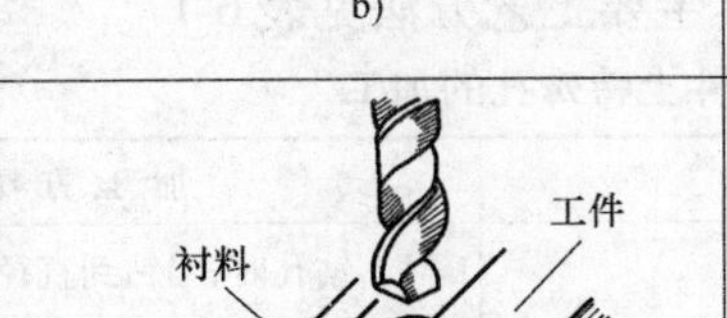用凿孔凿出槽以纠正钻歪的孔
被钻孔的控制线
钻歪的孔坑
b)</td><td>1）先试钻浅坑，观察钻头是否对准中心样冲划线孔，若偏离时按图示修正
2）检查无误后，开机钻孔，钻孔时要经常将钻头退出排除切屑，并随时加切削液
3）孔将钻透时，要减少进给量</td></tr>
<tr><td>钻半圆孔</td><td> 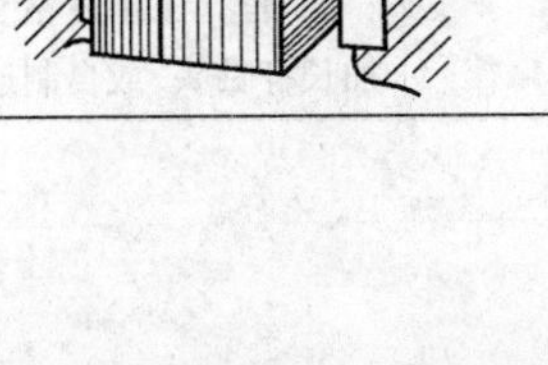工件
衬料</td><td>把两个要钻圆孔的平面贴合，在结合处找出中心线，并用夹具夹牢固，即可钻孔，钻出后为半圆孔</td></tr>
</table>

（续）

钻孔步序		图　示	操 作 方 法
钻孔方法	在斜面上钻孔	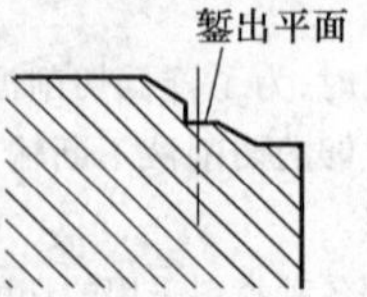 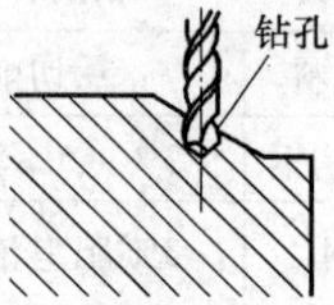 錾出平面 a) 钻孔 b)	先在钻孔的斜面上用錾子錾出一个与钻头垂直的平台面，点好样冲眼即可钻孔
	钻不通孔	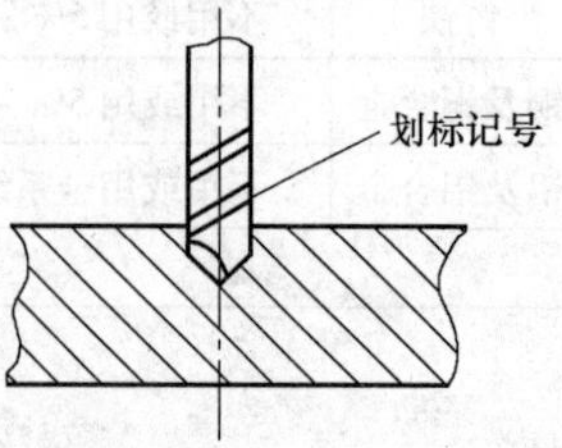 划标记号	在平面上钻不通孔与钻直通孔的方法相同，但应用钻床上的深度尺来控制孔的深度，或在钻头上套定位环、粉笔划好标记后再钻孔
安全注意事项		1）钻孔前，一定要清理加工现场，不许有任何杂物，障碍物而影响工作 2）钻孔时，操作者袖口要扎紧，不准戴手套，但要戴好工作帽 3）钻孔时，不要离钻头太近，要随时清理废屑，但不要用手或棉纱清理，要用毛刷清除 4）工件一定要装夹牢固	

（3）特殊孔的加工

在模具制作过程中，会遇到很多种类型孔的加工，如阶梯孔、相交孔、平行孔、骑缝孔（模柄与模座之间，凸模与固定板间），以及在橡胶及淬硬零件上钻孔等。加工这些特殊的孔时，由于被加工件的结构、材料、质量要求和钻孔的部位不同，采用的钻孔工艺方法也不尽相同。其主要工艺方法见表6-17。

表6-17　模具零件上特殊孔的加工

序号	孔的形式	图　示	加 工 方 法
1	钻深孔	—	1）钻孔时，当钻到直径的3倍深时，需将钻头提出排屑，以后每钻进一定深度，均应退出排屑，以免钻头因切削阻塞而折断 2）若孔深超过钻头总长度时，可使用加长杆钻头，或自制连杆钻头，使其加长

（续）

序号	孔的形式	图　示	加工方法
2	钻阶梯孔		模具上的六角螺钉过孔，可采用阶梯钻头直接钻出，这样不仅效率高，而且孔的同心度也高，保证质量。如果没有阶梯钻头，也可以先钻小直径通孔，再用大钻头钻沉孔
3	钻骑缝孔	 1—骑缝孔螺钉　2—凸模固定板 3—平板　4—垫铁　5—凸模	在连接件上钻骑缝孔时，尽量采用短钻头，钻头伸出钻夹套外面的长度也要尽量短，钻头的横刃要尽量磨窄，以增加钻头刚度，加强定心作用，减少偏斜现象 假如两件的材料性质不同，则在打中心样冲眼时，往硬材料一边偏些，以防钻削时钻头偏向软材料一边
4	钻相交孔		在模具零件上，有些孔是相互交叉的。为了保证这些孔正确相交，在加工时应注意以下事项： 1）对基准精确划线 2）按划线时采用的基准钻孔，先钻直径比较大的孔，再钻直径比较小的孔 3）分2～3次钻、扩孔 4）当孔与孔相交时需减少手动进给，避免孔歪斜或钻头折断

（续）

序号	孔的形式		图示	加工方法
5	钻精孔	钻头一次钻削法钻精孔（IT6～IT4）	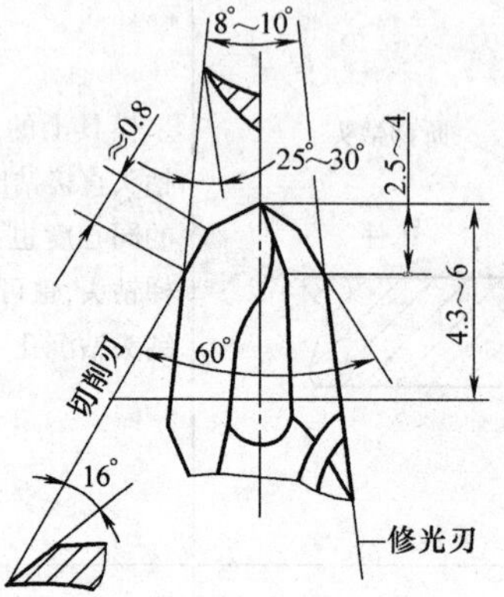	1）钻头的磨削。钻精孔钻头可用麻花钻磨削而成，即在切削刃两边磨出8°～10°的修光刃，并同时磨出切削刃。钻精孔钻头如图所示 2）在钻孔时，切削速度应控制在2～8m/min，进给量为0.1～0.2mm/r，并用菜籽油作为切削液，留有扩孔余量0.1～0.3mm 3）钻头在使用时，外径要控制在加工孔径的公差范围之内 采用此方法钻孔，其精度可达IT6～IT4级，*Ra*3.2～0.4μm
		钻、扩二次钻削法钻精孔（IT6～IT4）	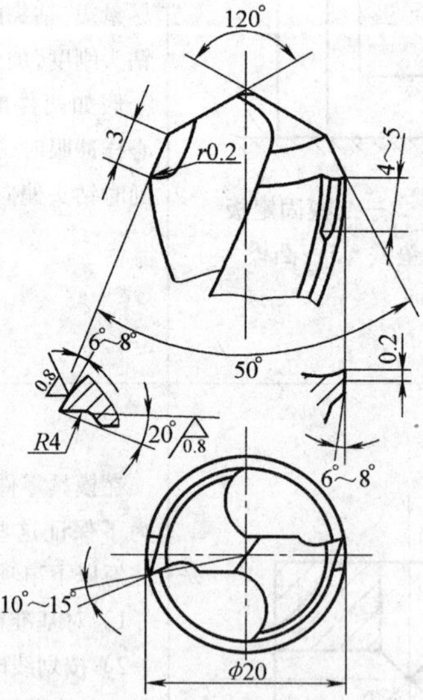 a） a）适用于钻大中型孔	当钻孔直径较大、精度要求较高时，可以分两次钻出。第一次先钻出底孔，并根据孔大小，留出0.2～1mm余量，然后用精孔钻加工到尺寸 钻孔加工要点： 1）改进钻头的几何参数：如图示改进后的精孔钻，在磨第二顶角时一般不超过75°，切削刃长度为3～4mm，并在它的副切削刃的连接处，用磨石磨出0.2～0.5mm的小圆角，这样就可以形成粗、精加工联合切削刃，提高修光能力 磨削时，两个切削刃应尽量对称；钻头直径较小时，不必磨出第二顶角；端面刃倾角一般为10°～15°；主切削刃后角为6°～8° 2）切削速度：8～10mm/min 3）切削进给量：0.1mm/r 4）冷却液：10%～20%乳化液或菜籽油 5）钻头尽量要短，以加大刚性

（续）

序号	孔的形式		图　示	加工方法
5	钻精孔	钻、扩二次钻削法钻精孔（IT6 ~ IT4）	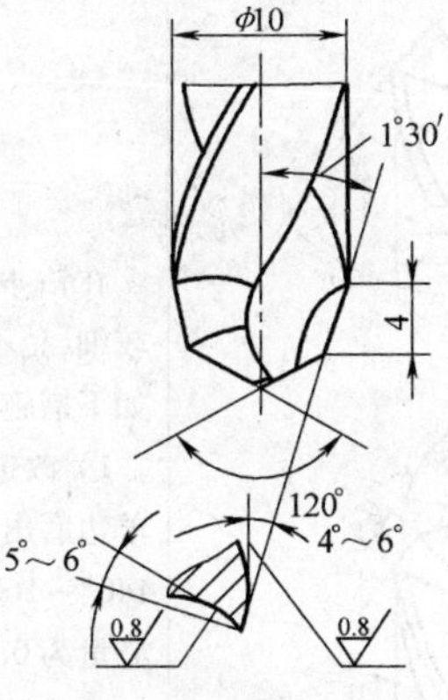 b) 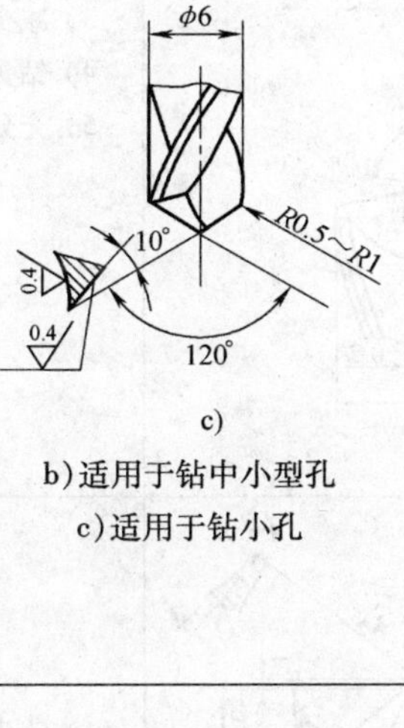 c) b)适用于钻中小型孔 c)适用于钻小孔	当钻孔直径较大、精度要求较高时，可以分两次钻出。第一次先钻出底孔，并根据孔大小，留出 0.2 ~ 1mm 余量，然后用精孔钻加工到尺寸 钻孔加工要点： 1）改进钻头的几何参数：如图示改进后的精孔钻，在磨第二顶角时一般不超过 75°，切削刃长度为 3 ~ 4mm，并在它的副切削刃的连接处，用磨石磨出 0.2 ~ 0.5mm 的小圆角，这样就可以形成粗、精加工联合切削刃，提高修光能力 磨削时，两个切削刃应尽量对称；钻头直径较小时，不必磨出第二顶角；端面刃倾角一般为 10° ~ 15°；主切削刃后角为 6° ~ 8° 2）切削速度：8 ~ 10mm/min 3）切削进给量：0.1mm/r 4）冷却液：10% ~ 20% 乳化液或菜籽油 5）钻头尽量要短，以加大刚性
6	钻同一平面内的较多轴线相互平行孔		—	同一平面较多轴线相互平行的孔加工： 1）钻孔前要定好基准，划好线 2）用 1/2 孔径钻头按划线钻孔 3）对准基准进行扩孔，并边扩边测量，直到符合要求 按上述方法钻孔，平行精度可达 0.05mm

（续）

序号	孔的形式	图示	加工方法
7	钻小孔（ϕ6mm 以下）	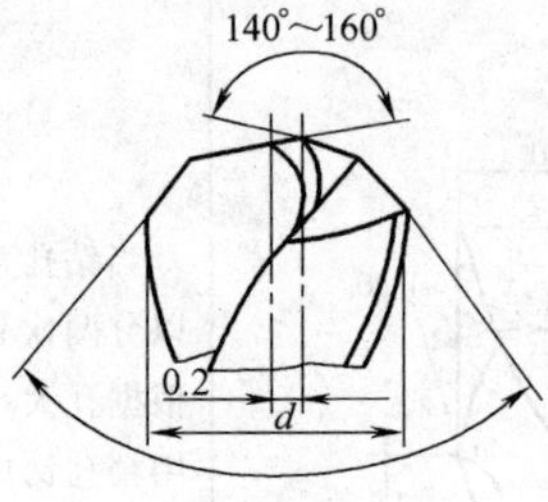 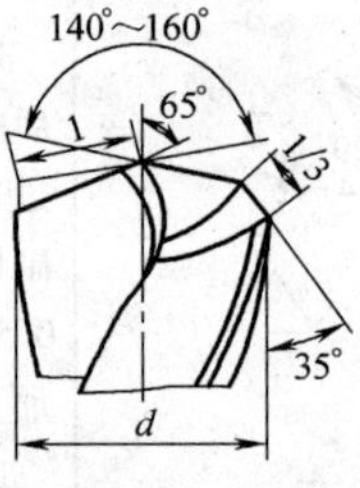 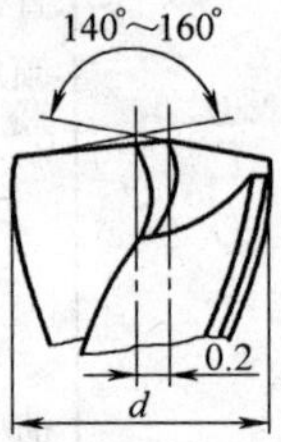	在钻 ϕ6mm 以下的小孔时，由于孔径较细，稍不注意易于折断钻头，故应采取如下措施： 1）改进钻型（图 a），采用双重锋角或单边磨出第二锋角（图 b），其顶角一般为 140°～160°；钻头的钻心要稍微磨偏，偏心量为 0.1～0.2mm（图 c） 2）要提高转速，即高速切削 3）减少进给量 4）钻头要短并及时排屑 5）充分冷却润滑，最好采用菜籽油
8	钻橡胶孔	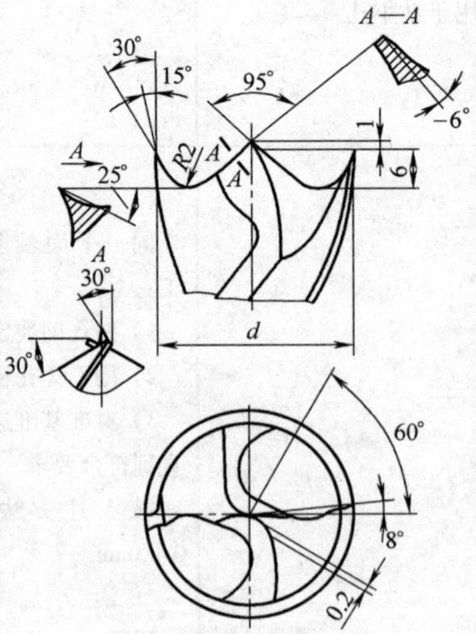	1）钻头的刃磨：将两处径向（朝向钻心）的圆弧刃磨出一段锋利的沿着刃带切线方向的切削刃。并使其向前倾斜。同时要选用较大的后角，修整横刃，减少内刃锋角（图示） 2）提高转速：一般为 30～40r/min 3）减小进给量：一般为 0.12mm/r

（续）

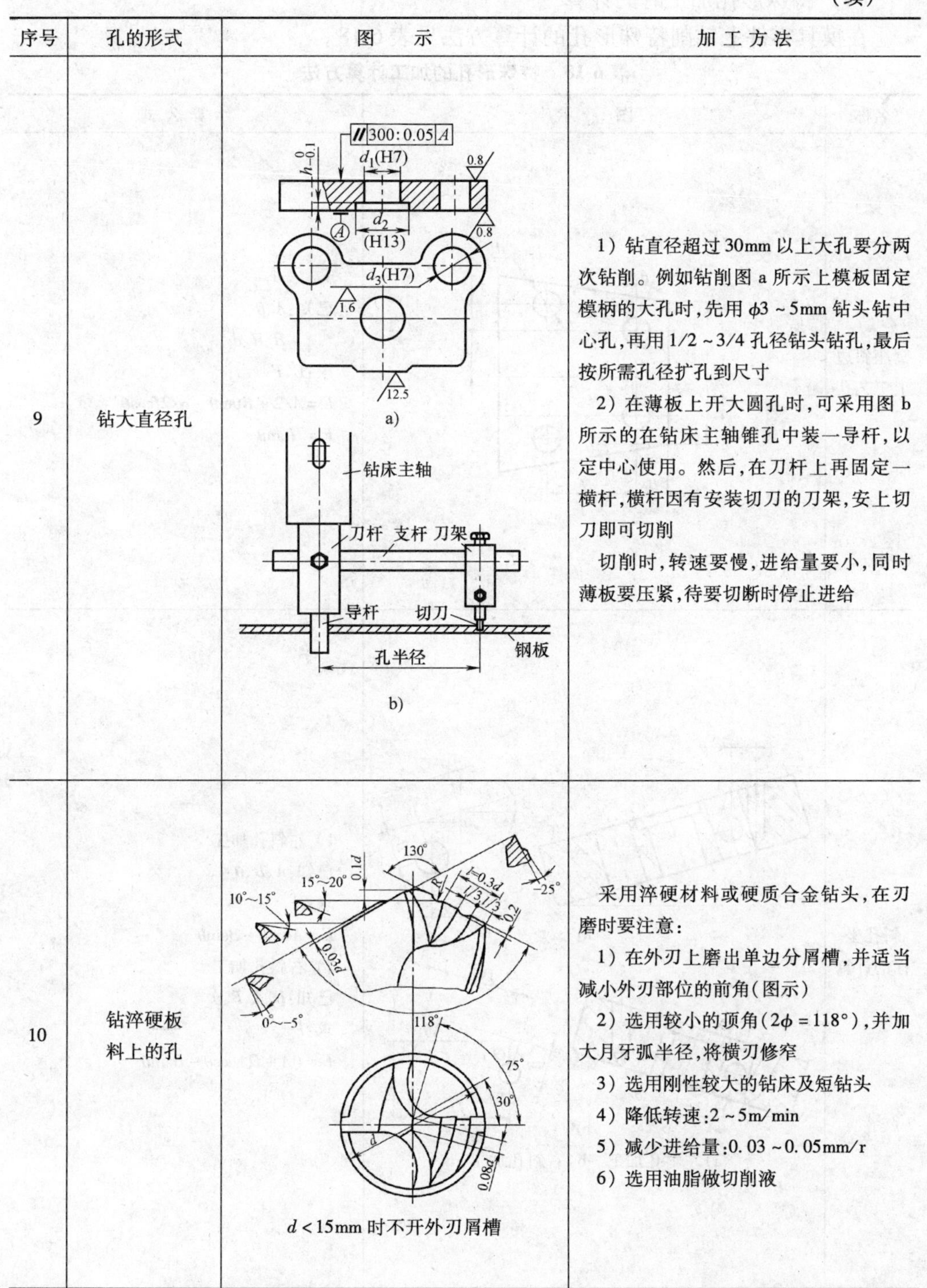

序号	孔的形式	图　示	加 工 方 法
9	钻大直径孔	a) b)	1）钻直径超过30mm以上大孔要分两次钻削。例如钻削图a所示上模板固定模柄的大孔时，先用ϕ3～5mm钻头钻中心孔，再用1/2～3/4孔径钻头钻孔，最后按所需孔径扩孔到尺寸 2）在薄板上开大圆孔时，可采用图b所示的在钻床主轴锥孔中装一导杆，以定中心使用。然后，在刀杆上再固定一横杆，横杆因有安装切刀的刀架，安上切刀即可切削 切削时，转速要慢，进给量要小，同时薄板要压紧，待要切断时停止进给
10	钻淬硬板料上的孔	$d<15$mm时不开外刃屑槽	采用淬硬材料或硬质合金钻头，在刃磨时要注意： 1）在外刃上磨出单边分屑槽，并适当减小外刃部位的前角（图示） 2）选用较小的顶角（$2\phi=118°$），并加大月牙弧半径，将横刃修窄 3）选用刚性较大的钻床及短钻头 4）降低转速：2～5m/min 5）减少进给量：0.03～0.05mm/r 6）选用油脂做切削液

(4) 特殊形孔加工时的计算

在模具零件上钻削特殊形孔的计算方法见表 6-18。

表 6-18 特殊形孔的加工计算方法

名称	图 示	计算公式
窝座斜边上工艺孔	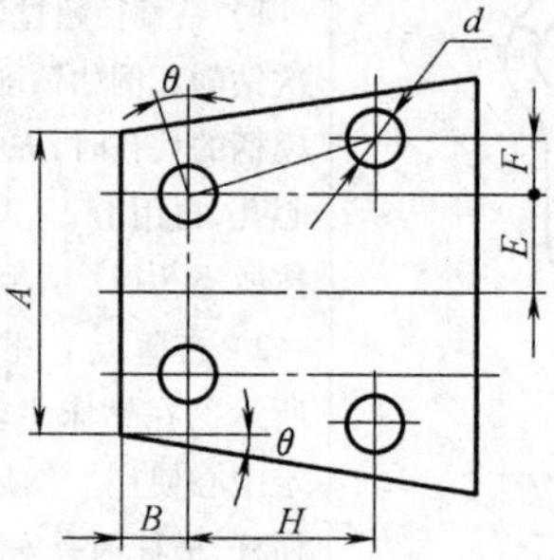	已知:A、θ B、H、d 求:E、F $E = A/2 + B\tan\theta - \alpha/2f\cos\theta$ $F = H\tan\theta$
斜孔坐标的计算	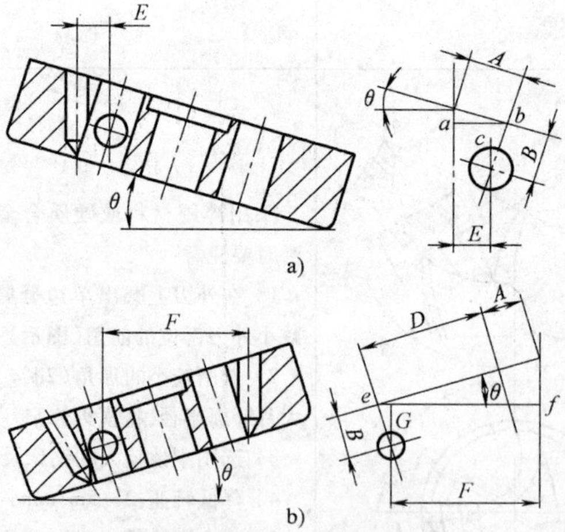 a) 左斜孔加工 b) 右斜孔加工	1) 左斜孔加工 已知:A、B、θ 求:E $E = A\cos\theta - B\sin\theta$ 2) 右斜孔加工 已知:D、A、B、θ 求:F $F = (A + D)\cos\theta - B\sin\theta$

（续）

名称	图　示	计算公式
斜孔计算		已知：A、B、θ，设工艺棒直径为 D 求：L $L=\frac{D}{2}[\sec\theta-(1+\tan\theta)\times\sin\theta]+B\sin\theta+A\cos\theta$
圆弧连接	a)	已知：A、R、r_1 求：r_2 $r_2=R-\sqrt{(R-r_1)^2-A^2}$
	b)	已知：R_1、R_2、r_2 $\alpha+\beta=45°$ 求：b 点 x、y 坐标 (b_x, b_y) $b_x=(R_2+r_2)\sin\beta$ $b_y=(R_2+r_2)\cos\beta$

（5）钻孔常见故障原因及预防方法

钻孔常见故障原因及预防方法见表6-19。

表6-19 钻孔常见故障原因及预防解决方法

故障内容	产生原因	解决及预防方法
孔径小	1）钻头刃带严重磨损 2）钻头直径小	1）重新刃磨 2）更换合适钻头
孔径大，严重超差	1）钻头左、右切削刃不对称，摆度大 2）钻头横刃太长 3）钻头刃口崩刃 4）钻头刃带上有积屑瘤 5）进给量太大 6）钻头弯曲 7）主轴摇摆或钻头装夹松动	1）重新刃磨，以保证左、右切削刃对称，摆差在允许范围内 2）修磨横刃，减小横刃长度 3）更换或重新刃磨 4）用磨石修磨去除积屑瘤 5）降低进给量 6）校直或更换 7）维修或更换钻床，夹紧钻头
孔不圆	1）钻头后角太大 2）钻头左、右切削刃不对称，摆差较大 3）工件夹紧不牢或表面不平 4）钻床主轴松动	1）磨削钻头，使后角变小 2）刃磨钻头，使其左、右切削刃对称，减少摆动 3）检查夹紧工件 4）更换或维修钻床
孔歪斜或孔位超差	1）钻头钻尖已磨钝 2）钻头左、右切削刃不对称产生摆动或横刃太长 3）钻床主轴与工件不垂直或钻头与导向套配合间隙大，松动 4）钻头在切削时产生振动 5）工件没夹紧或表面不平，内部砂眼大 6）进给量不均，忽大忽小	1）重磨钻头，使之变锋利 2）重新刃磨钻头，使其左、右切削刃对称，减少摆动及横刃长度 3）重新安装工件或钻头，使其保持互相垂直 4）先打中心孔再钻 5）检查工件质量或夹紧工件 6）使进给量保持均匀
孔壁表面粗糙	1）钻头变钝，不锋利 2）钻头后角太大 3）进给量太大或夹具刚性差 4）切削液不足或性能较差 5）切屑堵住钻头螺旋槽	1）重新刃磨钻头，使其变锋利 2）重新刃磨钻头，使后角变小 3）减少进给量，更换夹具 4）更换切削液，并保证供给 5）及时清除切屑

（续）

故障内容	产 生 原 因	解决及预防方法
钻头易折断	1）钻头不锋利，变钝 2）进给量过大 3）废屑塞住钻头螺旋槽 4）突然加大进给量 5）工件产生松动 6）工件内部有砂眼或不平	1）重新刃磨使钻头变锋利 2）减小进给量 3）及时排屑 4）孔要钻透时要减少进给量 5）随时检查，防止工件松动 6）开机前，检查工件质量
钻头寿命太低，切削刃很快被磨损	1）切削速度过大 2）钻头刃磨角度与工件材料不适宜 3）切削液供应不足或性能较差	1）降低切削速度 2）按工件材料，重新刃磨钻头角度 3）更换切削液并充分供给

3. 锪孔

锪孔是对孔口部分的加工，如倒角、划窝。主要用来容纳圆柱头、圆锥头螺钉尾部的柱体及锥头，使其不露出连接体的表面。在模具制造中应用较广，如内六角螺钉与模座的连接孔，几乎全用在钻好的孔中锪孔，以使柱体不露出模座的表面。

锪孔的类型及加工工艺要求见表6-20。

表6-20　锪孔的类型及加工工艺要求

项	目	图　示	加工工艺说明
锪孔类型	锥形锪孔		1）锪钻的顶角分60°、90°、75°、120°，其刀齿一般为6～12个 2）主要用于划窝及铆钉与沉头螺钉的锥形埋头沉孔
	柱形锪孔		1）在锪钻的切削部位带有导向，用以保持原孔与锪后的埋头孔的同心度 2）用以锪钻柱形埋头孔，如模具中的六角螺钉的埋头孔
	表面锪钻		1）在钻头端面上有切削刃 2）用于锪与原孔垂直平面

（续）

项　目	图　示	加工工艺说明
锪孔加工工艺要求	1）锪孔的钻削速度不要太快，一般为钻孔的 1/2～1/3 2）锪孔时，一般为手动进给 3）锪孔的预加工留量为： 锪孔前直径 15～24mm，余量为 1.0mm 锪孔前直径为 24～35mm，余量为 1.5mm 锪孔前直径为 35～45mm，余量为 2.0mm 4）锪孔深度可用游标卡尺深度杆测量	

4. 铰孔

(1) 铰孔与铰孔的作用

在模具零件加工中，为了降低钻孔表面粗糙度值及提高钻孔精度，钻孔后用铰刀进行再次精加工的过程称为铰孔。如一些零件的工作圆孔及圆柱销孔，其精度和表面质量要求较高，孔加工后必须要经铰孔工序才能达到要求。

铰孔的精度可达 IT4～IT2 级，表面粗糙度一般能达到 $Ra3.2 \sim 0.2\mu m$。

(2) 铰孔前铰削余量选择

零件铰孔余量见表 6-21。

表 6-21　零件精铰前预留加工余量　　（单位：mm）

铰孔直径	加工余量	铰孔直径	加工余量
<5	0.1～0.2	21～32	0.3
5～20	0.2～0.3	33～50	0.5

注：本表只适于钢材或黄铜，铰削铸铁材料时可取大一些的加工余量。

(3) 铰削时切削液的选用

铰削加工时，可根据不同的被铰材料选择不同的切削液，以提高铰削质量，选择方法见表 6-22。

表 6-22　铰孔切削液的选择

铰削材料	切削液	铰削材料	切削液
铸铁	1. 一般可不用 2. 煤油，但会引起孔径缩小，收缩量为 0.02～0.04mm 3. 低浓度浮化液	钢材	1. 10%～20%乳化液（体积分数） 2. 铰孔要求精度高时，可采用 30% 菜籽油和 70% 的肥皂水（体积分数） 3. 精度更高时用猪油、菜籽油
铝	煤油	铜	乳化液

（4）铰孔方法

铰孔方法见表6-23。

表6-23　铰孔方法

铰孔工序		图　示	操作方法
铰刀的检测与刃磨	铰刀的检查	—	铰孔前首先要检查铰刀外径尺寸，这是因为新的标准圆柱铰刀，直径上都留有研磨余量，棱边粗糙度也差，所以要铰IT8级以上孔前必须要检查铰刀尺寸方法是：用千分尺沿校准部位在圆周几个方向上测量，检查直径大小，并还要检查是否锋利
	铰刀的刃磨	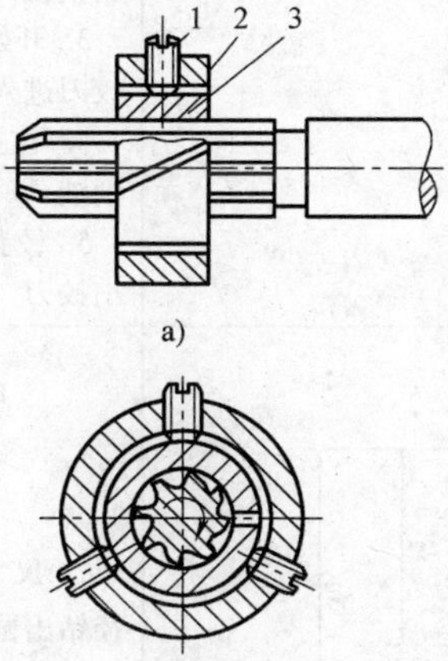 1 2 3 a) b) a）研磨套 1—调整螺钉　2—外套 3—研磨套 b）在车床上研磨	1. 用三角油石刃磨铰刀的前面，以提高表面质量，使刃口锋利 2. 研磨铰刀的外径。研磨时，可用自制的铸铁研磨套，在车床上研磨，如图a、b所示铰刀在车床主轴上按箭头方向旋转，研磨套用手握住，均匀地作轴向运动，并由研磨膏配合研磨 3. 用油石修磨铰刀后面，使刃带的宽度控制在一定尺寸内。注意不要碰伤刃口 4. 用油石沿锥度方向修磨铰刀的切削部分
夹持工件		—	将工件夹持在平口台钳或专用夹具上，一定要夹持牢固，不能变形、松动

（续）

铰孔工序		图　　示	操 作 方 法
铰削方法	手工铰圆柱孔	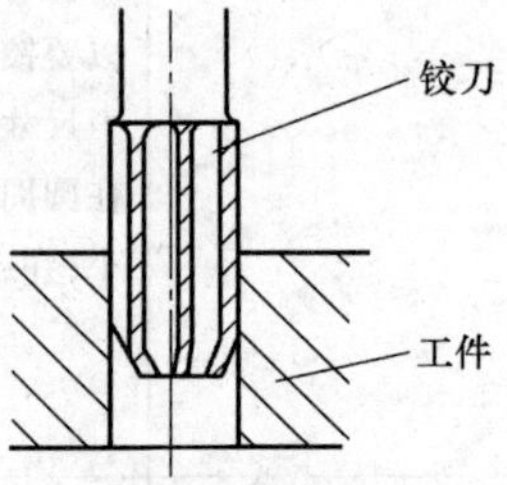 铰刀 工件	1. 准备好铰孔工具,检查铰刀质量,并将铰刀夹装在铰杠上 2. 铰孔:在铰削时铰刀的中心线必须与孔的中心线重合。两手要用力均匀按顺时针转动铰刀。任何时,铰刀都不能倒转,否则铰孔不圆 3. 铰孔过程中,如果铰刀转不动,不要硬板,要小心地抽出铰刀,检查是否有废屑或遇到硬点 4. 铰孔时进给量要大小适中,并要均匀,要不断注入切削液 5. 铰完孔后,要顺时针退出铰刀
	机铰圆柱孔		1. 采用钻床铰削时,必须要保证钻床主轴、铰刀和工件孔三者的同轴度 2. 当孔要求较高精度时,最好应采用浮动式铰刀夹头装夹铰刀,以便于调整铰刀的轴线位置 3. 开始铰削时,先采用手动进给,当铰刀进入孔后,再改用机床自动进给 4. 在铰削的过程中,要不断注入切削液,以清除切屑和降低温度 5. 铰孔完毕应在不停车的情况下退出铰刀
	锥孔的铰削	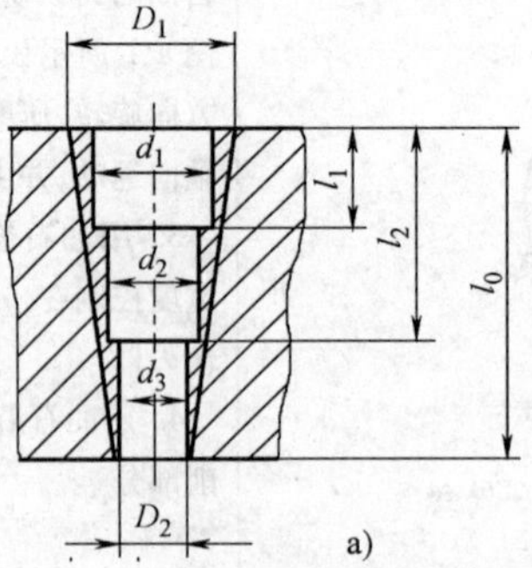 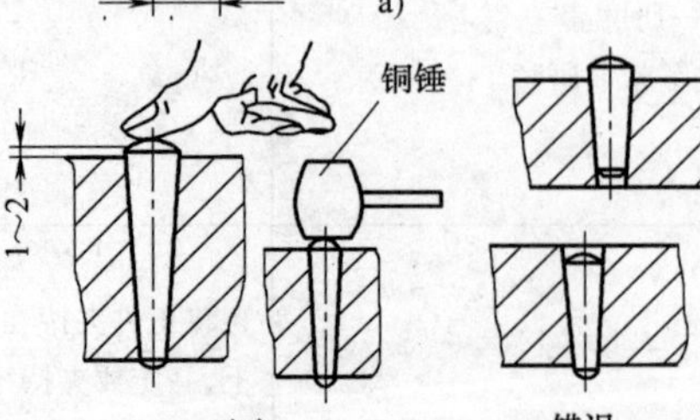 D_1 d_1 l_1 l_2 l_0 d_2 d_3 D_2 a) 铜锤 1~2 正确　b)　错误	1. 尺寸较小的圆锥孔,可按小头直径钻出圆柱孔,然后用圆锥铰刀按铰圆柱孔方法铰削即可 2. 尺寸和深度较大的孔,如锥形导柱在模座上的锥安装孔,可先钻出阶梯孔(图 a)然后再用铰刀铰削 3. 为保证质量,在铰削的过程中要经常用相配的锥销样柱来检查铰孔尺寸(图 b)

（续）

铰孔工序	图　示	操作方法
铰孔注意事项	1. 铰孔时，铰刀绝不可倒转，而在退出铰时，无论是机铰还是手铰一定要顺转着退出，机铰时退出后再停车 2. 机铰时应先试铰合格后再正式铰孔 3. 铰孔时一定要使铰刀垂直于被铰孔端面 4. 铰刀在使用后要刷干净，涂油后放入护套进行保护	

（5）铰孔废品产生原因及预防

铰孔废品产生的原因及解决预防方法见表6-24（A）。

表6-24(A)　铰孔废品产生的原因及预防方法

废品种类	产生原因	预防方法
表面粗糙度达不到要求	1. 铰孔余量太大或太小 2. 铰刀切削刃不尖锐 3. 润滑液使用不当 4. 铰刀退出时反转 5. 切削速度太高	1. 合理留铰孔余量 2. 修磨切削刃 3. 选择适宜的润滑液 4. 铰刀退出时应顺转 5. 降低切削速度
孔呈多角形	1. 铰削量太大，铰刀振动 2. 铰孔前钻孔不圆	1. 分2～3次铰孔 2. 铰孔前进行锪孔
孔径扩张	1. 铰刀与孔中心不重合 2. 铰孔时两手用力不均 3. 铰孔时没有润滑 4. 铰锥孔没有用锥销检查	1. 采用浮动夹头铰孔 2. 两手用力要平衡 3. 使用润滑剂 4. 配合锥销检查
孔径缩小	1. 铰刀破损 2. 铰刀刃不锋利	1. 更换新铰刀 2. 研磨铰刀切削刃

5. 模具零件内孔加工方法

模具零件上有许多孔，这些孔在加工时除了要保证孔本身的质量精度外，还要保证各孔的相互位置精度。对这类孔位精度要求很高的孔。在有条件的情况下，可以采用坐标镗床、立铣及数控铣床、加工中心加工。但对条件较差，缺少这些设备的企业，模具工也可以采用钻床，通过配钻和同心钻铰的方法加工。

（1）划线加工法

利用划线钻孔，是加工零件内孔的最简单的方法。操作时，首先在预加工零件的表面上按图样划出各孔的位置、大小，并在孔中心点好样冲眼，然后在钻床上按线加工。采用这种方法，由于在划线和在钻床上找正时都会产生较大误差，故加工精度较低，一般在0.25~0.50mm以内，且生产效率不高，故只适于孔位精度要求不高，单件或小批量生产。

1）单孔钻削加工的方法是：

第一步：在工件表面上按图样划出待加工孔的位置及轮廓圆和孔的中心（小孔不用画轮廓圆），并用样冲对准孔的中心冲出样冲眼。

第二步：用装在钻床主轴上的钻头对准样冲眼，先试钻一个浅坑。

第三步：目测检查浅坑的圆与划线的轮廓圆有无偏移。若无偏移，继续钻。若有偏移，可在偏移方向上把工件垫高，钻头在倾斜的工作面上把浅坑钻深一些，再使工件减少些倾斜再钻深一些，直到找正为止。

第四步，找正后，放平工件继续钻孔，直到钻成为止。

2）多孔钻削加工。如图6-5所示的工件，在表面上要加工出一系列有相互位置精度要求的孔，除了要保证孔本身的加工精度外，还要保证孔与孔之间的位置精度（俗称孔系加工）。这类孔一般要在坐标镗床上加工，但也可以通过划线的方法，在钻床上加工。即先加工好基准面，再以基准面划线，钻孔。其方法见表6-24（B）。

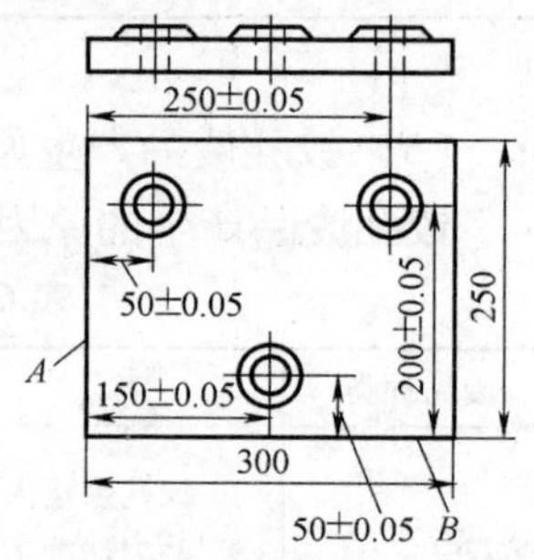

图6-5 多孔工件（一）

表6-24(B) 用划线法加工孔系的方法

图示	加工方法
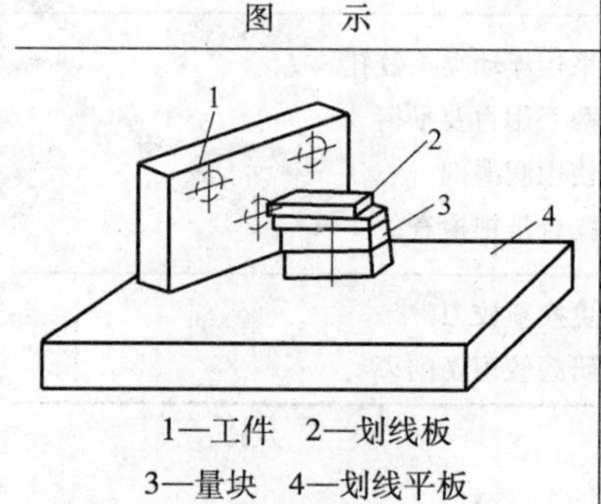 1—工件 2—划线板 3—量块 4—划线平板	1. 以侧面A、B为基准，在划线平板上划出各孔的中心线及孔轮廓线（图示）并在中心点好各样冲眼 2. 用比孔直径小1.5~3mm钻头钻孔，钻后检验各中心位置是否合适 3. 若有偏差，可用整形锉修正。再将孔适当扩大再检验、再修，直到合适为止。钻后精度可达±0.05mm

（2）配钻加工法

配钻加工的钻孔操作，在模具制作中是一种常用的方法。所谓配钻加工，就是在钻加工某一零件时，其孔位可不按图样中的尺寸和公差来加工，而是通过另一零件上已钻好的实际孔位来配作。如制作冲模时，可先将凹模按图样要求将螺孔、销孔和内部圆形孔加工出来，并经淬硬后做为标准样件，再通过这些孔，来引钻其他固定板、刮料板、模板的螺孔或销钉孔。其常见的配钻方法见表6-25。

表 6-25　螺孔配钻加工法

配钻方法	加 工 过 程	注 意 事 项
直接引钻法	将两个零件按装配时的相对位置夹紧在一起,用一个与光孔直径相配合的钻头,以光孔为引导,在待加工工件上欲钻孔位置的中心处,先钻出一个"锥孔",再把两件分开,以锥孔为基准钻攻螺纹孔	1. 钻头直径应相当于导向孔直径 2. 钻锥孔的锥角应为 105° ~110° 3. 钻锥孔时,进刀要缓慢。在达到锥坑深度后,进钻回升一下,再进刀 0.2 ~0.3mm。可以保证同轴度要求
样冲印孔法	如果待加工的零件孔位是根据已加工好的不通螺孔来配钻时,可先将准备好的螺纹样冲(图 6-6)拧入已加工好的螺孔内,然后将两个工件按装配位置装夹在一起,并轻轻的给样冲施加压力,则在另一件上影印上冲眼,即可按其加工	1. 螺纹样冲尖应淬硬且锥尖与螺纹中心线要同轴 2. 在同一组螺纹样冲装入同一组零件的多个螺孔后,必须用卡尺将他们的顶尖找平后再印,否则会由于顶尖高低不平影响压印精度
复印印孔法	在已加工好的光孔或螺孔的平面上涂上一层红丹,再将两个零件按装配要求放在一起,即可在待加工的工件上印有印迹,根据印痕位置打上样冲眼再加工	1. 红丹一定要涂匀 2. 痕迹一定要清晰明显 3. 打样冲眼时要仔细

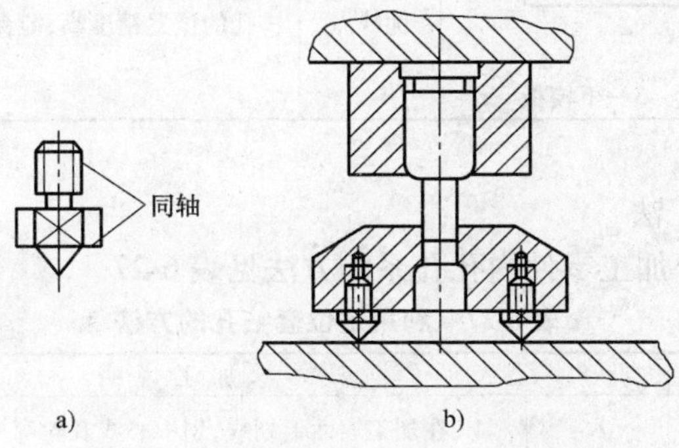

图 6-6　螺纹中心样冲印孔法

a）螺纹中心冲　b）用螺纹中心冲印孔位

（3）同镗（合镗）加工法

所谓同镗（钻）就是将待加工的两个（或三个）零件，用夹钳装夹固定在一起，然后同时钻孔以保证装配时零件相互位置精度。

同镗（合镗）可在铣床、车床或钻床上进行，其在钻床上同镗（合镗）加工方法见表 6-26。

表 6-26 在钻床上同镗（合镗）加工

图示		加工工艺说明
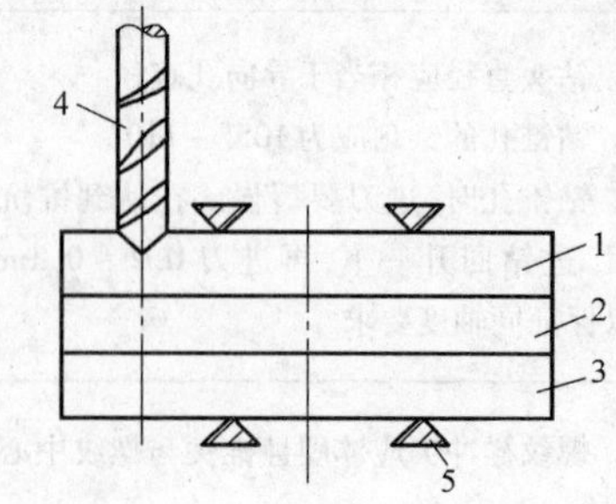 a) 1、2、3—零件 4—钻头 5—夹钳 b) 1—钻头 2—上模板 3—下模板	适用范围	孔距本身精度要求不高，但要求两个（或三个）零件的孔位同轴度高，如导柱导套在上、下模板中的安装孔
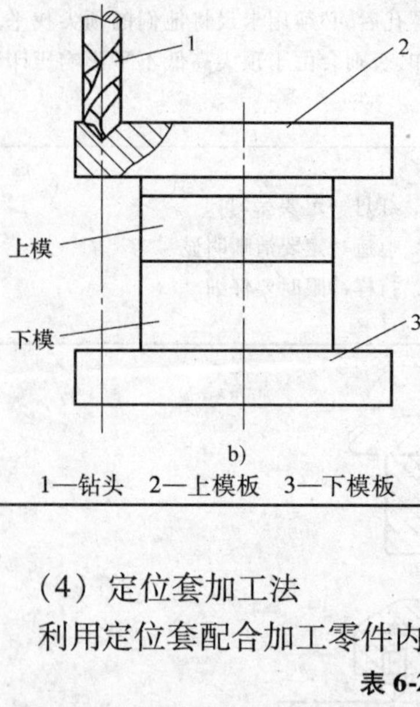	加工工艺	1. 将两个或三个工件用夹钳紧固一起 2. 按划线用钻床钻孔，如图 a 所示 3. 钻孔时，先钻完一个孔，继续钻第二件第三件孔，如型腔模或冲模的上、下模导柱、导套在模板上的安装孔可以先将工作零件安装后，使上、下模合模再钻以保证同轴度，保证导向精度，如图 b 所示
	优缺点	孔的位置精度高，能保证同轴度，但加工复杂

（4）定位套加工法

利用定位套配合加工零件内孔孔系的方法见表 6-27。

表 6-27 利用定位套钻孔的方法

图示		加工说明
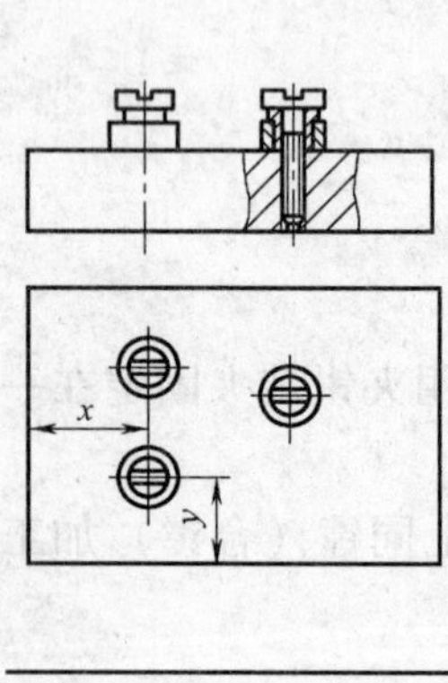	加工方法	1. 在加工表面上划线，划中心线及轮廓 2. 在中心位置钻孔或攻螺纹，其螺纹外径要小于孔径 3. 准备定位套，并磨削与淬硬 4. 用螺钉将定位套轻轻压紧，然后用手锤轻轻敲打定位套侧面，用块规或量具调整各孔相对位置，直到符合要求为止，并将螺钉固紧 5. 把调整好的零件固定在放在钻床工作夹具上，用千分表找正某一定位套外径，使其通过主轴中心线并与钻头垂直，拆去定位套、钻孔 6. 用上述方法更换位置，钻其他孔
	优缺点	1. 钻孔位置精度可达 ±0.02mm 2. 工艺麻烦劳动效率低，适于钻精密孔

（5）坐标加工法

如图 6-7 所示的多孔工件，在没有坐标机床的情况下，可以采用钻床利用坐标法加工，尽管效率较低，但加工出的各孔位置精度仍可以达到 ±0. 015mm 以上，其加工方法见表 6-28。

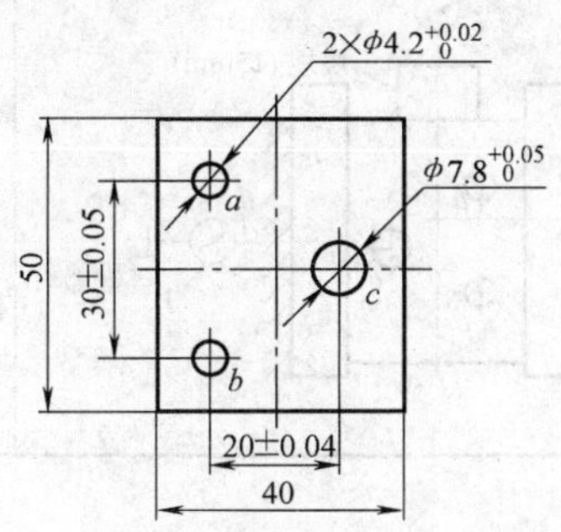

图 6-7　多孔工件（二）

表 6-28　采用坐标加工法加工孔系

步序	工作内容	图　示	加 工 方 法
1	坯料准备	—	将坯料六面用平面磨床磨平并互为直角
2	划线、工件安装及测量	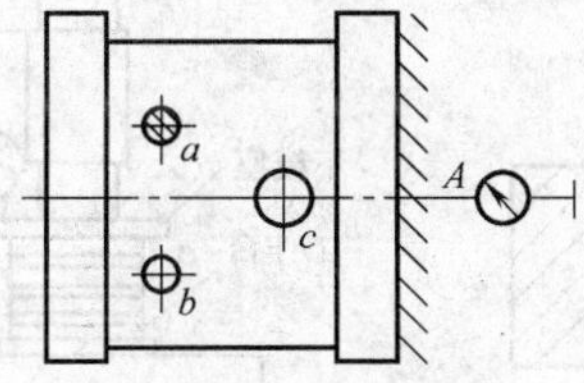 a b c A	将坯料按图样进行划线后，夹持在平口钳上。并要高出平口钳 5mm 以上，同时在固定的钳口一侧固定一百分表，取其读数 A，如图示
3	钻孔 a	—	根据划线，移动钻床（Z35）工作台，钻 a 孔。钻孔时应先用中心钻定位，然后分别用 φ3. 8mm、φ4. 1mm、φ4. 2mm 钻头，分几次钻孔，并在每次钻孔时都要修正中心
4	钻孔 c	B 2 块规 (15mm) a c b A 1 块规 (10mm)	松开钳口，横向垫上自制块规 10mm，纵向垫 15mm，读取百分表 2 之读数 B 后（图示）取下纵向块规。同时，向上移动工件横向块规，直到百分表 2 读数为 B 为止，拧紧钳口，使另一百分表 1 读数仍为 B，即可钻 c 孔

（续）

步序	工作内容	图示	加工方法
5	钻孔 b	B_2 2 块规 (15mm) a b c A 1	松开钳口，取下横向垫块，在纵向再垫垫块 15mm，用百分表 2 读取读数 B(图示)取出纵向块规后松开钳口，并将工件向上移到百分表 2 读取原来读 B_2 再拧紧平钳，并使百分表 1 仍为原读数 A，即可钻孔 b，故 a、b、c 三孔同钻

（6）用摇臂钻床加工导柱，导套安装孔

在缺少专用设备的情况下，模具钳工可采用摇臂钻加工导柱、导套在模板上的安装固定孔。其方法见表 6-29。

表 6-29　用摇臂钻加工导柱、导套安装孔

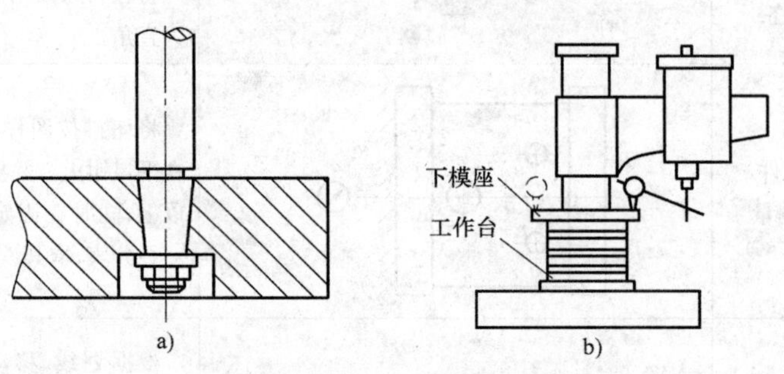

a) 安装孔形式　b) 钻孔方法

序号	内容	工艺说明
1	校正	将上模板放在工作台上，千分表装在机床主轴上，转动摇臂校正下模板的平面。模板的调整(平行度)可用垫片调整。也可以倾斜工作台调整其平行度及垂直度
2	钻毛坯孔	按划线钻孔，用小于锥孔小端尺寸 0.5mm 的钻头钻透孔
3	镗孔	镗孔后的留精铰余量 0.5 ~ 0.6mm
4	铰孔	用专用铰刀，在钻床上铰出锥孔到尺寸
5	加工第二个锥孔	重复上述工序加工第二个导柱锥孔
6	镗沉孔	将模座翻转过来，锪孔

(7) 圆柱销孔的配钻铰加工

在进行模具装配时，模具零件间的相互位置精度常用圆柱销定位保证。因此，销孔的加工质量好坏及定位准确度，直接影响到模具的装配质量。一般情况下，柱销孔的加工是在各零件用螺钉紧固在一起，并调整好适当位置后才进行的。其要求是孔的本身要与销钉加工成 H7/m6 过渡配合精度，而且还要使各定位件对应的销钉孔有较高的同轴度要求。故在加工时应注意以下几点：

1）圆柱销孔的表面粗糙度应加工成 $Ra<1.6\mu m$。因此，销孔不能采用钻头直接钻孔一次成形，必须在钻头钻孔后，留有一定的铰削余量，然后用相应尺寸的铰刀精铰成形。其钻铰前，钻孔直径可按表 6-30 选取。

2）为便于装配与铰孔，销孔上、下应进行划窝和倒角，其大小与销孔直径有关，其值参见表 6-30。

表 6-30　圆柱销孔铰孔前的钻孔直径及倒角　（单位：mm）

柱销孔直径	6	8	10	12	16	20	25
钻孔钻头直径	5.7	7.5	9.5	11.5	15.5	19.5	24.5
倒角尺寸	*C*1		*C*1.5			*C*2	

3）对于同一冲模不同零件的同一柱销孔为了销孔位置准确，保证装配后的同轴度，应采用配钻铰方法加工销孔。其加工方法是：

首先选定定位销孔的基准件是淬硬件，如凹模，在热处理前应将定位销孔铰好，热处理后如变形不大，用铸铁棒加研磨剂进行研磨，或使用硬质合金刀进行精铰一次，以恢复到所要求的质量。然后，把装配调整好的需定位的各零件，用螺钉紧固在一起，配钻铰加工（以淬硬后的凹模销孔做导引）。

为了保证销钉孔的加工质量及各部件的同轴度，配钻铰销孔时，应选用比已加工好的销钉孔（基准件）直径小 0.1～0.2mm 的钻头锪锥坑找正中心，再进行钻、锪和粗、精加工，所留铰量要适当。在铰削中，要加注充分的切削液。

4）对于需要淬硬的模具零件，为了防止销孔由于淬火后变形而影响其装配精度，最好在淬火后用硬质合金铰刀复铰一次（预先留有 0.05～0.10mm 复铰余量），在复铰时，其转速不应太快，一般可选择 90～120r/min，进给量在 0.11mm/min 左右。

5）对于 45 钢需要淬火的模具零件，为了预防淬火后销孔变形，也可以采用淬火前钻孔，淬火后铰孔的工艺方法，以保证精度。

六、零件的攻螺纹与套螺纹

1. 螺纹的基本常识

在机械零件中，螺纹的种类主要有普通螺纹（三角）、梯形螺纹、圆柱、圆锥管螺纹及英制螺纹等。但在模具生产中，主要应用的还是普通三角形螺纹，主要用来联接各零件，如内六角螺钉及螺母等。

(1) 普通螺纹形状和尺寸

生产中常用的普通螺纹形状、尺寸及标记见表6-31。

表6-31 普通螺纹形状、尺寸及标记

螺纹形状	各部分名称	尺寸计算公式	标记示例
内螺纹 60° 60° 外螺纹 h d d_2 d_1 $\frac{H}{2}$ H t	1. 外径(d)：螺纹最大直径 2. 内径(d_1)：螺纹最小直径 3. 中径(d_2)：螺纹平均直径 4. 螺距(t)：相邻两牙对应点间的轴向距离 5. 工作高度(H)：螺纹顶点到根部的垂直距离 6. 螺纹剖面角(B)：在螺纹剖面上两侧面夹角(60°)	$H=0.866t$ $d_2=d-0.6495t$ $d_1=d-1.0825t$ $r=0.1443t$	粗牙螺纹：$d=24$ $t=3$ 公差带代号6H：M24-6H 细牙螺纹：$d=24$ $t=2$ 公差带代号6H：M24×2-6H

(2) 普通螺纹直径与螺距

普通螺纹的直径与螺距（t）标准尺寸见表6-32。

表6-32 普通螺纹的直径与螺距 （单位：mm）

公称直径 (d)	螺距(t) 粗牙	螺距(t) 细牙	公称直径 (d)	螺距(t) 粗牙	螺距(t) 细牙
3	0.5	0.35	1.0	1.5	1.25、1、0.75
4	0.7	0.5	12	1.75	1.5、1.25、1
5	0.8	0.5	16	2	1.5、1
6	1	0.75	20	2.5	2、1.5、1
8	1.25	1、0.75	24	3	2、1.5、1

2. 攻螺纹

(1) 攻螺纹所需的工具

攻螺纹所需的工具见表6-33。

表 6-33　攻螺纹所需的工具

<table>
<tr><th colspan="2">工具名称</th><th>图　示</th><th>用　途</th><th>主要规格</th></tr>
<tr><td rowspan="2">丝锥</td><td>手用丝锥（GB/T 3464—2007）</td><td rowspan="2">头锥　二锥</td><td rowspan="2">供加工螺母或其他机件上的普通螺纹内螺纹用分粗牙及细牙，手用及机用丝锥</td><td>M6、8、10 ~ M35、M36 多种型号规格</td></tr>
<tr><td>机用丝锥（GB/T 3464—2007）</td><td>M3、4 ~ M24 多种型号规格</td></tr>
<tr><td rowspan="3">绞杠</td><td>固定绞杠</td><td></td><td>装夹丝锥用只能夹一种型号丝锥</td><td>≤m5</td></tr>
<tr><td>活绞杠</td><td>a)
b)</td><td>可夹不同规格的丝锥</td><td>表 6-33-1　活络绞杠规格<table><tr><td>6</td><td>9</td><td>11</td></tr><tr><td>M5 ~ M8</td><td>M8 ~ M12</td><td>M12 ~ M14</td></tr><tr><td>15</td><td>19</td><td>24</td></tr><tr><td>M14 ~ M16</td><td>M16 ~ M22</td><td>M22 以上</td></tr></table></td></tr>
<tr><td>丁字绞杠</td><td>a)
b)</td><td>可夹不同规格丝锥，多为手动攻螺纹</td><td>a）>M6
b）≤M6</td></tr>
</table>

（续）

工具名称	图　示	用　途	主要规格
保险夹头	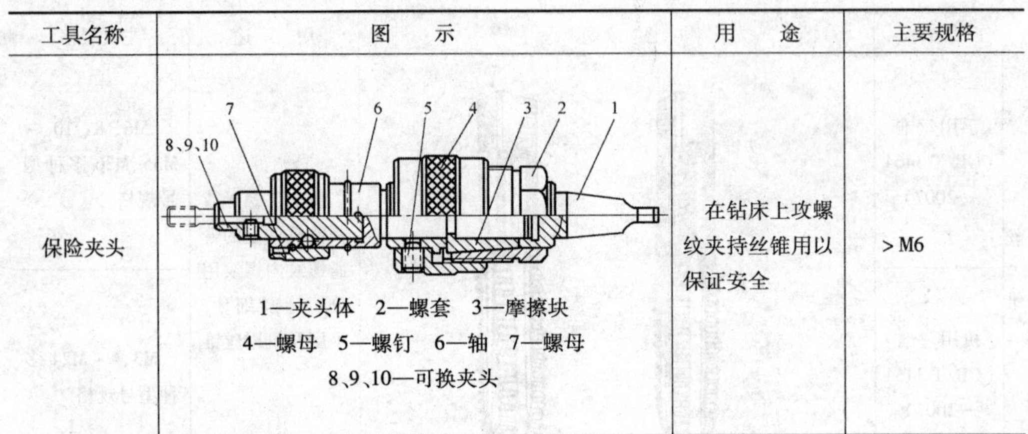1—夹头体　2—螺套　3—摩擦块 4—螺母　5—螺钉　6—轴　7—螺母 8、9、10—可换夹头	在钻床上攻螺纹夹持丝锥用以保证安全	>M6

（2）攻螺纹前钻孔直径

加工普通螺纹前底孔的钻头直径可按表6-34所列数值选取。

表6-34　常用普通螺纹钻底孔的钻头直径　（单位：mm）

螺纹标记	钻孔用钻头直径	
	粗牙普通螺纹	细牙普通螺纹
M3	2.5	—
M4	3.3	—
M5	4.2	—
M6	5	5.2(M6×0.75)
M8	6.7	7.2(M8×0.75)、7(M8×1)
M10	8.5	9.2(M10×0.75)、9(M10×1)、8.7(M10×1.25)
M12	10.2	11(M12×1)、10.7(M12×1.25)、10.5(M12×1.5)
M14	11.9	—
M16	13.9	15(M16×1)、14.5(M16×1.5)
M20	17.4	19(M20×1)、18.5(M20×1.5)
M24	20.9	23(M24×1)、22.5(M24×1.5)

（3）切削液的选用

攻螺纹和套螺纹时所用的切削液见表6-35。

表 6-35　攻螺纹和套螺纹（攻丝与套扣）所用切削液选用

工件材料	切削液	工件材料	切削液
钢材	精度一般:浮化液 精度要求高:菜籽油、硫化油	可锻铸铁	乳化液
		黄铜青铜	不用
不锈钢	黑色硫化油	纯铜、铝及铝合金	浓度较高的乳化液
铸铁	不用、或煤油		

（4）攻螺纹方法

攻螺纹分手攻及机攻两种方法，见表 6-36。

表 6-36　零件的攻螺纹方法

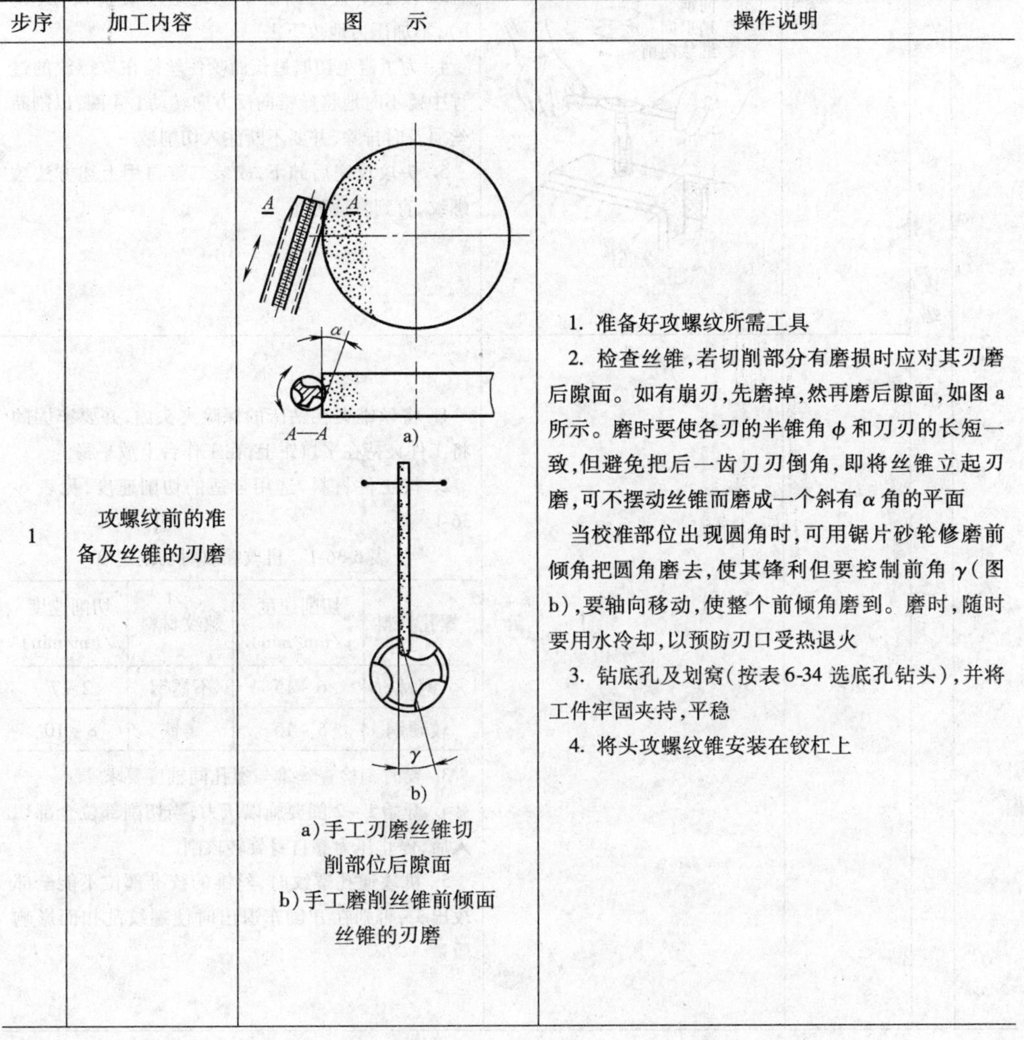

步序	加工内容	图　示	操作说明
1	攻螺纹前的准备及丝锥的刃磨	a)手工刃磨丝锥切削部位后隙面 b)手工磨削丝锥前倾面 丝锥的刃磨	1. 准备好攻螺纹所需工具 2. 检查丝锥,若切削部分有磨损时应对其刃磨后隙面。如有崩刃,先磨掉,然再磨后隙面,如图 a 所示。磨时要使各刃的半锥角 ϕ 和刀刃的长短一致,但避免把后一齿刀刃倒角,即将丝锥立起刃磨,可不摆动丝锥而磨成一个斜有 α 角的平面 当校准部位出现圆角时,可用锯片砂轮修磨前倾角把圆角磨去,使其锋利但要控制前角 γ(图 b),要轴向移动,使整个前倾角磨到。磨时,随时要用水冷却,以预防刃口受热退火 3. 钻底孔及划窝(按表 6-34 选底孔钻头),并将工件牢固夹持,平稳 4. 将头攻螺纹锥安装在铰杠上

（续）

<table>
<tr><th>步序</th><th colspan="2">加工内容</th><th>图　示</th><th>操作说明</th></tr>
<tr><td rowspan="2">2</td><td rowspan="2">攻螺纹方法</td><td>手工攻螺纹</td><td>用角尺检查
丝锥的位置
a)
向前
稍退回
继续向前
b)</td><td>1. 将装好的头攻丝锥插入孔内,使其与工件表面垂直(图 a)
2. 右手握铰杠中间,加适当的压力,并顺时针转动(左螺旋时逆时针转),等切削部分吃入工件 1 ~ 2 圈时,再用目测或角尺校正丝锥与孔端面的垂直度(图 a)
3. 校正垂直后两手平稳地继续旋转铰杠(图 b),不加压力地攻下去
4. 为了避免切屑过长而咬住丝锥在攻螺纹的过程中要不时地将丝锥向反方向转动 1/4 圈,以割断丝屑及时排除,并要不断注入切削液
5. 头攻攻完后卸下,安装二锥再用上述方法攻螺纹,直到合适为止</td></tr>
<tr><td>机攻</td><td>—</td><td>1. 将丝锥夹在钻床的保险夹头内,并要牢固的将工件夹持在平口钳上,在工作台上放平稳
2. 按工件材料,选用合适的切削速度,见表 6-36-1
表 6-36-1　机攻螺纹时切削速度
<table><tr><th>螺孔材料</th><th>切削速度 $v/(\mathrm{m/min})$</th><th>螺纹材料</th><th>切削速度 $v/(\mathrm{m/min})$</th></tr><tr><td>钢材</td><td>6 ~ 15</td><td>不锈钢</td><td>2 ~ 7</td></tr><tr><td>较硬钢</td><td>5 ~ 10</td><td>铸铁</td><td>8 ~ 10</td></tr></table>3. 要时刻检查丝锥与螺孔同轴度要求
4. 开始 1 ~ 2 圈要施以压力,当切削部位全部切入后,停止压力靠自身旋转攻削
5. 机攻通孔螺纹时,丝锥的校准部位不能全部攻出头,否则在开倒车退出时使螺纹乱扣而影响质量</td></tr>
</table>

（续）

步序	加工内容	图　示	操作说明
	攻螺纹注意事项	1. 被攻螺纹的两面孔端均应倒角 2. 丝锥在攻螺纹时,必须要与孔表面垂直,保持与孔同轴 3. 丝锥旋转时要均匀,以防崩刃 4. 攻螺纹时,要不断注入切削液,降温冷却 5. 要及时排屑,以免丝锥折断	

（5）攻螺纹废品及预防

攻螺纹时易产生废品，其产生原因及预防方法见表6-37。

表6-37　攻螺纹废品产生原因及预防方法

废品类型	产生原因	预防方法
螺纹乱扣	1. 丝锥与工件中心线歪斜 2. 丝锥变钝	1. 调整工件表面与丝锥垂直 2. 刃磨或更换丝锥
螺纹形状不完整	1. 底孔太大 2. 丝锥变钝不锋利	1. 更换工件,减小底孔直径 2. 更换、刃磨丝锥
丝锥被折断	1. 攻螺纹时,没有反转排屑 2. 没有很好的润滑 3. 材料韧性太大 4. 工作时精神不集中,用力过猛或操作失误	1. 要及时排屑 2. 要不断注入切削液 3. 更换材料 4. 攻螺纹时,一定要细心仔细操作

攻螺纹时，丝锥被折断时是不可避免的。但折断后应采取如下方法取出，以继续工作：

1）当折断部位在孔外时，可以用手钳或尖錾轻轻剔出。

2）当折断部位在孔内时，可以用钢丝插入丝锥槽中拧出或用小尖錾轻轻敲击丝锥周围取出。

3）对难以取出的大型丝锥，可以用气割的方法在折断的丝锥上堆焊一个弯曲的杆或相应螺母将其拧出。

4）对贵重的工件，可用电火花穿孔取出。

3. 套螺纹

用板牙在圆杆、管子切螺纹称为套螺纹。套螺纹在模具制作中用的不多，但在修理模具时会经常使用。

套螺纹杆的直径一般要小于所套螺纹直径的0.2～0.4mm。

（1）套螺纹所用工具

套螺纹所用工具主要有板牙及板牙架。其型号规格见表6-38（A）。

（2）套螺纹方法

套螺纹方法见表6-38（B）。

表6-38（A） 板牙及板牙架规格代号

工具名称	图　示	规格与代号
圆板牙	调整螺钉锥坑；γ_o；α_o；装卡螺钉锥坑；D；H；κ_r	规格与代号见表6-38(A)-1
板牙架	45°；45°；90°；90°；90°；90°	规格由 M3 ~ M10 等各种型号

表6-38(A)-1　常用板牙规格及代号

规格范围	标准代号
粗牙：M1 ~ M68 细牙：M1 ×0.2 ~ M56 ×4	GB/T 9701—2008

表6-38（B） 套螺纹方法

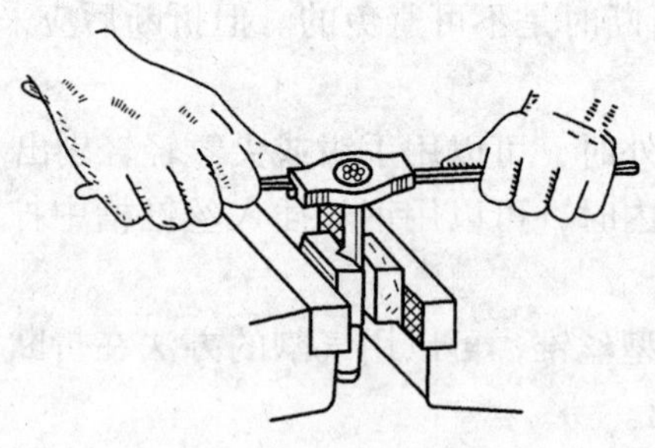

步序	工作内容	操作方法
1	套螺纹前的准备工作	1. 将要套螺纹的圆柱头部倒成15°~40°的倒角，以便于起削 2. 在平口台钳上垫以软钳口，将工件夹正（垂直于台钳口平面）并夹牢固 3. 将板牙装在板牙架上，并夹紧

（续）

步序	工作内容	操作方法
2	套螺纹方法与步骤	1. 将装在板牙架上的板牙口，套在已倒角的圆杆上，使板牙端面与圆杆垂直 2. 右手握住板牙架中间，并顺时针转动（左旋螺纹逆时针）并加以适当压力，如图所示 3. 在板牙切入圆杆 1～2 扣时，用角尺或目测，检查板牙端面是否与圆杆垂直，如有偏斜，在慢慢下套时要给以纠正，此时，可不再给以压力靠板牙旋转套螺纹 4. 套螺纹时要经常转动板牙，使废屑切断及时排出，然后继续套，直到套完为止
	套螺纹注意事项	1. 套螺纹时要始终保持板牙端面与工件轴向垂直，否则一面深一面浅，而且易乱牙 2. 每次套螺纹前要清洗板牙，使之干净 3. 对 M12 以上螺纹分 2～3 次套成 4. 套螺纹时应及时注入切削液（表 6-35）以延长板牙使用寿命

(3) 套螺纹废品产生原因及预防

套螺纹废品产生原因及预防方法见表 6-39。

表 6-39 套螺纹废品产生原因及预防方法

废品形式	报废原因	防止方法
烂牙	1. 对低碳钢等塑性好的材料套螺纹时，未加润滑冷却液，板牙把工件上螺纹粘去一部分 2. 套螺纹时板牙一直不回转，切屑堵塞把螺纹啃坏 3. 被加工的圆杆直径太大 4. 板牙歪斜太多，在借正时造成烂牙	1. 对塑性好的材料攻螺纹时一定要加适合的润滑冷却液 2. 板牙正转 1～1.5 圈后，就要反转 0.25～0.5 圈，使切屑断裂 3. 把圆杆加工到合适的尺寸 4. 套螺纹时板牙端面要与圆杆轴线垂直，并经常检查。发现略有歪斜就要及时借正
螺纹对圆杆歪斜，螺牙一边深一边浅	1. 圆杆端头倒角没倒好，使板牙端面与圆杆放不垂直 2. 板牙套螺纹时两手用力不均匀，使板牙端面与圆杆不垂直	1. 圆杆端头要倒角，四周斜角要大小一样 2. 套螺纹时两手用力要均匀，要经常检查板牙端面与圆杆是否垂直，并及时纠正

（续）

废品形式	报废原因	防止方法
螺纹中径太小（齿牙太瘦）	1. 套螺纹时铰手摆动，不得不多次借正，造成螺纹中径小了 2. 板牙切入圆杆后，还用力压板牙铰手 3. 活动板牙、开口后的圆板牙尺寸调节得太小	1. 套螺纹时板牙铰手要握稳 2. 板牙切入后，只要均匀使板牙旋转即可，不能再加力下压 3. 活动板牙、开口后的圆板牙要用样柱来调整好尺寸
螺纹太浅	圆杆外径太小	圆杆外径要在规定的范围内

七、零件的研磨及抛光

1. 研磨

零件的研磨是指利用研磨工具、研磨剂，从其表面上磨掉一层微薄的金属，致使工件表面粗糙度细化及能达到很高精度的一种精密的加工方法。如冲裁模的刃口，拉深模的凸、凹模以及型腔模的型腔及型芯，经机械及电加工后，再经模具钳工的最后研磨，即可使刃口变的锋利和表面质量光洁，从而达到提高模具制造质量和使用效果的目的。

在模具制造中，研磨的方法很多，其主要是机械研磨为主，如导柱的最后用研磨套、导套用的研磨棒研磨，并已成了规模化生产。但模具零件经机、电加工后的一些细缝、窄槽以及工作刃口、深坑等，还是离不开模具钳工最后的手工研磨修整，以使零件达到质量要求。其修整研磨的方法，主要是以气动砂轮机，电磨头以及硬质合金旋转锉为主。

（1）研磨的主要方法

模具钳工所用主要研磨方法见表 6-40。

表 6-40 研磨的主要工具与方法

<table>
<tr><th>研磨方法</th><th>工具简图</th><th>工具规格型号</th><th>主要用途</th></tr>
<tr><td>气动砂轮机（风动砂轮机）磨削</td><td></td><td>表 6-40-1 气动砂轮机规格
<table>
<tr><td>产品系列</td><td>40</td><td>60</td><td>80</td><td>100</td></tr>
<tr><td>空转转速/(r/min)</td><td>≥17500</td><td>≤16000</td><td>≤12000</td><td>≤9500</td></tr>
<tr><td>机重/kg</td><td>≤1.0</td><td>≤2.1</td><td>≤3.0</td><td>≤4.2</td></tr>
<tr><td>气管内径/mm</td><td>6</td><td colspan="2">13</td><td>16</td></tr>
</table></td><td>配用砂磨，用于修磨铸坯的冒浇口，大型模具零件表面。如配用布轮可进行抛光；配用钢丝轮可去铁锈</td></tr>
</table>

（续）

<table>
<tr><th>研磨方法</th><th>工具简图</th><th>工具规格型号</th><th>主要用途</th></tr>
<tr><td>电磨头磨削</td><td></td><td>表 6-40-2 电磨头规格
<table><tr><th>规格 \ 型号</th><th>SIJ10</th><th>SIJ25</th></tr><tr><td>磨头：直径长度/mm</td><td>$\phi10\times16$</td><td>$\phi25\times32$</td></tr><tr><td>转矩/(N·m)</td><td>≥0.022</td><td>≥0.08</td></tr><tr><td>转速/(r/min)</td><td>47000</td><td>26700</td></tr><tr><td>重量/kg</td><td>0.6</td><td>1.3</td></tr></table></td><td>配用各种型式的磨头或成形铣刀，对金属表面进行磨削、铣削，特别适用于塑料、压铸、锻模型腔磨削，是以磨代锉刮的工具</td></tr>
<tr><td>硬质合金旋转锉、修锉</td><td>圆柱形旋转锉
带端刃圆柱形旋转锉
圆柱球头旋转锉</td><td>规格型号主要有：锥形、弧形、火矩形、半圆形、圆柱形多种（上海工具厂生产）</td><td>硬质合金旋转锉可取代磨头加工淬火硬度小于 65HRC 的各类模具，主要用于模具型腔的修刮可装在风动及电磨头上使用，是模具钳工新型手工工具之一</td></tr>
<tr><td>油石研磨</td><td>长方油石
圆形油石
三角油石</td><td>表 6-40-3 油石形状代号
<table><tr><th>油石形状</th><th>代号</th><th>油石形状</th><th>代号</th></tr><tr><td>正方形</td><td>SF</td><td>半圆形</td><td>SB</td></tr><tr><td>长方形</td><td>SC</td><td>珩磨油石</td><td>SP</td></tr><tr><td>三角形</td><td>SJ</td><td>T 形珩磨</td><td>ST</td></tr><tr><td>圆柱形</td><td>SY</td><td>油石</td><td></td></tr></table></td><td>主要研磨凸、凹模刃口、型腔、型芯、细小部位表面以及各种成形零件的珩磨和超精加工</td></tr>
</table>

（2）研磨用润滑剂

用油石研磨时，不能干磨干研，要配以润滑剂研磨，否则会使研磨表面产生滑伤。研磨时常用的润滑剂主要有以下几种：

润滑油：用于一般零件。

煤油：用于一般精度零件。

猪油：用于精密零件。

2. 抛光

模具的某些主要工作成形零件，如拉深、成形模的凸、凹模，塑料、压铸、玻璃模的型腔与型芯，在经机电加工后交由模具工装配前都要进行抛光。其主要目的是使表面光洁，细化表面粗糙度，提高质量及精度。目前，抛光的方法很多，如电解抛光，超声波抛光等。但对于一般条件差的企业，仍以钳工的手工抛光为主。

（1）抛光前对加工零件的要求

1）预抛光件其表面粗糙度应小于 $Ra3.2 \sim 1.6\mu m$。

2）零件在抛光前应留有 0.1 ~0.15mm 抛光余量。

（2）抛光所用工具及材料

抛光所用工具及材料见表6-41。

表6-41　抛光所用工具及材料

项　目	工具与材料
抛光用工具	抛光机、手动砂轮机、布轮、镊子、泥布、绸布、油石
抛光剂	金刚砂、研磨膏（Cr_2O_3）
抛光液	煤油、润滑油与煤油的混合液、乙醇

（3）抛光方法

1）将工件先粗加工表面，用细锉进行交叉锉削或用刮刀刮平。锉刮后，表面不应用明显的刀纹及痕迹。

2）用细砂布进行表面磨光。

3）用金钢砂抛光或用毡布、毛泥布沾煤油与润滑油的混合物在抛光表面上摩擦。

4）在用金钢砂抛磨时，先用粒度比较大的粗金钢砂，再依次用中细及细金钢砂研磨。

5）经研磨后的表面，用毛泥布沾取细粒度金钢砂的干粉面再进行一次干抛，以获得光洁的表面。

6）干抛后，用细丝绸布擦试干净。

（4）抛光注意事项

1）抛光时，其运动方向应经常变换，否则会有纹络出现。

2）前一道抛光工序完成后，必须将杂物去除干净再进行下一道抛光工序作业。

3）复杂的抛光表面应用乙醇作为抛光液。

4）模具需抛光成形的零件，在淬硬前、后均应抛光。

八、零件的压印与研配成形

1. 凸、凹模的压印成形

压印加工成形是在冲模制造中，缺少专用的电火花、线切割及成形磨、数控加工设备的条件下，常采用的钳工手工制模法。它是指利用已加工淬硬的凸模（或凹模）作压印的基准件，垂直放在未经淬硬的并留有一定余量的对应刃口凹模（或凸模）孔中，加以适当的压力，通过压印基准件的切削及挤压作用，在工件上压出印痕，钳工按印痕均匀的修整四周余量而制作出对应刃口的凹模（或凸模）的一种手工加工方法。尽管这种方法显得原始落后，但在缺少现代化专用设备的中小企业，还是发挥着应有的作用。即使机电加工后，钳工也应做压印整修。

（1）压印加工的应用范围

利用压印锉修，可做如下几种加工：

1）用凸模对凹模孔或凹模孔反对凸模进行压印修正、锉修成形。

2）用凸模（或样冲）修整凸模固定板的凸模安装形孔或修整卸料板的导向孔、底座的漏料孔等。

3）配合辅助工具加工具有精密孔距的多型孔零件。

4）加工比较难加工的精密型孔成形。

5）加工用成形磨、电火花、线切割等方法难以加工及达不到间隙配合要求的凸、凹模。

6）设备较差的中小型企业冲模零件的最后成形。

（2）压印加工设备

压印一般在专用压印设备上进行。压印机有手搬压印机（本书表1-1）和液压式压印机（图6-8）两种。其压印机应动作平稳，导向准确。上、下工作台要求高度平行。

在没有上述压印机时，对于大件可在手搬压力机、小件在平台上用手锤加力压印。

（3）压印锉修加工方法

压印锉修加工成形，多用于凸、凹模配作加工。对于冲裁模，由于冲压件的外形尺寸由凹模刃口尺寸决定，故多采用以先制出凹模孔并以其为基准反压印锉修凸模，并保证间隙值；而冲孔则以先做凸模（凸模决定冲孔尺寸）并经淬火后压印锉修凹模型孔。各类凸模压印凹模型孔，凹模孔反压印凸模及复合模凸凹模压印锉修方法见表6-42、表6-43及表6-44。

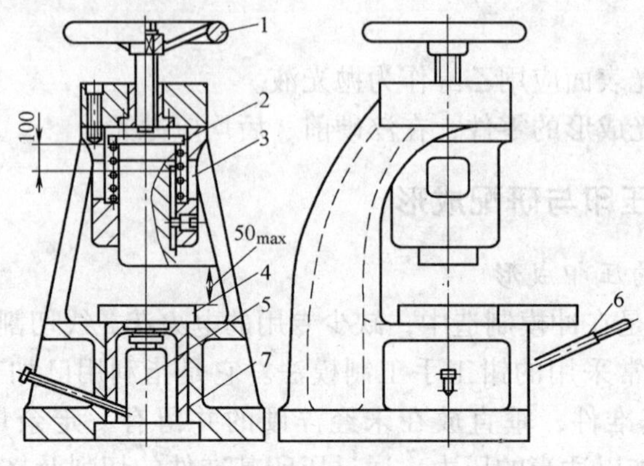

图6-8 液压压印机
1—手轮 2—上工作台 3—弹簧 4—平板
5—千斤顶 6—手柄 7—柱塞

表6-42 凸模压印凹模孔方法

模具结构形式	图 示	压印操作方法
无卸料板简单冲模	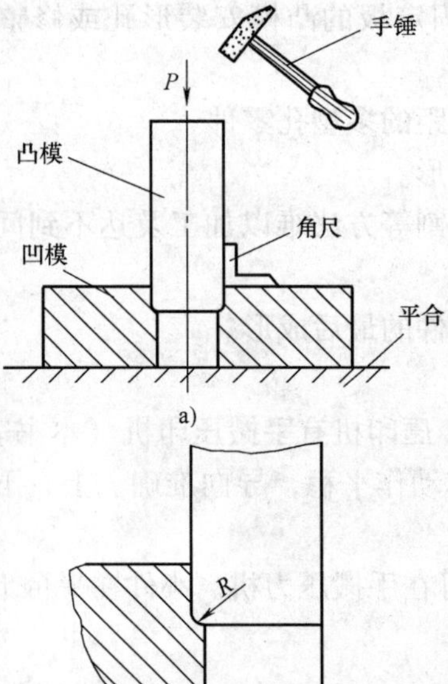 手锤 P 凸模 角尺 凹模 平台 a) R b) a)压印方法 b)凸模(样冲)工作部位倒角	1. 先加工凸模成形,并热处理淬硬后涂上硫酸铜溶液着色 2. 加工凹模坯料孔,孔应留有加工余量0.2~0.3mm 3. 将凹模坯料放在平台上,并使凸模垂直引入凹模孔(凸模应倒0.5~1mm倒角,如图b)内,用手锤(或压印机)轻轻加压,使凸模伸入凹模孔0.5~1mm左右 4. 取出凸模,用细锉锉削被挤压光的凹模孔表面 5. 锉后,再用上述同样的方法压印、锉修,反复多次直到合适为止

（续）

模具结构形式	图　示	压印操作方法
带卸料板复杂冲模	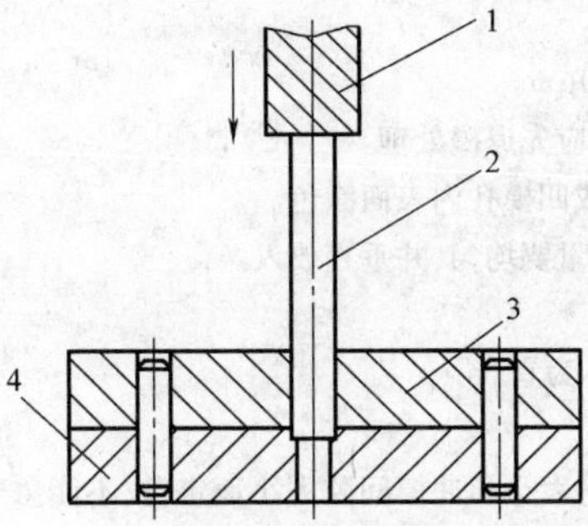 凹模孔压印锉修 1—压印机　2—凸模（样冲） 3—卸料板　4—凹模	1. 将预加工好的卸料板放在凹模上面，并用手钳或销钉、螺钉紧固 2. 将已加工、淬硬的凸模涂以硫酸铜溶液后，以卸料孔导向穿入 3. 在压力作用下，将凸模垂直压入凹模孔中0.5～1mm 4. 取下凸模，将卸料板卸下，并用细锉、锉削凹模孔被挤压的光亮部位 5. 锉削后，再用上述方法反复压印、锉修，直到孔透合适为止 6. 压印合适后，用油石做精细加工并修整出后角，与凸模间隙配合合格后，经热处理淬硬即可使用
压印注意事项	1. 做为样冲的压印凸模，工作部位应磨出 $R0.5$～1mm 的圆角，压印后磨削去除继续做凸模使用 2. 压印每次不要太深，一般为0.5～1mm 3. 凹模孔端面与压印凸模一定要保持垂直 4. 锉削时要仔细，不能碰坏压过后的小平面及刃口	

表 6-43　凹模反压印凸模的方法

图　示	压印锉修方法
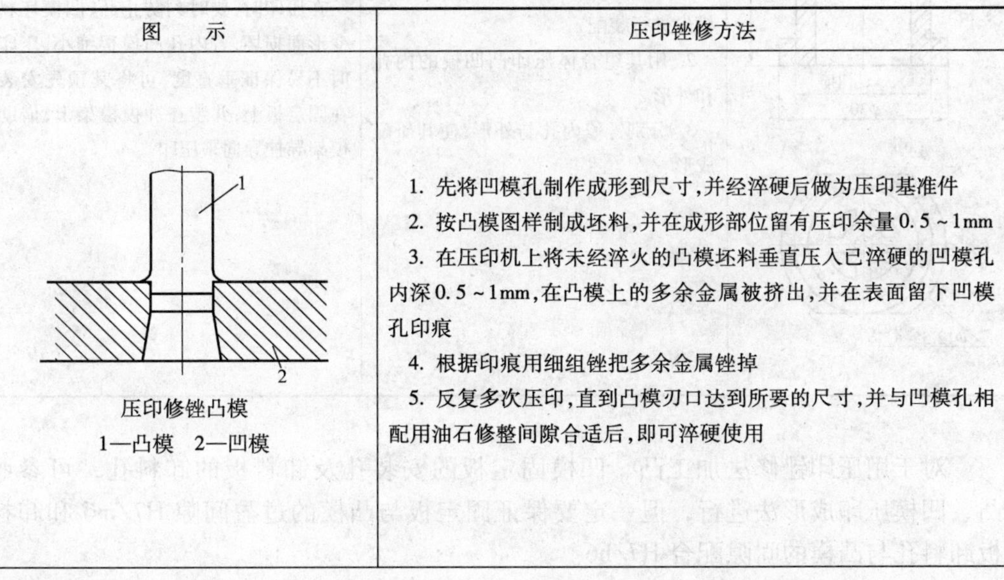 压印修锉凸模 1—凸模　2—凹模	1. 先将凹模孔制作成形到尺寸，并经淬硬后做为压印基准件 2. 按凸模图样制成坯料，并在成形部位留有压印余量0.5～1mm 3. 在压印机上将未经淬火的凸模坯料垂直压入已淬硬的凹模孔内深0.5～1mm，在凸模上的多余金属被挤出，并在表面留下凹模孔印痕 4. 根据印痕用细组锉把多余金属锉掉 5. 反复多次压印，直到凸模刃口达到所要的尺寸，并与凹模孔相配用油石修整间隙合适后，即可淬硬使用

（续）

图　示	压印锉修方法

压印注意事项：

1）压印用凹模的工作刃口表面粗糙度 $Ra<0.40\mu m$。

2）压印用凹模上、下平面应磨平，压印凹凸模均应先退磁处理。

3）在压印前将凸模表面涂以硫酸铜溶液、着色或凹模孔内表面涂色。

4）压印前，应将凸模正确放入凹模孔内，四周余量要均匀，并垂直放入。

5）压印时，压力应通过凹模孔中心不得偏斜。

6）每次压印深度不宜太大，一般为 0.5～1.5mm 为宜。

7）锉修时，不应损坏已压光的表面。

8）压印锉修反复次数应根据工作刃口形状，余量大小和冲模间隙大小而定，决不能急于求成，以免损坏凹模。

表 6-44　凸凹模压印锉修方法

图　示	压印方法	注意事项
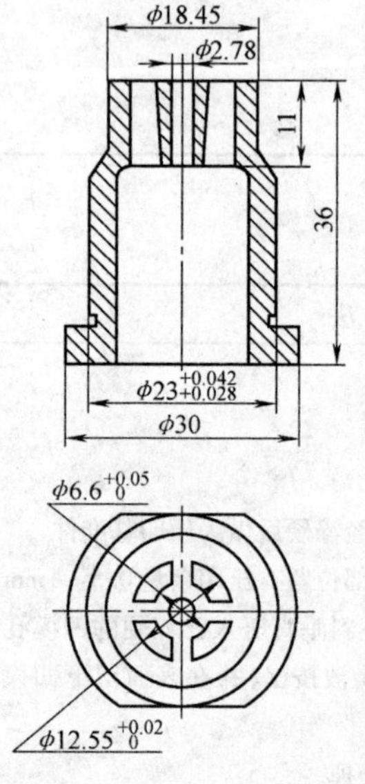 φ18.45　φ2.78　11　36　$\phi23^{+0.042}_{+0.028}$　φ30　$\phi6.6^{+0.05}_{0}$　$\phi12.55^{+0.02}_{0}$	1. 将压印用的内孔凸模与外缘凹模先进行装配 2. 用其组合体压印凸凹模的内孔和外形 3. 分别锉修内孔与外形，使其研配成形	在压印时，要时刻防止凸、凹模坯料变形而损坏，若内孔凸模很细小，压印时不易保证垂直度，可将其预先安装在固定板上，并装在冲模模架上，借助模架导柱导向来压印

对于用压印锉修法加工凸、凹模固定板的安装孔及卸料板的卸料孔，可参照凸、凹模压印成形法进行，但一定要保证固定板与凸模的过盈间隙 H7/m6 和卸料板卸料孔与凸模的间隙配合 H7/h6。

2. 模具零件的研配成形加工

研配是一种手工制模精加工方法，主要用于两个互相配合的曲面要求形状和尺寸一致的情况下。研配加工的基本过程是：先将一个零件按图样加工好（通常是按样板或样架加工）作为基准件，然后当加工另一件时，将基准件的成形表面涂上红丹粉并使基准件与加工件的成形表面相接触。根据在加工件成形表面上印出的接触印痕多少，即可知道两个成形表面吻合程度；同时，根据接触点位置，即可确定需要修磨的部位，以便进行修磨。经修磨后，再进行着色检验和修磨。如此循环进行修磨和检验，直至加工件的形状和尺寸与基准件完全一致（即着色检验全部接触）时为止。这个过程，类似刮研平板的过程，所不同的只是刮平板应用刮刀刮，加工的是平面，而研配通常是用砂轮机修磨，加工面是曲面。

模具钳工的研配，通常用于下述两种情况：

1）用于二维曲面的配合。例如，冲裁刃口是曲线形时，凸模和凹模的配合面就是二维曲面。当冲裁间隙较小时，机械加工达不到精度要求，就需靠钳工手工研配来保证。

2）用于三维曲面的配合。例如汽车覆盖件拉深的凸模和凹模的形状，都是三维曲面，它们的形状和尺寸不易测量，一般都用模型、样架进行研合、着色检验后，再进行修磨成形。

上述两种情况，一般都靠钳工研配来保证模具的精度。其加工原理都是一样的，即用基准件着色研合、手工修整，最后达到全面接触。

(1) 二维曲面的研配

二维曲面的研配方法见表6-45。从表图6-45所示的落料模结构可知：其凸模是整体结构，而凹模则是由六块镶块组成。在加工时，是先将凸模加工成形（按样板或成形磨削）经淬硬后以其为基准来研磨凹模型块，依次贴合成形。

表6-45　凹模的研配方法

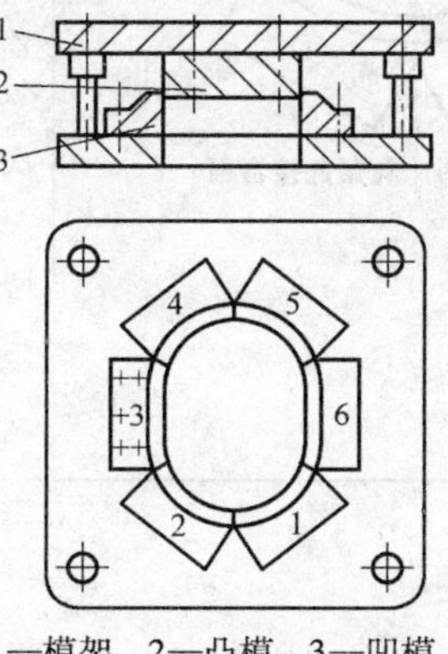

1—模架　2—凸模　3—凹模

（续）

加工步序	图示	研配操作方法
准备凹模六镶块	—	将凹模六镶块粗加工成形后，淬硬并将上、下平面磨平
准备凸模	—	将凸模按图样加工成形，淬硬后装在上模板上，并将其四周涂上红丹粉
研配	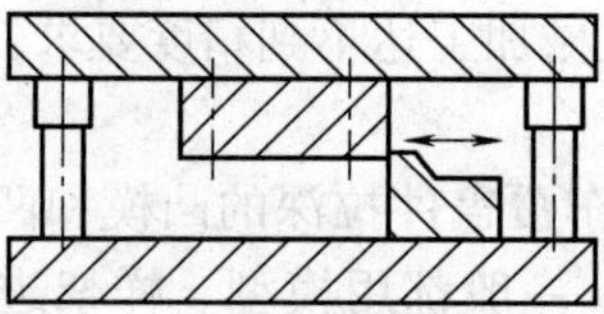	1. 选择一块镶块，确定好与凸模相对位置后，进行与凸模研合 2. 根据研配着色情况钳工可用风动砂轮机修磨着色部位，直到合适为止 3. 将研合好的镶块结合面磨平，并用螺钉固紧
	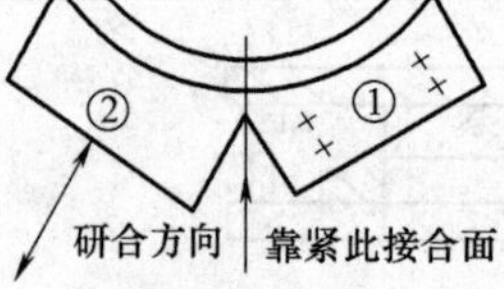 ② ① 研合方向 靠紧此接合面	1. 磨第二块镶块的与第一块镶块结合面，用上述同样方法着色研配，并要紧贴已固定的第一块镶块，以保证与凸模相对位置 2. 第二块镶块研配后用螺钉紧固，再依次研配第三～第六块 3. 研配成形后，用油石修整配好与凸模间隙及后角即可使用

（2） 三维曲面的研配

大型汽车覆盖件拉深模的凸、凹模多为三维曲面。其研配方法见表6-46。

表 6-46 三维曲面研配

图 示	研配过程	注意事项
3 2 1 a) A(可能会出现着色亮多硬点) 研合方向 b) a)三维曲面的研配 1—凸模 2—样架 3—滑块 b)硬点识别与分析	1. 将凸模与凹模按图样在仿形铣床初加工成形 2. 将凸模 1 放在研配压力机的工作台上(图 a)试先做好的样架 2(根据主模型翻制的凹形模型)装在研配压力机滑块 3 上 3. 将样架的型面涂上红丹粉着色 4. 开动压力机使滑块代样架下行,使样架 2 与凸模 1 型面贴合,便在凸模型面高处点上印上“红色” 5. 用风动砂轮机在着色地方修磨,直到凸模型面 80% 以上全着色,即可认为凸模形状与样架基本一致和主模型一样 6. 凸模研配后,再以凸模为基准来研配凹模。即将凸模装在压力机滑块上,凹模放在工作台上,按研配凸模方法进行	1. 研配时导向要精确,并保证每次研合的方向和位置不变 2. 着色不可太厚,尤其是精研时,一定要均匀而薄 3. 在研磨时一定要认真仔细,即使着色多的地方,也可能会出现“假硬点”着色现象,故一定认真分析后再研磨,以防出现研磨过大而出现废品,如图 b 所示的 A 处,即使着色太多,但是假硬点可不必研磨

九、样板的使用与制作

在模具制作中，一些形状较复杂、空间曲线和曲面过渡较多的零件，在其划线和加工过程中常用到样板。因此，样板已成为模具零件加工制作中的辅助工具，其加工质量的高低，和使用方法正确与否，将直接关系到这些零件的加工质量和尺寸形状精度。

1. 样板的种类及功用

样板是检查确定工件尺寸、形状和位置的一种专用量具，其种类及作用见表6-47。

表 6-47　模具零件加工常用样板的种类与功用

样板名称	图示	功用
划线样板		主要用于模具零件的划线，如对于具有立体复杂曲面拉深成形模的凸模外轮廓，压边圈的内轮廓，顶件块的外轮廓，凹模的内轮廓和复杂型腔模的型芯（凸模）、凹模（型腔）内外轮廓等的划线都需工艺主模型有关投影样板来确定
测量样板（工作样板）	1 2 a) b) a）用样板检测零件 1—样板　2—工件 b）用样板精加工	用来检验工件表面轮廓形状及尺寸的样板。在检测时，可以将样板的测量型面与被加工工件的测量表面贴合，然后用间隙法（漏光）确定光缝大小，来确定零件是否合格，也可将样板复合在工件平面上，按样板形状加工检测

2. 样板的制作方法

样板的制作方法见表6-48（A）。

表 6-48（A）　样板的制作方法

序号	项　目	制作方法与要求
1	样板材料选择	材料：Q235 冷轧钢板 材料厚度：1～3mm 材料要求：硬度要适中，表面平整光洁

（续）

序号	项　目	制作方法与要求
2	样板基准选择	1. 以中心十字线为基准 2. 以两个相互垂直的面为基准 3. 以平面和中心线为基准 4. 以已加工出来的表面为基准
3	样板的制作精度	1. 样板的尺寸公差值及位置与形状公差值一定要在被测及被加工零件精度等级范围内，即： $\delta_{样板} \leqslant \delta_{工件} - \delta_{测量}$ 式中　$\delta_{样板}$—样板公差（mm）； $\delta_{工件}$——被测工件的制造公差（mm）； $\delta_{测量}$——样板测量的最大可能公差（mm） 2. 对要求较高的配对使用的样板，其轮廓要吻合，应用“灯箱”透光检查，要求透光均匀，或不透光 3. 样板的测量面应与样板大平面垂直 4. 样板测量面的表面粗糙度 Ra 值应小于 0.8μm 5. 具有对称轴的样板必须能翻对中心
4	样板的加工方法	1. 模具钳工手工加工 2. 机械精密加工，精密成形磨床，数控机床 3. 电加工：线切割加工
5	样板标记、打刻	1. 标记要清晰、明显，容易辨认 2. 标志符号要美观

3. 手工制作样板的工艺过程

模具钳工手工制作样板工艺过程见表 6-48（B）。

表 6-48（B）　手工制作样板工艺过程

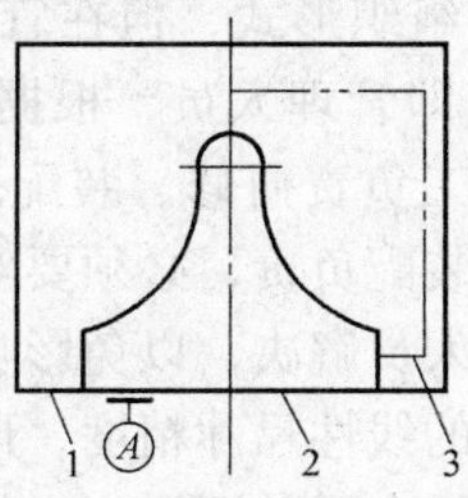

1—工作样板　2—校对样板　3—辅助样板

（续）

序号	加工过程	工艺说明	要求
1	制作校对样板	1. 剪切板料 2. 矫正与磨平 3. 加工基准面 4. 划线 5. 粗加工测量面 6. 精加工测量面 7. 研磨测量面 8. 去毛刺 9. 检验	1. 两块按最大的长×宽尺寸，并要留有加工余量 2. 在平台上矫平，并用平面磨床磨平 3. 锉削两相邻面并互相垂直 4. 划出样板全部轮廓线 5. 周围留 0.2～0.5mm 加工余量 6. 留有研磨余量 7. 要达到表面粗糙度要求 8. 四周应无毛刺 9. 检验尺寸精度与表面粗糙度要符合要求
2	制作工作样板	1. 将检验合格的校正样板与工作样板坯料叠合在一起，用夹板夹紧 2. 用划针按校正样板划线 3. 按粗、精加工方法加工	1. 要使两个样板的基准面 A 重合 2. 划线一定要仔细 3. 用制作校正样板方法
3	检验	1. 对拼检验法 2. 用万能量具检验法 3. 光学测量仪器检验法	1. 将制作后的校正与工作样板对拼在一起，用光隙法检验 2. 检验时要正确使用标准量规和角规 3. 主要用工具显微镜检验
4	做标记	在样板指定位置上，用电刻法刻制出标记	标记符号要平直美观，容易辩认

注：1. 校对样板是指用来检测工作样板（测量样板）形状尺寸的高精度样板。
2. 表中加工工艺方法只供参考。

十、零件的检测

模具在生产加工过程中，尽管各企业根据不同的生产规模、模具类型、设备状况和生产技术水平，采用不同的组织形式，但在管理上还多采用钳工负责制（或分段负责制）的方式进行管理。即管理人员，根据进度计划，安排各零件的加工和外协后，最终还是交给模具钳工负责研修、装配。因此，模具钳工，在接到机、电加工及外协工件后，为对自己装配负责，必须要对其认真检查和验收。如果发现质量问题应及时找到有关部门及人员解决，以免影响装配质量和进度。

零件的检查，主要包括零件的线性尺寸精度，形位精度及表面质量状况、硬度等。在检测中，其测量结果必须符合零件图样规定的误差范围之内，否则可按不合格处理，重新修正或反工重做。

1. 零件的线性尺寸检测

模具零件的线性尺寸包括：零件的长、宽、高沟槽长宽深、圆弧半径、孔径等。这类尺寸的检测一般是在平台上利用游标量具（卡尺）、测微量具（千分尺）或指示量具（百分表或千分表）进行实体测量，然后将测量的实际尺寸与图样规定的尺寸公差相比较，若没有超出图样所规定的尺寸公差范围即为合格，否则为不合格产品。

（1）测量量具的选择

零件在检测前，应根据零件的结构特点、尺寸大小、精度与形状来选择不同的量具。其原则是：被测量值必须要在所选测量器具的测量范围之内。同时，所选的测量器具测量极限误差，必须小于或等于被测量的公差等级所允许的测量极限公差。表6-49列出了几种常用量具所能测量的公差等级，供检测时选用参考。

表6-49　常用量具所能测量的公差等级

量具名称		被测零件公差(IT)	量具名称		被测零件公差(IT)
游标卡尺	0.02mm	11～16	百分表	0级	6～8
	0.05mm	12～16		1级	8～10
	0.10mm	16	千分表	0.002mm	5～8
千分尺	0级	6～8		0.001mm	5～7
	1级	8～9	0.002杠杆千分表		5
	2级	9～11	0.002杠杆卡规		5

（2）检测方法

模具零件的线性尺寸常用检测方法见表6-50。

表6-50　模具零件常用线性尺寸检测方法

检测方法	图　示	检 测 说 明
游标卡尺测量	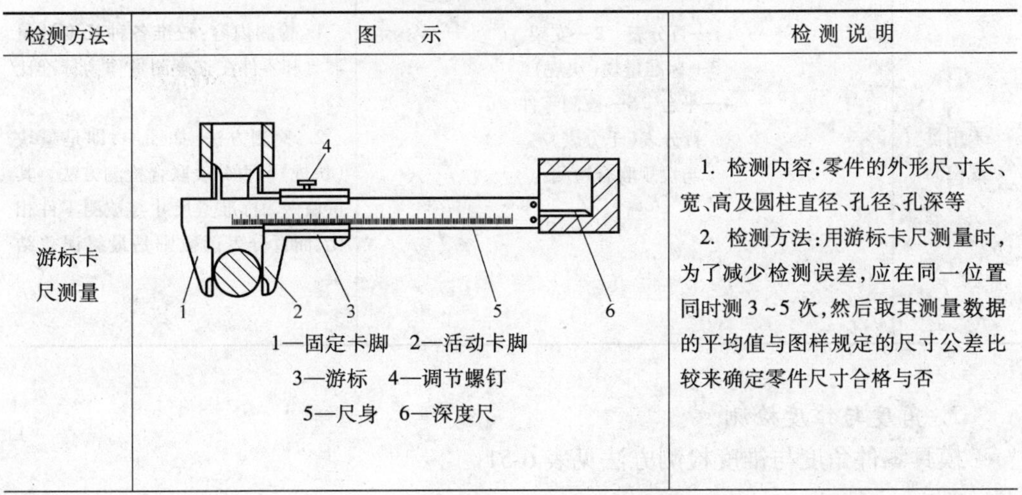 1—固定卡脚　2—活动卡脚 3—游标　4—调节螺钉 5—尺身　6—深度尺	1. 检测内容：零件的外形尺寸长、宽、高及圆柱直径、孔径、孔深等 2. 检测方法：用游标卡尺测量时，为了减少检测误差，应在同一位置同时测3～5次，然后取其测量数据的平均值与图样规定的尺寸公差比较来确定零件尺寸合格与否

（续）

检测方法	图 示	检测说明
千分尺检测	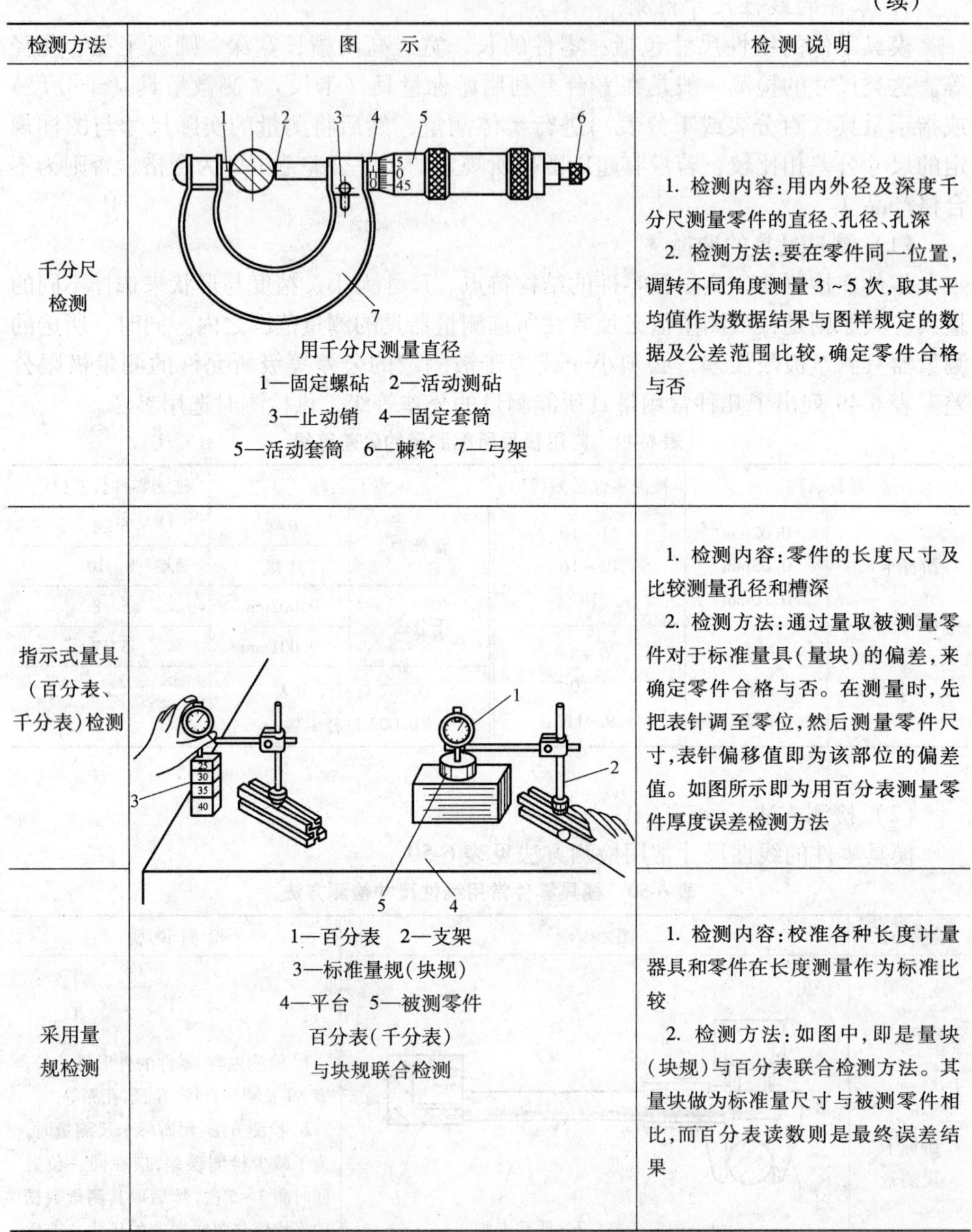用千分尺测量直径 1—固定螺砧　2—活动测砧 3—止动销　4—固定套筒 5—活动套筒　6—棘轮　7—弓架	1. 检测内容：用内外径及深度千分尺测量零件的直径、孔径、孔深 2. 检测方法：要在零件同一位置，调转不同角度测量 3 ~ 5 次，取其平均值作为数据结果与图样规定的数据及公差范围比较，确定零件合格与否
指示式量具（百分表、千分表）检测		1. 检测内容：零件的长度尺寸及比较测量孔径和槽深 2. 检测方法：通过量取被测量零件对于标准量具（量块）的偏差，来确定零件合格与否。在测量时，先把表针调至零位，然后测量零件尺寸，表针偏移值即为该部位的偏差值。如图所示即为用百分表测量零件厚度误差检测方法
采用量规检测	1—百分表　2—支架 3—标准量规（块规） 4—平台　5—被测零件 百分表（千分表） 与块规联合检测	1. 检测内容：校准各种长度计量器具和零件在长度测量作为标准比较 2. 检测方法：如图中，即是量块（块规）与百分表联合检测方法。其量块做为标准量尺寸与被测零件相比，而百分表读数则是最终误差结果

2. 角度与锥度检测

模具零件角度与锥度检测方法见表 6-51。

表 6-51　模具零件角度与锥度检测方法

检测方法	图　示	检测说明
采用游标量角器检测	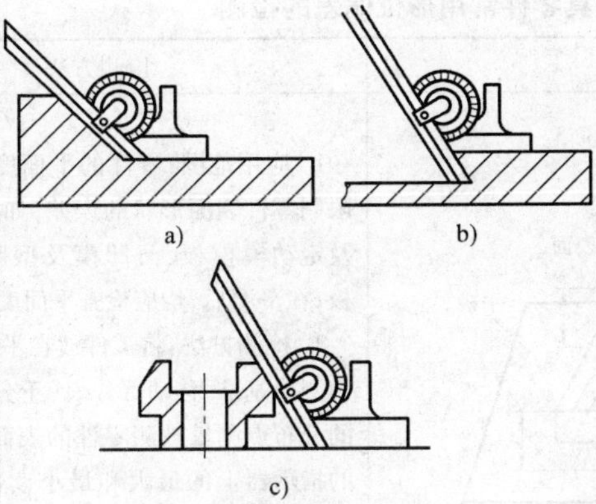 a)　b)　c)	在测量时,先把游标量角器的中间螺母放松,使量角器的固定尺紧贴在被测零件的表面上,然后再转动圆盘,使两直尺与工件表面接触,不漏缝隙,即可直接读出斜面角度
采用量规相对比较检测	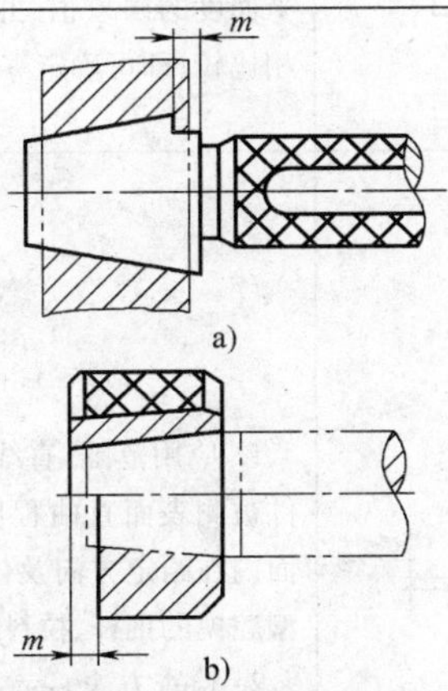 m　a)　m　b)	采用具有一定角度或锥度的标准量规和被测零件的角度与锥度相比较,并用光隙法或涂色法估测被测角度或锥度。如图所示,为用圆锥量规检测零件内锥孔方法
采用量具进行间接检测	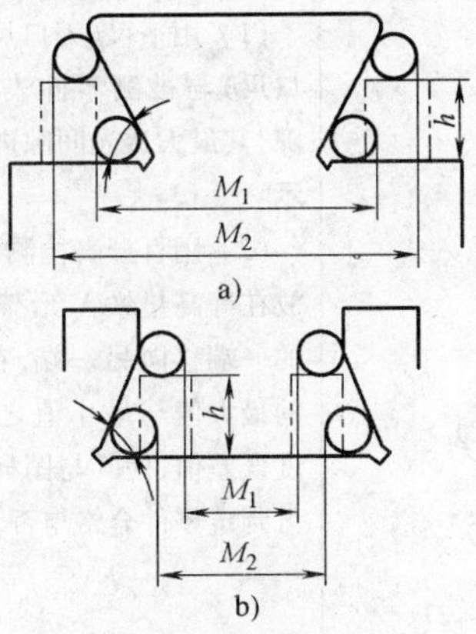 h　M_1　M_2　a)　h　M_1　M_2　b) 燕尾角度检测 a)燕尾导轨尺寸 b)燕尾槽尺寸	利用万能量具和其他辅助量具,先测出和角度及锥度有关的线性尺寸,然后再通过计算得出角度和锥度误差值,与图样比较确定合格与否 如图示是检验锻模燕尾槽的方法: 1. 先使两个直径相同的圆柱与燕尾导轨接触,测出 M_1 尺寸 2. 将两圆柱分别放在两个等高的量块上,测出 M_2 尺寸 3. 计算导轨角度 $\tan\alpha = 2h/(M_2 - M_1)$ 式中　α—测后计算出的燕尾角度(°); h—量块的高度尺寸(mm); M_1、M_2—测出的直线尺寸(mm)

3. 形位偏差的检测

模具零件常用形位偏差的检测方法见表 6-52。

表 6-52　模具零件常用形位偏差的检测

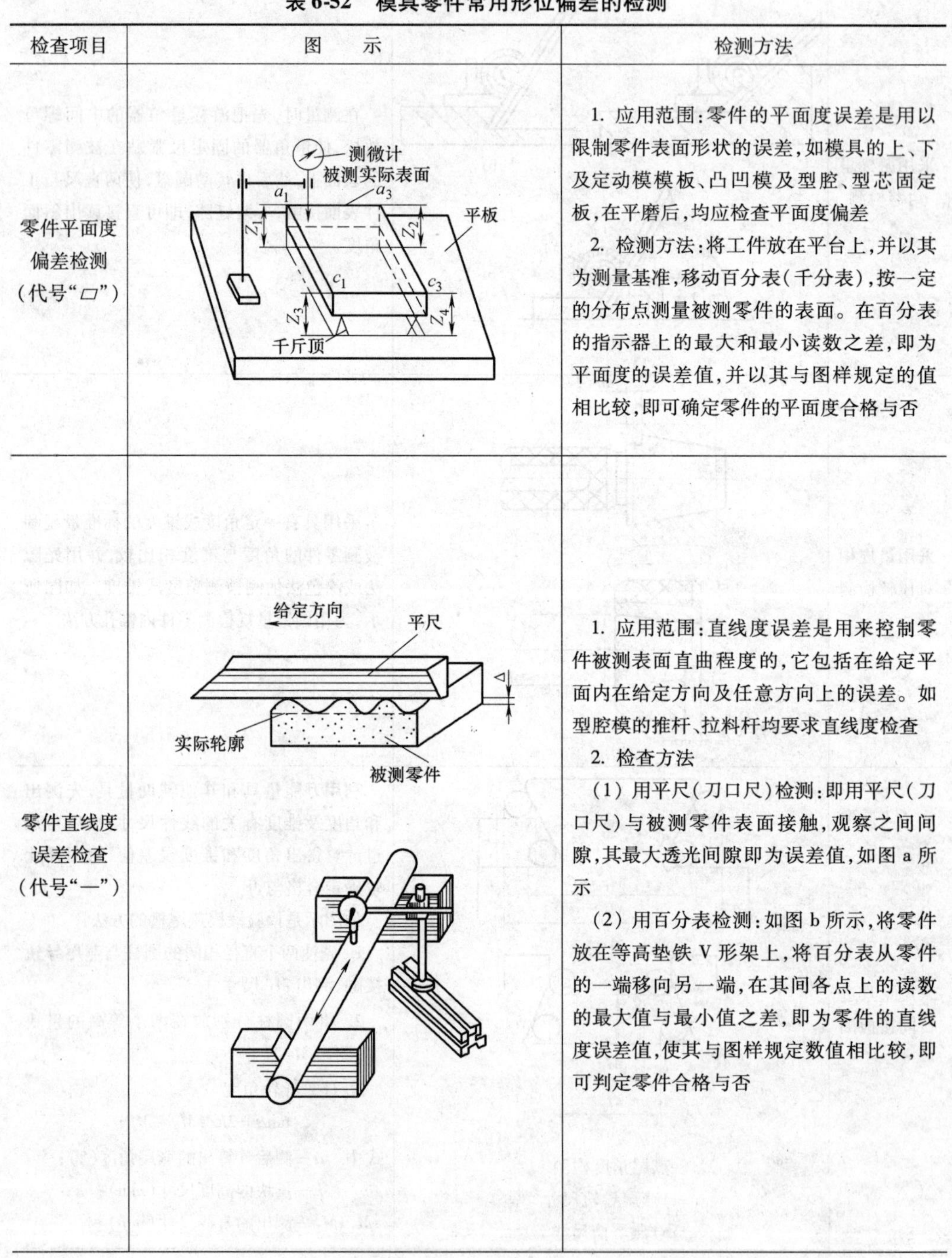

检查项目	图　示	检测方法
零件平面度偏差检测（代号“▱”）		1. 应用范围：零件的平面度误差是用以限制零件表面形状的误差，如模具的上、下及定动模模板、凸凹模及型腔、型芯固定板，在平磨后，均应检查平面度偏差 2. 检测方法：将工件放在平台上，并以其为测量基准，移动百分表（千分表），按一定的分布点测量被测零件的表面。在百分表的指示器上的最大和最小读数之差，即为平面度的误差值，并以其与图样规定的值相比较，即可确定零件的平面度合格与否
零件直线度误差检查（代号“—”）		1. 应用范围：直线度误差是用来控制零件被测表面直曲程度的，它包括在给定平面内在给定方向及任意方向上的误差。如型腔模的推杆、拉料杆均要求直线度检查 2. 检查方法 （1）用平尺（刀口尺）检测：即用平尺（刀口尺）与被测零件表面接触，观察之间间隙，其最大透光间隙即为误差值，如图 a 所示 （2）用百分表检测：如图 b 所示，将零件放在等高垫铁 V 形架上，将百分表从零件的一端移向另一端，在其间各点上的读数的最大值与最小值之差，即为零件的直线度误差值，使其与图样规定数值相比较，即可判定零件合格与否

（续）

检查项目	图　示	检测方法
零件圆柱度误差检测（代号“/O/”）	a） b） c） a）导柱的圆柱度检测 1—测量平台 2—V形架 3—被测导柱 4—千分表 b）用圆度仪检查 c）用内径千分表检查	1. 应用范围：零件的圆柱度公差是以限制整个圆柱表面的形状误差。如模具中的导套、导柱、模柄等零件加工后均应检查圆柱度误差 2. 检查方法 （1）导柱圆柱度检查可采用图a的方法，即将被测零件放在平板上的V形架内（90°、120°），并固定住轴向位置。在检测时将被测零件回转，在回转一周的过程中，用百分表或千分表测量某一个横截面上的最大与最小读数差值的一半，并连续测几个截面后，比较差值一半的最大值，即为圆柱度误差。检测后与图样标注误差相比即可确定零件合格与否。表6-52-1列出了标准模架各级别的导柱圆柱度公差标准，供检验时参考

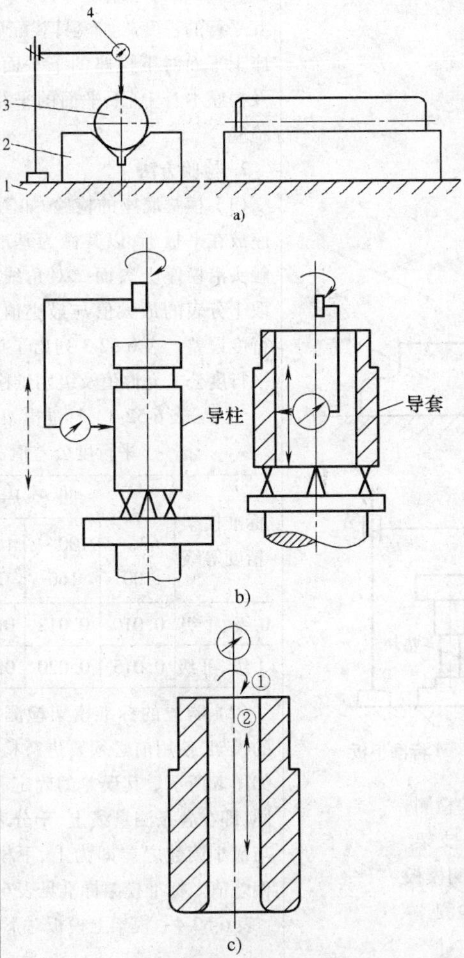

表6-52-1　导柱圆柱度公差值

（单位：mm）

标准模架精度等级	导柱直径 ≤30	30～45	>45
0级、Ⅰ级	0.003	0.004	0.005
01级、Ⅱ级	0.004	0.005	0.006

注：0.01级为滚动导向模架；Ⅰ、Ⅱ级为滑动导向模架

（2）导套的检测：导套的检测可以用圆度仪检测（图b）。也可以用内径千分表检测，其方法是在被测零件某一个截面上回转一周的过程中，侧最大最小数值差值一半，然后测多小截面，其差值一半最大者为圆柱度误差。表6-52-2为标准模架导套圆柱度公差等级，供检测时参考

表6-52-2　导套圆柱度公差等级

（单位：mm）

标准模架等级	导套内径 ≤30	30～45	>45
0级、Ⅰ级	0.004	0.005	0.006
01级、Ⅱ级	0.006	0.007	0.008

（续）

检查项目	图　示	检测方法
零件平行度误差检测 （代号"∥"）	a) b) a）模板平行度偏差检测 1—检验平台　2—支架 3—千分尺　4—被测模板 b）购置模架的检测	1. 应用范围：平行度是指被测零件（平面或直线）相对于基准零件（平面或直线）相互平行的程度。如模具装配后模具的上模座上平面对下模座的下平面的平行度，以及模座本身上、下平面的平行度误差均应检验 2. 检验方法 （1）模具底座的检验，如图 a 所示，将模座放在平板上，以其做为基准使千分表的触头沿模座上表面二对角线方向移动，读取千分表的最大值与最小值，其差即为平行度误差。表 6-52-3 列出了标准模架底座平行度公差允许值及级别供检测时参考

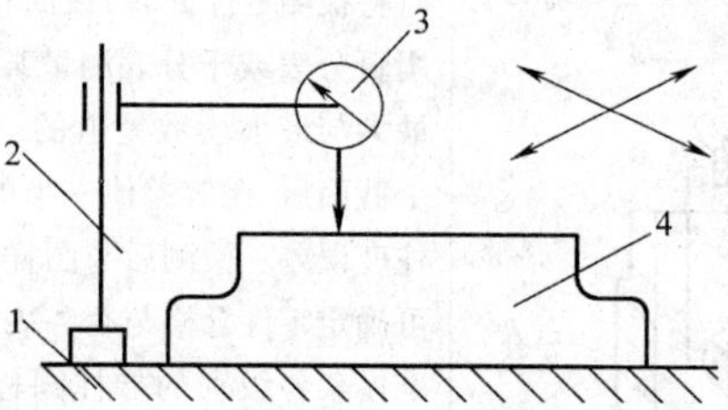

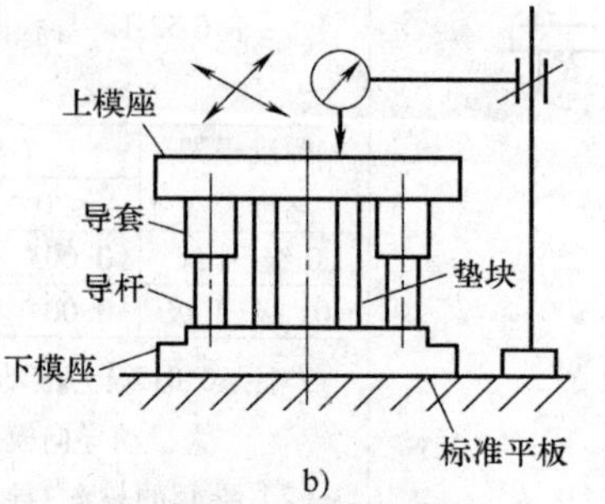

表 6-52-3　标准模架模板平行度公差值　（单位：mm）

标准模架精度等级	凹模周界			
	63 ~ 100	100 ~ 160	160 ~ 250	250 ~ 400
0 级、Ⅰ级	0.010	0.012	0.015	0.020
Ⅰ级、Ⅱ级	0.015	0.020	0.025	0.030

（2）购置的标准模架检测：若采用外购的模架，使用前必须要进行检测，检测方法如图 b 所示。其误差的确定和检测模板相同，即在各条测量线上、千分表指示器最大与最小读数之差即为上、下模座间平行度偏差值。标准模架标准见表 6-52-4

表 6-52-4　模架上模板对下模板平行度　（单位：mm）

标准模架精度等级	被测尺寸（凹模周界）			
	>63 ~100	>100 ~ 160	>160 ~ 250	>250 ~ 400
0 级、Ⅰ级	0.015	0.020	0.025	0.030
Ⅰ级、Ⅱ级	0.023	0.030	0.040	0.050

（续）

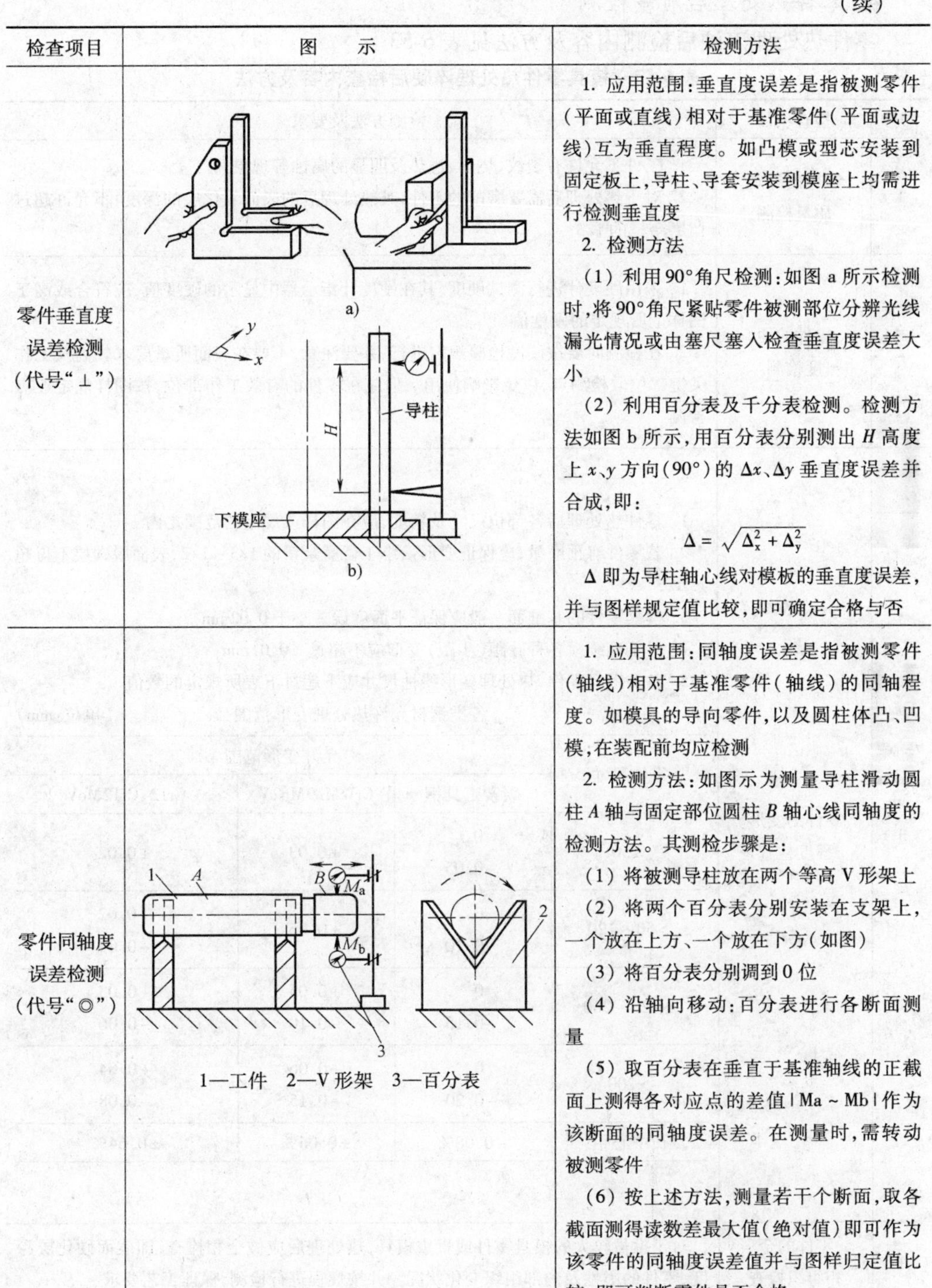

检查项目	图　示	检测方法
零件垂直度误差检测（代号“⊥”）	a) y　x　H　导柱　下模座 b)	1. 应用范围：垂直度误差是指被测零件（平面或直线）相对于基准零件（平面或边线）互为垂直程度。如凸模或型芯安装到固定板上，导柱、导套安装到模座上均需进行检测垂直度 2. 检测方法 （1）利用90°角尺检测：如图a所示检测时，将90°角尺紧贴零件被测部位分辨光线漏光情况或由塞尺塞入检查垂直度误差大小 （2）利用百分表及千分表检测。检测方法如图b所示，用百分表分别测出H高度上x、y方向（90°）的Δx、Δy垂直度误差并合成，即： $\Delta = \sqrt{\Delta_x^2 + \Delta_y^2}$ Δ即为导柱轴心线对模板的垂直度误差，并与图样规定值比较，即可确定合格与否
零件同轴度误差检测（代号“◎”）	1　A　B　M_a　M_b　2　3 1—工件　2—V形架　3—百分表	1. 应用范围：同轴度误差是指被测零件（轴线）相对于基准零件（轴线）的同轴程度。如模具的导向零件，以及圆柱体凸、凹模，在装配前均应检测 2. 检测方法：如图示为测量导柱滑动圆柱A轴与固定部位圆柱B轴心线同轴度的检测方法。其测检步骤是： （1）将被测导柱放在两个等高V形架上 （2）将两个百分表分别安装在支架上，一个放在上方、一个放在下方（如图） （3）将百分表分别调到0位 （4）沿轴向移动：百分表进行各断面测量 （5）取百分表在垂直于基准轴线的正截面上测得各对应点的差值｜Ma ~ Mb｜作为该断面的同轴度误差。在测量时，需转动被测零件 （6）按上述方法，测量若干个断面，取各截面测得读数差最大值（绝对值）即可作为该零件的同轴度误差值并与图样归定值比较，即可判断零件是否合格

4. 零件热处理后质量检测

零件热处理淬硬后检测内容及方法见表 6-53。

表 6-53 模具零件热处理淬硬后检查内容及方法

<table>
<tr><th>序号</th><th>检查项目</th><th>检测方法及要求</th></tr>
<tr><td>1</td><td>零件的外观质量检测</td><td>1. 工件不允许有裂纹、烧伤、过热及明显的腐蚀等现象
2. 对于热处理后需要磨削的零件,其热处理后的表面氧化层的深度,不允许超过留磨余量的 1/3</td></tr>
<tr><td>2</td><td>零件的硬度检测</td><td>1. 采用硬度计进行测试硬度,其在硬度计指示器中显示的硬度值,应符合或高于图样上所规定的硬度值
2. 在检测时要按硬度检验规定进行,并要注意,不要在表面质量要求较高及工作关键部位取检测点,以免影响使用。但应在零件的有效工作部位,按图样规定逐点检测</td></tr>
<tr><td>3</td><td>零件的变形程度检查</td><td>1. 零件热处理后各部位尺寸及精度,应在图样或规定的范围之内
2. 若零件有预磨量,应保证变形量小于留磨余量的 1/3 ~ 1/2,表面脱碳层不得超过 1/3
3. 模具零件的基准面一般应保证平面度误差小于 0.02mm
4. 对于连续模各种孔距(步距)变形应不超过 ±0.01mm
5. 各类钢材零件,热处理变形线性尺寸应不超过下表所规定的数值
各类钢材允许热处理变形范围 (单位:mm)
<table>
<tr><th rowspan="2">零件尺寸</th><th colspan="3">允许变形范围</th></tr>
<tr><th>碳素工具钢</th><th>CrWMn9Mn2V</th><th>Cr12、Cr12MoV</th></tr>
<tr><td>≤50</td><td>0
-0.05</td><td>±0.03</td><td>±0.02</td></tr>
<tr><td>>50 ~ 120</td><td>0
-0.10</td><td>±0.06</td><td>+0.02
-0.04</td></tr>
<tr><td>>120 ~ 200</td><td>0
-0.15</td><td>+0.05
-0.10</td><td>+0.03
-0.06</td></tr>
<tr><td>>200</td><td>0
-0.20</td><td>+0.06
-0.15</td><td>+0.04
-0.08</td></tr>
<tr><td>孔中心距</td><td>-0.08%</td><td>±0.06%</td><td>±0.64%</td></tr>
</table></td></tr>
<tr><td>4</td><td>零件的金相组织检查</td><td>对于批量较大的模具零件或贵重模具,热处理后应做金相检查,即表面硬化层深度、零件的脆性及内部组织变化状况。并按规程进行检测,保证工艺要求</td></tr>
</table>

第七章 冲模制造特点及零部件组装

一、冲模制造特点及要求

（一）冲模的制造特点

冲模是冷冲压生产的专用主要工具。它的制造与装配精度高低及质量好坏，直接影响到冲压生产能否正常进行及冲压制品的质量精度和成本的高低。因此，冲模制造技术，在冲压生产中显得尤为重要。

冲压生产用模具——冲模的制造特点见表7-1。

表7-1 冲模制造特点

序号	制造特点	说　明
1	根据冲件批量大小,选择模具生产方式	1. 批量小的冲压件,其模具的制造可以采用单件生产工艺,及上、下模配作方式 2. 批量大的冲压件,应采用冲模零件批量成套性生产方式,即根据冲模结构采用标准化系列化生产模式,使坯件加工后,成套性供应,以缩短生产制造周期及模具质量的提高。同时,模具零件有较高的互换性,便于维护修理
2	冲模生产具有一定的连续性	对于同一冲压件,需要多套冲模完成加工时在加工、调试冲模时,必须要保证前后工序所用冲模加工的连续性
3	生产复杂形状坯料及某些零件尺寸需经试模后确定	对于复杂形状冲压制品需拉深、成形工序或弯曲成形时,其坯料尺寸难以通过计算确定其形状和尺寸,必须通过最后一道工序模具成形后,确定首道工序的坯件形状和尺寸。而其前道工序模具的凸、凹模工作部位圆角,也应经试模合适后,再淬火组装
4	冲模的制造质量需经调试后确定,交付使用	冲模装配后,应经过试冲调试后,能稳定冲出合格零件方能确定制造质量优劣及交付使用
5	冲模的生产需要做好周密的生产技术物资准备	1. 材料准备:对于凸、凹模工作零件要经火花鉴别才能使用,防止用错材料而影响质量 2. 工具准备:加工必要的刀具、卡具以及电火花用电极和数控机床所用的程序等 3. 技术及生产准备:工艺文件的编制及审核
6	冲模的生产制造周期一般较长	冲模制造周期一般较长,为缩短生产制造周期降低成本,应从材料供应、技术能力的提高而下工夫

（二）冲模制造程序与步骤

冲模制造程序与步骤见表7-2。

表7-2 冲模制造程序与步骤

步序	程序内容	工序说明
1	识读图样及工艺文件	1. 识读及分析通过模具所要制冲压件的零件图，掌握其基本形状、尺寸要求及技术要求和材质。必要时，根据图样，用手工加工出样件，以便在制模及试模时做为样件使用 2. 参看模具总装配图，了解模具结构组成及各零件在其的位置，作用及模具工作成形原理 3. 识读模具零件图，掌握其使用材料、技术要求及根据本企业设备，分析其加工方法和需工卡量具 4. 根据工序及工艺卡，列出加工路线及材料明细，计划完成时间 5. 编制制造工艺路线及零件加工顺序要求
2	准备材料，领取标准坯件或标准件	1. 根据总装图标题栏，列出各零件所需材料，依据本企业管理程序备料、锻压及热处理退火或直接从材料库中领取半成品坯料 2. 领取模具所用的各种标准件，如标准模架、螺钉、销钉、弹簧及其他制模辅助材料
3	零件粗加工	将备好的材料，按工艺路线规定交由机械加工进行锻、刨、铣、车、磨制成半成品坯件
4	划线	将经磨削的平面，按图样要求进行精细划线，并加工出必要的工艺孔（如线切割穿线孔、凹模孔中废料去除以及编程等）
5	零件精加工	1. 对不采用电加工、成形磨削的零件，应精加工到尺寸、钳工修整后，淬硬再经钳工修整成形 2. 采用电加工、成形磨削及NC CNC加工时应先按划线先加工好螺孔、销孔、经热处理淬硬后再进行上述设备的精细加工，并最后由钳工修整研配
6	零件检验	全部零件精加工后，由检验部门检验合格后，再交给装配钳工，装配钳工收到零件后，应按图样核对，并自行检验，以对自己后续装配质量负责
7	装配模具	1. 先进行部件装配，再按图样总装配 2. 某些零件按装配精度要求，在装配时应研配、修磨，以确保装配质量 3. 装配后，装配工可自行采用试切或灌铅灌腊（型腔模）检验，不合适时要修整，直到合适为止

（续）

步序	程序内容	工序说明
8	调试	1. 按工艺要求选择试模材料及相应成形设备 2. 按要求将模具安装到成形设备上开机试模 3. 边试边调整，随时发现问题，随时调整，直到能加工出所需合格制品零件，并能批量生产为止
9	模具打刻编号交用户	1. 试模合格的模具，验收后按编号在模板上打刻 2. 填写试模及验收报告，并将试出的制品 2～10 件随检验合格的模具一起交付生产部门使用

（三）冲模零件加工工艺要点

1. 冲模零件的加工方法

冲模结构主要分为工艺性零件和辅助零件两大类。其中，辅助零件如导向零件，支承零件：模板、固定板、卸料板、导料板等，均以通用机械加工设备车、铣、锻、刨、磨为主。而工艺性零件中的成形零件凸、凹模则是冲模的承载体，其功能主要是赋予制件的一定形状和尺寸，是冲模的主要关键性零件，其加工直接影响到模具制造及制品质量。

（1）凸、凹模加工工艺要点

冲模的凸、凹模在进行机、电加工时，应注重如下加工要点：

1）毛坯的锻造要严格按锻压工艺进行。凸、凹模普遍采用模具钢制作，在机械加工前，必须要经过锻压和锻后热处理工艺，以改善机械加工性能，但锻压时，必须要按锻压工艺进行。

2）正确选择热处理工艺。在加工中，不同的模具及材料，应选用不同的热处理工艺。如常用的 Cr12MoV 材料，在作为冲裁厚度小于 3mm 的冲裁模时，应采用具有高强度、高耐磨性的“一次硬化”工艺；而要作为料厚大于 3mm 制件的冲模，应选用热硬性好的“二次硬化”热处理工艺。

3）合理地选择精加工工艺方法。在加工中，为确保凸、凹模间隙应合理地选择零件精加工方案。其选择方法见表 7-3。

表 7-3 凸、凹模精加工方案的选择

工艺方案	加工方法		适用范围
	基准件加工	配作件加工	
凸、凹模分别加工	按图样要求，将凸、凹模分别加工并保证各自的尺寸精度与公差及间隙值		1. 凸模公差 + 凹模公差 ≤ 配合间隙公差 2. 弯曲、拉深成形模 3. 具有高精度 NC 设备条件

（续）

<table>
<tr><th colspan="2" rowspan="2">工艺方案</th><th colspan="2">加 工 方 法</th><th rowspan="2">适用范围</th></tr>
<tr><th>基准件加工</th><th>配作件加工</th></tr>
<tr><td rowspan="9">凸凹模配作加工</td><td rowspan="5">先加工凸模，以凸模为基准再配作凹模（基准件：凸模配作件：凹模）</td><td>成形磨削加工
凸模或电极样冲</td><td>成形磨削凹模拼块
电火花穿孔
钳工压印凹模孔</td><td rowspan="4">1. 凸模公差+凹模公差>配合间隙公差
2. 冲孔模的凸凹模加工，因制品孔的尺寸等于凸模断面尺寸，故以凸模作为基准来配作凹模较合适</td></tr>
<tr><td>线切割加工凸模（压印样冲）</td><td>用基准件凸模作电极用电火花穿孔凹模
凸、凹模均采用线切割加工成形
钳工压印加工</td></tr>
<tr><td>钳工按样板加工凸模</td><td>压印加工凹模模型孔</td></tr>
<tr><td>凸模用外圆磨成形</td><td>内圆磨削凹模，精车成形（淬硬后车）</td></tr>
<tr><td>精车成形淬硬抛光</td><td>精车成形或淬硬后车</td><td>适用于冲裁间隙较大时</td></tr>
<tr><td rowspan="4">先加工凹模以凹模为基准配作凸模（基准件、凹模、配作件、凸模）</td><td>钻、镗加工（钻铰）内圆磨削</td><td>外圆磨削
成形圆磨削
精车成形</td><td rowspan="4">1. 凸模公差+凹模公差≥配合间隙公差
2. 适于落料模的凸、凹模加工，因落料件尺寸决定于凹模尺寸，故先以凹模为基准，加工后再以此配作凸模较为理想</td></tr>
<tr><td>精车成形</td><td>精车</td></tr>
<tr><td>线切割成形</td><td>凸、凹模均采用线切割加工
仿形刨压印加工</td></tr>
<tr><td>电火花穿孔
钳工精修</td><td>仿形刨、压印成形
压印加工成形</td></tr>
</table>

4）要注意消除凸、凹模加工后的内应力，如电火花、线切割加工后，最好低温回火，以稳定刃口形状和精度，防止电加工产生的微小裂纹扩展。

5）钳工要做精整加工，以提高质量精度，方便后续装配。

（2）凸、凹模加工工艺过程

凸、凹模加工工艺过程参见表7-4。

表7-4　冲模工作成形零件加工工艺过程

步序	工序名称	使用设备	加 工 说 明
1	备料	锯床 气割	采用圆钢，以机锯下料为主，板料以气割为主

（续）

步序	工序名称	使用设备	加工说明
2	锻造毛坯	锻造设备，热处理退火设备	锻造成坯料，并应留有刨铣余量，同时要退火处理，以便于后续机械加工
3	划线	划线工具	按图样划线，外形线应点样冲孔，以方便加工
4	坯料粗加工	通用机械加工设备：车床、铣床、刨床及平面磨床	主要采用通用机床进行基准面六面体加工，并要保证各面平行度及垂直度要求
5	精密划线及工装准备	精密划线工具以及纸带穿孔机等	如果采用电火花或线切割以及数控机床应准备电极、编制数控程序、制造穿孔、纸带以及必要的刀具、夹具等，划线时，应按图样精密划线
6	加工型面及型孔	通用机械加工、设备以及成形刨床、成形铣床、钻床、镗床等	在加工时应留有一定的加工余量
7	热处理	各种热处理设备	要保证图样要求硬度预防变形
8	精加工成形	成形磨削机床 数控加工机床（NC） 仿形加工设备 加工中心（CNC） 电火花与线切割机床 精密及特种加工设备	根据零件精度要求和批量大小以及企业现有设备条件，可选用不同的设备加工，但一定要保证加工精度及表面质量
9	光整加工及钳工整修成形	各种气动、机动、电动、抛磨手工工具	按图样要求检验，并由钳工整修成形

2. 零件加工要求

冲模零件的设计，一般按 JB/T 7653—2008《冲模零件技术条件》所规定的标准进行，故在加工时均按图样上规定的尺寸精度加工制作。因此，经加工的冲模零件应满足下述工艺要求：

1）零件的尺寸、精度、表面粗糙度、热处理等均应符合图样设计要求。

2）零件的材料一般不允许代料，若代料其代料的材料力学性能不得低于原规定的材料。

3）零件图上未注公差尺寸按 IT14 级标准加工和检验，即孔尺寸为 H14，轴尺寸为 k14、长度尺寸为 js14。

4）零件上未注倒角尺寸，除刃口外均应倒角。视零件大小，倒角尺寸为 *C*0.5 ~ *C*2。

5）冲模中的模座、固定板、卸料板、凹模板、垫板等零件图上标明的平行度 *T* 值应符合表 7-5 规定：

表 7-5　冲模零件平行度 *T* 值公差　（单位：mm）

基本尺寸	公差等级		基本尺寸	公差等级	
	4	5		4	5
	公差值(*T*)			公差值(*T*)	
≥40 ~ 63	0.008	0.012	>250 ~ 400	0.020	0.030
>63 ~ 100	0.010	0.015	>400 ~ 630	0.025	0.040
>100 ~ 160	0.012	0.020	>630 ~ 1000	0.030	
>160 ~ 250	0.015	0.025	>1000 ~ 1600	0.040	0.060

注：1. 基本尺寸是指被测表面的最大长度尺寸或宽度尺寸。

2. 公差等级是按 GB/T 1184—1996 形状和位置公差的规定。

3. 滚动导向模架模座平行度误差采用 4 级，而滑动导向模架为 5 级。

6）矩形凹模板、矩形模板相邻面垂直公差值见表 7-6。

表 7-6　矩形零件相邻各边垂直度 *T* 值公差值　（单位：mm）

基 本 尺 寸	公差等级	基 本 尺 寸	公差等级
	S		S
	公差值(T)		公差值(T)
≥40 ~ 63	0.012	>100 ~ 160	0.020
>63 ~ 100	0.015	>160 ~ 250	0.025

注：垂直度误差是指以长边为基准对短边的垂直度最大允许值。

7）各种模柄等零件图上标明的圆跳动符号的值按表 7-7 选定。

表 7-7　圆跳动 *T* 值　（单位：mm）

基 本 尺 寸	公差等级	基 本 尺 寸	公差等级
	8		8
	公差值(T)		公差值(T)
≥18 ~ 30	0.025	>50 ~ 120	0.040
>30 ~ 50	0.030	>120 ~ 230	0.050

注：基本尺寸是指模柄零件图上标明的被测部位最大尺寸。

8）上、下模座的导柱、导套安装孔的轴心线应与基准面垂直。其垂直度公差应为：

滑动导向模架：100∶0.01mm。

滚动导向模架：100∶0.005mm。

9）冲模各零件的加工精度、配合形式、表面粗糙度要求见表7-8。

表7-8　冲模零件的加工精度配合形式与表面粗糙度要求

<table>
<tr><th>零件名称</th><th>要求简图</th><th>零件名称</th><th>要求简图</th></tr>
<tr><td>下模板</td><td>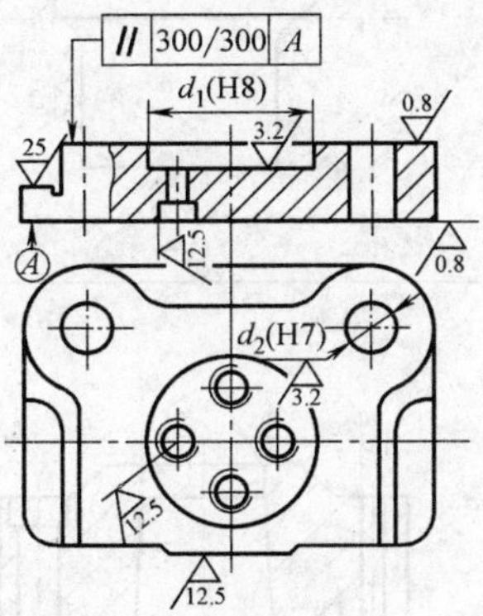
// 300/300 A
d1(H8)
3.2
0.8
25
A
12.5
0.8
d2(H7)
3.2
12.5
12.5</td><td>上模板</td><td>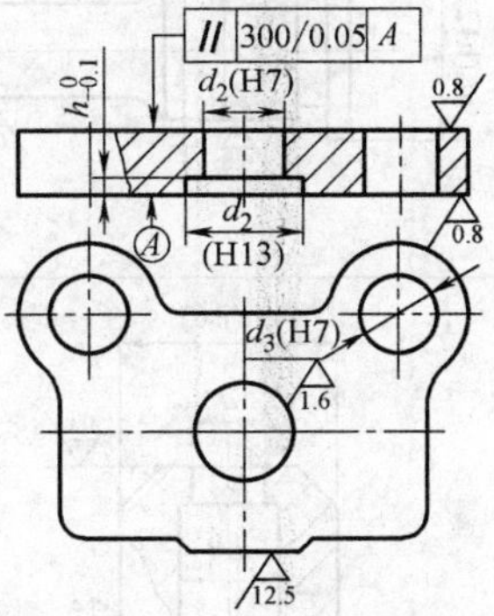
// 300/0.05 A
h 0 -0.1
d2(H7)
0.8
A
d2
(H13)
0.8
d3(H7)
1.6
12.5</td></tr>
<tr><td>导套</td><td>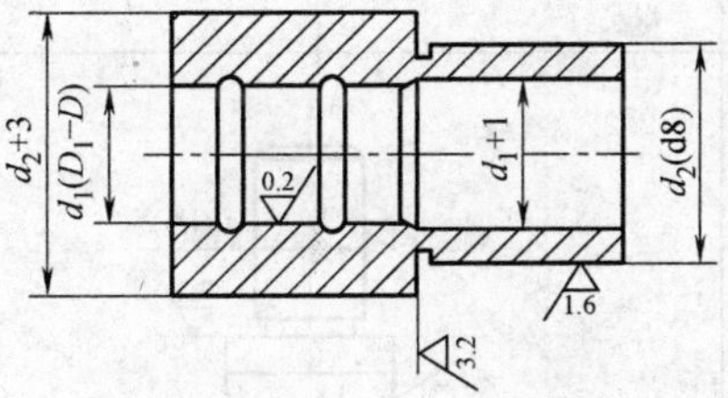
d2+3
d1(D1-D)
0.2
d1+1
d2(d8)
1.6
3.2</td><td>导柱</td><td>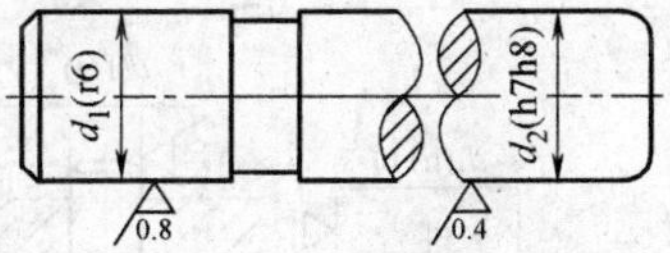
d1(r6)
d2(h7h8)
0.8
0.4</td></tr>
<tr><td>模柄（1）</td><td>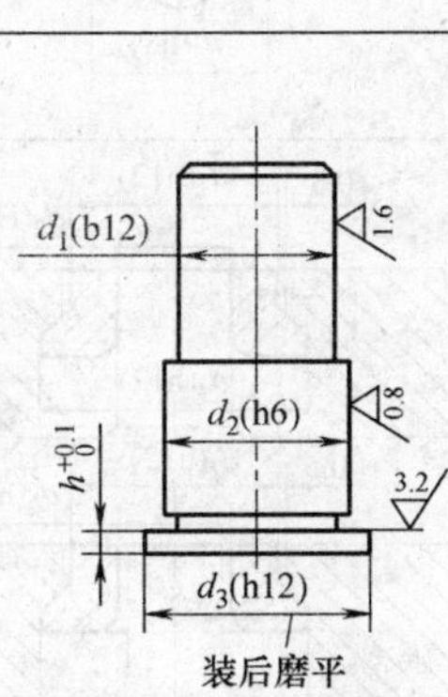
d1(b12)
1.6
d2(h6)
0.8
h+0.1 0
3.2
d3(h12)
装后磨平</td><td>模柄（2）</td><td>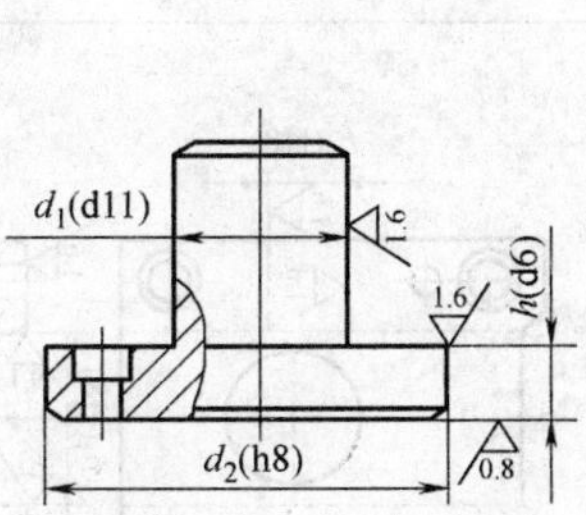
d1(d11)
1.6
1.6
h(d6)
d2(h8)
0.8</td></tr>
</table>

（续）

零件名称	要求简图	零件名称	要求简图
凸模（1）		凸模（2）	
凹模（1）		凹模（2）	
导料销		导正销	
导尺		推件器	

（续）

零件名称	要求简图	零件名称	要求简图
垫板	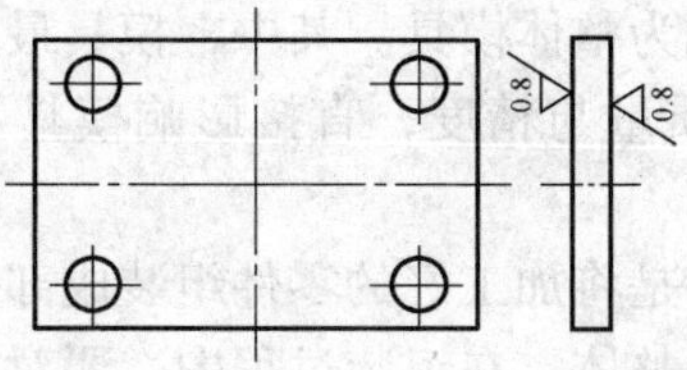 0.8　0.8	固定板	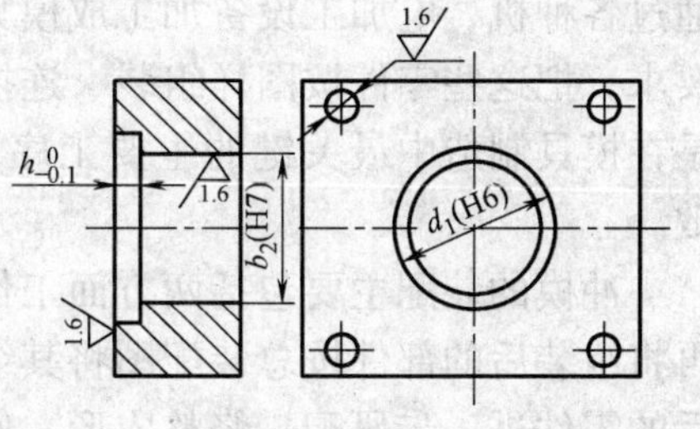 1.6　$h_{-0.1}^{\ 0}$　1.6　b_2(H7)　d_1(H6)　1.6
侧压板	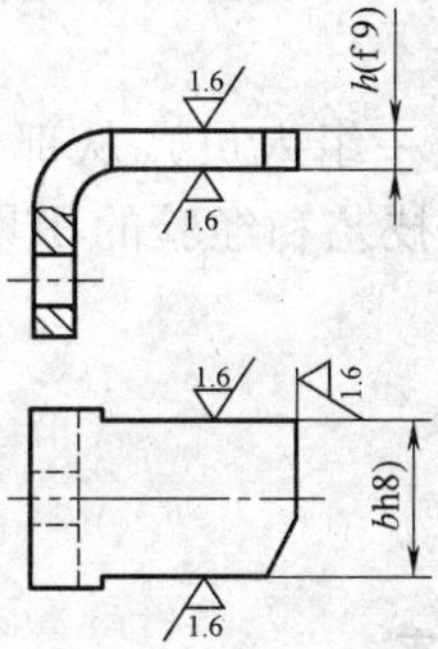 1.6　h(f9)　1.6　1.6　1.6　bh8　1.6	定位板	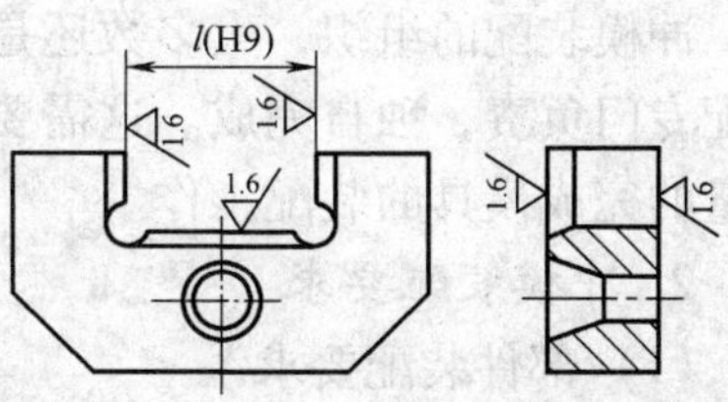 l(H9)　1.6　1.6　1.6　1.6　1.6
废料切刀	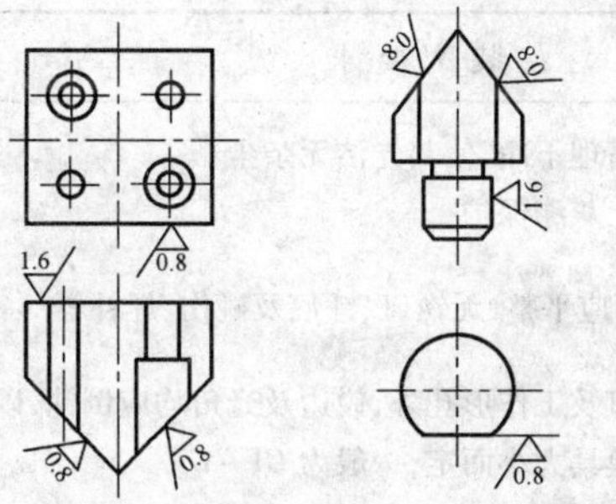 0.8　0.8　1.6　0.8　1.6　0.8　0.8　0.8	顶板	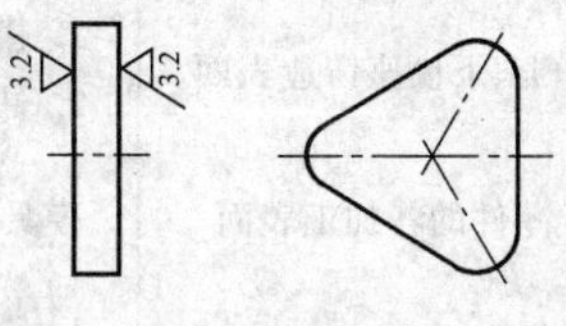 3.2　3.2
推杆	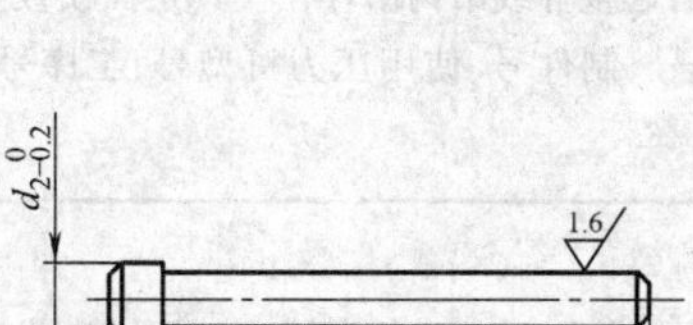 $d_{2-0.2}^{\ \ 0}$　1.6　l(h12)	圆柱销	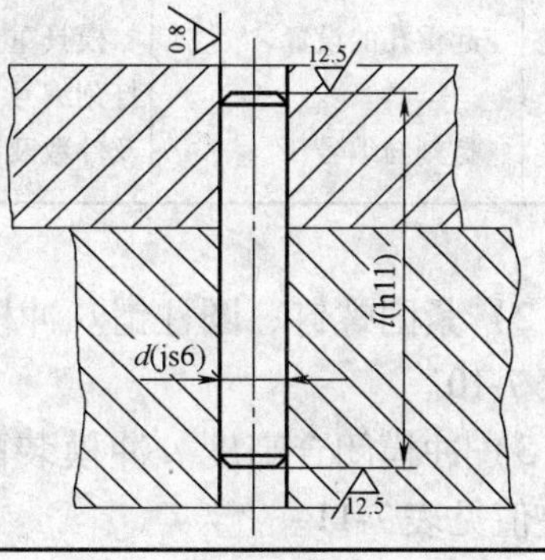 0.8　12.5　l(h11)　d(js6)　12.5

注：图中各标注只供参考。

(四) 冲模的装配及要求

1. 冲模装配内容及组织形式

冲模制造是将金属原材料按模具设计图样，遵照一定的工艺规程和路线要求，通过各种机、电加工设备加工成模具零件，经必要的热处理硬化后，再按规定工艺要求，把这些零件按图样组装、连接在一起成为整体模具。其中，模具最后的装配是在模具制造中最关键的主要工序，装配的质量与精度，直接影响模具制造的成败。

冲模的装配主要包括两方面工作内容：一是将加工好的零件组装成部件，二是再将组装后的部件按总装配图将其组装成模具整体。在组装过程中，要对机电加工后的零件进一步研配、修整成形，使其满足装配要求。因此，装配技术是一项专业性很强的重要工作。

冲模装配的组织，大多数还是以钳工一人（或一组人员）从部件组装到总体装配专门负责，独自完成。这需要模具钳工高超的技艺和经验的积累，才能保质、保量的完成模具的装配工作。

2. 冲模装配要求

（1）部件装配要求

1）零件的外观。零件的外观要求见表 7-9。

表 7-9 零件装配外观要求

序号	项 目	装配要求
1	上、下模座铸造表面	1. 模座的铸造表面应清理干净，使其光洁无杂尘 2. 铸造表面最好应涂上灰漆保护
2	零件的各加工表面	模具各零件的已加工面应平整、无锈斑、锤痕及碰伤、焊补等
4	零件棱边应倒钝	1. 零件各加工面除刃口及工作形孔外，锐边及光角均应倒钝，以防伤手 2. 倒角的大小应根据模具大小而定，一般为 $C1\sim C3$
4	起重孔的设置	模具重量≥25kg 时，应装有起重杆或吊钩吊环
5	打刻与编号	在模具正面模板上应按规定打刻编号，其中包括：冲模图号、制件号、使用压力机型号、工序号、推杆尺寸及件数及制造日期等

2）紧固螺钉、圆柱销。冲模装配对紧固零件如内六角螺钉、圆柱销装配要求见表 7-10。

3）冲模闭合高度。冲模装配后，其模具的闭合高度应符合图样规定的要求，允差值见表 7-11。

表 7-10　冲模紧固件装配要求

序号	紧固件名称	装配要求
1	螺钉	1. 装配时螺钉必须拧紧,不许有任何松动 2. 螺钉拧紧长度:对于铸钢或钢件连接长度应不小于螺钉直径;而对于铸铁件应大于直径 1.5 倍
2	圆柱销	1. 圆柱销所连接的零件,对于每个零件的连接长度应大于圆柱销直径的 1.5 倍以上 2. 圆柱销与销孔的配合松紧要适应,应按 H7/n6 或 H7/m6 过盈配合装配

表 7-11　冲模装配闭合高度允差值　（单位：mm）

序号	模具闭合高度尺寸	装配允差值
1	≤200	+3 -3
2	>200~400	+2 -5
3	>400	+3 -7

在装配时还应保证在同一压力机上联合安装的几副冲模闭合高度要保持一致。若冲裁冲模与拉深冲模联合安装时，闭合高度应以拉深冲模为准，冲裁模凸模进入凹模刃口的进入量应不小于 3mm。

4）模柄的安装。模柄安装要求见表 7-12。

表 7-12　模柄的安装要求

序号	安装部位	安装要求
1	直径与凸台高度	按图样要求加工装配
2	模柄对上模板安装面垂直度	在 100mm 长度范围内应不大于 0.05mm
3	浮动模柄安装	浮动模柄结构中,传递压力的凹凸球面必须在摇动及旋转的情况下吻合,其吻合接触面积应不少于应接触面的 80%

5）模板间平行度。模具在装配中要保证上模板上平面对下模板下平面相互平行，其平行度允差见表 7-13。

表 7-13　模板间平行度允差值　（单位：mm）

模具类型	刃口间隙	凹模尺寸(长+宽或直径 2 倍)	300mm 内平行度允差
冲裁模	≤0.06	—	0.06
	>0.06	≤350	0.08
		>350	0.10
其他类冲模	—	≤350	0.10
		>350	0.14

注：1. 刃口间隙取平均值。

2. 包含有冲裁性质的其他类冲模按冲裁类冲模装配。

6）导向零件。导向零件装配要求见表7-14。

表7-14　导向零件装配要求

序号	装配部位	装配要求
1	导柱压入模座后的垂直度	导柱压入下模座后的垂直度，在100mm长度内其允差应不超过： 滚动导柱类模架：≤0.005mm 滑动导柱类模架：Ⅰ类：≤0.01mm Ⅱ类：≤0.015mm
2	导料板的安装	1. 装配时导料板的导向面应与凹模进料中心线相互平行，一般冲裁模，其允差值应不大于100∶0.05mm；而对于连续模应不大于100∶0.02mm 2. 左右导板的导向面之间的平行度允差不得大于100∶0.02mm
3	斜楔及滑块导向装置安装	1. 模具利用斜楔，滑块等零件作多方向运动时其相对斜面必须装配吻合。吻合程度在吻合面纵横方向上均不得小于3/4长度 2. 预定方向的允差值不得大于100∶0.03mm 3. 导滑部位必须活动正常，不能有阻滞现象

7）工作零件凸、凹模。工作零件凸、凹模装配要求见表7-15。

表7-15　工作零件（凸、凹模）装配要求

序号	安装部位	装配要求
1	凸模、凹模、侧刃凸凹模与固定板安装基面的垂直度	凸模、凹模、凸凹模、侧刃凸模在安装时必须要与所安装固定板基面垂直，其允差为： 刃口间隙：≤0.06mm时，其垂直度允差为：100∶0.04mm 刃口间隙：>0.06~0.15mm时，其垂直度允差为：100∶0.08mm 刃口间隙：≥0.15mm时，其垂直度允差为：100∶0.12mm
2	凸模与凹模与固定板的装配	1. 安装后的尾部顶面要磨平：$Ra1.6\sim0.8\mu m$ 2. 多个凸模安装到同一固定板上时，其高度相对误差不应超过0.1mm 3. 在不影响使用情况下，允许用低熔点合金浇注固定
3	拼合凸、凹模的安装	1. 装配后的冲裁凸模与凹模，若由拼块而组成，其刃口两侧的平面要完全一致，无接缝感 2. 对于拉深、成形、弯曲模的多块凹模拼合，其接缝处允许有不平、但平直度不能大于0.02mm 3. 冷挤压凸、凹模装配后不允许有细微的磨痕及其他缺陷；其分层凹模，必须接口分层处应一致，不准有明显缝隙

8）凸、凹模间隙。冲模装配后，凸、凹模间隙控制要求见表7-16。

表7-16　凸、凹模间隙要求

序号	模具类型		间隙要求
1	冲裁模		间隙必须均匀一致,其允差不应大于规定的间隙20%;局部尖角或转角处应不大于规定值的30%
2	压弯、成形类冲模		间隙在四周必须均匀一致,其最大偏差不应超过"料厚+料厚的上偏差"值,而最小也不能超过"料厚+料厚下偏差值"
3	拉深模	形状简单(圆矩)	各向间隙应均匀一致
		形状复杂空间曲线	同压弯、成形类凸凹模间隙控制法相同

9）顶出、卸料零件。冲模中的顶出、卸料零件装配要求见表7-17。

表7-17　顶出、卸料零件装配要求

序号	安装部位	安装要求
1	卸料板、推件顶板的安装	1. 卸料板、推件顶板安装时,均应露出凹模面或凸模顶端0.5~1mm 2. 图样另有要求时,按图样要求安装
2	弯曲模顶件板安装	弯曲模顶件板在处于工作最后位置时,应与相应弯曲拼块接齐,但允许低于相应拼块,其允差为:料厚≤1mm时,为0.01~0.02mm;料厚>1mm时,为0.02~0.04mm
3	顶杆推杆安装	顶杆、推杆应保持长度一致。同一副模具中,其长度允差应不大于0.1mm
4	卸料螺钉安装	1. 同一副模具中,卸料螺钉规格应一致 2. 要保持卸料面与模具安装基面平行,允差不能超过100:0.05mm
5	螺杆孔与推杆孔	模具的上、下模座,凡安装弹顶装置的螺杆或推杆孔,应一律安装在坐标中心,其允许偏差不能大于1mm
6	漏料孔	下模座的漏料孔,按凹模尺寸安装加工,并要每边大于0.5~1mm,要通畅无卡阻

（2）总体装配要求

冲模总体装配要求见表7-18。

表 7-18 冲模总体装配要求

序号	项 目	装 配 要 求
1	外观和尺寸安装要求	1. 装配后的外露部位棱边应倒钝,无明显毛边和划痕。安装表面应光滑、平整、无锈蚀击伤和明显的表面加工缺陷。如铸件的砂眼缩孔、锻件的夹层;所有的螺钉头部、圆柱销端面不能高出安装平面,一般应低于安装平面 1mm 以上 2. 装配后模具的安装尺寸包括模具闭合高度,与压力机滑块连接的模柄、打料杆的位置或孔径、尺寸、下模顶杆位置和孔径,固紧冲模用的压板螺钉槽孔位置和尺寸,均应符合所选用的冲压设备规格尺寸 3. 大、中型冲模要设起吊用串钩或孔,并应能承受上、下模的总重量。为方便冲模组装、搬运和维修翻转,上、下模还应分别设吊钩 4. 装配和调试的模具,应在模板上打刻出模具的编号及冲件产品图号
2	装配精度要求	1. 冲模各零件的材料、形状尺寸、加工精度、表面粗糙度和热处理等技术要求,均应符合图样设计要求 2. 凸、凹模之间的配合间隙要符合设计要求,并要保障各向均匀一致 3. 模具的模板上平面对模板下平面要保证一定平行度要求,见表 7-13 4. 安装于压力机上、下模板安装孔(槽)之相对位置公差不应大于 ±1mm 5. 模柄装入上模板后,其圆柱部分与上模板上平面的垂直度允差应符合图样要求(表 7-12),凸模安装后其与固定板垂直度允差应符合图样或表 7-14 要求 6. 装配后的冲模,上模沿导柱上、下移动时,应平稳无滞涩现象。选用的导柱、导套在配对时应符合规定的等级要求;若选用标准模架,其模架的精度等级要满足制件所需的精度要求 7. 装配后冲模各活动部位应保证静态下位置准确,工作时配合间隙适当,运动平稳可靠 8. 装配后的冲模,在安装条件下要进行试冲,在试冲时,条料与坯件定位要准确,安全、可靠,对于连续及自动冲模要畅通无阻,同时出件、退料顺利

3. 冲模装配工艺过程

冲模装配工艺要点及工艺过程见表 7-19。

表 7-19　冲模装配工艺过程及要点

项　目		说　明
装配工艺过程	装配前的准备工作	1. 熟悉和研究装配图。装配图是冲模装配的依据，通过识读及分析，应了解所要装配模具的结构特点及技术要求：各零件的安装位置、作用以及零件间相互配合关系、连接固定方式。近而确定装配基准、装配方法和装配顺序 2. 清理检查零件。根据装配图上的明细栏清理、清洗零件，并对主要工作零件如凸、凹模要进行检测，不合适时进行修配 3. 布置好工作场地，准备好装配所需工夹具，量具及设备 4. 准备标准件及装配所用材料：按图样要求备好标准螺钉、圆柱销以及弹簧、橡皮以及装配辅助材料如低熔点合金、环氧树脂无机粘接剂等
	进行组件装配	组件装配是指模具在总体装配前将两个或两个以上零件按照规定的技术要求，连接成一个组件，如模架的组装、凸模与凹模在固定板上的固定、卸料零件的组装等。这类零件的组装要按技术要求进行（表 7-9 ~ 表 7-17）
	进行总体装配	总体装配是将零件及组件装配成总体，并用螺钉、圆柱销紧固连接的全过程。在总装前要选好装配基准，并安排好上、下模装配顺序装配方法，再着手进行装配，并在装配时要满足各项技术要求以及保证装配精度
	调试与验收	模具完成装配后，要在指定的压力机上安装、试冲以验证模具质量和精度并能否验收使用
装配方法选择		根据冲模的精度要求，选用合理的装配方法可提高模具的装配质量及生产效率。常用的装配方法，主要有修配、调整、分组、互换（直接装配）等多种方法，这要根据企业的技术水平来确定。如采用数控技术加工、零件精度较高，可选用互换法直接对零件装配而生产条件较差，零件精度较差的企业则应采用修配、调整装配法为宜（各种装配方法见本书表 2-17）
装配顺序的选择		在进行冲模装配时，为了确保凸、凹模间隙均匀，必须要选好装配顺序，才能开始总装其原则是： 1. 无导向冲模；上、下模分别安装，在机床上安装后进行调整 2. 有导向装置的单工序冲模：组装部件后，可先选装上模（或下模）作为基准件，并将紧固螺钉、圆柱销紧固，再装下模（或上模），但不要将螺钉、圆柱销固死等与先组装的基准配合、间隙调好，其他零件以基准配装、试切合格后再将螺钉及销钉固紧 3. 有导柱的复合模，一般先安装上模，然后借助上模中的冲孔凸模以及安装在上模的落料凹模孔，找出下模的凸凹模位置，并按冲孔凹模孔在下模板上加工出漏料孔，这样可以保证上模中的卸料装置能与模柄中心轴线对正，避免漏料孔错位，最后，将下模其他零件以上模为基准装配，但对于凹模在下模上的正装式复合模，最好先装配下模，并以其为基准再安装上模 4. 有导柱的连续模，为了便于调整步距，一般先装配下模，再以下模凹模孔为基准，将凸模通过卸料板导向、装配上模 各类冲模的装配顺序并非一成不变，主要根据冲模结构操作者的加工经验习惯而定

（续）

项　目	说　明
装配要点	1. 要合理地选择装配方法，以保证模具的装配效率 2. 要合理地确定装配顺序，以确保装配质量及间隙的均匀性 3. 要合理地控制凸、凹模间隙大小及均匀性 4. 要保障装配后的冲模动作灵活、协调，能试切出合格的工件 5. 要保证装配尺寸精度，如模具的闭合高度，及各零件的配合精度等均以符合图样要求 6. 要保证各零件固紧牢固，螺钉、销钉不松动

（五）冲模调试内容及调试要求

1. 调试的目的与内容

冲模装配后，都要安装在相应的压力机上进行调整与试冲。其调试的内容与目的见表7-20。

表7-20　冲模调试的目的与内容

序号	项　目	说　明
1	试模与调整的目的	1. 发现模具设计与制造中存在的问题，以便对原设计、加工与装配中的工艺缺陷加以改正与修正加工出合格的制品来 2. 通过试冲与调整、能初步提供出制品的成形条件及工艺规程 3. 试模调整后，可以确定前一道工序的毛坯形状及尺寸 4. 验证模具的质量与精度，做为交付使用依据
2	试模与调整的内容	1. 将模具安装在指定的压力机上 2. 用指定的材料（板料）在模具上试冲出成品 3. 检查制品质量，并分析质量缺陷，产生原因，设法修整模具直至能试生产出一批完全符合图样要求的合格制品 4. 排除影响生产、安全、质量和操作的各种不利因素 5. 根据设计要求，确定某些模具零件的尺寸如拉深模凸、凹模圆角大小以及拉深前、落料坯料尺寸及形状 6. 经试模、编制出冲压制品生产工艺规程
3	调试后对成品模具的要求	1. 能顺利地安装到指定压力机上 2. 能批量稳定地冲制出合格制品零件 3. 能安全地操作使用

（续）

序号	项　目	说　明
4	试模与调整注意事项	1. 试模所用材料的牌号、力学性能、厚度均应符合产品图样规定之要求，一般不得代用 2. 试模条料宽度，应符合工艺规程要求。若连续模试模时，条料或卷料的宽度应比导板间距离小 0.1～0.15mm，而且宽窄一致，并在长度方向上要平直 3. 模具应在所要求设备上试冲，并要固紧无松动 4. 模具在试模前要进行一次全面检查，认为无误后才能安装试冲，并在使用中要加强润滑 5. 试模过程中，除模具装配者本人参加外，应邀请模具设计、工艺人员、质检、管理人员、用户共同参加分析

2. 调试要求

冲模调试要求见表 7-21。

表 7-21　冲模调试要求

步序	调 试 项 目	调 试 要 求
1	冲模的质量与外观要求	1. 冲模装配后，要按冲模技术条件全面检验合格后，方能安装在指定型号、规格压力机上试冲 2. 冲模的外观应完好无损，各活动部位需在空载运行下，动作灵活，并应涂以润滑剂润滑后进行试模
2	试冲材料要求	1. 试模用的原材料牌号、规格应符合工艺要求，并经检验合格 2. 试模用的条料（卷料）形状和尺寸要符合工艺规定，其表面要平直，无油污及杂物
3	冲压设备要求	调试所用压力机主要技术参数（公称压力、行程、装模高度）应符合工艺要求，并能保证冲模顺利安装，压力机的运行状况应良好、稳定
4	试冲件数要求	试冲数量应根据用户要求而定：一般情况下，小型冲模≥50 件；硅钢片≥200 片 自动冲模连续时间≥3min
5	冲件质量要求	试冲的制品经检查后，尺寸、形状及表面质量精度要符合制品规定要求。其冲裁模毛刺不得超过所规定数值，断面光亮带要分布合理均匀，弯曲、拉深、成形件要符合图样规定的要求
6	冲模交付使用要求	1. 模具要能顺利、方便地安装到工艺要求的压力机上 2. 能稳定地冲压出合格的零件 3. 能保证生产操作安全

二、模架的装配与检验定级

冲模模架是由一对模座（或一组模板）、导柱和导套组成，其作用是用来安装模具工艺零件、传递工作压力，并使上、下模合模时有一定方向和正确位置。模架的制造精度直接影响到制品的精度和模具工作时的可靠性。

（一）冲模模架的类型及特点

冲模模架根据所冲压制品精度不同，可分为滑动导向模架、滚动导向模架两种类型。目前，中小尺寸的模架已纳入了国家标准并实现了专业化生产及市场化供应。在模具制造批量不是很大的情况下，可根据所制的模具大小，从市场中采购，这样可大大简化模具设计、提高模具制造质量、缩短模具制造周期。各种模架的结构特点及应用见表7-22。

表7-22　常用冷冲模模架的类型及特点

模架类型		图　示	特点及应用
滑动导向模架	对角导柱模架	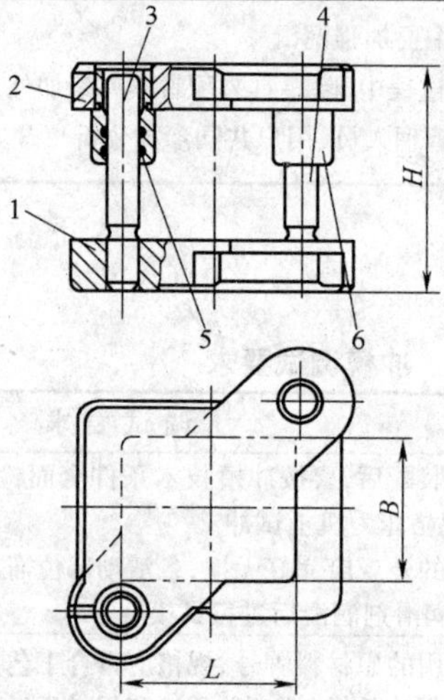 1—下模座　2—上模座　3、4—导柱　5、6—导套	1. 特点：受力平衡、工作平稳、使用方便，可从两个方向上进料 2. 应用：适用于连续模及复合模 3. 标记示例：凹模周界 $L=200\text{mm}$、$B=125\text{mm}$，闭合高度 $H=170\sim205\text{mm}$。Ⅰ级精度的对角导柱模架。模架 200×125×170~205 Ⅰ GB/T 2851.1
	后侧导柱模架	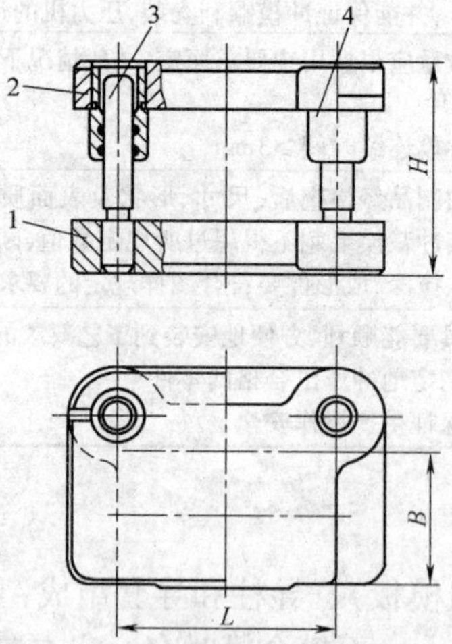 1—下模座　2—上模板　3—导柱　4—导套	1. 特点：送料方便可从三个方向送料 2. 应用：适用于中小型冲压件的各类冲模 3. 标记示例：凹模周界 $L=200\text{mm}$、$B=125\text{mm}$、闭合高度 $H=170\sim205\text{mm}$。Ⅰ级精度后侧导柱模架的标记为：模架 200×125×170~205 Ⅰ GB/T 2861-3

（续）

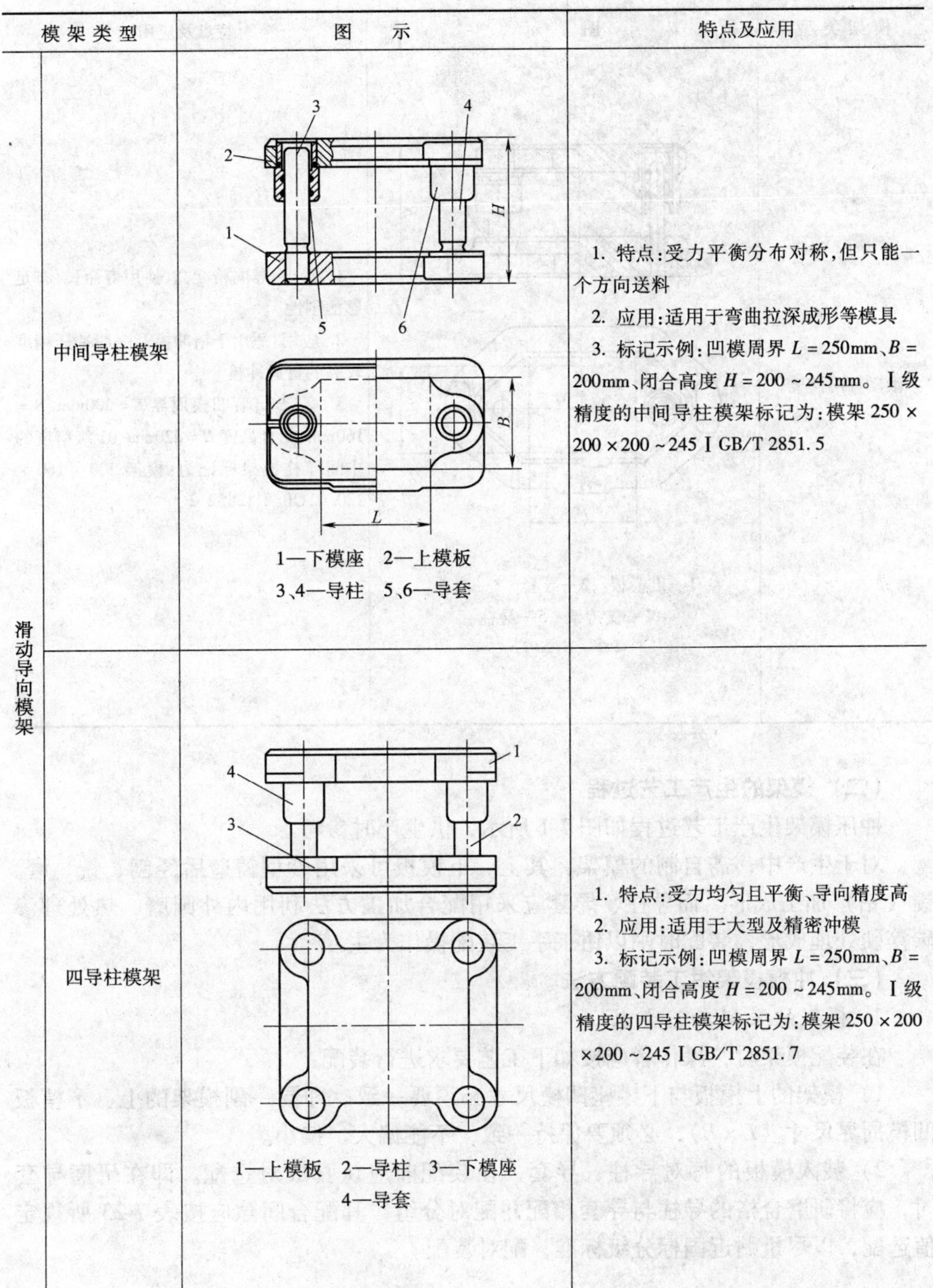

模架类型		图　示	特点及应用
滑动导向模架	中间导柱模架	1—下模座　2—上模板 3、4—导柱　5、6—导套	1. 特点：受力平衡分布对称，但只能一个方向送料 2. 应用：适用于弯曲拉深成形等模具 3. 标记示例：凹模周界 $L=250\text{mm}$、$B=200\text{mm}$、闭合高度 $H=200\sim245\text{mm}$。Ⅰ级精度的中间导柱模架标记为：模架 250×200×200～245 Ⅰ GB/T 2851.5
	四导柱模架	1—上模板　2—导柱　3—下模座 4—导套	1. 特点：受力均匀且平衡、导向精度高 2. 应用：适用于大型及精密冲模 3. 标记示例：凹模周界 $L=250\text{mm}$、$B=200\text{mm}$、闭合高度 $H=200\sim245\text{mm}$。Ⅰ级精度的四导柱模架标记为：模架 250×200×200～245 Ⅰ GB/T 2851.7

（续）

模架类型	图示	特点及应用
滚动导向模架	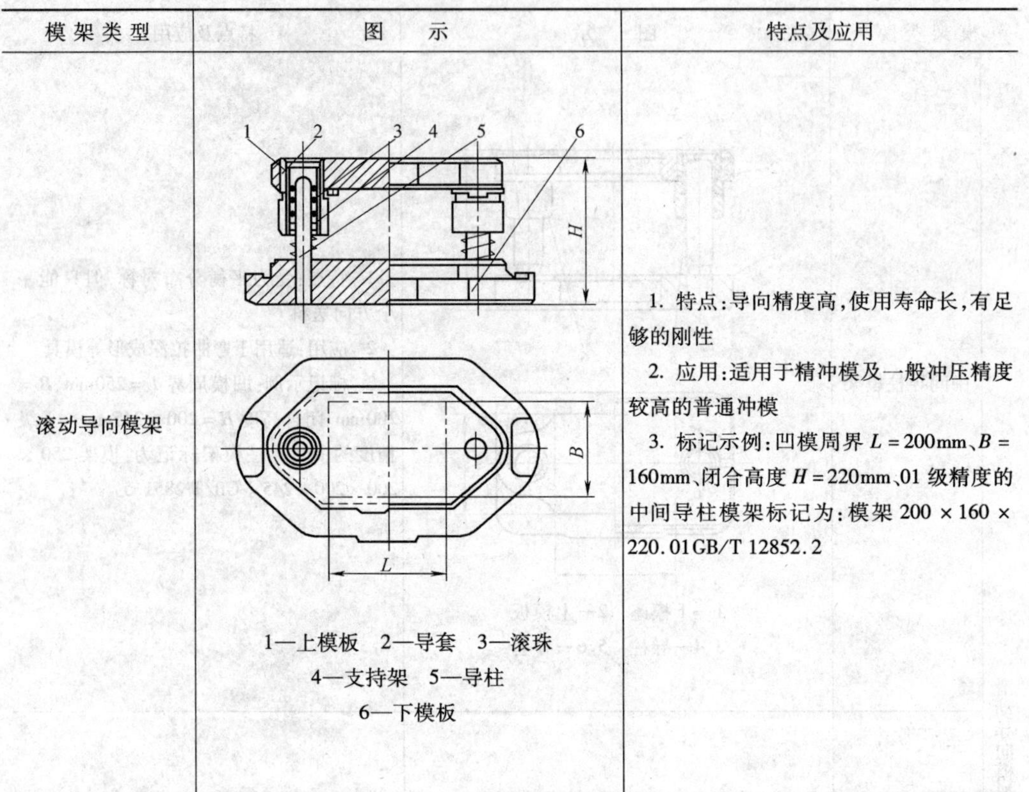 1—上模板　2—导套　3—滚珠 4—支持架　5—导柱 6—下模板	1. 特点：导向精度高，使用寿命长，有足够的刚性 2. 应用：适用于精冲模及一般冲压精度较高的普通冲模 3. 标记示例：凹模周界 $L=200\text{mm}$、$B=160\text{mm}$、闭合高度 $H=220\text{mm}$、01 级精度的中间导柱模架标记为：模架 200 × 160 × 220.01GB/T 12852.2

（二）模架的生产工艺过程

冲压模架生产工艺过程如图 7-1 所示，供生产时参考。

对于生产中，需自制的模架，其上、下模板可采用砂型铸造后经刨、铣、磨、镗（钻）加工成形。而导柱、导套应采用配合加工方法利用内外圆磨、热处理渗碳淬硬处理成形，装配时则以钳工手工装配操作为主。

（三）冲模模架钳工装配方法

1. 模架的装配工艺要求

在装配模架时，操作者应按如下工艺要求进行装配：

1）模架的上模板与下模座凹模尺寸必须要一致。即同一副模架的上、下模板凹模周界尺寸（$L \times B$），必须要保持一致，不能偏大、偏小。

2）装入模板的每对导柱、导套，在装配前应认真成对选配。即在研磨导套时，应将研磨合格的导柱与导套相配并配对分组，其配合间隙应按表 7-23 所规定值选配，以尽量贴近国标分级标准，配对装配。

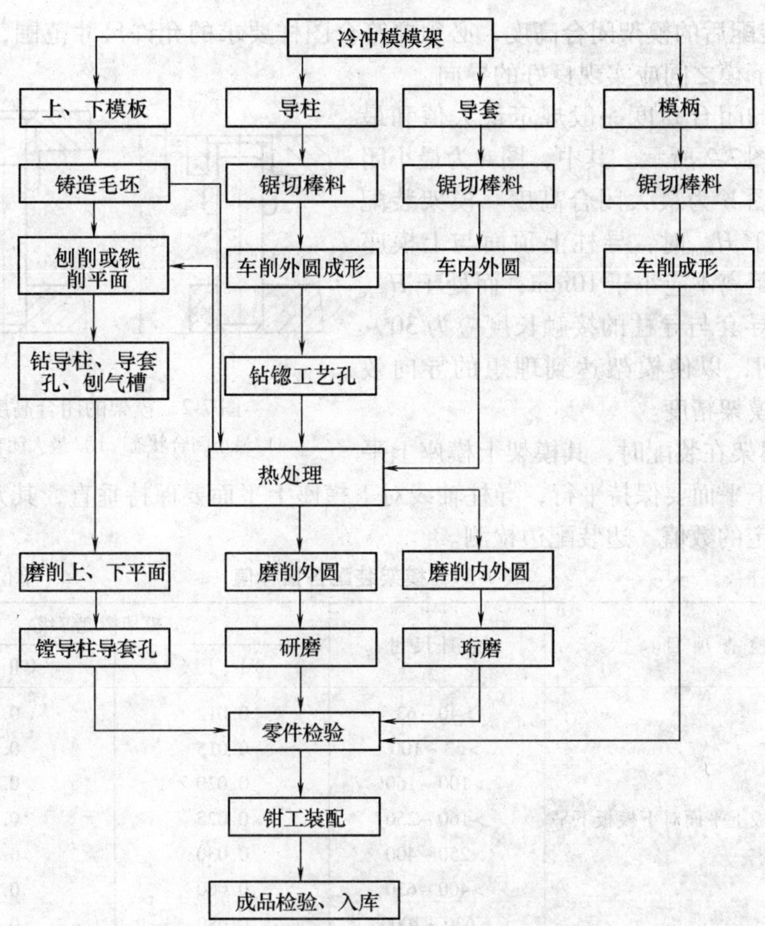

图 7-1 冷冲模模架生产工艺过程

表 7-23 导柱、导套分组配对选配精度 （单位：mm）

配合形式	导柱直径	配合精度 H6/h5	配合精度 H7/h6	配合后过盈值
		配合后的间隙值	配合后的间隙值	
滑动导向模架	≤18	0.002~0.010	0.005~0.015	—
	>18~28	0.004~0.011	0.005~0.018	
	>28~50	0.005~0.013	0.007~0.022	
	>50~80	0.005~0.015	0.008~0.025	
	>80~100	0.006~0.018	0.009~0.028	
滚动导向模架	>18~35	—	—	0.01~0.02

3）装配后的模架闭合高度，必须要符合图样要求的允许尺寸范围，即在此范围内上、下模之间应实现良好的导向。

模架的闭合高度一般规定最大值和最小值，如图7-2所示。其中，图a为最小闭合高度、图b为最大闭合高度。模架装配后，当处于H_{min}时，导柱上顶面与上模座上平面间距离不应小于10mm；而处于H_{max}状态时，导套与导柱的接触长度应为30～60mm之间，以使模架达到理想的导向效果，确保模架精度。

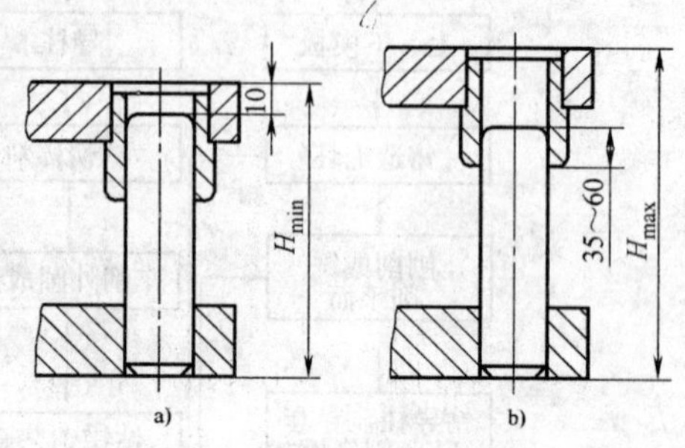

图7-2　模架的闭合高度

a）最小闭合状态　b）最大闭合状态

4）模架在装配时，其模架上模座上平面与模座下平面要保持平行，导柱轴线对下模座上平面要保持垂直，其允差可按表7-24所确定的数值，边装配边检测。

表7-24　模架装配各指标值　（单位：mm）

检查项目	被测尺寸	模架精度等级	
		0Ⅰ、Ⅰ级	0Ⅱ、Ⅱ级
模架上模板上平面对下模板下平面的平行度	>40～63	0.012	0.020
	>63～100	0.015	0.023
	>100～160	0.020	0.030
	>160～250	0.025	0.040
	>250～400	0.030	0.050
	>400～630	0.060	0.100
	>630～1000	0.080	0.120
	>1000～1600	0.100	0.150
导柱轴线对下模座下平面的垂直度	>40～63	0.008	0.012
	>63～100	0.010	0.015
	>100～160	0.012	0.020
	>160～250	0.025	0.040

5）在装配时，导柱与导套分别采用压入粘结及低熔点浇注方法与上、下模座固定，其一定要固定牢固，不能松动。

6）装配后的模架，一定要按标准检测或定级，并打刻编号。

2. 模架装配工艺方法

（1）压入式装配法

压入式装配，即是将导柱与导套，直接用机械压力，压入上、下模板内。其方法有先压入导柱法（表7-25）、先压入导套法（表7-26）和导柱、导套、模柄分别压入法（表 7-27）。

表 7-25　先压入导柱装配模架法

步序	工序名称	图　示	装配工艺说明
1	选配导柱、导套使其配对使用	—	按模架精度等级，选配导柱、导套，即配对使用，使其配合间隙符合规定等线要求
2	先压入导柱 检验导柱与下模座上平面的垂直度误差	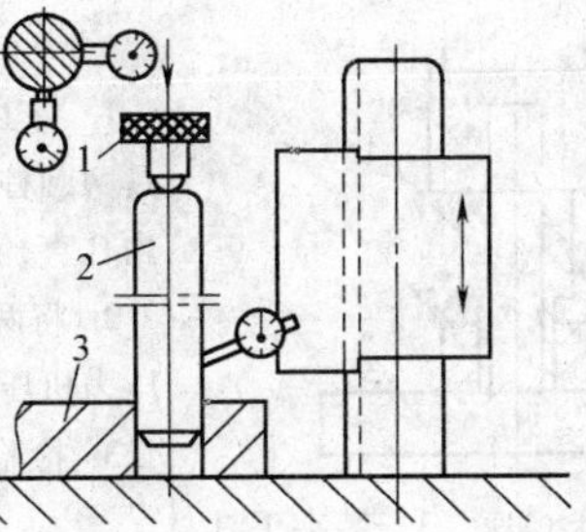 1—压块　2—导柱　3—下模座	用压力机将导柱先压入下模座，在压入时，压块应放在导柱中心孔上，并用百分表或宽度角尺，校正导柱与模座上平面，使其垂直 导柱压入后，应用专用指示器或宽度角尺检查导柱中心轴线与下模座上平面垂直度，若超误差，应重新压入
3	装导套	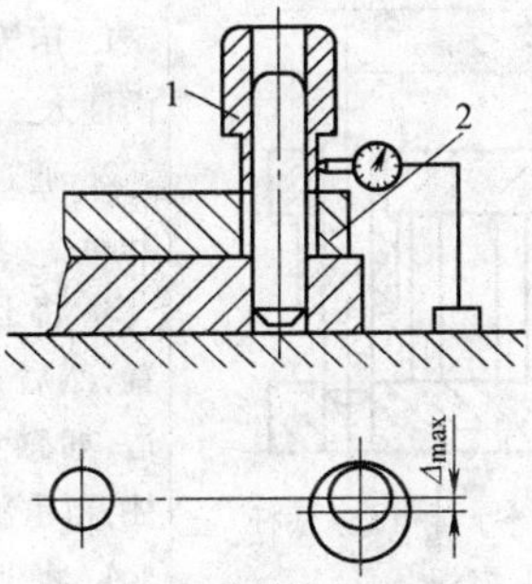 Δ_{max} 1—导套　2—上模板	1. 将上模板反塞在导柱上，然后套入导套 2. 转动导套，用千分表检查导套压配部分内外圆柱面的同轴度误差，并将 Δ_{max} 放在两导套中心线的垂直位置上
4	压入导套	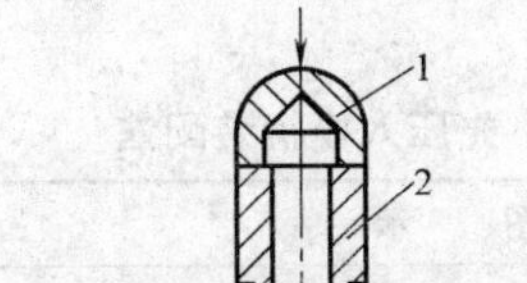 1—帽形垫铁　2—导套　3—上模板	用帽形垫块放在导套上（图示）将导套压入模座一部分后取走带有导柱的下模座，再继续压入
5	检验	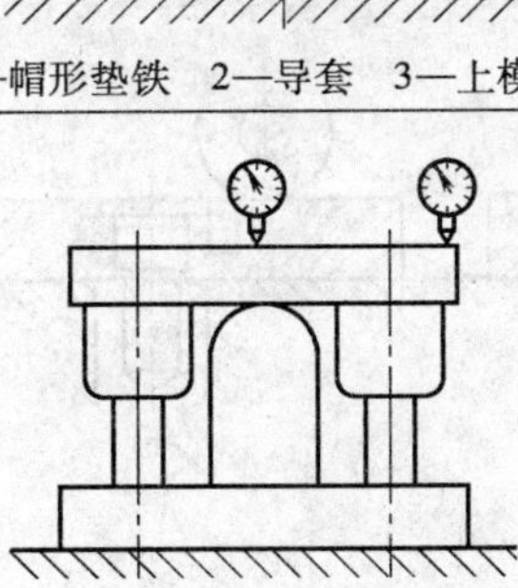	将压入导套、导柱的上、下模座对合，使导柱进入导套进行检测模架的装配质量，如上、下模座平行度误差

表 7-26 先压入导套装配法

步序	工序名称	图示	装配工艺说明
1	选配导柱导套	—	将加工好的导柱、导套进行配对选配，使其配合间隙精度及表面粗糙度应符合技术要求
2	压入导套与上模板上	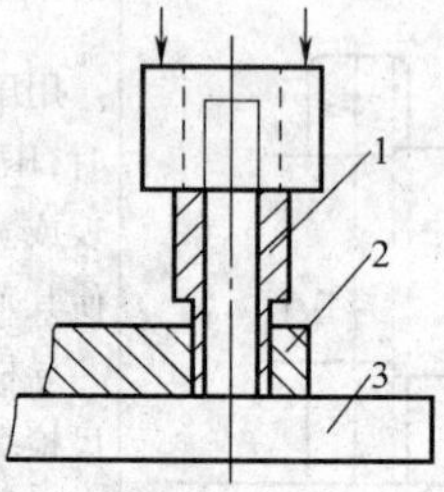 1—导套 2—上模座 3—装夹工具	1. 将上模板放在专用夹具上，其专用夹具两圆柱应与底板垂直，圆柱直径与导套内孔直径相同 2. 将两个导套分别套在二圆柱上，借助压力机压力压入导套在下模板上 3. 检验导套压入上模板垂直度
3	压入导柱于下模板上并检验	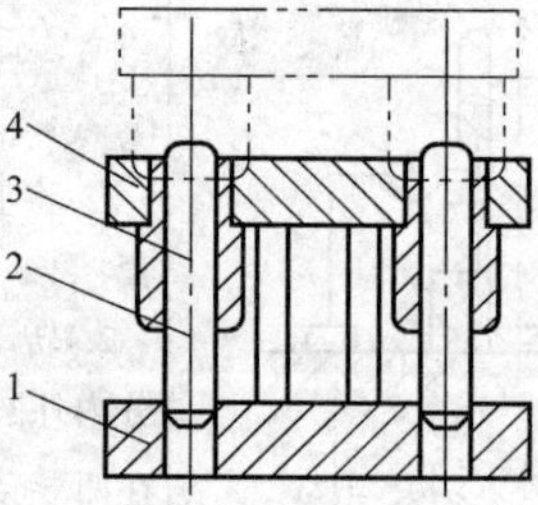 1—下模板 2—导套 3—导柱 4—上模板	1. 用等高垫铁将上、下模板垫起在导套内插入二导柱 2. 通过压力机将导柱压入下模板 5 ~ 6mm 3. 将上模板提升至不脱离导柱最高位置，然后再放下，如无滞涩则表示装配合适，如感觉发紧或松紧不一，则应调整导柱，再重新压入直到合适为止 4. 将上模对合进行检测

表 7-27 先压入模柄装配法

步序	工序名称	图示	装配工艺说明
1	先压入模柄于上模板上	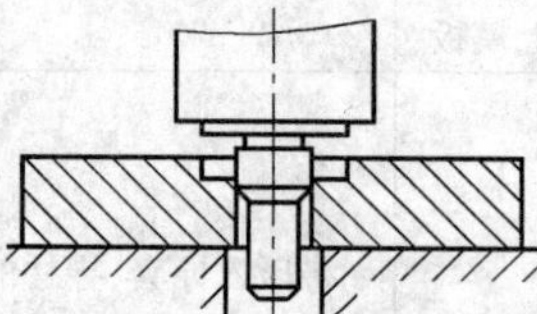 a) 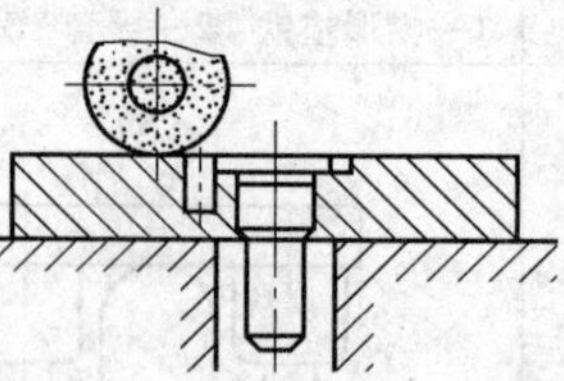 b)	1. 直接将模柄先压入上模板内(图 a) 2. 加工骑缝孔或螺纹孔，装入螺钉紧固 3. 用平面磨床将上模板磨平(图 b)

（续）

步序	工序名称	图　　示	装配工艺说明
2	压入导柱于下模板上	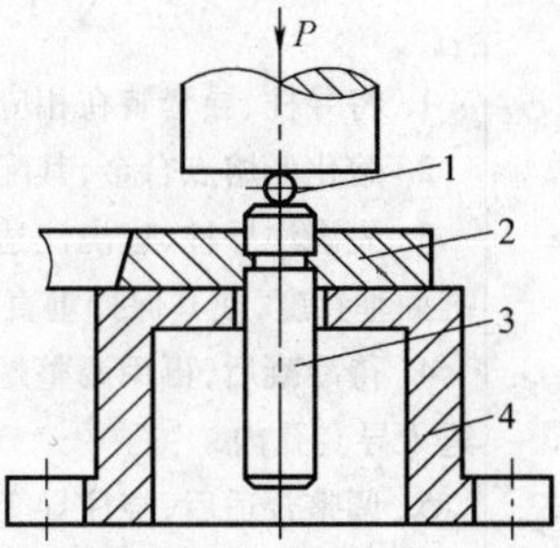 1—钢球　2—下模板　3—导柱　4—压导柱胎具	利用压导柱胎具将导柱压入下模板内，并在压入时随时检验导柱与下模板垂直度。压入要采用图示所示的胎具进行
3	压入导套于上模板上	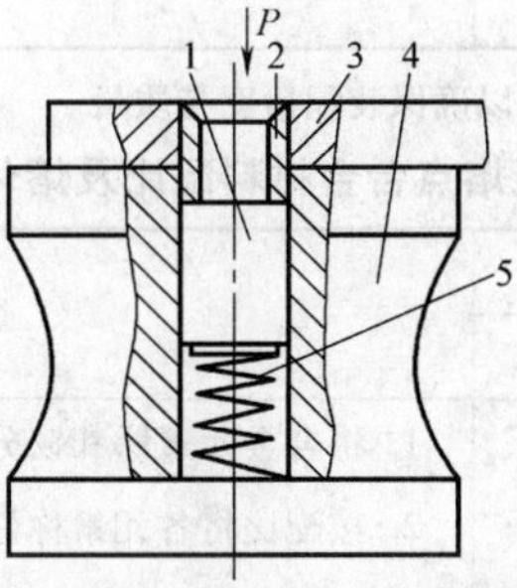 1—导向柱　2—导套　3—上模板　4—压导套胎具　5—弹簧	利用压导套胎具将导套压入上模板内，压入时要以导向柱导向，借助于弹簧给以缓冲，以确保压入质量
4	合拢上、下模板检验质量	—	将压入后的上、下模板对合，检查安装质量

（2）低熔点合金浇注法

在制作冲裁厚2mm以下所用冲模时，可采用低熔点合金浇注固定导柱、导套于上、下模板上。其工艺简单、操作方便，且模板上安装孔也无须精密加工，很适于制品批量小的模具加工，其方法见表7-28。

对于单件或批量不大的模架装配，宜可采用环氧树脂、厌氧胶等粘结剂固定导柱、导套，其装配方法与低熔点合金浇注法基本相似，但组装后的模架精度较低，使用寿命也较短，只适于料厚在2mm以下的各类冲模。

表 7-28 低熔点合金浇注法装配模架

<table>
<tr><th>图 示</th><th>浇 注 方 法</th></tr>
<tr><td>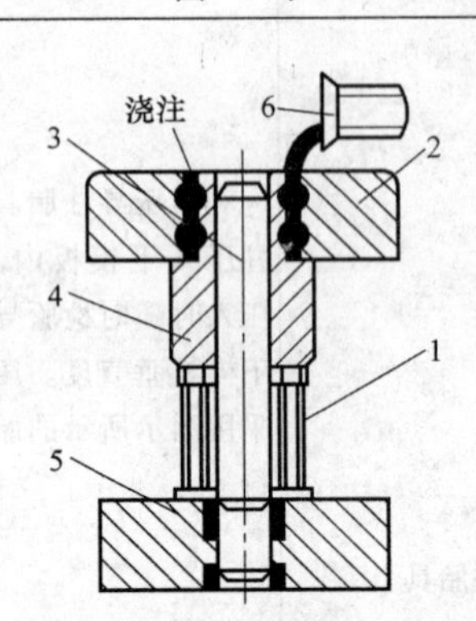

1—调整螺钉 2—上模座 3—导柱
4—导套 5—下模座 6—料筒</td><td>1. 将导柱、导套装在相应的模板孔内
2. 熔化低熔点合金，其配制方法及熔化见表 7-29
3. 先浇注导柱、边浇注边用宽度角尺，调整导柱与下模板基准面垂直度，使其保持垂直
4. 待冷凝后，再用调整螺钉将上模板及导套支起，并使导柱进入导套孔内
5. 调整合适后，浇注导套，如图示
6. 冷凝 24h 后，检查若不合适，将合金熔化再重新浇注，直到合适为止</td></tr>
</table>

注：若批量较大时，可采用专用胎具，以确保装配精度与质量。

表 7-29 低熔点合金材料配比及熔化方法

<table>
<tr><th colspan="4">合金配比[质量的百分比(%)]</th><th rowspan="2">熔化配制方法</th></tr>
<tr><th>序号</th><th>材料名称</th><th>配制比例</th><th>熔点/℃</th></tr>
<tr><td>1</td><td>锑(Sb)</td><td>9</td><td>630.5</td><td>1. 将合金元素锑和铋分别打碎成 5 ~ 25mm 小块</td></tr>
<tr><td>2</td><td>铅(Pb)</td><td>28.5</td><td>327.4</td><td>2. 按配比将各元素称好重量，分开存放</td></tr>
<tr><td>3</td><td>铋(Bi)</td><td>48</td><td>271</td><td rowspan="2">3. 采入坩埚加热，并按熔点高低先加入锑使其熔化后再依次加入铅、铋、锡，并用搅拌棒搅拌，全部熔化后即可浇注</td></tr>
<tr><td>4</td><td>锡(Sn)</td><td>14.5</td><td>232</td></tr>
</table>

（四）模架的检测与定级

1. 模架的分级标准

模架经装配以后，必须要经过检测。其检测内容及分级标准见表 7-24、表 7-30 及表 7-31。

表 7-30 模架的分级规定

<table>
<tr><th rowspan="3">项</th><th rowspan="3">技术指标名称</th><th rowspan="3">被测尺寸/mm</th><th colspan="2">模架精度等级</th></tr>
<tr><th>0Ⅰ、Ⅰ级</th><th>0Ⅱ、Ⅱ级</th></tr>
<tr><th colspan="2">公差等级(IT)</th></tr>
<tr><td rowspan="2">A</td><td rowspan="2">上模座上平面对下模座下平面的平行度</td><td>≤400</td><td>5</td><td>6</td></tr>
<tr><td>>400</td><td>6</td><td>7</td></tr>
<tr><td rowspan="2">B</td><td rowspan="2">导柱轴心线对下模座下平面的垂直度</td><td>≤160</td><td>4</td><td>5</td></tr>
<tr><td>>160</td><td>4</td><td>5</td></tr>
</table>

注：公称等级按 GB/T 1184—1996《形状和位置公差 未注公差值》。

表 7-31　导柱、导套配合间隙及过盈量分级规定

配合形式	导柱直径	模架精度等级		配合后过盈量
		Ⅰ级	Ⅱ级	
		配合间隙值		
滑动配合	≤18	≤0.010	≤0.015	—
	>18~30	≤0.011	≤0.017	
	>30~50	≤0.014	≤0.021	
	>50~80	≤0.016	≤0.025	
滚动配合	>18~35	—	—	0.01~0.02

2. 检测方法

装配后的检测方法见表 7-32。

表 7-32　模架的检测方法

检测项目	图　示	检测方法
外观检查	—	1. 模架的上、下模板应无明显的砂眼及明显的瑕疵及裂纹 2. 模架的尺寸包括外形尺寸，凹模周界尺寸，闭合高度尺寸，必须符合图样规定的要求 3. 导柱、导套配合间隙要符合图样规定的要求，并且上模板上、下移动时应无滞阻现象，动作要灵活、平稳
上模板上平面对下模板下平面平行度误差检查	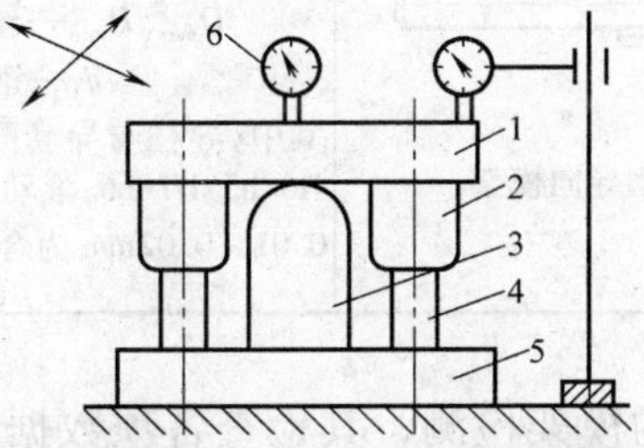 1—上模板　2—导套　3—球面支撑板 4—导柱　5—下模座　6—千分表	1. 将装配好的模架放在精密平板上 2. 在上、下模板的中心位置上，用球面支撑杆支撑上模板 3. 用千分表按规定的测量线测量表面(测量时，球面支撑杆的高度必须控制在被测模架的闭合高度范围内) 4. 根据被测表面大小、推动千分表测量架测整个平面如图所示 5. 取千分表最小、最大读数差值，即为模架上、下模板的平行度误差值
导柱轴心线对下模板下平面的垂直度误差检测	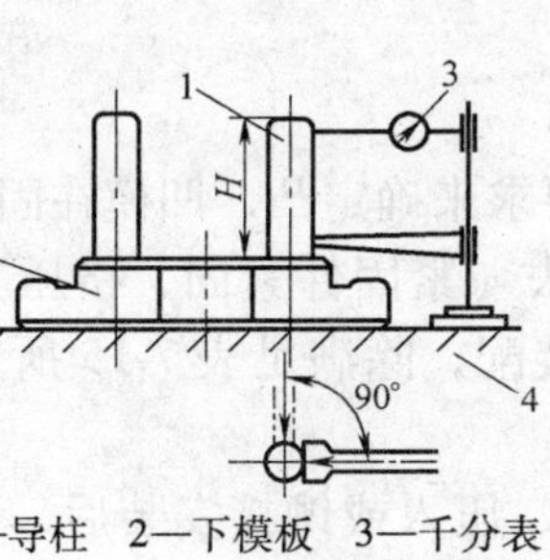 1—导柱　2—下模板　3—千分表 4—平板	1. 将装好导柱的下模板放在校验平台上 2. 用千分表对导柱垂直度检测，如图所示 3. 读千分表(百分表)的最大、最小读数差即为导柱在图示两个方向的垂直度误差 Δx、Δy 4. 将 Δx、Δy 做矢量合成，求在360°范围内最大误差即 $\Delta_{\max} = \lvert \sqrt{\Delta_x^2 + \Delta_y^2} \rvert$

（续）

检测项目	图　示	检 测 方 法
导套孔轴心线对上模板的上平面垂直度误差检测	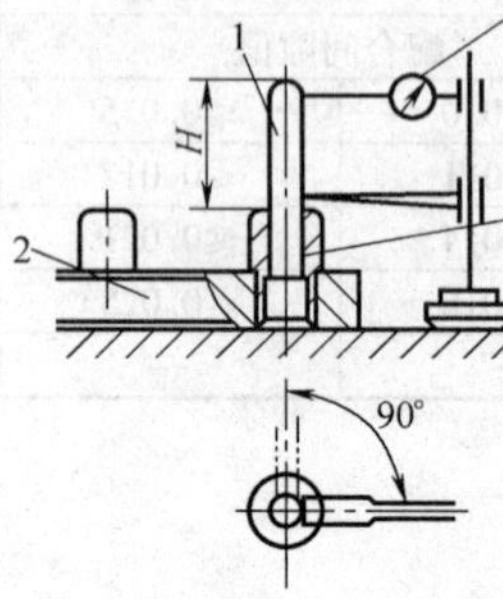 1—锥度心轴　2—上模板 3—千分表　4—导套	1. 将装有导套的上模板放在平台上 2. 在导套孔内插入带有 0.015∶200 锥度心轴 3. 测量心轴的垂直度作为导套孔轴线对上模板垂直度误差值，其测量方法与导柱相同，即 $\Delta_{max} = \mid \sqrt{\Delta_x^2 + \Delta_y^2} \mid$ 4. Δ_{max} 即为导套孔轴心线，对上模板上平面垂直度误差
导柱与导套配合间隙检测	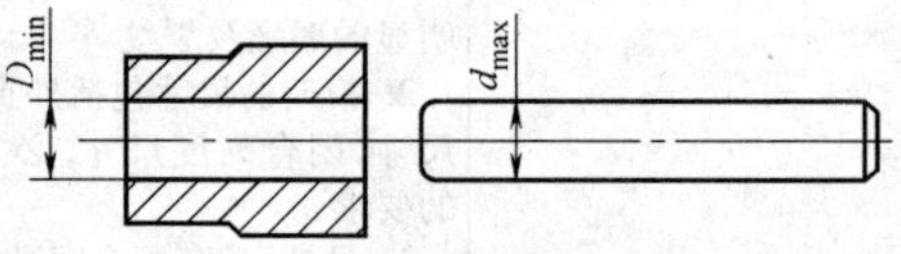 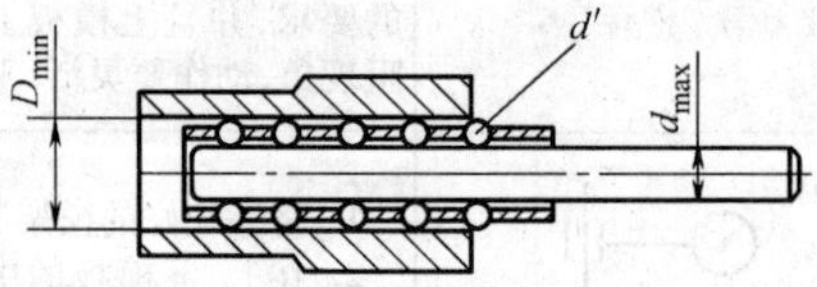 a）滑动导向模架　b）滚动导向模架	将组装后的模架上模取下，分别用通用测量工具（气动量仪外径、内径千分尺）测量导柱、导套孔及滚珠的实际尺寸、经计算，即可求出间隙量及过盈值，即滑动导向模架间隙值 $\Delta_1 = D_{max} - d_{min}$ 滚动导向模架过盈量： $\Delta_2 = d_{max} + 2d_1 - D_{max}$　、 式中　d_{min}、d_{max}—导柱最小最大直径； D_{max}、D_{min}—导套孔最大最小直径； d_1—钢球直径 mm 其中，导柱与导套配合，滑动导向模架为 H6/h5、H7/h6；滚动导向模架过盈量 Δ_2 为 0.01～0.02mm 为合格

按表 7-32 所示的方法对装配好的模架检测，其检查各项数据与表 7-24、7-30、7-31 中各等级标准模架规定数值比较，即可确定出自行装配的模架标准等级。

三、凸、凹模的固定装配

（一）凸、凹模的安装固定要求

在装配冲模时，要根据设计图样要求来确定凸、凹模在固定板上的安装固定方法。其在设计图样上主要有机械固定法（紧固件紧固、挤压）低熔点合金浇注及粘结剂粘结法。但无论采用何种方法装配，除满足表 7-15 所规定的要求外，还应注意以下几点：

1）采用机械固定法，如螺钉紧固、压入或铆接安装后，凸、凹模与安装孔都应成 H7/m6 过盈配合形式。

2）采用低熔点合金浇注或无机粘结剂与环氧树脂等粘结的凸、凹模，与固定孔之间应保持有一定的浇注和粘结间隙。其间隙大小，应根据所选用的填充、粘结介质不同而选用。

3）采用热套法固定时，其过盈量可选用配合尺寸的0.1%～0.2%左右为宜。

4）凸、凹模在固定板上固定后，其中心轴线必须与固定板安装面垂直。其薄板冲裁模不应大于0.01mm；一般冲模也应控制在0.02mm以内。

5）凸、凹模安装端面，在安装后应于固定板支承面在同一平面上。即安装后，应将固定组合用平面磨床磨平。同时，凸模的上端面在装配时要紧贴垫板（不设垫板要紧贴模柄底面），不允许有缝隙存在。

（二）机械安装法固定

凸、凹模用机械安装固定法见表7-33。

表7-33　凸、凹模机械安装固定方法

固定方法	图　示	操作步骤与注意事项
挤压固定法	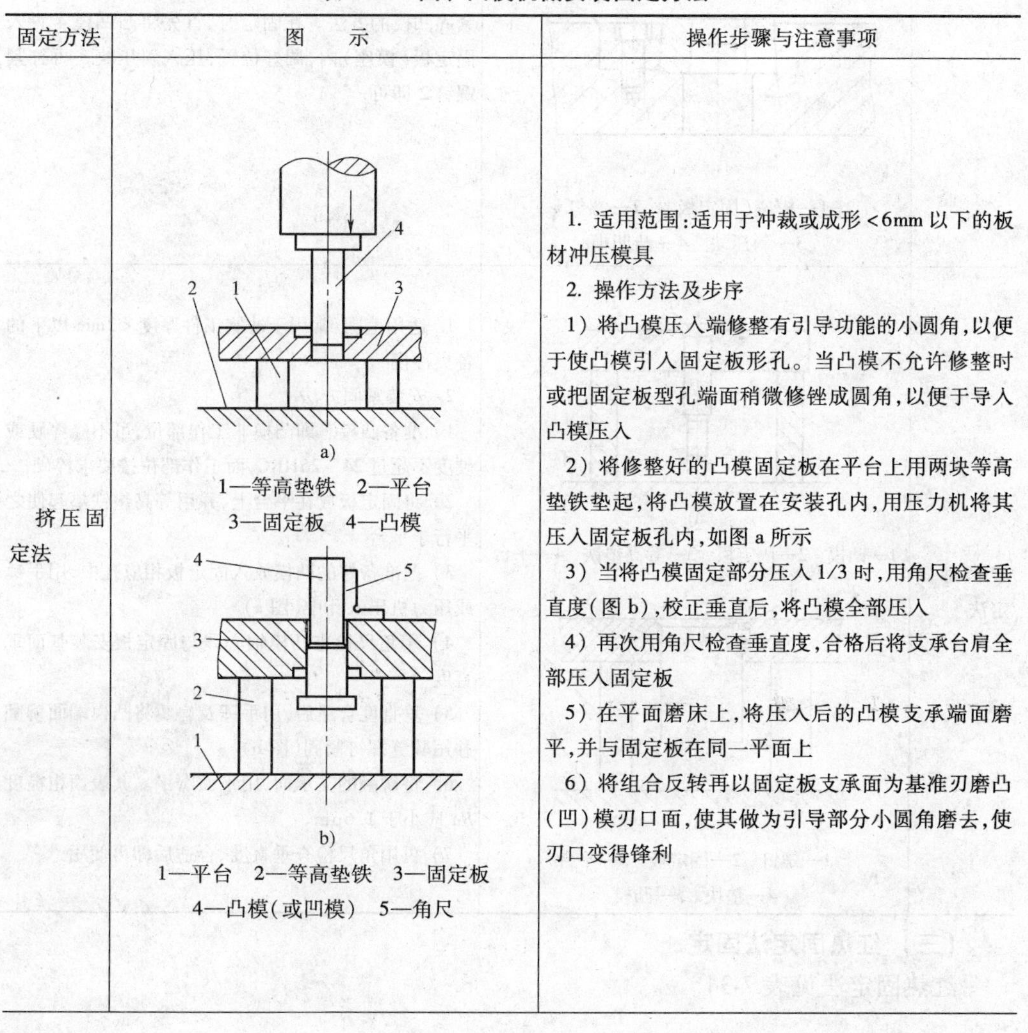 a) 1—等高垫铁　2—平台 3—固定板　4—凸模 b) 1—平台　2—等高垫铁　3—固定板 4—凸模（或凹模）　5—角尺	1. 适用范围：适用于冲裁或成形 <6mm 以下的板材冲压模具 2. 操作方法及步序 1）将凸模压入端修整有引导功能的小圆角，以便于使凸模引入固定板形孔。当凸模不允许修整时或把固定板型孔端面稍微修锉成圆角，以便于导入凸模压入 2）将修整好的凸模固定板在平台上用两块等高垫铁垫起，将凸模放置在安装孔内，用压力机将其压入固定板孔内，如图a所示 3）当将凸模固定部分压入1/3时，用角尺检查垂直度（图b），校正垂直后，将凸模全部压入 4）再次用角尺检查垂直度，合格后将支承台肩全部压入固定板 5）在平面磨床上，将压入后的凸模支承端面磨平，并与固定板在同一平面上 6）将组合反转再以固定板支承面为基准刃磨凸（凹）模刃口面，使其做为引导部分小圆角磨去，使刃口变得锋利

（续）

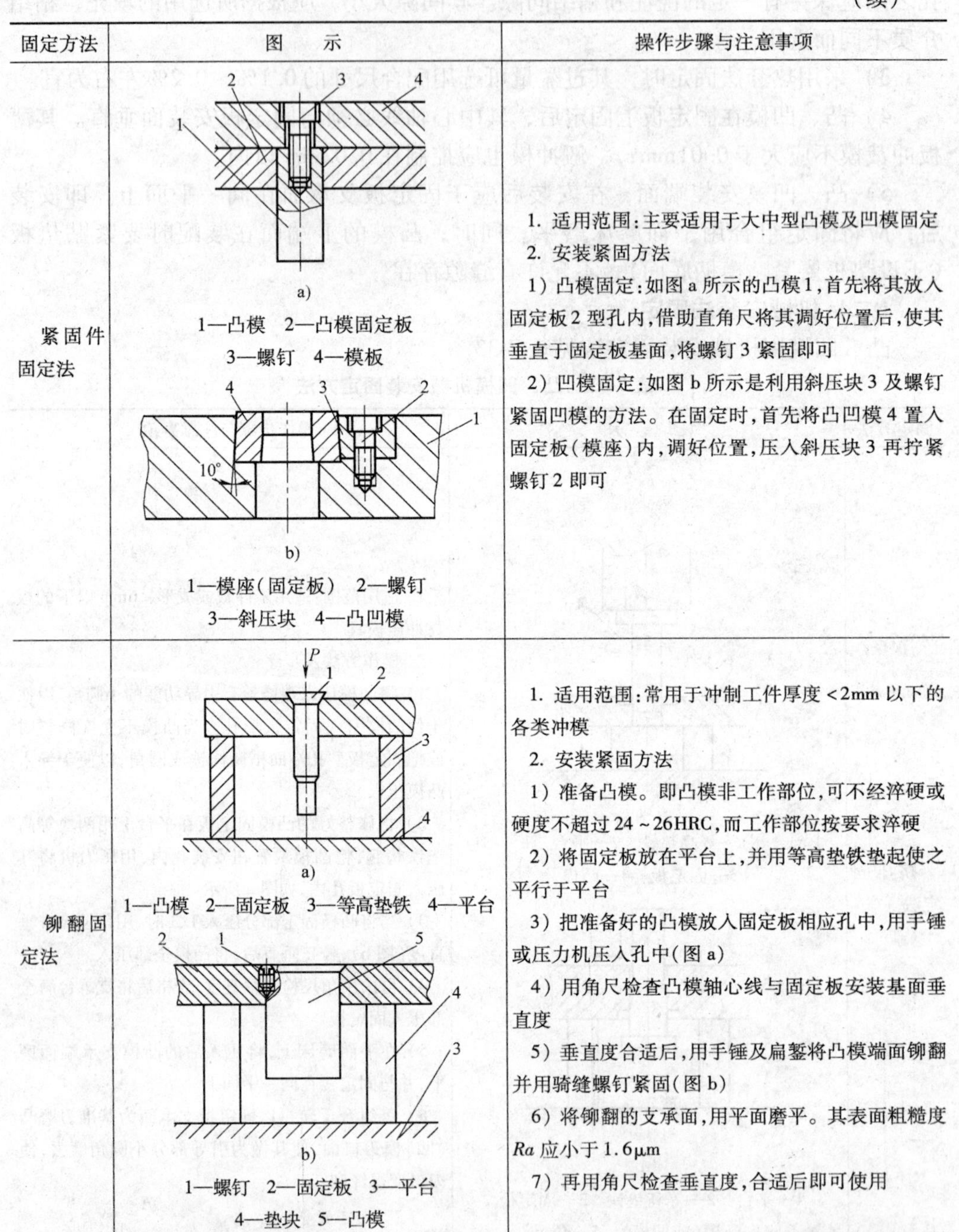

固定方法	图　示	操作步骤与注意事项
紧固件固定法	a) 1—凸模　2—凸模固定板 3—螺钉　4—模板 b) 1—模座（固定板）　2—螺钉 3—斜压块　4—凸凹模	1. 适用范围：主要适用于大中型凸模及凹模固定 2. 安装紧固方法 1）凸模固定：如图 a 所示的凸模 1，首先将其放入固定板 2 型孔内，借助直角尺将其调好位置后，使其垂直于固定板基面，将螺钉 3 紧固即可 2）凹模固定：如图 b 所示是利用斜压块 3 及螺钉紧固凹模的方法。在固定时，首先将凸凹模 4 置入固定板（模座）内，调好位置，压入斜压块 3 再拧紧螺钉 2 即可
铆翻固定法	a) 1—凸模　2—固定板　3—等高垫铁　4—平台 b) 1—螺钉　2—固定板　3—平台 4—垫块　5—凸模	1. 适用范围：常用于冲制工件厚度 <2mm 以下的各类冲模 2. 安装紧固方法 1）准备凸模。即凸模非工作部位，可不经淬硬或硬度不超过 24～26HRC，而工作部位按要求淬硬 2）将固定板放在平台上，并用等高垫铁垫起使之平行于平台 3）把准备好的凸模放入固定板相应孔中，用手锤或压力机压入孔中（图 a） 4）用角尺检查凸模轴心线与固定板安装基面垂直度 5）垂直度合适后，用手锤及扁錾将凸模端面铆翻并用骑缝螺钉紧固（图 b） 6）将铆翻的支承面，用平面磨平。其表面粗糙度 *Ra* 应小于 1.6μm 7）再用角尺检查垂直度，合适后即可使用

（三）红热固定法固定

红热固定法见表 7-34。

表 7-34　凸、凹模红热固定方法

图示	项目	内容
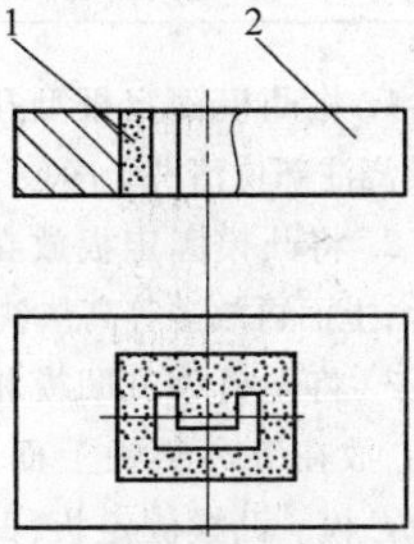 1—硬质合金凹模 2—凹模固定板(套圈)	适用范围	适用于硬质合金做凸、凹模在固定板上的固定
	操作方法	1. 将硬质合金凹(凸)模及固定板擦干净 2. 放入箱式电炉加热 固定板套箍:400～450℃ 硬质合金镶块:200～250℃ 3. 从箱内取出后,将凹(凸)模镶块放入固定型孔内,冷却后即将凹模固紧 4. 将固紧组合基面在平面磨床磨平修整后,即可使用
	套后加工	冷却后可进行凹模形孔电火花及线切割加工成形,大型冲模固定前加工成形

注：镶块（凸、凹模）与固定孔过盈量 0.01～0.02mm 为宜。

(四) 低熔点合金浇注法固定

低熔点合金浇注法固定凸、凹模，与前述的用低熔点合金浇注固定导柱、导套一样，采用合金成分及熔融方法见表 7-29，而固定方法见表 7-35。

表 7-35　低熔点合金浇注固定凸、凹模

项目	图　示	操作方法
零件浇注前制备	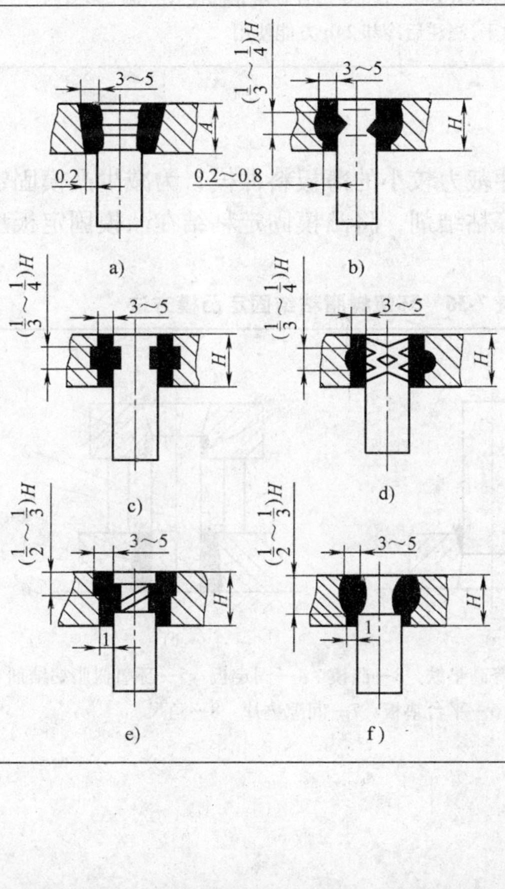 3～5　A　0.2　a) $(\frac{1}{3}\sim\frac{1}{4})H$　3～5　H　0.2～0.8　b) $(\frac{1}{3}\sim\frac{1}{4})H$　3～5　H　c) $(\frac{1}{3}\sim\frac{1}{4})H$　3～5　H　d) $(\frac{1}{2}\sim\frac{1}{3})H$　3～5　H　1　e) $(\frac{1}{2}\sim\frac{1}{3})H$　3～5　H　1　f)	图示为利用低熔点合金浇注固定凸模时,凸模安装部位及固定板型孔的几种形式,可供浇注时准备凸模及固定板预加工参考

（续）

项目	图　示	操作方法
浇注工艺方法	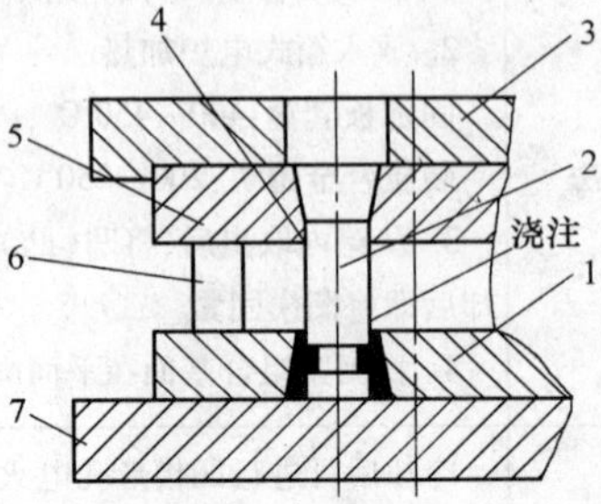 1—凸模固定板　2—凸模　3—模座 4—间隙垫片　5—凹模　6—等高垫铁 7—平台垫板	1. 将凸模固定板型孔与凸模浇注部位清洗干净 2. 将凸模固定板放在平台上，上面再放置等高垫铁 3. 将凸模放进凹模相应孔后，放在等高垫铁上面，并调好凸模。凸模固定板，凹模相对位置和凸、凹模间隙使间隙均匀 4. 熔化合金进行浇注，冷却24h后再用平面磨床磨平即可使用
注意事项	1. 零件如凸模、凹模固定型孔应具有保证合金、浇注后牢固可靠形式 2. 零件在浇注时，要调好凸、凹模间隙及凸模与固定孔间隙以及凸模中心轴线与固定基面的垂直度，并随时检查、调整 3. 浇注部位应事先预热（100～150℃）；合金熔化温度要控制200℃内 4. 合金熔化前要烘干，浇注后冷却24h方能使用	

（五）粘结法固定

在装配过程中，对于冲裁力较小的薄板料冲模，为减少凸模固定的麻烦，可采用无机粘结剂、环氧树脂等粘结剂，将凸模固定粘结在凸模固定板型孔内。其利用环氧树脂粘结法见表7-36。

表7-36　环氧树脂粘结固定凸模方法

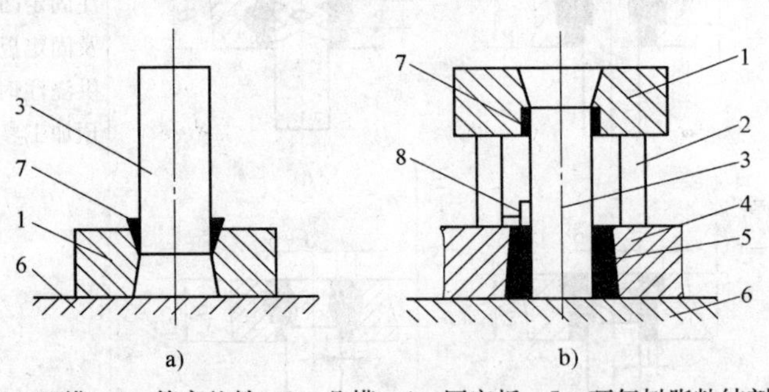

1—凹模　2—等高垫铁　3—凸模　4—固定板　5—环氧树脂粘结剂
6—平台垫板　7—间隙垫片　8—角尺

（续）

<table>
<tr><th>粘结步骤</th><th>操作方法</th><th>注意事项</th></tr>
<tr><td>选择配方、称好材料（按重量百分比）</td><td>按表 7-36-1 配方选择及称重好各材料
表 7-36-1 环氧树脂配方
<table>
<tr><th rowspan="2">组成成分</th><th rowspan="2">材料名称</th><th colspan="2">配比[质量百分比(%)]</th></tr>
<tr><th>1</th><th>2</th></tr>
<tr><td>粘结剂</td><td>环氧树脂 610</td><td>100</td><td>100</td></tr>
<tr><td>填充剂</td><td>铁粉(200 目)</td><td>250</td><td>250</td></tr>
<tr><td>增塑剂</td><td>邻苯=甲酸=丁脂</td><td>15~20</td><td>15~20</td></tr>
<tr><td>固化剂</td><td>无水乙二胺</td><td>8~10</td><td>16~19</td></tr>
</table></td><td>材料配比一定要严格要求</td></tr>
<tr><td>调制粘结剂</td><td>1. 将材料用天平按比例称好
2. 将环氧树脂加热 70~80℃,并将烘干的铁粉加入调匀,再加入二丁酯继续调匀
3. 当温度降到 40℃时,加入乙二胺并搅拌无气泡,待用</td><td>1. 在调配时不能混入任何杂物
2. 填充剂在使用前要烘干(200℃)
3. 严格控制固化剂加入温度</td></tr>
<tr><td>粘结过程</td><td>1. 将凸模与固定板用丙酮清洗
2. 把凸模插入凹模调整间隙用垫片垫紧(图 a)后再插入固定板型孔(图 b)再次调好凸模与固定板相对位置,使四周均匀
3. 将调好的环氧树脂倒入凸模与固定板间隙内,并使其均匀分布
4. 在加入环氧树脂时,不时用角尺校正凸模对固定板的垂直度
5. 填满树脂,固化 24h 即可使用</td><td>1. 粘结时,必须保证各零件相对位置,未固化前不得移动
2. 粘结表面必须清洗干净
3. 粘结表面要求粗糙
4. 要在通风良好环境下工作
5. 用剩下的粘结剂要用盖封好,准备待用,但时间不能太长</td></tr>
</table>

（六）多凸模及镶拼凹模固定

（1）多凸模在同一固定板上的固定

在同一副冲模中，若有多个凸模同时固定在同一个凸模固定板上（如连续模），其固定方法见表 7-37。

表 7-37　多凸模固定方法

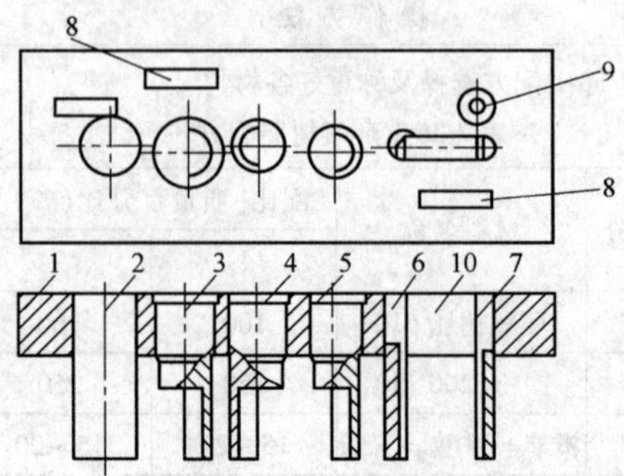

1—凸模固定板　2—落料凸模　3、4、5—半环凸模　6、7—半圆凸模　8—侧刃凸模　9—圆凸模　10—垫块

项　目	图　示	操作说明
凸模安装顺序的选择原则	—	1. 容易定位并能作为其他凸模基准的应首先装入 2. 较难定位或要依据其他零件需通过一定的工艺方法才能定位的要后安装 3. 在各凸模有不同精度要求时，应先安装精度要求高且难控制精度的凸模再安装容易保证精度的凸模
压入顺序	—	如图示的多凸模固定压入顺序应该是：半圆凸模 6、7（包括垫块 10）→依次压入半环凸模 3、4、5→侧刃凸模 8 及落料凸模 2→冲孔圆凸模 9
压入安装方法	a) b)	1. 先压入半圆凸模 6、7。因半圆凸模压入时容易定位、定向。压入时从固定板 1 正面用垫块同时压入，并在压入时，用 90°角尺检测，其与固定板安装基面的垂直度，如图 a 所示 2. 压入半环凸模。用以装好的半圆凸模 6、7 为基准，垫好等高垫铁，插入凹模，调整好间隙。同时，将半环凸模 3，按凹模相应孔定位。卸去凹模，垫上等高垫铁 5 先将半环凸模 3 压入。再以同样方法压入 4、5，如图 b 所示 3. 压入两个侧刃凸模 8，再压入落料凸模 2，最后压入圆孔凸模 9

（续）

项　目	图　示	操作说明
平面磨凸模端面使其刃口锋利	—	1. 各凸模全部压入后，在平面磨床上将各凸模刃口磨平，保持锋利 2. 为保护小凸模不在磨削中折断，磨削应将卸料板合到凸模上，并用等高垫铁垫起，使凸模端部从卸料板中露出0.3～0.5mm，用小吃刀量将凸模磨成等高

（2）镶拼式凹模安装法

在冲压复杂零件或窄槽、窄缝的零件时，其凹模常采用拼镶式结构，如图7-3所示的仪表十字架凹模，是由四块镶块相拼而成的。尽管各镶块在精加工时，保证了各尺寸精度及位置要求，但拼合后因误差累计，也会影响整体凹模精度。因此在装配时，钳工必须对其研磨修正。其方法是：

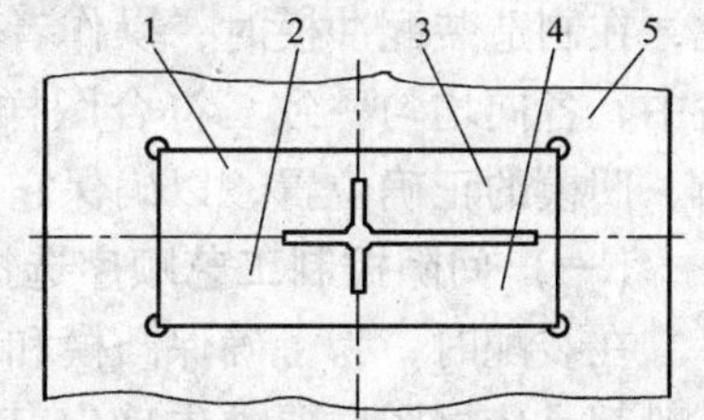

图7-3　仪表十字架凹模
1、2、3、4—凹模镶块
5—凹模固定板

1）装配前应检查并修正各镶块宽度和中心距，使各相邻镶块配合要符合图样要求。

2）将拼合镶块按基准面排齐、磨平。将预制好的凸模插入拼合后的型孔中，检查拼合后的凹模与凸模配合情况以及间隙均匀性，若不合适应酬情修正。

3）修正合适后，将凹模拼块压入凹模固定板中，压入后再对压入位置及尺寸精度做最后检查，并用凸模插入复查。修正间隙，无误后用平面磨床将上、下平面磨平即可。

当凹模镶块较多时，应在压入时，先选择各凹模镶块的压入次序。其选择的原则是：

凡装配容易定位的应优先压入，较难定位或要求依赖其他镶拼块才能保证型孔或步距精度的镶块以及必须通过一定工艺方法加工后定位的镶块应后压入。

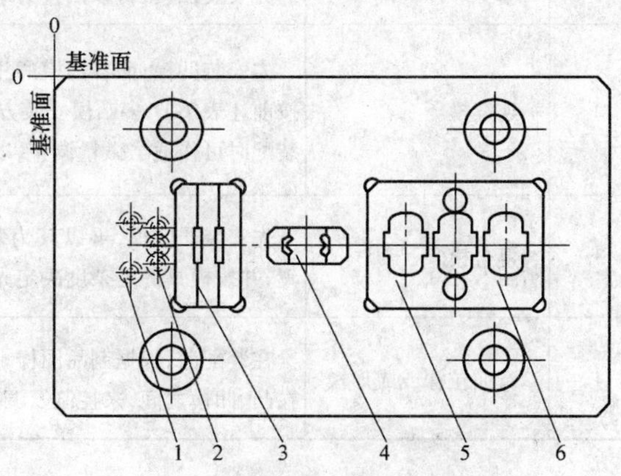

图7-4　镶块凹模的安装
1—冲导正孔的凹模　2—冲孔凹模
3、4、5、6—凹模镶件

如图7-4所示的连续模各镶块的压入顺序是：应先压入冲导正孔凹模1、冲孔凹模2，因为它已在精加工时保证了尺寸精度和步距精度，然后再以其为定位基准分别依次压入凹模镶块3、4、5、6。

当各凹模镶块对精度有不同要求时，应先压入精度要求较高的镶块，再压入容易保证精度的镶块。如在冲孔、切槽、弯曲切断的连续模中，应先压入冲孔、切槽、切断的镶拼块，最后再压入弯曲镶拼块。这是因为前者型孔与定位面有尺寸精度和位置精度要求，而后者只要求位置精度，容易保证。

四、凸、凹模间隙控制

冲模凸、凹模之间的间隙大小及均匀性，是直接影响所冲制品质量和冲模使用寿命的重要因素。如冲裁模，冲裁间隙过大或过小以及分布不均匀，都会使冲裁后的冲压件产生毛刺而弯曲。拉深件则由间隙大小不均难以成形或起皱、裂纹。因此，在制造装配冲模时，操作者必须要严格进行间隙的调整和控制，尽量使其大小适中，各向均匀一致，符合图样要求。实际上，装配的主要工作，也就是要确定凸、凹模的正确位置，以确保它们之间的间隙均匀性。

（一）间隙控制工艺顺序选择

在装配时，为了确保凸模和凹模的正确位置、保证间隙大小适中，均匀一致，一般都是依据图样要求先确定其中一件（凸模或凹模）的位置，然后以该件为基准，用找正间隙的方法，确定另一件的准确位置。实际装配时，要根据模具结构特征、间隙大小及装配条件，来选择间隙控制的工艺顺序和方法。常采用的间隙控制顺序方法见表7-38。

表7-38 各类冲模控制间隙工艺顺序选择

序号	模具类型	间隙控制顺序选择
1	单工序冲裁模	先安装凹模，再以凹模为基准，配合安装凸模，并保证间隙的均匀性
2	连续模	先安装凹模，而各凸模的相对位置应在凸模安装固定时以各凹模孔为准，按前述表7-37多凸模安装方法保证各凸模相对位置和间隙值，只在上、下模装配时可作适当微量调整，以确保间隙均匀一致性
3	复合模	先安装凸凹模，再以其为基准用找正间隙的方法确定冲孔凸模和凹模位置，并按模具的复杂度决定先安装冲孔凸模还是落料凹模
4	弯曲拉深或成形模	在装配前，根据制品图样，先制做一个标准样件，在装配过程中，将样件放在凸、凹模之间，来控制及调整间隙大小及均匀程度

（二）间隙控制方法

在装配过程中，常用控制间隙方法见表7-39。

表 7-39　凸、凹模间隙控制

控制方法	图　示	说　明	适用范围及优缺点
透光调整法	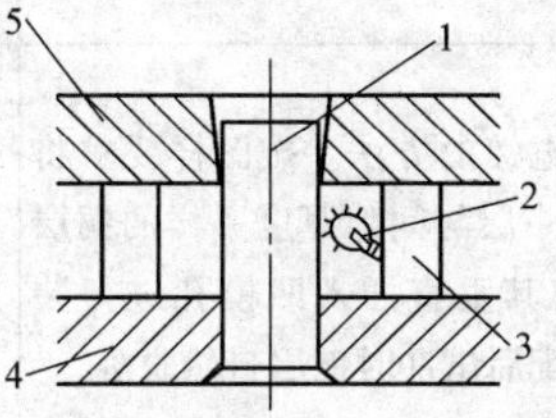 1—凸模　2—光源　3—垫铁 4—凸模固定板　5—凹模	1. 分别装配上模与下模，其上模的螺钉不要固紧，而下模可固紧 2. 将等高垫铁放在上、下模固定板4和凹模5之间，垫起后用夹钳夹紧 3. 翻转合模后的上、下模，并将模柄夹紧在平口钳上，如图示 4. 用手灯或手电筒照射凸凹模并在下模漏料孔中仔细观察。若发现凸模与凹模之间各向透光一致表明间隙合适；若光线在某一方向偏多，则表明间隙在此方向偏大，这时可用手锤击固定板4侧面，使之向偏大方向移动。再反复透光观察、调整、直到合适为止 5. 调整合适后，再将上模用螺钉和销钉固紧	适用于冲裁间较小的薄板料冲裁模方法简单、便于操作、生产应用普遍
垫片调整法	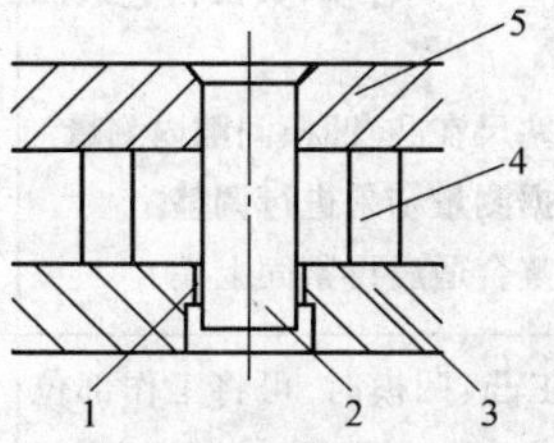 1—垫片　2—凸模　3—凹模 4—等高垫铁　5—凸模固定板	1. 按图样分别组装上模及下模但上模不要固紧下模固紧 2. 在凹模刃口四周垫入厚薄均匀、厚度等于所要求凸、凹模单面间隙的金属片或纸片 3. 将上、下模合模，使凸模进入相应的孔内，并用等高垫起 4. 观察各凸模是否顺利进入凹模，并与垫片能有良好的接触，若在某方向上与垫片松紧程度相差较大，表明间隙不均匀。这时，可用锤子轻轻敲打固定板侧面，使之调整到各方向松紧程度一致，凸模易于进入凹模孔为止 5. 调整合适后，再将上模螺钉紧固、穿入销钉	适用于冲裁比较厚的大间隙冲裁模也适于拉深、弯曲、成形模的间隙调整，其方法简便可行

（续）

控制方法	图 示	说 明	适用范围及优缺点
涂淡金水法	—	在凸模表面上涂上一层淡金水，待干燥后，再将机油与研磨砂调合成很薄的涂料均匀地涂在凸模表面上（厚度等于间隙值），然后将其垂直插入凹模相应孔内，即可装配	工艺简单，装配方便，但涂法不当，易使间隙不准
镀铜法	—	采用电镀的方法。按图样要求将凸模镀一层与间隙厚度一样的铜层后，再将其垂直插入凹模孔进行装配。装配后试冲时镀层自然脱落	间隙均匀但工艺复杂
利用工艺定位器法	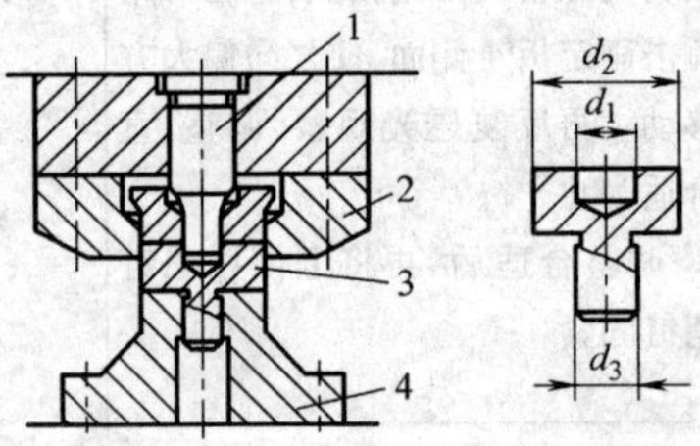 1—凸模 2—凹模 3—工艺定位器 4—落料凸凹模	装配时，将工艺定位器3，使其 d_1 与凸模1，d_2 与凹模2、d_3 与凸模孔4都处于滑动配合形式，由于工艺定位器 d_1、d_2、d_3 都是在车床上一次装夹成形。同轴度较高故能保证上、下模同轴，使间隙均匀一致	适用于复合模装配
塞尺测量法	—	1. 将凹模紧固在下模板上，上模装配后暂不紧固 2. 使上、下模合模，其凸模进入凹模孔内 3. 用塞尺在凸、凹模间隙内测量 4. 根据测量结果进行调整 5. 调整合适后再紧固上模	适用于厚板料间隙较大冲模，工艺烦杂且麻烦，但间隙经测后均匀，也适于拉深弯曲模调整
腐蚀法	—	在加工凸、凹模时，可将工作部位尺寸做成一致，装配后为得到相应间隙将凸模用酸腐蚀去除多余部位。其酸液配方： 1. 硝酸20% + 醋酸30% + 水50% 2. 水55% + 双氧水25% + 草酸20% + 硫酸1% ~2% 腐蚀时间根据间隙大小定	间隙均匀

（续）

控制方法	图　示	说　明	适用范围及优缺点
涂漆法	1—凸模　2—漆盒　3—垫板	利用磁漆或氨基醇酸绝缘漆，在凸模上涂以与间隙厚度一样的漆膜后，进行装配。方法为： 1. 将凸模浸入盛漆的容器内约15mm，使刃口向下，如图所示 2. 取出凸模，端面用吸水纸擦一下，然后使刃口朝上，该漆慢慢向下倒流，自然形成一定锥度 3. 放入恒温箱内在100～120℃温度下烘干0.5～1h，冷却后即可装配	方法简单适于小间隙冲模
工艺留量法	—	装配前先不要将凸模（凹模）刃口做到所需尺寸，而留出工艺余量使其成H7/h6配合，待装配后取下凸模（或凹模）去除工艺余量而获得间隙	方法简单但增加工序
标准样件法	—	在调整装配前，按图样（制品）先制作一个样件，在装配调整时放在凸、凹模之间，以保证间隙	适于弯曲、拉深、成形模、方法简单易行
试切纸片法	—	无论采用何种方法来控制间隙，最后都要采用与制件厚度相同的纸片，在装配后的凸、凹模间试切，根据纸片的切口状态来验证间隙均匀度，从而确定间隙需往哪个方向调整。如果切口一致表明间隙均匀一致；如果在某处难以切下，表明此处间隙大应修配若出现毛刺更应调整合适	适于各种调整试方法的最后试检

五、螺钉与销钉的装配

1. 卸料螺钉的装配

冲模中的卸料螺钉装配，主要是确定卸料弹簧窝座深度及卸料板螺钉沉孔深度，因为它直接影响卸料力大小。尽管在图样设计上有所规定，但在装配时操作者也应根据弹簧及螺钉的选用，进行核算后再加工，以保证其准确性。其计算方法见表7-40。

表 7-40　卸料弹簧窝座深度及螺钉沉孔的确定

项　目	图　示	计算确定方法
卸料弹簧窝座深度确定	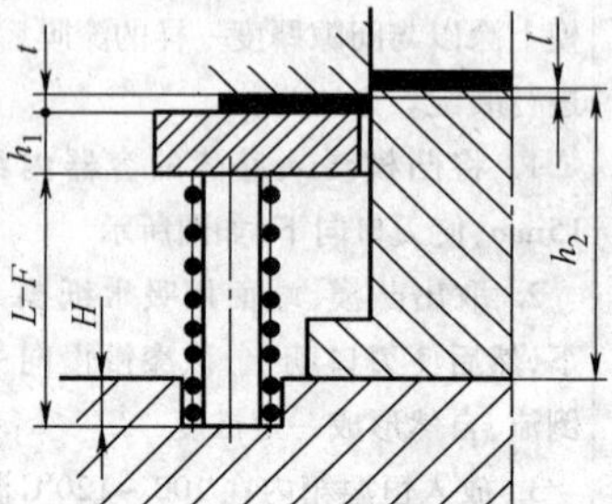	在底板上的弹簧底座深度 H 可按下式计算： $H = L - F + h_1 + t + l - h_2$ 式中　L—弹簧自由状态长度(mm) h_1—卸料板厚度(mm) F—弹簧最大容许压缩量(mm) t—材料厚度(mm) h_2—凸模(凸凹模)高度(mm) l—凸模(凸凹模)深进凹模的深度(mm)
卸料螺钉沉孔深度确定	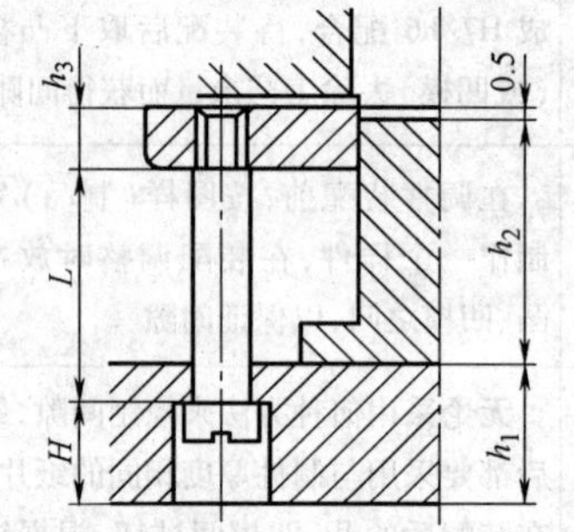	卸料螺钉沉孔深度(底座沉孔)是控制卸料板行程终点位置的尺寸。卸料时，要使卸料板高出凸模(凸凹模)刃口平面 0.5mm 左右，如图所示。其沉孔深度计算可按下式： $H = h_1 + h_2 + 0.5 - h_3 - l$ 式中　H—螺钉沉孔深度(mm) h_1—模座底板厚度(mm) h_2—凸模(凸凹模)高度(mm) h_3—卸料板厚度(mm) l—卸料螺钉长度(mm) 在不依靠卸料螺钉控制卸料板行程时，H 值可较上式适当加深 2～3mm

2. 内六角螺钉及圆柱销的装配

在冲模装配中，对于上、下模板上用来固定凸模固定板、卸料板及凹模板等零件的螺钉孔、圆柱销孔，一般都是采取配作的方法来加工。也就是说，上、下模板上的这些螺孔及销孔位置不是按图样划线确定的，而是在装配时根据被固定件已加工出的孔，采取配作配钻加工的。其具体配作方法见本书第六章表 6-26、表 6-30。但在加工中应注意以下几点：

1）选用的内六角螺钉应为 45 钢制成，其头部的淬火硬度应为 35～40HRC；销钉选用 T7、T8 钢淬火硬度应为 48～52HRC，其表面粗糙度 Ra 应不大于 1.60μm。

2）在装配钻孔时，其内角螺钉过孔的尺寸应按表 7-41 钻取。

表 7-41　内六角螺钉过孔的尺寸　（单位：mm）

过孔尺寸	螺钉规格					
	M6	M8	M10	M12	M16	M20
d	7	9	11.5	13.5	21.5	25.5
D	11	13.5	16.5	19.5	31.5	37.5
H_{min}	3	4	5	6	10	12
H_{max}	25	35	45	55	85	95

3）销钉与销孔配合精度应为 H7/m6 过渡配合形式。因销钉在模具中，不仅要起紧固作用，更主要的是还兼起各零件的定位作用。

4）螺钉拧入基体内深度和圆柱销配合深度见表 7-42。

表 7-42　装配时螺钉拧入基体及圆柱销配合深度确定

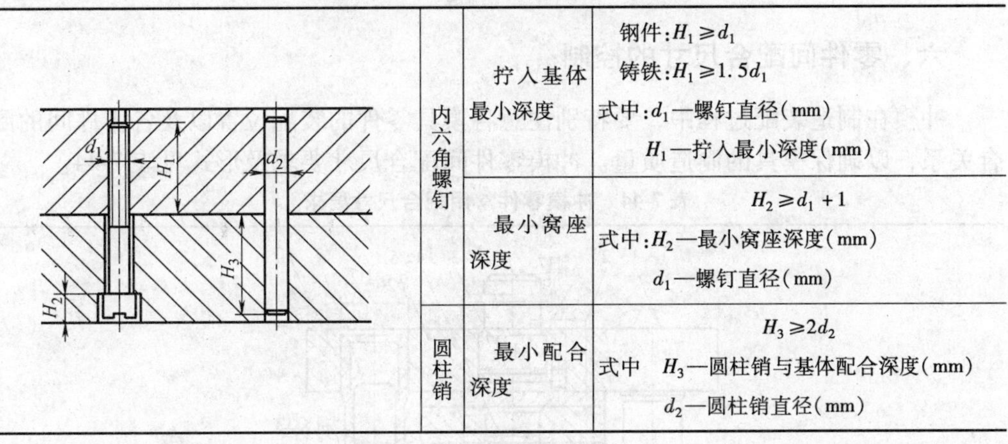

内六角螺钉	拧入基体最小深度	钢件：$H_1 \geqslant d_1$ 铸铁：$H_1 \geqslant 1.5d_1$ 式中：d_1—螺钉直径（mm） H_1—拧入最小深度（mm）
内六角螺钉	最小窝座深度	$H_2 \geqslant d_1 + 1$ 式中：H_2—最小窝座深度（mm） d_1—螺钉直径（mm）
圆柱销	最小配合深度	$H_3 \geqslant 2d_2$ 式中　H_3—圆柱销与基体配合深度（mm） d_2—圆柱销直径（mm）

3. 装配后模具闭合高度核算

冲模装配后，其闭合高度一定要满足图样所要求的闭合高度。其装配后测量核算方法见表 7-43。

表 7-43　冲模闭合高度核算方法

模具结构	图　样	闭合高度计算公式
冲裁（剪切）类冲模		闭合高度 H $H = h_1 + h_2 + h_3 + h_4 - \Delta$ 式中　h_1—下模板厚度（mm） h_2—上模板厚度（mm） h_3—凹模厚度（mm） h_4—凸模高度（mm） Δ—凸模刃口进入凹模刃口深度，对于普通冲裁模 $\Delta = 1$，精冲模 $\Delta = 0$

（续）

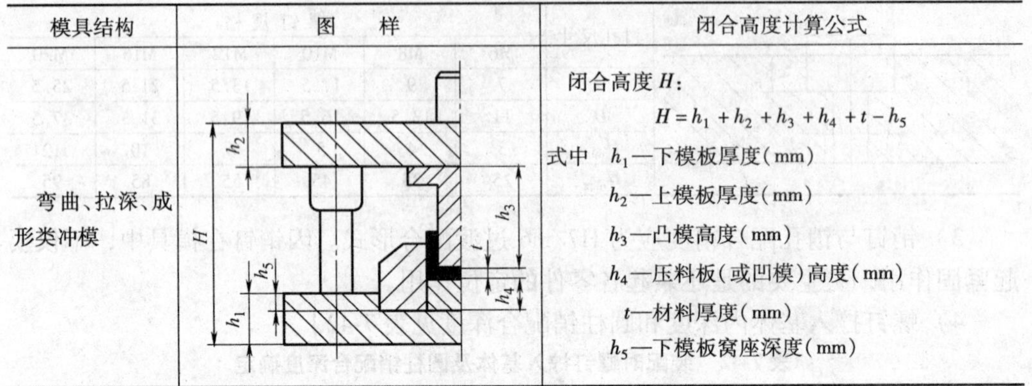

模具结构	图样	闭合高度计算公式
弯曲、拉深、成形类冲模		闭合高度 H： $H=h_1+h_2+h_3+h_4+t-h_5$ 式中 h_1—下模板厚度（mm） h_2—上模板厚度（mm） h_3—凸模高度（mm） h_4—压料板（或凹模）高度（mm） t—材料厚度（mm） h_5—下模板窝座深度（mm）

六、零件间配合尺寸的控制

冲模在制造装配过程中，要特别注意各模具零件的装配位置以及各零件间的配合关系，以确保模具的制造质量。冲模零件间配合尺寸要求及形式见表7-44。

表7-44 冲模零件常用配合尺寸要求

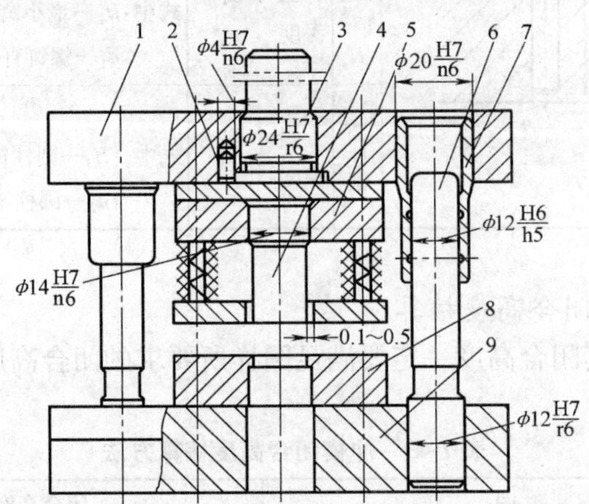

1—上模板 2—圆柱销 3—模柄 4—凸模 5—凸模固定板 6—导柱 7—导套 8—凹模 9—下模板

零件名称	配合类型与尺寸要求	零件名称	配合类型与尺寸要求
导柱与下模座	H7/r6	活动挡料销与卸料板	H9/h8 或 H9/h9
导套与上模座	H7/r6	圆柱销与固定板及模座	H7/n6
导柱与导套	H6/h5 或 H7/h6	螺钉与螺钉孔	单边间隙:0.5~1mm
模柄与上模座	H7/n6 或 H9/n8	卸料板与凸模（凸凹模）	单边间隙:0.1~0.5mm
凸模与凸模固定板	H7/m6 或 H7/k6	顶件器与凹模	单边间隙:0.1~0.5mm
凹模与下模座	H7/n6	打料杆与模柄	单边间隙:0.5~1mm
固定挡料销与凹模	H7/m6 或 H7/n6	顶杆（推杆）与凸模固定板	单边间隙:0.2~0.5mm

第八章　各类冲模装配与调试技术

一、冲裁模的装配与调试

在冲压生产中，用来将金属板料或非金属板料相互分离的冲模称为冲裁模。按其工作性质冲裁模可分为落料模、冲孔模、切边模、切口模及整修模。但按其结构的不同，冲裁模又可分为单工序冲裁模、连续模（又称级进模）和复合模。这些冲模由于其结构及冲压性质不同，在加工、装配调试中，又各具有不同的特征及方法。在生产中，认真分析冲模的这些结构和特点，对冲模零件的加工、组装及调试是非常重要的。

（一）冲裁模制造工艺要点

冲裁模制造和所有冲模一样，在加工制造时，一是要根据企业现有加工设备和技术能力，合理的选择加工与装配方法。二是要根据所要装配的冲模结构来选择装配顺序。三是在装配工作中按工艺规程要认真确定零件间的准确位置，并正确控制凸、凹模合理间隙，保证其间隙各向均匀性。四是要对装配后的冲模，认真进行调试直至能冲出合格制品零件来。为了达到这个目的，在加工、装配、调试冲模时，除了按上述要求所编制的工艺规程，依据操作者的技术水平和经验进行装配外，为保证装配质量和精度，还应注重以下事项。

1. 凸、凹模加工的基本原则

1）落料时，落料零件的尺寸与精度取决于凹模刃口形状和尺寸。因此，在加工制造落料模时，应先加工凹模，使其刃口尺寸与制品零件最小极限尺寸相近，并以凹模为基准，加工配作凸模，使凸模刃口的基本尺寸按凹模刃口的基本尺寸减小一个最小间隙值。

2）冲孔时，冲孔零件的尺寸与精度取决于凸模尺寸。因此，在制造加工冲孔模时，应先加工凸模。使凸模刃口尺寸与孔的最大尺寸相近。然后再以凸模为基准，配作凹模型孔，使凹模型孔基本尺寸，在凸模刃口尺寸上加上一个最小间隙值。

3）凸模与凹模的加工精度。应随制品零件精度而定。一般情况下，圆形凸模和凹模孔应按 IT5 和 IT6 级精度加工，而非圆形凸、凹模按制品精度的 25% 加工。

2. 凸、凹模间隙的控制

冲裁间隙 Z 是冲裁的重要工艺参数。它是指冲裁凸模与凹模刃口部分之差。如图 8-1 所示，其凸模与凹模的间隙值为：

$$Z = D_{凹} - D_{凸}$$

式中　Z——凸、凹模双面间隙（mm）；

$D_{凹}$——凹模刃口尺寸（mm）；

$D_{凸}$——凸模刃口尺寸（mm）。

在生产实践中，间隙值的大小，直接影响到冲裁件的断面质量、冲裁力大小及冲模使用寿命。为此，在装配冲模时，一定要控制好冲裁间隙。其原则是：

1）制造冲裁模时，应采用最小的合理间隙值，以使冲裁过程中间隙向最大方向扩展，而不影响冲裁效果。

2）制造冲裁模时，同一副模具的凸、凹模间隙应力求在各个方向上一致，并要均匀。

在加工及装配时，操作者可按图样规定的间隙值加工、配作。但也可按下式计算：

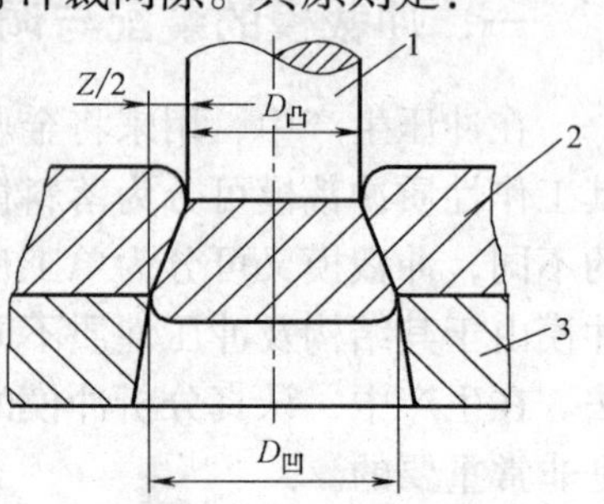

图 8-1　冲裁间隙 Z

1—凸模　2—工件　3—凹模

$$Z = m \cdot t$$

式中　Z——凸、凹模双面间隙值（mm）；

t——制件的厚度（mm）；

m——系数，见表 8-1。

表 8-1　各种材料的间隙系数 m 值

冲裁制品材料	m		冲裁制品材料	m	
	$t≤3$mm	$t>3$mm		$t≤3$mm	$t>3$mm
软钢、纯铁	0.06～0.09	0.15～0.19	铜、铝合金	0.06～0.10	0.16～0.21
硬钢	0.08～0.12	0.17～0.25	硬纸板、皮革层压布板	0.02～0.03	0.03～0.04

注：t 为材料厚度（mm）。

为方便也可采用查表的方法，查取各种冲压板材间隙的最大（Z_{max}）与最小（Z_{min}）值，见表 8-2。

在制造冲模时应注意：落料与冲孔所取间隙的方向是不一致的。即：

落料时应以凹模为基准，间隙应取在减少凸模尺寸的方向上；冲孔时，应以凸模尺寸为基准，间隙应取在加大凹模孔尺寸的方向上。在同等条件下，冲孔间隙应比落料间隙大一些。

3. 凸、凹模刃口尺寸精度控制

在制造装配冲裁模时，要准确地加工和修配凸、凹模刃口工作尺寸。这是因为凸、凹模刃口工作尺寸和精度，直接影响到制品的尺寸精度。同时，合理的间隙值也是靠刃口尺寸和公差来保证的。因此，在制造及装配时，要按图样认真分析其刃口尺寸在冲压过程中变化趋向，并在装配前仔细修配及检测。表 8-3 及表 8-4 分别列出了刃口尺寸变化趋势和计算方法，供加工装配时参考。

表 8-2　落料与冲孔使用的间隙值　（单位：mm）

材料名称 / 间隙 Z / 材料厚度 δ	45、T7、T8（退火）磷青铜（硬）锡青铜（硬）		10、20、15 冷轧钢带 30 钢板 H62　H68（黄铜）2A12（硬铝）硅钢片		Q215、Q235 钢板 08 钢板 纯铜 磷青铜（软）铍青铜（软）		H62、H68 纯铜（软）防锈铝 3A21、5A02（软铝）1060、1050 2A12		酚醛层压环氧玻璃布板酚醛层压纸布板		绝缘纸板云母板橡胶板	
	Z_{min}	Z_{max}	Z_{min}	Z_{max}	Z_{min}	Z_{max}	Z_{min}	Z_{max}	Z_{min}	Z_{max}	Z_{min}	Z_{max}
0.3	0.04	0.06	0.03	0.05	0.02	0.04	0.01	0.03	—	—	—	—
0.5	0.08	0.10	0.06	0.08	0.04	0.06	0.025	0.045	0.01	0.02	—	—
1.0	0.17	0.20	0.13	0.16	0.10	0.13	0.065	0.095	0.025	0.04	0.01	0.015
1.2	0.21	0.24	0.16	0.19	0.13	0.16	0.075	0.105	0.035	0.05	0.01	0.015
1.5	0.27	0.31	0.21	0.25	0.15	0.19	0.10	0.14	0.04	0.06	0.10	0.015
2.0	0.38	0.42	0.30	0.36	0.22	0.26	0.14	0.18	0.06	0.07	0.01	0.015
2.5	0.40	0.55	0.39	0.45	0.29	0.35	0.18	0.24	0.07	0.10	0.01	0.015
3.0	0.62	0.68	0.49	0.55	0.36	0.42	0.23	0.29	0.10	0.13	0.04	0.06
3.5	0.73	0.81	0.56	0.66	0.43	0.51	0.27	0.35	0.12	0.16	0.04	0.06
4.0	0.86	0.94	0.68	0.76	0.50	0.58	0.32	0.40	0.14	0.18	0.04	0.06
5.0	1.13	1.23	0.90	1.00	0.65	0.75	0.42	0.52	0.18	0.23	0.04	0.06
6.0	1.40	1.50	1.10	1.20	0.82	0.92	0.53	0.63	0.24	0.29	0.05	0.07

注：Z_{min}——最小合理间隙；Z_{max}——最大合理间隙。

表 8-3　凹模制作时分析及加工注意事项

图示	尺寸类型		磨损后尺寸变化状况	加工注意事项
（图：标注 A、A_1、A_2、B_1、B_2、C、C_1、C_2）	A 类尺寸	A、A_1、A_2	增大	应保证凹模尺寸与冲裁件对应的最小尺寸相近
	B 类尺寸	B、B_1、B_2	减小	应保证凹模尺寸与冲裁件槽宽的最大尺寸相近
	C 类尺寸	C、C_1、C_2、C_3	不变	C 类尺寸应与冲裁件相对应尺寸中间尺寸接近

注：凸模的变化恰好相反，即 A 类尺寸缩小，B 类尺寸增大，而 C 类尺寸不变。

表 8-4 凸、凹模刃口尺寸计算

加工方法	工序性质	冲压制品尺寸	凸模尺寸	凹模尺寸
分开加工（圆形件）	落料	$D_{-\Delta}^{\ 0}$	$D_{\text{凸}}=(D-x\Delta-2Z_{max})_{-\delta_{\text{凸}}}^{\ 0}$	$D_{\text{凹}}=(D-x\Delta)_{\ 0}^{+\delta_{\text{凹}}}$
	冲孔	$d_{\ 0}^{+\Delta}$	$d_{\text{凸}}=(d+x\Delta)_{-\delta_{\text{凸}}}^{\ 0}$	$d_{\text{凹}}=(d+x\Delta+2Z_{min})_{\ 0}^{+\delta_{\text{凹}}}$
配作加工（异形件）	落料	磨损后增大的 A 类尺寸 $A_{-\Delta}^{\ 0}$	按凹模尺寸配作，保证单面间隙 $Z_{max}-Z_{min}$	$A_{\text{凹}}=(A-x\Delta)_{\ 0}^{+\delta_{\text{凹}}}$
		磨损后减小的 B 类尺寸 $B_{\ 0}^{+\Delta}$		$B_{\text{凹}}=(B+x\Delta)_{\ 0}^{+\delta_{\text{凹}}}$
		磨损后不变的 C 类尺寸 $C\pm\Delta/2$		$C_{\text{凹}}=C\pm\delta_{\text{凹}}$
	冲孔	磨损后增大的 A 类尺寸 $A_{-\delta}^{\ 0}$	$A_{\text{凸}}=(A-x\Delta)_{-\delta_{\text{凸}}}^{\ 0}$	按凸模尺寸配做，保证单面间隙为 $Z_{min}\rightarrow Z_{max}$
		磨损后减小的 B 类尺寸 $B_{\ 0}^{+\delta}$	$B_{\text{凸}}=(B+x\Delta)_{-\delta_{\text{凸}}}^{\ 0}$	
		磨损后不变的 C 类尺寸 $C\pm\Delta/2$	$C_{\text{凸}}=C\pm\delta_{\text{凸}}$	

注：D、d—圆形件直径尺寸（mm）；Δ—工件的公差（mm）；
A、B、C—异形件尺寸（mm）；$\delta_{\text{凸}}$、$\delta_{\text{凹}}$—凸、凹模制造公差（mm）；
$D_{\text{凹}}$、$d_{\text{凸}}$、$A_{\text{凸}}$、$B_{\text{凸}}$、$C_{\text{凸}}$、$A_{\text{凹}}$、$B_{\text{凹}}$、$C_{\text{凹}}$—凸、凹模尺寸（mm）；
Z_{max}、Z_{min}—最大、最小初始单面间隙值（mm）；
x—磨损系数，一般取 $x=0.5\sim1$。

圆形凸、凹模公差 $\delta_{\text{凸}}$、$\delta_{\text{凹}}$ 见表 8-5，异形件凸、凹模公差 $\delta_{\text{凸}}$、$\delta_{\text{凹}}$ 见表 8-6。

表 8-5 圆形凸、凹模尺寸公差 $\delta_{\text{凸}}$、$\delta_{\text{凹}}$ 值（单位：mm）

材料厚度	公称尺寸									
	~10		>10~50		>50~100		>100~150		>150~200	
t	$+\delta_{\text{凹}}$	$-\delta_{\text{凸}}$	$+\delta_{\text{凹}}$	$-\delta_{\text{凸}}$	$+\delta_{\text{凹}}$	$-\delta_{\text{凸}}$	$+\delta_{\text{凹}}$	$-\delta_{\text{凸}}$	$+\delta_{\text{凹}}$	$-\delta_{\text{凸}}$
0.4	+0.006	-0.004	+0.006	-0.004	—	—	—	—	—	—
0.5	+0.006	-0.004	+0.006	-0.004	+0.008	-0.005	—	—	—	—
0.6	+0.006	-0.004	+0.008	-0.005	+0.008	-0.005	+0.010	-0.007	—	—
0.8	+0.007	-0.005	+0.008	-0.006	+0.010	-0.007	+0.012	-0.008	—	—
1.0	+0.008	-0.006	+0.010	-0.007	+0.012	-0.008	+0.015	-0.010	+0.017	-0.012
1.2	+0.010	-0.007	+0.012	-0.008	+0.015	-0.010	+0.017	-0.012	+0.022	-0.014
1.5	+0.012	-0.008	+0.015	-0.010	+0.017	-0.012	+0.020	-0.014	+0.025	-0.017
1.8	+0.015	-0.010	+0.017	-0.012	+0.020	-0.014	+0.025	-0.017	+0.029	-0.019
2.0	+0.017	-0.012	+0.020	-0.014	+0.025	-0.017	+0.029	-0.019	+0.032	-0.021
2.5	+0.023	-0.014	+0.027	-0.017	+0.030	-0.020	+0.035	-0.023	+0.040	-0.027
3.0	+0.027	-0.017	+0.030	-0.020	+0.035	-0.023	+0.040	-0.027	+0.045	-0.030
4.0	+0.030	-0.020	+0.035	-0.023	+0.040	-0.027	+0.045	-0.030	+0.050	-0.035
5.0	+0.035	-0.023	+0.040	-0.027	+0.045	-0.030	+0.050	-0.035	+0.060	-0.040
6.0	+0.045	-0.030	+0.050	-0.035	+0.060	-0.040	+0.070	-0.045	+0.080	-0.050
8.0	+0.060	-0.040	+0.070	-0.045	+0.080	-0.050	+0.090	-0.055	+0.100	-0.060

表 8-6　异形件凸、凹模公差 $\delta_{凸}$、$\delta_{凹}$ 值　（单位：mm）

公称尺寸	工件公差（±Δ）	凸、凹模制造公差（±δ）
1~3	0.040	0.010
3~6	0.048	0.012
6~10	0.058	0.014
10~18	0.070	0.018
18~30	0.074	0.021
30~50	0.100	0.023
50~80	0.120	0.030
80~120	0.140	0.040
120~180	0.160	0.046
180~260	0.185	0.054

注：表中适用于IT10级精度的冲压件。

4. 零件间位置精度控制

在加工和装配时，应按图样规定要求确保各零件间的位置及相互配合关系，如导柱与导套，凸模与固定板，凸模与卸料板，圆柱销与模板的配合。各类零件配合关系可参见本书第七章表7-44。

（二）单工序冲裁模的装配

单工序冲裁模是指只完成单一冲裁工序的模具。如冲孔模、落料模、切边模等。按导向形式又分为无导向冲裁模和有导向冲裁模。

1. 无导向冲裁模的装配

无导向冲裁模装配比较简单。在装配时，可按图样要求将上、下模分别装配。其凸、凹模间隙是在冲模安装到压力机上时进行调整的。其装配方法见表8-7。

表 8-7　单工序无导向装置冲裁模装配方法

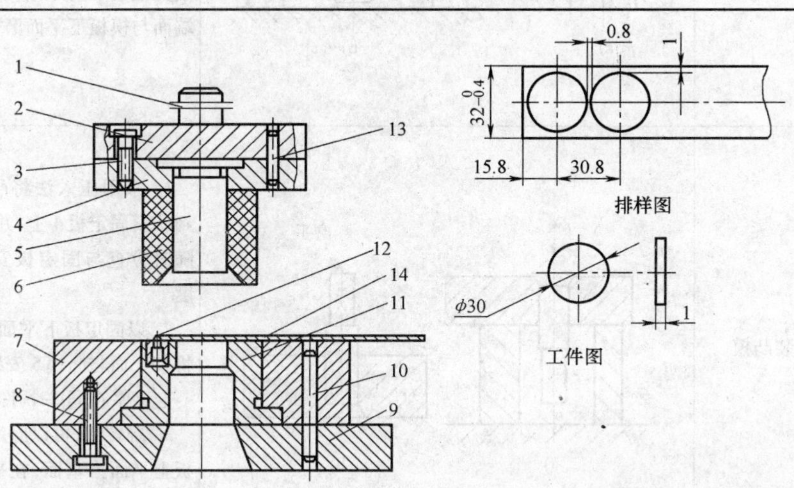

1—模柄　2—上模座　3、8—内六角螺钉　4—凸模固定板　5—凸模　6—卸料橡胶　7—凹模　9—下模板　10、13—圆柱销　11—凹模　12—定位钉　14—垫板

（续）

步序	装配项目	图　示	装配操作说明
1	装配前的准备	—	1. 按模具设计图样、装配工艺规程了解模具结构、特点及装配验收要求 2. 按总装配图查对零件，并领取螺钉及销钉橡皮等标准件和材料 3. 对凸模5、凹模，凸、凹模固定板4、5进行逐个检测，确保符合要求 4. 确定装配方法及装配顺序，由于是无导向冲模，上、下模可分别装配
2	安装模柄		1. 在手扳压力机上装模柄压入上模板2上，在压入时，应随时检查校正模柄外圆柱面与上模板上平面的垂直度（图a），模柄装后再装入骑缝螺钉紧固 2. 模柄压入后，以上模板上平面为基准在平面磨床上把模柄端面与模板下平面磨平（图b）
3	安装凸模		1. 采用压入法将凸模5固定到凸模固定板4上，并在固定时，随时检查与固定板安装面垂直度 2. 以固定板下平面为基准面，将其上面与凸模5安装尾部端面一起磨平在同一个平面上 3. 翻转后，再以磨平后的固定板上平面为基面，在平面磨床上刃磨凸模工作刃口，使其锋利

（续）

步序	装配项目	图示	装配操作说明
4	安装凹模	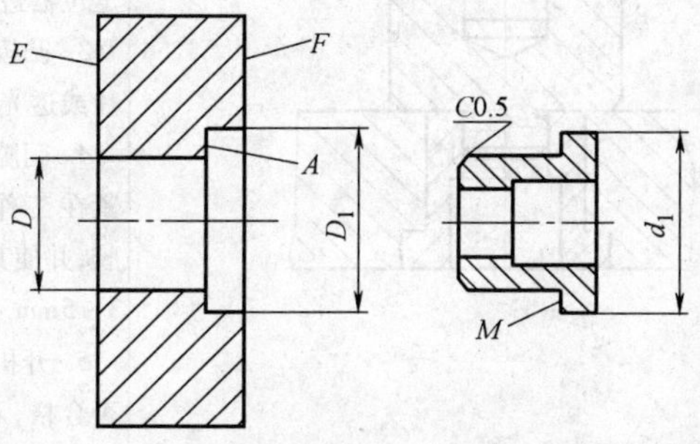 E F A D D_1 C0.5 d_1 M a) b) a) 凹模固定板 b) 凹模	1. 采用压入法将凹模 11 压入凹模固定板 7 中。为压入方便应将凹模端外轮廓棱角处修磨成 C0.5 圆角（图 b），然后用手扳压力机压入 2. 装配时注意两点：其一凹模固定板 7 安装孔的台阶面 *A*（图 a）应在安装孔直径 *D* 和固定板支承面 *F* 一次装夹车成，并以下面为基准，先磨平 *E* 面，再以 *E* 面为基准磨平 *F* 面；其二安装孔尺寸 *D* 与凹模孔 d_1 间，应留有 0.6～1mm 间隙，以保证凹模装配后凹模台阶处 *M* 面与固定板 *A* 面接触无缝隙 3. 凹模压入后应以 *E* 面为基准面磨平 *F* 面，使之凹模尾端与固定板在同一平面上；磨平后，再以下面为基准面，反过来磨平 *E* 面，使刃口锋利
5	安装上、下模	—	1. 将固定安装后的上模板与模柄的组合与凸模和凸模固定板的组合装配在一起，并用内六角螺钉 3、圆柱销 13 紧固在一起构成上模 2. 用同样方法，将凹模组合与底座 9 连在一起，用螺钉 8、圆柱销 10 固紧，组成下模

（续）

步序	装配项目	图　示	装配操作说明
6	安装调试	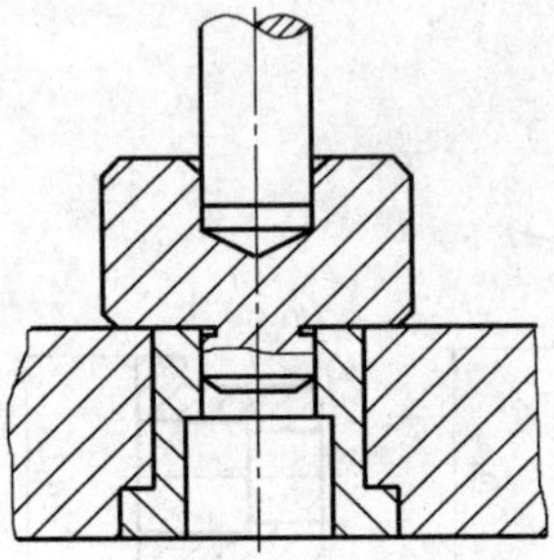	1. 将装配的上、下模分别安装到压力机滑块及工作台上，但下模不要固紧 2. 用手搬压力机飞轮，将凸模5深入凹模11孔中。为保证凸凹模间隙便于安装，可采用图示定位器进行安装 3. 凸模进入凹模以后，采用垫片或透光法，将间隙调整均匀 4. 间隙调整均匀后，将下模固紧在工作台面上，套上卸料橡胶，并使其下平面高出凸模刃口3～5mm 5. 开机试冲，检验制品质量是否合格，不合格时要进行修整，直到合适为止

2. 有导向冲裁模的装配

单工序有导向冲裁模，是指用导柱、导套作为导向装置的冲模。其冲裁精度高，工作稳定可靠，装配后使用时，方便在压力机上安装。

有导向冲裁模，装配时首先要选择基准件，然后以基准件为准，配装其他零件，其装配顺序和步骤是：

第一步：组件装配。如模架装配，模柄在上模座上的装配，凸、凹模在固定板上的装配等。

第二步：安装下模。将凹模放在下模板上，找正位置后，将下模板按凹模孔划线，加工出漏料孔，然后用内六角螺钉、圆柱销将下模板和凹模紧固，成为一体。

第三步：安装上模。首先将凸模与凸模固定板组合放在安装好的下模凹模板上，并用等高垫铁垫起，将凸模导入相应的凹孔内，调整间隙使之均匀。然后，将上模板组合、垫板及凸模固定组合配好，并用夹钳夹紧取下，沿着上模板紧固螺孔，拧入螺钉但不要拧紧。

第四步：调整间隙。将初装的上模与下模合模，查看凸模是否自如地进入相应凹孔内，并调好间隙。如不合适，可用锤子敲击凸模固定板侧面、直到间隙合适为止。

第五步：固紧上模。间隙调整合适后，将上模螺钉拧紧，并卸下。沿销孔打入销钉及再配装其他辅助零件。

单工序有导向冲裁模装配方法及过程见表 8-8。

表 8-8　固定板冲孔模装配方法

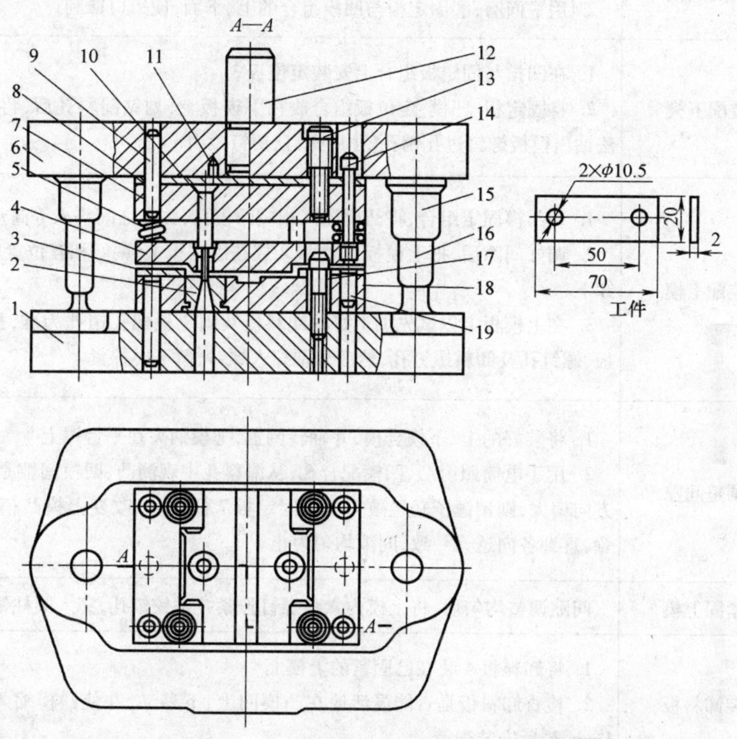

1—下模板　2—凹模　3—定位板　4—卸料板　5—弹簧　6—上模板　7、18—固定板　8—垫板　9、11、19—圆柱销　10—凸模　12—模柄　13、17—螺钉　14—卸料螺钉　15、16—导套、导柱

步序	装配项目	装 配 说 明
1	装前准备	1. 通读图样，了解所要冲制品零件—固定板形状精度要求以及所用模具结构特点，动作过程 2. 选择确定装配顺序及方法 3. 检查零件质量，备好标准件，如螺钉，圆柱销等
2	组装部件	1. 装配模架，其方法见本书表 7-25、7-26 2. 装配凸模与固定板上，见表 7-33 铆翻固定法 3. 组装模柄采用压入法，见表 7-27
3	装配卸料板	将卸料板 4 套在已装入固定板 7 的凸模 10 上，在固定板与卸料板 4 之间垫上垫铁，并用夹板将其夹紧，然后按卸料板上的螺孔。在固定板相应位置上划线，拆开后钻铰固定板 7 上的螺钉孔

（续）

步序	装配项目	装配说明
4	装配凹模	1. 把凹模2装入固定板18中 2. 用平面磨，磨固定板与凹模组合的上、下面，使刃口锋利
5	装配下模	1. 在凹模与固定板组合上安装定位板3 2. 将固定板、凹模、定位板组合放在下模板上，划钻漏料孔后，再将其按配钻方法钻出模板螺钉过孔销孔，并用螺钉、销钉紧固
6	装配上模	1. 装凸模固定组合，将凸模插入相应凹模孔，并在之间垫入等高垫铁 2. 调好间隙后，把上模板6、垫板8放在固定板上，调好相互位置后，用夹钳夹紧卸下 3. 在上模板上以试先加工好的卸料板及固定板螺孔销孔为准，配钻上模板、垫板、螺钉孔及卸料螺钉孔，然后分别拧入螺钉，但不要拧紧
7	调整间隙	1. 将装好的上、下模合模，并翻转倒置，把模柄夹在平台钳上 2. 用手电筒照射凸、凹模配合孔，从漏料孔中观测凸、凹模间隙是否均匀。若某方向偏大，则用锤子轻轻敲打上模固定板7侧面，以改变上模凸模进入凹模孔位置，直到各向透光一致，间隙均匀为止
8	紧固上模	间隙调整均匀后，将上模内六角螺钉拧紧并钻铰销孔，穿入圆柱销
9	装卸料板	1. 将卸料板4装在已固紧的上模上 2. 检查卸料板是否能灵活地在凸模间上、下移动，并使凸模缩入卸料孔0.5～1mm，最后安装弹簧
10	试切与调整	1. 冲模所有辅助零件按图样安装好后，用与制品同样厚度的硬纸板放在凸、凹模之间，用手锤敲击模柄进行试切 2. 检查试件，若毛刺较小，切均匀，表明装配正确，否则应重新装配调整
11	调试打刻	装配好的冲模安装到压力机试冲与调整，直到能批量试制出合格零件，在模板上打刻交付使用

（三）连续模的加工与装配

1. 结构组成及工作过程

连续模又称级进模及跳步模，其结构与普通有导向冲裁模相似，主要由工作零件凸、凹模，凸、凹模固定板及标准模架以及卸料板、导料板等组成。只是卸料板常采用刚性卸料板卸料，一般与凹模一起固定在下模，如图8-2所示的模具结构，是冲压图8-3所示电镀表磁极冲片的连续模。

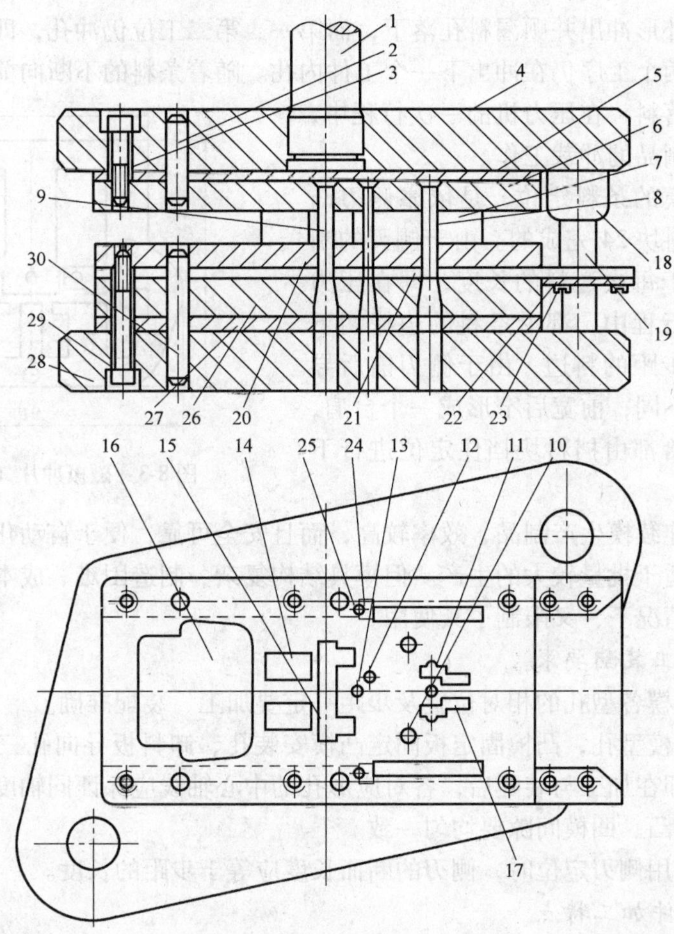

图 8-2 冲片连续模

1—模柄 2、25、30—圆柱销 3、23、29—螺钉 4—上模板 5、27—垫板 6—凸模固定板 7—侧刃凸模 8～15、17—冲孔凸模 16—落料凸模 18—导套 19—导柱 20—卸料板 21—导料板 22—托料板 24—挡料块 26—凹模 28—下模板

连续模工作时，可按一定的程序，在压力机的一次行程中，在不同的工位上同时完成两个或两个以上的工序，并随着条料的连续推进在模具的几组凸、凹模作用下，分别完成冲孔、落料乃至拉深、弯曲工作，并在每一个行程中，都有一个完整的制品被冲出。如图 8-2 所示的硅钢片连续模，在工作时将条料从右向左沿导料板 21 向前推进，并由挡料块 24 定位。当凸模下降时，第一工位由冲孔凸模和冲孔凹模冲出第一组内孔。条料再向前推进，第二工位冲出第二组内孔，第一工位仍冲出第二个件的第一组内孔；条料继续推进，第三工位则落料凸模 16 与落料凹模孔作

用将制件外形冲出并顺漏料孔落下，而第一、第二工位仍冲孔，即在每一个制件落下时，前两个工序仍在冲出下一个工件内孔。随着条料的不断向前推进，冲模则连续冲孔、落料，在压力机的一次行程中，完成整个制品的冲裁工作。

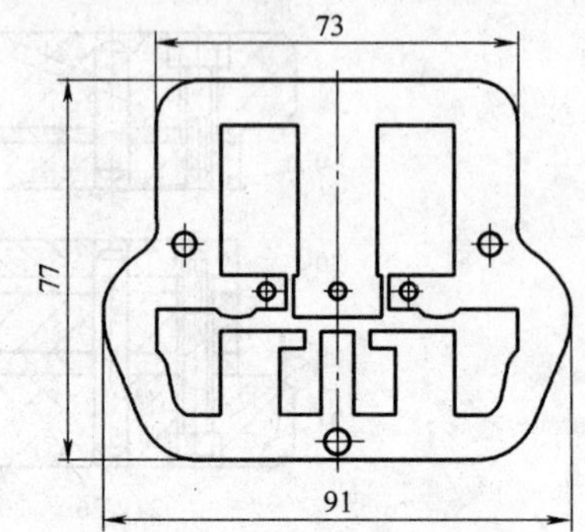

图 8-3 磁极冲片（硅钢片）

连续模的条料定位，是依靠侧刃凸模 7 及挡料块 24 完成的。由于侧刃的断面长度等于每次送料的长度，即在压力机的每次行程中，都沿条料的边缘切下一条等于步距的料边，由于侧刃前后导尺间宽度不同，前宽后窄形成一个台肩，故每次送给都由挡料块挡住定位进行下一次冲裁。

采用连续模生产制品，效率较高，而且安全可靠，便于自动化连续生产。操作方便，很适于批量较大的生产。但模具结构复杂、制造困难、成本较高，在某些小批量生产情况下，又限制了其使用。

2. 加工装配要求

1）凹模各型孔的相对位置及步距一定要加工、装配准确。

2）凹模型孔，凸模固定板固定凸模安装孔、卸料板导向孔三者位置必须要保持一致，即在加工与装配后，各对应形孔的中心轴线应保证同轴度的要求。

3）各凸、凹模间隙要均匀一致。

4）采用侧刃定位时，侧刃的断面长度应等于步距的长度。

3. 零件加工特点

连续模的零件加工，应根据企业设备条件来选定：

在无线切割及精密数控机床条件下，可采用如下加工方法：

1）先加工凸模，并经淬硬处理。

2）对卸料板按图样划线，并利用机械及手工加工成形，其形孔留有一定加工余量以凸模压印成形，达到所配合尺寸精度，一般为 H7/h6。

3）将卸料板、凸模固定板、凹模四周对齐，用夹钳夹紧，同钻紧固螺钉孔及销孔。

4）把已加工好的卸料板与凹模板用销钉紧固，用加工好的卸料板型孔对凹模孔进行仿形划线，卸下后去除中间余料，再用凸模通过卸料板导向，压印锉修凹模，保证间隙均匀。

5）用上述方法，加工凸模固定板安装型孔和底座下模板上的漏料孔。

若企业有电火花、线切割机床，应先加工出凹模，并以凹模为基准，按上述方法压印加工凸模，仿形加工卸料板、固定板型孔。

4. 装配顺序选择

连续模的装配，一般先装配下模，即以凹模为基准将下模装配后，再装配上模及其他辅助零件。

若凹模采用拼装结构时，在装配时，为便于准确调整步距和保证间隙均匀，应先把步距调整准确，并进行各组凸、凹模的预配。间隙检查修正均匀后，再把凹模压入固定板。然后把固定板装入下模，再以凹模为定位基准把凸模依次装入上模固定板，待用切纸法试切合格后，用圆柱销、螺钉紧固定位，再将导料板等辅助零件装入。其多凸模固定及镶拼凹模的安装方法及顺序见本书第七章表 7-37 及图 7-3、7-4。

5. 装配方法与步骤

连续模的装配方法与步骤是：

第一步：各组凸、凹模预配。假如凹模是整体凹模，则凹模孔的步距是由凹模加工中保证的。若是镶拼结构，则在镶拼前，应仔细检查各镶块宽度（拼块一般以各型孔分段拼合，即拼块宽等于步距）和型孔中心距，使相邻两块宽度之和符合图样要求。在拼合时，应按基准面排齐，磨平。再将凸模逐个插入相对应的凹模型孔内，检查凸模与凹模的配合情况，目测间隙均匀程度，要不合适应进行修正。

第二步：组装凹模。先按凹模镶块拼装后的实际尺寸及要求的过盈量，修正凹模固定板固定孔尺寸，然后把凹模拼块压入，并用三坐标测量机、坐标磨床、坐标镗床进行位置精度或步距精度检查（无此设备可用一般量具），再插入凸模、复查间隙均匀度。

凹模装配后，将上、下平面用平面磨床磨平。

第三步：凸模与卸料板导向孔预配。把卸料板合到已装配好的凹模上，对准各型孔再用夹钳夹紧。然后，把凸模逐个插入卸料孔并进入凹模刃口，用宽度角尺检查凸模与卸料垂直度误差，若误差太大，或凸模上、下移动后发涩发紧，应修整卸料板导向孔。

第四步：组装凸模。按前述或表 7-37 多凸模固定方法，将凸模依次固定到凸模固定板上。

第五步：装配下模。首先按下模板中心线找正凹模（板）位置，通过凹模板已加工好的螺孔及销孔尺寸、大小配钻下模板、垫板螺钉过孔及销孔，并用螺钉、销钉将卸料板、导板、凹模下模板，垫板紧固在一起。

第六步：装配上模。将凸模组合的凸模相应插入各对应卸料孔及凹模型孔中并用等高垫铁垫起，以防损坏凹模刃口。再将上模板及上垫板放在凸模固定板上，调整好位置及间隙后，将上模用夹钳夹好，取下，配钻上模板螺钉及销孔。钻好后拧入螺钉，但不要固紧。

第七步：将上、下模合模，观察间隙是否均匀及导柱、导套配合状况，不合适时，继续调整间隙，直到合适为止，并拧紧螺钉、打入销钉。

第八步：装机试模。将装配后的冲模安装在压力机上进行试冲、检验、调整、直到连续冲出合格制品再打刻、编号、交付使用。

如图 8-2 所示的磁极冲片连续模，其装配方法见表 8-9。

表 8-9　连续模装配工艺方法

步序	装配工序	装配操作说明
1	凸、凹模预配	1. 装配前仔细检查各凸模形状及尺寸以及凹模形孔，是否符合图样要求尺寸精度、形状 2. 将各凸模分别与相应的凹模孔相配，检查其间隙是否加工均匀。不合适者应重新修磨或更换
2	凸模装入固定板	以凹模孔定位，将各凸模分别压入凹模固定板形孔中，并挤紧牢固
3	装配下模	1. 将下模板 28 上划中心线，按中心预装凹模 26、垫板 27、导料板 21、卸料板 20 2. 在下模板 28、垫板 27、导料板 21、卸料板 20 上，用已加工好的凹模分别复印螺钉位置，并分别钻孔，攻螺纹 3. 将下模板、垫板、导料板、卸料板、凹模用螺钉紧固，打入销钉
4	装配上模	1. 在已装好的下模上放等高垫铁，将凸模与固定板组合通过卸料孔导向，装入凹模 2. 预装上模板 4，划出与凸模固定板相应螺孔、销孔位置并钻铰螺孔、销孔 3. 用螺钉将固定板组合、垫板上模板连接在一起，但不要拧紧 4. 复查凸、凹模间隙并调整合适后，紧固螺钉 5. 切纸检查，合适后打入销钉
5	装辅助零件	装配辅助零件后，试冲

（四）复合模的加工与装配

复合模是指在压力机的一次行程中，可在冲模同一工位上，同时完成落料、冲孔、弯曲、拉深等多个冲压工序的冲模。

1. 结构组成及工作过程

复合模分正装式复合模（图 8-4）和倒装式复合模（图 8-5）两种结构。它的主要特征是，在模具结构中有一个外缘作为落料凸模而内孔作为冲孔凹模的凸凹模，如图 8-4 中的件 1 和图 8-5 中的件 4。其正装式复合模的凸凹模装在上模，其冲孔废料必须由上模顶出；而倒装式复合模，其凸凹模 4 安装在下模，所产生的冲孔废料由下模漏料孔直接落下，制品则在冲压后嵌在上模部分的凹模孔中，必须通过顶料杆 5、顶料板 6 顶出。在生产中，常采用倒装式复合模。只有对平直度要求较高的制品零件或料较薄的制品才采用正装式复合模。

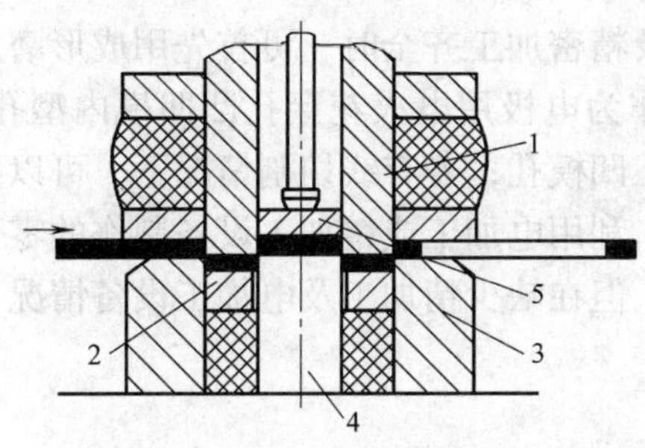

图 8-4　正装式复合模

1—凸凹模　2—压料板　3—落料凹模　4—冲孔凸模　5—顶料板

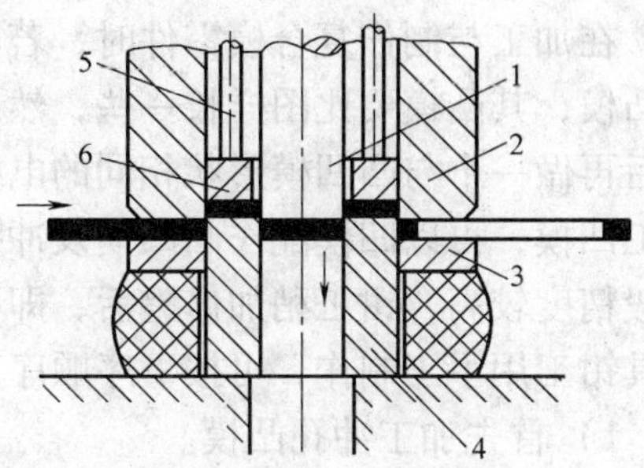

图 8-5　倒装式复合模

1—冲孔凸模　2—落料凹模　3—卸料板　4—凸凹模　5—顶料杆　6—顶料板

图 8-6 所示为一副用来冲制垫圈的倒装式复合模。其凸凹模 18 安装在下模固定板 17 上，其冲裁时，即起垫圈外缘的凸模作用又起冲孔凹模作用（制品的内孔），当冲模的上模随压力机滑块下行时，则冲孔凸模 6 与凸凹模 18 的内孔作用。冲出垫圈内孔，其冲孔废料随凸凹模的下面漏料孔落下；而此时凸凹模 18 外缘与装在上模上的凹模 9 作用，将零件与条料分开冲出垫圈的外形，并嵌在凹模孔中。待上模回升时，制品零件由顶件器 8 在顶出杆作用下，推出模外，完成冲裁工作。

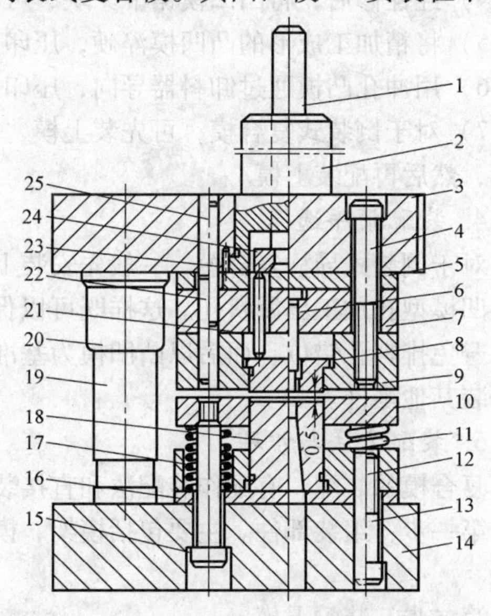

图 8-6　垫圈复合模

1—打料杆　2—模柄　3—上模板　4、13、15—螺钉　5、16—垫板　6—冲孔凸模　7、17—固定板　8—顶件器　9—凹模　10—卸料板　11—弹簧　12、22、23—销钉　14—下模板　16—垫板　18—凸凹模　19—导柱　20—导套　21—顶出杆　24—顶板　25—圆柱销

复合模是在大批量生产情况下，经常采用的模具结构，其冲裁精度可达到 IT9 ~ IT10 级，而连续模为 IT10 ~ IT11 级，单工序冲裁模最高能达到 IT12 级。

2. 制造与装配要求

1）凸凹模、凸模、凹模必须符合加工要求。

2）装配时，其冲孔与落料间隙要均匀一致。

3）装配后，上模的推件装置推力中心，应与模柄中心重合。

3. 加工与制作特点

在加工与制作复合模零件时，若电加工及精密加工齐全时，可首先用成形磨加工凸模，其凸模要比图样长一些，然后以此作为电极用电火花穿孔凸凹模内型孔；然后再做一个与凸凹模形状相同的电极，加工凹模孔；若有线切割情况下，可以先加工凹模，再以凹模配作凸凹模及冲孔凸模。利用电加工或精加工设备制作的零件一般精度较高，钳工稍加修整后，即可装配。但在缺少精加工及电加工设备情况下模具钳工用手工制作，可按下序顺序加工：

1）首先加工冲孔凸模。

2）对凸凹模进行粗加工，并按图样划线、粗加工后再用冲孔压印锉修凸凹模内部型孔。

3）制作一个与制品冲件形状、尺寸相同的标准样板，再把凸凹模与样板粘接在一起或划线、再刨、铣加工凸凹模外形。

4）经锉修后，将凸凹模锯下一块，可作为卸料器用。

5）将精加工成形的凸凹模淬硬，压印锉修凹模孔。

6）用冲孔凸模通过卸料器导向，压印凸模固定板型孔。

7）对于倒装式复合模，可先装上模，然后再配装下模，而正装式复合模先装下模，然后再配装上模。

4. 装配顺序选择

对于倒装式导柱复合模，一般先安装上模然后找正下模中凸凹模的位置，按照冲孔凹模型孔加工出漏料孔。这样既可以保证上模中的推件装置与模柄中心对正，又可避免排料孔错位，而后以凸凹模为基准分别调整落料孔间隙并使之均匀，最后再安装其他零件。

5. 装配方法与步骤

复合模的装配，有配作装配法和直接装配法。其主要步骤是：

第一步：组装部件。主要包括模架、模柄装入、凸模及凸凹模在固定板上的固定。

第二步：装配上模。

第三步：装配下模。

第四步：调整间隙。

第五步：安装其他辅助零件。

第六步：试冲与调整。

如图 8-6 所示的垫圈复合模，其装配方法与步骤见表 8-10。

表 8-10　复合模的装配方法

步序	装配项目	装配操作说明
1	检查零件及组件	检查冲模各零件及组合，是否符合图样要求，并检查凸、凹模间隙均匀程度，各种辅助零件是否配齐
2	装配上模	1. 翻转上模板 3，放入顶杆组件 1 与 24 2. 把垫板 5 固定板 7 放到上模板上，再放入顶出杆 21，顶出器 8 和凹模 9 3. 用凸凹模 18 对冲孔凸模 6 和凹模 9 初找正其位置。夹紧上模所有部件，并检查卸料板的灵活程度 4. 按凹模 9 上的螺纹孔，配做上模各零件的螺孔过孔（配钻） 5. 拆开后分别进行扩孔、锪孔，然后再用螺钉连接起来
3	装配下模	1. 在下模板上放上垫板 16 和固定板 17，装入凸凹模 18 2. 合上冲模，根据上模找正凸凹模正确位置，并加工出漏料孔、螺钉孔，用螺钉连接起来 3. 按照凸凹模精确找正冲孔凸模位置，保证凸凹模与冲孔凸模、凹模间隙均匀后紧固螺钉，打入销钉 4. 安装卸料板 5. 安装其他零件
4	试冲与调整	1. 切纸试冲 2. 装机试冲

（五）冲裁模的调试

1. 冲模安装调试前的准备

冲模安装调试前的准备工作见表 8-11。

表 8-11　冲模安装调试前的准备工作

序号	项　目	准备内容
1	熟悉冲模结构及工作过程	1. 熟悉制品零件的形状、尺寸精度及技术要求 2. 掌握所冲零件的工艺流程和各工序要点 3. 熟悉所要调试的冲模结构特点及动作原理 4. 了解冲模的安装方法及应注意的事项

（续）

序号	项　目	准备内容
2	检查冲模的安装条件	1. 冲模的闭合高度必须要与压力机的装模高度相适应，即在冲模在安装前，冲模的闭合高度必须先进行测定（测定方法见本书表7-43），其值应满足下式要求： $H_1-S\geqslant H_{模}\geqslant H_2+10(\mathrm{mm})$ 式中　H_1—压力机最大装模高度（mm） H_2—压力机最小装模高度（mm） $H_{模}$—冲模的闭合高度（mm） 当多套冲模联合安装在同一台压力机上实现多工序冲压时，其各套冲模的闭合高度应相同 2. 压力机的公称压力必须要大于模具所需工艺力的1.2～1.3倍 3. 冲模的各安装槽（孔）位置必须与压力机各安装槽（孔）相适应 4. 压力机工作台面漏料孔尺寸，应大于制件与废料尺寸。并且压力机工作台尺寸、滑块底面尺寸应能满足冲模的安装要求，即工作台面及滑块底面大小应适应安装冲模并应留有一定的余量。一般情况下，其台面应大于冲模模板尺寸50～70mm以上 5. 冲模打料杆的长度与直径应与压力机的打料机构相适应
3	检查压力机的技术状态	1. 压力机的制动（刹车）、离合器及操作机构应工作正常、灵活 2. 压力机上的打料螺钉，应调整到合适位置 3. 压力机上的压缩空气垫应操作灵活、可靠 4. 压力机的工作形式应与冲模结构形式相吻合，如开式压力机适于左、右方向送料、取件，而自动压力机要保证较高的生产率 5. 压力机滑块行程大小应满足制件高度尺寸要求，并能保证冲压后制件能顺利地从冲模中取出；其行程次数应符合生产率和材料变形速度的要求 6. 压力机的功率应大于冲模冲压时的功率值 7. 压力机能保证使用的方便与安全性
4	检查冲模表面质量	1. 根据冲模图样检查冲模零件是否齐全 2. 检查冲模表面是否符合技术要求 3. 检查冲模凸、凹模工作部位、卸料、定位部是否符合要求 4. 检查导向部位是否动作灵活、平稳 5. 检查各螺钉、销钉是否固紧

2. 冲模在单动压力机上安装方法

在单动压力机上安装冲模的方法见表8-12。

表 8-12　冲模在单动压力机上安装方法

步序	项　目	安装操作方法
1	安装准备工作	1. 清除压力机工作台面及冲模上、下底面异物不得有任何异物及渣屑存在 2. 准备好安装冲模用的紧固螺栓、螺母、压板垫块、垫板及冲模用的顶杆、推杆等附件
2	调整压力机使其工作正常	1. 开启压力机电源踩一下脚踏板或按手柄，查看滑块动作是否平稳，若有不正常的连冲现象应及时排除，使其工作正常 2. 用手搬动飞轮（中、大型压力机采用微动按钮），将压力机滑块调节到压力机上止点（滑块运行最高位置） 3. 转动压力机的调节螺栓，将其调整到最短长度
3	安装固定上模	1. 将冲模放在压力机工作台上。对于无导向冲模上、下模用木块将上模垫起，而有导向冲模则直接放入 2. 用手搬动压力机飞轮，使滑块慢慢靠近上模并将模柄对准滑块孔，然后再使滑块慢慢下移，直到滑块下平面贴近上模上平面后，拧紧紧固螺钉，将上模紧固在滑块上
4	安装固定下模	1. 上模装好后，将压力机滑块上调 3 ~ 5mm，开动压力机使滑块停在上止点 2. 擦净导柱、导套及滑块各部位，加入润滑油 3. 开动压力机 2 ~ 3 次，将滑块停在下止点，以靠导柱导套的自动调节，把上、下模导正 4. 检查一下间隙是否均匀 5. 间隙无误后，将下模的压板螺钉紧固
5	试冲	1. 放上条料进行开机试冲。根据试冲情况，调节上滑块的高度，直至能冲下合格的零件后，再锁紧调节螺钉 2. 若采用打料杆时（复合模、拉深模、弯曲模）则应调整压力机上的卸料螺栓到需要的高度；若冲模需要气垫，则应调节压缩空气到适当的压力

3. 调试要点

冲裁模的调试要点见表 8-13。

表 8-13　冲裁模的调试要点

序号	调试项目		图　示	调 试 方 法
1	凸、凹模配合深度的调整		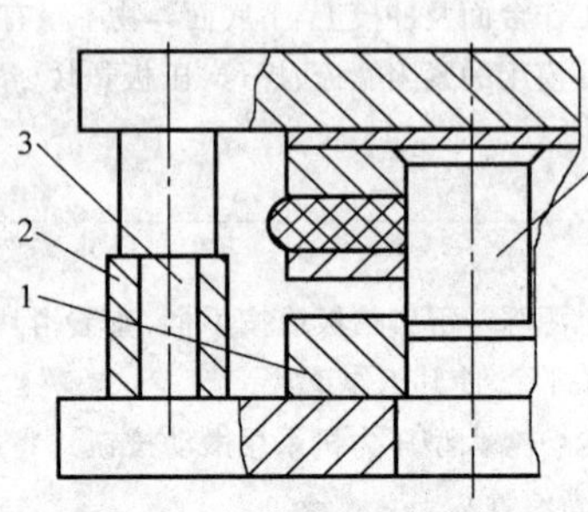 1—凹模　2—限位套　3—导柱　4—凸模	1. 安装冲模时应首先调整凸模进入凹模的深度，不能太深或太浅，太深容易使凹模刃口损坏，太浅又不易冲下件来。其深度的大小要以冲下制品零件为准：当冲裁厚度 $t \leqslant 2$mm 时，凸模进入凹模深度不应超过 0.5mm。厚度大时，可适当加深一些，但不要太深 2. 凸模进入凹模深度主要调节压力机连杆长度实现，但要慢调节不要太快、太猛；对于难以控制滑块行程的，应在导柱上加以限位套，以保护凹模及凸模，如图所示
2	凸凹模间隙调整	无导向冲模间隙调整	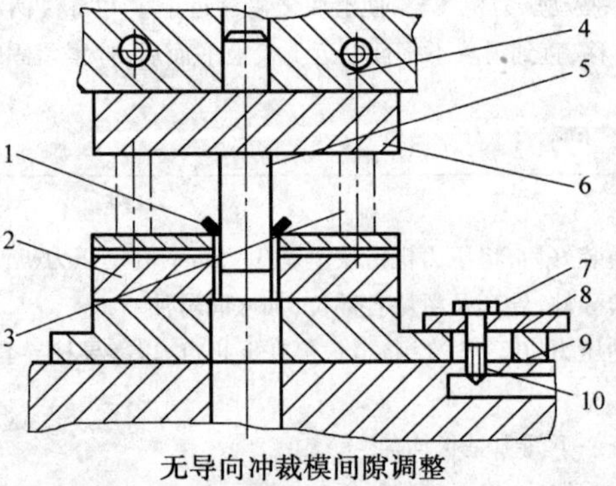 无导向冲裁模间隙调整 1—硬纸片　2—凹模　3—垫块 4—压力机滑块　5—凸模 6—上模板　7—螺母　8—压板 9—垫铁　10—螺栓	1. 将冲模放在压力机工作台中心如图示，其上模用木块垫起 2. 将压力机滑块上螺母松开，用手或撬杠转动压力机飞轮，使压力机滑块下平面与上模板上平面接触并使冲模模柄进入滑块孔中，拧紧螺钉，将上模固定 3. 在凹模刃口上，垫以相当于凸、凹模单面间隙的纸片 1（或铜铂片）并使凸模 5 随压力机滑块下降进入凹模孔中，使之在垫好垫片的凹孔内各方松紧程度一致，或用透光法观察随时用手锤敲打模座侧面，将间隙调匀 4. 间隙调好后，将下模用螺栓 10、压板 8、垫铁 9 将下模固紧在台面上 5. 开动压力机进行试冲，若仍需调整间隙可松开螺母 7，再用锤子敲击下模板侧面，直到合适为止
		有导向冲裁模间隙调整	—	有导向冲模由于有导柱、导套导向。故可把冲模直接放在台面上将上、下模直接固定（表 8-12）。但滑块到上极点时，凸模不能超出导板之外，或导套下降距离不能超过导柱长度的 1/3。固定后，可进行试冲根据试冲结果来检测间隙状况

（续）

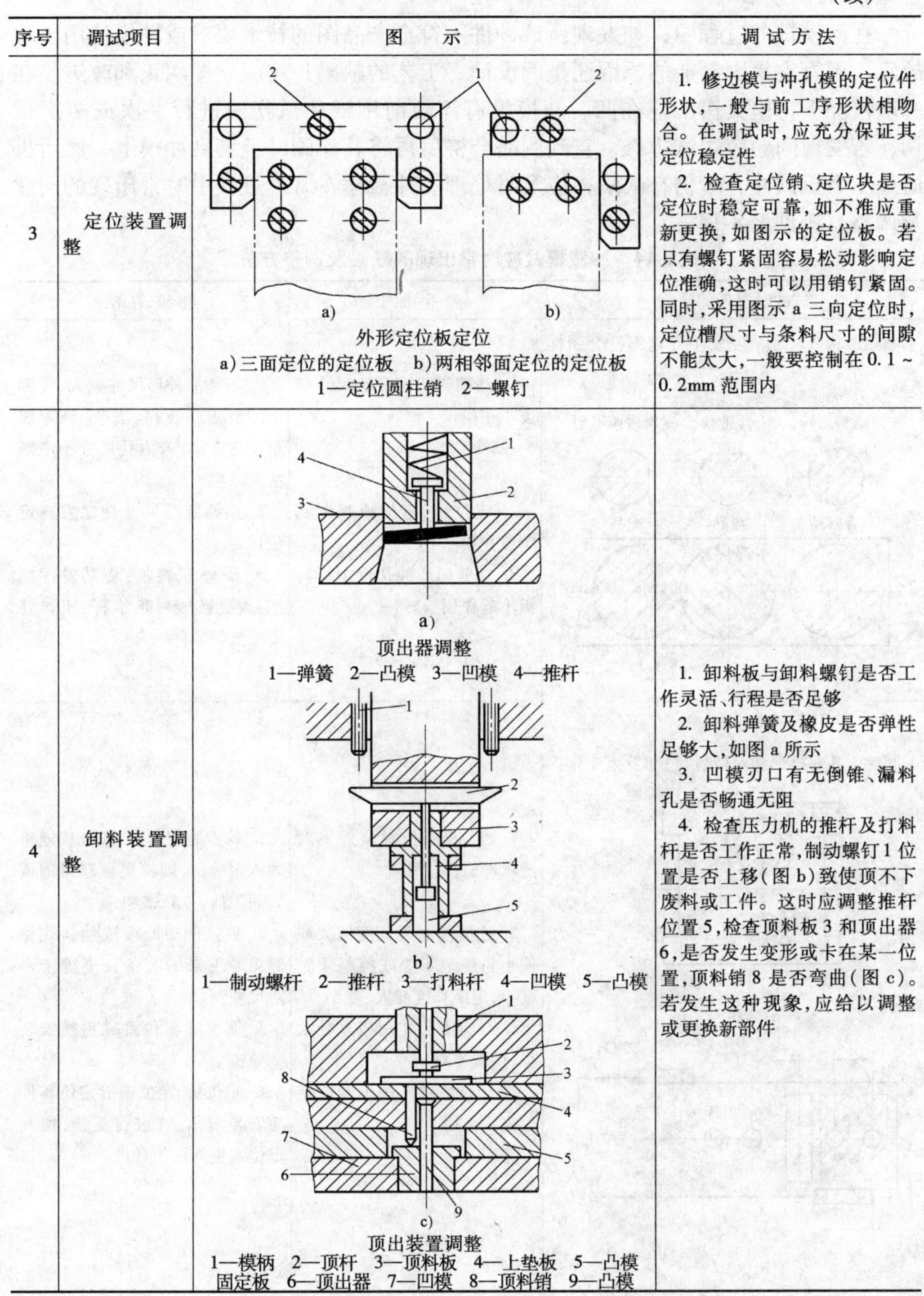

序号	调试项目	图　示	调 试 方 法
3	定位装置调整	a)　b) 外形定位板定位 a）三面定位的定位板　b）两相邻面定位的定位板 1—定位圆柱销　2—螺钉	1. 修边模与冲孔模的定位件形状，一般与前工序形状相吻合。在调试时，应充分保证其定位稳定性 2. 检查定位销、定位块是否定位时稳定可靠，如不准应重新更换，如图示的定位板。若只有螺钉紧固容易松动影响定位准确，这时可以用销钉紧固。同时，采用图示 a 三向定位时，定位槽尺寸与条料尺寸的间隙不能太大，一般要控制在 0.1 ~ 0.2mm 范围内
4	卸料装置调整	a) 顶出器调整 1—弹簧　2—凸模　3—凹模　4—推杆 b) 1—制动螺杆　2—推杆　3—打料杆　4—凹模　5—凸模 c) 顶出装置调整 1—模柄　2—顶杆　3—顶料板　4—上垫板　5—凸模固定板　6—顶出器　7—凹模　8—顶料销　9—凸模	1. 卸料板与卸料螺钉是否工作灵活、行程是否足够 2. 卸料弹簧及橡皮是否弹性足够大，如图 a 所示 3. 凹模刃口有无倒锥、漏料孔是否畅通无阻 4. 检查压力机的推杆及打料杆是否工作正常，制动螺钉 1 位置是否上移（图 b）致使顶不下废料或工件。这时应调整推杆位置 5，检查顶料板 3 和顶出器 6，是否发生变形或卡在某一位置，顶料销 8 是否弯曲（图 c）。若发生这种现象，应给以调整或更换新部件

4. 调试方法

在冲模试冲过程中，如发现所试冲件不符合产品图的技术要求或冲模使用出现故障，不管它是因制造的原因还是因设计、工艺的缺陷，均应立即纠正和改进。在一般情况下，模具钳工应在凹、凸模没有淬硬前用纸片试切法进行一次或多次试切，若发现问题应边试边修，直到制品合格后再将其淬硬，组装到冲模上，然后再通过压力机试冲。若仍有缺陷，应及时处理。冲裁模在试模过程中时常出现的问题及调整方法见表8-14。

表8-14　冲裁模试冲时常出现的缺陷及调整方法

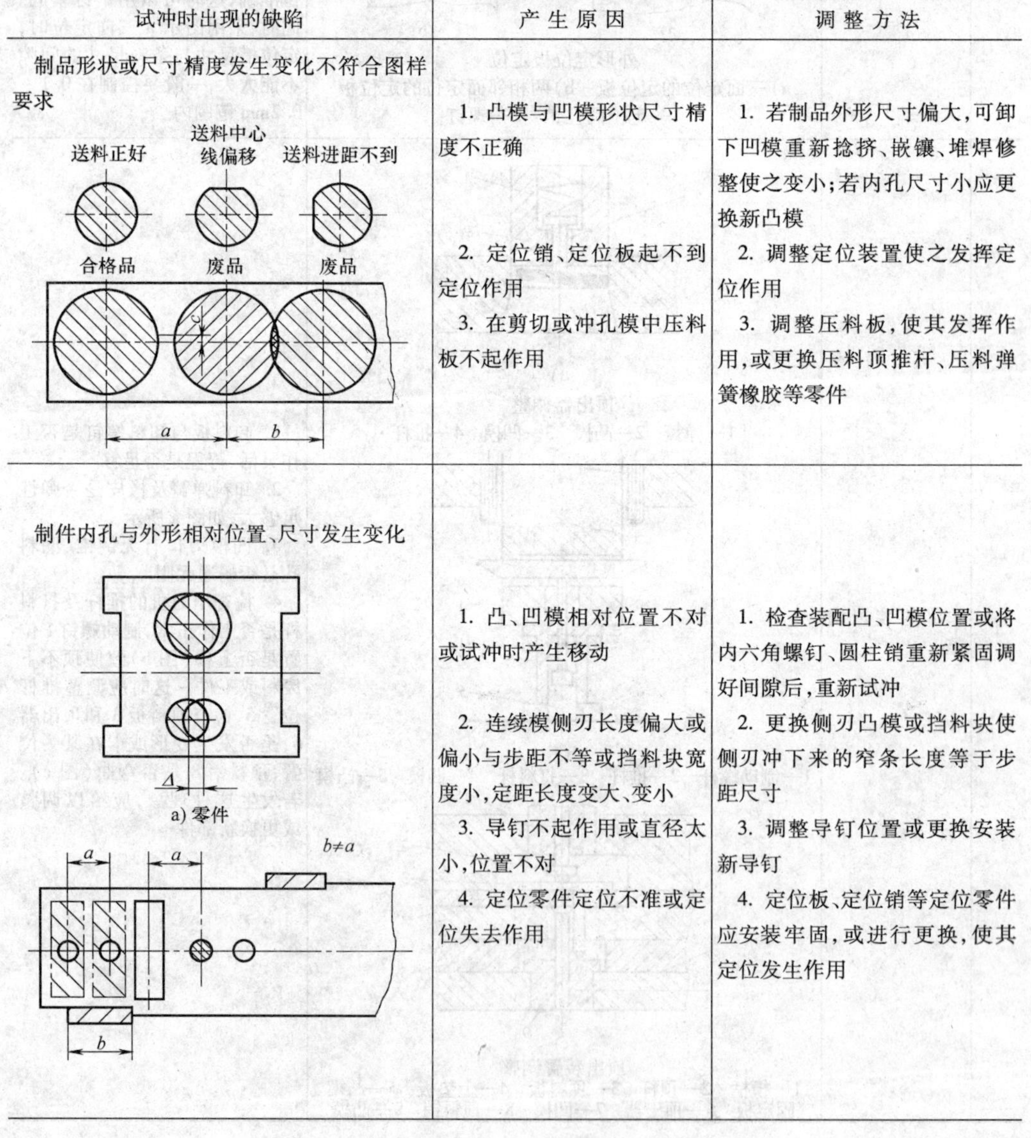

试冲时出现的缺陷	产生原因	调整方法
制品形状或尺寸精度发生变化不符合图样要求	1. 凸模与凹模形状尺寸精度不正确 2. 定位销、定位板起不到定位作用 3. 在剪切或冲孔模中压料板不起作用	1. 若制品外形尺寸偏大，可卸下凹模重新捻挤、嵌镶、堆焊修整使之变小；若内孔尺寸小应更换新凸模 2. 调整定位装置使之发挥定位作用 3. 调整压料板，使其发挥作用，或更换压料顶推杆、压料弹簧橡胶等零件
制件内孔与外形相对位置、尺寸发生变化	1. 凸、凹模相对位置不对或试冲时产生移动 2. 连续模侧刃长度偏大或偏小与步距不等或挡料块宽度小，定距长度变大、变小 3. 导钉不起作用或直径太小，位置不对 4. 定位零件定位不准或定位失去作用	1. 检查装配凸、凹模位置或将内六角螺钉、圆柱销重新紧固调好间隙后，重新试冲 2. 更换侧刃凸模或挡料块使侧刃冲下来的窄条长度等于步距尺寸 3. 调整导钉位置或更换安装新导钉 4. 定位板、定位销等定位零件应安装牢固，或进行更换，使其定位发生作用

（续）

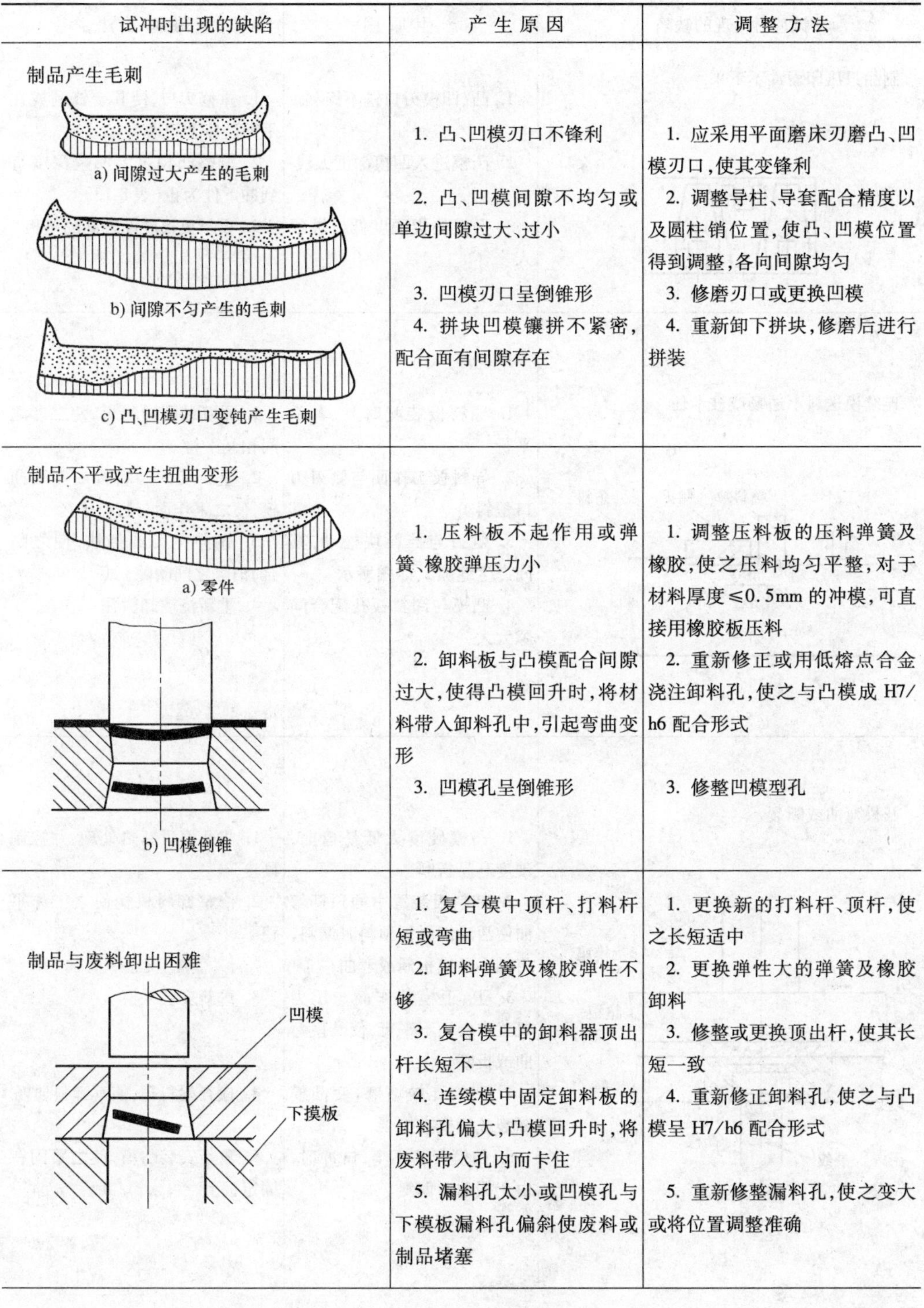

试冲时出现的缺陷	产生原因	调整方法
制品产生毛刺 a) 间隙过大产生的毛刺 b) 间隙不匀产生的毛刺 c) 凸、凹模刃口变钝产生毛刺	1. 凸、凹模刃口不锋利 2. 凸、凹模间隙不均匀或单边间隙过大、过小 3. 凹模刃口呈倒锥形 4. 拼块凹模镶拼不紧密，配合面有间隙存在	1. 应采用平面磨床刃磨凸、凹模刃口，使其变锋利 2. 调整导柱、导套配合精度以及圆柱销位置，使凸、凹模位置得到调整，各向间隙均匀 3. 修磨刃口或更换凹模 4. 重新卸下拼块，修磨后进行拼装
制品不平或产生扭曲变形 a) 零件 b) 凹模倒锥	1. 压料板不起作用或弹簧、橡胶弹压力小 2. 卸料板与凸模配合间隙过大，使得凸模回升时，将材料带入卸料孔中，引起弯曲变形 3. 凹模孔呈倒锥形	1. 调整压料板的压料弹簧及橡胶，使之压料均匀平整，对于材料厚度≤0.5mm 的冲模，可直接用橡胶板压料 2. 重新修正或用低熔点合金浇注卸料孔，使之与凸模成 H7/h6 配合形式 3. 修整凹模型孔
制品与废料卸出困难 	1. 复合模中顶杆、打料杆短或弯曲 2. 卸料弹簧及橡胶弹性不够 3. 复合模中的卸料器顶出杆长短不一 4. 连续模中固定卸料板的卸料孔偏大，凸模回升时，将废料带入孔内而卡住 5. 漏料孔太小或凹模孔与下模板漏料孔偏斜使废料或制品堵塞	1. 更换新的打料杆、顶杆，使之长短适中 2. 更换弹性大的弹簧及橡胶卸料 3. 修整或更换顶出杆，使其长短一致 4. 重新修正卸料孔，使之与凸模呈 H7/h6 配合形式 5. 重新修整漏料孔，使之变大或将位置调整准确

（续）

试冲时出现的缺陷	产生原因	调整方法
制品只压印而冲不下来 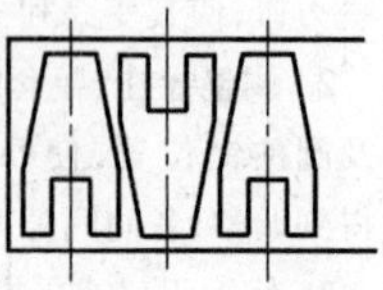	1. 凸、凹模刃口铣不锋利 2. 凸模进入凹模深度太浅 3. 凸模垫板硬度低或被顶入	1. 重修刃口，使其变锋利或在平面磨床上刃磨 2. 调整凸模进入凹模深度直到冲下件为止（表8-13） 3. 重新更换硬度较高的垫板
连续模送料不通畅或被卡住 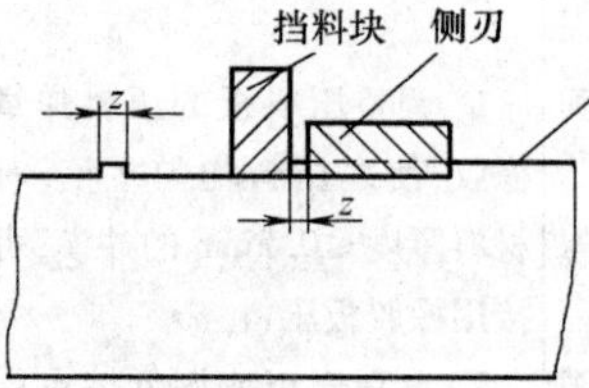 挡料块　侧刃　条料 z　z	1. 导料板装配时，二者不平行 2. 导料板工作面与侧刃刃口歪斜 3. 侧刃与挡料块松动，其间产生缝隙 z，如图所示 4. 凸模与卸料板孔配合间隙太大	1. 重新装配导料板，使二者之间相互平行 2. 重新装配导料板或侧刃凸模，使之工作面与刃口平行 3. 调整侧刃或挡块，使之贴合，消除之间间隙 4. 重新浇注卸料孔
凸模弯曲或断裂 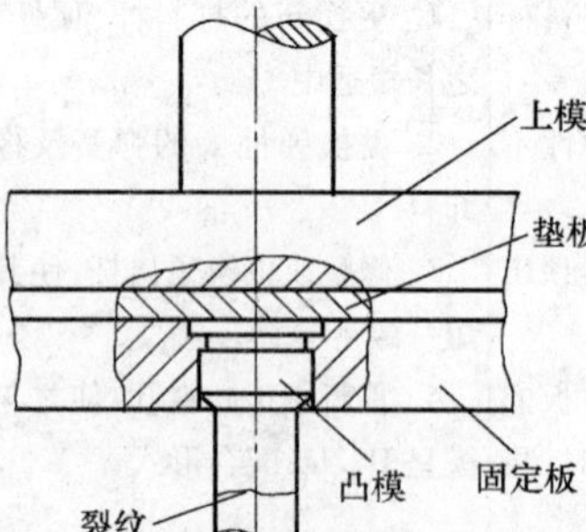 上模座　垫板　固定板　凸模　裂纹	1. 凸模硬度太低易弯曲，硬度高易折断 2. 卸料板装置中的顶杆弯曲使活动卸料板顶料时偏斜，将细小凸模折断或弯曲 3. 上、下模工作面与压力机工作台面不平行，使凸模弯曲或折断 4. 凹模孔被堵塞，使凸模断裂或凹模被挤裂 5. 凸模安装不牢，试冲时，由于振动而偏斜	1. 将凸模重新热处理，并控制硬度 2. 修整卸料机构使之工作平稳 3. 重新安装冲模 4. 检查漏料孔，使其卸料通畅 5. 重新安装凸模，使之紧固在固定板上

（续）

试冲时出现的缺陷	产生原因	调整方法
凸、凹模相互啃刃或碎裂 工作部位 送入方向划痕 材料送入方向 冲裁方向 掉块 挤圆部位 方向划痕或裂纹 凹模	1. 凸、凹模淬火硬度过高，脆性大 2. 凸模松动与凹模工作面不垂直 3. 紧固件松动，使各零件振动后发生位移 4. 导向精度低 5. 凸模进入凹模太深 6. 凹模与压力机工作台面安装偏斜 7. 凹模孔有倒锥（上大、下小），使凹模碎裂产生裂纹 8. 卸料板孔位不正确或歪斜使凸模、凹模啃刃	1. 更换凹模使热处理硬度适中 2. 重新安装凸模 3. 重新紧固螺钉及圆柱销 4. 修整导向机构 5. 重新调整凸模进入凹模深度 6. 重新安装冲模使凹模工作面与压力机台面平行 7. 用风动砂轮机修整凹模使其合适 8. 更换卸料板或修整正确

二、弯曲模的装配与调试

弯曲模是将板料坯件通过压力机的压力，沿直线成形为一定角度或一定形状的一种冲压模具。其零件的制造与装配方法基本与冲裁模相同，一般都是根据零件的尺寸精度、形状复杂程度与表面质量要求及设备条件，按图样进行加工与装配的。

（一）弯曲模制造工艺要点

1. 凸、凹模加工技术要求

弯曲凸、凹模是弯曲模的主要工作成形零件，故在加工时一定要制造精确，符合图样规定的技术要求。

（1）几何形状及尺寸精度加工要精确

常用弯曲模主要有V形及U形两种结构形式，其几何形状及尺寸精度主要是指凸模与凹模的圆角半径和凹模深度。在加工时，应给以高度注意，并要加工精确。

常用凸、凹模结构尺寸及加工要点见表8-15。

表 8-15　常用弯曲凸、凹模几何形状及尺寸精度

结构形式	加工要点	
弯曲模凸、凹模工作部位形状与尺寸 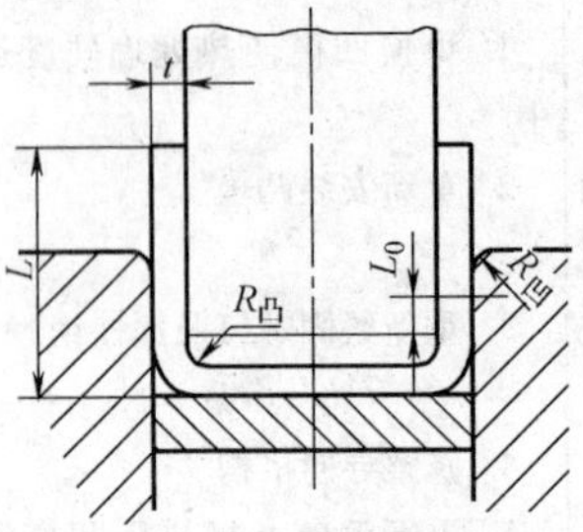 a) 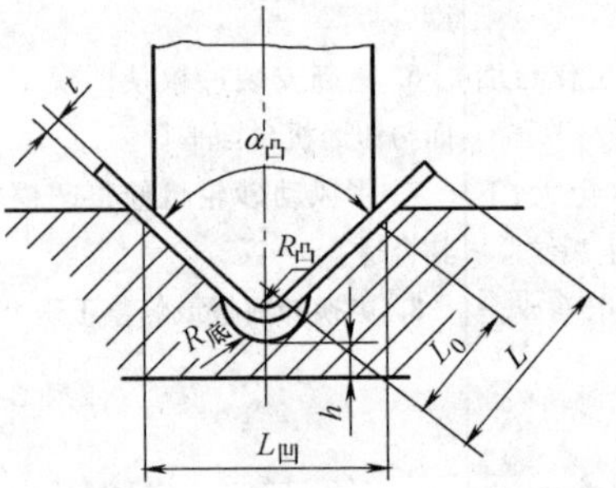 b) a) U 形弯曲模 b) V 形弯曲模	凸模圆角半径: $R_{凸}$	加工时,应按图样加工,一般应等于弯曲零件的弯曲半径 R 值,但不能小于材料允许的最小弯曲半径值
	凹模圆角半径 $R_{凹}$	1. $R_{凹}$ 与材料厚度有关,即材料厚度 t: <2mm 时,$R_{凹}=(3\sim6)t$ ≥2mm 时,$R_{凹}=(2\sim3)t$ 2. 在加工时,凹模两边的圆角半径 $R_{凹}$ 要一致(相等),否则造成压弯偏斜而裂损
	V 形弯曲底部圆角半径 $R_{底}$	1. $R_{底}=(0.6\sim0.8)(R_{凸}+t)$ 2. 在加工 V 形弯曲模时,凹模底部应开有退刀槽或加工成圆角(图 b)
	凹模深度 L_0	L_0 必须要加工适中,不宜过大或过小。若过大,则凹模加大浪费钢材且压力机工作行程也大;若过小,则易产生回弹影响制品质量

(2) 间隙控制要合理、均匀

弯曲凸、凹模的间隙是影响弯曲件质量的一个重要因素,因此在制造冲模时,必须严格控制。其控制方法见表 8-16。

表 8-16　弯曲凸、凹模间隙控制

弯曲形式	图　　示	间隙控制方法
V 形弯曲	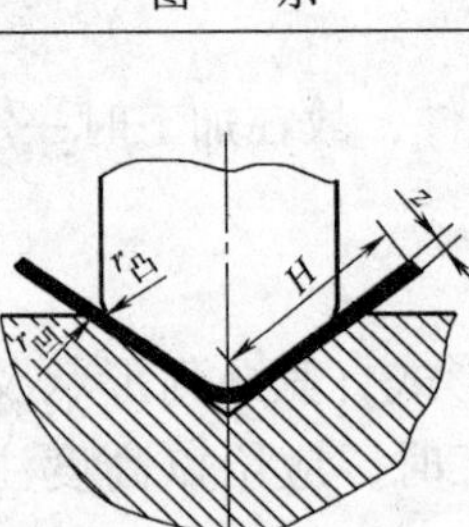	弯曲 V 形件时,凸、凹模之间的间隙主要靠压力机的闭合高度来控制。因此在制造时,要严格按图样加工凸、凹模在试冲时,调整及修正间隙值

（续）

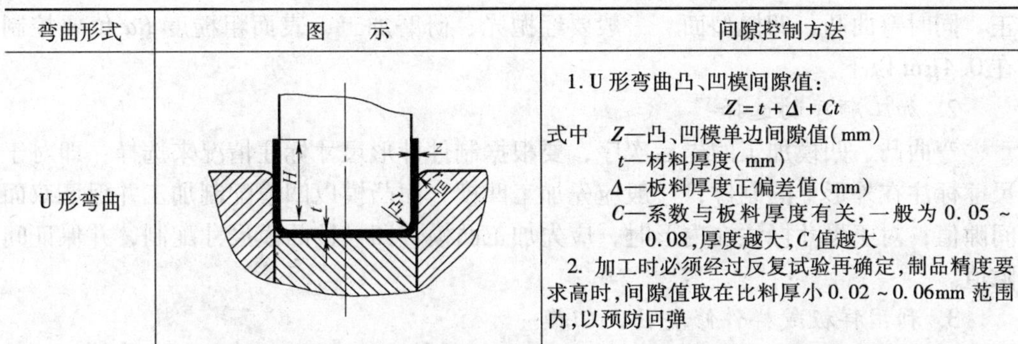

弯曲形式	图　示	间隙控制方法
U形弯曲		1. U形弯曲凸、凹模间隙值: $Z = t + \Delta + Ct$ 式中　Z—凸、凹模单边间隙值(mm) t—材料厚度(mm) Δ—板料厚度正偏差值(mm) C—系数与板料厚度有关,一般为0.05～0.08,厚度越大,C值越大 2. 加工时必须经过反复试验再确定,制品精度要求高时,间隙值取在比料厚小0.02～0.06mm范围内,以预防回弹

(3) 尺寸精度要控制在图样规定范围之内

弯曲凸、凹模尺寸精度要求见表8-17。其控制方法应按图样要求加工、控制在公差范围内。

表8-17　弯曲凸、凹模工作部分尺寸确定及精度要求

弯曲形式		图　示	凹模尺寸	凸模尺寸
V形弯曲			$L_凹 = 2(L_0 + R_凸 + t) \cdot \sin\alpha_凸/2$ 式中　$L_凹$—凹模圆角半径中心距离(mm),其值不能大于弯曲毛坯长度的0.8倍 L_0—凹模深度(mm) $R_凸$—凸模圆角半径(mm) $a_凸$—弯曲角	
U形弯曲	用内形尺寸标注的弯曲件		$L_凹 = (L_0 - 0.75\Delta)^{+\delta_凹}_{0}$	$L_凸 = (L_凹 - 0.75\Delta - 2t_{max})^{0}_{-\delta_凸}$
	用外形尺寸标注的弯曲件		$L_凹 = (L_0 + 0.4\Delta + 2t_{max})^{+\delta_凹}_{0}$	$L_凸 = (L_0 + 0.4\Delta)^{0}_{-\delta_凸}$
式中　$L_凹$、$L_凸$—分别为弯曲凹模与凸模工作部位尺寸(mm) L_0—弯曲件公称尺寸(mm);Δ—弯曲件制造公差(mm) t_{max}—材料最大厚度(mm) $\delta_凹$、$\delta_凸$—凸、凹模制造公差,取IT9级				

当制品零件精度要求较高时，在加工凸、凹模时应采用配作方法，边试边修正。同时弯曲凸、凹模型面。一般要经抛光、研磨加工，表面粗糙度 *Ra* 值要控制在0.4μm以下。

2. 加工顺序的选择

弯曲凸、凹模加工的先后次序，要根据制件外形尺寸标注情况来选择：即对于尺寸标注在外形上的制件，一般应先加工凹模，而凸模以凹模配制加工并保证双面间隙值；对于尺寸标注在内形时，应先加工凸模，凹模按凸模尺寸配制，并保证间隙值。

3. 利用样板或样件修整凸、凹模

弯曲凸、凹模形状一般较复杂，几何形状及尺寸精度要求较高，为便于机加工后修磨，对于大中型凸、凹模的表面曲线及折线，要采用样板或样件控制精度。其样板及样件的准确度要控制在±0.05mm左右为宜。

4. 保证各处圆角半径及间隙均匀性

在修整凸、凹模时，要保证各处圆角及间隙的均匀性，在修整角度时，不要影响弯曲凸、凹模直线尺寸。同时，工作部分要修整成圆角过渡，否则会使弯曲制品折断或产生划痕。

5. 凸、凹模的淬火应在试模后进行

材料在压弯时，由于弹性变形在弯曲中产生回弹，故即使按设计要求制模，也难以达到要求，必须通过试模方能确定凸、凹模某些部位尺寸，即边试模、边修正，直到合适为止。所以，为便于模具钳工对凸、凹模修整，应在试模合适后再淬硬、抛光。

（二）弯曲模的装配方法

1. 装配顺序选择

在装配弯曲模时，其装配顺序的选择是保证弯曲模精度的基础。对于无导向弯曲模，上、下模一般按图样分开安装，凸、凹模的间隙控制借助试冲时压力机的滑块位置及靠垫片和标准样件来保证的；对于有导向弯曲模，一般先装下模，并以凹模为基准再安装上模，且凸模与凹模间隙，靠标准样件调试及研配。

2. 装配工艺方法

弯曲模的装配基本上与冲裁模相似，有配作及直接装配两种方法。对于一般弯曲模，其零件加工应按图样加工后直接进行装配；而对于复杂形状的弯曲模，应借助于事先准备好的样件，按凸模（凹模）研修凹模（凸模）的曲面形状后，分别装在上、下模上进行研配；对于大型弯曲模应安放在研配压力机上研配，并保证间隙值。

在装配时，一般是按样件调整凸、凹模间隙值。同时，在选用卸料弹簧及卸料橡胶时，一定要保证有足够的弹力。

弯曲模的装配方法及过程见表 8-18。

表 8-18　弯曲模的装配方法及装配过程

图　示	装配项目		操作工艺方法
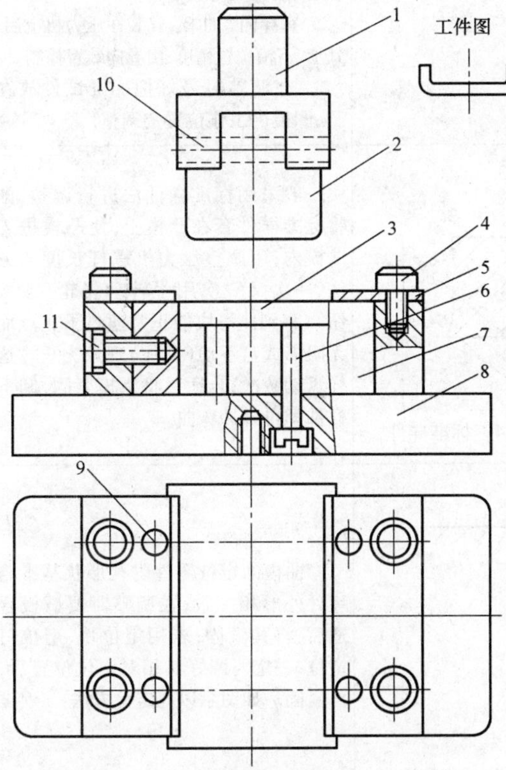 工件图 通用弯曲模 1—模柄　2—凸模　3—顶块　4、9、11—螺钉 5—定位板　6—顶杆　7—凹模　8—模座 10—销钉	1	装前准备工作	1. 识读模具图样,了解模具结构组成及弯曲工作过程。如图示中模具是一无导向装置的 V 形与 U 形通用弯曲模,只要更换凸模 2 及两块凹模 7 即可弯曲不同形状及尺寸的制品。制品成形后由顶块 3 通过弹顶器(模座下无画出)带动顶杆 6 将件卸出 2. 查对零件及准备标准螺钉、销钉等
	2	装下模	将二凹模 7 按图样要求安装在下模底座 8 上,并将定位板 5 装好,但不要固紧
	3	装上模	将凸模 2 安装在模柄槽中,须使凸模上平面与模柄槽底接触并穿入销钉 10
	4	制作标准样件	制作与制品一样的厚度标准样件(按产品图材料采用铜或铝板)套在凸模上
	5	调间隙及试冲	将装好的上、下模分别固定在压力机滑块及工作台面上,用制作的样件控制凸、凹模间隙,调好压力机行程,即可试冲合格。将下模螺钉紧固,可交付使用

(三) 弯曲模的调试

1. 调试要点

弯曲模调试要点见表 8-19。

表 8-19 弯曲模调试要点

序号	调试内容	图示	调试方法
1	上、下模在压力机上相对位置调整	—	1. 无导向装置的弯曲模,其在压力机上的相对位置,一般由调节压力机连杆调整。即使上模随滑块到下极点时,即能压实工件又不发生硬性顶撞、顶住、咬死,即算调好 2. 有导向弯曲模,安装在压力机上后,其上、下模位置精度,由导向装置控制 3. 在调整时最好把标准试件放在凸、凹模内工作位置上调整
2	凸、凹模间隙调整	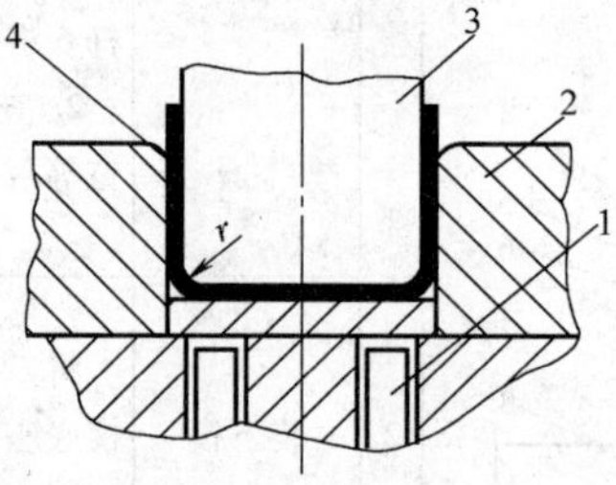 1—凸模 2—凹模 3—顶杆 4—标准样件	一般采用标准样件法进行调整,即将标准样件套在凸模上,使凸模进入凹模内,用调整压力机螺杆长度的方法,一次又一次用手转动飞轮(或按钮),直到使滑块能正常通过下止点而无阻滞或盘不动(顶住)现象为止。这样盘动数次,合适后将下模紧固,卸下样件即可试冲弯曲
3	定位装置的调整	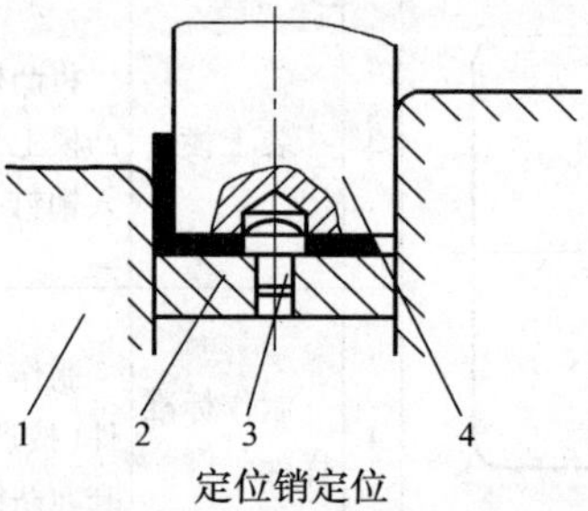 定位销定位 1—凹模 2—压板 3—定位销 4—凸模	弯曲模的定位零件内孔形状基本与坯件外形相一致,在调整时要试模合适后,将其紧固;若用定位块、定位钉定位,一定要调好其相对定位位置后,再紧固。如图示以孔定位方法
4	卸料、送料装置调整	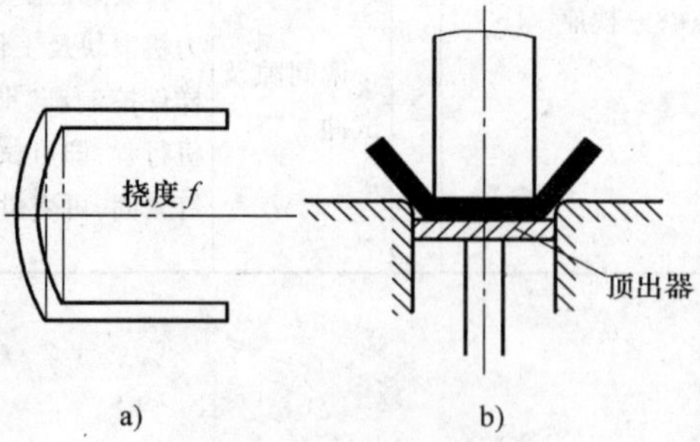 挠度 f 顶出器 a) b) 弯曲件底面不平的调整	1. 顶出器及卸料系统各零件应动作灵活,不应有卡紧现象 2. 卸料系统的行程要足够大 3. 卸料系统的卸料橡皮或卸料弹簧弹力应足够大 4. 卸料系统作用于制品的作用力应均衡,以保证零件制品的底部平直及表面质量 5. 若制件底面不平或产生挠曲,在调整时,一方面要加大压力,另一方面可在冲模中增设顶出装置(如图示)并使顶出器有足够的弹顶力以保证制品底面平整

（续）

序号	调试内容	图　示	调 试 方 法
5	弯曲件产生回弹现象的调整	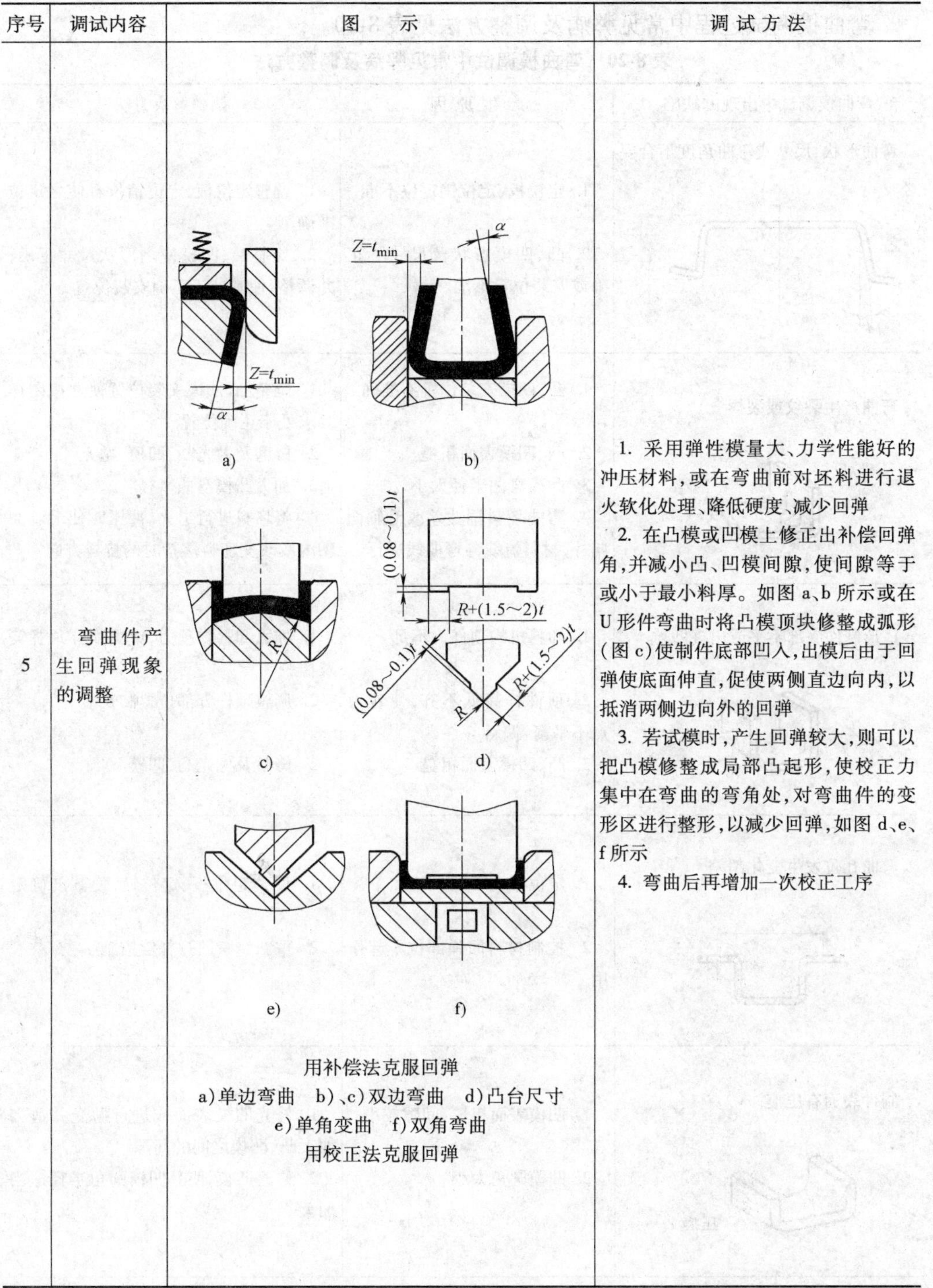 用补偿法克服回弹 a)单边弯曲　b)、c)双边弯曲　d)凸台尺寸 e)单角变曲　f)双角弯曲 用校正法克服回弹	1. 采用弹性模量大、力学性能好的冲压材料，或在弯曲前对坯料进行退火软化处理、降低硬度、减少回弹 2. 在凸模或凹模上修正出补偿回弹角，并减小凸、凹模间隙，使间隙等于或小于最小料厚。如图a、b所示或在U形件弯曲时将凸模顶块修整成弧形（图c）使制件底部凹入，出模后由于回弹使底面伸直，促使两侧直边向内，以抵消两侧边向外的回弹 3. 若试模时，产生回弹较大，则可以把凸模修整成局部凸起形，使校正力集中在弯曲的弯角处，对弯曲件的变形区进行整形，以减少回弹，如图d、e、f所示 4. 弯曲后再增加一次校正工序

2. 调试方法

弯曲模调试过程中常见弊病及调整方法见表8-20。

表8-20 弯曲模调试中常见弊病及调整方法

弯曲模调试中出现的缺陷	产生原因	调整解决方法
弯曲形状、尺寸或弯曲角度不合要求 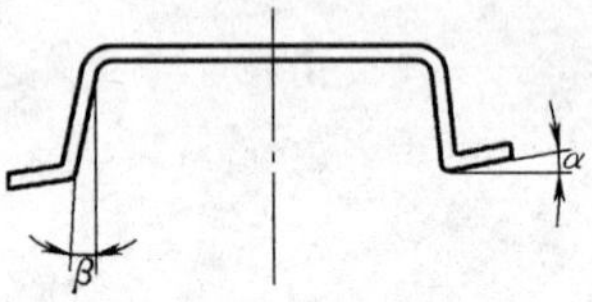 α β	1. 定位板、定位销定位不准 2. 凸、凹模形状及尺寸不正确或安装位置不准	1. 调整定位板、定位销位置使之定位准确 2. 修整凸、凹模使之形状尺寸正确，并调整，使其处于正确安装位置
弯曲产生裂纹或裂损 	1. 凸、凹模安装位置不准确 2. 凸、凹模表面粗糙 3. 凸模弯曲半径太小 4. 弯曲坯料塑性差或毛刺面向外，材料流线与弯曲线平行	1. 调整凸、凹模安装位置使之按图样要求处于正确位置 2. 修磨及抛光凸、凹模，抛光 3. 加大凸模弯曲半径 4. 将坯料进行退火、冲压时使毛刺面朝内或改变坯料落料时的排样方向
U形制件底部不平或出现凹坑 	1. 卸料机构顶件力不足 2. 顶件杆高低不齐，使着力点不平衡、偏斜 3. 凸、凹模表面粗糙	1. 加大卸料弹顶力，或更换弹顶弹簧及橡胶 2. 调整顶杆分部位置和长短 3. 修整及抛光凸、凹模
弯曲孔位发生变化超差 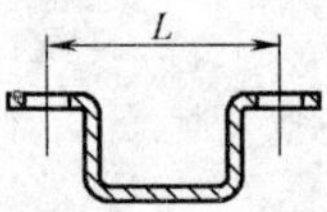 L	1. 定位系统不准、不稳 2. 控制材料回弹部位不起作用	1. 调整定位板、定位钉，使其准确定位 2. 重新修整回弹补偿措施
制件表面有压痕 压痕 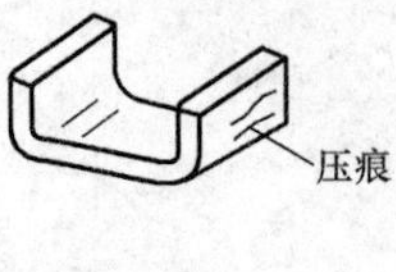	1. 凹模表面粗糙、间隙较小 2. 凹模圆角太小	1. 修光凹模表面或进行抛光并适当加大凸、凹模之间的间隙 2. 修磨凹模，使其凹模圆角半径适当加大

（续）

弯曲模调试中出现的缺陷	产生原因	调整解决方法
制件高度尺寸不稳定 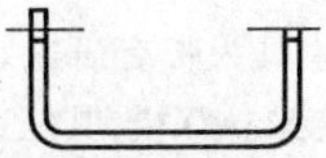	1. 凹模圆角半径不对称 2. 凹模高度尺寸太小	1. 修磨凹模圆角半径，使之对称 2. 适当加大凹模高度尺寸，使其高低合适
制件弯曲表面挤压变薄 变薄 挤压变薄 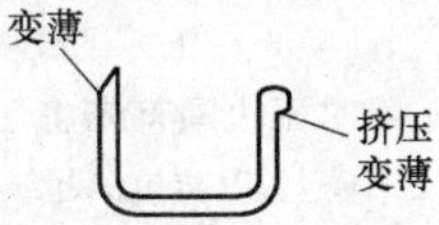	1. 凸、凹模间隙太小或不均匀 2. 凹模圆角太小	1. 重新修整凸、凹模间隙 2. 设法增大凹模圆角半径

三、拉深模的装配与调试

拉深模是指将平板坯料通过模具在压力机压力作用下，变成开口空心零件的冲压方法，其使用的模具称为拉深模。利用拉深的方法可使坯料制成筒形、阶梯形、锥形、球形、方形和各种不同形状的制品零件，在生产中应用极广，是冷冲压重要工序之一。

（一）拉深模的结构类型

根据拉深制品的形状及要求不同，则拉深模结构类型很多。各种类型结构、特征见表8-21。

表8-21　拉深模典型结构及加工要点

结构类型	图　示	结构组成及加工要点
无压边装置的首次拉深模	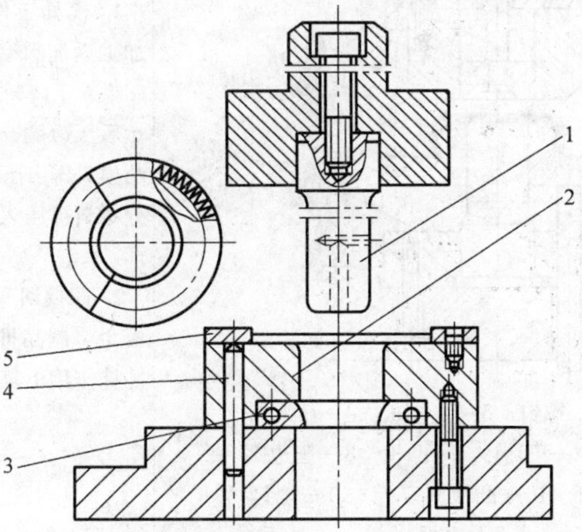 1 2 5 4 3 1—凸模　2—凹模　3—退件环 4—圆柱销　5—定位板	1. 模具由凸模1及凹模2组成，工作时坯料放在定位板5内，凸模下降将坯料压入凹模洞口内产生塑性变形而形成筒形制品 2. 拉深时，将坯件压到退件环3以下，以便在凸模回升时，借助于退件环的作用将制品推下 3. 在加工时，在凸模上应加工有通气孔以便于制品卸下

（续）

结构类型	图　　示	结构组成及加工要点
带压边装置的拉深模	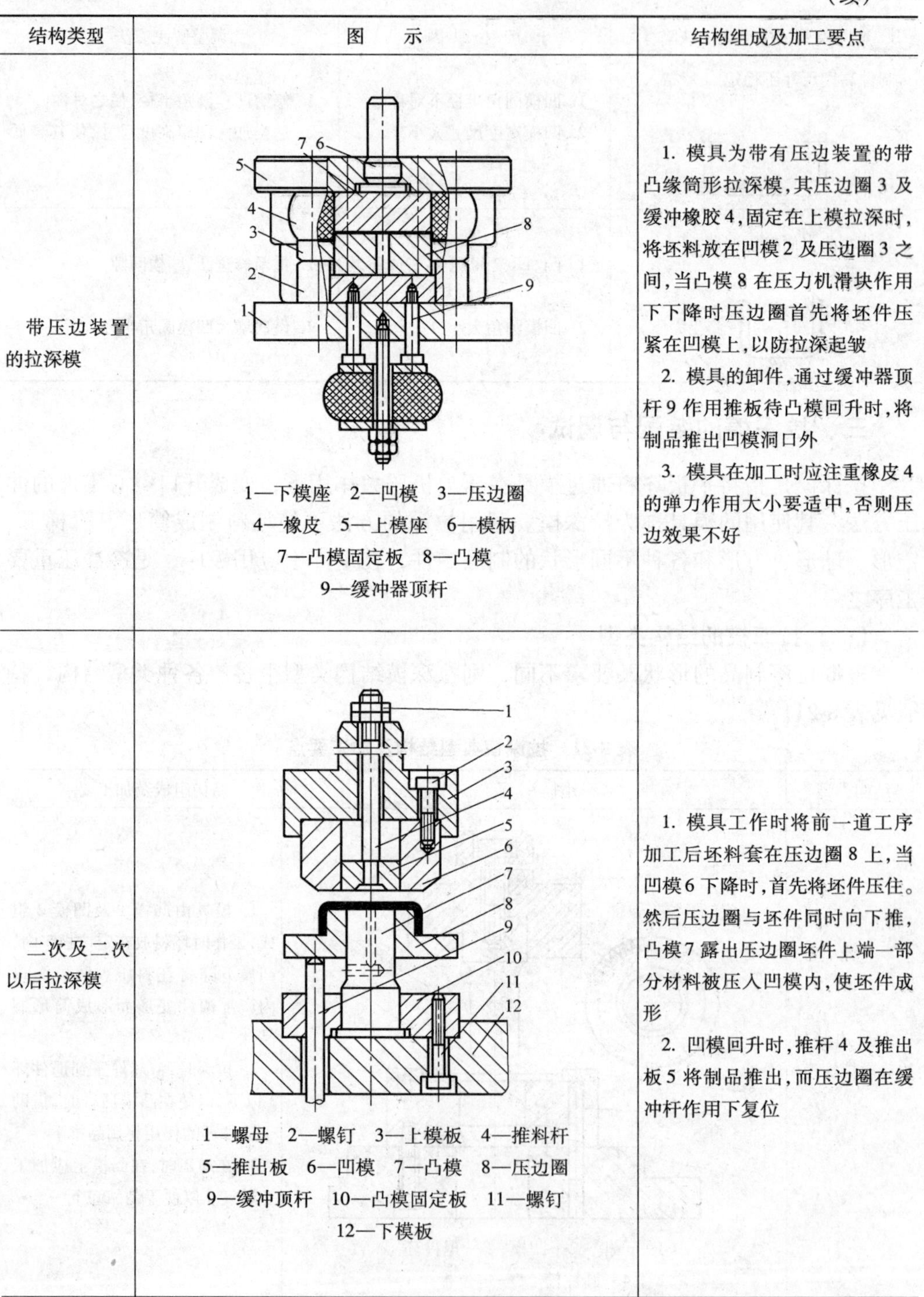 1—下模座　2—凹模　3—压边圈 4—橡皮　5—上模座　6—模柄 7—凸模固定板　8—凸模 9—缓冲器顶杆	1. 模具为带有压边装置的带凸缘筒形拉深模，其压边圈3及缓冲橡胶4，固定在上模拉深时，将坯料放在凹模2及压边圈3之间，当凸模8在压力机滑块作用下下降时压边圈首先将坯件压紧在凹模上，以防拉深起皱 2. 模具的卸件，通过缓冲器顶杆9作用推板待凸模回升时，将制品推出凹模洞口外 3. 模具在加工时应注重橡皮4的弹力作用大小要适中，否则压边效果不好
二次及二次以后拉深模	1—螺母　2—螺钉　3—上模板　4—推料杆 5—推出板　6—凹模　7—凸模　8—压边圈 9—缓冲顶杆　10—凸模固定板　11—螺钉 12—下模板	1. 模具工作时将前一道工序加工后坯料套在压边圈8上，当凹模6下降时，首先将坯件压住。然后压边圈与坯件同时向下推，凸模7露出压边圈坯件上端一部分材料被压入凹模内，使坯件成形 2. 凹模回升时，推杆4及推出板5将制品推出，而压边圈在缓冲杆作用下复位

（续）

结构类型	图　示	结构组成及加工要点
双动拉深模	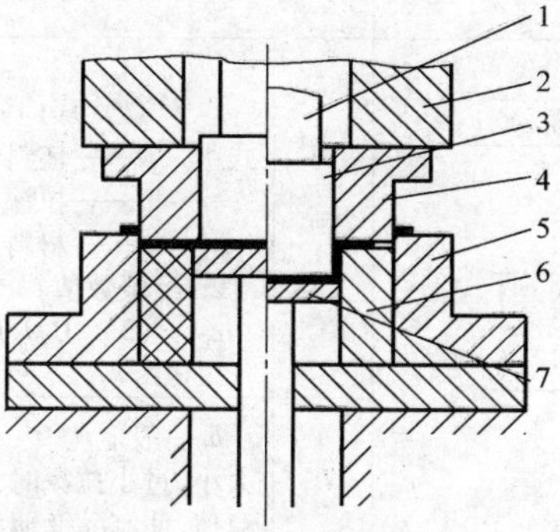 a) 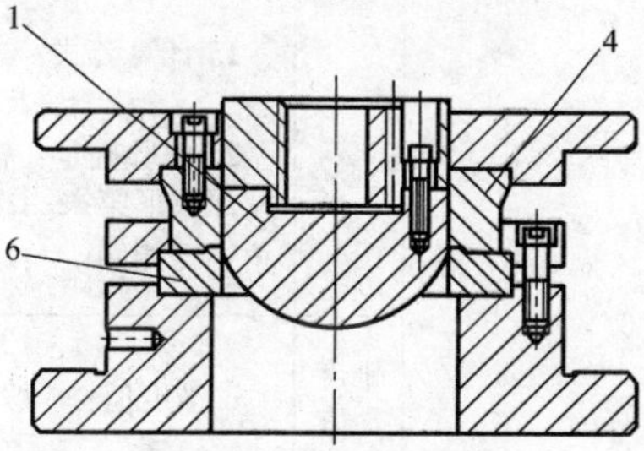b) 1—内滑块　2—外滑块　3—凸模 4—压边圈　5—模座　6—凹模 7—推板	1. 模具采用双动压力机，多用于拉深大型复杂曲面的制品零件 2. 模具由凸模3、凹模6和压边圈4组成。工作时，凸模固定在压力机内滑块上，压边圈固定在外滑块上 3. 冲压开始时，外滑块2带动压边圈4首先压紧坯料，随后内滑块带凸模3下降与凹模作用，使坯件拉深成形 4. 冲压结束后，随内滑块回升，外滑块也带压边圈回位而推出器将制品推出模外 5. 拉深较复杂零件时，应在压边圈上加工出拉深筋，以防起皱

（二）拉深模加工制造要点

1. 拉深模加工技术要求

（1）拉深凸、凹模几何形状

零件在拉深时，材料在沿凹模的边缘滑动。因此，凹模圆角半径是影响拉深件成形的主要因素。在制造冲模时，一般都根据设计图样上所规定的凹模圆角半径数值，由小到大边修边试边确定，直到合适为止。

拉深凸、凹模的几何形状见表 8-22。

表 8-22　拉深凸、凹模几何形状确定

零件名称	图示	参数确定	
凹模	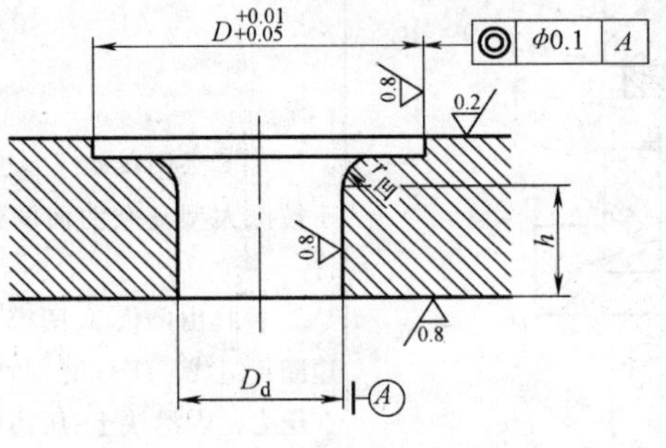	$r_凹$	1. 计算公式：$r_凹=0.8\sqrt{(D-d)\cdot t}$ 式中　D——坯料直径(mm) d——拉深直径(mm) t——材料厚度(mm) 2. 经验数值：$t≤6$mm 时， $r_凹=(3\sim10)t$ 但边试边修直到合格为止
		h	h 一般应为 9～13mm 为宜，不能太大或太小，过小拉深时易产生回弹，过大又增加摩擦，使制品变薄
凸模	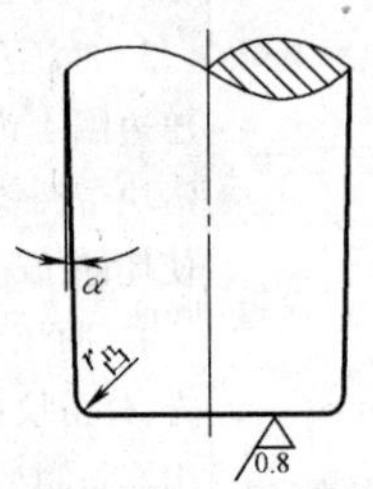	$r_凸$	1. 计算公式 $r_凸=(0.5\sim1)r_凹$ 2. 经验确定：需一次拉深成形或需多次拉深成形第末一次，$r_凸$ 应与制品要求内圆角半径相同
		锥度 α 值	α 锥度值：一般 $\alpha=2'\sim5'$

（2）拉深间隙

拉深凸模与拉深凹模相应工作尺寸差值的一半称为拉深间隙。其计算方法见表 8-23。

表 8-23　凸、凹模间隙确定方法

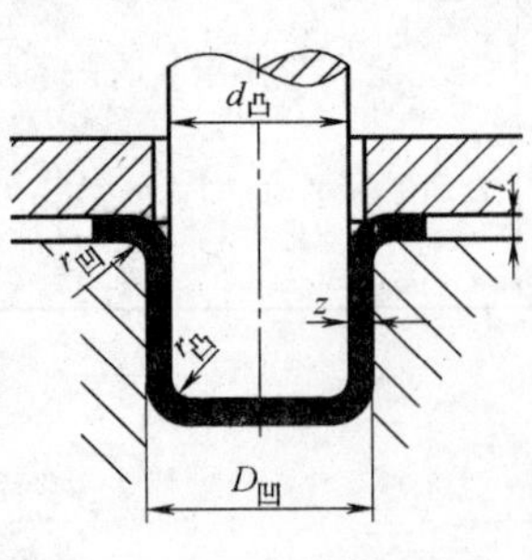

图示	拉深次数	单边间隙 z	
		软　钢	黄铜、铝
	首次拉深	$(1.3\sim1.5)t$	$(1.3\sim1.4)t$
	中间各次拉深	$(1.2\sim1.3)t$	$(1.15\sim1.2)t$
	最末一次拉深	$1.1t$	$1.1t$

注：t—板料厚度（mm）。

在模具制造时，确定间隙应注意以下几点：

1）拉深凸、凹模之间的间隙值，应边试模、边修整，直到冲出合格零件后才能热处理淬硬。

2）各面间隙一定要均匀一致，不能过大或过小。间隙过大，制品易起皱；过小又易被拉裂。

3）在首次或多次拉深的最末一次，在确定间隙时应注意：对于制品尺寸标注在外缘的拉深件，应以凹模为基准，间隙取在缩小凸模的尺寸方向上；尺寸标注在内径的拉深件，加工时应以凸模为基准，间隙取在加大凹模尺寸方向上。

（3）凸、凹模尺寸及精度

拉深凸、凹模工作部位尺寸应根据拉深制品零件要求确定。加工时，应按图样尺寸规定来制造，其尺寸公差只在最后一次拉深工序中考虑。

拉深凸、凹模尺寸确定方法见表 8-24（A）。

表 8-24（A）　拉深凸、凹模工作部位尺寸确定方法

制品尺寸标注方法	凹模尺寸 $D_凹$	凸模尺寸 $d_凸$
标注在外形尺寸	先计算凹模尺寸 $D_凹=(D-0.75\Delta)^{+\delta_凹}_{0}$	按凹模尺寸配作 $d_凸=(D-0.75\Delta-2z)^{0}_{-\delta_凸}$
标注在内形尺寸	按凸模尺寸配作 $D_凹=(d+0.4\Delta+2z)^{+\delta_凹}_{0}$	先计算凸模尺寸 $d_凸=(d+0.4\Delta)^{0}_{-\delta_凸}$

注：Δ—板料厚度偏差（mm）；z—凸、凹模单边间隙（mm）；$\delta_凸$、$\delta_凹$—凸、凹模制造偏差（mm），见表 8-24（B）。

表 8-24（B）　圆筒形零件凸、凹模制造偏差值　（单位：mm）

材料厚度	≤10		>10～50		>50～200		>200～500	
t	$\delta_凹$	$\delta_凸$	$\delta_凹$	$\delta_凸$	$\delta_凹$	$\delta_凸$	$\delta_凹$	$\delta_凸$
0.25	0.015	0.010	0.020	0.010	0.030	0.015	0.030	0.015
0.35	0.020	0.010	0.030	0.020	0.040	0.020	0.040	0.025
0.50	0.030	0.015	0.040	0.030	0.050	0.030	0.050	0.035
0.80	0.040	0.025	0.060	0.035	0.060	0.040	0.060	0.040
1.00	0.045	0.030	0.070	0.040	0.080	0.050	0.080	0.060

（续）

材料厚度 t	≤10		>10~50		>50~200		>200~500	
	$\delta_{凹}$	$\delta_{凸}$	$\delta_{凹}$	$\delta_{凸}$	$\delta_{凹}$	$\delta_{凸}$	$\delta_{凹}$	$\delta_{凸}$
1.20	0.055	0.040	0.080	0.050	0.090	0.060	0.100	0.070
1.50	0.065	0.050	0.090	0.060	0.100	0.070	0.120	0.080
2.00	0.080	0.055	0.110	0.070	0.120	0.080	0.140	0.090
2.50	0.095	0.060	0.130	0.085	0.150	0.100	0.170	0.120
3.50	—	—	0.150	0.100	0.180	0.120	0.200	0.140

注：1. 表中列数值用于未精压的薄钢板。

2. 如精压钢板，凸、凹模制造公差等于表列数值20%~25%。

3. 有色金属，则为表列数值的50%。

对于非圆筒形零件的凸、凹模制造公差值，可根据零件制品的尺寸精度要求来考虑。若零件精度在IT7级以上，可选用IT4级精度制造公差；若制品零件要求IT8以上，按IT5级制造公差。

取公差的方法是：若制品要求外形尺寸，则公差取在凹模上，凸模按凹模配制；若要求内径尺寸时，则公差取在凸模上，凹模按凸模配制，并要保证间隙值。

（4）凸、凹模表面质量要求

拉深凸、凹模表面粗糙度，一般要求为 $Ra0.8\sim0.10\mu m$。因此，在制造时，其凸、凹模淬硬后，均应经研磨，抛光；并要求研磨与抛光的方向应与拉深方向相同。

2. 拉深凸、凹模的加工方法

拉深凸、凹模的加工工艺方法见表8-25。

表8-25　拉深凸、凹模加工工艺方法

拉深凸、凹模断面形状	加工工艺过程及方法
断面为圆形的凸、凹模	1. 按图样要求在车床上精车 2. 凸、凹模配作，保证间隙均匀 3. 热处理淬硬 4. 磨修、抛光、研磨到尺寸
断面为非圆形的凸、凹模	1. 先制作样件或样板，然后按样板（样件）加工 （1）轮廓样板：按零件内部轮廓尺寸制造，给以小的负的允许偏差，以便划线 （2）“漏板”样板：按凸模最大极限尺寸制造，以检验凸模用。凹模“漏板”样板按凹模最小尺寸制作 （3）断面轮廓特殊部位形状样板：尺寸按最大极限尺寸加工，以便锉修时做为特殊形状的验规使用 2. 将坯件按轮廓样板划线 3. 进行铣、钻、粗加工成形，凹模也可以利用电火花加工成形 4. 钳工修磨。用“漏板”样板反验证，合格为止 5. 凸、凹模研配合适后进行淬火、修磨、抛光

3. 拉深模加工制造特点

1）拉深模的凹模圆角表面应光滑，圆角过渡无棱角。即在制作时应经抛光或研磨，表面粗糙度值一般应达到 $Ra0.4 \sim 0.2\mu m$。其抛光研磨的方向应与拉深方向相同。刃口周边的凹模圆角半径若不同时，应圆滑过渡、无明显突变。

2）凹模型孔、型腔内直壁表面均应研磨抛光，其方向应与拉深方向相同。必要时可经镀硬铬后再抛光。对复杂曲面型腔，其凸棱处的表面质量要高，以有利于拉深时的流动。

3）拉深凸模表面质量尽管比凹模低，但也应达到 $Ra0.8 \sim 1.6\mu m$。在凸模的圆角处，在加工时应圆滑过渡，不应存在棱角。

4）拉深凸、凹模的间隙。对于圆筒形零件拉深，其间隙应各向均匀一致；非旋转体拉深件如矩、方形盒件的间隙应根据材料的流动趋向，按设计要求采用不同的间隙值。并在试模时修正，直到冲出合格零件方可淬硬定形。

5）加工拉深凸、凹模零件时，对于圆筒形凸、凹模可直接在车床上车削为主；而对于非旋转体曲面复杂形状凸、凹模，在加工时应借助试先制作的标准样件或样板配合加工，并进行间隙调整。

6）对带有压边装置的拉深模，其模具装配后的结构尺寸，应使材料开始拉深时就形成压边作用，并在整个拉深过程中，始终保持压力状态。并且在加工时，其压边圈、凹模工作面等与材料接触的部位。不允许有任何孔，否则在拉深时造成材料堆积，影响拉深。

7）拉深模的部件、顶出机构，加工安装后应动作灵活。并对于大、中型拉深模的凸模应加工出透气孔。

8）对于拉深所用的毛坯尺寸，很难用试算方法确定准确，应通过试模后确定毛坯尺寸。因此，对于落料拉深模的加工顺序应该是：先制作拉深模，待拉深模试模合格后，再以其所用的毛坯尺寸和形状，制作坯料落料模。

（三）拉深模的装配方法

拉深模的装配基本上与冲裁模、弯曲模装配方法相似，即可采用直接装配和配作装配两种方法进行。

1. 装配顺序的选择

1）无导向装置的拉深模，上、下模可分别按图样装配，其间隙的调整，待安装到压力机上试冲时进行。

2）有导向装置的拉深模，按其结构特点先选择组装上模（或下模）然后用标准样件或垫片法边调整间隙边组装下模（或上模），然后再进行调整。

2. 装配组装方法

1）形状简单的拉深模，如筒形零件及盒形件，其拉深凸、凹模一般按设计要求加工后直接进行装配，并要保证间隙值。

2）复杂形状的拉深模，其凸、凹模采用机械加工如铣，仿形及电火花加工后，需在装配时，借助样件锉修凸、凹模和调整间隙，即采用配作法进行加工与装配。

如图8-7所示为一落料拉深复合模结构形式。所冲板料经落料、拉深成形后。从上模由上顶件口推出，拉深时的压边力是由安装于模模具下部的弹顶机构（图中未标出）通过顶杆13来提供的。本冲模适用于圆筒形拉深及浇矩形盒件的拉深。其加工及装配要点见表8-26。

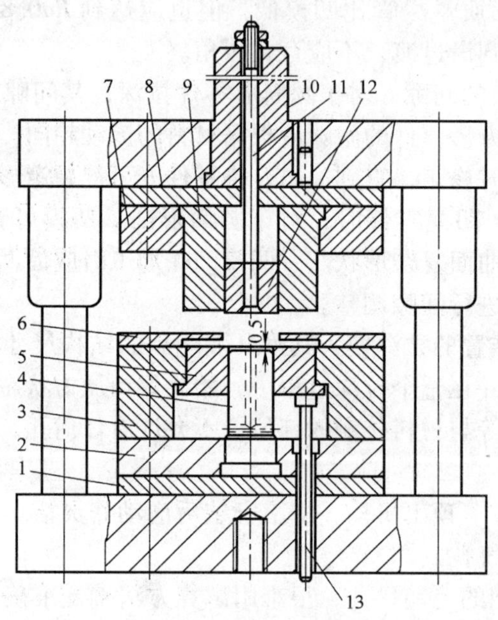

图8-7　落料拉深复合模

1—下垫板　2—凸模固定板　3—落料凹模　4—凸模　5—下顶件器　6—卸料板　7—上固定板　8—上垫板　9—凸凹模　10—模柄　11—打料杆　12—顶件器　13—顶杆

表8-26　落料拉深复合模加工装配要点

步　序	加工装配项目	加工装配说明
1	零件加工及部件装配	1. 本模具所有零件由于形状简单、可直接通过机械加工完成、如凸凹模9、落料凹模3以及凸模4均应按图样加工，并在精加工时确保表面质量及间隙值 2. 模架选用标准模架 3. 凸模4、凸凹模9采用压入固定法。安装在固定板上，并应固定牢固

（续）

步　　序	加工装配项目	加工装配说明
2	装配上模	1. 选用凸凹模9做为基准件将上模进行安装及固定 2. 安装好上顶件机构
3	配装下模	1. 以上模、凸凹模9为基准件安装下模各零件 2. 将样件放在凸凹模、凹模、凸模之间调整好间隙后再紧固下模各零件 3. 配装下模时，应注意下述工艺要求： 1）拉深凸模4应低于凹模3约0.15mm左右 2）下顶件器5应不高于落料凹模3的刃口平面 3）上顶件器12的长度应长短一致，使其压边及顶料受力平衡，并要突出凸凹模9下平面 4）上、下模顶件机构装配后应动作灵活，无涩滞现象
4	试冲与调整	将装配后的模具，安装到指定的压力机上，进行试冲拉深并调整、直到制出合格制品为止

（四）拉深模的调试

拉深模在装配后，应将其安装到指定的压力机上进行试冲和调整。对于单动冲模，如简单筒形零件的拉深，可先将上模安装到压力机滑块上，下模放在工作台上先不必紧固，在其凹模洞口中放置标准样件，再使上、下模合模，使间隙各向均匀（凹模进入标准样件中），调好闭合高度后再把下模固紧在压力机工作台上，即可试冲调试。

1. 试冲调整要点

拉深模调试要点见表8-27。

表8-27　拉深模调试要点

序　　号	调 试 项 目	调试操作说明
1	进料阻力调整	在拉深过程中，若进料阻力过大则易使制品拉裂；若进料阻力小又易使制品起皱，故应使进料阻力调整合适。其方法是： 1. 调节压力机滑块压力，使之处于正常压力下工作 2. 调节压边圈的压边面，使之与坯料良好接触 3. 修整凹模圆角半径，使之合适不能过大过小 4. 采用良好的润滑，或增加或减少润滑次数

（续）

序　号	调试项目	调试操作说明
2	凸模进入凹模深度的调整	拉深模在压力机上安装，要注重上、下模在压力机工作台上相对位置及凸模进入凹模的深度调整，其方法是： 1. 有导向的拉深模，靠自身导向装置保证 2. 无导向拉深模，需采用控制间隙方法来控制凸模进入凹模深浅。即采用标准样件或垫片配合调整 3. 上、下模间隙调整合适并将上、下模紧固后，首先将压力机螺杆调整到使压力机滑块在下止点时，凸模进入凹模深度应为凸模圆角半径和凹模圆角半径之和再加5～10mm为宜 4. 在调整时，可把凸模进入凹模深度分2～3段进行调整。即先将较浅的一段调整合适后再往下调深一段，直到合适为止
3	压边力的调整	拉深模的压边力必须保持平稳。其调整方法是： 1. 在安装凸模进入凹模10～20mm时，开始进行试冲，使拉深开始时材料即受压边作用并要受力均衡，在压边力调整到使拉深件凸缘部位无明显皱折又无材料破裂现象时再逐步加大拉深深度 2. 按上述方法应根据拉深高度分2～3次调整，每次调整都应无折皱和裂纹为准 3. 用压力机下部的压缩空气垫提供压边力时，应按压缩空气进气大小调整，一般压力为0.5～0.6MPa 4. 若用弹簧及橡胶提供压边力，应通过调节橡胶和弹簧压缩量来调节压边力大小
4	间隙调整	拉深间隙对拉深质量影响较大，必须进行仔细调整。其方法是： 1. 先将上模紧固在压力机滑块上，下模放在工作台上，不固定 2. 将标准样件放进洞口中，使上、下模合模，凸模进入标准样件并压入凹模洞口中 3. 将下模紧固，即可进行试冲

2. 根据试件质量调整

拉深模经安装、调试、试冲后，可检查试件质量状况，并根据质量进行调整。其方法见表8-28。

表 8-28　拉深模试模弊病及调试方法

弊病类型	产生原因	调整方法
凸缘起皱，且零件壁部被拉裂	压边力太小，凸缘部位起皱至此无法进入凹模面壁部被拉裂	调整压边力，使其加大
壁部被拉裂	1. 压边力太大使材料承受拉应力太大 2. 凹模圆角半径太小 3. 润滑不良 4. 材料塑性较差	1. 设法减小压边力 2. 修整凹模圆角半径使其加大 3. 加用润滑剂 4. 将坯料中间退火
凸缘起皱	1. 凸缘部位压边力太小无法抵制过大的切向压应力而引起的切向变形，失去稳定，产生皱纹 2. 材料较薄	1. 调整压边圈，使压边力加大 2. 适当加大材料厚度
边缘呈锯齿状	毛坯边缘有毛刺	修整前道工序落料模刃口，使之间隙均匀，减少坯件毛刺
制品边缘高低不齐	1. 坯件定位时与凸、凹模中心线不重合 2. 材料厚度不均匀 3. 凸、凹模圆角半径不对称、大小不等 4. 凸、凹模间隙不均匀	1. 调整定位零件使其中心与凸、凹模中心线重合 2. 更换坯件材料 3. 修整凸凹模圆角半径使其各自对称相等 4. 调整间隙，使之均匀
断面变薄	1. 凹模圆角半径太小 2. 间隙太小 3. 压边力太大 4. 润滑不良	1. 加大凹模圆角半径 2. 修正间隙使之加大 3. 修正减小压边力 4. 坯件涂上润滑油再拉深

（续）

弊病类型	产生原因	调整方法
制品底部被拉裂 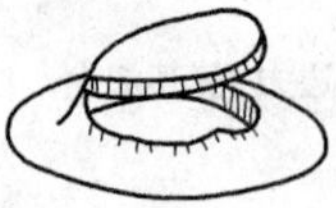	凹模圆角半径太小，使坯料处于切割状态	设法加大凹模圆角半径
制品口部折皱 	1. 凹模圆角半径太大 2. 压边圈不起压边作用	1. 减小凹模圆角半径 2. 修整压边圈结构，加大压边力
锥形件斜面或半球形件的腰部起皱 	1. 压边力太小 2. 凹模圆角半径太大 3. 润滑油过多	1. 设法加大压边力 2. 减小凹模圆角半径 3. 合理进行润滑
盒形件角部破裂 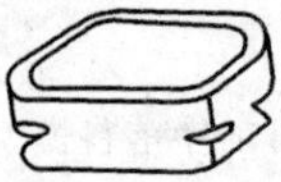	1. 凹模角部圆角半径太小 2. 间隙太小 3. 变形程度太大	1. 加大凹模圆角半径 2. 适当加大凸、凹模间隙 3. 增加拉深次数
制品底部不平、凹陷 	1. 坯件不平 2. 顶料杆与坯件接触面太小或不平衡 3. 缓冲器弹顶力不足	1. 平整坯件 2. 修整顶件机构、使坯件受力均衡 3. 更换弹顶弹簧或橡胶加大弹顶力
盒形件直壁部位不挺直 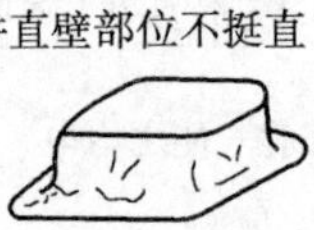	角部间隙太小	加大角部凸、凹模间隙值
制品壁部拉毛 	1. 凸、凹模工作部位或圆角半径处不光洁 2. 坯料表面及润滑液有杂质	1. 研磨或抛光工作表面或圆角 2. 清洁毛坯表面及润滑油、使之干净无污物

（续）

弊病类型	产生原因	调整方法
盒形件角部向内折拢，局部起皱 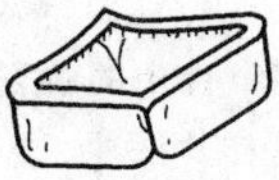	1. 角部压边力太小 2. 角部毛坯面积太小	1. 设法加大角部压边力 2. 加大角部毛坯面积
阶梯形制品局部被拉裂 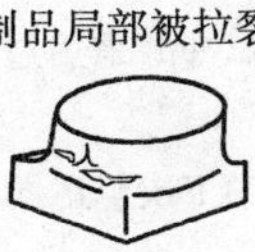	凹模及凸模圆角半径太小加大了拉探力	设法加大凸、凹模圆角半径
制品完整，但呈歪状 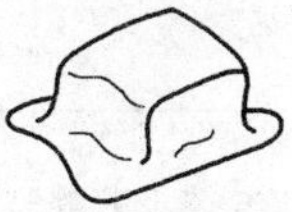	1. 排气不畅 2. 顶料杆顶力不均	1. 加大排气孔 2. 重新布置顶料杆位置使顶件力均衡
制品拉深高度不够 —	1. 毛坯尺寸太小 2. 拉深间隙太大 3. 凸模圆角半径太小	1. 放大毛坯尺寸 2. 缩小拉深间隙 3. 放大凸模圆角半径
制品拉深高度过高 —	1. 毛坯尺寸太大 2. 拉深间隙太小 3. 凸模圆角半径太大	1. 减小毛坯尺寸 2. 加大拉深间隙 3. 缩小凸模圆角半径
制品拉深后壁厚在高度方向上不均匀 	1. 凸模与凹模不同轴向一面偏斜 2. 定位不准确 3. 凸模安装不垂直 4. 压边力不均衡 5. 凹模形状不正确	1. 调整凸、凹模相对位置、使之同轴、间隙均匀 2. 重新调整定位 3. 重新安装固定凸模 4. 重新调整压边力 5. 修整凹模洞口形状

3. 拉深工艺尺寸的调试与修正

在拉深工艺设计时，其复杂形状拉深件和需多次拉深的制件、拉深用毛坯尺寸，以及各次拉深的工艺尺寸，采用计算的方法难以准确的确定，必须通过试冲进行调整及修正。其方法见表8-29。

表 8-29 拉深工艺尺寸的调试与修正

项　目	调试修正方法
毛坯尺寸确定	1. 拉深模试冲前,可按工艺设计的毛坯形状、尺寸在所试坯料上划线,剪切成 4 ~ 5 个样片 2. 将样片放在首次拉深模的凸、凹模试冲。在试冲过程中,对试件中的破裂及折皱部位,可采取调整压边力、间隙等方法改善冲压条件后,再用另一片样片试冲。如仍出现破裂,可减小相应部位的毛坯尺寸,对试样进行修正,经反复多次试冲、修正、直到冲出无明显皱折和裂纹为止 3. 将首次拉深合格坯件,在以后各次继续拉深和切边等模具上试冲并采用边试冲、边修正的方法,直到冲出合格制品 4. 修改剪样尺寸,每次至少同时剪样三件。试冲时留下一片作为下次修正样片的依据 5. 试冲合格的样片形状及尺寸,可作为坯料落料模的依据 6. 为了减少调试时间,在制作样片时,可剪出三种不同尺寸样片,一种是按工艺计算出的形状尺寸,另二种是比其稍大、或稍小各一种。同时试冲以便于分析和确定最后尺寸、形状
工艺尺寸的调试与确定	1. 首次拉深和以后各次拉深模具应同时依次进行试冲和调整,并按工艺规程同时包括切边及整形 2. 复杂形状制品拉深时,由于毛坯及工序尺寸不确定性,模具坯料定位尺寸需按调试后工艺尺寸确定 3. 试冲调整工作全部完成并制出合格制品零件后。应将试冲时最后的工艺尺寸,对相关工艺规程内容进行修订和完善

四、成形类冲模的装配与调试

成形模是用于零件经冲裁、弯曲、拉深之后，采用各种局部变形的方法，使其达到所要求形状和尺寸精度要求的一种冲模。常用的成形模主要有校形模、胀形模、缩口模、翻边模等。这类模具的结构特点及成形方法参见表 8-30。

成形模零件加工制作与装配方法，基本上与前述的弯曲模、拉深模相似，即根据设计图样规定加工出零件后，可根据模具结构特点，采用配作或直接装配的方法，先进行部件分组组装，然后进行总体装配成形。

成形模的装配质量，在很大程度上会影响凸、凹模的形状、尺寸和它们之间的间隙均匀性。在装配与制作时，除根据图样加工、装配外，主要还应在装配过程中边试模边修整，直到压制出符合要求的冲件形状和尺寸，再将凸、凹模淬硬处理，重新装配。这是制造、装配成形模的主要方式和特点。其边试边修整加工装配过程，修整的原因及部位，主要是依据试件的质量缺陷状况来决定的，即根据不同的缺陷及弊病，采用不同的调整及修正方法。

表 8-30　成形类冲模的结构及制造加工要点

<table>
<tr><th colspan="2">模具名称</th><th>图　示</th><th>结构及加工制造要点</th></tr>
<tr><td rowspan="2">翻边模</td><td>内孔翻边模</td><td> 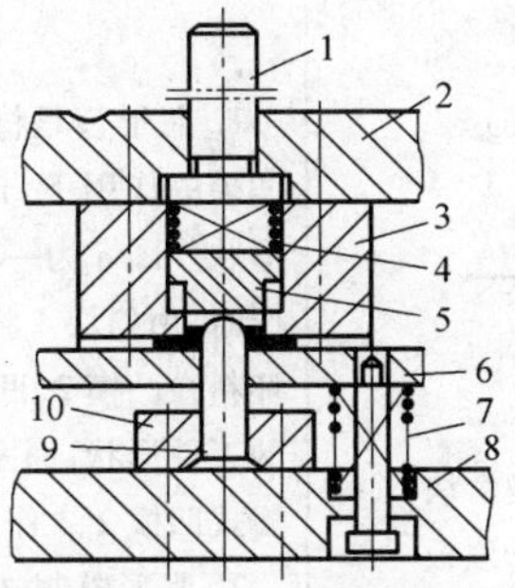1—模柄　2—上模板　3—凹模　4、7—弹簧　5—顶出器　6—卸料板　8—下模板　9—凸模　10—固定板</td><td>1. 图示为一倒装式内孔翻边模。在压力机压力作用下通过凸模 9 与凹模 3 的相互作用，对坯料翻边成形
2. 模具在装配时应按边调试、边装配的方法直到翻出合格零件再将凸、凹模淬火重新安装、调好间隙后再装配。并在调试时，应以试件出现的质量缺陷为依据对各部位进行修整</td></tr>
<tr><td>外缘翻边模</td><td>$b=R-r$
a）零件 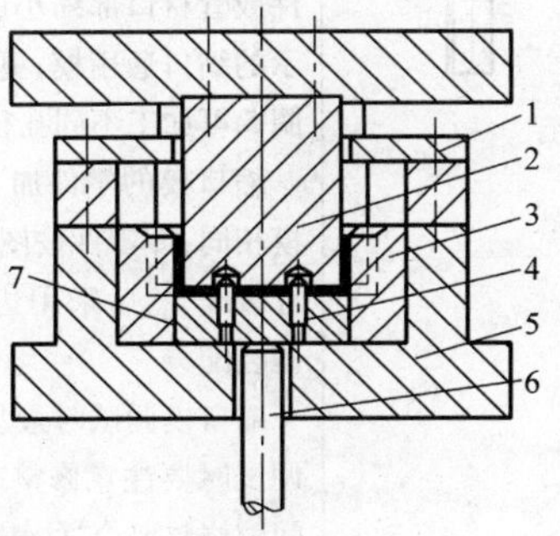
b）模具
1—卸料板　2—凸模　3—凹模　4—定位销　5—模座　6—气垫顶杆　7—顶料板</td><td>1. 外缘翻边模多以聚氨酯橡胶或纯钢材及橡胶与钢材结合作凸、凹模的结构为主图示为纯钢作凸、凹模的翻边模。其凸模 2 与凹模 3 相互作用将坯料进行外缘翻边
2. 无论采用何种材料作凸、凹模都应按图样进行加工，在装配时，要边装边试，直到冲出合格零件为止</td></tr>
</table>

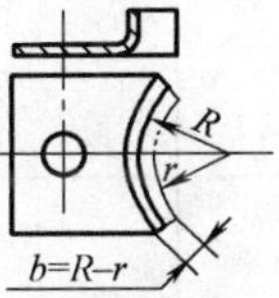

（续）

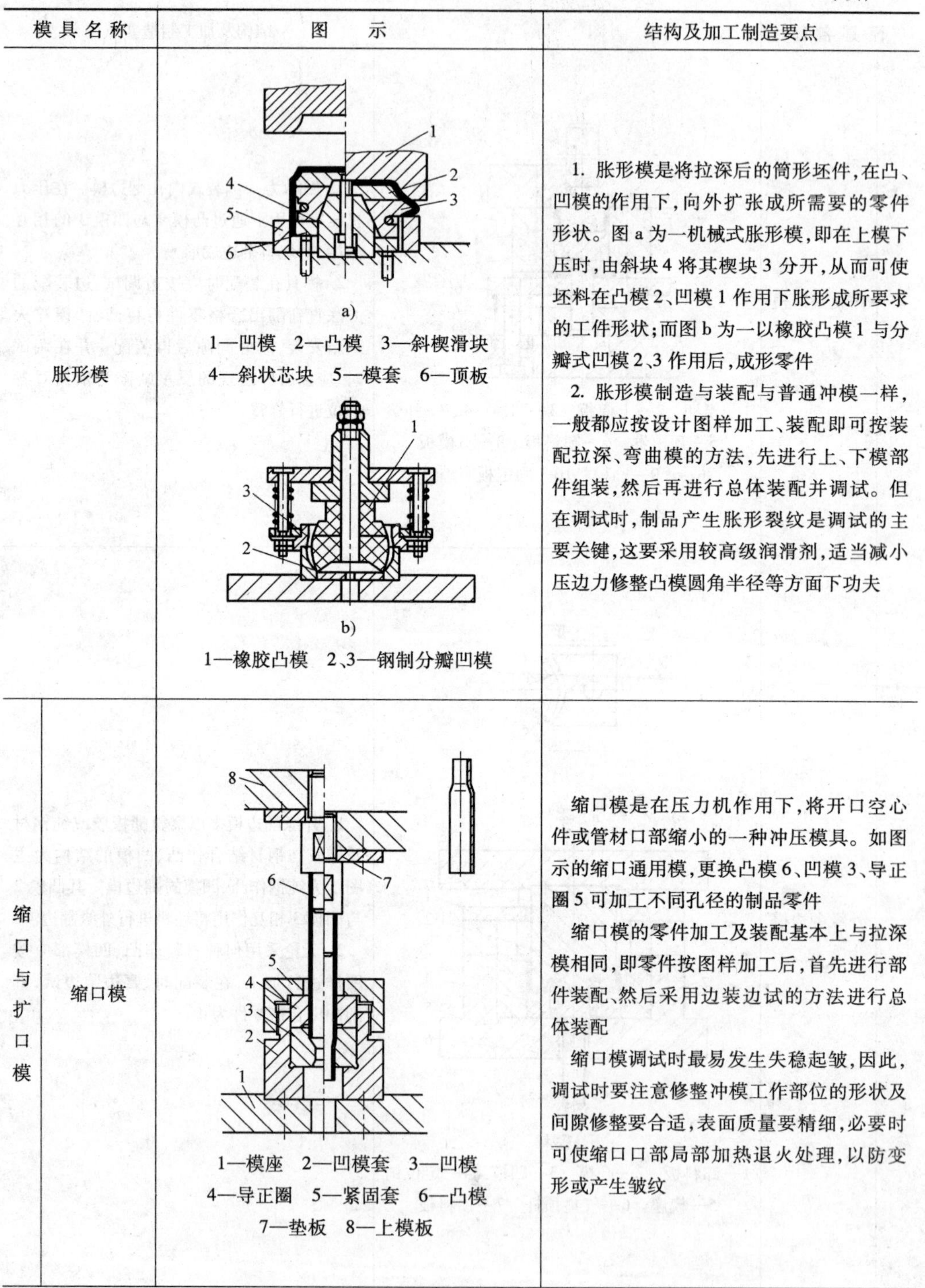

模具名称		图示	结构及加工制造要点
胀形模		a) 1—凹模 2—凸模 3—斜楔滑块 4—斜状芯块 5—模套 6—顶板 b) 1—橡胶凸模 2、3—钢制分瓣凹模	1. 胀形模是将拉深后的筒形坯件，在凸、凹模的作用下，向外扩张成所需要的零件形状。图a为一机械式胀形模，即在上模下压时，由斜块4将其楔块3分开，从而可使坯料在凸模2、凹模1作用下胀形成所要求的工件形状；而图b为一以橡胶凸模1与分瓣式凹模2、3作用后，成形零件 2. 胀形模制造与装配与普通冲模一样，一般都应按设计图样加工、装配即可按装配拉深、弯曲模的方法，先进行上、下模部件组装，然后再进行总体装配并调试。但在调试时，制品产生胀形裂纹是调试的主要关键，这要采用较高级润滑剂，适当减小压边力修整凸模圆角半径等方面下功夫
缩口与扩口模	缩口模	1—模座 2—凹模套 3—凹模 4—导正圈 5—紧固套 6—凸模 7—垫板 8—上模板	缩口模是在压力机作用下，将开口空心件或管材口部缩小的一种冲压模具。如图示的缩口通用模，更换凸模6、凹模3、导正圈5可加工不同孔径的制品零件 缩口模的零件加工及装配基本上与拉深模相同，即零件按图样加工后，首先进行部件装配、然后采用边装边试的方法进行总体装配 缩口模调试时最易发生失稳起皱，因此，调试时要注意修整冲模工作部位的形状及间隙修整要合适，表面质量要精细，必要时可使缩口口部局部加热退火处理，以防变形或产生皱纹

（续）

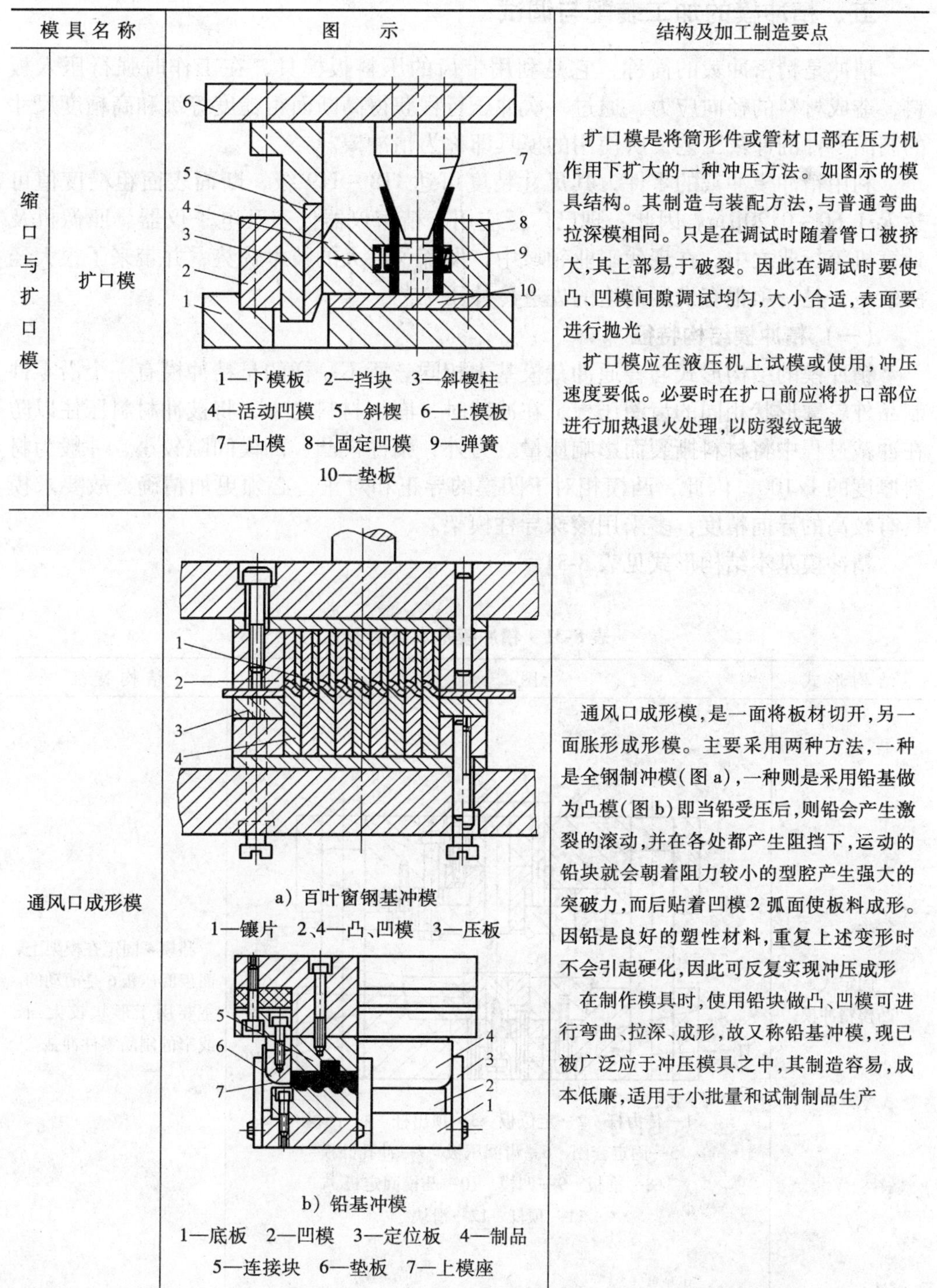

模具名称		图　示	结构及加工制造要点
缩口与扩口模	扩口模	1—下模板　2—挡块　3—斜楔柱 4—活动凹模　5—斜楔　6—上模板 7—凸模　8—固定凹模　9—弹簧 10—垫板	扩口模是将筒形件或管材口部在压力机作用下扩大的一种冲压方法。如图示的模具结构。其制造与装配方法，与普通弯曲拉深模相同。只是在调试时随着管口被挤大，其上部易于破裂。因此在调试时要使凸、凹模间隙调试均匀，大小合适，表面要进行抛光 扩口模应在液压机上试模或使用，冲压速度要低。必要时在扩口前应将扩口部位进行加热退火处理，以防裂纹起皱
通风口成形模		a）百叶窗钢基冲模 1—镶片　2、4—凸、凹模　3—压板 b）铅基冲模 1—底板　2—凹模　3—定位板　4—制品 5—连接块　6—垫板　7—上模座	通风口成形模，是一面将板材切开，另一面胀形成形模。主要采用两种方法，一种是全钢制冲模（图 a），一种则是采用铅基做为凸模（图 b）即当铅受压后，则铅会产生激裂的滚动，并在各处都产生阻挡下，运动的铅块就会朝着阻力较小的型腔产生强大的突破力，而后贴着凹模 2 弧面使板料成形。因铅是良好的塑性材料，重复上述变形时不会引起硬化，因此可反复实现冲压成形 在制作模具时，使用铅块做凸、凹模可进行弯曲、拉深、成形，故又称铅基冲模，现已被广泛应于冲压模具之中，其制造容易，成本低廉，适用于小批量和试制制品生产

五、精冲模的加工装配与调试

精冲是精密冲裁的简称，它是利用带齿的压料板模具，在工作时强行压入板料，造成材料的径向应力，通过一次冲压行程获得高断面粗糙度等级和高精度尺寸的制品零件的冲裁工艺，所使用的模具即称为精冲模。

利用精冲模冲裁的零件，其尺寸精度可达 IT8 ~ IT9 级，断面表面粗糙度值可达 $Ra1.60 \sim 0.20\mu m$。因此，现已广泛应用于精密仪器仪表及电子仪器、照像机及计算机等行业之中。在现代工业领域中，发挥了巨大的技术优势，并带来了很大经济效益，是一项很有发展前途的先进冷冲压工艺。

（一）精冲模结构特征

精冲模的结构形式与普通冲裁模基本相同。所不一样的是精冲模有一个沿零件制品外轮廓形状相同的齿圈压板，在冲裁时，嵌入材料之中，将被冲材料压住以防在冲裁过程中将材料撕裂而影响质量。另外，精冲模凸、凹模间隙较小，一般为材料厚度的1/100，因此，凸模相对于凹模的导正和对正，必须更加精确，故要求模具有较高的导向精度，多采用滚珠导柱模架。

精冲模基本结构形式见表 8-31。

表 8-31 精冲模基本结构形式

结构形式	图示	结构特征
固定式凸模精冲模	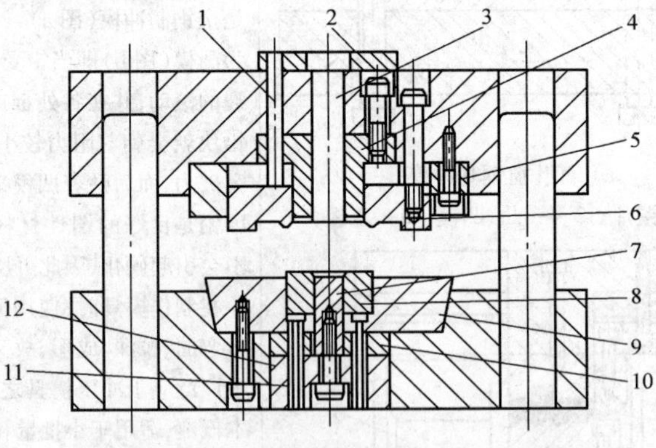 1—传力杆 2—定位板 3—顶出杆 4—凸模 5—固定套圈 6—齿圈压板 7—冲孔凸模 8—推板 9—凹模 10—凸模固定板 11—顶杆 12—滑块	凸模4固定在模架上，而齿圈压板6是活动的。主要用于形状较大，长或窄的制品零件冲裁

（续）

结构形式	图示	结构特征
活动式凸模精冲模	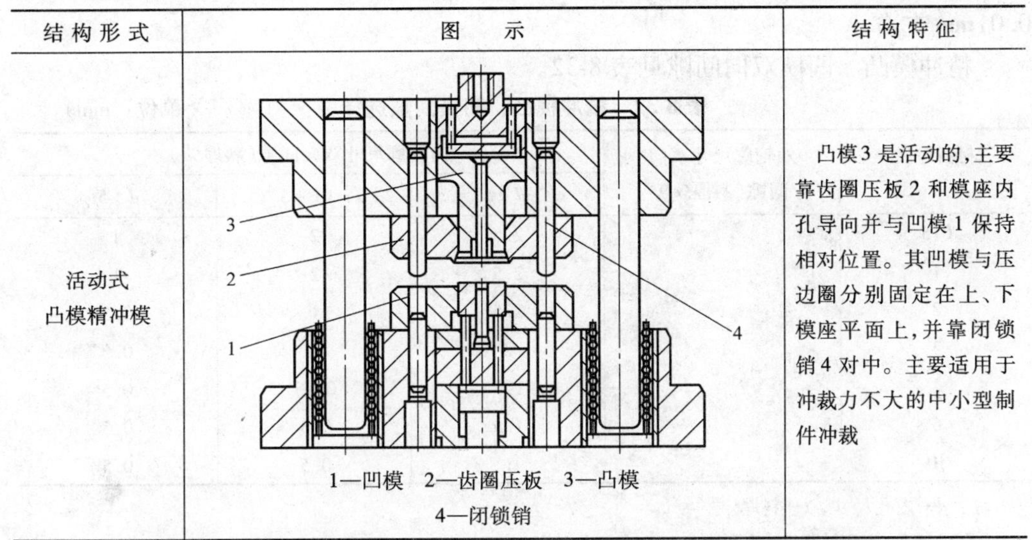 1—凹模 2—齿圈压板 3—凸模 4—闭锁销	凸模3是活动的，主要靠齿圈压板2和模座内孔导向并与凹模1保持相对位置。其凹模与压边圈分别固定在上、下模座平面上，并靠闭锁销4对中。主要适用于冲裁力不大的中小型制件冲裁

（二）精冲模加工装配制造要点

1. 模架的选用

精冲模模架必须要刚性好、精度高，一般要选用滚动导向标准模架。自制模架时，其装配后的模架：两导柱（导套）平行度允差应不大于0.005mm；上、下模座上、下平面平行度允差应不大于300∶0.02；导柱与模座上平面垂直度允差应不大于125∶0.01，导套与导柱与滚珠之间的过盈量应不大于0.001~0.003mm。

2. 凸、凹模加工

（1）尺寸确定

精冲模与普通冲模一样，落料制品零件尺寸以凹模尺寸为准，其间隙应缩小在凸模方向上；冲孔时，孔的尺寸应以凸模为准，间隙应加大在凹模尺寸上。即

落料凹模尺寸：$D_{凹}=(D-2/3\Delta)^{+\delta_{凹}}_{0}$

冲孔凸模尺寸：$d_{凸}=(d+2/3\Delta)^{0}_{-\delta_{凸}}$

冲孔凹模尺寸及落料凸模尺寸分别按加工出的凸模或凹模配制，并保证双面间隙值z。

式中 D——制品外轮廓公称尺寸（mm）；

d——制品内孔直径公称尺寸（mm）；

Δ——制品要求的公差值（mm）；

$\delta_{凹}$、$\delta_{凸}$——凸、凹模公差，一般为（1/3~1/2）Δ。

（2）间隙z值确定

精冲模装配时，一定要保证凸、凹模间隙均匀，其大小要适中。对于一般精冲

模，外轮廓尺寸凸、凹模 z 可取料厚的 1%；内轮廓尺寸，其双面间隙应取 0.01mm 左右。

精冲模凸、凹模双向间隙见表 8-32。

表 8-32　精冲模凸、凹模间隙选择　　（单位：mm）

材料厚度 t	外轮廓尺寸双向间隙(料厚%)	内轮廓尺寸双向间隙(料厚%)		
		$d<t$	$d=(1\sim5)t$	$d>5t$
0.5	1	2.5	2	1
1		2.5	2	1
2		2.5	1	0.5
3		2	1	0.5
4		1.7	0.75	0.5
6		1.5	0.5	0.5
10		1	0.5	0.5

注：d—内孔尺寸，t—料厚。

（3）凸、凹模几何形状

在加工时，落料凹模与冲孔凸模的刃口均应倒成圆角，其圆角不能过大或过小，对于冲裁 2mm 以下厚度的制品时，应边试边修整，直到合适为止；而对于冲孔凸模，冲裁薄板料时，凸模刃口可采用清角，而厚度大于 2mm 时，应采用 0.05mm 的圆角半径倒角，以便于提高孔壁的光洁程度。

3. 齿圈与形状加工要求

精冲模与普通冲裁模的主要区别在于模具结构上，精冲模设有齿圈压板，即在齿圈压板上，围绕冲件外轮廓制成凸起的 V 形梗，其作用是限制剪切区以外的板料在剪切过程中随凸模流动，提高制品冲制精度。其齿圈压板及形状见表 8-33。

表 8-33　齿圈压板的形状与尺寸精度　　（单位：mm）

材料厚度	齿圈形状	齿圈各部位尺寸参数					
		H	A	B	g	R	r
$t<5$	$H+g$, 30°, A, 45°, R, H	$(0.2\sim0.3)t$	$(0.66\sim0.75)t$	—	$0.05\sim0.08$	0.2	—
5 6 8 10	45°, A, r, H, 0.5, B, R, H, 0.5, 45°	0.5 0.6 0.8 1	3.5 4.2 5.6 7	0.10 0.12 0.16 0.2	—	1.8 2.1 2.8 3.5	1 1.2 1.6 2

注：t—材料厚度（mm）。

在加工齿圈零件时，可采用两种方法加工。一种是在淬火前用专用刀具铣削或二次工具冷压成形法；另一种是在坯件淬火后用电加工或硬质合金刀具铣削的方法。如利用专用刀具铣削时，采用靠模板。在立体刻模铣床（型号 X420）仿型加工，齿圈外圈用顶角为90°、内圈用顶角为60°的铣刀铣刻加工，表面粗糙度值可达 $Ra0.80\mu m$，其靠模板可用胶木板制成。

4. 零件加工顺序选择

精冲模一般先加工凹模，再以凹模反压印加工凸模、推板等其他零件。凹模型孔的加工主要采用淬硬的坯料，用电火花穿孔或线切割加工。但用线切割加工时，应考虑到钼丝放电间隙和切割后型孔打光余量，通常在工艺尺寸计算好后，先进行试切一块较薄的样件，检查合适后，再进行凹模孔的切割。

5. 零件装配精度要求

1）精冲模的推板与凹模、齿圈压板与凸模的配合应加工成无松动的配合，以便于对凸模起保护和导向作用。

2）推板应比凹模高出 0.2mm 左右。

3）凸模进入凹模的深度应在 0.02～0.05mm 左右。

4）各顶杆位置应布置均匀，装配后要活动灵活，不能有过紧及卡死现象。

6. 试模与调整要求

模具在装配后，要进行试冲与调整。一般在试冲与调整时，往往采用试切锡箔纸或簿纸片（厚度小于 0.03mm）的方法，来进行检验与调整。

试模时，如在制件的剪切面上发现有撕裂，增加压边力不能克服时，可将模具对应部位的刃口倒圆，圆角半径一般为 0.01～0.03mm。

（三）精冲模的调试

1. 安装方法

精冲模一般在改装的普通压力机和专用精冲压力机上使用，专用精冲压力机有机械式三重动作及液压式精冲压力机两种形式。其冲裁工作速度应低于 15mm/s，即在 5～15mm/s 范围内根据材料种类和厚度进行调节。精冲模在组装后，应在指定的精冲压力机上进行试冲和调整。其方法是：

将上、下模分别安装在压力机上、下工作台上后，先用低速进行首冲，并使齿圈压板全部压在板料上后，调节凸、凹模接触板料后进行冲压，以冲下工件为止，决不能使凸模进入凹模孔过深，以防损坏凹模。

检查冲下的工件剪切面，若剪切面撕裂或不光洁，应适当加大齿圈压板压力和反向推件器压力。在加大这些压力时，稍微将上工作台降低即可。随后，应对模具的安全机构、送料长度、定位机构及卸、退料机构进行检查，使其排件、退料正常、通畅、定位合理。

经检查无误后，可开机试冲。在试冲过程中，若发现缺陷时，应对其进行调整。

2. 试冲与调整

精冲模试冲过程中产生弊病原因及调整方法见表8-34。

表8-34 精冲模调试方法

弊病类型	产生原因	调整方法
制品断面质量粗糙	1. 凹模模孔表面粗糙 2. 凹模圆角半径太小 3. 齿圈压力不合适 4. 润滑不良或润滑剂太少 5. 所冲材料太硬	1. 在间隙及形状尺寸允许情况下,应对其抛光、研磨 2. 加大凹模圆角半径 3. 适当调整齿圈压力大小 4. 合理改善润滑条件 5. 将材料先进行退火软化
制品产生撕裂	1. 齿圈压力太小 2. 凹模圆角半径太小或不均匀 3. 工件间距、边距太小 4. 齿圈太小	1. 适当加大齿圈压力 2. 修整凹模圆角半径使之符合要求 3. 加大送料步距长度或条料宽度 4. 加大齿圈或增加厚度
冲裁断面断裂	冲裁间隙太大	重做凸模或凹模使间隙缩小
制品产生塌角	1. 凹模圆角半径太大 2. 顶件压力太小	1. 磨削凹模使凹模圆角半径变小 2. 加大顶件压力更换顶件弹簧
制品出现毛刺 毛边	1. 间隙太小,凸模刃口变钝 2. 凸模进入凹模太深	1. 重磨凸模使间隙加大;刃磨凸模断面使刃口锋利 2. 调整凸、凹模配合深度使其咬合合适
靠凸模一侧产生毛刺并在剪切面呈现锥度 毛边 α	凸、凹模间隙太小	适当加大凸、凹模间隙

（续）

弊病类型	产生原因	调整方法
剪切断面产生锥形 α	1. 凹模圆角太大 2. 凹模产生弹性变形	1. 重新修整凹模圆角半径使之合适 2. 将凹模底部磨平或加固紧固套
断面出现波纹状或锥形凸起 波纹　锥形或毛边凸起	1. 凹模圆角半径太大 2. 凸、凹模间隙太大	1. 修整凹模圆角半径使之合适 2. 更换凸模或凹模，使之间隙调整合适
制品不平、纵向弯曲	1. 顶件力太小 2. 带料上油污过多，或有内应力	1. 调整弹顶机构，使之反向力加大 2. 减少带料油污、或进行校直条料
制品发生扭曲变形	1. 条料本身有内应力 2. 顶件器受力不均衡	1. 校直条料或退火处理消除内应力 2. 调整顶件器，使之受力平衡
制品被损坏	1. 制品不能及时排除模外 2. 模具内导销损坏，制品互相碰撞 3. 条料或带料送料卡住	1. 加大压缩空气，将制品排出 2. 调整或改进模具结构使之运行可靠 3. 调整送料机构使之顺畅

六、冷挤压模的加工装配与调试

冷挤压加工是把坯料放在凹模内（坯料的体积应等于制品零件尺寸和修边余量体积之和），依靠凸模施加压力，使金属在压力作用下，达到最大的塑性状态，并通过凹模的下通孔或凸模与凹模间的环形间隙将金属挤压成所需形状和尺寸的零件工艺过程。所需的模具，称为冷挤压模。

采用冷挤压模来加工制品零件，是实现少切屑和无切屑加工的一种先进加工工艺方法。它与其他冷冲压加工方法相比，具有生产效率高，节约材料，有较高的加工精度、表面质量好和成本低等一系列优点。它不仅能加工各种断面的空心件和实心件，也可以制造加工空心薄壁零件，是一项很有发展前途的冲压加工工艺方法。

（一）模具结构类型

冷挤压模根据所制零件形状不同。可分为正挤压模、反挤压模及复合挤压模三种结构形式，见表 8-35。

表 8-35 冷挤压模结构类型

结构类型	图示	制品成形特点
正挤压模	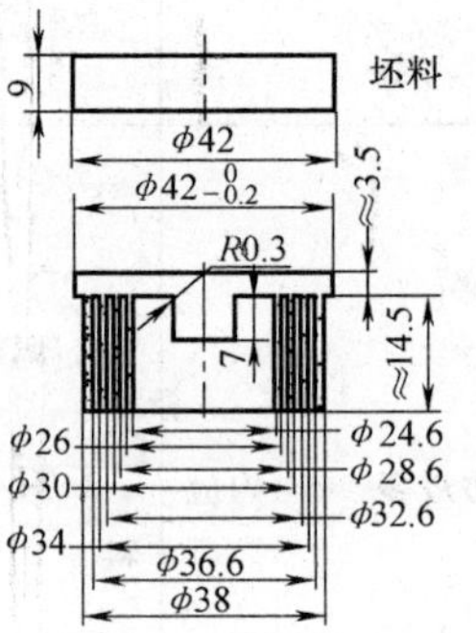 坯料 9 $\phi42$ $\phi42_{-0.2}^{0}$ ≈3.5 $R0.3$ 7 ≈14.5 $\phi26$ $\phi30$ $\phi34$ $\phi24.6$ $\phi28.6$ $\phi32.6$ $\phi36.6$ $\phi38$ a）零件 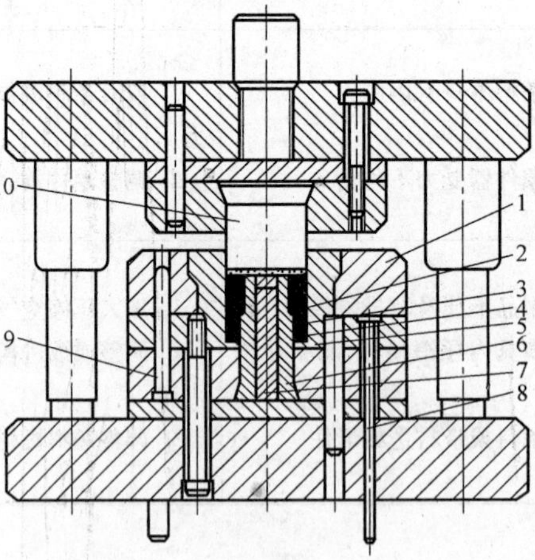 b）正挤压模 1—固定圈 2～7—凹模 8—顶杆 9—小导柱 10—凸模	图 b 为用于实心坯料正挤压成形多层电容器的模具结构。工作时，将坯件放在凹模 2 内，凸模 10 在压力推动下，并与凹模 2、3、4、5、6、7 作用。将制品（图 a）挤压成形后，由顶杆 8 连同凹模 2 及固定圈一起顶出 正挤压模不仅能加工实心件，而且能挤压出空心件

（续）

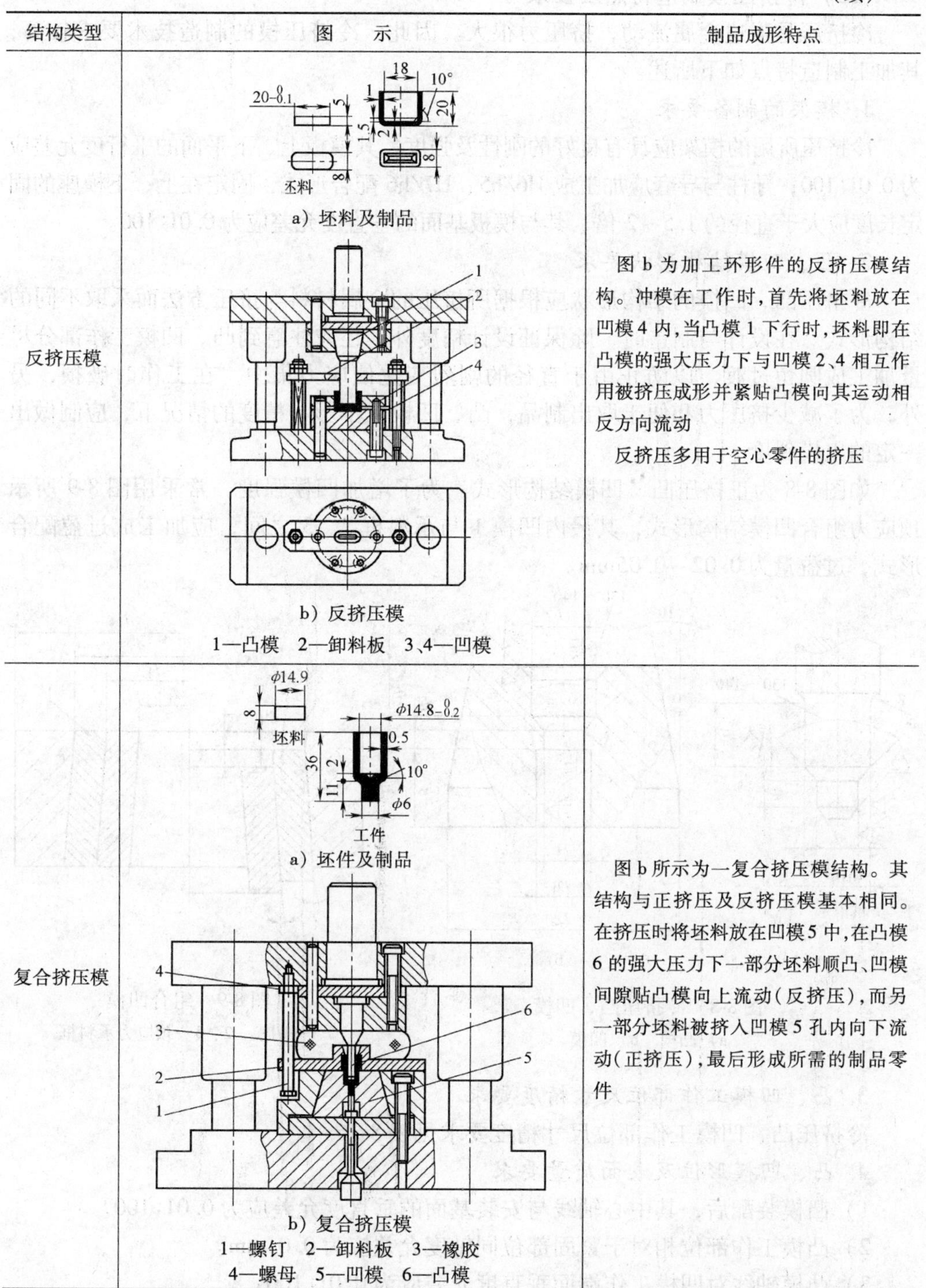

结构类型	图　示	制品成形特点
反挤压模	a）坯料及制品 b）反挤压模 1—凸模　2—卸料板　3、4—凹模	图 b 为加工环形件的反挤压模结构。冲模在工作时，首先将坯料放在凹模 4 内，当凸模 1 下行时，坯料即在凸模的强大压力下与凹模 2、4 相互作用被挤压成形并紧贴凸模向其运动相反方向流动 反挤压多用于空心零件的挤压
复合挤压模	a）坯件及制品 b）复合挤压模 1—螺钉　2—卸料板　3—橡胶 4—螺母　5—凹模　6—凸模	图 b 所示为一复合挤压模结构。其结构与正挤压及反挤压模基本相同。在挤压时将坯料放在凹模 5 中，在凸模 6 的强大压力下一部分坯料顺凸、凹模间隙贴凸模向上流动（反挤压），而另一部分坯料被挤入凹模 5 孔内向下流动（正挤压），最后形成所需的制品零件

（二）冷挤压模制造特点及要求

冷挤压是强迫金属流动，挤压力很大。因此，冷挤压模的制造技术要求较高，其加工制造特点如下所述。

1. 模架的制备要求

冷挤压所用的模架应具有良好的刚性及强度，其模板上、下平面的平行度允差应为0.01:100；导柱与导套应加工成H6/h5、H7/h6配合形式，固定在上、下模座的固定长度应大于直径的1.5~2倍，其与模板基面的垂直度允差应为0.01:100。

2. 凸、凹模结构形状要求

冷挤压凸、凹模的结构形状应根据所挤压的金属材料与挤压方法而采取不同的结构形式。在设计与制造时，除保证设计精度外，还应注意到凸、凹模工作部分尽量加工成圆角过渡，以防止由于直径的剧烈变化使应力集中，在工作时破损，另外，为了减少挤压力和便于取出制品，凸、凹模在不影响精度的情况下，应制做出一定的出模斜度。

如图8-8为正挤压凸、凹模结构形式。为了增加凹模强度，常采用图8-9所示预应力组合凹模结构形式，其最内凹模1与承料框2、3之间，应加工成过盈配合形式，过盈量为0.02~0.05mm。

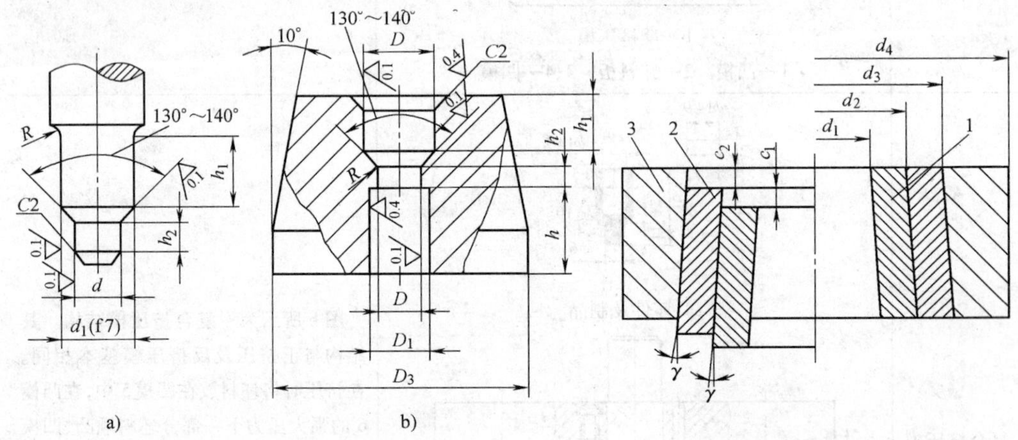

图8-8 冷挤压凸、凹模

a）凸模 b）凹模

图8-9 组合凹模

1—凹模 2、3—预应力承料框

3. 凸、凹模工作部位尺寸精度要求

冷挤压凸、凹模工作部位尺寸精度要求见表8-36。

4. 凸、凹模形位及表面质量要求

1）凸模装配后，其中心轴线与安装基面的垂直度允差应为0.01:100。

2）凸模工作部位相对于紧固部位同轴度允差应为0.01mm。

3）凸模轴线对凹模工作端面垂直度允差应为0.01:100。

4）凸模座与凹模座工作面平行度允差为0.01∶100。

5）凹模型腔对外圆的同轴度允差应为0.01mm。

6）凹模型腔底面对其下平面平行度允差应为0.01∶100。

冷挤压凸、凹模表面粗糙度 Ra 要求应为 0.20 ~ 0.05μm。实践证明：表面质量越高，则制品质量越好，并能降低挤压力和延长冷挤压模的使用寿命。

表 8-36　冷挤压凸、凹模工作部位尺寸与精度要求

制品要求	图示	加工要求
制品要求外形尺寸	$D_{-\Delta}^{\ 0}$，t	$D_{凹}=(D_{max}-3/4\Delta)^{+\delta_{凹}}_{\ 0}$ $d_{凸}=(D_{max}-1.9t)^{\ \ 0}_{-d_{凸}}$ 其中　$\delta_{凹}=\delta_{凸}=(1/5\sim1/4)\Delta$
制品要求内形尺寸	$d^{+\Delta}_{\ 0}$，t	$d_{凸}=(d_{min}+1/2\Delta)^{\ \ 0}_{-\delta_{凸}}$ $D_{凹}=(d_{min}+1.9t)^{+\delta_{凹}}_{\ 0}$ 其中　$\delta_{凹}=\delta_{凸}=(1/5\sim1/4)\Delta$

注：t—制品零件壁厚（mm）；$D_{凹}$、$d_{凸}$—凹、凸模直径（mm）；D、d—制品外、内径尺寸（mm）；Δ—制品制造公差（mm）；$\delta_{凸}$、$\delta_{凹}$—凸、凹模制造公差（mm）。

5. 凸、凹模加工要求

冷挤压凸、凹模加工要求见表8-37。

表 8-37　冷挤压凸、凹模加工要求

加工部位	图示	加工方法及要求
凸、凹模的加工		1. 凸模两端应预留磨削时打中心孔所需的凸台，这个凸台在磨削后去除 2. 凸模在最后加工后，过渡部分应光滑连接 3. 凹模磨削加工后，工作部分与紧固部分应同心，工作部分形状相对于中心应对称 4. 凸、凹模在磨削加工前，表面粗糙度不高于 $Ra3.2\mu m$，留磨余量为 0.1mm 5. 磨削后，应进行抛光及研磨，研磨量为 0.01 ~ 0.02mm。研磨后 $Ra0.20\mu m$ 以上

（续）

加工部位	图示	加工方法及要求
组合凹模与预应力承料框压合工艺		1. 预应力组合凹模，其预应力是由组合凹模之间的过盈配合获得的 2. 压合方法 （1）热压合法：将外圈加热（温度为400°C），使外圈涨大套入内圈，冷却后，外圈收缩而压紧内圈，成为组合凹模 （2）冷压合法：在常温下，借助于压力机压力，直接将内、外圈压合在一起 3. 压合次序：先外后内，即先将中圈压入外圈，再将内圈压入中圈 4. 在压合时，应在凹模上垫以软材料垫板，并且要有保护措施 5. 更换凹模时，必须由内向外依次压出 6. 外层各圈多次压入，压出后应进行退火以消除内应力 7. 压合后应进行修整凹模，以消除压后的凹模形变 8. 中圈材料：5CrNiMo，40Cr35CrMoA，45～47HRC 外圈材料：45，45Cr35CrMoA，35CrMnSiA，43～42HRC
硬质合金凹模加工	—	1. 硬质合金制作的凹模，有良好的耐磨性，但不能承受较大的冲击载荷。做凹模时，必须配合预应力圈使用 2. 模具型腔应采用电火花及金刚砂轮配合加工 3. 型腔抛光、研磨时，应用金刚石研磨剂进行

（三）冷挤压模装配与调试

冷挤压模的装配与调试方法，基本上与弯曲、拉深模相同。即将装配好的模具安装在相应压力机上，首先调整好上、下模在压力机上的相对位置，使上、下模轴线保证一定的同轴度，模口要吻合，凸模进入凹模的深度要适中，并要保证凸、凹模间隙均匀、合理。然后，调整好坯件定位，使之定位准确，卸料系统要动作灵活，保证出件畅通、快捷、无卡死现象，并在试冲中，要进行良好的润滑。

模具在压力机上调整、安装后，即可进行试冲，操作者可根据试制所得的试件，按图样进行严格检验，并依据检验过程中试件所出现的缺陷或故障，对模具作进一步修整、改进。

冷挤压模在调试过程中，常出现的弊病和问题及其调整解决方法见表8-38。

表8-38 冷挤压模调试过程中产生的弊病及解决方法

弊病类型	产生原因	解决调整方法
正挤压件外表产生环形裂纹及鱼鳞状皱纹,内孔产生裂纹 裂纹 裂纹	1. 凹模锥角偏大 2. 凹模结构不合理 3. 润滑不良 4. 坯料塑性差	1. 修整凹模使之锥角变小 2. 采用两层工作带的正挤压凹模结构 3. 改用润滑性能良好的润滑剂 4. 采用塑性好的坯件或加中间退火工序使之软化
正挤压件端部产生缩孔 120° 缩孔	1. 凹模工作带尺寸太大 2. 凹模锥角偏大 3. 凹模入口处圆角太小 4. 凹模表面粗糙 5. 凸模端面太光亮 6. 坯件润滑不良	1. 减小凹模工作带尺寸 2. 修正凹模减小锥角尺寸 3. 加大凹模入口处圆角 4. 对凹模进行抛光 5. 降低凸模粗糙度 6. 采用良好的表面处理及润滑
反挤压件内孔产生裂纹 裂纹	1. 坯件表面热处理及润滑不良 2. 凸模表面粗糙 3. 坯件塑性较差	1. 采用良好的表面处理及润滑，如铝合金件可在挤压前采用磷化处理后再涂菜籽油 2. 抛光凸模 3. 采用最好的表面处理规范,使其坯料塑性提高
反挤压件表面产生裂纹 裂纹	1. 坯件挤压前直径太小 2. 凹模型腔粗糙 3. 坯件塑性太差 4. 坯件表面处理润滑不良	1. 增大坯件直径使之与凹模孔配紧一些,最好使坯件直径大于凹模型腔直径0.01~0.02mm 2. 抛光凹模型腔 3. 采用最好的软化处理工艺 4. 采用合理表面处理及润滑
挤压后矩形件开裂	1. 凸、凹模间隙不均匀 2. 凸模工作圆角半径不合理 3. 凸模结构不合理 4. 凸模工作端面锥角不合适	1. 矩形长边间隙应小于短边间隙 2. 矩形长边圆角半径应小于短边圆角半径 3. 矩形长边工作带应大于短边工作带 4. 矩形长边锥角应大于短边锥角

（续）

弊病类型	产生原因	解决调整方法
反挤压薄形零件时，其壁部有裂口 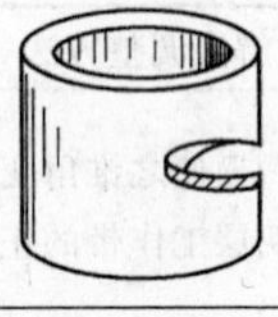	1. 凸、凹模间隙不均匀 2. 润滑剂太多 3. 上、下模对平台的垂直度及平行度超出允许范围 4. 凸模细长稳定性差	1. 调整间隙使其均匀一致 2. 适当减少润滑剂 3. 重新装配模具，使其垂直度及平行度控制在允许范围内 4. 改进凸模结构或在凸模工作面加开工艺槽
反挤压件单面起皱 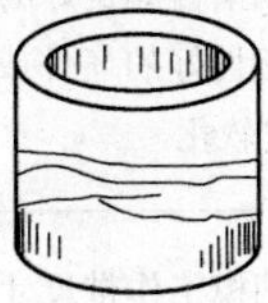	1. 凸、凹模间隙不均 2. 润滑不良或不均匀	1. 调整间隙使之均匀 2. 改善润滑条件，使之保持各向均匀
挤压表面被刮伤 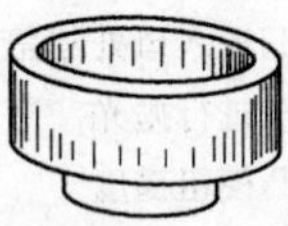	1. 凸、凹模淬火硬度不够表面粗糙 2. 坯件润滑不良	1. 重新淬火，提高硬度或抛光后镀硬铬 2. 改善润滑条件
反挤压件表面产生环状波纹 	润滑不良	改善润滑条件
反挤压件上端壁厚大于下端壁厚 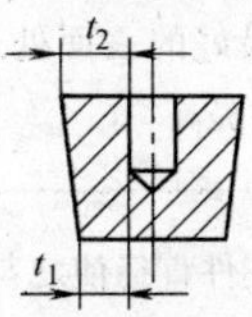 (t_2, t_1)	凹模型腔出模锥度太大	修整凹模型腔使之出模斜度合适
反挤压件上端口部不直 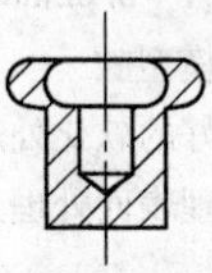	1. 凹模型腔太浅 2. 卸件板安装高度低	1. 增大凹模深度 2. 加大卸件板安装高度，避免上、下端工件相碰
反挤压件侧壁底部变薄或高度不稳定 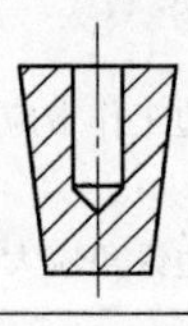	1. 坯件退火硬度不均 2. 坯件底部厚度不够 3. 润滑不均 4. 坯件尺寸超差	1. 改进退火工艺 2. 加大底面厚度 3. 改善润滑条件 4. 控制坯件各部位尺寸

（续）

弊病类型	产生原因	解决调整方法
正挤压端部产生毛刺 毛刺 	1. 凸、凹模间隙太大 2. 坯件硬度过高	1. 适当减少间隙值 2. 提高坯件退火质量，使坯件硬度降低
正挤压件发生弯曲 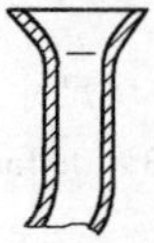	1. 模具工作部位形状不对称 2. 润滑不均匀	1. 改进模具工作部位形状及尺寸 2. 改善润滑条件
挤压件壁厚相差太大 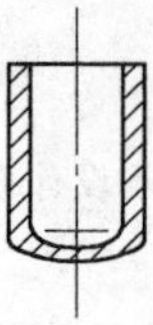	1. 凸、凹模装配后不在同一轴心线上 2. 模具导向差 3. 反挤压凹模顶角太尖 4. 反挤压坯件直径太小，放在凹模内松动	1. 重新装配凸、凹模 2. 修整导向零件，使之导向正常 3. 加大凹模顶角半径 4. 加大坯件直径，使之与凹模配合严密
正挤压空心件侧壁破裂 	凸模芯轴露出长度太长	减少凸模芯轴长度，使其露出长度与毛坯孔的深度不超过0.5mm左右
正挤压侧壁皱曲 	凸模心轴露出凸模长度太短	调整心轴，加大长度
挤压件中部产生缩口 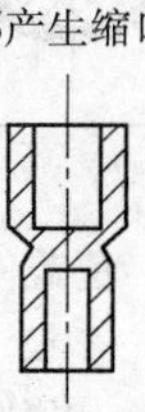	凸模锥度太小	修整凸模，使锥度加大

（续）

弊病类型	产生原因	解决调整方法
连皮位置不在零件高度中央	凸模锥度不合适	修整凸模锥度，采用不同的上、下凸模锥角使 $a_1 > a_2$
挤压件底部出现台阶	凹模拼块尺寸及安装不合适	合理改进拼块尺寸及安装方法，将其增高（0.3～0.4mm）以抵抗压缩变形量
金属填不满 金属填不满	模腔中有空气存在	在模腔内应增设有通气孔

注：1. 表中调整方法，实践中总结，只供参考。

2. 坯料形状尺寸是冷挤压成败的主要因素，在挤压时应注重坯件形状和尺寸。

七、覆盖件冲模的制造与调试

覆盖件又称复杂曲面零件，如汽车、拖拉机的驾驶室及轿车的车体和一些复杂的发动机底盘等用薄钢板制成的异形体表面零件及内部非旋转体曲面零件等。在冲压生产中，用来加工这类零件的模具，统称为覆盖件冲模，其应用最多的为拉深与切边模。由于这类零件材料较薄，体积较大，形状又多呈复杂多维空间立体曲面、表面质量要求较高，故其模具与一般普通冲压模具相比，有其独特的结构形式及加工与制造特点。

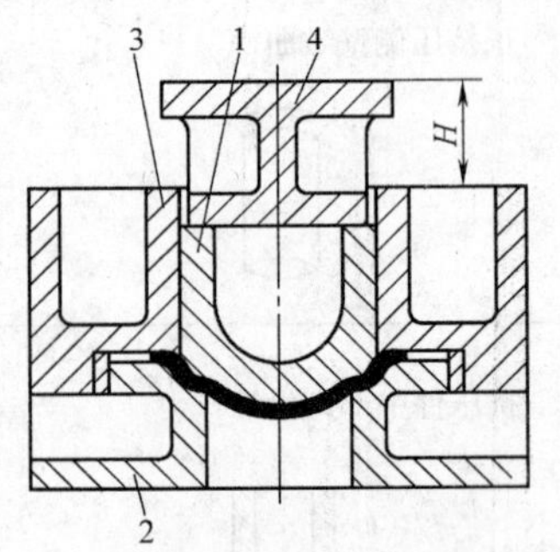

图 8-10　覆盖件拉深模

1—凸模　2—凹模　3—压边圈　4—固定座

（一）模具结构及制造特点

覆盖件冲模一般在双动压力机上冲压，其结构如图 8-10 所示。该模主要由三大件或四大件组成。即凸模 1、凹模 2、压边圈 3、固定座 4。在冲压时，凸模 1

通过固定座 4 安装到双动压力机内滑块上，而压边圈 3 固定在外滑块上、凹模 2 安装在工作台上。将板料放在凹模上，待上模随压力机内、外滑块下降时，压边圈首先将板料压住，板料在凸、凹模作用下，即拉深成形。

覆盖件冲模结构及加工特点见表 8-39。

表 8-39　覆盖件冲模结构及加工特点

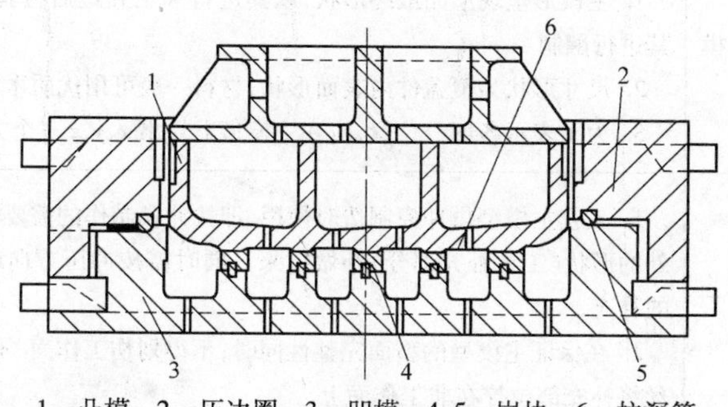

1—凸模　2—压边圈　3—凹模　4、5—嵌块　6—拉深筋

模具结构	1. 冲模的凸模 1、压边圈 2 和凹模 3，一般都是用铸铁制成。为了减轻模具重量，在非工作部分应铸成空心结构，但应留有加强筋，以增加其强度 2. 在制品底部压筋部分相对应的凹模 3、压边圈 2 的工作面，一般采用嵌块结构（嵌块 5、4）以增加模具使用寿命和便于维修 3. 为了防止起皱，在凸缘部分应采用拉深筋结构。拉深筋凸起部分一般设置在压边圈上，而槽设置在凹模上 4. 对于拉深形状圆滑，拉深深度较浅、设有直壁或直壁很短的拉深件，一般可不设计顶出器，而用顶板或手工撬开即可。而对于拉深深度较大的拉深制品，应用顶出器顶出 5. 大批量生产情况下，采用金属冲模或金属镶块冲模。单件小批量生产，可以采用低熔点合金、木材、水泥冲模
加工与制造	1. 覆盖件冲模轮廓尺寸较大，制造时需要有龙门刨床、龙门铣床、大型仿形铣床、研配压力机等大型设备 2. 覆盖件冲模的工作部分，大多是立体曲面构成，精度及表面粗糙度等级均要求比较高，在加工时除利用机械设备加工外，还应采用样架、模型等专用工具配合加工 3. 做好生产前的准备工作：一个汽车覆盖件，需要数套冲模冲压而成，而这些模具其形状要符合同一主模型，在制造上互存依赖关系。其加工顺序应该是：拉深模→翻边模→修边模。翻边及修边模，用拉深件做为立体样板，而落料模的形状，尺寸由拉深件做为依据，故拉深模应首先投入制造

（二）模具的加工制造要点

1. 模具的加工步骤

覆盖件冲模加工步骤可参见表8-40。

表8-40 覆盖件冲模加工步骤

步序	加工内容		工艺说明
第一步	模型与样板的制作	制作主模型	1. 主模形呈现产品最终形状，以其进行加工和最后检验，所有模型、样板都以其进行翻制 2. 尺寸形状为覆盖件内表面形状，材料一般可用优质木材或塑料制成 3. 为了表示各部分位置，应在主模型上划出 x、y、z 三个方向坐标线
		制作工艺主模型	1. 工艺主模型供冲模制造时使用，即按冲模制作的需要，将主模型中的翻边线外的形状（工艺补充部分）补做出来。同时需按冲压方向改装基准面，做为工艺的补充 2. 在保证主模型的型面完整性同时，不得划伤工作面、不能用钉钉。而用木螺丝将补充部位拧在非工作面上
	模型与样架、样板制作	制作样架	1. 按工艺主模型制凹型，主要用来检验凸模立体型面与工艺主模型的一致性。同时还可做凹模加工时做靠模使用，比凹模小一个料厚 2. 在检验凸模型面时，可把其装配在研配压力机上，用着色检验办法来检验 3. 样架与工艺主模型形状相反且尺寸相等一般用低熔点合金浇注成形
		制做样板	1. 样板分两种主要是投影样板和立体样板 2. 投影样板主要用于加工时检验与修整用它是根据工艺主模型有关轮廓按冲压方向投影到平面上的形状和尺寸来制造的 3. 立体样板主要用于修边模制作时控制其曲面及形状尺寸。其做法是利用拉深件做坯料，并作出修边轮廓线
第二步	加工凸模与压料圈		1. 凸模型面按主模型进行仿形铣削成形 2. 钳工按样架研配和抛光型面 3. 钳工在压料圈上嵌镶压料筋
第三步	加工及研配凹模		1. 按样架仿铣凹模，但在铣刀直径选择时，要考虑其直径应加大两倍制品厚度 2. 钳工修磨。修磨时，凹模应按凸模着色研配，可采用砂轮锉刀进行，精修抛光后应达到 $Ra0.80 \sim 0.40\mu m$
第四步	整体装配		1. 将上、下模对正，钳工进行修整 2. 配磨导板 3. 按图样进行总体装配
第五步	淬硬与试模		1. 在凸、凹模加强筋，棱线和圆角处进行火焰淬硬 2. 钳工进一步修整合适后，安装到双动压力机上试模、调整

2. 模具的装配

(1) 装配技术要求

1) 平行度要求。拉深模装配后，凸模上平面对凹模下平面的平行度误差应不大于0.2mm/300mm。压边圈上平面对凹模下平面的平行度误差应不大于0.25mm/300mm。

2) 模具闭合高度要求。模具装配后，其模具闭合高度误差允许在+5～-7mm范围内。

3) 模具安装槽要求　模具装配后，凸模固定板、压边圈及凹模上的各安装槽位置相对误差应不大于±1mm。

4) 导向精度要求　模具装配后的各导向面的垂直误差应小于0.15mm，各导板之间的间隙应小于0.3mm。

5) 间隙要求　模具装配后，凸模与凹模之间，上、下压料面之间，压料筋与压料槽之间都应保持均匀间隙。其间隙值允许只达到料厚的70%～80%，在调整时保证精确。

6) 压料筋要求　模具装配后，压料筋与槽的配合要紧密，底面要贴紧，以保证模具工作时不松动。

(2) 装配工艺过程

覆盖件冲模装配工艺过程可参照表8-41所示的方法进行。

表8-41　覆盖件冲模装配工艺过程

序　号	工序名称	工艺与操作
1	装压料筋	1. 将压料筋加工成一条直线，按槽宽配磨两侧面，过盈量为0.03～0.05mm，并圆弧成形 2. 压料筋压入后，一起钻孔攻螺纹，随即拧入螺钉，并拧紧 3. 压料筋可分段进行装配；但段相接触要密紧无接缝 4. 装配后，修磨压料筋端头，使其与压料面平滑过渡
2	装导板	1. 将凸模、凹模、压边圈修整后三件合在一起，校正位置 2. 测量各导板与高度间的间隙尺寸配磨导板厚度，并在凸模、压边圈和凹模上，按导板上的孔配钻螺纹，装入导板于窝中
3	修正凸模与压边圈	将压边圈和凸模分别合在凹模上，然后在龙门铣床上以凹模底面为基准，精铣凸模和压边圈上平面，并保证平行度要求
4	装凸模固定板	在凸模固定板上划线钻孔并引钻到凸模的安装面上，用螺钉将凸模固紧在凸模固定板上
5	划安装槽线	以凹模的安装槽为基准，将中心线引划到压边圈和凸模固定板上，然后在压边圈和凸模固定板上以此中心划安装槽线

（续）

序　　号	工序名称	工艺与操作
6	铣削安装槽	按划线铣削压边圈和固定板上的安装槽
7	抛光	抛光凸模压边圈型面,凹模在调整后抛光
8	安装卸料板	划线钻削、铣削卸料板上的弹簧座孔、排气槽,并安装弹簧卸料板
9	热处理	将凸模型面上的筋,棱线凸出部分实施火焰淬火。压边圈和凹模在调整后淬硬处理
10	调整试冲	1. 按凸模研修凹模,保证间隙值 2. 试冲、调整 3. 试冲后确定挡料销位置

（三）模具的调试

覆盖件大型曲面冲模，一般安装在双动压力机上，其调节复杂，应给予高度注意。

1. *模具安装方法*

（1）安装前的准备工作

根据所用拉深模的闭合高度，确定双动压力机内、外滑块是否需要过渡垫板和所需要过渡垫板的形式与规格。

过渡垫板的作用是：

1）用来连接拉深模和压力机。即外滑块的过渡垫板与外滑块和压边圈连接在一起。此外还有连接内滑块与凸模的过渡垫板，工作台与下模连接的过渡垫板。

2）用来调节内、外滑块不同的闭合高度。因此，过渡垫板有不同的厚度。

（2）模具的安装

1）预装。先将压边圈和过渡垫板、凸模和过渡垫板分别用螺栓紧固在一起。

2）安装凸模。

①操纵冲床内滑块，使它降到最下位置。

②操纵内滑块的连杆调节机构，使内滑块上升到一定位置，并使其下平面比凸、凹模闭合时的凸模过渡垫板的上平面高出10~15mm。

③操纵内、外滑块使它们上升到最上位置。

④将模具安放到压力机工作台上，凸、凹模呈闭合状态。

⑤再使内滑块下降到最下位置。

⑥操纵内滑块连杆长度调节机构，使内滑块继续下降到与凸模过渡垫板的上平面相接触。

⑦用螺栓将凸模及其过渡垫板紧固在内滑块上。

(3) 装配压边圈

压边圈应装在外滑块上，其安装方法与安装凸模类似，最后将压边圈及过渡垫板用螺栓紧固在外滑块上。

(4) 安装下模

操纵压力机内、外滑块下降，使凸模、压边圈与下模闭合，由导向件决定下模的正确位置，然后用紧固零件将下模及过渡垫板紧固在工作台上。

(5) 空车检查、试冲

通过内、外滑块的连续几次行程，检查其模具安装的正确性。无误后进行试冲。

2. 试冲与调整步骤

在双动压力机上调整拉深模，一般按下列步骤进行：

1) 校平压力机的外滑块。调节外滑块四个角的调整螺母，使外滑块处于水平位置。

2) 研修冲模的压料面和压料筋。在研修冲模的压料面和压料筋时，用试冲坯料进行研配，以保证各处间隙均匀。

3) 研修凹模。按凸模研修凹模（用坯料着色进行研配），以保证凸、凹模之间的料厚间隙，在研配时，应特别注意斜面及圆角处的间隙均匀性。

4) 抛光。将研修好的压料面、压料筋槽及圆角等处抛光，并擦拭干净。

5) 试冲和调整。用图样规定的坯料进行试冲，并根据试冲过程中出现的冲件缺陷，分析其产生原因，设法加以消除，最后冲出合格的工件来。

3. 调试要点

覆盖件拉深成形模一般体积较大，重量又很重，故在装配后进行调试时，应注意以下事宜：

1) 复杂曲面大型零件拉深成形模多属大型冲模，一般采用导板导向，或导板和导柱联合导向。故在调试时，可直接安装在压力机上并分别将上、下模固紧。

2) 复杂曲面大型零件拉深成形模，一般选用有压缩空气垫的单动或双动压力机，以保证在拉深时能提供较大的压边力，其压边力的调整和前述的普通拉深模基本相同。

3) 复杂曲面大型零件一般平面尺寸较大，而深度尺寸较小，多采用一次拉深成形工艺。故在试冲时，可采用一次调整到所需拉深深度的方法，无需多次调整。

4) 复杂曲面大型零件的成形，一般要经过拉深、切边、整修、翻边等多种工序，所以在试模及试冲时，应按工序的工艺规程，按工序顺序一次同时试冲，直到试冲出合格零件为止。其拉深用毛坯的形状和尺寸，也需在调试时确定。而拉深工序试模后所试样件，检验合格后，可作为切边、翻边等工序的立体样板使用。

5）复杂曲面大型零件拉深模在调试时，为消除起皱和破裂，除及时调整压边力和拉深筋外，应适当增大或减小毛坯的局部尺寸。

6）复杂曲面大型零件拉深成形模，在试模时，应选用工艺规程所规定的冲压成形性能较好的材料。由于其凸模、凹模一般采用铸铁制造，故在试模及生产时，无需涂抹润滑剂。

4. 参考制品质量进行调整

覆盖件冲模在调试过程中，常会产生各种弊病。调试时应根据缺陷所在，分析产生原因，确定修调方案，使其达到合乎质量要求，其方法见表8-42。

表8-42 覆盖件冲模调整方法

弊病类型	产生原因	调整方法
制品破裂	1. 压边力太大 2. 凹模口或拉深筋槽的圆角半径太小 3. 拉深筋布置不当或间隙太小 4. 压料面表面太粗糙 5. 润滑不良 6. 坯料放偏 7. 凸、凹模间隙太小 8. 局部变形条件恶劣	1. 减小外滑块压力 2. 加大相关的圆角半径 3. 调整拉深筋数量、位置和间隙 4. 抛光或磨光压料面 5. 适当改善润滑条件 6. 使坯料正确定位 7. 加大间隙 8. 加工艺孔或切口
制品起皱	1. 压边力太小 2. 压料面里松外紧 3. 凹模口圆角半径太大 4. 拉深筋太少或布置不当 5. 润滑油太多 6. 坯料尺寸太小或过软 7. 坯料定位不稳定 8. 压料面形状不合适	1. 加大外滑块压力 2. 调整压料面使其受力均衡 3. 适当减小凹模口圆角半径 4. 重新布置拉深筋或增多拉深筋 5. 改善润滑条件 6. 更换坯料 7. 调整坯料定位 8. 改进压料面形状
修边后形状和尺寸不准确	1. 压边力太小 2. 拉深筋太少或位置不合理 3. 材料塑性太差变形不够	1. 加大压边力 2. 调整拉深筋位置或加多拉深筋 3. 更换材料或采用压料槛
制品有鼓膜或产生“砰砰”声响	1. 压料力不足 2. 拉深筋太小或位置不当 3. 坯料不平或扭曲	1. 加大压料力 2. 加多或调整拉深筋位置 3. 改善坯料质量

（续）

弊病类型	产生原因	调整方法
装饰棱线不清压双印	1. 凸模与凹模未能镦死，或压力不够 2. 凸模与凹模不同轴间隙不均 3. 坯料在凸模上产生滑动	1. 调节凸模进入凹模深度或更换吨位大的压力机 2. 调整凸、凹模间隙使之均匀 3. 适当调整进料阻力
制品表面有划痕或产生橘皮纹	1. 压料面、凹模圆角部位粗糙 2. 镶块间隙大 3. 润滑不良有污物 4. 板材表面晶粒粗大而产生橘皮纹 5. 工艺补充部分不足	1. 抛光或磨光相应表面 2. 重新装配镶块使之密合 3. 合理进行润滑 4. 更换试冲板材或正火 5. 增加工艺补偿部分

八、冲模的验收方法

冲模经零件加工、装配调试后，即可交付验收和使用。冲模的验收主要由制造方负责组织，使用方（用户）负责具体检测验收，并由双方的设计、工艺、检验及使用部门有关人员与模具装配及调试人员参加。

（一）验收的技术依据

冲模在验收时。主要依据下述技术性文件：

1）冲压制品零件图和有关技术要求。

2）冲压制品零件的冲压工艺规程。

3）冲模设计图样和制造工艺规程。

4）冲模验收技术条件。

5）双方签订的合同文本及有关要求。

（二）验收项目及内容

冲模验收主要根据验收技术条件和合同文本所规定要求进行检查。其中主要包括：

1）模具的外观检查。

2）模具尺寸（闭合高度）检查。

3）试冲，对其制品质量检查。

4）模具材料及热处理硬度检查。

5）模具工作稳定性检查。

6）技术文件及试件的交接。

（三）验收检测方法

冲模验收检测方法见表 8-43。

表 8-43 冲模验收检测方法及内容

<table>
<tr><th>序号</th><th colspan="2">验收检查项目</th><th>验收检测说明</th></tr>
<tr><td>1</td><td colspan="2">冲模的整体外观目测检查</td><td>1. 冲模的外形各部位应无明显的凹坑、塌陷突起等明显破损现象。其各零件外露棱角应倒钝，无任何锐、尖角
2. 冲模的各紧固螺钉，销钉应固紧无松动，并不能突出上、下模座表面
3. 冲模零件各结合面应密合，不能有明显缝隙
4. 在底座的正中面应按规定打刻出模具的编号、制件图号及出厂日期等</td></tr>
<tr><td rowspan="3">2</td><td rowspan="3">冲模外观尺寸检查</td><td>冲模闭合高度检测</td><td>冲模闭合高度应符合图样规定。即在检测时，应将上、下模合模，用高度游标卡尺测量。其闭合高度公差值为：
$H \leqslant 200$mm 时，公差应不超过 $-3 \sim 1$mm
200mm $< H \leqslant 400$mm 时，公差为 $-3 \sim 2$mm
$H > 400$mm 时，公差应为 $-7 \sim 3$mm</td></tr>
<tr><td>上、下模板平行度检查</td><td>上、下模板平行度公差不应超过图样所规定的偏差值。检查时可采用千分表进行检查其方法见本书表 7-32
检测后其平行度允差应满足下述要求：
冲裁模：(0.08 ~ 0.10)/300(mm)
其他冲模：(0.10 ~ 0.12)/300(mm)</td></tr>
<tr><td>模柄安装质量检测</td><td>1. 固定式模柄要固定牢固，不能有松动现象
2. 模柄中心轴线对上模板安装面用直角尺检测后，垂直度公差应在 100mm 范围内不超过 0.05mm
3. 浮动模柄传动压力的凸、凹球面。其吻合接触面不应小于 80%</td></tr>
<tr><td>3</td><td colspan="2">工作零件检查</td><td>1. 冲裁凹模刃口面沿冲裁方向应垂直凹模平面，在用角尺检查后向下允许有增大趋势，但不应大于 15′的斜度
2. 凸、凹模镶块经目测，不应有明显的缝隙存在，接触面应密合
3. 冲裁凸、凹模刃口应锋利 $Ra < 0.8\mu m$
4. 弯曲、拉深、成形凸、凹模圆角应圆滑过渡表面粗糙度 $Ra \leqslant 0.40\mu m$</td></tr>
<tr><td>4</td><td colspan="2">冲模间隙检查</td><td>1. 凸裁凸、凹模间隙、大小必须符合图样要求，而且用间隙测量仪或用透光，切纸片测量检测后，各向要均匀一致，其公差应不大于图样规定的 20%，局部尖角或转角处应不大于 30%
2. 弯曲、拉深、成形模间隙应各向均匀，在用标准样件检测后，其间隙最大不应超过“料厚 + 料厚上偏差值”；最小不应小于“料厚 + 料厚下偏差值”</td></tr>
</table>

（续）

序号	验收检查项目	验收检测说明
5	定位零件检查	1. 冲模定位销、定位板及导正销等一定要定位准确，其检测方法通过试冲而定 2. 各定位零件要固紧，不得松动
6	导向零件检查	1. 导向机构应动作灵活，上、下模在合模时不应用阻滞现象，其导向精度要达到设计要求 2. 检测连续模时，其导料板的导向面应与送料中心线平行。对于一般精度的连续模，其平行度允差不得大于0.02/100，左、右的平行度误差不得大于0.02/100 3. 采用斜楔或滑块导向时，导滑部分应活动正常，不能有阻滞现象。检测时，其相对斜面必须吻合，吻合程度在吻合面纵横方向上，均不得小于3/4滑块长度
7	卸料机构检查	1. 冲模的卸料板、推件板和顶件块除保证与凸模、凸凹模和凹模合理间隙外其高出凸模、凸凹模和凹模基面尺寸应在0.2～0.8mm范围内 2. 卸料螺钉位置应安排得合适，分布均匀。在检测时通过调节应使卸料板的压料表面与冲模安装基面平行，其平行度误差不得大于0.5/100 3. 在同一副冲模中，各顶料杆长度应一致，其长度误差应不大于0.1mm，并不准有弯曲现象 4. 检查下模座与垫板漏料孔应畅通无阻，其每边应比凹模孔大于0.5～1mm
8	试冲与取样检验	在冲模验收过程中，经目测、量具测量各项尺寸及定位卸料机构、导向机构合格后还应通过现场实地安装进行试冲验收。其方法是：将测过的冲模，安装到图样所要求吨位的压力机上，并按正常生产条件及工艺规程进行试冲。经试冲运行稳定后，可取样检测制品质量。经检查后若与制品图样相符表明模具合格
9	冲模稳定性检查	1. 冲模主要零部件如凸、凹模，应对其材质、热处理进行检测。检测方式主要依据制造方检测记录为准。一般在正常生产条件下，若能连续工作8h无差错，即可认定冲模稳定性较好 2. 对冲模稳定性检查时，要符合如下要求： （1）冲模工作系统安装要牢固、可靠；活动部位要灵活、动作平稳协调；定位要准确 （2）卸料、退料机构动作要灵活，工作顺畅 （3）冲模各主要受力零件要有足够强度 （4）冲模安装后要平稳；调整、维修方便，安全性能好 （5）冲模配件、附件、易损件要齐全 （6）冲模要方便使用

（四）验收后交接程序

冲模经验收合格后，制、用双方即可按合同进行交接，并装箱组织发货运输。在交接时双方在验收合格单上签字后，制造方还应给使用方随模附带下述技术性文件：

1）模具设计图样，以做为使用方维修依据。

2）冲模检验记录及验收合格证书。

3）试冲合格制品零件 3 ~ 15 件。

4）冲模使用说明书。

第九章　型腔模加工与装配调试技术

型腔模种类很多，主要有塑料压缩模、压注模、注射模、合金压铸模、锻模、粉末冶金模、玻璃模、橡胶成形模等。这类模具有着共同的成形特点，都是以定模（凸模、型芯）与动模（凹模、型腔）合模后组成整体型腔，待金属或非金属材料经加热熔融后，压填入型腔内，待保压冷却后而形成与型腔相应形状的制品零件。但由于各模具的结构组成与成形工艺条件及使用材料不同，其制造工艺与技术要求尽管有相似之处，但也有各自的特点。

一、型腔模制造特点及要求

（一）型腔模加工制造特点

型腔模零件结构、形状均比较复杂，而且尺寸精度、表面质量要求较高，故在加工与装配时主要具有以下特点：零件的加工与装配，应相互配合并同步进行。其主要表现为：

1）型腔模的工作零件，一般多选用优质钢材，并需进行较复杂的三维形面加工和表面精细研磨、抛光或花纹处理，有些零件还需要涂覆、氮化和淬硬处理，故加工工艺比较复杂。

2）型腔模工作零件，一般尺寸精度及表面质量要求较高，且形状复杂多样。这就决定了其加工方法的特殊性和使用技术的多样性及先进性，也使得型腔模加工制作过程工序繁多，工艺路线及制造周期较长。

3）型腔模各零件加工过程中，由于要考虑到材料的锻造及机械加工时的内应力、热处理变形及复杂型腔的多层次加工等因素，故在编排零件加工工序时，要适当地增加一些倒回流工序，重新修整加工成形。

4）型腔模在装配时，往往与几个主要零部件的加工同步进行，直至型腔模中的零件加工完毕进行总装配为止。故零件的加工与装配是相互配合，并同步进行。

5）型腔模的装配次序没有严格要求。一般往往先将淬硬的主要零件，如动模作为基准，使其全部加工完毕之后，再分别加工与其有关联的其他零件。待动模装配后，再加工定模和固定板导孔，然后再与滑块、导轨及型芯等零件配合下，配镗斜导孔，接着安装顶杆和顶板。最后将动模板、垫板、固定板一起组装起来。

（二）型腔模加工与装配要求

1. 零件制作与装配精度要求

模具零件经加工至装配以后，各部位尺寸及配合精度，必须要符合工艺规程及设计图样上所规定的要求。其中包括：

1）模具各零件线性尺寸及各部位形位精度。如同轴度、平行度、垂直度及尺寸偏差等。

2）活动零件的相对位置精度。如传动精度、直线运动及回转运动精度。

3）定位精度。如动模（凹模）与定模（凸模）以及上、下模对合精度、滑块定位精度、型腔与型芯安装定位精度。

4）接触配合精度。如配合精度与过盈量、接触面积大小与接触点的分布状况等。

5）表面质量。如成形零件的表面粗糙度，耐磨、耐蚀性等要求。

上述各尺寸及形位精度，在设计图样及工艺规程中都有明显的规定和指标。模具钳工在零件加工及装配过程中应认真的操作与检查，以制作出合格的模具。

2. 装配技术要求

型腔模装配技术要求见表9-1。

表9-1 型腔模装配技术要求

序号	项目	技术要求
1	模具外观	1. 装配后的模具闭合高度，安装尺寸或注射模上的各部位配合尺寸、顶出板顶出形式、开模距等均应符合图样要及所使用设备条件 2. 模具外露非工作部位棱边均应倒成圆角 3. 大、中型模具均应设有起吊孔、吊环，以供模具搬运及运输用 4. 模具闭合后，各承压面（或分型面）之间要闭合严密，不得有较大缝隙 5. 动（凹）、定（凸）模座板安装面对分型面平行度在300mm范围内不得大于0.05mm 6. 装配后的模具应打印模具编号及合模标记
2	成形零件及浇注系统	1. 成形零件，浇注系统表面应光洁，无塌坑、伤痕等弊病 2. 对在成形时，有腐蚀的零件表面应对其抛光，必要时可镀硬铬 3. 成形零件如型腔、型芯等的尺寸精度表面质量均应符合图样要求 4. 互相接触的承压零件（如压缩模凸模与挤压环压注模的柱塞与加料室）之间应有合理间隙或适当的承压面积及承压形式，以防零件间直接挤压 5. 型腔在分型面处、浇口及进料口处应保持锐边一般不得修出圆角 6. 各飞边方向应保证不影响工作伤人及正常脱模
3	斜楔及运动零件	1. 各滑动零件配合间隙要适当，起止位置定位要准确，不准有卡住及歪斜现象 2. 活动型芯、顶出及导向部件运动时，滑动要平稳、动作要可靠、灵活、协调，不得有卡紧及发涩滞现象
4	锁紧及紧固零件	1. 各嵌镶及紧固零件要固紧、安全可靠，不可松动各紧固螺钉、销钉要拧紧，不得突出模板平面 2. 锁紧零件要能锁紧、可靠

（续）

序号	项　　目	技 术 要 求
5	顶出系统机构	1. 开模时，顶出部位应保证制件顺利脱模，能方便取出制件及废料 2. 各顶出零件，要动作平稳，不得有卡住及涩滞现象
6	加热及冷却机构	1. 模具内各冷却水路要通畅，不漏水，阀门控制正常 2. 模具的电加热系统要无漏电现象，并安全可靠，能达到模温要求 3. 各气动、液压、控制机构动作要正常，阀门、开关要可靠（多数装在压力机上）
7	导向机构	1. 导柱、导套安装后要垂直于模座基面 2. 导向精度要达到图样要求的配合精度，并能对模具起到良好的导向、定位作用

（三）型腔模装配内容与工艺方法

型腔模是由若干零件构成，其装配就是由钳工根据装配工艺规程，按照模具设计图样给定的装配关系，将零件连接正确组合在一起，成为整体模具经试模而制出合格的制品零件来。型腔模具的装配是模具制造工艺全过程的最后阶段，其模具的最终质量需由装配工艺和技术来保证。实践证明：高水平的装配技术，是得到高精度、高质量模具的关键。

1. 型腔模装配内容

型腔模种类繁多，结构差异较大，装配要求也不尽一样，但大体内容相近，见表 9-2。

表 9-2　型腔模装配工作内容

序号	装配内容	操 作 说 明
1	检查零件质量，并进行清洗	1. 按图样检查加工后的零件，其尺寸、形位精度及表面质量要符合图样所规定的内容，若发现问题要进行修配 2. 将合格零件及标准件进行认真清洗，去除油污，其方法是采用擦洗或超声波清洗
2	固定与连接各零件	1. 按图样对零件进行装配固定、定位和连接，使其组合在一起 2. 在定位连接时，要合理确定各螺钉、圆柱销的紧固力及安装顺序
3	调整和研配	1. 按图样装配关系对各零部件间相互位置进行调节，使之装配位置正确 2. 在调节时，可配合检测与找正来确保其零件的相对位置，精度以及调节滑动零件的间隙大小来保证运动精度 3. 对相关零件进行修研、刮配或配钻、配铰特别是针对成形零件或其他固定与滑动零件装配中的配合尺寸要按要求进行认真的修刮，使之达到装配精度要求。配钻、配铰多用于相关零件固定连接

（续）

序号	装配内容	操作说明
4	试模与修整	1. 模具按工艺规程装配后，要在相应的成形设备上按工艺要求进行试模和调整 2. 对于试件按制品图样检查，并根据产生的弊病及缺陷进行修整，直到试出合格零件并具有批量生产条件要求为止

2. 型腔模装配工艺过程与方法

型腔模的装配工艺过程大体是：按图样研究理解模具装配关系→清洗零件→组件装配→总装配→试模与调整。其装配方法可根据企业的加工条件以及零件的加工精度、模具结构分别采用完全互换法，分级互换法、调整法及修配法来进行装配。

型腔模一般都是作为产品单件生产的，而模架及某些标准件都有产品供应，故对于一般条件的中、小企业、对型腔模的装配多采用调整及修配法进行装配。其装配方法及适用范围见表9-3。

表9-3　调整及修配、装配型腔模方法比较

装配方法	装配特点	适用范围
调整装配法	各零件按经济加工精度进行加工成形，在装配时可通过改变补偿环的实际尺寸和位置使之达到封闭环所要求的公差与极限偏差的一种装配方法。其特点是：各组制件在经济加工条件下，就能达到装配条件及要求时，勿需做任何钳工修配加工	主要适用于设备条件较好如有精密数控机床及精加工设备的企业，对多型腔镶块结构的精密模具组装
修配装配法	各零件按经济精度加工，装配时通过钳工修磨尺寸来缩短补偿环尺寸，使之达到封闭环、公差和极限偏差要求的装配方法。其特点是加工可放宽零件制造公差、降低要求，但装配时需钳工修配	主要适用于多个镶块拼合的多型腔模具装配是目前型腔模装配中采用最多的一种装配方法

（四）型腔模调试要求

1. 调试的目的

型腔模经钳工装配后必须要在指定的成形设备上进行试模，其目的是：

1）验证模具的设计与制造质量及综合性能是否满足实际生产要求。

2）通过检验试模后的制品零件，验证其质量状况，经对模具调整后能够批量生产，并交付用户使用。

3）通过试模给制品找出最佳加工工艺条件、为模具使用及成批生产制件确定合理工艺规程。

2. 调试的准备

型腔模调试前的准备工作见表9-4。

表9-4　型腔模调试前准备工作

序号	准备内容	操作说明
1	试模原材料的准备	试模所用的原材料，应按制品图样规定的材料类型、牌号、色泽及技术要求选用和准备，对于塑料制品材料应预先烘干及预热，而合金压铸的合金材料，要经熔化
2	试模工艺方案准备	根据制品质量要求、材料成形性能、试模设备特点及模具结构类型，要进行认真分析，确定出合适的试模工艺方案及规程
3	选用和调试试模用调试设备	按模具图样或工艺规程要求，确定相应的调试成形设备，并将设备调至到最佳工作状态。其机床的控制系统及加料、加热、冷却、卸退料、装模机构要能正常工作无故障
4	准备试模工具	准备好锉刀、砂纸、油石、铜锤、扳手及其他手用工具，以备修模、启模及随机对模具现场修整，使模具处于正常的运行状态
5	模具试模前检查与安装	1. 模具在安装前，一定要对其外观、内在质量按表9-1所示的方法进行逐项检查，确定无误后，再将其按要求安装到成形设备上 2. 安装后，要开机对模具进行空运转实验，查看模具动作是否灵活、正确，所需开模行程，推出行程抽芯距离等能否达到要求 3. 确认模具动作无误后，可按工艺规程对其进行预热，使其处于待试状态
6	清理试模场地	1. 清理好现场及不必要的杂物、工具 2. 准备好必要的手工工具及盛料器具

（五）型腔模的验收要求

型腔模经装配、试模调整后，要组织进行验收，以交付使用。验收时，主要由制造单位、使用单位共同负责，并由双方的设计、工艺、质检及有关制造及使用人员参加，按合同要求，对模具总体结构，主要零部件以及通过现场试模，对试件进行检验和模具运行工作状况最后确定能否交付使用。

1. 模具验收的主要依据

1）制品零件图及技术要求。

2）制品零件加工工艺规程。

3）模具设计图样及合同要求。

4）模具验收技术条件。

2. 模具验收项目及内容

1）模具的外观检查。

2）模具有关尺寸检查。

3）试模后的制品试件检查。

4）模具稳定性检查。

5）模具所用材料及热处理硬度检查。

6）技术文件的检查与交接。

3. 验收方法

（1）模具性能检查

1）模具外形尺寸，装模高度以及表面质量等应符合规定的技术要求。

2）各工作机构要紧固可靠 活动部位要动作灵敏、动作协调、保证正常工作。

3）模具型腔、型芯等成形零件的尺寸精度、形位精度及表面质量、硬度等要符合图样设计要求。

4）模具的各主要零部件受力要均匀，有足够的强度及刚度。

5）模具应脱模良好，嵌件安装方便、可靠。

6）模具卸件、取件、浇注熔料要安全、方便。

7）模具安装时平稳性要好，调整方便、工作安全可靠。

8）模具的配件，附件要齐全。

（2）试件质量检查

1）制品试件的尺寸、形状精度以及表面质量应符合图样要求。

2）形状完整无缺、表面光洁平滑无任何缺陷。

3）顶杆残留的深度与凹痕不要太深。

4）飞边不要超过规定的数值。

5）批量生产时应保证制件质量稳定、性能良好。但由于模具使用时的磨损，对成形条件与操作不要过于苛刻。

（3）技术文件的交接

模具验收合格后，在送交使用单位时，要随模具附带下列技术文件：

1）模具设计图样，以做为用户维修依据。

2）验收试模卡片，其中包括试模时所检查项目、质量状况、试模验收时试件的质量及检查记录、结果以及验收会签单及合格证书等。

3）合格产品试件：

试件应在模具工艺参数稳定后提取。件数为：

大型制件：3～5个

中型制件：5～8个

小型制件：8～15 个

二、型腔模部件装配方法

（一）型芯与固定板的装配

型芯与固定板的装配工艺方法见表 9-5。

表 9-5　型芯与固定板的装配工艺方法

序号	结构形式	图　示	装配工艺方法	注 意 事 项
1	型芯与通孔固定板的装配	10′～20′ 1 2 1—型芯　2—固定板	主要采用直接压入法，即将型芯直接压入固定板型孔中。压入时最好采用液压机压入 1. 压入前在型芯表面及固定板形孔压入贴合面应涂以润滑油，以便于压入 2. 将固定板用等高垫铁垫起，其安装面要与工作台面相互平行 3. 将型芯导入部位放入固定板形孔内，并要随时校正与固定板安装基面垂直度 4. 开动液压机，将型芯缓慢压入 5. 压入一半后，再校正一次垂直度，调整后再继续压入 6. 全部将型芯压入后再检查一下垂直度	1. 装配前应将固定板型孔清角稍加修整成圆角，以便于型芯导入 2. 压入前应检查型芯与固定板型孔配合程度，不应太紧，以免压入时弯曲变形 3. 压入时要始终保持平稳的压力，不要太急、太快
2	埋入式型芯装配	1 2 1—型芯　2—固定板	直接将型芯用螺钉拧紧在固定板 2 上，其固定板沉孔应与型芯尾部呈过渡配合形式 1. 修整固定板沉孔与型芯尾部形状及尺寸，使其达到配合要求，一般以修整型芯较为方便 2. 型芯埋入固定板深度 > 5mm 时，可将型芯埋入部稍微修整成斜度，以便于装入 3. 型芯埋入固定板后再用螺钉固紧 4. 装配时随时检测型芯与固定板基面的垂直度	在修正配合部位时，应特别注意定（凸）、动（凹）模相对位置，否则将会使装配后的型芯不能动模配合

（续）

序号	结构形式	图　示	装配工艺方法	注意事项
3	螺钉、销钉固定式型芯装配	1—定位块　2—型芯 3—销钉套　4—固定板	面积大而高度低的型芯常用螺钉及销钉直接与固定板连接装配 1. 在淬硬的型芯上压入销钉套3 2. 按型芯在固定板上的位置，将定位块1用平行夹钳紧固在固定板4上 3. 将型芯的螺孔位置，复印在固定板4上后、钻孔锪孔 4. 初步用螺钉将型芯固紧在定位板上若固定板上已经装好导套、导柱，则应调整型芯以确保定、动模相对位置 5. 在固定板反面画出销钉孔位置，并与型芯一起配钻。铰销孔并打入销钉	装配时为便于打入销钉，可将销钉头部稍微修出锥度。销钉与销钉套的配合长应为3～5mm，以便于销钉的拆卸
4	螺纹型芯与固定板装配	1—型芯　2—固定板	热固式塑料压塑模常采用螺纹式型芯。在装配时可将型芯直接拧进固定板中、并用定位螺钉紧固。定位螺钉孔是在型芯位置调整合适后进行攻制。然后取下型芯再进行淬硬后，装配	装配时，一定要保持型芯与固定板间的相对位置精度和型芯与固定面的垂直度

注：型芯与模板孔一般应采用H7/m6配合形式。

（二）型腔与模板的装配

型腔（凹模）在模板上的装配方法见表9-6。

表 9-6　型腔（凹模）在模板上的装配方法

结构形式	图　示	装配工艺要点	注 意 事 项
单体圆形型腔装配	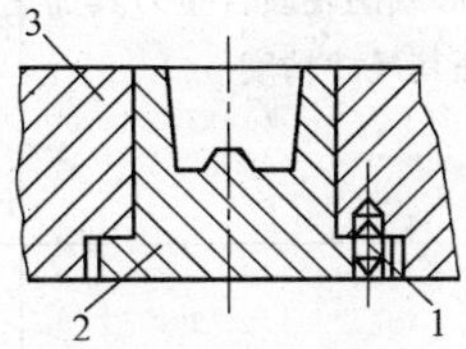 1—定位销　2—型腔凹模　3—模板	1. 在模板的上、下平面上划出对准线，在型腔凹模上也划出对准线，并将相应对准线引入侧面 2. 以对准线为基准，将型腔凹模放在模板上，定准位置 3. 将型腔压入模板内 4. 压入极小一部分时，进行位置调整，也可用百分表调整其直线部分。若发现偏差，可用相同直径管子钳将其旋转至正确位置 5. 将型腔凹模全部压入，并注意位置正确性 6. 位置合适后用已淬硬的型腔销孔复钻模板销孔，铰削后打入销钉	1. 型腔凹模与模板镶合后，在型面上要密合无缝隙。因此压入端不准修出斜度应将导入斜度修在模板上 2. 型腔凹模与模板相对位置一定要符合图样要求
多件整体型腔凹模镶入模板的装配	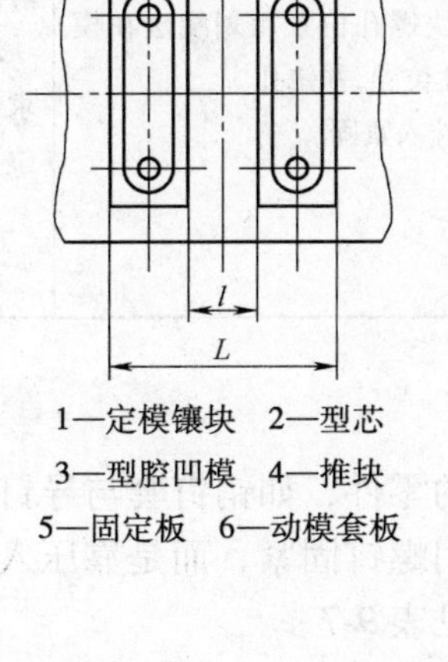 1—定模镶块　2—型芯　3—型腔凹模　4—推块　5—固定板　6—动模套板	图示是在一块固定板上要固定两个或两个以上型腔及型芯，而且定、动模要求有较高的相对位置精度，故在装配时，要先选择装配基准，并合理的确定装配工艺以保证装配正确如图示结构其装配方法是： 1. 用工艺销钉穿入定模镶块 1 和推块 4 孔中做定位 2. 将型腔凹模 3 套在推块 4 上、按凹模型腔的外形实际尺寸 l 和 L 修正动模板 6 的固定形孔 3. 将型腔凹模 3 压入动模板 6 型孔中，并磨平端面 4. 放入推块 4 以推块 4 孔配钻定模型芯 2 固定孔 5. 装型芯 2 装入定模镶块 1 中并保证其位置	1. 要注重选择装配基准，如图示装配中，基准为定模镶块上的孔 2. 装配时应注意定、动模相对位置精度

（续）

结构形式	图示	装配工艺要点	注意事项
单型腔拼块凹模压入模板的装配		采用压入法、将型腔凹模压入模板内。在压入前其型腔要经粗加工成形待压入后再将预先经粗加工并淬硬的型腔用电火花穿孔加工成形或用硬质合金刀具加工到尺寸，并保证其尺寸精度	1. 压入模板的型腔拼块要配合严密不可松动 2. 压入时用力要始终保持平稳压入
拼块模框的压入模板装配		1. 拼块在装配前将所有拼合面磨平并用红丹粉对研 2. 模板上的型腔固定孔要留有修正余量，按拼块拼合后尺寸修正 3. 将拼块压入型孔中时，压入拼块应先用平行夹头夹紧，防止压入最初阶段拼块尾部产生缝隙，并要在拼块上端加一平垫块，使各拼块进入模板孔要同步进行	1. 拼合后不应有缝隙存在 2. 加工模板型孔时要注意，孔壁应与安装基面相互垂直
沉坑内拼块型腔镶入装配		1. 用铣床加工模板沉孔 2. 将拼块镶入 3. 根据镶块螺孔位置用划线法在模板上钻出过孔位置，并锪孔 4. 将螺钉拧入紧固	1. 拼块之间要配合严密不准有缝隙存在 2. 应按图样要求保证拼块正确位置

（三）过盈配合件的装配

在型腔模装配中，有不少以过盈配合装配的零件，如销钉套与导钉的压入，以及多拼块及锥面拼块压入等。这类零件一般不用螺钉固紧，而是靠压入后的过盈量密合在一起，不许在工作时脱出。其装配方法见表9-7。

表 9-7　型腔模过盈配合零件的装配方法

结构形式	图　示	装配工艺要点	注意事项
销钉套的压入		1. 利用液压机（小件用台钳）将销钉套压入淬硬的零件内 2. 压入后与配合件共钻、铰销孔 3. 当淬硬件为不穿透孔时则应采用实体的销钉套，此时销孔的钻铰是从相配合的另一件向实心销钉套配钻、铰	淬硬件应在热处理前将孔口部位倒角并修整出导入斜度，也可将斜度修设在销钉套一端
导钉的压入		1. 将拼块合拢，用研磨棒研正导钉孔 2. 将研磨合适的拼块热处理淬硬 3. 压入导钉。拼块厚度不大时导钉可在斜面的导向端压入；拼块较厚时导钉在压入端压入，则将压入端修正导入锥度	将导钉装入时，应预防两斜块位置偏移
镶套的压入		1. 模板孔在压入口倒成斜度或进行倒角 2. 压入件的压入端倒角 3. 压入镶套时，可利用芯棒以滑配合固定在模板上，再将压入件套在芯棒上加压 4. 压配后应进行修磨	1. 压入时应严格控制过盈量，以防内孔缩小。压入后应用铸铁研棒研磨 2. 压入件需有导入部位以保证压入后的垂直度
多拼块压入法		1. 在一块模板上同时压入几块拼块时，可采用平行夹板将拼块夹紧，以防产生缝隙 2. 压入时采用液压机进行，在压入端应用垫块垫平，使各拼块进入模板深度一致	拼合后应不产生缝隙要密合

（续）

结构形式	图　示	装配工艺要点	注意事项
锥面配合压入法	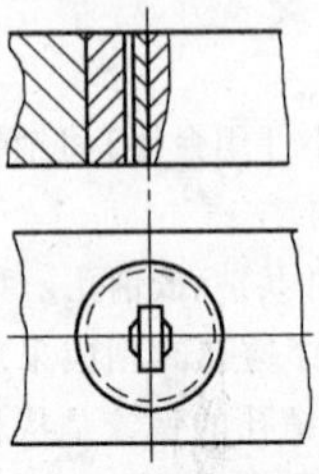	1. 压入件与模孔应与锥面配合,二者锥面应一致在装配时,先用红丹粉检查配合状况 2. 压入时应借助百分表测量型腔各点以保证型腔和模板相对位置精度	压入端应留余量,待压入后将其与模板一起磨平

注：1. 压入后、压入件不许松动或脱出。

2. 要保证压入后零件间过盈量，并确保配合部位表面质量。

3. 压入端导入斜度要均匀，在加工时应同时做出，以保证同轴度。

（四）型腔模在装配中的修磨

型腔模主要由许多零件组合的，尽管各零件在加工时公差控制很严，但在装配中仍很难保证装配后的技术要求。因此，部件在装配过程中，需采用将零件做局部修磨，以达到装配要求。其修磨的方法见表9-8。

表9-8　型腔模在装配中的修磨方法

修磨部位	图　示	修磨要求	修磨方法
型芯与加料室组合的修磨	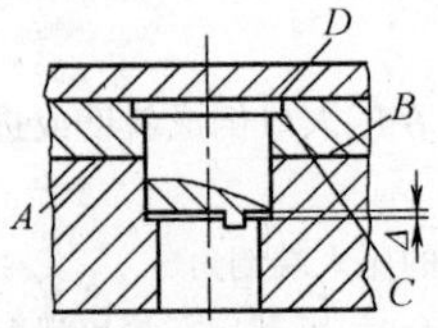	型芯端面与加料室之间有间隙 Δ 需要进行修磨后消除	1. 单型腔时,修磨固定板平面 A(修磨时需拆下型芯)或修磨型腔平面 B 2. 多型腔时,修磨型芯台肩 C,装入模板后再修磨 D 面
型芯与型芯固定板组合修磨	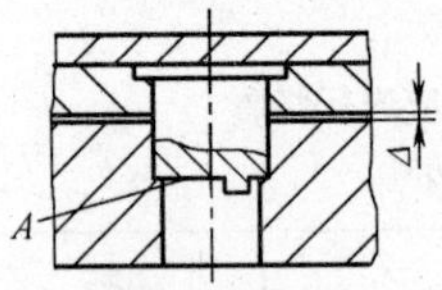 a) 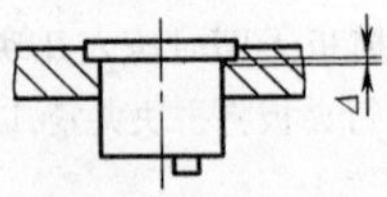 b) 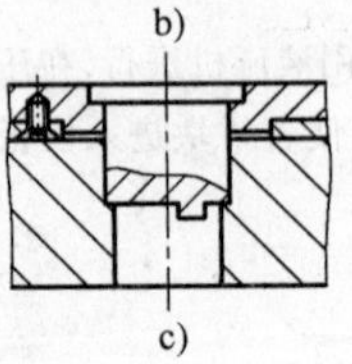 c)	型芯与型固定板间有间隙 Δ 装配后必须修磨消除	1. 修磨型芯工作面 A(图a) 2. 在型芯与固定板台肩内加入垫片(图b),适用于小型模具 3. 在固定板上设垫块(其厚度大于2mm)在型芯固定铣出凹坑(图c)此法适于大中型模具

（续）

修磨部位	图示	修磨要求	修磨方法
浇口套与固定板组合修磨	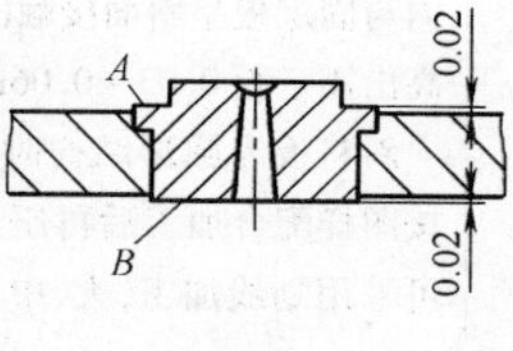 A B 0.02 0.02	修磨后应使浇口略高于固定板0.02mm	1. A面磨出固定平面0.02mm应由加工时保证 2. B面可将浇口套压入固定板后磨平，然后拆去浇口套再将固定板磨去0.02mm
埋入型芯高度尺寸控制	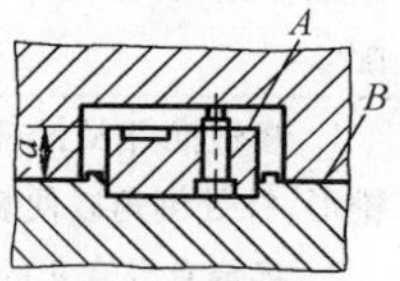 A B a	埋入式型芯高度尺寸应装配合适	1. 当A、B面无凹、凸形状时，可修磨A、B面到尺寸 2. 当A、B面有凹凸形状时应修磨型芯底面，使a减小；在型芯底部垫薄片可使a加大
型芯斜面的修磨	 h′ h h′−h	修磨型芯斜面后使之与型芯贴合	小型芯斜面必须先磨成形，总高度可略加大。待装入后合模使小型芯与上型芯接触，测出修磨量h′和−h，然后将小型芯斜面修磨合适

注：在修磨复杂型面时应注意各型面尺寸的相互关联，必免修一面而影响其他面。

（五）卸、推件机构的装配

型腔模卸料与推件系统的装配方法见表9-9。

表9-9 型腔模卸料与推件系统的装配

装配部位		图示	装配方法
卸料板的装配	型孔镶块式卸料板	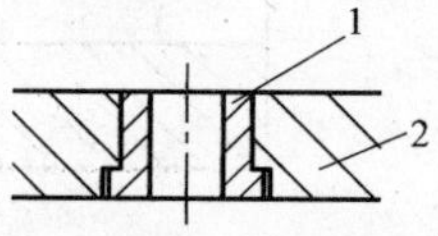 1 2 1—镶块 2—卸料板	在型腔模中为提高卸料板使用寿命，形孔部位一般镶入淬硬的镶块（图示），其安装方法是：圆形镶块采用过盈配合形式将其直接压入卸料板即可，其压入配合高度应为5～10mm；非圆形镶块采用螺钉连接，装配时可将镶块装入卸料板型孔中，再套到型芯上，然后再通过已淬硬的镶块试先加工出的螺孔或销孔配钻卸料板相应孔，拧入螺钉或铆钉 采用螺钉紧固时可先将镶块先装入卸料板再套入型芯，调整合适后再将螺钉拧紧

（续）

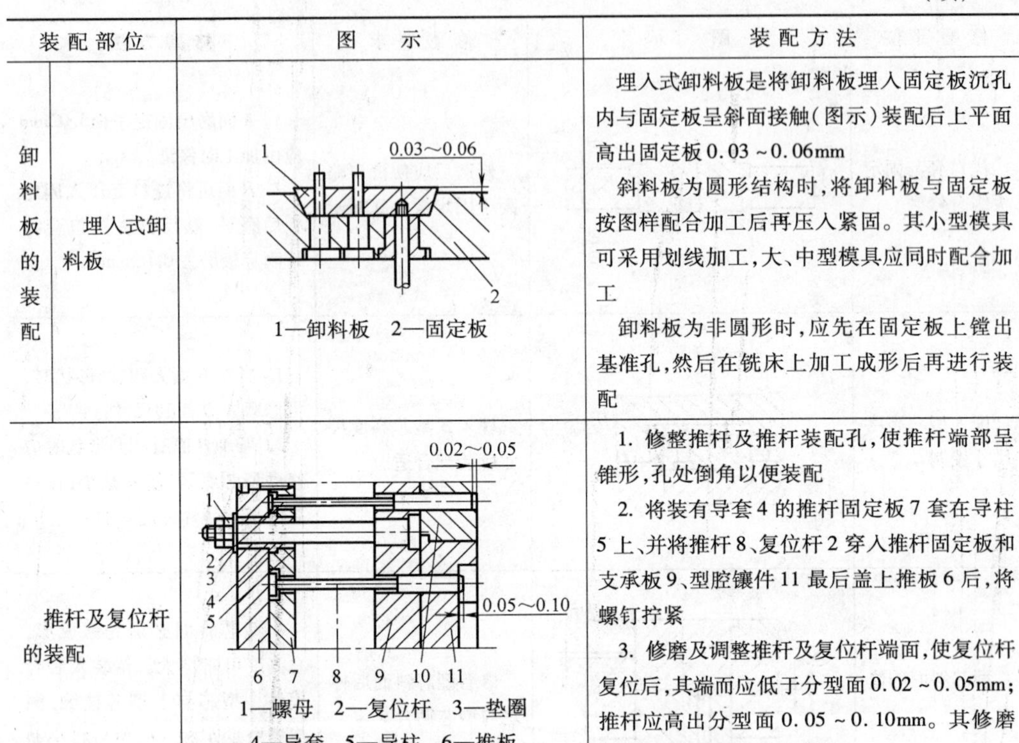

装配部位		图　示	装配方法
卸料板的装配	埋入式卸料板	0.03～0.06 1—卸料板　2—固定板	埋入式卸料板是将卸料板埋入固定板沉孔内与固定板呈斜面接触（图示）装配后上平面高出固定板0.03～0.06mm 斜料板为圆形结构时，将卸料板与固定板按图样配合加工后再压入紧固。其小型模具可采用划线加工，大、中型模具应同时配合加工 卸料板为非圆形时，应先在固定板上镗出基准孔，然后在铣床上加工成形后再进行装配
推杆及复位杆的装配		0.02～0.05 0.05～0.10 1—螺母　2—复位杆　3—垫圈　4—导套　5—导柱　6—推板　7—推板固定板　8—推杆　9—支承板　10—固定板　11—型腔镶件	1. 修整推杆及推杆装配孔，使推杆端部呈锥形，孔处倒角以便装配 2. 将装有导套4的推杆固定板7套在导柱5上、并将推杆8、复位杆2穿入推杆固定板和支承板9、型腔镶件11最后盖上推板6后，将螺钉拧紧 3. 修磨及调整推杆及复位杆端面，使复位杆复位后，其端而应低于分型面0.02～0.05mm；推杆应高出分型面0.05～0.10mm。其修磨方法可在平面磨床上进行 4. 检查推杆与复位杆动作灵活性，并调整使其在固定板孔内有0.5mm间隙

（六）斜销抽芯机构的装配

在型腔模中，为加工出制品的侧孔、侧凸侧凹。常采用斜销抽芯机构。其加工装配方法见表9-10。

表9-10　滑块抽芯机构的加工与装配

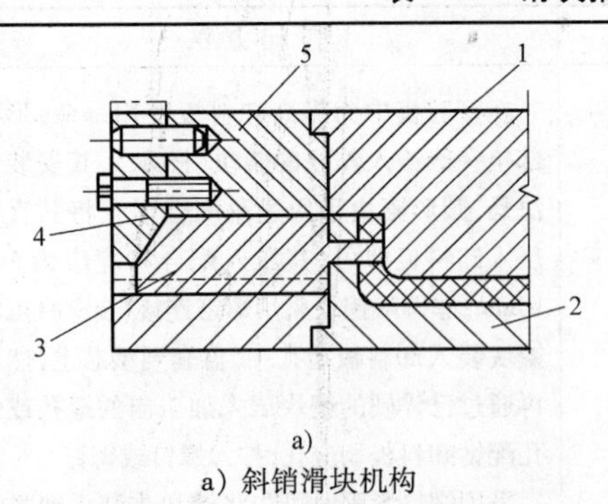

a）斜销滑块机构
1—定模型芯　2—动模型腔　3—滑块型芯
4—斜楔　5—楔紧块

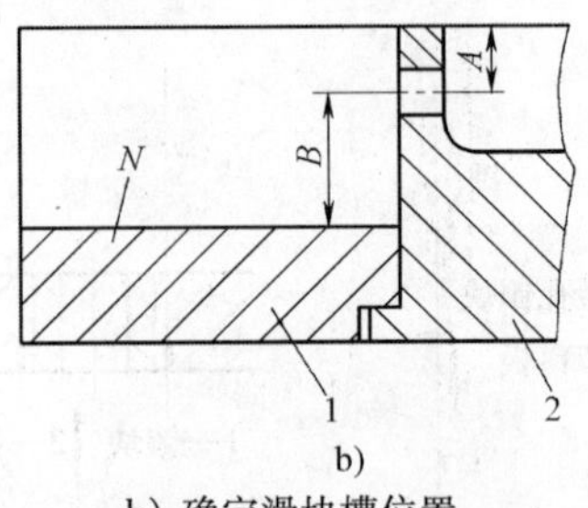

b）确定滑块槽位置
1—动模板　2—型腔镶块

（续）

步序	装配内容	装配工艺说明
1	确定滑块槽位置	1. 斜销抽芯机构(图a)一般由滑块型芯3、斜楔4和楔紧块5组成。合模时滑块型芯3在滑块斜楔4作用下,顺滑道向右推进,进入型腔,使零件成形。开模时,又在斜楔4作用下,向左推出,退出型腔,而完成侧面型孔及凹凸成形 2. 在装配时,必须先确定好滑块型芯的正确位置。一般情况下,滑块型芯3的安装都是以型腔镶块(动模)2为基准。即在安装时应先将定模型芯1首先安装在定模板中,然后使其进入动模型腔2中,调整修磨无误后,即可确定滑块型芯位置
2	精加工滑块槽及铣T形槽	1. 将定模型芯退出动模板,以分型面为基础面根据滑块实际尺寸配磨或精铣滑块槽底面 N(图b) 2. 按滑块台肩的实际尺寸再精铣动模板上的T形槽到尺寸 3. 钳工修正,使滑块与导滑T形槽正确配合并保证滑块运动的平稳,自如
3	测定型孔位置及配加工型芯固定型孔	固定在滑块上的型芯,一般要穿过动模型腔2后,进入型腔。因此,在装配时,首先要测出型腔孔的正确位置,并在滑块的相应位置按其测量的实际尺寸,镗型芯安装孔及在动模上过孔并在加工时,型腔镶块过孔与型芯安装固定孔要配制加工以保证位置准确
4	安装滑块型芯	1. 将滑块型芯顶端面磨成和定模型芯相应部位的形状,将其推入滑块槽,使滑块前端面与型腔块相接触 2. 调整后再装入型芯并推入滑块槽,修磨合适后打入销钉定位
5	安装楔紧块	1. 用螺钉固定楔紧块5于定模上 2. 修磨楔紧块及滑块斜面使二者密合 3. 通过楔紧块对定模板复钻销钉,螺钉孔、装入后,拧入固紧 4. 将楔紧块后端面与定模一起磨平,使其与滑块斜面保持均匀接触
6	装配斜楔	在分型面之间垫入0.2mm的金属片,并用楔紧块来锁紧滑块。在滑块动模板与定模板组合情况下,按划线加工楔固定孔。然后将其压入定模板并用手动砂轮修平斜楔在定模板平面上凸出部位
7	安装滑块复位与定位装置	滑块复位,定位的安装与位置调整,一般应在模具装配基本完成后再进行调整固定
8	调整与试模	安装结束后,必须要经试模修整。并检测之活动的灵活性,以及安装位置的正确性

（七）导向零件的随模装配

在型腔模中，导柱、导套、导销组成导向装置。导向装置除具有导向作用外，还有定位作用及承受一定的侧压力作用。导柱、导套分别安装在定（上模）、动

（下模）模板上。其相对位置误差应在0.01mm以内。

在装配时，由于模具结构不同，其导柱、导套、导销的装配方法也不尽一样。在不采用标准模架的型腔模，其装配一般与总装配同时进行。装配方法见表9-11。

表9-11 导向零件随模装配方法

装配方法	图示	装配工艺说明
先装配导柱、导套再装配动、定模	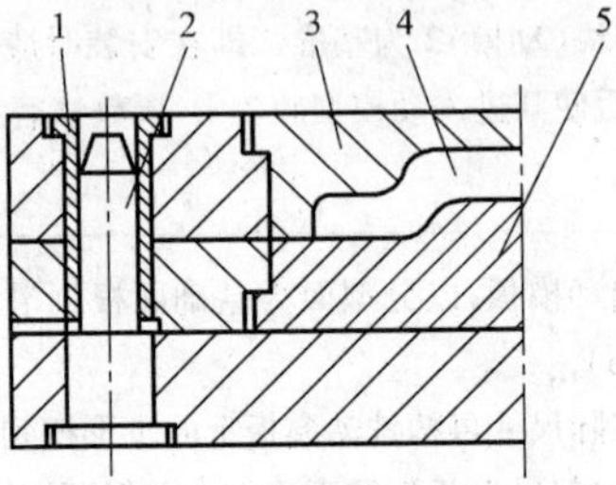 1—导套 2—导柱 3—定模型腔 4—型腔 5—动模型芯	对于不规则主体形状的型腔，由于装配合模时，很难找正相对位置。故可先加工导柱、导套孔并装导柱、导套。合适后再以其为基准进行定位，再加工定模动模安装固定孔，然后再安装型腔型芯
先安装动、定模，再安排导柱、导套孔的加工与安装	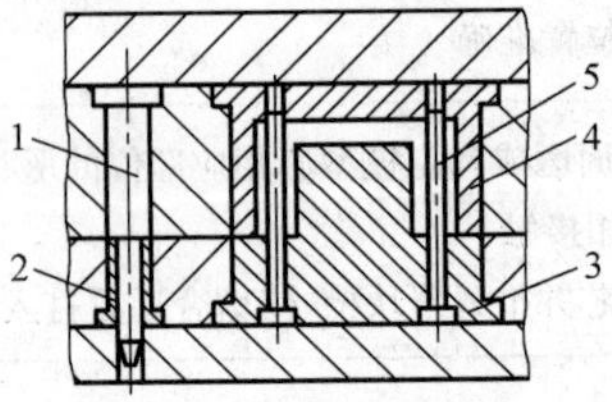 1—导柱 2—导套 3—动模型腔 4—定模 5—动模小型芯	装配时，先按图样装配定模、动模。合模合适后、再安装导柱、导套。这种方法主要适用于在合模时，动、定模之间能正确找正位置的型腔模。如图示中，在合模时可由动模的小型芯穿入定模镶块孔中来找正位置。方法简单方便
压缩模导销的安装	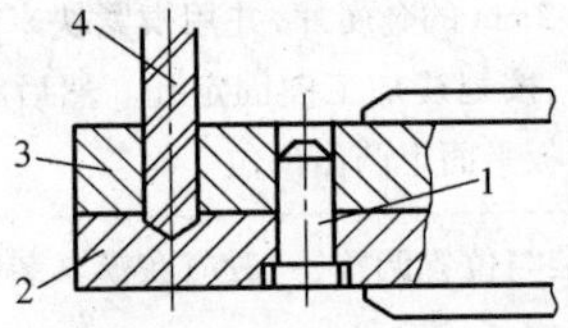 1—凸模 2—固定板 3—凹模 4—钻头	在装配移动式塑料压缩模时，其凹模上的导钉孔应在凹模淬火前加工正确。而固定板上的相应导钉孔（则应在凸模定位后，通过淬硬凹模上的导钉孔复钻，以保证导向精度。如图所示

三、塑料压塑模的加工与调试

塑料压塑模主要用于热固性塑料的压塑成形。如表2-11所示的模具，它是将塑料直接加入敞开的模具型腔内，然后将上、下模闭合，塑料即在加热和加压的作用下，变成溶融粘流状态而充满整个型腔，待保温、保压一段时间后，即在模具内固化与模具型腔相仿的所需制品零件。其模具成形温度一般为 130 ~ 180°C。

（一）模具的结构类型及制造要点

1. 结构类型

塑料压塑模主要分压缩模和压注模两大类型，见表 9-12。

表 9-12　塑料压塑模结构类型

结构类型		图　示	结构组成及特点
压缩模	移动式压缩模	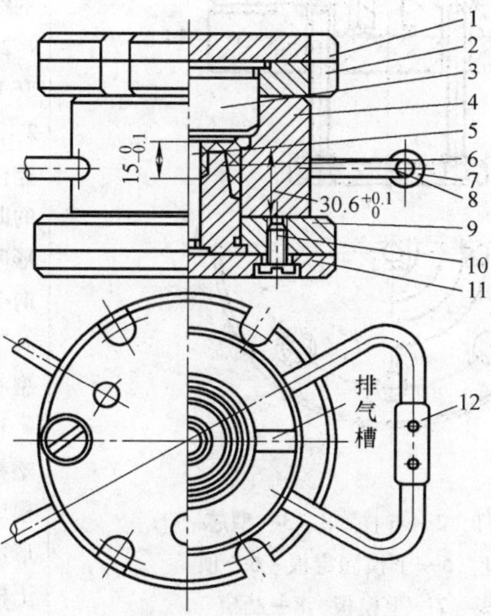 1—上模板　2—凸模固定板　3—凸模　4—凹模　5—型芯　6—下凸模　7—套管　8—手柄　9—下凸模固定板　10—螺钉　11—下模板　12—销钉	1. 模具由上、下模两部分组成。上模由安装在固定板 2 上的凸模 3 由螺钉与上模板 1 连接在一起；下模则是由凹模 4、型芯 5 及下凸模 6、下模板 11、下凸模固定板 9 等部件通过螺钉和销钉连接而成，并在凹模 4 两侧面安装有手柄 8，以便于拉动和开启模具 2. 模具在使用前，先在压力机上的上、下加热板间加热（130 ~ 180°C）后，用手柄 8 将其拉出模外并用专用卸模架将上、下模分开，装料后合模，再推入压力机内，加压，制件即可压缩成形 3. 模具结构简单，适于小批量生产，但由于手工操作，故劳动强度大、效率低下

（续）

结构类型		图示	结构组成及特点
压缩模	垂直分型面压缩模	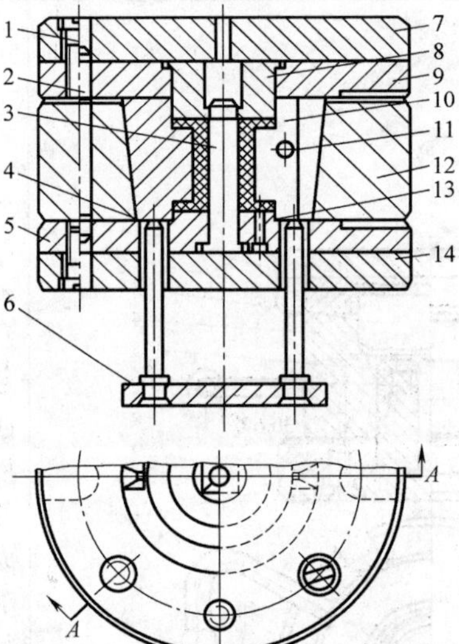 1—螺钉 2—导柱 3、13—型芯 4—顶杆 5—下模固定板 6—顶杆垫板 7—上模板 8—凸模 9—上模固定板 10—凹模 11—定位销 12—凹模套 14—下模板	1. 模具分型与压制方向垂直，主要用于压制两端尺寸大，中间尺寸小或中间有凹进的制品零件，如电工产品的线圈架 2. 模具由上模、下模及模套12三部分组成，并由导柱2导向。其凸模8与固定板9连接后组成上模；而带锥孔的凹模套12内装有两个半锥形凹模10，中间组成形型。两个凹模由定位销11定位。其下模由下模固定板5装有型芯3、13组成 3. 模具在工作时，首先将塑粉填入型腔内，上、下模合模后，加热、加压成形。待成形后，用专用卸模工具撬开上模，再用顶杆4将两个半锥形凹模块顶出模外，使其分开即可将制品取出

（续）

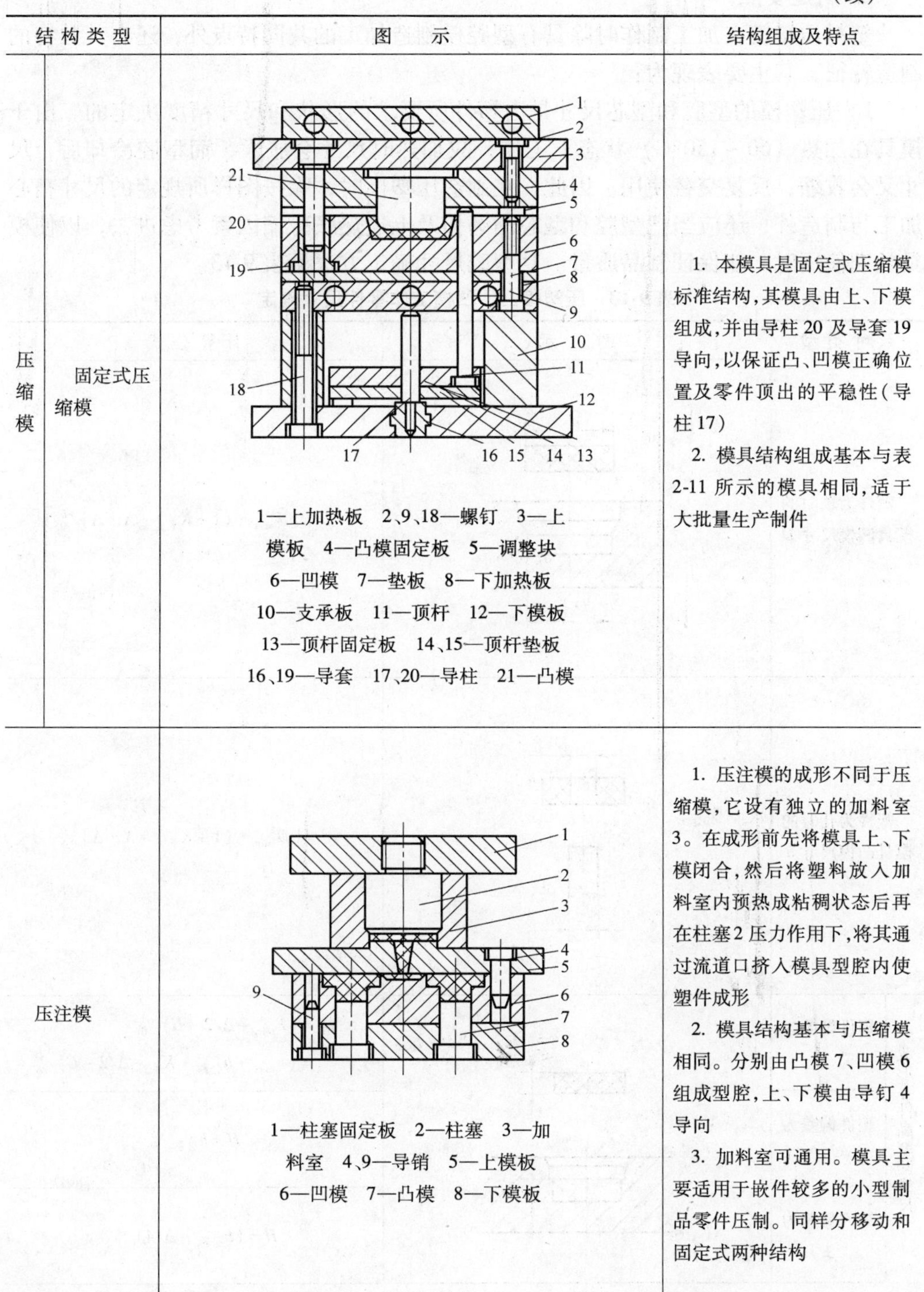

结构类型		图示	结构组成及特点
压缩模	固定式压缩模	1—上加热板　2、9、18—螺钉　3—上模板　4—凸模固定板　5—调整块　6—凹模　7—垫板　8—下加热板　10—支承板　11—顶杆　12—下模板　13—顶杆固定板　14、15—顶杆垫板　16、19—导套　17、20—导柱　21—凸模	1. 本模具是固定式压缩模标准结构，其模具由上、下模组成，并由导柱20及导套19导向，以保证凸、凹模正确位置及零件顶出的平稳性（导柱17） 2. 模具结构组成基本与表2-11所示的模具相同，适于大批量生产制件
压注模		1—柱塞固定板　2—柱塞　3—加料室　4、9—导销　5—上模板　6—凹模　7—凸模　8—下模板	1. 压注模的成形不同于压缩模，它设有独立的加料室3。在成形前先将模具上、下模闭合，然后将塑料放入加料室内预热成粘稠状态后再在柱塞2压力作用下，将其通过流道口挤入模具型腔内使塑件成形 2. 模具结构基本与压缩模相同。分别由凸模7、凹模6组成型腔，上、下模由导钉4导向 3. 加料室可通用。模具主要适用于嵌件较多的小型制品零件压制。同样分移动和固定式两种结构

2. 制造要点

塑料压塑模在加工制作时除具有型腔模制造加工的共同特点外，还有其独特的制造特征，其主要表现为：

1）压塑模的型腔和型芯尺寸是由塑件所要求的形状和尺寸精度决定的。由于模具在加热（60～150°C）状态下工作，故加热时尺寸会胀大，而型腔冷却后，尺寸又会收缩，反复交替使用。因此，在制造压塑模时，除按图样所规定的尺寸精心加工与制造外，还应当把型腔和型芯的磨损及上述热胀冷缩因素考虑进去，以使模具长期使用时，能保证制品质量。其型腔尺寸确定方法见表 9-13。

表 9-13 压塑模凸、凹模工作零件尺寸确定

尺寸类型		图示	计算公式
塑件为轴时的模具凹模尺寸 D		$d_{-\Delta}^{\ 0}$ $D_{+\delta}^{\ 0}$	$D=[d'_{max}\cdot(1+K_{平})-X\cdot\Delta]_{\ 0}^{+\delta}$
塑件为孔时的模具凸模尺寸 d		$D'^{+\Delta}_{\ 0}$ $d_{-\delta}^{\ 0}$	$d=[D'_{min}\cdot(1+K_{平})+X\cdot\Delta]_{-\delta}^{\ 0}$
成形零件高度凹模尺寸	塑件偏差为“－”	$h_{\ 0}^{+\Delta}$ $h_{\ 0}^{+\delta}$	$H=(h_{min}+\Delta/2-C)_{\ 0}^{+\delta}$ $=(h_{max}+h_{公称}\cdot K_{平}-\Delta/2-C)_{-\delta}^{\ 0}$
	塑件偏差为“＋”		$H=h_{公称}{}_{\ 0}^{+\delta}$
	塑件偏差为“±”		$H=(h_{公称}-\Delta/4)_{\ 0}^{+\delta}$

（续）

尺寸类型		图示	计算公式
中心距尺寸	塑件偏差为“−”	$L'\pm\Delta$	$L=[L_{max}(1+K_{平})-1/2\Delta]\pm(1/8\sim1/6)\Delta$
	塑件偏差为“+”		$L=[L_{max}(1+K_{平})+1/2\Delta]\pm1/4\Delta$
	塑件偏差为“±”	$L\pm\delta$	$L=[L_{公称}\cdot(1+K_{平})]\pm(1/4\sim1/2)\Delta$

式中 D—塑件为轴时凹模型腔尺寸；　d'_{max}—塑件为轴时最大尺寸；

d—塑件为孔时的凸模尺寸；　D'_{min}—塑件为孔时最小尺寸；

H—凹模型腔高度尺寸；　h_{min}—塑件高度最小尺寸；

h_{max}—塑件高度最大尺寸；　$h_{公称}$—塑件高度公称尺寸；

δ—模具制造公差，一般为（$1/6\sim1/4\Delta$）；　L—成形零件中心距；

$L_{公称}$—中心距公称尺寸；　L_{max}—中心距最大尺寸；

L_{min}—中心距最小尺寸；　$K_{平}$—塑件平均收缩率，见表9-14；

Δ—塑件公差；　C—飞边厚度，一般取 $C=0.1\sim0.2$mm

X—修正系数，一般取1/2～1/4（塑件公差大取小值，公差小取大值）

各种热固性塑料工艺特性及收缩率 K 见表9-14。

表9-14　常用热固性塑料工艺特性

塑料名称	牌号	计算收缩率	密度/(g/cm³)	预热温度/°C	成形压力/MPa	成形温度/°C	保持时间/(min/mm²)	比体积/(cm³/g)
酚醛压塑料（一般电器用）	塑11-1	0.6～1.0	1.4	100～140	>25	160±5	0.8～1.2	2.0
	4010	0.5～0.9						
	FUF-81	0.6～1.0		130～150				
	塑18-1		1.5	100～140 150～160			1～1.5	
	FUF-83		1.42			160±5		
酚醛压塑料（耐高频用）	塑14-5	0.4～0.7	1.9	150～160	>40	160～170	2～2.5	2.0
	FUF-15		2.05					
	塑17-3	0.5～0.9	1.75					
	塑14-7		1.5					
	塑14-8	0.4～0.6	1.6					
	FUF-17		1.75～1.95					

（续）

塑料名称	牌号	计算收缩率	密度/(g/cm³)	预热温度/°C	成形压力/MPa	成形温度/°C	保持时间/(min/mm²)	比体积/(cm³/g)
酚醛压塑料（耐绝缘）	塑 12-2	0.6~1.0	1.4	90~100	>25	155±5	1~1.5	2.0
	4012	0.5~0.9		90~100				
	FUF21	0.6~1.0		140~160				
有机硅塑料	4250	≤0.5	1.75~1.95	115~120	25~45	170±5	2~3	—
	5317	≤1.0	1.9			190±5	—	—
电玉粉	—	0.4~0.6	1.5	—	25~35	140~150	0.5~1	3.0

2）在制作压塑模时，其型芯（凸模）与型腔（凹模）应配合加工。经配合加工后，可用石腊或橡胶泥填充后看形体形状及尺寸边试边修整加工，直到认为合适后再淬硬及修磨。

3）压塑模加工时，为便于制品取出，凸、凹模应加工修整出脱模斜度。其脱模斜度大小按图样加工，或按表 9-15 所示的数值来选取。

表 9-15 凸、凹模脱模斜度

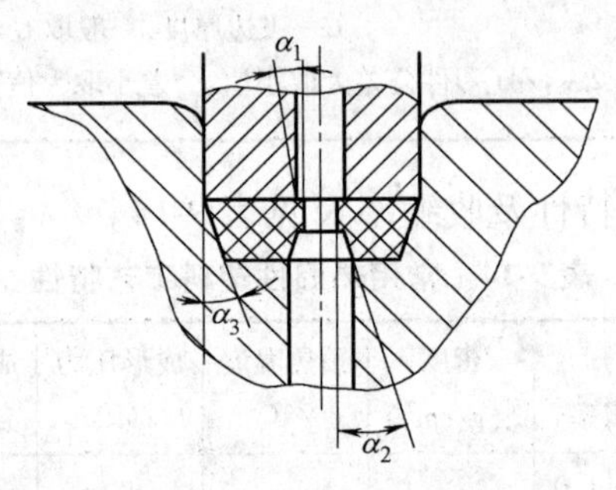

内孔			外缘	
塑件长度 L/mm	塑件孔径 d/mm	脱模斜度 α_1 α_2	塑件长度 L/mm	脱模斜度 α_3
4~10	2~10	10~15′	<10	25′~30′
10~20	10~15	15′~18′	10~30	30′~35′
20~40	15~20	18′~25′	>30	45′~40′
>40	>20	25′~30′	>30	45′~40′

4）压塑模的上模与下模的位置精度，一般是由导柱、导套或导销来保证的，故在加工时，导柱、导套安装孔位应一致，配合间隙应合适。各成形孔、嵌件孔、

型芯固定板上的型芯孔等均应与导柱、导套孔保持一定的位置精度，以使模具装配后、运动灵活。

5）压塑模成形零件凸、凹模加工成形后均应抛光或镀硬铬，使其表面粗糙度 *Ra* 应达到0.20μm。

6）模具顶出机构装配后应活动灵活，位置分布均匀。顶杆的位置除按设计图样加工外一般应在试模修整后使塑件在不变形情况下，最后确定位置。

7）在加工型芯型腔凸、凹模时，除考虑到配合精度外，还要按图样加工出废料存储槽，及溢料槽，其形状、尺寸应根据试模情况进行修整、确定。

（二）零件的修配要求

塑料压塑模，主要由成形零件如凸模型芯、凹模型腔以及结构零件如上、下模板、加热板、固定板以及导向、卸料零件组成。

1. 结构零件的加工与修整

塑料压塑模结构零件主要以板类零件为主，一般用45、35、50钢制成，其加工精度及表面粗糙度要求不是很高，但上、下面要求要相互平行。常采用锻→刨→铣→平面磨削加工，工作表面要求 *Ra*1.6～0.8μm，板上的各种孔主要采用钻、铰及镗削加工。其加工后的零件，主要技术指标见表9-16。

表9-16 压塑模结构零件加工要求

零件名称	加 工 要 求	零件名称	加 工 要 求
上模板	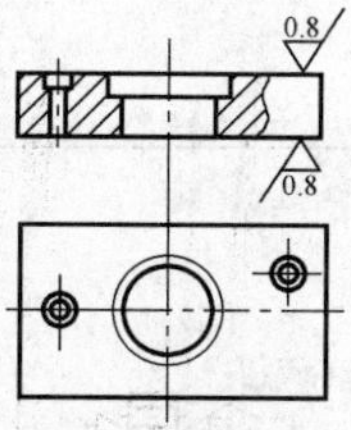 0.8 0.8 1. 余 *Ra*12.5～3.2μm 2. 上、下面平行度允差:0.01:100	下模板	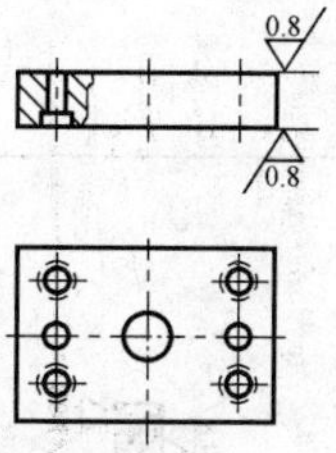 0.8 0.8 1. 余 *Ra*12.5～3.2μm 2. 上、下面平行度允差:0.01:100
加热板	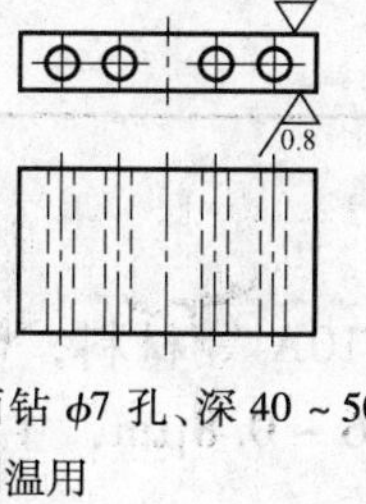 0.8 0.8 在板侧面钻 *ϕ*7 孔、深 40～50mm，以插入温度计测温用	调整块	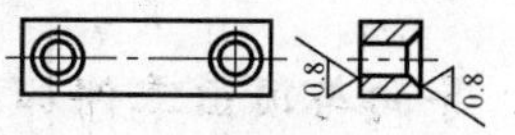 0.8 0.8

（续）

零件名称	加工要求	零件名称	加工要求
支承板	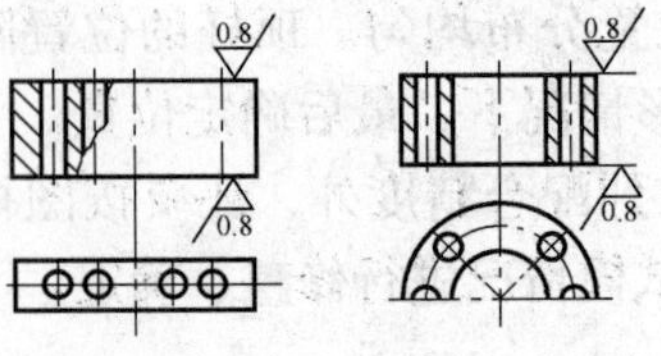 1. 余 Ra12.5～6.3μm 2. 若使用两块要等高允差:0.02:100	固定下凸模或型腔模套	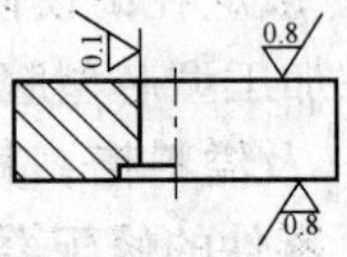
锁紧型腔模块模套	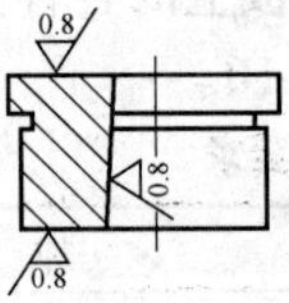	固定板	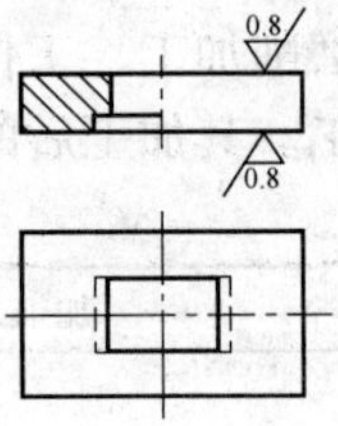
顶杆固定板	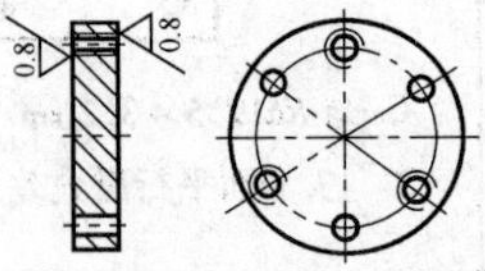	顶出板	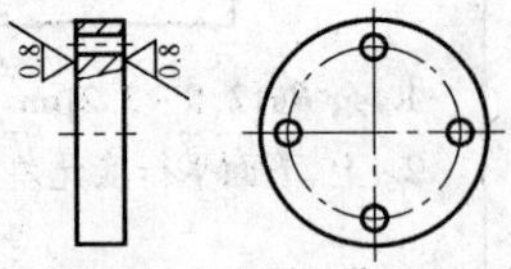

2. 导向与顶出零件加工

压塑模导向及顶出零件一般采用 T7、T8 及 T10A 等材料，硬度要求为 40～50HRC。其加工精度要求较高，表面粗糙度 Ra1.6～0.8μm，主要以车、磨为主（顶杆以精车即可）。加工要求见表 9-17。

表 9-17　压塑模导向及顶出零件加工要求

零件名称	加工要求	零件名称	加工要求
导柱	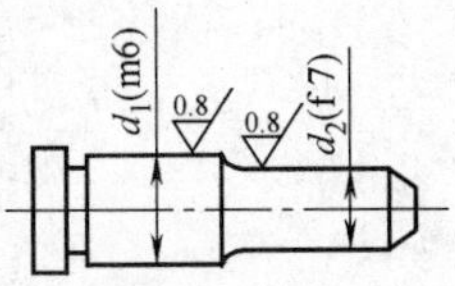 d_1(m6)　d_2(f7)　0.8　0.8	导套	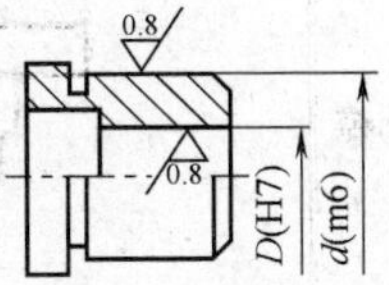 0.8　0.8　D(H7)　d(m6)
导销	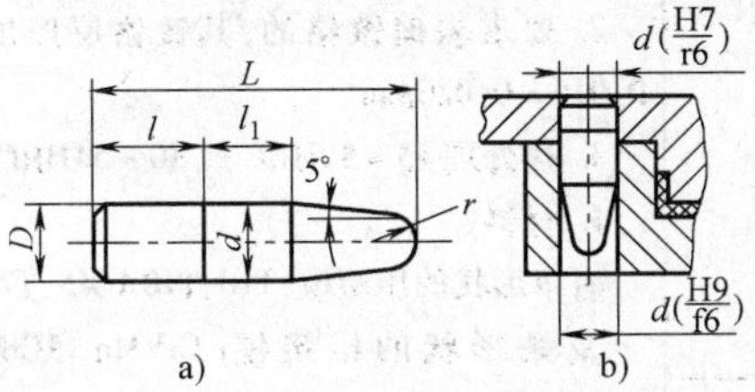 L　l　l_1　5°　r　D　d　d($\frac{H7}{r6}$)　d($\frac{H9}{f6}$)　a)　b) a）零件　b）配合 配合面 Ra0.16～0.80μm	导向孔	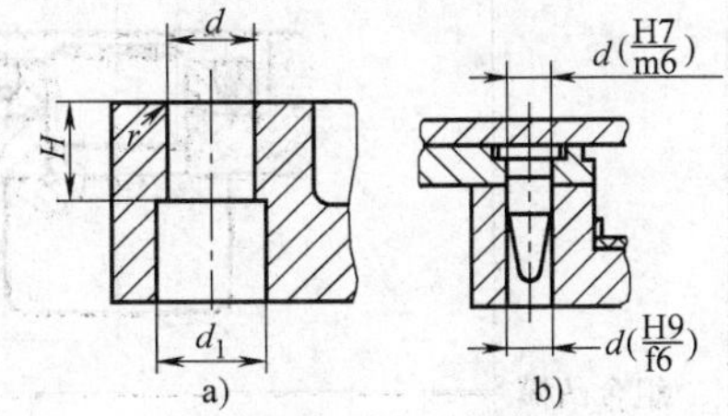 d　H　r　d_1　d($\frac{H7}{m6}$)　d($\frac{H9}{f6}$)　a)　b) a）零件　b）配合 配合面 Ra0.16～0.80μm
顶出杆	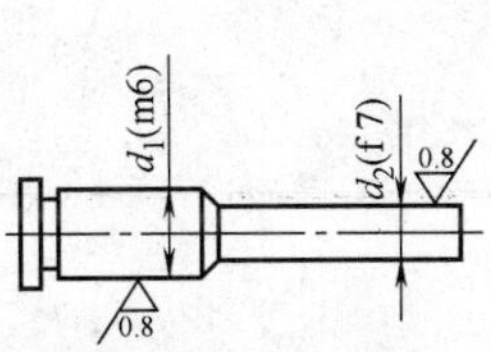 d_1(m6)　d_2(f7)　0.8　0.8 配合面 Ra1.6～0.20μm	回程杆及尾轴	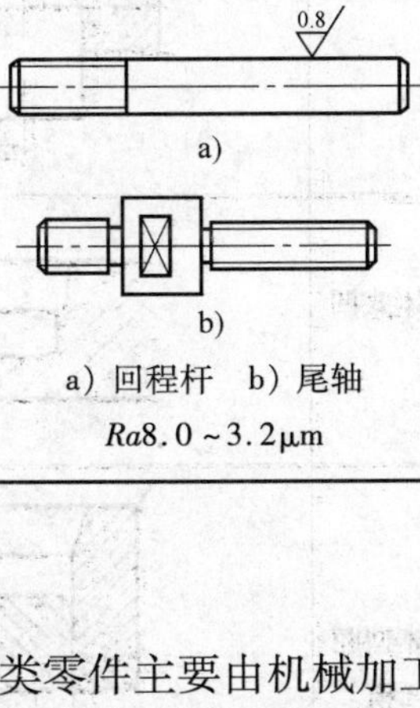 0.8　a)　b) a）回程杆　b）尾轴 Ra8.0～3.2μm

3. 工作零件的加工与修配

工作零件又称成形零件，主要包括凸、凹模。这类零件主要由机械加工、电火花加工以及冷挤压、电解加工等完成。它是模具中主要零件，故在加工时应满足下述要求：

1）凸、凹模尺寸精度要加工精确，表面质量一般要达到 Ra0.20～0.25μm。要求表面镀硬铬的要达到铬层厚为 0.015～0.02mm。

2）凸、凹模安装后要牢固可靠，不许松动。

3）采用拼块结构的凸、凹模镶拼后要密切贴合，无缝隙。

4）成形凸、凹模要加工出脱模斜度，以便卸模取件。脱模斜度大小见表 9-15。

凸、凹模加工技术要求及装配后的配合精度要求见表9-18。

表9-18　工作零件技术要求及配合精度

零件名称		图示	加工技术要求
凸模	整体凸模	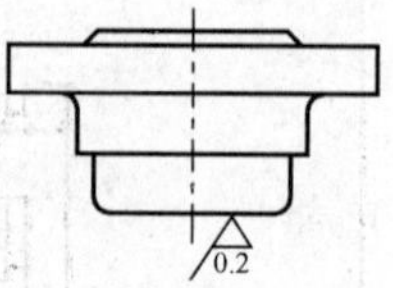 0.2	1. 型腔与塑料接触面:*Ra*0.20~0.025μm 2. 要求表面镀铬的,其镀铬层厚度应为0.015~0.020mm 3. 热处理45~50HRC或50~54HRC 4. 材料: 简单形状的压塑模:T10、T10A、45、T7、T8 复杂形状的压塑模:CrVMn、5CrMnMo、12CrMoV
	组合凸模	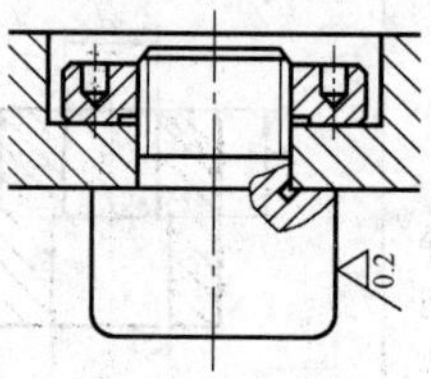 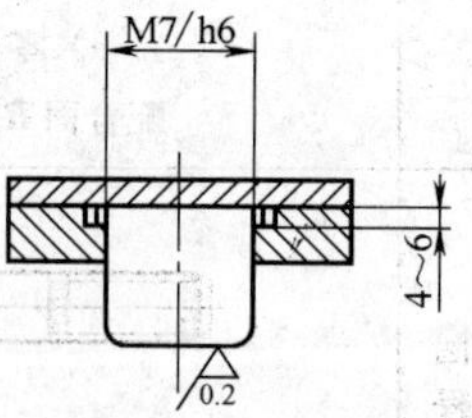 0.2	
		M7/h6　4~6　0.2	
凹模	整体式凹模	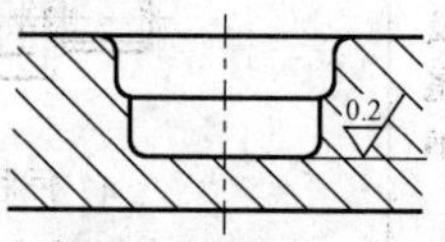 0.2	1. 材料:T10、T10A、45 2. 工作表面:*Ra*0.20~0.25μm 3. 要求镀铬的表面铬层厚度应为0.015~0.020mm 4. 热处理45~50HRC
	整体型腔组合凹模	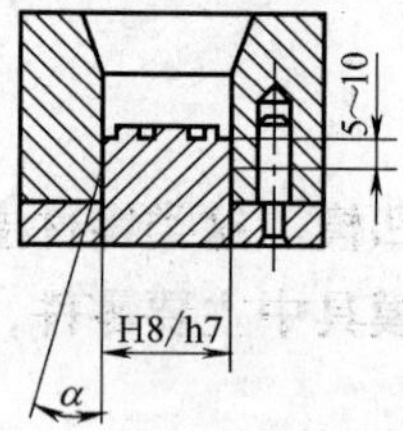 5~10　H8/h7　α	
	嵌件式组合凹模	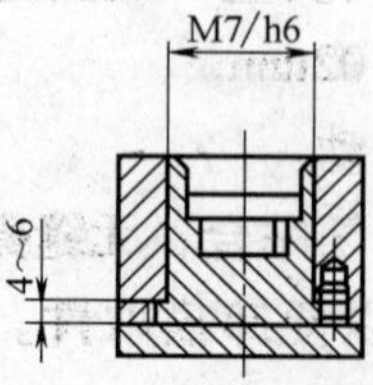 M7/h6　4~6	1. 材料20Cr 2. 热处理40~45HRC,渗碳层厚度0.1~0.2mm 3. 表面粗糙度*Ra*0.20~0.25μm

（续）

零件名称		图示	加工技术要求
凹模	镶拼式组合凹模	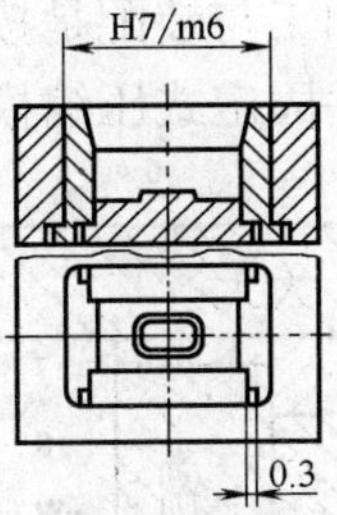	1. 材料：CrWMn、T10A、5CrMnMo、12CrMo 2. 热处理 50～54HRC 3. 工作表面 Ra0.020～0.25μm 4. 若要求镀铬其铬层厚度应为 0.015～0.020mm
	外套锁紧式组合凹模	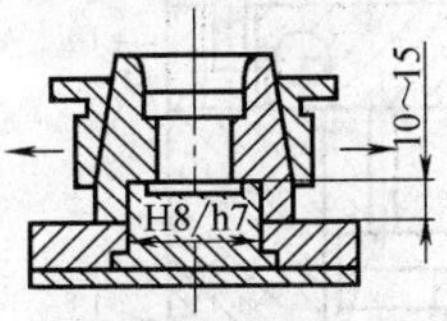	
型芯	固定型芯		1. 材料：T7、T8、T10A、Cr12 2. 成形部位：Ra0.20～0.25μm 配合部位：Ra1.60～0.80μm 3. 热处理 45～50HRC 4. 镀铬或抛光 5. 加工时应型孔配合加工，以保证同轴度
	活动型芯	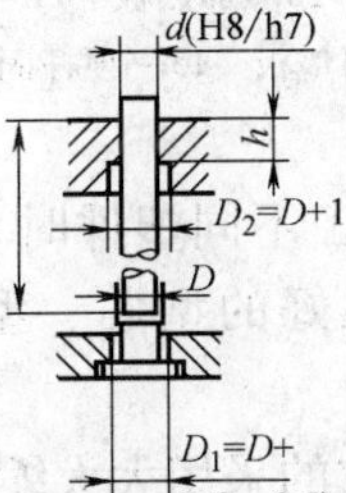	
螺纹成形零件	成形杆与成形环		1. 材料：T8A、T10A 2. 成形部分：Ra0.20～0.25μm 配合部分：Ra1.60～0.80μm
	螺纹嵌件	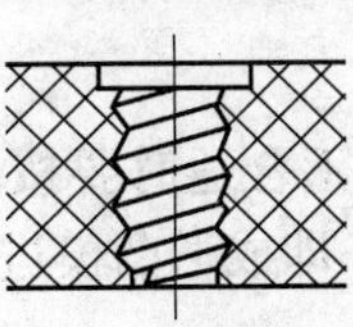	1. 材料：Cr12、T10A 2. 热处理 40～45HRC 3. Ra1.60～0.80μm

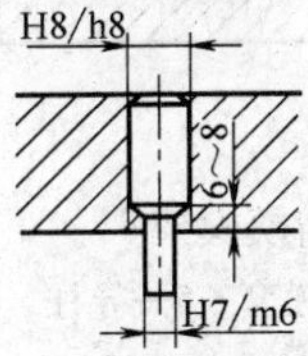

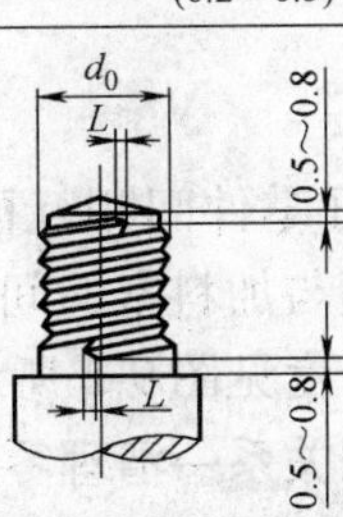

4. 通用标准模架的选用

压塑模架主要有两种：一种是移动式模架，另一种标准模架。其中移动式模架主要用于制作小型零件的压缩及压注模。其加工与装配是按图样与成形零件配合加工。而标准模架主要用于批量较大的制品零件固定式压缩模，如图 9-1 所示。

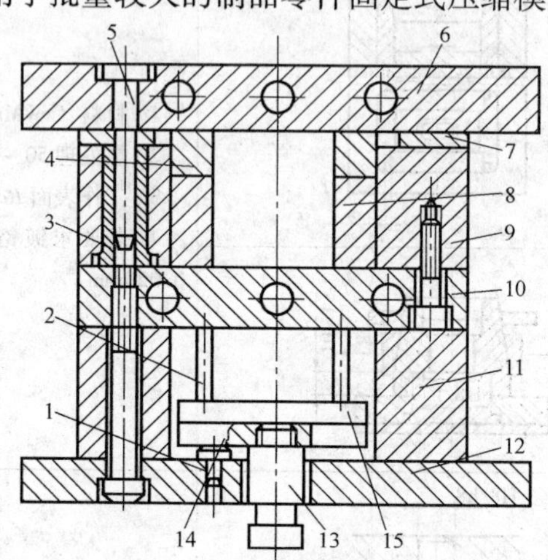

图 9-1 固定式压缩模模架

1—调整块 2—顶杆 3—导套 4—上模套 5—导柱 6—上模板 7—承压板 8—下模套 9—型腔套 10—加热板 11—支承板 12—下模板 13—尾轴 14—顶料垫板 15—顶杆固定板

这类模架目前已逐步实现标准化。在加工不同塑件时，只要制作凸模型芯及凹模型腔，然后在选用的相应模架上将加工好的型芯、型腔安装，即可试模使用。

通用标准模架，通用性强，使用方便。它的采用大大缩短了模具制造周期，节约了工时及费用、材料，降低了制模成本。

（三）压塑模的装配

塑料压塑模装配的主要工作内容是控制好零件间相互配合精度与固定安装方法。如凸模和凹模与模板间的固定配合，凸模与加料室的间隙配合，侧向抽芯机构与导向零件的配合关系等。其零件间的配合精度见图 9-2 所示。

压塑模装配过程一般为：研究零件间装配关系→清理零件→装配组件→总体装配→试模与调整。

1. 模具装配要求

1）模具在装配前要仔细检查各零部件，不合适时要按图样进行修整。如凹模型腔的修整，经修刮后要尽量使其斜度合适，即成形凸模进入凹模型腔后，凸模与加料室的配合间隙以确保不产生溢料为准。

2）模具在装配时，要严格按设计图样给定的各零件间配合精度要求进行装配。即上模上平面与下模下平面平行度偏差应小于0.05mm；各导向零件要垂直于安装基面，且导向精度要符合设计要求；模具的加热系统，要保证能达到所要求的热效率，导热面与绝热面应调整到良好的工作状态。

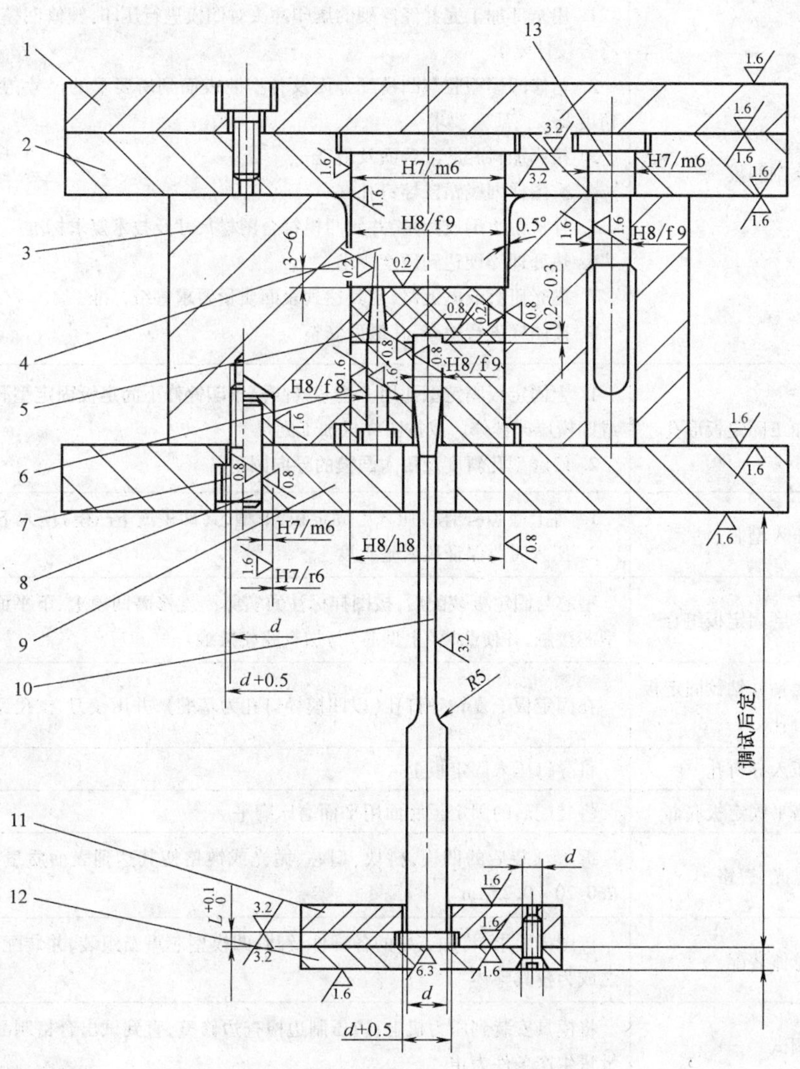

图9-2　压塑模配合精度及表面粗糙度

1—上模板　2—凸模固定板　3—凹模　4—凸模　5—型芯　6—下凸模　7—内六角螺钉　8—圆柱销　9—下模板　10—顶件杆　11—顶杆固定板　12—顶杆垫板　13—导柱

2. 模具装配要点

压塑模的装配要点见表9-19。

表9-19 压塑模（移动式）装配要点

步序	装配内容	操作工艺要点
1	修刮凹模	1. 用全部加工完并经淬硬的压印冲头对凹模进行压印，锉修凹模型腔，使之符合设计要求 2. 精修凹模型腔与凸模配合面及各型腔表面到所要求的尺寸，并保证尺寸精度及表面质量要求 3. 精修加料腔的配合面及斜度 4. 按图样划线钻铰导钉孔 5. 外形锐边倒成圆角，并使凹模符合图样尺寸及技术要求标准 6. 热处理淬硬达到硬度要求 7. 抛光研磨或电镀铬，使其达到表面质量要求等级标准 8. 按图样进行检查，并最后修整
2	加工固定板形孔	1. 上固定板固定型孔用上型芯或凸模压印锉修下固定板固定型孔用下凸模或凹模压印锉修。或按图样机加工到尺寸 2. 修磨型孔斜度及压入凸模的导向圆角
3	压入型芯	1. 将上型芯（凸模）压入上固定板、下型芯（凹模或下凸模）压入下固定板 2. 压入时要保证压入垂直度
4	修磨固定板组合	型芯与固定板装配后，按图样标注的实际高度修磨凹模上、下平面，使上、下型芯接触，并使凸模（上型芯）与加料腔相接触
5	复钻并钻铰固定板导钉孔	在固定板上复钻导钉孔（以凹模导钉孔为基准），并用铰刀、铰孔到尺寸
6	压入导钉孔	将导钉压入固定板上
7	磨平固定板底面	将装配后的固定板底面用平面磨床磨平
8	抛光、镀铬	拆下预装后的凹模，拼块、型芯、抛光或镀铬使其达到表面质量要求，一般 $Ra0.20 \sim 0.25\mu m$
9	总体装配	按图样要求，将加工好的各部件及凸、凹模型芯重新组装，并装配各附件，使之成为模具整体
10	调试	将模具安装到压力机上，边压制边检查边修整，直到试出合格制品及能具备批量生产条件为止

固定式压塑模多采用标准模架，其装配比较简单，可参照移动式压塑模（表9-19）的程序，将型芯凸模、型芯凹模、卸料装置按图样装入模架内、经试模、调试即可。

3. 装配示例

热固性塑料移动式压缩模装配方法见表9-20。

表9-20 移动式压缩模装配方法

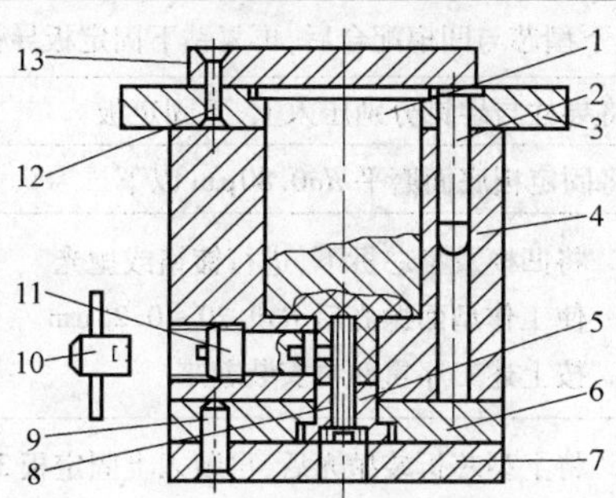

1—凸模(上型芯) 2—导柱 3—上固定板 4—凹模(型腔) 5—下型芯 6—下固定板 7—下模板 8—型芯 9—圆柱销 10—工具 11—型芯 12—圆柱销 13—上模板

步序	工 序	装配操作工艺说明
1	修刮凹模	1. 坯件制备 (1) 外形经锻、车成形、内孔及斜度按图样一次加工成形 (2) 上、下端面经平面磨磨削后留有修磨余量;内孔加料腔经内圆磨后留有修磨余量 2. 钳工精修加料腔的配合面和斜度 3. 按图样钳工划线钻、铰导柱孔及侧型芯孔 4. 修刮检测合格后送交热处理淬硬 5. 钳工对型腔抛光
2	精修型芯凸模	1. 用车床精车型芯1、5、11到尺寸 2. 精修型芯凸模1到尺寸精度及表面质量要求与凹模配合修刮外形尺寸,保证与凹模加料腔配合间隙精度 3. 用同样方法精修型芯5、11到尺寸 4. 将精修后的型芯送交热处理淬硬 5. 钳工对型芯抛光或镀铬
3	修正固定板固定形孔	1. 上固定板3的固定形孔由上型芯1配合修正或压印成形;下固定板形孔由下型芯5修正或压印锉修成形 2. 修制固定形孔压入斜度和型芯压入圆角
4	将型芯凸模、型腔凹模压入固定板	1. 将上型芯凸模1压入上固定板3内,并保证与压入基面的垂直度及牢固性 2. 将型芯8先压入型芯5后再压入下固定板6,并保证压入后与基面垂直度及牢固性 3. 按型芯装配固定板实际高度修磨凹模,并使上型芯凸模底面与凹模型腔接触

（续）

步序	工序	装配操作工艺说明
5	在上、下固定板上复钻、铰导柱、导销孔	在固定板上要钻上、下导柱孔。将凹模与上型芯配合合适后，复钻上导柱孔；下型芯与凹模配合后，再复钻下固定板导销孔，然后精铰及锪孔
6	压入导柱、导钉	将导柱与导钉分别压入上、下固定板
7	平磨固定板底面	将固定板底面磨平 $Ra0.80\mu m$ 以下
8	镀铬或抛光型芯凸模及凹模	1. 将凹模及型芯拆下，进行镀铬或抛光 2. 使工作型面抛光后 $Ra0.20 \sim 0.25\mu m$ 3. 按上述工序重新再安装起来
9	总体装配	1. 将上型芯折装抛光后，再装入上固定板 3 内，盖上上模板 13，复钻铰孔后，用销钉铆合 2. 用同样方法装下模板并打入销钉铆合
10	试模与调整	将装配后的模具安装到指定压机上，试压制件并检测制件质量状况，进行对模具修整，直至合适为止

（四）压塑模的调试

1. 模具的安装

压塑模一般安装在液压机上使用，其安装固定在液压机上的方法见表 9-21。

表 9-21　压塑模安装方法

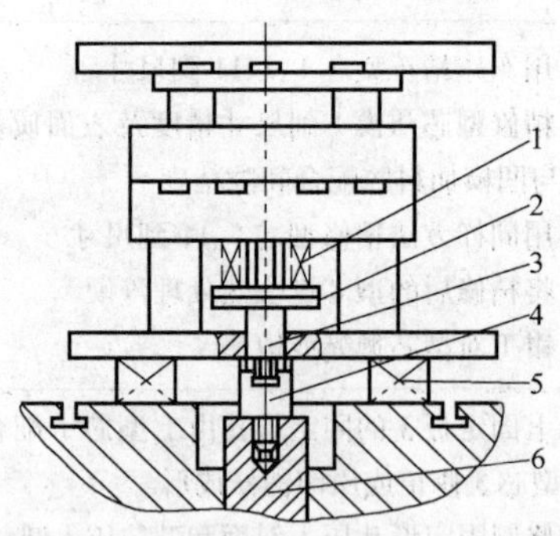

1—垫块　2—顶板　3—尾轴　4—中间接头　5—垫板　6—顶杆

步序	安装方法	注意事项
1	清理工作台面及模具，垫好石棉隔热板，并将模具放在垫板 5 上，加垫块 1	清除杂物及油污
2	用顶杆 6 轻轻顶起模具 20～30mm 撤去垫板，使顶杆下降模具轻落在工作台上	轻轻操作，严防冲击

（续）

步序	安装方法	注意事项
3	1. 使工作台开动压力机后慢速下降，将上下模压紧 2. 工作台平面与上、下模平面紧密贴合 3. 用压板及螺钉将上、下模固定	1. 固定形式要正确，一般用四块压板对角压置 2. 压板不得有倾斜，压置面要大 3. 压紧螺钉尽量要靠近模脚并要防止合模时上、下模撞击
4	1. 安装有关机构 2. 调整顶出距离	在顶出位置时，模具的顶板与模具本体之间，应有一定距离，两者不得直接相撞
5	1. 慢慢开启压力机、使模具开模 2. 观察模具各部位配合状况，工作是否正常，行程、定位是否可靠 3. 开合几次后，经检查无误后，再一次对压板螺钉紧固，严防松动	检查模具运行状况时，主要看上、下凸、凹模配合状况，以及导向及顶出机构运作情况
6	接好电加热器电源，检查加热状况	严防有漏电现象
7	开空车运转，进一步观察模具各部位运转状况	严防有卡紧及紧固件有松动，脱落现象或上、下模碰撞

2. 调试方法

压塑模调试方法见表9-22。

表9-22　压塑模调试方法及要点

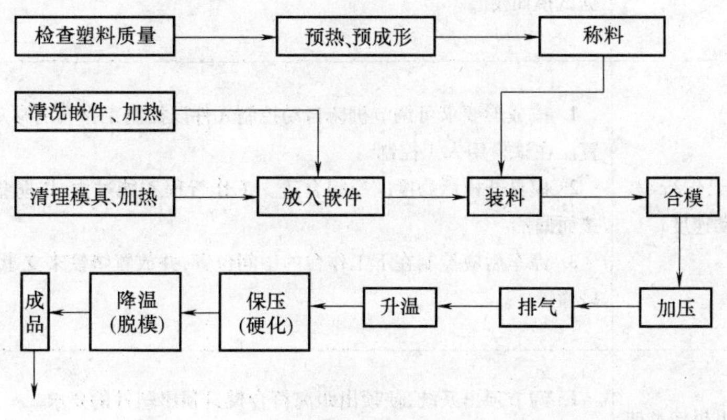

压缩成形试模工艺过程

（续）

<table>
<tr><th>序号</th><th colspan="2">调试过程</th><th>调试要点</th></tr>
<tr><td rowspan="3">1</td><td rowspan="3">试模前的检查</td><td>检查设备运行状况</td><td>1. 检查压力设备运行状态是否正常
2. 检查设备各油路是否通畅，电路及电加热以及绝缘、隔热垫是否合适
3. 检查机床的各操纵系统及仪表显示是否处于正常工作状态</td></tr>
<tr><td>检查模具安装状况</td><td>1. 检查模具安装是否合适，紧固螺钉有无松动现象
2. 模具在空转开机运行时，工作是否处于正常运转，有无涩滞现象</td></tr>
<tr><td>检查试模塑料原材料</td><td>1. 原材料的品种、规格、型号是否符合图样要求，成形性能是否符合规定
2. 塑料原材料，在试模送入料室前必须要称量准确
3. 若需要安置嵌件时，嵌件必须要试先清洗、加热</td></tr>
<tr><td>2</td><td colspan="2">确定成形压力及保压时间</td><td>1. 压塑模使用的液压机一般设有低、高压系统。高压时，工作台作慢速运动，供成形保压用；低压时，使工作台快速升降，供开、闭模使用。调压应在低压状态下进行，再逐渐升压。不应在高压状态下进行调压，也不能在保压状态下降低压力
模具所需成形压力计算方法是：
$P_{成}=P_{表} \cdot F_{活}/F_{塑}$
式中 $P_{成}$——成形压力（N/cm^2）；
$P_{表}$——压力表指示读数（N/cm^2）；
$F_{活}$——液压缸活塞面积（cm^2）；
$F_{塑}$——塑件投影面积（cm^2）
2. 保压时间一般由人工控制或调整时间继电器自动控制，其时间的长短，根据试模而定</td></tr>
<tr><td>3</td><td colspan="2">调整上工作行程、定位及移动速度</td><td>1. 按成形要求可调节机床自动控制元件以控制工作台的移动速度及起止位置。在试模用人工控制
2. 模具开模后高度应控制合适。工作行程不能过大，以防损坏液压缸密封垫而漏油
3. 停车后应控制在下工作台的中间位置，并放置垫铁来支承上工作台，防止碰撞</td></tr>
<tr><td>4</td><td colspan="2">调整顶出机构及抽芯机构行程</td><td>1. 调节顶出系统，使顶出距离符合模具顶出塑件的要求
2. 对设有侧抽芯机构的模具，应调好行程、动作起止位置及各零部件间动作应协调</td></tr>
</table>

（续）

序号	调试过程	调试要点
5	调节模温及加热机构	1. 将模具按成形要求调节到规定的加热温度范围 2. 模具升温到规定温度再开始试压
6	确定制品成形工艺顺序	1. 根据塑件的成形条件，确定加工操作顺序 2. 试模时，对于升压、保压、卸压、启模、闭模均应人工控制
7	填写试模记录卡	1. 在试模中，应对于各试模中的参数如保温、保压、升压、时间应做好详细记录，并随成形工艺条件，操作要点和模具质量状况认真填写试模记录卡，以做为成批生产时编制工艺规程依据 2. 检查试模后制品质量状况，并随试随修整模具，直到试出成品合格零件为止 3. 从试件中抽出 5 ~ 10 件制品随模交付用户

3. 根据试模缺陷调整模具

塑料压塑模试模缺陷及调修方法见表 9-23。

表 9-23　塑料压塑模试模缺陷及调修方法

弊病类型	产生原因	调修方法
塑件形状，尺寸不符合图样要求	1. 模具设计、制造不良，引起结构及成形零件凸、凹模形状尺寸精度超差 2. 试模时加料量过多或过少使塑件成形后尺寸偏大偏小或成形困难 3. 成形工艺条件不合适，如上、下模温度过高或过低，模温不均或保压时间太长，太短影响塑件成形 4. 塑件本身工艺性太差，如壁厚变化太大 5. 嵌件位置设计不合理，嵌件相邻位置壁厚变化太大	1. 重新修整制造模具、使其尺寸、形状、精度符合要求 2. 采用定量加料。合理控制加料量 3. 应合理控制试模工艺参数 4. 在不影响使用情况下，更改塑件工艺性，重新修整或制造模具 5. 重新调整嵌件位置
制品零件飞边太大	1. 压制时上、下模闭合不严密分模面间隙太大 2. 模具强度太低，压制后产生变形 3. 成形压力太大，而闭模力太小 4. 压机工作台面不平或模具承压面之间不平行 5. 模具间分型面不平行 6. 加料量过多，造成飞边	1. 修整上、下模分型面，调节闭模间隙使之合模时严密配合 2. 设法加大强度，如更换材料，提高热处理硬度及质量 3. 减少成形压力，加大闭模力 4. 调整压机工作台面，并检测调整模具承压面间平行度使之合适 5. 调修模具各工作型面与分模面间位置，使之达到设计要求 6. 适当调整加料量，定量加料

（续）

弊病类型	产生原因	调修方法
塑件制品粘模难以脱出模外	1. 脱模机构顶杆太短或不灵活、被卡住 2. 模具型腔脱模斜度太小或表面过于粗糙 3. 模温不均匀，上、下模温相差太大 4. 塑料本身含水分太多 5. 用料过多、成形力太大	1. 修整顶杆长度，使之灵活正常工作 2. 在不影响塑件质量状况下修整加大出模斜度或进行抛光 3. 调节模温，使上、下模温均匀 4. 试模前将塑料烘干 5. 适当调整成形工艺参数
塑件制品表面起泡	1. 压塑时成形温度太低造成两面鼓起的气泡；若温度太高，则出现面积较小的气泡 2. 塑料含水份或挥发性物质 3. 成形压力小或排气不良 4. 保压时间太短 5. 模具表面不洁，存有挥发物质或使用的脱模剂不良	1. 要合理控制成形温度，不能忽高忽低或太高太低 2. 压制前将塑料粉在恒温炉或烤箱中烘干或更换优质塑料 3. 改进加大压力或改善排气方式 4. 加长保压时间 5. 清理模具型腔，使之压制时保持整洁或更换优质脱模剂
制品表面有斑点、灰暗不光洁	1. 模具型腔表面粗糙不光洁 2. 模具型腔表面不洁有油污或渣滓 3. 压制温度太高，使制品表面灰暗 4. 使用脱模剂不当或不干净	1. 对型腔表面抛光或镀铬处理 2. 每压制一个零件前都应对型腔和型芯表面进行清理 3. 压制时要适当降低模温 4. 合理使用脱模剂
塑件制品产生变形或挠曲	1. 压制时模温太低或保温时间太短 2. 脱模机构顶杆分布不均，使制品成形后受力不均 3. 塑料中含水量太大	1. 适当加大模温或增长保温保压时间 2. 调整顶件机构，使顶杆分布均匀 3. 塑料在压制前一定烘干
制品表面不光洁或产生凸起凹坑，有皱纹波纹	1. 排气时间掌握不对或排气时间过长 2. 模具型腔表面不洁或脱模剂使用太多 3. 模温太低或压制速度太快，出现流痕 4. 模温太高，压力太小或压制速度太慢而产生皱纹 5. 塑料含水分过高，流动性太大，产生波纹 6. 型腔表面有凸起或凹坑表面粗糙	1. 合理掌握排气时间或使排气时间尽量要短 2. 每次试模前都要清理型腔表面并合理使用脱模剂 3. 设法提高模温并降低压制速度 4. 改进压制工艺条件、降低模温，加大压力或增大压制速度 5. 压塑前将塑料烘干、设法去除水分 6. 修磨凸、凹模型腔表面或抛光、镀铬提高表面质量
塑件嵌件变形或齿脱落	1. 嵌件包层太薄或在使用前没预热 2. 嵌件安放或固定形式不尽合理 3. 嵌件与模具安装孔间间隙过大或过小 4. 嵌件本身结构及尺寸不尽合理或嵌件受压 5. 脱模时嵌件脱落 6. 成形压力过大	1. 重新设计制作包层结构，使其加厚，并在使用前将嵌件预热 2. 改变嵌件安装及固定方式小嵌件采用粘结法 3. 合理调整嵌件与安装孔间间隙 4. 调整模具结构，压制时使嵌件免于受压状态 5. 改进脱模结构，不引起嵌件脱模而变形 6. 调整机床成形压力

四、塑料注射模的加工与调试

塑料注射模是指将塑料放入注射机料筒内加热到熔融流动状态，待模具闭合后再以高压、高速将料筒内的粘稠塑料通过喷嘴注射入模具型腔内，待充满后经保压、冷却固化成形为塑件所使用的模具。其基本结构组成及成形原理见本书表2-13。

采用注射模生产塑料制品零件，一般可一次成形，操作工艺简单，便于实现自动化大批生产，但模具较复杂，加工难度较大。

（一）模具的结构类型及制造特点

1. 模具结构类形

注射模结构类型见表9-24。

表9-24　注射模结构类型及特点

结构类型	图　　示	结构组成及特点
单分型面注射模	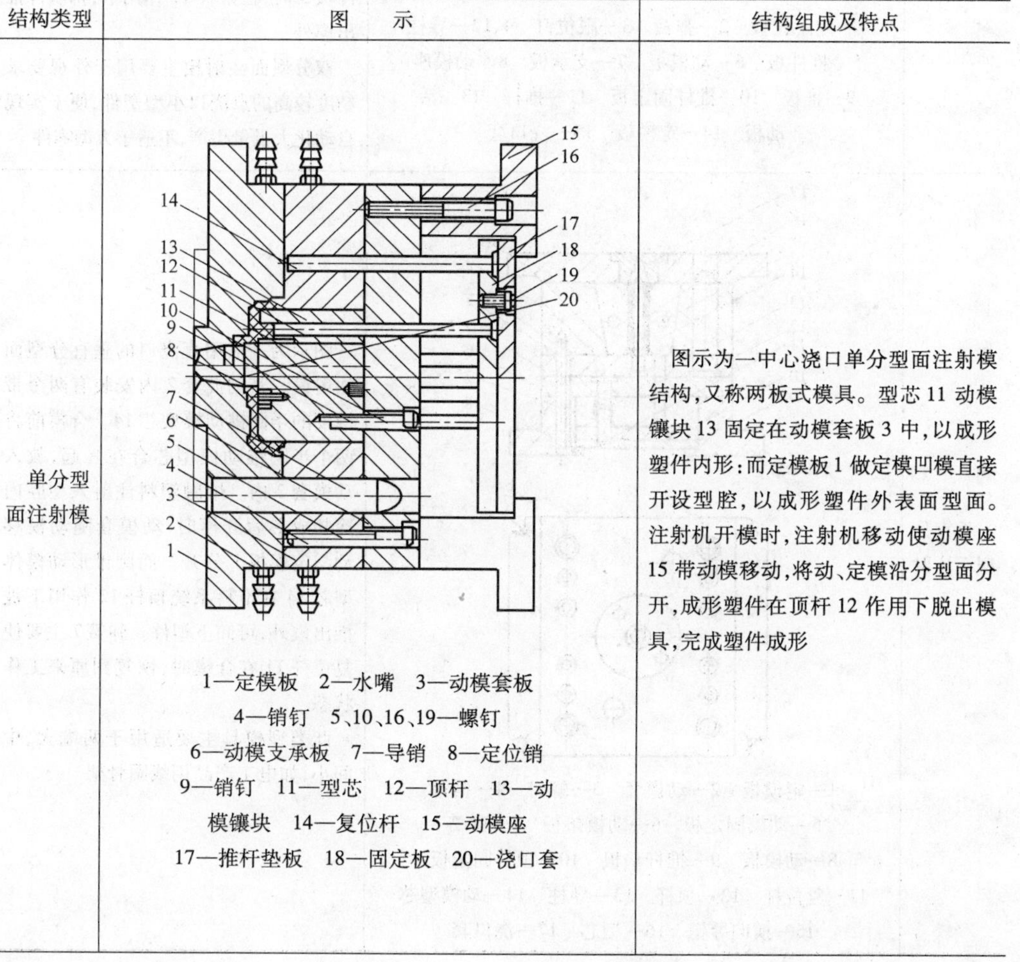 1—定模板　2—水嘴　3—动模套板　4—销钉　5、10、16、19—螺钉　6—动模支承板　7—导销　8—定位销　9—销钉　11—型芯　12—顶杆　13—动模镶块　14—复位杆　15—动模座　17—推杆垫板　18—固定板　20—浇口套	图示为一中心浇口单分型面注射模结构，又称两板式模具。型芯11动模镶块13固定在动模套板3中，以成形塑件内形：而定模板1做定模凹模直接开设型腔，以成形塑件外表面型面。注射机开模时，注射机移动使动模座15带动模移动，将动、定模沿分型面分开，成形塑件在顶杆12作用下脱出模具，完成塑件成形

（续）

结构类型	图示	结构组成及特点
双分型面注射模	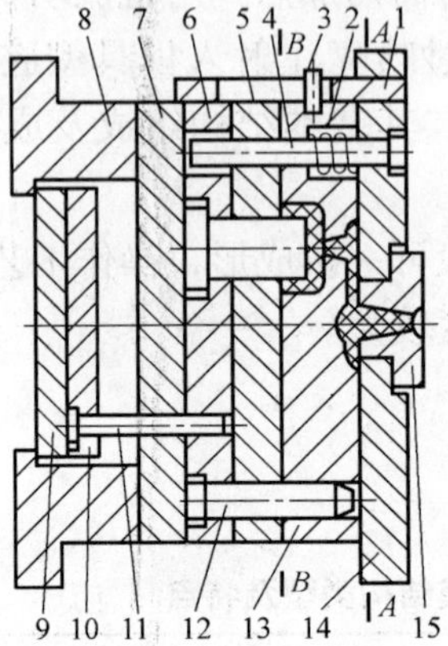 1—定距拉板 2—弹簧 3—限位钉 4、12—导柱 5—推件板 6—动模板 7—支承板 8—动模座 9—推板 10—推杆固定板 11—推杆 13—活动板 14—定模板 15—浇口套	图示为一双分型面注射模，又称三板式注射模。其结构特点是在动定模之间加设一活动板13。待零件注射成形后开模时，活动板13与定模板14之间在弹簧2的作用下，使A面分开，将主浇道的凝料从浇口套15中脱出。待动模继续后退时，直到定距拉板1拉到固定在活动板13上的限位钉时，B面又被分开，即将塑件与浇口拉开，使塑件与型芯一起后退，而凝料在分型面间取出。当动模继续后退，接触到推件板5时，在推杆11作用下，将制件推出模外 双分型面注射模主要用于外观要求精度较高的点浇口小型塑件，便于实现自动化大批量生产，不适于大型零件
垂直分型面注射模	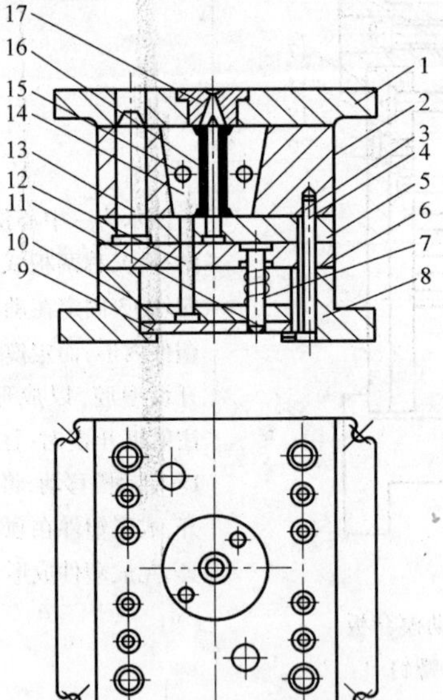 1—定模板 2—动模套 3—螺钉 4—销钉 5—动模固定板 6—动模垫板 7—弹簧 8—动模板 9—推杆垫板 10—顶杆固定板 11—复位杆 12—顶杆 13—导柱 14—动模型芯 15—横向导销 16—型芯 17—浇口套	图示为一采用直浇口的垂直分型面注射模。其动模套2内安装有两个带锥度的半圆锥动模型芯14。合模前将两个半圆锥动模型芯合在一起，放入动模套2内。熔融塑料注射入型腔内冷却成形后开模时，动模套随动模移动与定模板1分开。而圆锥形动模体型芯14在推料系统顶杆12作用下被推出模外，可卸下塑件。弹簧7主要使复位杆11在合模时，恢复到原来工作状态 此类型模具主要适用于两端大、中间小，如电工产品用线圈骨架

2. 模具制造特点

塑料注射模是型腔模具中结构最为复杂、制造难度最大，加工精度要求最高的一种模具。在制造时，除具有前述的型腔模制造的共同特点外，还具有如下的独特的制造特征：

1）注射模成形零件结构复杂、形状不规则，大多为三维曲面，其尺寸、形状精度和表面质量要求较高，故在加工时必须要按图样精心加工，使其达到图样所规定的各项精度要求指标。

2）注射模工作零件形状、尺寸精度要求较高，故很难用较少的工序或简单的加工方法完成，往往需要涉及较多的加工设备与加工方法并经多道工序反复加工才能达到要求。有时在装配时，还需要倒流工序配合完成。

3）零件在加工时，应先选好加工次序。即对于难以加工、热处理易变形而又是关键的成形零件应优先加工。如凸模型芯、凹模型腔等应先加工，并以此为基准，再配作其他零件。

4）成形零件在机、电加工后，均应由装配钳工做最后修整。其原则是：凸起形状尽可能修整为上公差：凹陷形状尽可能修整成下公差，以便于后续装配及延长模具使用寿命。

5）型腔及型芯加工后一定要进行钳工抛光，其抛光后，型腔、型芯成形面要达到 $Ra0.25 \sim 0.32\mu m$，且抛光纹络原则上应与脱模方向相一致。

6）对于采用斜拼块的模具，在其空模闭合后，必须在斜拼块底部留出合理的间隙 Δ，使其在正式使用时能锁紧拼块，不产生飞边，如图 9-3 所示。

7）对采用斜楔锁紧滑块的模具，在空模闭合时，必须使分型面留出一定的间隙 Δ，使其在正式使用时，能产生锁紧力，如图 9-4。

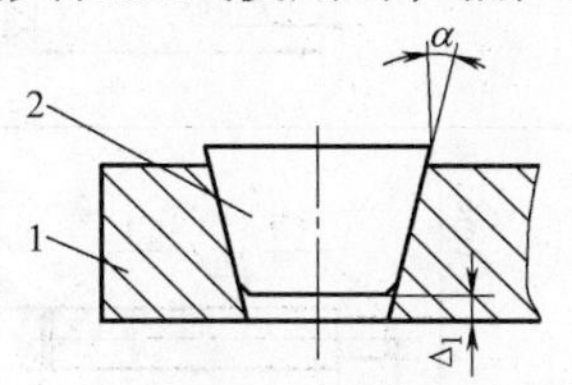

图 9-3　模套与凸模拼块拼合

1—模套　2—拼块

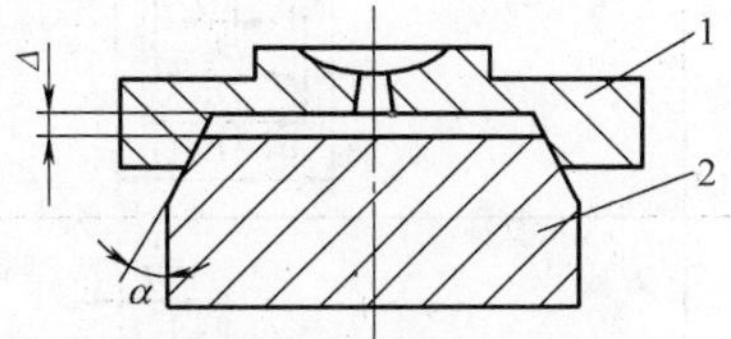

图 9-4　定模与斜深块配合

1—定模　2—滑块

8）对已经加工好的零件，钳工在按装配图修配时所产生的累积误差，应参照图样修整、配合，并要根据零件材料收缩率，使其控制在零件的公差范围之内。

（二）零件的加工要求

1. 零件加工技术要求

注射格各零件加工技术要求见表 9-25。

表 9-25 注射模零件加工要求

零件名称	加工要求	零件名称	加工要求
导柱	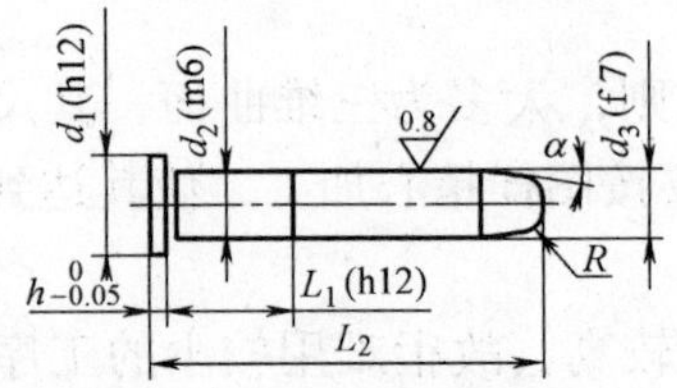	型芯	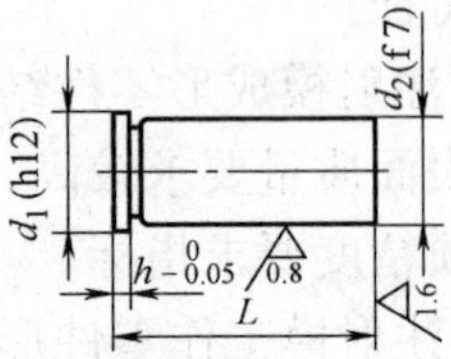
导套	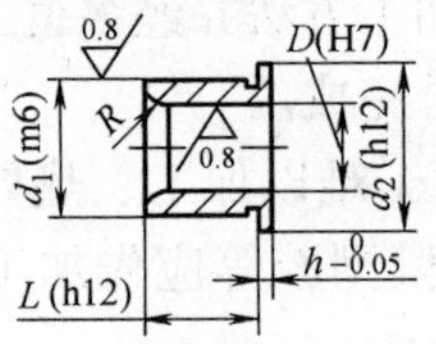	型芯套	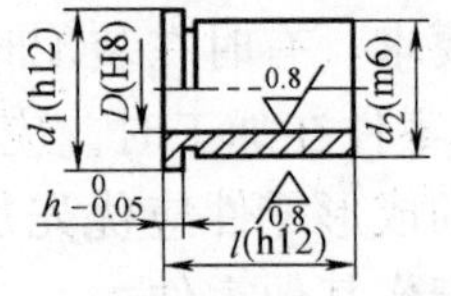
斜导柱	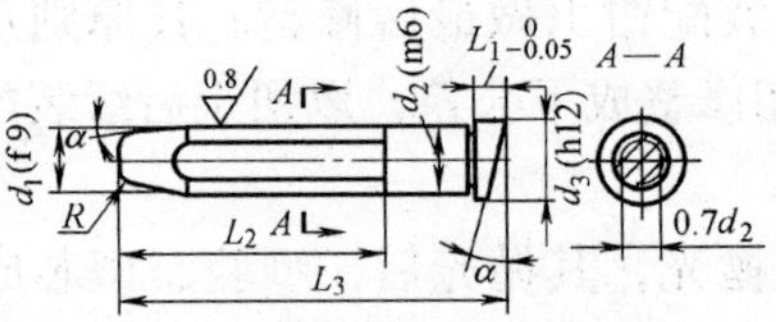	定位杆	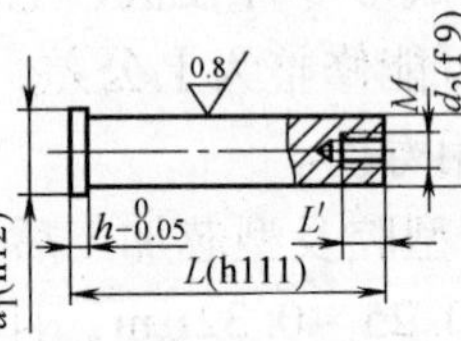
浇口套	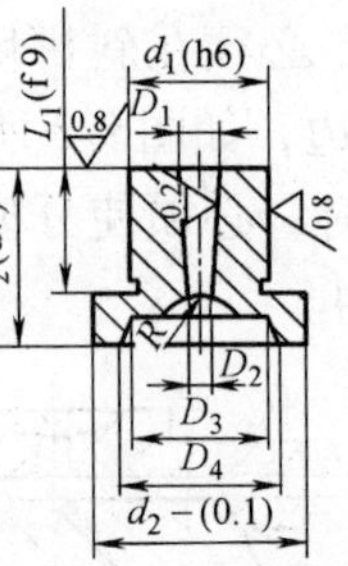	推杆	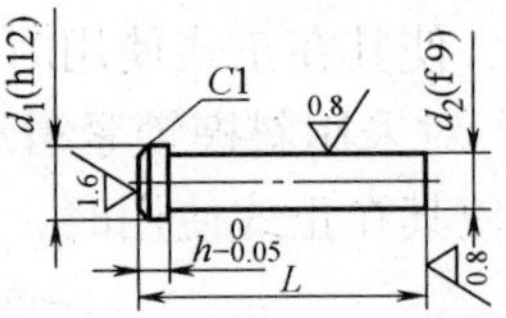
定位套圈	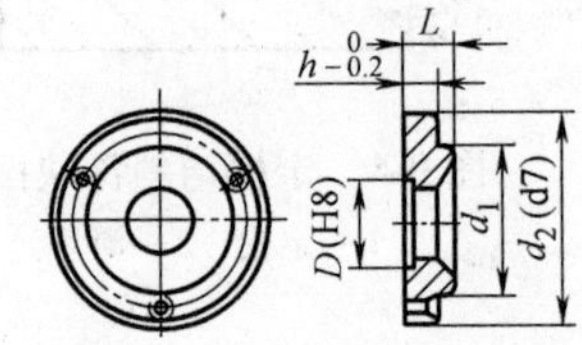	反推杆	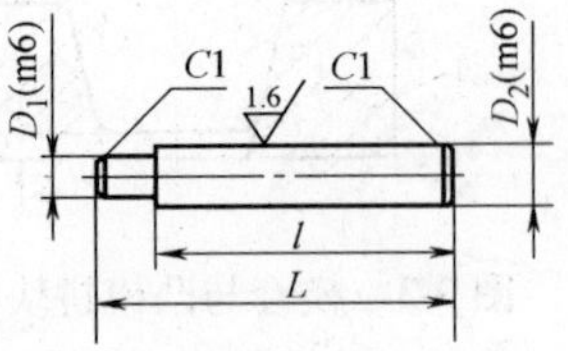
拉料杆	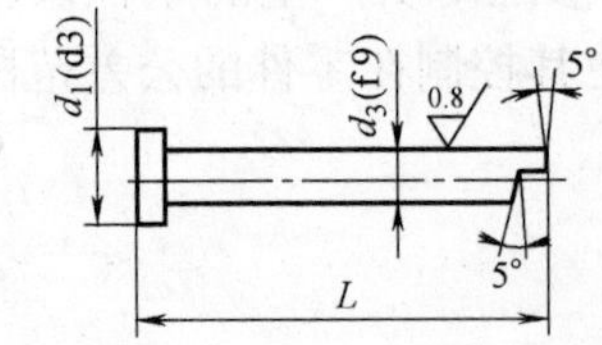	支承板	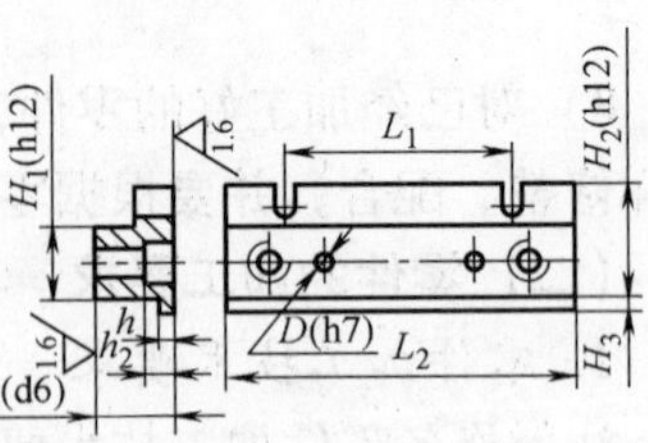

（续）

零件名称	加工要求
定位板	D(H7) H_1 H_2 0.8 0.16 $H_{-0.5}^{\ 0}$ L(d7) H_3(h11)
型芯固定板	0.8 D_2(H7) 0.8 D_3(H7)
定模板	L_1 ϕ D(H8) $d_{-0.2}^{\ 0}$ H_1 H_2 0.8 L_2 0.05:300
型腔镶块	$d_1(\frac{m6}{H7})$ $d_2=d_1+(8\sim10)$ $D=d_2+1$
型芯脱模板及固定板垫板组合	d_1(F8) 0.2 d_2(m6/H7) $d_1=d_2+(4\sim8)$
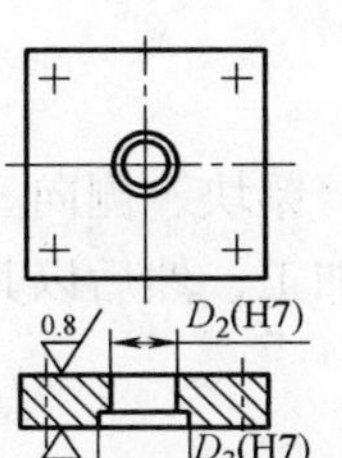 导柱与导套的配合	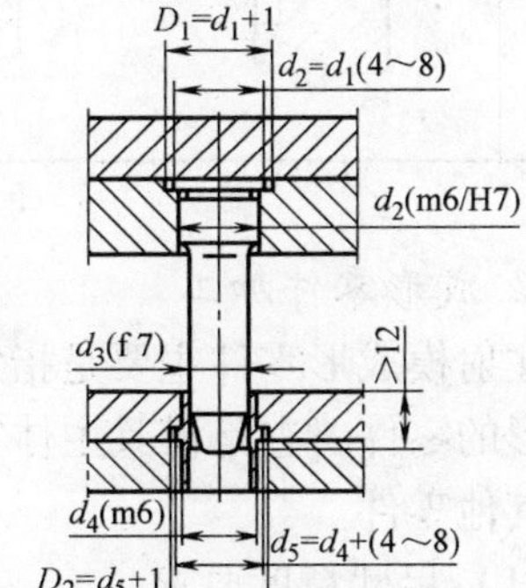 $D_1=d_1+1$ $d_2=d_1(4\sim8)$ d_2(m6/H7) d_3(f 7) ≥12 d_4(m6) $d_5=d_4+(4\sim8)$ $D_2=d_5+1$
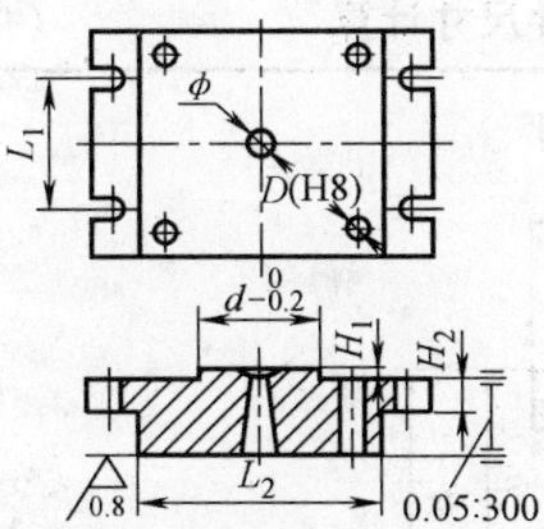 滑块配合	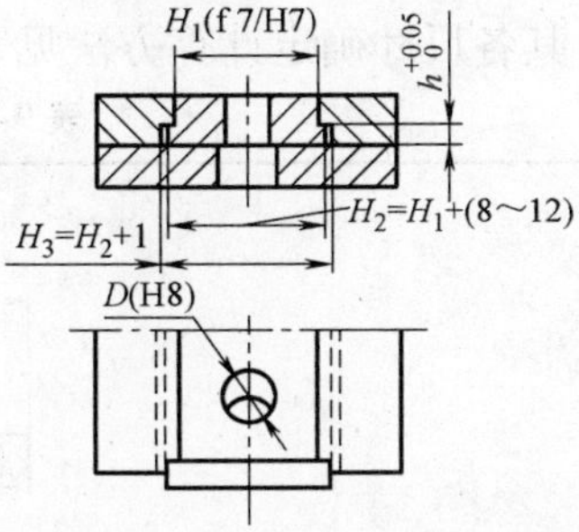 H_1(f 7/H7) $h_{\ 0}^{+0.05}$ $H_2=H_1+(8\sim12)$ $H_3=H_2+1$ D(H8)
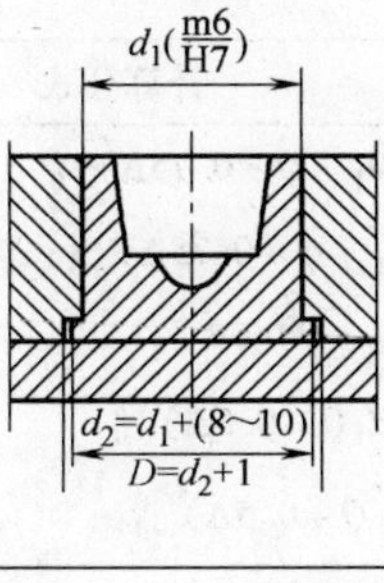 模板	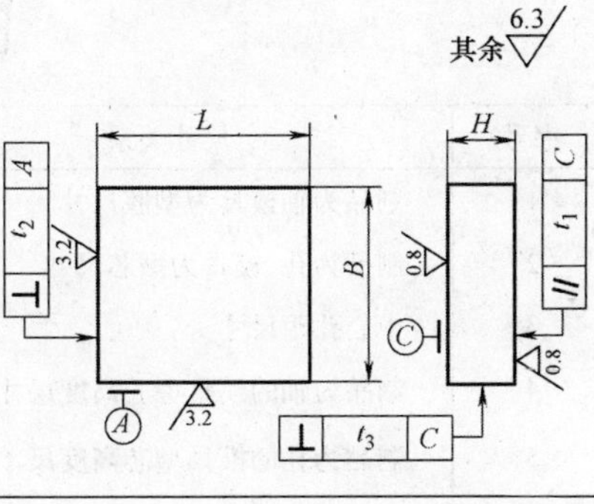 其余 6.3 L H A t_2 ⊥ 3.2 B 0.8 C t_1 // Ⓒ 0.8 Ⓐ 3.2 ⊥ t_3 C

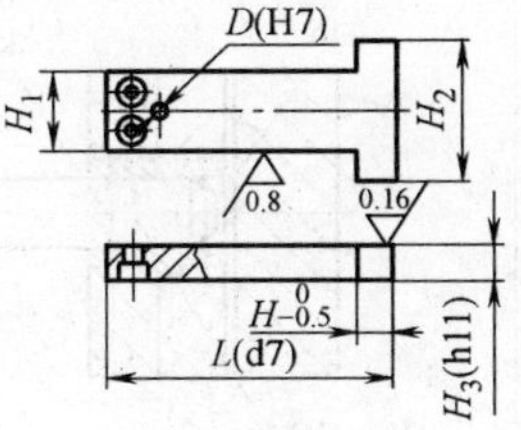

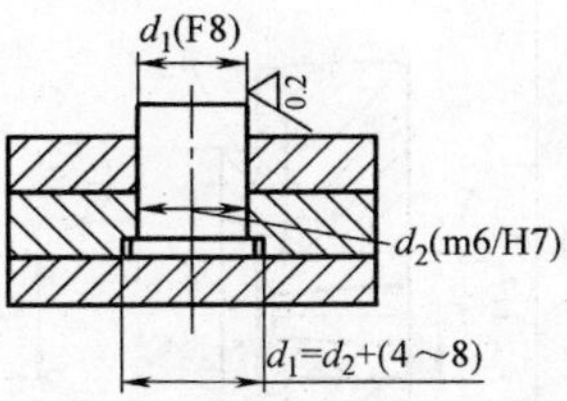

（续）

零件名称	加工要求	零件名称	加工要求
定位圈与浇口套组合	1　2　$d(\frac{H7}{n6})$　$D_{-0.4}^{-0.2}$　$d(\frac{H7}{n6})$　$D_{-0.4}^{-0.2}$	推出机构导向配合	$D(\frac{H7}{f6})$　$D(\frac{H7}{k6})$　$d(\frac{H7}{f7})$　$d(\frac{H7}{k6})$

2. 成形零件加工

注射模成形零件主要是指定模型腔、动模型芯、镶块、侧向型芯等直接参于制品成形的零件，它是模具主体零件，一般优先制作加工，然后以其为基准，再配作模具其他零件。

(1) 尺寸精度要求

注射模的成形零件必须按图样要求形状和尺寸加工，并符合所规定的技术要求。其各尺寸确定计算方法见表9-26。

表9-26　注射模成形零件尺寸计算　　（单位：mm）

制品零件名称尺寸

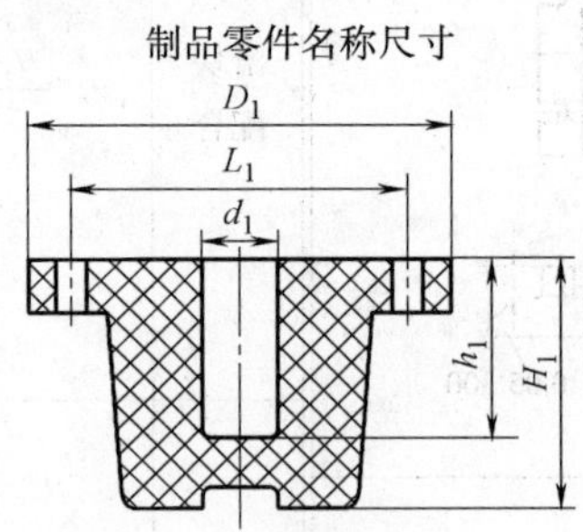

序号	尺寸关系	计算公式
1	制品为轴模具为型腔尺寸	$D=(D_1+D_1\cdot Q-0.75\Delta)_{0}^{+\delta}$
2	制品为孔，模具为型芯尺寸	$d=(d_1+d_1\cdot Q+0.75\Delta)_{-\delta}^{0}$
3	中心孔距尺寸	$L=(L_1+L_1\cdot Q)\pm\delta$
4	制品为轴的模具型腔高度尺寸	$H=(H_1+H_1Q-0.5\Delta)_{0}^{+\delta}$
5	制品为孔的模具型芯高度尺寸	$h=(h_1+h_1Q+0.5\Delta)_{-\delta}^{0}$

（续）

序号	尺寸关系	计算公式

D_1—塑件为轴尺寸　　D—模具型腔尺寸

Δ—塑件公差　　d—模具型芯尺寸

d_1—塑件为孔尺寸　　δ—模具零件制造公差，一般可取塑件公差的1/3～1/4

L—孔距尺寸　　Q—塑件收缩率（表9-27）

H_1—塑件高度尺寸　　h—模具型芯高度尺寸

H—模具型腔深度尺寸　　h_1—塑件孔深度尺寸

表9-27　常用热塑性塑料收缩率（Q）

塑料名称	成形收缩率		塑料名称	成形收缩率	
	（%）	增强（%）		（%）	增强（%）
尼龙6	0.8～2.5	0.5～0.7	372型有机玻璃	0.5～0.9	—
9	1.5～2.5	0.6～1.4			
11	1～1.5	—	聚乙烯		—
66	1.5～2.2	0.4～0.6	低压	1.5～3.5	
610	1.2～2.0	—	中压	3	
1010	0.5～4.0	0.5～1.0	高压	2～4	
聚碳酸脂	0.5～0.8	0.2～0.5			
聚甲醛	0.5～4.2	—	聚氯乙烯		—
聚枫	0.6	—	硬	0.6～1.5	
聚氯乙烯	0.5～0.8	—	中硬	1.5～2	
聚丙烯	1.0～2.5		软	2～3.5	

（2）脱模斜度要求

在加工注射模成形零件时，为便于塑件从型腔内脱出，在垂直于分型面上，必须要制出脱模斜度。脱模斜度大小，一定按图样要求制作，但在没有规定的情况下，各种塑料成形时脱模斜度可从表9-28中选取。

表9-28　各种塑料成形时的脱模斜度

塑件材料	脱模斜度	
	型　腔	型　芯
聚乙烯	20′～40′	25′～40′
372型有机玻璃	20′～45′	25′～45′
聚碳酸脂	35′～1°	30′～50′
ABS	40′～1°20′	35′～1°
尼龙	20′～40′	25′～40′

在选用脱模斜度时，若没有特殊要求，一般可取 0.25°～1°，尽量选用最大值。

在加工制造时，型腔的尺寸应以大端为准而脱模斜度从大端往小端进取；型芯则应以其小端为准，斜度应从小向大端方向进取。

（3）加工要点

成形零件加工要点见表 9-29。

表 9-29　注射模成形零件加工整修要点

序号	加工部位		加工整修要点
1	型腔加工	圆形通孔回转体型腔表面加工	1. 圆形通孔回转体凹模，粗加工以车削为主，在热处理之后再对配合部位表面采用内圆磨加工，而成形表面可用成形磨或电火花加工后由钳工修整抛光，其抛光纹络方向要与脱模方向一致 2. 外形为矩形，而内孔是圆形回转体型腔时其外轮廓的加工以刨、铣、磨为主，但在加工中要保证基准的统一，定位要准确，尽量减少装夹变形和切削应力而引起的变形。而回转体内孔仍以车磨抛光加工为主，但要保证一定的出模斜度
		非旋转体型腔表面加工	型腔为非回转体表面可先采用粗铣，热处理磨削后再用电火花成形加工。若采用拼块凹模，则各镶块的加工要严格保证尺寸精度各形面准确拼后要密合
2	型芯（凸模）的加工		1. 型芯加工主要是凸面加工。在加工时应先加工配合面，并在配合表面上加工出一个基准平面作为成形表面上局部加工与测量基准 2. 对以非回转体配合面与回转体成形表面所组成的零件，加工时应先加工成形表面而后加工配合面。其成形表面的沟、槽应在主要加工表面完成后再加工，以保证形、位的准确 3. 型芯零件表面应加工出脱模斜度，并在淬硬后抛光
3	成形零件上水道加工		1. 冷却水道加工时，应按图样加工，并保证水道与型面间距均匀相等 2. 要严防水道漏水
4	成形零件上流道加工		1. 流动应在热处理前采用成形铣刀加工成形，但应保证截面形状 2. 热处理后进行抛磨，使 Ra 达到 1.0～0.8μm 3. 某些流动进料口，截面应边试模边修正锉修，直到合适为止

（三）注射模模架的制作

塑料注射模架现已实施标准化，做为大批量生产的定型产品在市场销售，供模具制造企业选用。但有时也需自制。

（1）模架基本结构组成

塑料注射模标准模架主要分单分型面模架和双分型面模架两大类型，其单分型面模架主要适用于推杆、推管脱件的模具结构，而双分型面模架则适用于点浇口、自动化程度较高的模具结构。

标准模架的基本结构组成见表9-30。

表9-30　塑料注射模标准模架结构组成

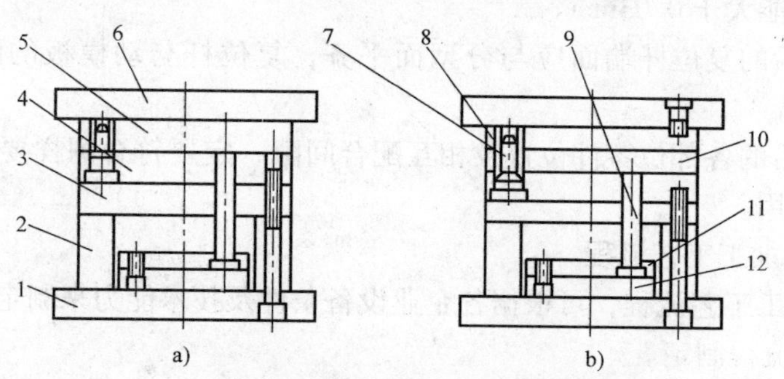

a）单分型面模架　b）双分型面模架

1—动模座板　2—垫板　3—支承板　4—动模板　5—定模板　6—定模座板

7—导柱　8—导套　9—复位杆　10—推件板　11—推杆固定板　12—推杆垫板

序号	结构部位	组成零件及作用
1	动模	动模座板（又称动模固定板）1、动模垫板2、动模支承板3、动模板4在螺钉、销钉连接下组成动模。主要用来连接动模型腔及型芯
2	定模	定模座板6（又称定模固定板）定模板5组成定模，主要是用来连接固定定模型腔以及浇口套等零件
3	导向机构	导套8、导柱7构成模具导向机构，主要作用是能保证定模与动模在工作时能有正确的相互配合位置，以确保制件精度
4	卸件、顶出机构	复位杆9（又称推杆）推杆固定板11、推件板10、推杆垫板12，构成了注射模的卸件顶出机构。在模具中主要起模具开、启复位及卸件作用

（2）模架的加工要求

1）模架各零件的材料牌号、化学成分及力学性能均应符合图样要求。

2）零件在加工时均应按图样加工。其尺寸精度、形位公差、表面质量及热处理硬度均应符合图样要求。

3）模架经装配后，表面应整洁，各活动部位要动作灵活、平稳，无卡滞现象，紧固零件要固紧、无松动。

4）装配后的模架、导柱、导套配合精度应加工成 H7/h6 配合形式，其配合间隙要控制在 0.02～0.04mm 范围内；而与模板固定配合应加工成 H7/m6 过盈配合形式，一般不应有间隙；导柱与导套的轴心线要垂直于模板的固定基面，其垂直度误差，在 100mm 长度内应不大于 0.02mm。

5）装配后的模架，动模下平面与定模上平面要平行。其平行度误差在 300mm 长度范围内不能超过 0.02～0.05mm。

6）装配后的模架动模与定模部分相闭合时，其分型面要紧密贴合，如局部有间隙，间隙不能大于 0.03mm。

7）装配后的复位杆端面应与分型面平齐，复位杆与动模板的配合应加工成 H7/f7 形式。

8）装配后的各部位零件位置及相互配合间隙一定要符合图样要求，并要经检测合格方能使用。

（3）模架加工工艺流程

模架的加工工艺流程，可根据各企业设备条件及技术能力来制定，其大体可按图 9-5 所示的流程制定。

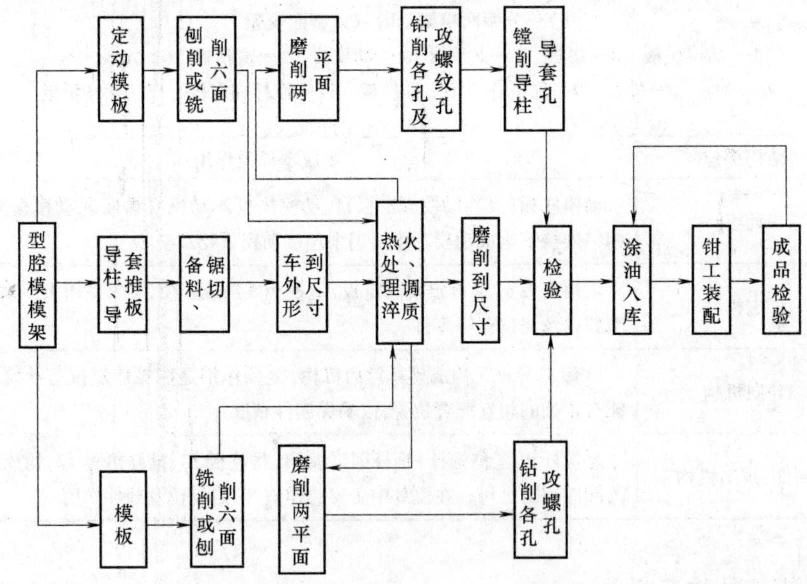

图 9-5　注射模架生产工艺流程

图 9-5 所示的注射模架生产工艺流程，基本上也适于各型腔模模架的制作。如塑料压缩模、合金压铸模模架等。

（4）模架的装配方法

注射模模架装配方法见表9-31。

表9-31　注射模模架装配方法

步序	工序名称	图　示	操作说明
1	检查及修整零件	—	检查加工后的模板导柱、导套、卸料等各零件尺寸和形位精度以及表面质量，特别是需配合部位，不合适时要进行修整
2	修整导柱、导套安装孔	—	测量模板安装孔与导柱、导套安装尺寸，并应使导柱、导套台肩安装后低于安装孔平面0.05mm，否则要进行修整。批量生产时，要配对选用导柱、导套，保证配合间隙
3	压入导套	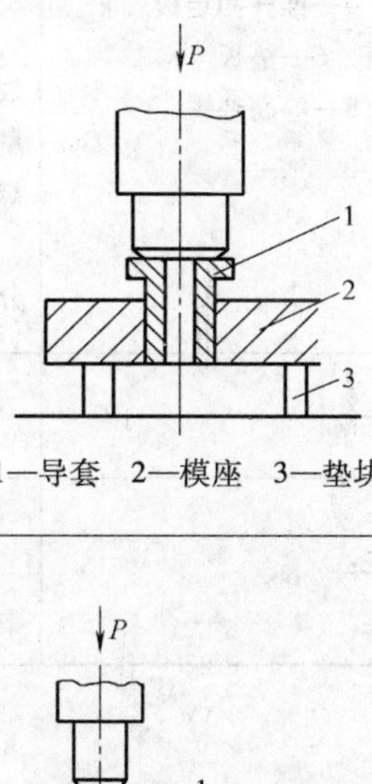 1—导套　2—模座　3—垫块	按图示将导套压入模板内，压入时，应随时校正与模板的安装表面垂直度
4	压入导柱	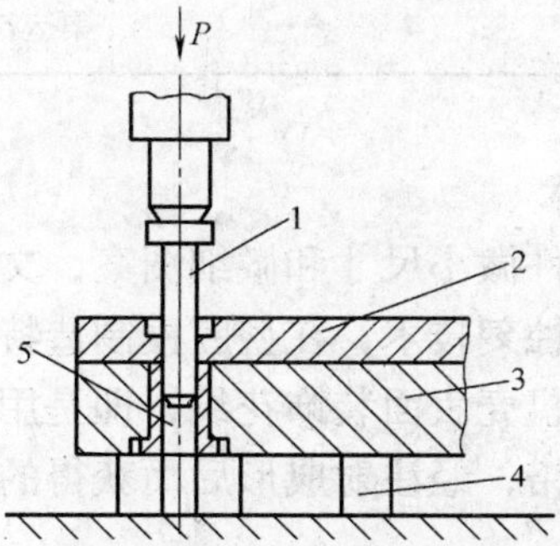 1—导柱　2—动模板　3—支承板 4—垫块　5—导套	如图示，将导柱压入模板。压入时，应借助于已压入导套做导向 在压入时，应先压入两个距离最远的导柱，并随时试一下启模和合模时是否灵活。如发现发涩卡紧，可用红粉涂于导柱表面，再在导套内往复运动，观察红粉被磨情况并调整，重新压入 调整合适后，继续压入第三、第四个，每压入一个应按前述方法调整，直到合适无滞涩为止

（续）

步序	工序名称	图　示	操作说明
5	组装动模	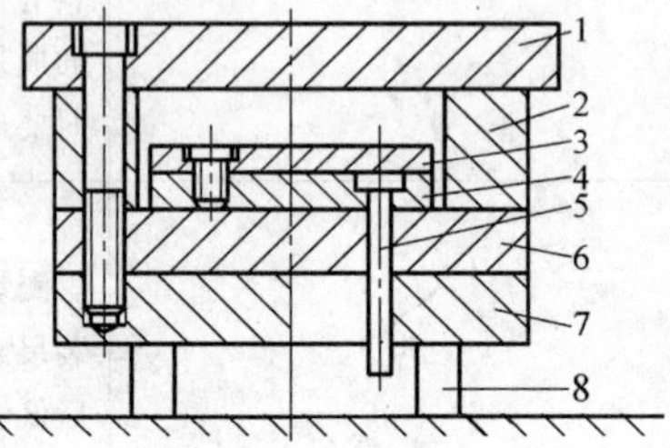 1—动模座板　2—支承板 3—推杆垫板　4—推杆固定板 5—复位杆　6—垫板 7—动模板　8—等高垫铁	1. 将动模板7工作面朝下，放在等高垫铁上，先盖上垫板6，再放上推杆固定板4，装进复位杆5调整好后把推杆垫板3放在推杆固定板4上，用内六角螺钉拧紧 2. 把支承块2和动模座板1重叠放在垫板6上，调好位置再用内六角螺钉紧固并打入圆柱销
6	检查推杆动作灵活性		翻转装好的动模，并在动模板7和推杆垫板3之间放入推杆，检查推件装置是否灵活，若不合适应进行调整
7	修磨复位杆高度		1. 在垫板6和推杆固定板4之间放入小型千斤顶。均匀顶开后，测量复位杆端部高出分型面尺寸确定修磨量 2. 拆开动模，修磨复位杆使其与分型面平齐
8	装配定模	—	1. 修复位杆后重新装动模 2. 装定模，使之各零件配合合适
9	合模检验	—	1. 将装配后的定动模合模 2. 按模架技术要求，检测整体模架运行可靠性

（四）零件表面蚀刻花纹技术

零件的表面蚀刻是指用于零件微小尺寸和微细图案、文字、商标的刻蚀精密加工技术。这种图案、花纹及文字蚀刻技术，在型腔模制造特别是塑料制品零件中应用的最多。如电视机、收录机的机壳表面装饰花纹，即是用表面蚀刻技术在模具型腔表面形成一定深度的凸、凹纹络，经注射成形后而获得的。常见的装饰花纹有皮革纹、桔皮纹、木纹等。

在塑料模具型腔表面加工装饰花纹的方法很多，目前主要有：丝印转移腐蚀法，光化学腐蚀法，激光蚀刻，电子束、离子束以及等离子蚀刻等。对于图样简单的花纹图案及文字，也可以采用电火花、手工雕刻和压印等工艺。但应用最多的是光化学蚀刻技术。

（1）光化学蚀刻原理

光化学蚀刻的原理是把需要的图形、文字等按一定比例放大绘制成原图，并用照相方法精确地缩制在照相底板上，底片上的图案经过曝光、显影的光化学反应，复制到涂有感光胶的型腔表面上，再经过坚膜固化等处理，使感光胶的相应部分具有较高的抗蚀能力，再进行化学腐蚀，即可获得所需的模具型腔表面图案。如各种数字、文字、商标、花纹和亚光面等。

（2）光化学蚀刻花纹工艺过程

采用光化学蚀刻花纹工艺过程见表9-32。

表9-32　光化学蚀刻模具型腔花纹表面工艺过程

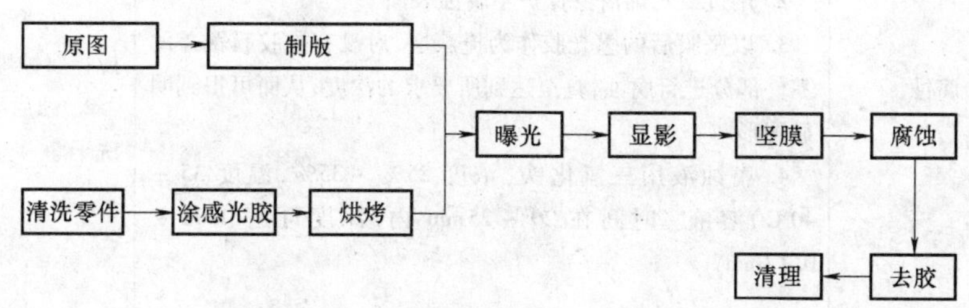

步序	工序名称	操作工艺	注意事项
1	清洗零件表面	1. 将零件放入10%的氢氧化钠溶液中加热，并用汽油及去污粉除去油污，再用清水冲净 2. 用电炉烘烤至50℃，以提高感光胶膜的粘附性且不起皱	型腔表面应无水、无油污
2	涂感光胶	在模具表面需腐蚀部位在红灯下涂感光胶。一般可在涂胶机上用旋转法涂覆，也可以用刷涂、浸涂喷涂等方法。其感光胶配方： 聚乙烯醇100g；重铬酸酐20g；洗涤剂：3mL；水1000mL	涂胶要求厚度均匀，粘附性好
3	烘烤	涂胶后的模具零件要烘干，使感光胶膜干燥	胶膜一定要干透无水分
4	曝光	将照相底片有像一面紧贴在被涂过感光胶的零件表面，用高压汞灯或碳精等曝光，光源与零件表面距离一般为500～800mm	图文底片与型腔表面一定压紧压实

（续）

步序	工序名称	操作工艺	注意事项
5	显影	显影是使曝光后的基底表面感光胶膜呈现与照相底片相同的清晰图形。其配方为： 柠檬酸:3~5g;水:1000mL;温度:40℃;时间:10~20s	操作时应仔细
6	烘烤坚模	零件显影后需在一定温度下焙烘使胶膜中存在的溶剂及水分彻底除去,改善粘附性,防止胶膜脱落 温度:180℃,在恒温箱内烘烤	直烤到花纹呈古铜色为止
7	腐蚀	1. 用去污粉刷去残膜及异物,冲洗后,凉干,并按图样进行修版 2. 用过氯乙烯清漆保护不腐蚀表面 3. 以坚膜后的感光胶作为掩蔽层,对没有被胶膜覆盖的零件部分进行腐蚀,直至达到所要求的深度,从而可得到明显图形 4. 腐蚀液用三氯化铁(浓度25%~35%,温度35~40℃)溶液。时间在20~25min内,深度可达0.08~0.12mm	1. 在腐蚀时要不断搅拌腐蚀液 2. 蚀后要用清水冲洗干净
8	煮碱去胶	腐蚀后,用金相砂纸去除腐蚀后残留在衬底表面无用的胶模或用氢氧化钠(10~15g/L)、碳酸钠(40~50g/L)碳酸钠(20~30g/L)煮(温度60~70℃)30~60s	—
9	清理零件	除去胶膜后,涂以机油防锈保护	—

（五）塑料注射模的装配

塑料注射模的装配和其他型腔模一样，其装配工艺过程大致是：研究零件装配关系→清洗及检查零件→组件装配→总装配→试模与调整。

1. 装配要点

塑料注射模的零件很多，相互配合关系复杂，因此在装配时，要注意下述装配要点：

（1）注意选配装配基准

装配基准的选择是保障模具装配质量的重要依据和条件。其选择方法，大致可分为以下两种：

1）以型腔、型芯为装配基准。在注射模结构中，型腔与型芯是模具的主要成形零件。故在装配时，以其作为装配基准；而其他零件的位置均要依据型腔和型芯来确定。如导套孔的位置，在装配时，应先保证好定、动模位置、即在型芯、型腔的间隙之间塞入与制品壁厚相同的塞片（铜片或样件），找正后，再进行配钻导柱、导套孔，钻出的孔非常准确。

2）以模具定、动模板两个互相垂直的侧面为基准进行装配。如型腔、型芯的安装与调整、导柱、导套孔的位置以及侧滑块的滑动位置等，均应以标准模架上的动、定模板基准 X、Y 坐标尺寸定位、校正。通过划线加工。

（2）注重装配过程中组件的研修

模具零件经加工后都会产生一定的偏差。因此，在装配时，装配钳工必须要对零件进行相应的修整、研配、刮削及抛光等工作。如型腔与型芯脱模斜度、各零件的圆角半径、垂直分型面与水平分型面结合处、型腔沿口处及侧抽芯滑道，楔紧块的修研等。通过修研，可以使零件符合装配要求，这样才能确保总装配时能顺利进行和质量。

（3）模具总装后的检查

模具在总装配后，操作者一定要进行对自装的模具质量做全面检查。如查看各部位动作是否正常，导向部位有无滞阻现象。推出件机构是否动作灵活。必要时，可用蜡枪注蜡先制成试样进行检查，自感认为合适后，再上机进行安装正式调试。

2. 装配过程

塑料注射模装配方法没有准确固定的模式，只要按前述装配要点，可以根据模具结构特点及装配者个人的经验、习惯来选择装配顺序和装配方法。表 9-33 为一单分型面塑料注射模装配工艺过程，供装配时参考。

表 9-33　塑料注射模装配工艺过程

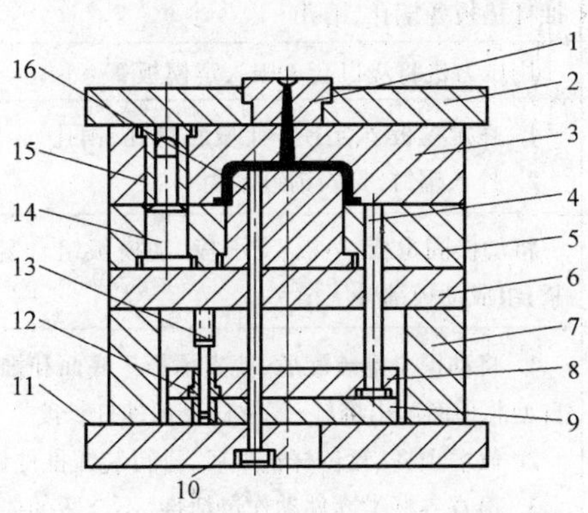

1—浇口套　2—定模板　3—定模　4—顶杆　5—动模固定板　6—垫板　7—支承板　8—推板　9—推板垫板　10—顶件杆　11—动模板　12—顶板导套　13—顶板导柱　14—导柱　15—导套　16—动模型芯

（续）

工序号	装配工序	操作说明
1	加工及精修定模	1. 定模3经下料锻、刨后，磨削六面，上下平面要相互平行并留有修磨余量 2. 划线加工型腔，其方法可采用铣削或电火花机床加工。其加工深度按要求尺寸增加0.2mm 3. 用油石修磨机电加工后的型腔表面
2	精修动模型芯及动模固定板型孔	1. 按图样将预加工的动模型芯精修成形，钻铰顶件孔 2. 按划线加工动模固定板5型孔，并与型芯配合加工
3	同镗导柱、导套孔	1. 将定、动模固定板叠合在一起，使分型面紧密接触，然后用夹钳夹紧，同镗导柱、导套孔 2. 锪导柱、导套台肩孔
4	复钻螺孔及销孔	1. 将定模3与定模板2叠合在一起，夹紧后复钻螺孔、销孔 2. 将动模板11、动模固定板5、垫板6、支承板7叠合在一起，夹紧后复钻螺孔、销孔
5	压入型芯	1. 将动模型芯压入动模固定板，并配合要紧密 2. 装配后，型芯外露部位要符合图样要求
6	压入导柱导套	1. 将导套压入定模3 2. 将导柱压入动模固定板 3. 配合后检查导柱、导套松紧情况，并调整合适
7	磨安装基面	1. 将定模3上基面磨平 2. 将动模固定板5下基面磨平
8	复钻推板各孔	通过动模固定板5及型芯16复钻推板上的推杆及顶杆孔，卸下后再复钻推杆垫板各螺孔、销孔
9	压入浇口套	用压力机将浇口套1压入定模板2
10	装配定模部分	1. 在定模板2、定模3上复钻螺孔、销孔 2. 拧入螺钉，打入销钉紧固
11	装配动模部分	将动模固定板、垫板、支承板、动模板组合复钻后，拧入螺钉、打入销钉固紧、组成动模部分
12	修整推件机构	1. 将动模全部装配后，使支承板7底面和推板垫板紧贴于动模板上平面，自型芯顶面测出推杆、复位杆及顶件杆长度 2. 修磨顶杆、复位杆长度后，进行装配推件机构 3. 检查各杆类零件动作灵活性，不合适的要调整
13	检验及试模	1. 将定、动模合模，再一次检查各零件动作状况，以及导向机构，推件机构灵活，平稳程度 2. 用蜡枪注射蜡液，凝固后开模取出蜡件检查形状 3. 检查自认合适后，准备上机试模

(六) 塑料注射模的调试

1. 模具的安装

塑料注射模主要使用的设备是注射机。注射机主要分立式、卧式和直角式三种类型，其中常用的为卧式注射机。

注射机主要由注射装置、锁紧装置、顶出装置、模板机架等部位构成。工作时，模具安装于设备的动模及定模板上，由锁模装置合模及锁紧、加热系统加热。并由注射机构将熔融的塑料注入模具型腔内，使其固化成形后，再由顶出机构顶出，完成整个注射成形过程。

模具在塑料注射机上的安装方法见表9-34。

表9-34　注射模（卧式）安装方法

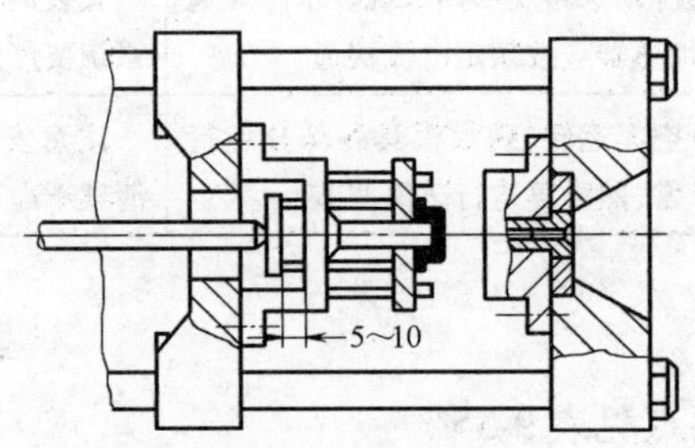

步序		安装方法	注意事项
1	装前准备	清理模板平面及定位孔、模具安装面上的污物、毛刺	
2	模具的安装与固定	小型模具的安装：先在机器下面两根导柱上垫好木板，模具从侧面进入机架间，定模入定模孔并放正位置，慢速闭合模板、压紧模具。然后用压板及螺钉压紧定模，初步将动模固定。再慢速开启模具，找准动模位置。在保证开闭模具时平稳、灵活、无卡紧现象再固定动模	模具压紧应平稳可靠，压紧面积要大，压板不得倾斜，要对角压紧，压板尽量靠近模脚。注意合模时，动、定模压板不能相撞
		大型模具的安装常用分体安装法；先把定模从机器上方吊入机器间入定位孔，并找正位置、压紧。动模吊入机架间与定模相配合，合模后初步、压紧动模。开启模具，配合合适后，紧固动模	安装模具时，注意安全防止模具落下

（续）

步序		安装方法	注意事项
3	调节锁模机构	调节锁模机构，保证有足够的开模距锁模力，使模具闭合适当	曲肘伸直时，应先快后慢，即不轻松又不勉强
4	调节顶出机构	慢速开启模具，直至模板停止后退为止。调节顶出装置，保证顶出距离	顶板不得直接与模体相碰，应留有5～10mm间隙。开闭模具后，顶出机构应动作平稳、灵活，复位机构应协调可靠
5	校正喷嘴与浇口套相对位置	校正喷嘴与浇口套的相对位置及弧面接触情况。可用一层纸放在喷嘴及浇口套之间，观察两者接触情况。校正后拧紧注射座定位螺钉，紧固定位	松紧要合适
6	调整水电路	接通冷却水路及加热系统。水路应通畅，电加热器应按额定电流接通	安装调温、控温装置以控制温度；电路系统要严防漏电
7	空车试运转	先开空车运转，观察模具各部分运行是否正常，然后再进行试模调节	注意安全，试车前一定要将工作场地清理干净

2. 模具调试要点

注射模调试过程及要点见表9-35。

表9-35 塑料注射模调试过程及要点

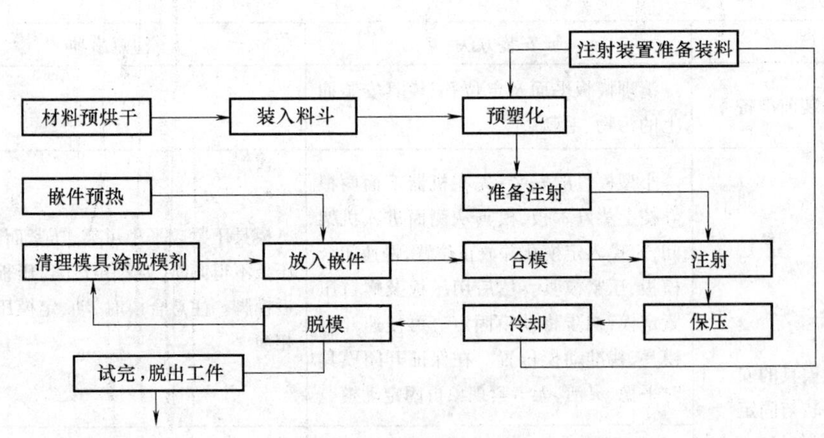

注射模调试过程

调试项目	调试要点
选择螺杆及喷嘴	1. 按设备要求根据不同塑料选用螺杆 2. 按成形工艺要求及塑料品种选用喷嘴

（续）

调试项目	调 试 要 点
调节加料量，确定加料方式	1. 按塑件重量（包括浇注系统耗用量，但不计嵌件），决定加料量，并调节定量加料装置，最后以试模为准 2. 按成形要求，调节加料方式 （1）固定加料法：在整个成形周期中，喷嘴与模具一直保持接触，适于一般塑料 （2）前加料法：每次注射后，塑化达到要求注射容量时，注射座后退，直至下一个循环开始时再前进，使模具与喷嘴接触进行注射 （3）后加料法：注射后注射座后退，进行预塑化工作。待下一个循环开始，再返回进行注射，用于结晶性塑料 3. 注射座要来回移动者，则应调节定位螺钉，以保证每次正确复位。喷嘴与模具要紧密配合
调节锁模系统	装上模具，按模具闭合高度、开模距离调节锁模系统及缓冲装置，应保证开模距离要求。锁模力松紧要适当，开闭模具时，要平稳缓慢
调整顶出装置与抽芯系统	1. 调节顶出距离，以保证正常顶出塑件 2. 对设有抽芯装置的设备，应将装置与模具连接，调节控制系统，以保证动作起止协调定位及行程正确
调整塑化能力	1. 调节螺杆转速，按成形条件进行调节 2. 调节料筒及喷嘴温度，塑化能力应按试模时塑化情况酌情增减
调节注射力	1. 按成形要求调节注射力 $P_{注}=P_{表}\cdot d_{缸}^2/d_{螺}^2$ 式中　$P_{注}$——注射压力（N/cm^2） $P_{表}$——压力表读数（N/cm^2） $d_{螺}$——螺杆直径（cm） $d_{缸}$——油缸活塞直径（cm） 2. 按塑件及壁厚，调节流量调节阀来调节注射速度
调节成形时间	按成形要求来控制注射、保压、冷却时间及整个成形周期。试模时，应手动控制，酌情调整各程序时间，也可以调节时间继电器自动控制各成形时间
调节模温及水冷系统	1. 按成形条件调节流水量和电加热器电压，以控制模温及冷却速度 2. 开机前，应打开油泵、料斗，各部位冷却水系统
确定操作次序	装料、注射、闭模、开模等工序应按成形要求调节。试模时用人工控制，生产时用自动及半自动控制

3. 调试方法

塑料注射模调试方法见表9-36。

表 9-36　注射模试模缺陷与调整方法

弊病类型	产生原因	调整方法
塑件外形不完整,有残缺或多型腔时个别型腔填不满	1. 注射量不够,加料量及塑化能力不足 2. 塑料粒度不均,大小不一 3. 多型腔时,进料口宽窄深度不一 4. 喷嘴及料箱温度太低或喷嘴口径太小 5. 注射压力小,保压时间太短,螺杆和柱塞退回过早 6. 飞边溢料过多 7. 模温太低,制件冷却过快 8. 模具浇注系统流动阻力太大进料口位置不合适或截面太小 9. 排气不当或型腔内有水份 10. 塑料含水份或挥发性物质	1. 加大注射量和加料量,增强塑化能力 2. 改用新塑料,使粒度均匀 3. 修整各进料口,使其形状相同 4. 设法提高喷嘴部位及料箱温度或加大喷嘴口直径 5. 改进注射参数,加大注射力和延长注射保压时间 6. 使溢流槽变小,减少溢流量 7. 设法提高模温 8. 修整进料口或使截面加大 9. 增加冷料穴,使模具适当排气或合理使用脱模剂,清除水份 10. 塑料在注射使用前要烘干或改用性能较好的塑料
塑件尺寸变化、不稳定	1. 注射机电器加热或液压系统不稳定 2. 模具温度不足,定位杆弯曲 3. 成形条件如温度及保压时间发生变化,成形周期不一致 4. 模具制造精度较差,活动零件动作不稳定或定位不稳 5. 模具合模后,分型面接触不严,或时紧时松出现飞边 6. 浇口太小或多型腔时进料口大小不一致,进料不平衡 7. 塑料每次加料量不均 8. 塑料粒度不均,收缩率不稳	1. 修整注射机电器加热或液压系统,使之工作稳定可靠 2. 调整模具温度更换定位杆 3. 合理控制成形条件,使每一个制品的成形周期一致 4. 重新调整模具结构,使之符合图样要求 5. 增大锁模力,使定、动模分型面配合严密、合模稳定 6. 修整浇口,使各进料口均匀一致 7. 合理控制料量,即每次要定量 8. 更换质量好的塑料

（续）

弊病类型	产生原因	调整方法
塑件表面产生气泡	1. 注射压力太小 2. 柱塞或螺杆注射时退回太早 3. 模具排气不良 4. 模具温度太低 5. 注射速度太快 6. 塑料含水量太大有挥发物 7. 料温太高，加热时间长 8. 模具型腔内有水、油污或用脱模剂不当	1. 加大注射压力 2. 要合理控制柱塞及螺杆退回时间 3. 增设冷料穴，使其排气良好 4. 设法提高模温 5. 设法降低注射速度 6. 更换新塑料 7. 降低模温减少加热时间 8. 清除型腔内水分，合理使用脱模剂
塑件产生凹坑或真空泡	1. 进料口太小或位置设置不当，不利于进料 2. 塑件本身设计工艺性差，薄厚相差较大 3. 模温、料温高，冷却时间短，易出现凹陷 4. 模温过低易产生真空气泡 5. 注射压力太小、速度慢以及注射保压时间短 6. 加料或供料不足以及溢料过多、塑料流动性较差	1. 修整进料口，使之大小、位置，合理或加多进料口数量 2. 在料厚部位，增设工艺型孔，尽量使壁厚变化均匀 3. 降低模温，料温以及加大冷凝时间 4. 合理控制模温 5. 合理控制注射工艺参数加大注射力，注射速度及保压时间 6. 合理加料或供料；减小溢流槽面积或改用质量好塑料
塑件四周飞边过大	1. 分型面密合不严，存有间隙，型腔和型芯滑动部位间隙过大 2. 模具强度或刚性较差 3. 模具各承接面平行度差 4. 模具安装时没有被压紧，致使单边受力 5. 注射压力太大，锁模力不足或锁模机构不良；注射机动、定模板间不平行 6. 塑料流动性太大，料温、模温偏高，注射速度快或加料量太多	1. 修整模具分型面，使之密合或减小型腔、型芯间隙值 2. 修整模具设法加大其强度刚性 3. 修整各承接面使其相互平行 4. 重新安装模具于注射机上并紧固 5. 调整注射机，使之在正常状态下工作 6. 合理改善和控制注射工艺参数

（续）

弊病类型	产生原因	调整方法
塑件产生明显细缝	1. 注射压力太小，注射速度慢或料温、模温太低 2. 注射阻力太大或进料口位置设置不合理 3. 模具冷却不均匀 4. 嵌件温度太低 5. 塑料流动性差或有水分 6. 模具排气不良	1. 合理控制和改进注射工艺参数 2. 缩短浇料系统流程，合理修整浇道口位置及大小 3. 修整冷却水道，使之冷却均匀 4. 注射前将嵌件预热 5. 更换塑料并在使用前烘干 6. 增设冷料穴使其空气排出
塑件表面产生明显波纹	1. 料温、模温、喷嘴温度较低，注射压力小、速度慢 2. 冷料穴设计不合理，注射前里面有冷料没清除 3. 浇注系统流程过长，截面积小，进料口大小、形状、位置不合理使融料受阻，冷却快而产生波纹 4. 模具冷却不均匀 5. 塑料流动性差或供料不足 6. 流道曲折、狭窄、表面粗糙	1. 合理调整注射工艺参数，使之合适 2. 改进冷料穴，并在每次注射前要将冷料穴内废料清理干净 3. 合理修整浇注流道，使其长短及进料口大小，位置合理 4. 合理修整冷却管道使其均匀 5. 更换质量好的塑料并合理供料 6. 修整流道，并进行抛光
塑件表面沿流动方向产生银白色针状条纹或片状云母纹（水痕）	1. 塑料及模温太高，注射压力太小 2. 塑料含水太多并有挥发物质存在 3. 成形时排气不良，有空气存在 4. 流动进料口太小 5. 脱模剂使用不当，注射时型腔存有水分或油污 6. 模温若太低，注射压力小，注射宽度低，冷却快、易形成银白色或白色反射光的薄层，产生冷却痕 7. 塑件若壁厚相差较大时，融料从薄壁流入厚壁时易膨胀，挥发物气化与型腔表面接触液化后形成银纹 8. 塑料中配料不当，混入不熔料（或异物）制品产生分层	1. 合理控制注射工艺参数的使用 2. 采用性能较好的塑料原料 3. 改进排气机构，使之有良好排气 4. 加大进料口径 5. 合理使用脱模剂，在注射前一定要清除型腔油污及水分 6. 合理控制注射工艺参数，加大注射力，提高模温和注射速度，使之在正常工作条件下工作 7. 改进塑件设计，使之壁厚尽量相差小，或增设工艺孔以缓解壁厚变化过大 8. 合理配料，使之保清洁无异物

（续）

弊病类型	产生原因	调整方法
塑件翘曲变形	1. 冷却保温时间不够模温高 2. 塑件薄厚不均，相差太大，强度差；使用的嵌件分布不合理，没预热 3. 进料口位置不合理或尺寸小 4. 料温、模温低，注射压力小，注射速度过快；保压不足或冷凝收缩不均 5. 动、定模温差大、冷却不匀 6. 塑料塑化不匀，供料不足或过量 7. 模具强度低，易变形，制造精度低，定位不准 8. 顶出机构受力不均，顶料杆位置不合理或某一处折断弯曲	1. 延长保温时间，增大模温 2. 修正塑件，使之符合工艺性要求或增加工艺孔，使嵌件预热合适 3. 改进进料口位置，使口径加大 4. 改善成形工艺条件，使其合理 5. 合理控制动、定模温 6. 合理控制给料量 7. 修整模具，提高制造精度、质量与强度 8. 重新调整顶出机构，使之受力均衡
塑件产生裂纹	1. 脱模时顶出力不均，偏斜 2. 模温太低或受热不均 3. 冷却时间过长或过快 4. 脱模剂使用不当 5. 嵌件不洁或预热不够 6. 脱模斜度太小，有尖角或缺口，易产生应力集中致使塑件裂纹 7. 成形条件不合理 8. 进料口尺寸过大或形状不合理，产生应力 9. 塑料混入杂质或填料分布不均	1. 修整顶出机构，使受力均衡 2. 合理改善模温受热状况 3. 合理确定冷却保压时间 4. 合理使用脱模剂 5. 清洗嵌件，并进行预热 6. 修正脱模斜度，使之合适 7. 应改进成形条件，如温度、注射力、注射速度等 8. 合理修整进料口大小及形状 9. 合理选用塑料及填料清除杂质，填料时要搅拌均匀
塑件表面产生黑斑、黑点或黑条，在塑件表面呈碳状烧伤现象	1. 料筒清理不洁或有混杂物 2. 模具排气不良或锁模力太大 3. 塑料中成型腔有可燃挥发物 4. 塑料受潮含水分太多，水解变黑 5. 染色不匀或染料变质 6. 塑料成分变质分解	1. 注射成形前，认真清理料筒或塑料中的杂物 2. 修整排气溢槽、减小锁模力 3. 清理塑料及型腔 4. 使用前要将塑料烘干，去除水分 5. 合理进行配料 6. 采用质量好的塑料

（续）

弊病类型	产生原因	调整方法
塑件色泽不均或变色	1. 颜料质量不好、搅拌不均 2. 型腔表面有水分，油污或脱模剂过多 3. 塑料或颜料中混入杂质 4. 结晶度低或塑件壁厚不均影响透明度造成色泽不均	1. 更换颜料，使用前要搅拌均匀 2. 烘干塑料、合理使用脱模剂 3. 更换纯净度高的材料 4. 改善塑件工艺性
脱模困难	1. 型腔表面粗糙 2. 脱模斜度小 3. 模具镶块处缝隙太大 4. 型芯无进气孔 5. 模具温度太高或太低 6. 保压成形冷凝时太短 7. 顶杆太短不起顶件作用 8. 拉料杆失灵难以拉下废料 9. 型腔强度差有变形或伤痕 10. 活动型芯脱模不及时	1. 对型腔进行抛光 2. 加大脱模斜度 3. 整修模具使之密合 4. 增设排气孔 5. 合理控制模具温度 6. 控制成形保压时间 7. 加长顶杆 8. 修整拉料杆顶部形状 9. 修抛型腔 10. 修整活动型芯能及时脱模
制品粘模难以脱模	1. 浇道截面斜度小，没使用脱模剂 2. 料温模温较低或喷嘴与浇口套不吻合有夹料 3. 拉料杆失灵，不起拉料作用 4. 模具型腔表面有划痕 5. 冷却时间短 6. 拼块型腔镶拼不严密有缝隙 7. 塑料中混入杂质引起粘模 8. 浇道直径较大	1. 加大浇道斜度使用脱模剂 2. 提高料温、模温、修整喷嘴与浇口套吻合，防止夹料产生 3. 修整拉料杆 4. 修刮及抛光型腔表面 5. 延长冷却时间 6. 修整型腔镶块使其密切贴合 7. 更换新塑料 8. 适当缩小浇道直径
塑件（372 有机玻璃）透明度低	1. 模温料温低，熔料与型腔表面接触不良 2. 型腔表面粗糙有水及油污 3. 脱模剂太多 4. 料温太高，使塑料分解 5. 塑料有水分及杂质	1. 提高模温与料温 2. 清理型腔表面并抛光 3. 适当使用脱模剂 4. 降低料温及模温 5. 烘干塑料清除杂质

（续）

弊病类型	产生原因	调整方法
塑件表面无光泽、发乌、有伤痕	1. 型腔表面粗糙 2. 型腔内有油污、异物 3. 脱模剂作用太多或质量不好 4. 塑料含水量太大或有挥发物 5. 塑料或颜料变质、流动性差 6. 料温模温低，注射速度慢 7. 模具排气不良，融料中充气 8. 注射速度过快，进料口直径小易使融料气化产生乳白薄层 9. 脱模斜度小 10. 操作时不甚擦伤制品表面	1. 抛光型腔表面 2. 注射成形前，清理型腔 3. 合理使用脱模剂 4. 烘干塑料 5. 更换塑料 6. 提高模温、料温、注射速度 7. 改善模具排气机构 8. 降低注射速度，使进料孔加大 9. 在不影响制品质量情况下，适当加大脱模斜度 10. 注意操作方法，按工艺规程进行操作

五、合金压铸模的加工与调试

合金压铸又称压力铸造，它是将固态金属加热熔化成液态后放入压铸机压料室内，用压铸机活塞加压，使液态金属经浇注系统压入模具型腔内，待液态金属在型腔内冷却后，便把型腔的轮廓复制下来而形成所要求的制品零件。其使用的模具称为合金压铸模。

采用压铸模生产制品零件，有生产效率高、产品质量好、又能压制薄壁、形状复杂的制品零件、节约原材料等一系列优点，故现已被广泛的应用于工业生产之中。但压铸模的制造一般比较复杂，成本较高，故只适于制品零件需求量较大的批量生产、不宜单件及小批量制品零件。

（一）模具的结构类型及制造特点

压铸模的结构是根据企业现有压铸机的类型进行设计的。除本书表 2-9 所示的应用在卧式压铸机上的冷压室偏心浇口压铸模外，还有热压室压铸模、立式冷压室压铸模等多种结构类型。但无论采用何种类型，其结构构成及制造加工特点基本相同。

1. 结构类型

压铸模的结构类型见表 9-37。

表 9-37 压铸模的结构类型及成形工作过程

结构类型	图示	结构组成及工作过程
热压室压铸模	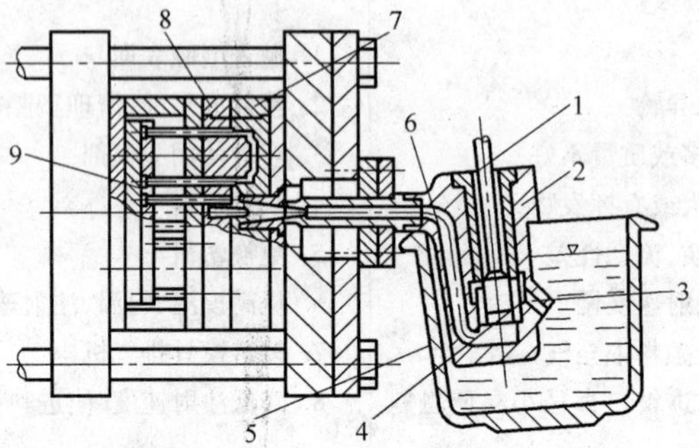 1—冲头 2—压室浇套 3—进料孔 4—料筒 5—坩埚 6—浇道 7—定模 8—动模 9—顶出杆	图示为一热压室压铸机用热压室压铸模的压铸过程。其模具由动模8及定模7和顶出机构9和导向机构四部分组成。安装在压铸机上后,其料筒4下部至模具动模8与定模7所组成的型腔构成一封闭腔。待注射机冲头1下滑时,则金属液即被高速注入并填满型腔,冷凝后即可形成与型腔相符的金属零件,开模后即可取出 采用热压室压铸模,不需用人工浇注,由机床自动完成作业,故可适于自动化连续生产,效率较高
立式冷压室压铸模	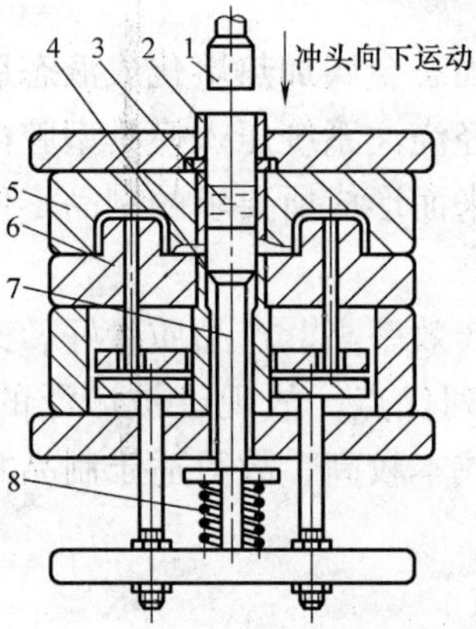 冲头向下运动 1—冲头 2—压室 3—熔融金属 4—横浇道 5—定模 6—动模 7—推杆 8—弹簧	图示为一全立式冷压室压铸模。在工作时其上模与下模处于闭合状态下,将液态金属3注入压室2内,待冲头1下降时,将推杆压下打开横浇道,将金属压入定模与动模6组成的型腔内并填满,待冷凝成形后,由推杆7将工件随开模时推出模外

（续）

结构类型	图　示	结构组成及工作过程
卧式冷压室压铸模	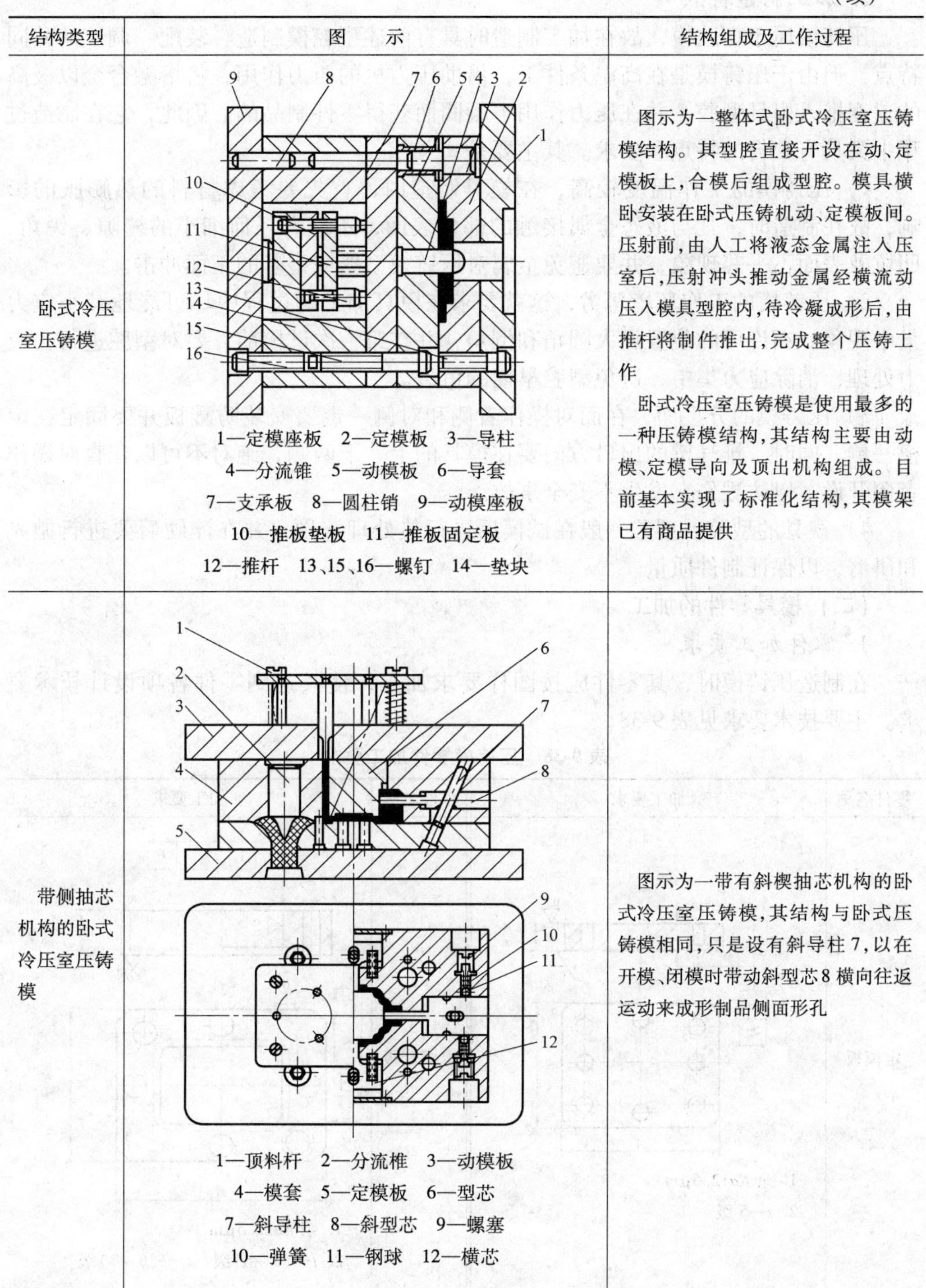 1—定模座板　2—定模板　3—导柱 4—分流锥　5—动模板　6—导套 7—支承板　8—圆柱销　9—动模座板 10—推板垫板　11—推板固定板 12—推杆　13、15、16—螺钉　14—垫块	图示为一整体式卧式冷压室压铸模结构。其型腔直接开设在动、定模板上，合模后组成型腔。模具横卧安装在卧式压铸机动、定模板间。压射前，由人工将液态金属注入压室后，压射冲头推动金属经横流动压入模具型腔内，待冷凝成形后，由推杆将制件推出，完成整个压铸工作 卧式冷压室压铸模是使用最多的一种压铸模结构，其结构主要由动模、定模导向及顶出机构组成。目前基本实现了标准化结构，其模架已有商品提供
带侧抽芯机构的卧式冷压室压铸模	1—顶料杆　2—分流椎　3—动模板 4—模套　5—定模板　6—型芯 7—斜导柱　8—斜型芯　9—螺塞 10—弹簧　11—钢球　12—横芯	图示为一带有斜楔抽芯机构的卧式冷压室压铸模，其结构与卧式压铸模相同，只是设有斜导柱7，以在开模、闭模时带动斜型芯8横向往返运动来成形制品侧面形孔

2. 加工制造特点

压铸模属于型腔模，故在加工制造时具有前述型腔模制造、装配、调试的共同特点。但由于压铸模是在高温条件件下，借助压力机的压力作用，将熔融合金以极高的速度推入模具型腔，并在压力作用下凝固而获得零件制品的。因此，它在制造过程中又具有独自的特点和要求。其主要是：

1）压铸模的工作温度较高，在模具制造时，首先要考虑材料的热膨胀的影响，故在制造时，凡与液态金属接触的部位表面，不应有任何细小的缝隙、锐角、凹坑及表面不平等现象，并要避免金属对压铸模型壁或型芯的正面冲击。

2）压铸模的工作环境恶劣，这就要求在模具加工的过程中尽可能地减小应力集中现象。在许可的位置加大圆角和倒角，并在第一次试模前，要对型腔进行去应力处理，消除应力集中，避免型腔早期的龟裂。

3）压铸模的分型面，在面对操作者侧和对侧一定要安装防溅板并要固定在定模一侧。同时，排气槽的出口方向要在模具的上、下两侧，绝对不可以在直对操作者侧开设，以防溅伤，发生不安全事故。

4）模具的型腔、型芯一般在试模后进行热处理淬硬，并在淬硬后要进行抛光和研磨，以保证制件质量。

（二）模具零件的加工

1. 零件加工要求

在制造压铸模时，其零件应按图样要求加工，使其达到零件各项设计技术要求。主要技术要求见表 9-38。

表 9-38　压铸模零件加工要求

<table>
<tr><th>零件名称</th><th>加工要求</th><th>零件名称</th><th>加工要求</th></tr>
<tr><td>定模板</td><td>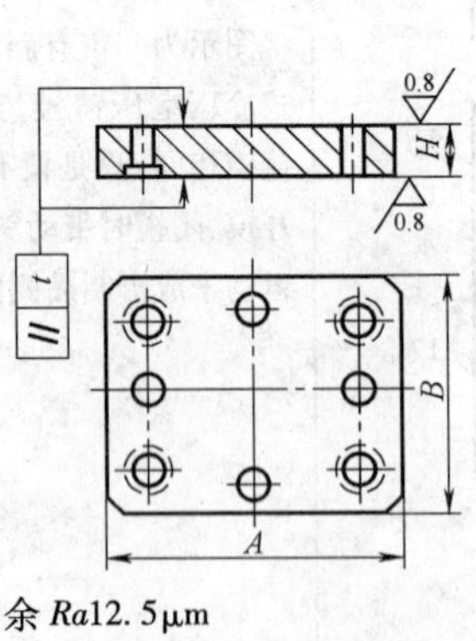

1. 余 $Ra12.5\mu m$
2. t—5 级</td><td>定模套板</td><td>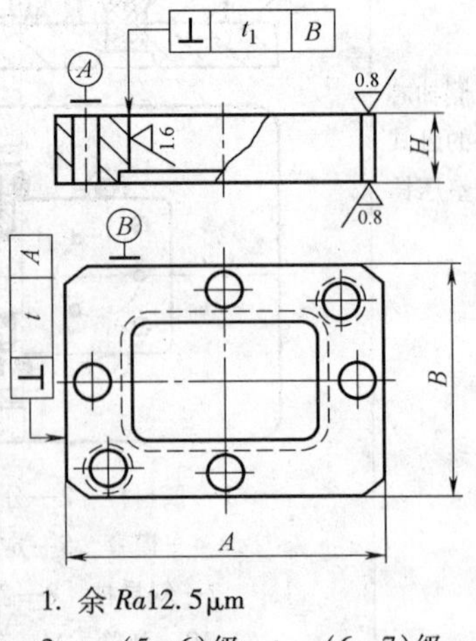

1. 余 $Ra12.5\mu m$
2. t—(5 ~6)级　t_1—(6 ~7)级</td></tr>
</table>

（续）

零件名称	加工要求
定模镶块	1. 余 $Ra12.5\mu m$ 2. t 取 5 ~ 6 级　t_1 取 6 ~ 7 级　t_2 取 5 级
导套	t 取 6 ~ 7 级
导柱	t 取 5 ~ 6 级
分流锥	
动模套板	1. 余 $Ra12.5\mu m$ 2. t 取 5 ~ 6 级　t_1 取 6 ~ 7 级
动模板	1. 余 $Ra12.5\mu m$ 2. t 取 5 级
浇口套	

（续）

零件名称	加工要求	零件名称	加工要求
推杆垫板	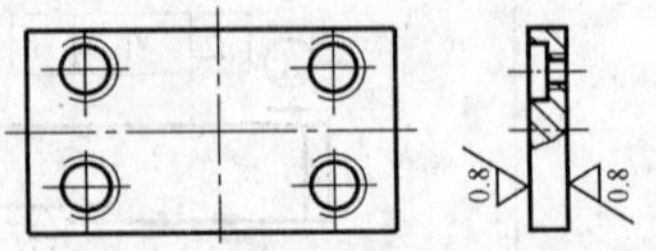 0.8 0.8	动模垫板	0.8 H 0.8 B A
推杆固定板	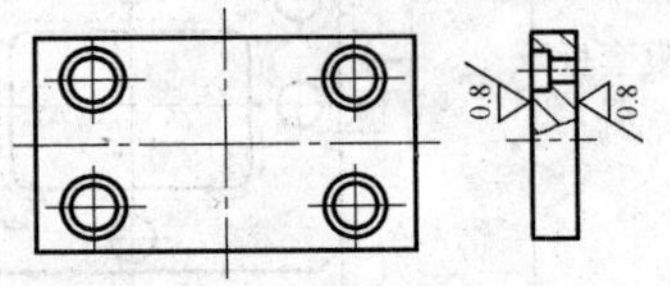 0.8 0.8		
动模镶块	⊥ t A　A 1. 矩形镶块同定模镶块 2. t 取 5 ~6 级	复位杆	1.6 0.8
支承板		推件杆	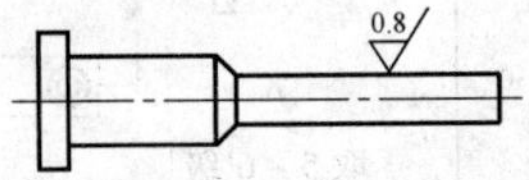 0.8

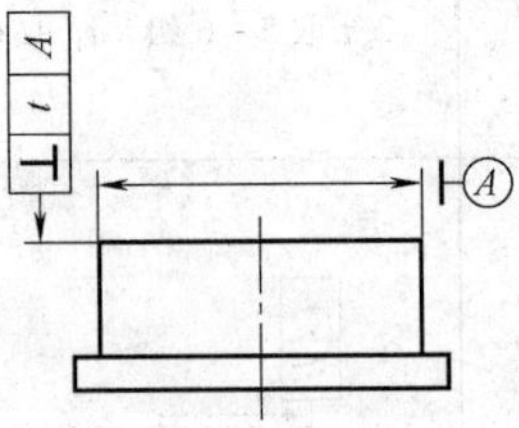

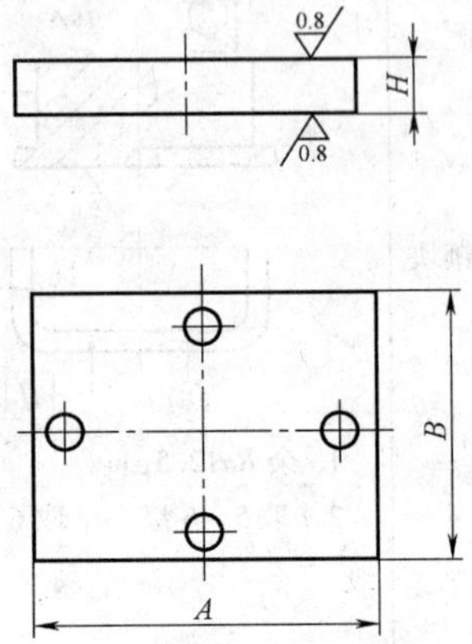

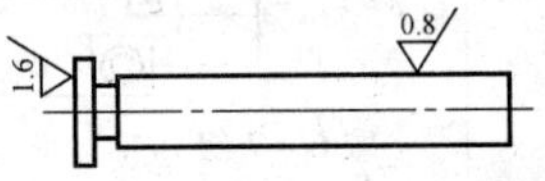

2. 零件配合精度要求

压铸模零件配合装配精度见表 9-39。

表 9-39　压铸模部件推荐配合精度

配合零件	图　示	配合要求
浇口套与定模及定模固定板安装后的配合	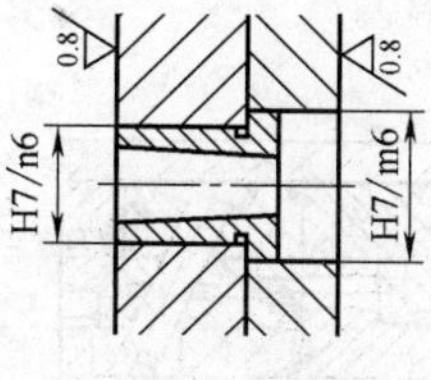	浇口套与定模板 H7/m6 浇口套与定模 H7/n6
导柱与定模板、导套与动模板安装后配合	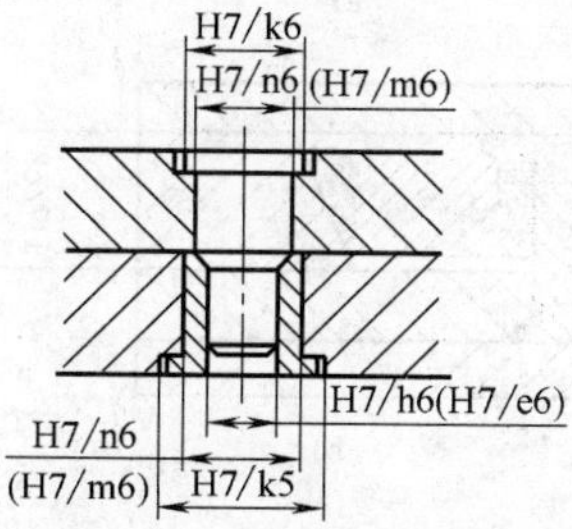	H7/m6 或 H7/n6
导柱与导套之间配合		H7/h6
滑块与模板间配合 复位杆与模板或镶块配合	—	H7/e7 ~ H7/e8
推板导柱与导套间及滑块定位销和孔间配合	—	H8/d8
顶杆、复位杆与动模的配合	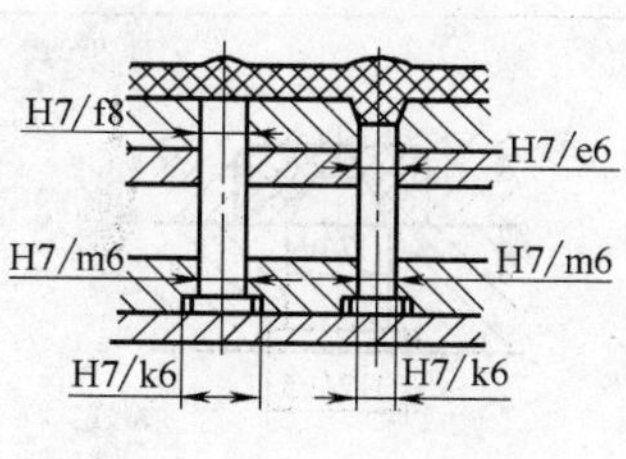	H7/e7 或 H7/h7
定模、动模与模套之间的配合	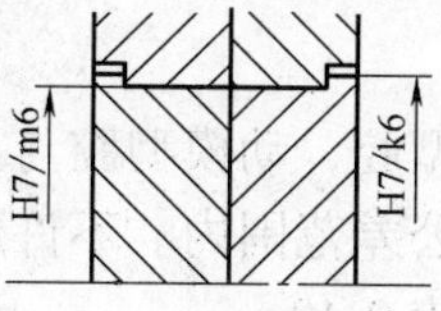	台肩部位:H7/k6 配合部位:H7/m6

（续）

配合零件	图　示	配合要求
斜滑块与模板或镶块的配合，大型滑块与模板的配合	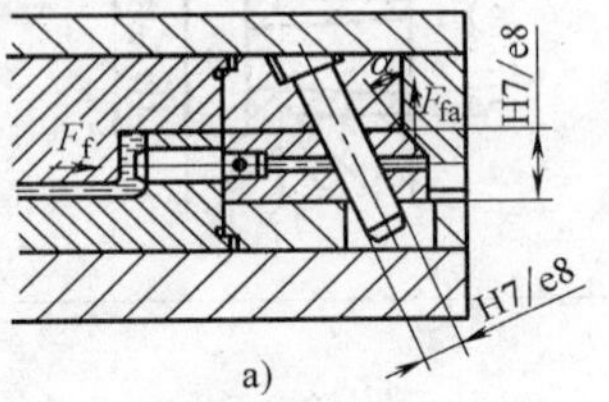 a) 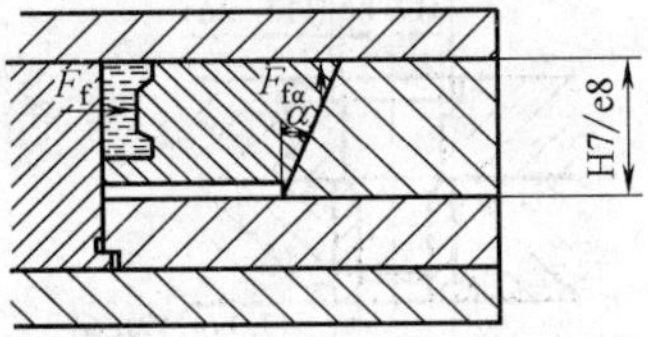 b)	H7/e8～H7/d8
分流锥与固定板	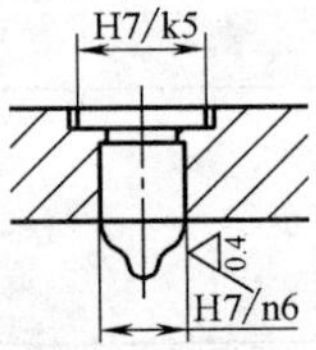	H7/n6
型芯与模板	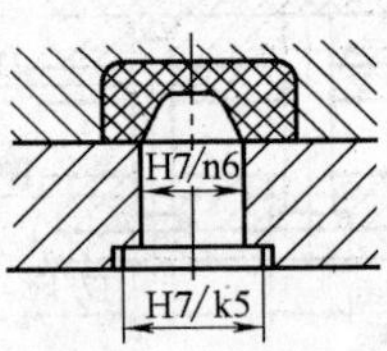	H7/n6

3. 工作零件尺寸精度要求

压铸模工作零件主要是定模型腔，动模型腔与型芯，在加工时必须按图样规定的尺寸精度加工，将偏差控制在公差范围内。不许超出。

型腔与型芯尺寸确定方法见表9-40。

表 9-40　型芯与型芯尺寸确定方法

<table>
<tr><th>压铸制品形式</th><th>图　示</th><th>计 算 公 式</th></tr>
<tr><td>一般形状铸件制品</td><td>H$^{+\delta}_{0}$
L$^{+\delta}_{0}$
a)
L'$^{+\delta}_{0}$
H'$^{+\delta}_{0}$
b)
a）制品
b）型腔</td><td>$L' = [L-(0.7\sim0.8)\Delta + LK]^{+\delta}_{0}$
$H' = [H-(0.7\sim0.8)\Delta + HK]^{+\delta}_{0}$
式中　L'、H'——型腔宽度及深度尺寸(mm)
L、H——制品宽度及高度尺寸(mm)
Δ——制品标注公差(mm)
δ——模具型腔公差(mm)，见表 9-40-2
K——合金收缩率，见表 9-40-1
表 9-40-1　合金收缩率
<table><tr><th>材料名称</th><th>锌合金</th><th>镁合金</th><th>铝合金</th><th>铜合金</th></tr><tr><td>收缩率 K (%)</td><td>0.3 ~ 0.7</td><td>0.5 ~ 0.7</td><td>0.4 ~ 0.6</td><td>0.7 ~ 1.0</td></tr></table></td></tr>
<tr><td>铸件制品为孔，模具为型芯的尺寸</td><td>ϕD$^{+\delta}_{0}$
ϕD'$^{0}_{-\delta}$
1
2
1—制品　2—型芯</td><td>$D' = [D(1+K) + 0.7\Delta]^{0}_{-\delta}$
式中　D——制品零件孔直径(mm)
D'——模具型芯直径(mm)
K——合金收缩率，见表 9-40-1
Δ——制品公差(mm)
δ——模具零件公差(mm)，见表 9-40-2</td></tr>
<tr><td>铸件为圆柱而型腔为筒形</td><td>ϕD$^{0}_{-\delta}$
ϕD'$^{+\delta}_{0}$
a)　b)
a）制品　b）型腔</td><td>$D' = [D(1+K) - 0.7\Delta]^{+\delta}_{0}$
式中　D——制品零件圆柱直径(mm)
D'——模具型腔筒直径(mm)
K——合金收缩率，见表 9-40-1
Δ——制品公差(mm)
δ——模具型孔直径公差(mm)，见表 9-40-2</td></tr>
</table>

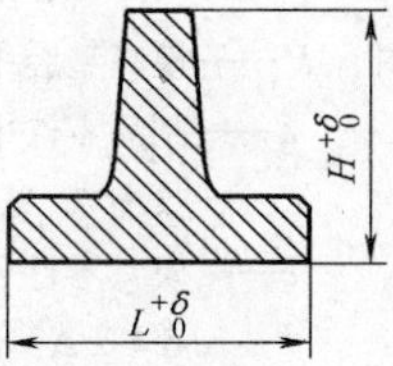

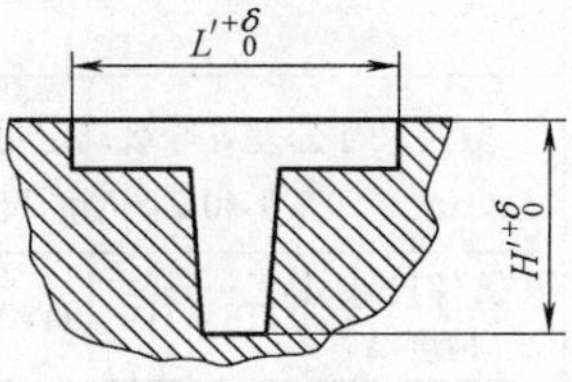

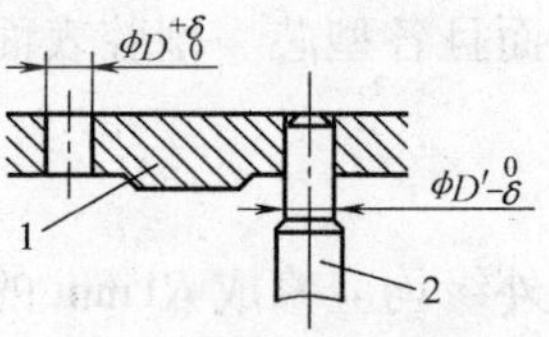

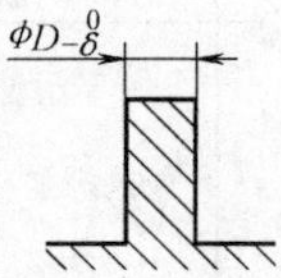

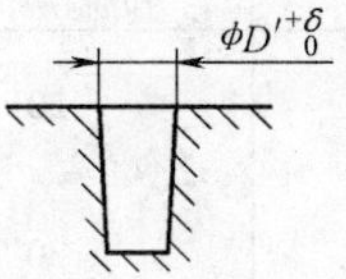

（续）

压铸制品形式	图　示	计算公式
铸件孔距尺寸	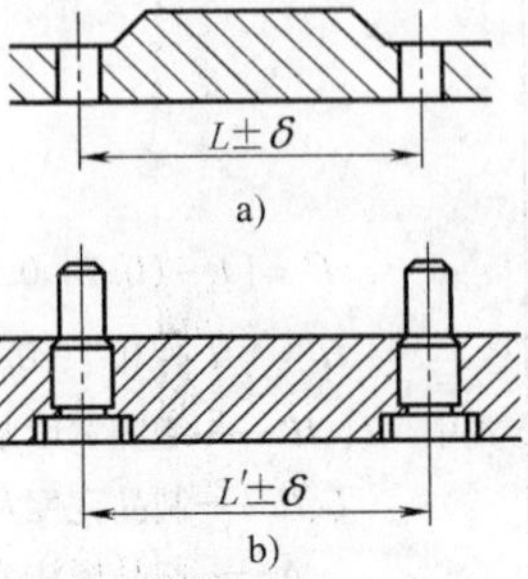 $L\pm\delta$ a) $L'\pm\delta$ b) a）制品　b）型腔	$L'=[L(1+K)]\pm\delta$ 式中　L'——模具型腔中心距尺寸（mm） L——制品零件中心距（mm） K——收缩率，见表9-40-1 δ——模具零件公差（mm） 即　$\pm\delta=\pm\Delta-(\pm 0.2\%-L)$ Δ——制品中心距公差（mm）
型腔、型芯公差 δ 确定	—	型腔尺寸公差 δ 等级确定见表9-40-2 表9-40-2　型腔尺寸公差 δ 铸件尺寸精度 Δ：IT8～IT9；IT10～IT11；IT12～IT13 型腔与型芯尺寸精度 δ：IT6～IT7；IT8～IT9；IT9～IT10

4. 型腔表面质量与出模斜度

（1）表面粗糙度要求

压铸模型腔与型芯的表面粗糙度 Ra 应为0.20～0.10μm，即在加工时，在保证尺寸精度情况下热处理后均应进行抛光。而且各型芯、型腔表面不能有裂纹、划痕等现象。

（2）型腔脱模斜度及圆角

压铸模动模及定模型腔、型芯各零件的外缘均应修成 $R1$mm 的圆角，以便于制品成形后脱模。

各类合金压铸时，脱模斜度大小要求见表9-41。

表9-41　各类压铸合金最小脱模斜度

图　示	合金名称	出模斜度	
		外脱模斜度 α	内脱模斜度 β
α　β	锡合金	20′	30′
	锌合金	30′	1°
	铝合金	40′	1°
	铜合金	1°	1°30′

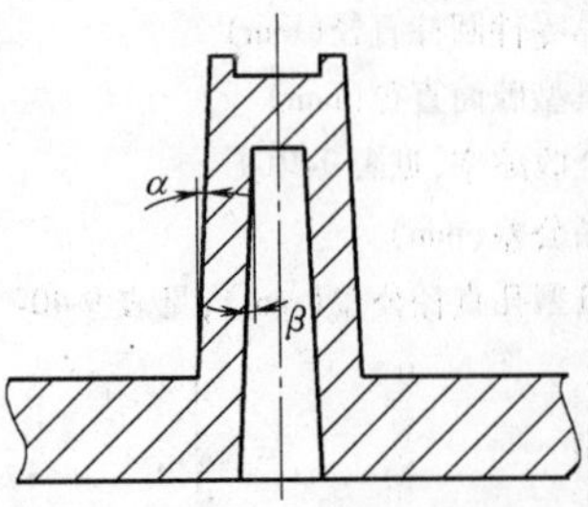

5. 零件的加工要点

1）压铸模的制造要注意分型面密合，不能有很大间隙存在。这就要求在加工时，要事先对分型面进行仔细地研配。研配时，应以一个面为基准，再以此面与另一面配合研配，直至不存在间隙为止。

2）分型面研配后，要进行划线，应用立铣、仿形铣或电加工设备进行加工型腔，要注意留有钳工修磨余量。

3）钳工修刮型腔时，要经常使定模、动模相配；必要时熔化蜡液，浇注成形，边验证蜡形，边对型腔及型芯修刮，使之达到所要求的形状和尺寸。

4）精修合格的型腔，经淬硬后一定要经钳工抛光，研磨，使之达到所要求的表面粗糙度等级，一般 Ra 为 0.20 ~0.10μm。

5）在加工冷却水管道时，钻孔时一定避免破坏型腔及通过嵌件部位，以免使用时渗水。

6）在模板的加工过程中，型腔安装槽、导柱孔或导套孔、分流锥孔或浇口套孔要在一次装夹内完成，且位置公差要保证在 ±0.02mm 范围内否则模具动定模装配时容易错位，错腔。

（三）压铸模的装配

压铸模的装配方法基本上与塑料压缩模、注射模等型腔模一样。其装配过程是：镗导柱、导套孔→加工模板外形→加工定模固定板→将定模装入定模套板内→以定模为基准安装动模型芯于动模套内→压入导柱、导套→安装推出及斜滑块等其他配件→安装后按图样检测→试模与调整，修整浇口与型腔，通过试件验证模具制造质量。

1. 装配制造要求

1）压铸模在装配后，其各部位尺寸一定要符合图样所规定的精度要求。

2）压铸模的动模与定模型腔一定要修整出脱模斜度（表 9-41），外缘修整出圆角（$R=1$mm），并且表面应光洁（Ra0.20 ~0.10μm），无划痕。

3）型腔表面在压铸模分型面处或浇口进口处均应保持锐角，不能修出圆角。

4）分型面与模架支承面平行度允差不能超过 0.05∶300(mm)。

5）压铸模装配后合模时，定、动模的分型面要密合，各点间隙不得超过 0.05mm。

6）装配后的压铸模导柱、导套要配合良好，符合图样要求；各推件杆、复位杆要动作灵活，工作时不准有卡滞现象。

2. 装配示例

压铸模的制造，装配过程及方法见表 9-42。

表 9-42　仪表铝合金盒形件压铸模制造装配工艺过程

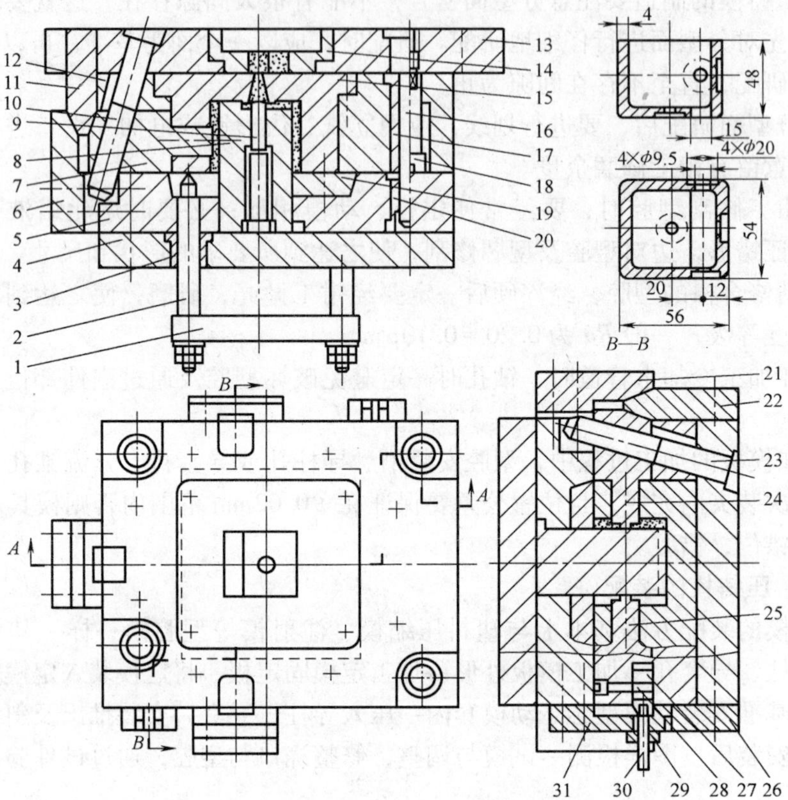

1—推板　2—推杆　3、17、20—导套　4—支承板　5—动模套板　6、21—限位块　7、24、25—滑块　8、9—型芯　10、23—斜销　11、22—楔紧块　12—定模套板　13—定模座板　14—浇口套　15—定模　16—导柱　18—限位螺钉　19—推件板　26—斜块　27—锁紧销　28—定位销　29—支架　30—螺杆　31—锁紧钩

步序	装配步骤	装配操作要点
1	镗导柱、导套孔	1. 将定模座板 13、定模套板 12 和动模套板 5 叠合在一起夹紧 2. 同镗导柱 16、导套 20 孔，并锪出台肩孔
2	加工各模板外形	1. 用工艺定位销在已镗好的导柱、导套孔中定位 2. 用插床同插定模座板 13、定模套板 12 和动模套板 5 四侧基准面，使各板外形至要求尺寸
3	加工定模套板内各孔槽	1. 以定模套板外形为基准，精插定模 15 固定孔，并留修正磨量 2. 粗铣滑块 24、25 槽，但导轨槽暂不加工 3. 铣定模固定孔的台肩和紧锁槽孔到要求尺寸

（续）

步序	装配步骤	装配操作要点
4	将定模装入定模套板内	1. 将定模15装入定模套板12后，并磨平上、下平面到型腔所要求的尺寸 2. 退出定模，按尺寸精镗滑块通孔 3. 在定模上精车浇口孔 4. 以定模15为基准，精磨定模套板的滑块槽 5. 再将定模15装入定模套板12、配钻、攻固定螺孔，并用螺钉紧固，再按划线钻限位螺钉孔
5	装浇口套于定模座板上	1. 在定模座板13上以外形为基准，车削浇口套14固定孔，并按划线钻、攻限位螺孔 2. 将浇口套压入定模座板13，并磨平上、下平面
6	安装推件板及以定模为基准将型芯安装于动模套板上	1. 在动模套板5上，以外形为基准加工推件板19沉孔并钻四个推杆孔，同时加工出其他非配合的凹坑和台阶面 2. 修正推件板侧面，使底面与侧面和动模套板相接触，并按照支承板4上导套孔准备配钻推件板螺孔 3. 在支承板4上安装工艺钻套（钻套内径等于推杆2螺纹底孔直径），与动模套板叠合，对准推杆孔位置后，将推板放入沉孔内，用平行夹头夹紧，通过工艺钻套配钻推件板的螺孔后，取出推件板再攻螺纹，并注意螺纹轴心线对基面的垂直度 4. 将攻好螺纹孔的推件板，再次放入动模套板的沉孔内，用螺钉将其紧固在一起。再以定模为基准，在推件板和动模套板上加工型芯孔和固定型芯8、9的台肩 5. 根据型芯精修型芯孔，使其成为过渡配合形式，同时要保证内形与外形基准的位置 6. 锉修推件板型孔，使其达到与型芯配合的规定要求 7. 修整后，将型芯压入动模套板内
7	压入导柱、导套	在定模座板、动模座板及动模套板上，分别压入导柱16和导套20。使之配合符合图样要求
8	修磨型芯顶面	修磨型芯8、9顶面，使其与定模15密合。修磨方法见表9-8
9	安装侧向抽芯机构	1. 安装滑块7、24、25并修磨滑块的吻接面和台肩面，使之接触定模15和动模套板5 2. 安装楔紧块及斜销10、23，安装方法见表9-10 3. 将导套3压入支承板4，再将支承板4与动模套板叠合，使推杆插入推件板19联接后夹紧，配钻，攻支承板螺孔和销孔。然后用螺钉紧固并打入销钉定位 4. 修磨限位块6、21斜面，使之与楔紧块斜面11、12吻合 5. 用螺钉将限位块6、21固定在动模套板5上，并调整其位置，使斜面与楔紧块密合后紧固螺钉及打入销钉

（续）

步序	装配步骤	装配操作要点
10	安装锁紧钩	1. 将锁紧销 27 装入定模套板的槽内，旋入定位销 28 2. 将定、动模合模，在锁紧块相接触的情况下，复印出螺孔位置，并钻攻螺孔 3. 把锁紧钩 31 调整到正确位置后紧固螺钉，配钻销钉孔再打入销钉定位
11	安装斜块、支架等其他配件	1. 将定模座 13 和定模套板 12 分开，使斜块与锁紧销斜面相接触 2. 在定模座板上复印出螺孔位置，并钻、攻螺孔，使斜块和锁紧销同时接触后，将螺钉拧紧 3. 将支架 29、推杆、推板安装好，使之位置合适
12	按技术要求检查并试模	1. 检测型芯 8 与定模 15 的型腔、滑块 7 的接合面是否同时接触，工作表面应光洁 2. 滑块与定模 15 及定模套 12 应保证间隙配合运动平稳 3. 推件板 19 与动模套板 5 的配合应严密 4. 推杆 2 与推板 1 连接后应保证滑动平稳 5. 两侧的锁紧装置应能同时锁紧和开启 6. 合模后，分型面间隙要小，不能超过 0.05mm 7. 分型面与模架支承面平行度允差不能超过 0.05:300(mm) 8. 检查自认合适无误后，要安装到指定压铸机上，按工艺规程，进行试模。在试模过程中，若发现缺陷，要进行修整，直到能批量制出合格制品零件为止

(四) 压铸模的调试

压铸模经装配后，必须要经过试模与调整。试模与调整过程，即是发现模具设计和制造中的缺陷的过程。必要时，要对其随机进行改进和修正，使之能生产出合格的制品。同时，调试的过程也是调整压铸工艺参数，初步确定成形条件的过程。

1. 压铸模的安装

压铸模在压铸机上的安装方法见表 9-43。

表 9-43 压铸模在压铸机上的安装

步序	安装程序	安装操作说明
1	检查调整机床	1. 检查设备的各工作系统是否正常，机床的推出装置是否后退复位 2. 把机床调整到调整规范上 3. 开启调控开关，参看动模板是否运行通畅
2	开机	开动机床，使动、定模板处于开启状态
3	清洁安装面	将模具及压铸机的安装面擦拭干净，无油污及杂物

（续）

步序	安装程序	安装操作说明
4	吊装及安装模具	1. 模具安装分三种情况 （1）小型模具，直接安装在机床上 （2）中型模具，用整体吊装的方法进行安装。即用吊车或专用起重工具，把模具吊到机床定、动模板开挡之间。先把定模平面与机床定模板靠紧，把定模孔窝与机床压室或喷嘴套入。然后使动模板以极慢速度向动模靠拢或预留3~5mm间隔。对准定模固定位置，仔细检查后再合紧，然后关闭机床总阀。再用螺钉，螺母，压板把定、动模固定牢固 （3）大型模具：采用分体吊装的方法。即先安装定模，但固定的螺钉、螺母将不紧固。然后按模具的基准方向，沿导柱将动模对准定模，用人工合上一小段距离再开动机床，使动模缓慢地向定模靠拢，直到动、定模合拢后，再紧固定模螺母及螺钉 2. 模具在安装时，应注意安全，两人以上操作时，必须互相呼应统一行动 3. 模具固定后应平稳可靠
5	调整机床推出距离	模具安装好后，慢速开模。当动模板到位停止后退，调整机床的推出装置，以保证推出距离
6	调整锁模力大小	按工艺规程和机床说明书调整锁模力
7	接通冷却水路	根据需要，接通水路，并安装调试抽芯机构
8	试机	1. 清除放在机床上的一切工具，杂物 2. 检查模具安装状况及固紧状态 3. 开机试模：缓慢开合模具数次，观察机床和模具的开合运动情况是否正常，无误后，在活动部位加润滑油，试模

2. 调试过程及调试要点

压铸模的调试过程及调试要点见表9-44。

表9-44　压铸模的调试过程及调试要点

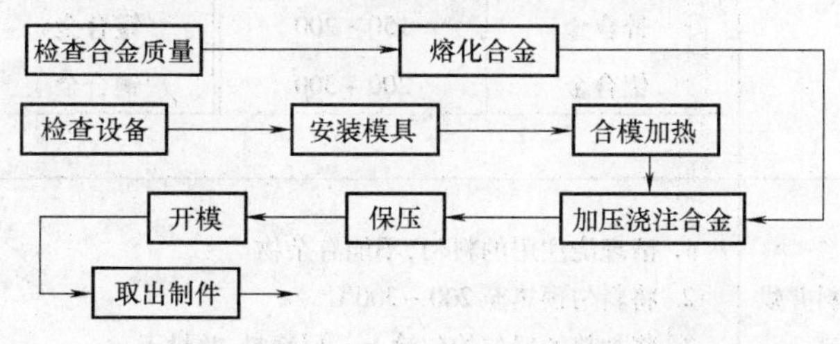

压铸模调试工艺过程

（续）

<table>
<tr><th>序号</th><th>调试工艺过程</th><th>调试要点及操作说明</th></tr>
<tr><td>1</td><td>调整压铸设备</td><td>1. 对压铸机上的所有电气、液压行程开关根据压铸工艺的需要，调整到适当的位置
2. 根据压铸合金材料，压射冲头材料和直径大小，以及操作循环时间对热量的影响，按机床使用说明书来选择适当的冲头与压室的配合间隙
3. 按工艺规程调整机床的压射速度和回程速度
4. 按工艺规程调整压射力大小，并合上模具，在压室内垫入直径比压室内径略小的厚度大小 20mm 的木块或干净棉纱进行压射动作，检查一下工作是否正常
5. 按工艺规程，调整开模及合模速度</td></tr>
<tr><td>2</td><td>涂涂料及润滑</td><td>按工艺规程准备涂料或润滑，并在模具和机床上进行适当的润滑，多采用石墨的混合液</td></tr>
<tr><td>3</td><td>熔化合金</td><td>按工艺要求加热压铸合金到浇注温度。各种合金浇注温度见表 9-44-1
表 9-44-1　压铸合金浇注温度
<table><tr><th>合金材料名称</th><th>压铸温度/℃</th><th>合金材料名称</th><th>压铸温度/℃</th></tr><tr><td>锌合金</td><td>420～500</td><td>镁合金</td><td>700～740</td></tr><tr><td>铝合金</td><td>620～680</td><td>铜合金</td><td>850～960</td></tr></table></td></tr>
<tr><td>4</td><td>预热模具</td><td>1. 采用电热器或喷灯对模具进行预热。温度见表 9-44-2
2. 在预热时，火焰不能喷射到型腔型芯表面上，开始时，应在合模状态，使定、动模同时加热，火力不要太猛，逐渐加大，只在非工作面或外形加热
表 9-44-2　模具工作温度
<table><tr><th>压铸合金</th><th>模具温度/℃</th><th>压铸合金</th><th>模具温度/℃</th></tr><tr><td>锌合金</td><td>150～200</td><td>镁合金</td><td>220～300</td></tr><tr><td>铝合金</td><td>200～300</td><td>铜合金</td><td>300～380</td></tr></table></td></tr>
<tr><td>5</td><td>料勺涂上涂料并烘干</td><td>1. 清理浇注用的料勺，不能有杂物
2. 将料勺预热至 200～300℃
3. 将加热的料勺均匀涂上一层涂料，并烘干
4. 使用时，在接触金属液之前继续加热至 200℃</td></tr>
</table>

（续）

<table>
<tr><th>序号</th><th>调试工艺过程</th><th>调试要点及操作说明</th></tr>
<tr><td>6</td><td>预热压射冲头及压室</td><td>用喷头或熔融的合金液，预热压室和压射冲头至 150～200℃</td></tr>
<tr><td>7</td><td>开机压射试模</td><td>1. 将装好模具的机床，先空转数次。检查模具及机床是否运转正常
2. 将模具清理干净，涂上涂料并用压缩空气吹匀，首次涂料时，定模型腔应多涂一些，以防第一次压铸后粘模
3. 合模。将合金液用料勺盛取后倒入压室
4. 开机压射，使合金充满型腔
5. 按工艺规程保压一段时间，大约 8～20s
6. 开模取出铸件，并清理型腔准备下一次压铸</td></tr>
<tr><td>8</td><td>调整压铸工艺参数</td><td>调整压力、速度、温度以及保压时间等工艺参数。由于各参数相互关联制约，故每调一个，要观察效果，待合适后再调另一个。其各合金的压射比压、充填速度、保压时间可参照表 9-44-3
表 9-44-3　压铸工艺参数推荐值
<table>
<tr><th colspan="2">合金名称
工艺参数</th><th>锌合金</th><th>铝合金</th><th>镁合金</th><th>铜合金</th></tr>
<tr><td rowspan="3">压射比压/MPa</td><td>一般铸件</td><td>13～20</td><td>30～50</td><td>30～50</td><td>40～50</td></tr>
<tr><td>承载铸件</td><td>20～30</td><td>50～80</td><td>50～80</td><td>50～80</td></tr>
<tr><td>大平面薄壁件</td><td>25～40</td><td>80～120</td><td>80～100</td><td>60～100</td></tr>
<tr><td colspan="2">保压时间/s</td><td colspan="4">8～20</td></tr>
<tr><td colspan="2">压射速度/(m/s)</td><td>30～50</td><td>20～60</td><td>40～90</td><td>20～50</td></tr>
</table></td></tr>
<tr><td>9</td><td>调节保压时间</td><td>对熔点高，结晶温度范围宽的合金厚壁零件，保压时间要长一些；对熔点低、结晶温度范围窄的薄壁制品零件，保压时间可适当短一些</td></tr>
<tr><td>10</td><td>试件检测并调整</td><td>1. 试模时，一般采用先手动操作，等模具、机床正常后，再机动压铸
2. 试模铸出的试件应检查其质量，根据缺陷进行调整修磨模具，直到压铸成合格制品为止</td></tr>
</table>

3. 按试件质量缺陷调试

压铸模按试件质量缺陷调试方法见表 9-45。

表 9-45 压铸模调试方法

弊病类型	产生原因	调整方法
欠铸，即铸件部分未成形或型腔充不满	1. 填充条件不良，即浇口位置，导流方式，内浇口数量选择不当，或内浇口截面过小而形成较大的、流动阻力 2. 金属液及模温太低 3. 浇料量不足 4. 排气不良 5. 模具型腔内有残留物	1. 修整浇口位置和导流方式，对形状复杂的铸件宜采用多股内浇口填充并适当加大内浇口截面，使之液态金属流动顺畅 2. 适当提高金属液及模温 3. 加大浇料量 4. 增设溢流槽和排气道 5. 消除型腔内残留物
制件表面出现冷隔，有明显接缝	1. 金属液及模温太低或压射比压太小 2. 内浇口截面太小 3. 溢料槽少 4. 排气不畅	1. 改进压铸工艺条件，适当加大金属液及模温，增大压射比压 2. 修整内浇口加大进料口截面 3. 增加溢流槽，特别是在产生接合缝隙处再开设溢流槽 4. 在分型面处加设排气通道
制品飞边太大	1. 模具分型面处不密合或型腔镶块拼合处有缝隙，滑动部分配合间隙太大 2. 分型面不洁，有杂物 3. 模具装配后，动、定模安装面，平行度误差超差 4. 机床的锁模机构动作不良，使锁模不均衡，即一边松一边紧，使合模时，分型面不密合	1. 检查模具，根据情况进行修正，使之分型面合模时密合，减小缝隙 2. 每次压铸前，清理分型面 3. 重新安装模具，使其动定模安装面平行 4. 重新调整机床锁模机构，使其动作正常
制件产生变形	1. 模具的浇注系统及溢流槽位置布置不合理，致使零件各部位冷凝不均，收缩不一致，内部产生内应力，使塑件变形 2. 推杆的推力不平衡或某一推杆弯曲折断	1. 调整浇注系统及溢流槽位置，减少铸造所产生的内应力，以消除变形 2. 改善推件推出条件，使推件力尽量平衡
制件表面有擦伤划痕	1. 合金粘附型腔，脱模时粘附部位拉伤其表面 2. 型腔、型芯脱模斜度太小或有倒锥现象 3. 型腔、型芯表面太粗糙有刮伤 4. 制件推出时偏斜	1. 合理修正浇口，尽量使金属液流动平行于型腔壁流动以减少粘模而造成的表面擦伤 2. 修整型腔、型芯，加大脱模斜度 3. 抛刮型腔、型芯表面 4. 调整推杆，使其受力平衡

（续）

弊病类型	产生原因	调整方法
制品产生裂纹	1. 合金成分中含杂质太多 2. 模具装配时精度不高,成形零件安装不稳固,有偏斜 3. 推出机构歪斜或动作不协调	1. 更换合金,使之纯度提高 2. 重新装配模具 3. 修正推出机构或重新装配
制件产生凹陷	1. 合金收缩量太大 2. 排气不良 3. 模具型腔上有残留物,不清洁	1. 更换合金 2. 增设排气槽或溢流槽使空气排出模外 3. 压铸前,清除残留物,使之清洁
制件产生气孔或缩孔	1. 内浇口设置位置不合理或内浇口断面太小,致使金属流通过内浇口时,直接撞击型腔壁产生旋涡,气体被卷入金属液中而产生气孔 2. 溢流槽位置设置不当或容量不足,致使在金属液凝固中金属补偿不足而产生缩孔 3. 排气不良	1. 重新设置内浇口,改变其位置,并适当加大内浇口的断面积 2. 调整溢流槽位置,或加大溢流槽容量 3. 修整排气道加大面积
制件表面产生金属流痕迹或花纹	1. 内浇口通往型腔进口处的流道太浅 2. 压射时压射比压太大,致使金属流速太快,引起金属液的飞溅	1. 加深流道 2. 调整减小压射比压
制件表面有凸瘤粗糙	1. 型腔表面有划痕和凹坑裂纹 2. 型腔、型芯表面粗糙	1. 修整型腔 2. 抛光型腔、型芯工作面
制件结构疏松、强度低	1. 压铸机压力不够 2. 内浇口断面太小 3. 排气孔堵塞	1. 更换压力大的压铸机 2. 加大内浇口断面积 3. 修整排气孔使其通畅
制件内含杂质	1. 金属液不洁,有杂质 2. 合金成分不纯 3. 模具型腔不洁	1. 浇注时要把杂质及渣清除掉 2. 更换合金 3. 清理型腔
压铸过程中有金属液喷出	1. 动、定模密合不严,间隙太大 2. 锁模力太小 3. 压机动、定模板不平行	1. 修整动、定模分型面,或重新安装模具 2. 调整加大锁模力 3. 调整压铸机

六、锻模的加工与调试

在工业生产中，将金属毛坯加热到金属的再结晶温度以上以后，并放置在与所需零件凹凸相反的相应尺寸和形状专用工具型腔内，利用锻压设备的压力使其发生塑性变形而充满模膛型腔，最后复制成所需要的形状和大小的制品零件，这种专用工具即称为锻模。

锻模是锻造生产的主要专用工具，是机械制造业中加工毛坯或零件不可缺少的专用工装之一。其本身具有一定形状和尺寸的型腔（又称模膛），并与所制造的制品零件相当。但在使用过程中是对高温状态下的金属进行加工，而且又承受着很大压力及冲击力，工作条件较差，故要求锻模要有较高的强度、硬度、韧性及耐热、耐磨等性能。采用锻模的生产的零件制品，可减少金属机械加工余量，提高了材料的利用率，缩短了工件制造周期，其操作容易、成本低、效率高，有较好的经济效益，精度可达 IT7 ~ IT9 级，有利于实现机械化及专业化生产，故广泛的应用于机械制造业之中。

（一）锻模的类型及制造特点

1. 锻模的类型

锻模的主要类型见表 9-46。

表 9-46　锻模的类型

名称	图　示	特点及应用
锤锻模（蒸汽—空气模锻锤用模）	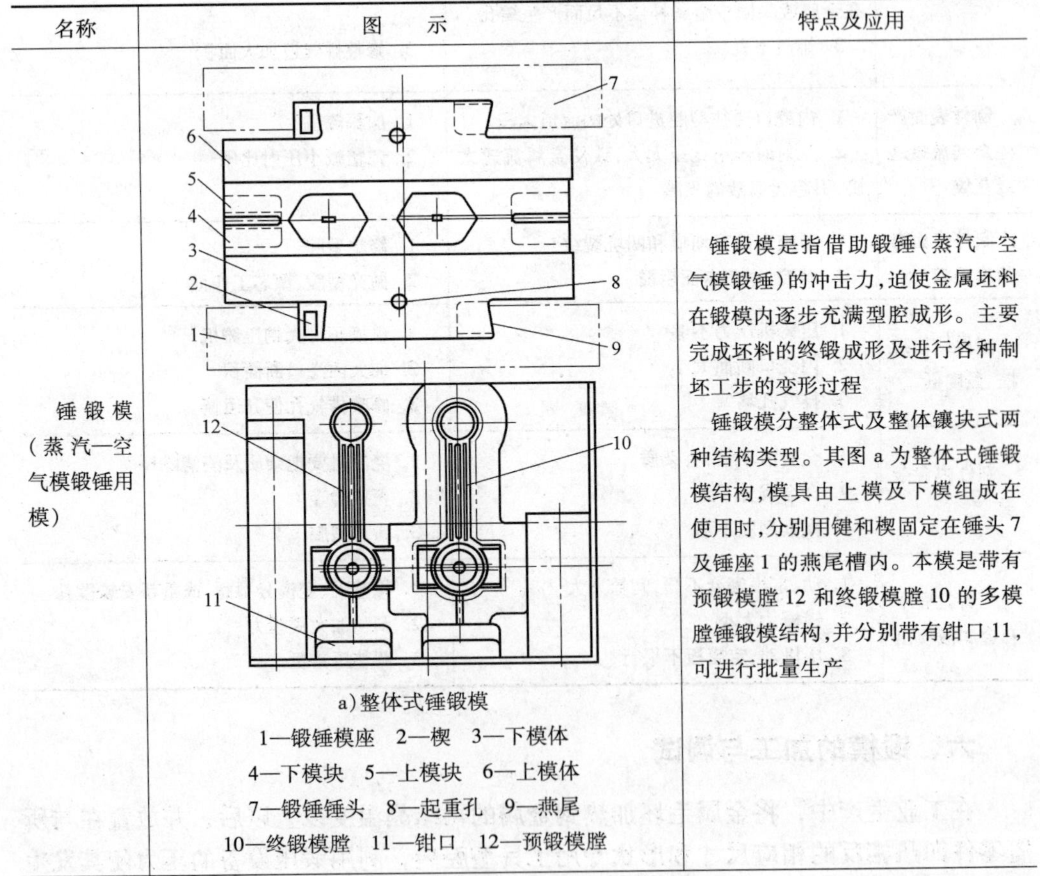 a) 整体式锤锻模 1—锻锤模座　2—楔　3—下模体 4—下模块　5—上模块　6—上模体 7—锻锤锤头　8—起重孔　9—燕尾 10—终锻模膛　11—钳口　12—预锻模膛	锤锻模是指借助锻锤（蒸汽—空气模锻锤）的冲击力，迫使金属坯料在锻模内逐步充满型腔成形。主要完成坯料的终锻成形及进行各种制坯工步的变形过程 锤锻模分整体式及整体镶块式两种结构类型。其图 a 为整体式锤锻模结构，模具由上模及下模组成在使用时，分别用键和楔固定在锤头 7 及锤座 1 的燕尾槽内。本模是带有预锻模膛 12 和终锻模膛 10 的多模膛锤锻模结构，并分别带有钳口 11，可进行批量生产

（续）

名称	图　示	特点及应用
锤锻模（蒸汽—空气模锻锤用模）	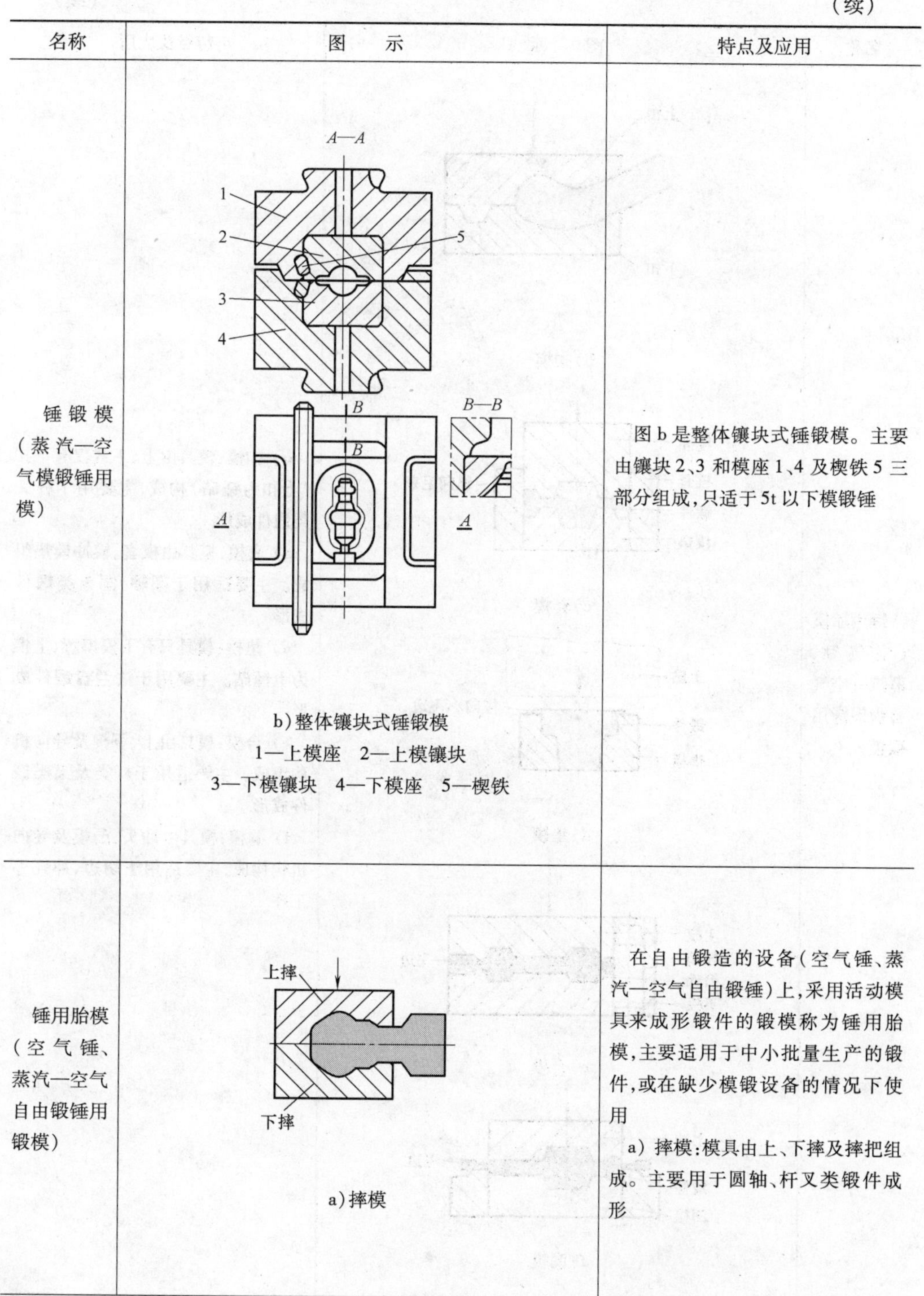 b）整体镶块式锤锻模 1—上模座　2—上模镶块 3—下模镶块　4—下模座　5—楔铁	图 b 是整体镶块式锤锻模。主要由镶块 2、3 和模座 1、4 及楔铁 5 三部分组成，只适于 5t 以下模锻锤
锤用胎模（空气锤、蒸汽—空气自由锻锤用锻模）	a）摔模	在自由锻造的设备（空气锤、蒸汽—空气自由锻锤）上，采用活动模具来成形锻件的锻模称为锤用胎模，主要适用于中小批量生产的锻件，或在缺少模锻设备的情况下使用 a）摔模：模具由上、下摔及摔把组成。主要用于圆轴、杆叉类锻件成形

（续）

名称	图　　示	特点及应用
锤用胎模（空气锤、蒸汽—空气自由锻锤用锻模）	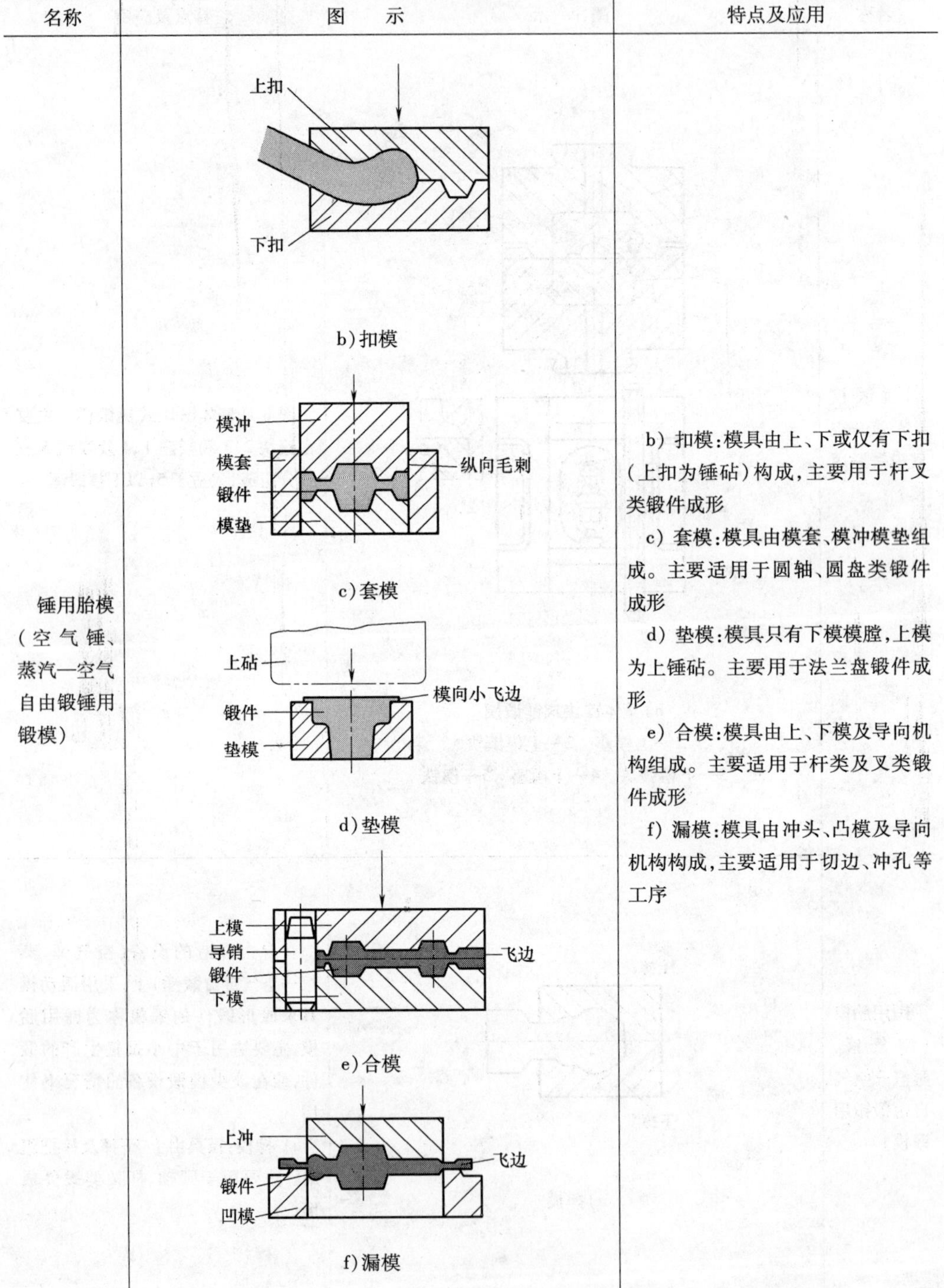 b）扣模 c）套模 d）垫模 e）合模 f）漏模	b）扣模：模具由上、下或仅有下扣（上扣为锤砧）构成，主要用于杆叉类锻件成形 c）套模：模具由模套、模冲模垫组成。主要适用于圆轴、圆盘类锻件成形 d）垫模：模具只有下模模膛，上模为上锤砧。主要用于法兰盘锻件成形 e）合模：模具由上、下模及导向机构组成。主要适用于杆类及叉类锻件成形 f）漏模：模具由冲头、凸模及导向机构构成，主要适用于切边、冲孔等工序

（续）

名称	图　示	特点及应用
螺旋压力机用锻模	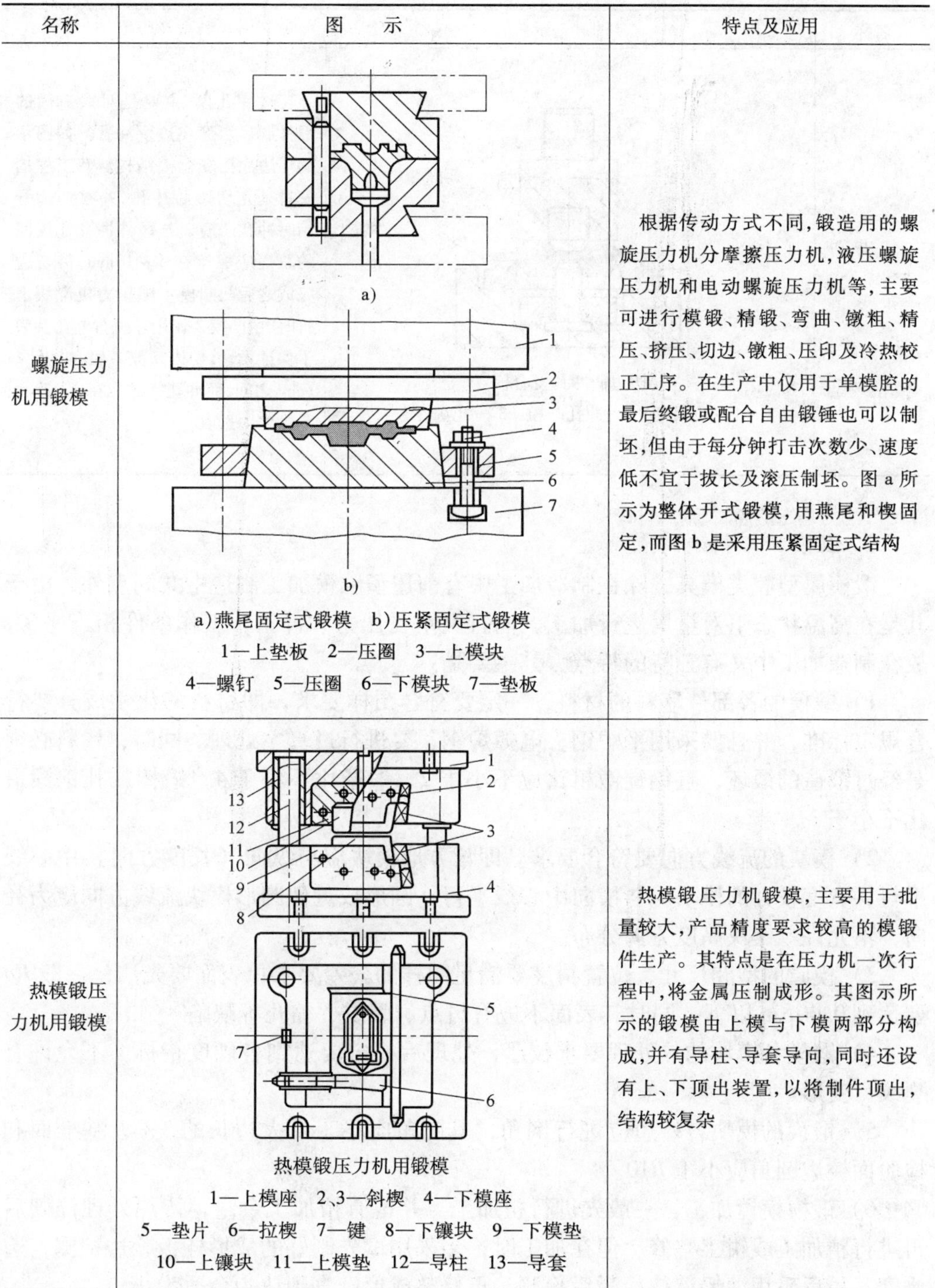 a)燕尾固定式锻模　b)压紧固定式锻模 1—上垫板　2—压圈　3—上模块 4—螺钉　5—压圈　6—下模块　7—垫板	根据传动方式不同，锻造用的螺旋压力机分摩擦压力机，液压螺旋压力机和电动螺旋压力机等，主要可进行模锻、精锻、弯曲、镦粗、精压、挤压、切边、镦粗、压印及冷热校正工序。在生产中仅用于单模腔的最后终锻或配合自由锻锤也可以制坯，但由于每分钟打击次数少、速度低不宜于拔长及滚压制坯。图a所示为整体开式锻模，用燕尾和楔固定，而图b是采用压紧固定式结构
热模锻压力机用锻模	热模锻压力机用锻模 1—上模座　2、3—斜楔　4—下模座 5—垫片　6—拉楔　7—键　8—下镶块　9—下模垫 10—上镶块　11—上模垫　12—导柱　13—导套	热模锻压力机锻模，主要用于批量较大，产品精度要求较高的模锻件生产。其特点是在压力机一次行程中，将金属压制成形。其图示所示的锻模由上模与下模两部分构成，并有导柱、导套导向，同时还设有上、下顶出装置，以将制件顶出，结构较复杂

（续）

名称	图　示	特点及应用
切边、冲孔模	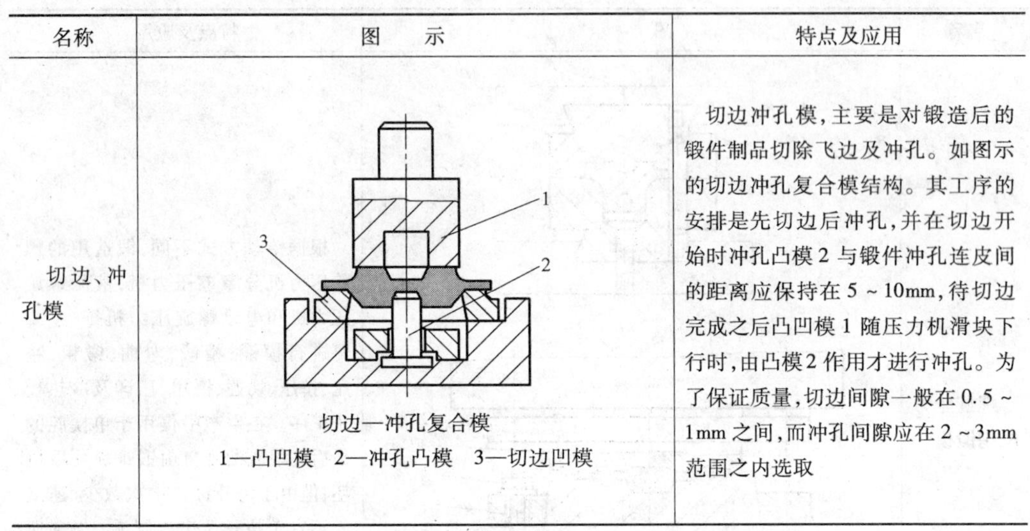切边—冲孔复合模 1—凸凹模　2—冲孔凸模　3—切边凹模	切边冲孔模，主要是对锻造后的锻件制品切除飞边及冲孔。如图示的切边冲孔复合模结构。其工序的安排是先切边后冲孔，并在切边开始时冲孔凸模2与锻件冲孔连皮间的距离应保持在5～10mm，待切边完成之后凸凹模1随压力机滑块下行时，由凸模2作用才进行冲孔。为了保证质量，切边间隙一般在0.5～1mm之间，而冲孔间隙应在2～3mm范围之内选取

2. 锻模加工制造特点

锻模属型腔类模具，除在制造加工中有前述型腔模加工制造中共同点外，由于其是在高温状态下对金属进行加工，而且又承受压力和冲击，工作条件相当恶劣，故在制造加工中又有独特的特点。其主要是：

1）锻模的各部件坯料的材料，一定要符合图样要求，即材料的化学成分要符合规定标准，并且要采用平炉钢、电弧炉钢，要进行过真空处理。同时，坯料必须是经过锻造的锻坯，且钢锭镦粗比应不小于2，锻造比不小于4，锻棒或扎钢锻造比不小于3。

2）模块的流线方向要符合要求。即长方形模块应与纵向（长度方向）中心线平行；宽度较大的模块应与横向中心线平行；圆形或近似圆形模块流线方向应为径向，不允许顺镶块高度方向分布。

3）模膛的型腔尺寸、位置精度要满足图样的公差要求；表面要光洁，一般 *Ra* 要达到 0.40μm 以下；同时其表面不应有斑点、裂纹、缩孔等缺陷。

4）锻模各模块的热处理要求较严，处理后一定要达到各硬度指标，不允许有裂纹、变形。

5）锻模的模块各棱边应进行倒角，其圆角应小于最大边长的3%，基准面和检验面棱边圆角应小于 *R*10。

6）锻模模镗加工，一般先进行粗加工。并留有精加工余量，待热处理淬硬后再进行精加工或钳工整修。但在加工时，多采用试先制好的成形样板，边检测，边修磨，最后采用灌铅液待冷凝后检测，再修整成形，直到认为合适为止。

（二）锻模加工制造要点

1. 加工制造要求

锻模主要用于大批量锻件的生产，使用条件恶劣，故在加工制作时应符合下述技术要求：

1）锻模各部分形状和尺寸，应符合安模空间规格要求。如锻模的紧固部分燕尾的形状和尺寸，应与所使用的锻压设备相应的燕尾尺寸一致，燕尾的高度应略大于相应燕尾槽的深度，且燕尾的支承面与分模面的平行度允差应小于模块最大尺寸的0.05%；燕尾直线平行度，合模基准面的平行度、上、下模块燕尾槽的同轴度应分别不超过图样规定的偏差允许值。

2）在加工多模膛锻模时，模膛的位置尺寸及各部尺寸应在图样规定的允许公差范围之内。在制造锻模时，锻模制造公差见表9-47。

表9-47　锻模模膛制造公差（锤锻模）　（单位：mm）

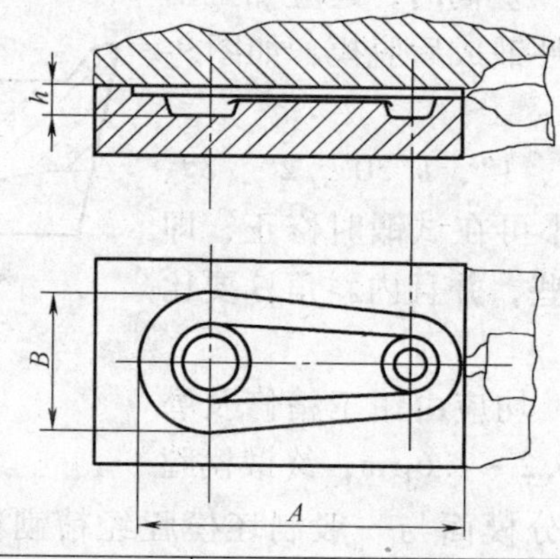

模膛尺寸	终锻模膛			预锻模膛			制坯模膛		
	深度 h	宽度 B	长度 A	深度 h	宽度 B	长度 A	深度 h	宽度 B	长度 A
≤25	+0.2 +0.1	+0.3 −0.1	—	+0.3 +0.2	+0.5 +0.2	—	±0.5	+2.0 +1.0	—
25～50	+0.25 −0.15	+0.4 −0.2	+0.4 −0.2	+0.4 −0.2	+0.6 −0.3	+0.6 −0.3	±0.6	+3.0 −1.3	±1.0
51～80	+0.3 −0.2	+0.5 −0.3	+0.5 −0.3	+0.7 −0.4	+0.7 −0.3	+0.7 −0.4	±0.8	+3.0 −1.5	±1.2
81～160	+0.4 −0.3	+0.6 −0.3	+0.6 −0.3	+0.8 −0.4	+0.8 −0.4	+0.8 −0.4	±1.0	+4.0 −2.0	±1.5
161～260	—	+0.6 −0.4	—	+1.0 −0.5	+1.0 −0.5	+1.0 −0.5	—	+5.0 −2.0	±1.8

（续）

模膛尺寸	终锻模膛			预锻模膛			制坯模膛		
	深度 h	宽度 B	长度 A	深度 h	宽度 B	长度 A	深度 h	宽度 B	长度 A
261 ~ 360	—	$^{+0.7}_{-0.5}$	—	$^{+1.0}_{-0.5}$	$^{+1.0}_{-0.5}$	$^{+1.0}_{-0.5}$	—	—	±2.0
361 ~ 500	—	—	—	—	$^{+1.2}_{-0.5}$	$^{+1.2}_{-0.5}$	—	—	±2.5
>500	—	—	—	—	$^{+1.2}_{-0.5}$	$^{+1.2}_{-0.5}$	—	—	±3.0

3）模膛在加工时，其垂直剖面处应按图样加工出圆角，并要在同一锻模内，内、外圆角半径大小应统一。同时，还应加工出脱模斜度，目的是便于锻件锻成后脱模，如图 9-6 所示。

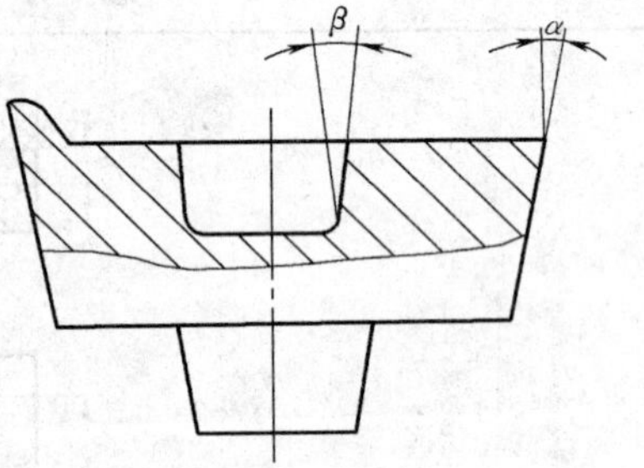

图 9-6 脱模斜度

脱模斜度一般为 30′、1°、1°30′、2°、3°、5°、7°、10°、15°，其大小可在试锻时修正，即模膛深而窄的部位要选大些，并且内斜角 β 要比外斜角 α 大一些。

4）模膛在热处理后，均应由钳工精修及磨光。其预锻模膛 Ra 应为 3.2 ~ 1.6μm；终锻模膛 Ra 应为 0.80 ~ 0.40μm；分模面与一般制坯模膛经精刨精铣后应达到 Ra12.5 ~ 6.3μm。

5）模膛淬火前后，均要用灌铅法制出校样检测。

2. 锻模模块外形加工

锻模模块外形加工，一般采用常规的加工方法。其主要加工要素包括支承面和基准面、分模面、锁扣、燕尾、键槽等。加工过程为先粗加工并留精加工余量，经热处理淬硬后，再进行精加工、打磨、修光，最后达到图样规定的尺寸精度及表面质量要求。

大型模具的加工要采用大型设备，如龙门铣、龙门刨床加工。如锁扣的加工，其圆形锁扣一般以粗车后经热处理再精车，最后由钳工用样板整修到尺寸，并用透光法检测间隙值；而角形锁扣则采用铣床或刨床进行粗加工，热处理后再用仿形铣精加工，最后由钳工修磨到尺寸，并用间隙规检测。

3. 锻模模膛加工

锻模模膛加工的原则是：先粗加工，留有精加工余量，热处理淬硬后，再进行精加工及钳工整修成形。常用模膛的加工方法为：立铣、仿形铣、电火花、线切割、电解以及压力加工及精密铸造等。但无论采用何种方法进行精加工，加工后的模膛都应通过样板、验棒或三坐标型面跟踪光学投影仪、电感检测仪进行检测。根据检测结果，由钳工整修后，再用灌铅法进行校样检测，直到合适为止。表 9-48 列出了连杆锻模的加工工艺方法，供加工制作锻模时参考。

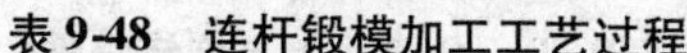

表 9-48　连杆锻模加工工艺过程

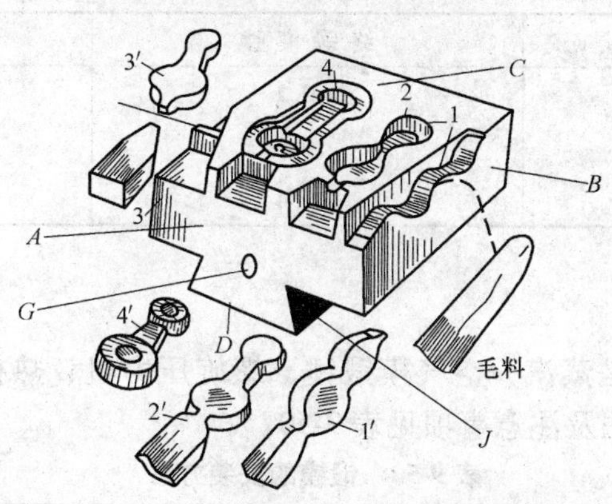

序号	工序名称	操作说明
1	锻造毛坯	按模块设计尺寸锻造模块，以获得相应的形状及尺寸，并留有刨加工余量
2	热处理退火	消除内应力，改善机械加工性能
3	机械加工	刨→磨模块，使相邻的各面互相垂直
4	划线	对锻模起重孔 *G*、分模面 *C*、燕尾 *J*、合模基准和作为工艺基准的检验面 *B* 进行划线
5	钻孔	钻起重孔 *G*
6	机械加工	刨或铣分模面 *C*、燕尾 *J*、合模基准面和工艺基准面
7	模膛划线	在分模面上划出模膛的最大轮廓线并点样冲眼
8	预钻孔	按划线，在要铣削的部分钻出若干个盲孔但要注意孔的深度，以提高铣削加工效率
9	模膛加工	1. 在立式铣床上按划线铣削，或采用仿型铣，电火花加工盲孔等方法成形 2. 加工盲孔（电火花）或铣削后要留有精修余量
10	钳工加工	修刮机械加工难以加工的部位，如小圆弧及边角处，以得到精确的尺寸及形状。在精修时，应配合样板及样件进行边修边验
11	机械加工	铣削模块其他部位。如键槽、边槽等
12	钳工修整	修刮毛边槽部分，特别是毛边桥部
13	热处理	淬火→回火，使锻模型膛达到规定的硬度要求
14	模膛精加工	研磨和抛光表面，以达到规定的表面粗糙度要求
15	检验	试打成样校，使其符合制品要求

（三）锻模的装配与调试

1. 锻模的装配

锻模的装配基本与所有型腔模一样，一般按图样进行装配。但在装配后，一定要保证上、下模膛的错移量不能超出图样所规定的允许值。锻模分模面上的错移量允差见表9-49。

表9-49 分模面上允许错移量 （单位：mm）

模膛尺寸	终锻模膛	预锻模膛
≤100	<0.2	<0.4
>100～250	<0.3	<0.6
>250	<0.4	<0.8

2. 锻模的安装

锻模使用的设备是蒸汽—空气模锻锤、螺旋压力机、热模锻压力机等锻压设备。各种锻模安装方法及注意事项见表9-50。

表9-50 锻模的安装方法

序号	模具类型	安装方法
1	锤上锻模	锤上锻模是依靠楔铁将上、下锻模的燕尾紧固在锤头和下模砧座上。其贴合平面都起传递力的作用。在安装时，必须仔细调整键块，以保证锤头导向和锻模导向的一致性和协调性。在打紧楔铁的过程中，应同时用锤头带动上模轻击下模，才能使锻模易于紧固
2	螺旋压力机用锻模或热模锻压力机用锻模	用于压力机的锻模，一般是装在模座里，而模座又设有导向部分，如螺旋压力机用锻模及热模锻锻模，都以导向保证了上、下模配合精度。但在安装时，应保证压力机滑块导向和模具导向的一致性，以防止导向部位的偏向磨损和模具导柱被折断。同时，在使用过程中，还应时常检查模具导向部位是否工作，配合正常，并要进行随时调整，防止模座因受振动偏心而发生窜动，造成上下模错移 上、下模在安装时，一定要固紧在压力机上，不能有任何松动
3	切边与冲孔模	1. 切边模在安装时，应首先调整好凸、凹模间隙，使其四周均匀，可采用垫片法调整，并且要注意凸模进入凹模的深度 2. 冲孔模安装时，同样要注意凸、凹模间隙的均匀性，并且还要注意，冲孔模安装时，先固定好凸模，而调整凸模位置

3. 锻模的试模过程

锻模试模准备过程见表9-51。

表 9-51　锻模试锻前准备过程

步序	项　目	操 作 说 明
1	锻模检查	1. 检查模膛的尺寸精度及形状和表面质量是否符合图样要求 2. 检查上、下模错移量是否超出允许范围 3. 检查燕尾尺寸是否与设备相匹配
2	设备检查	1. 检查设备运行状况是否完好 2. 检查设备能力是否合适，即不能偏大或偏小 3. 检查设备安全、防护设施是否完备
3	锻模安装	1. 锻模在锻压机上安装要牢固、可靠 2. 上、下模基面安装后要相互平行，其中心轴线要与运动方向平行，错移量应减小到最小允许值 3. 燕尾支承面应与锻模分型面平行与运动方向垂直，并与接触基面不存在间隙 4. 上、下模分型面要互相平行，合模时接触密合 5. 锤头与导轨的间隙，在保证正常作业的情况下，应取最小值
4	预热模具	1. 在试模前，模具应进行预热。对于小胎模可在炉前烘烤；对于大锻模，可用烧透的坯料放在上、下模之间烘烤，或用煤气喷灯烤烧 2. 预热温度：150 ~ 350℃
5	润滑模具及设备	1. 锻模和锻压机械在试模使用前要对其进行合理的润滑 2. 选用的润滑剂一般为：重油、润滑油、盐水或二硫化钼
6	清除坯件氧化皮	1. 对要进行锻造的金属坯料，要清除氧化皮 2. 在锻造时严防过多的氧化皮入模，即采用压缩空气吹除或用高压水龙喷除
7	加热坯件	为了保证试模质量，被试锻的金属坯料必须按合理的加热规范加热，并在加热过程中要不断翻动，使其各向加热均匀
8	试压坯件	将加热后的坯件放在模镗内，按试模工艺规程进行锻造成形

4. 锻模的调试方法

试锻的首件冷却后，应按锻件制品图进行详细的逐项检测，如发现缺陷应及时修正，其方法见表 9-52。

表 9-52　锻模试模缺陷及调整方法

弊病类型	产生原因	调整方法
锻件欠压即在高度方向上尺寸偏差太大 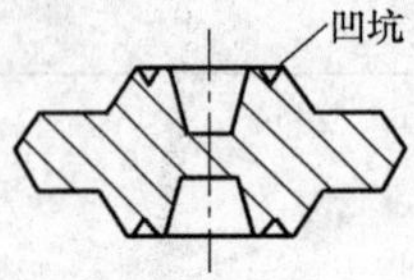 凹坑	1. 加热或锻造温度不合适 2. 锻压设备吨位不足 3. 操作工艺不合理 4. 模具飞边槽过小或飞边槽阻力太大 5. 模膛尺寸过小	1. 合理控制锻造温度,使终锻温度不要过低 2. 加大锻压设备吨位 3. 控制好锤击轻重及锤击次数 4. 调整、修磨飞边槽尺寸使之合适 5. 适当加大模膛尺寸
锻件局部未充满,尺寸不合图样要求 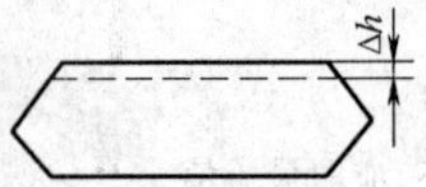 Δh	1. 模锻设备吨位太小 2. 毛坯体积过小 3. 锻造温度偏低 4. 氧化皮太多 5. 飞边槽过大或阻力太小 6. 模膛内有气体存在 7. 模膛加工不精密 8. 润滑不均匀 9. 氧化皮没清除干净	1. 加大模锻设备吨位 2. 加大毛坯尺寸 3. 提高锻压温度 4. 控制加热时间、减少氧化皮 5. 修整飞边槽,使阻力加大 6. 在模膛内设出气孔 7. 修整模膛达到精度要求 8. 将润滑剂涂抹均匀,不使过多的润滑剂残留模膛 9. 试模前将氧化皮清净
锻件在冲孔边缘龟裂或裂纹 裂纹 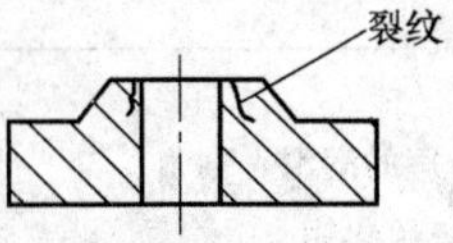	1. 毛坯加热温度过低 2. 凸凹模加热温度不足 3. 凸(冲头)、凹模间隙不均或过小 4. 锻造变形量太大	1. 加大毛坯加热温度 2. 把凸、凹模加热规定温度 3. 重新调整凸、凹模间隙,使之大小合适,均匀一致 4. 分多次锻造减少变形量
锻件沿分模面的上、下部位产生位移 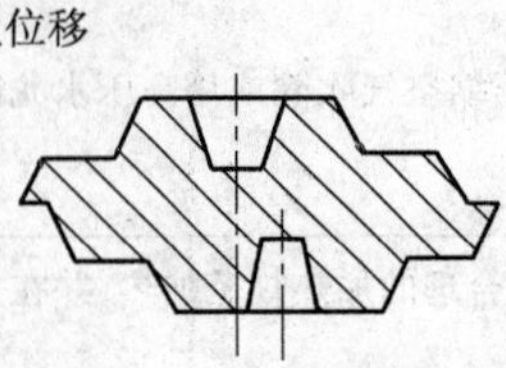	1. 设备精度不良 2. 锻模精度差,上、下模错移量大,导向精度不高 3. 锻模紧固螺钉松动	1. 调换精度高的设备 2. 重新组装锻模,使之达到设计要求 3. 将紧固螺钉固紧
锻件表面出现凹坑,不光洁 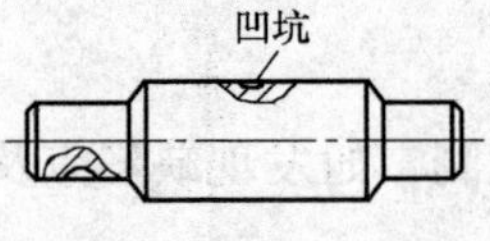 凹坑	1. 坯件质量差,表面不光洁有凹痕 2. 加热温度与加热时间不当,氧化皮太多 3. 模膛表面粗糙	1. 更换质量好的坯件 2. 控制加热温度及加热时间,不使其产生过多的氧化皮 3. 抛磨模膛表面

（续）

弊病类型	产生原因	调整方法
锻件有裂纹 裂纹 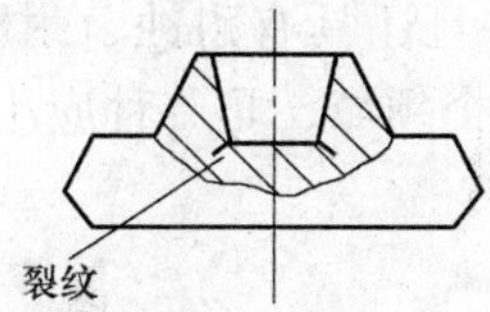	1. 毛坯本身质量差有裂纹 2. 毛坯断面尺寸形状体积不合理 3. 模膛有锐角形成锻件裂纹	1. 更换毛坯 2. 正确设计滚压、弯曲、预锻模膛，避免终锻产生折纹 3. 修整模膛，使锐角修整成过渡圆角
锻件局部金属偏多，超差 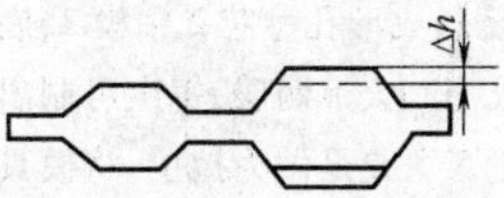 Δt	1. 模具上、下模膛偏移，装配时不在同一中心轴线上 2. 模具导向精度低 3. 坯料加热不均	1. 重新装配、调整锻模 2. 调整导向零件，使配合精度提高 3. 合理控制加热方法
锻件中心轴线处产生裂纹 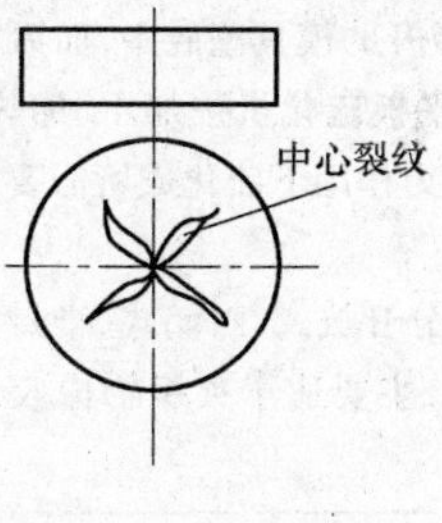 中心裂纹	1. 毛坯加热时间太短，中心轴线温度太低 2. 锻造工艺不合理	1. 延长加热时间，使坯料充分烧透 2. 改进锻造工艺，如在型砧内拔长。若在平砧上拔长时，应先将大圆断面锻成矩形，再将矩形拔长到一定尺寸，然后压成八角形最后再压成所要求的断面，即可减少裂纹
锻件切边后产生毛刺	1. 间隙过大过小或不均 2. 刃口太钝	1. 调整凸、凹模间隙 2. 磨刃口使之锋利
锻件切边后，中心轴线弯曲 	1. 切边凸、凹模设计不合理 2. 冷却过急 3. 锻件在模膛内翘起变形	1. 重新设计制造凸、凹模 2. 注意锻件冷却方法 3. 增加校形工序，使其锻后整形
锻件表面擦伤	1. 模具型膛处有尖角 2. 氧化皮太多，模膛内不清洁有杂物	1. 修磨锐角为圆角 2. 锻前清理模膛，并要适当减少氧化皮存在

七、橡胶与粉末冶金模制造要点

（一）橡胶成形模的制造

橡胶成形模是指将混炼后的人造或天然橡胶片，经模压、加热、硫化而成形为橡胶制品零件所使用的模具。由于橡胶具有较高的弹性，并且还具有耐蚀、耐磨、密封、电绝缘等特性，故已被广泛地应用到工业生产中的各个领域，是一种应用较多的工程材料。

1. 橡胶成形模的结构

橡胶成形模主要有压缩模、压注模及注射模等三种结构类型,其结构特点见表9-53。

表9-53 橡胶成形模的结构及工作过程

模具类型	图 示	结构组成及成形过程
橡胶压缩模	1—上模盖板 2—型芯 3—中模板 4—下模底板 5—手把	模具由盖板1,成形孔型芯2中模3,底模4,手把5组成,分上、下两层,每次可制出八个制品。手把5主要是做为拉手,将模具从压机中拉出推进,完成装料、压制取件过程。该模具为移动式压模,应用比较广泛 模具的工作过程及机理是:将混炼过的经加工成一定形状和称量过的半成品胶料,直接放入敞开的模具型腔中,而后将模具闭合,送入平板硫化机中加压、加热,胶料在加热和压力作用下硫化成所需要的形状尺寸制品 橡胶压缩模分开放式、封闭式、半封闭式三种结构形式,主要适于夹织物橡胶制品零件模压生产
橡胶压注模	1—柱塞 2—加料室 3—型腔板 4—型芯固定板 5—型芯 6—底模板 7—螺钉 8—导销 9、10—手把	模具由两部分组成,其柱塞1,加料室2,组成注料部位;而型腔板3,型芯5,型芯固定板4,底板6组成成形模,并由螺钉7连接,由导销8导向。其加料室2柱塞1可以通用。模具为移动式压模 模具的工作过程及机理是:将混炼过的,形状简单的,限量的胶条或胶块半成品放入加料室2中,通过柱塞1的压力挤压胶料,并使胶料通过浇注系统挤进模具型腔中硫化定型后而成为制品 压注模多用于形体结构复杂或者内含嵌件的模压制品。模具尽管复杂加工难度大但制品质量优良,生产率高,可一模多腔

（续）

模具类型	图　示	结构组成及成形过程
橡胶注射模	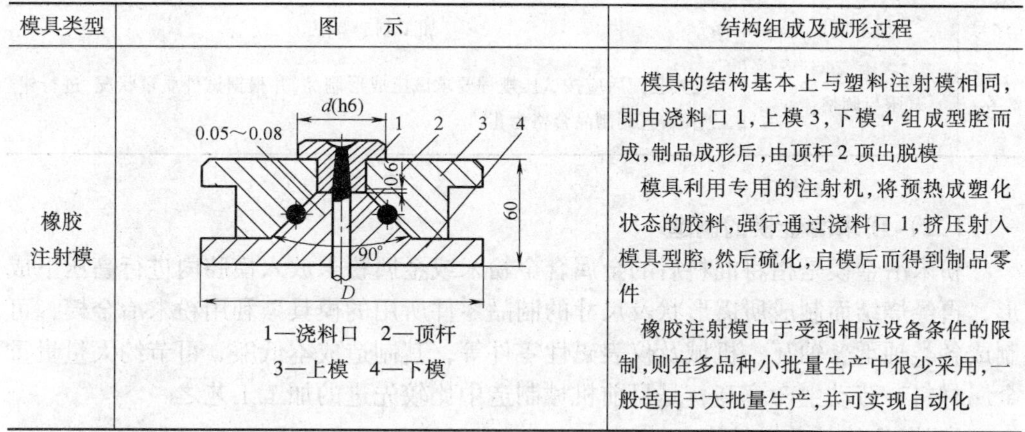 1—浇料口　2—顶杆 3—上模　4—下模	模具的结构基本上与塑料注射模相同，即由浇料口1，上模3，下模4组成型腔而成，制品成形后，由顶杆2顶出脱模 模具利用专用的注射机，将预热成塑化状态的胶料，强行通过浇料口1，挤压射入模具型腔，然后硫化，启模后而得到制品零件 橡胶注射模由于受到相应设备条件的限制，则在多品种小批量生产中很少采用，一般适用于大批量生产，并可实现自动化

2. 橡胶模加工制造要点

橡胶模加工制造要点见表9-54。

表9-54　橡胶模加工制造要点

序号	加工项目	加工制造要点
1	零件及型腔型芯的加工	1. 橡胶模具各零件的加工与装配，必须按图样加工，其形状、尺寸、精度要符合图样规定的各项技术要求。由于不同橡胶材料收缩率不同，故必要时要对所使用的橡胶进行试验，以确定收缩率或经试压后确定型腔、型芯尺寸精度 2. 型腔和型芯尺寸公差值，一般取制品公差的1/3～1/5，表面粗糙度 Ra0.8～0.2μm；分型面 Ra1.6μm，故在加工型腔型芯时钳工要修磨抛光
2	溢胶槽的加工	分型面一般设有圆形、梯形、三角形的溢胶槽。在加工时要按规定尺寸加工，但大小、深浅要经试压修整合适后定型
3	定位机构加工	上、下模定位形式，主要有支口斜面定位、锥面定位及导销，导柱定位等不同形式。加工时，要根据图样要求加工，如导销与导销孔应加工成H7/h7配合形式，锥面定位高度应>8～15mm，单面斜角为10°～15°
4	模具排气孔加工	模具应考虑压制时气体排放。中小模具可在分型面排气，大型模具应在上模最高处加工出 ϕ0.5～1mm 出气孔
5	模具装配各零件间配合形式	模具的装配按图样加工装配，但各零件间要满足下述装配要求： 1. 定位导销，导柱，在上、下模板上的固定应采用H7/p6、H7/s6配合形式，而定位导销与模板可动部分配合应加工成H8/f5及H7/g6配合形式 2. 型芯与模板的固定配合采用H7/n6和H7/p6装配形式；而与模板可动部位应装配成H8/h7或H8/f7配合形式 3. 芯轴与模板（或模体）应装配成H7/h6或H7/g6配合形式 4. 锥面定位及斜面定位一般以能够保证相互接触面达到设计接触面80%为装配标准 5. 圆柱面定位一般应装配成H7/h6、H7/g6或H8/h7、H8/f7配合形式

（续）

序号	加工项目	加工制造要点
6	试压与调整	模具装配后应按试压规程要求试压成形制品，并根据试件质量状况，进行钳工整修，直到制品合格为止

（二）粉末冶金模的制造

粉末冶金模是指将混料后的金属合金粉末或金属粉末放入模腔内进行高压下成形，再经烧结而制成所需形状及尺寸的制品零件所用的模具。利用粉末冶金模，可制成各类轴承、轴瓦、机械及仪表磁性零件等，其制造成本低廉、可节约大量贵重金属材料，劳动生产率高，是目前机械制造中比较先进的加工工艺之一。

1. 模具的结构特点

粉末冶金模主要分成形模、整形模两种类型。成形模主要是使粉末合金在模冲和凹模型腔压力作用下使其成形。而整形模是为了提高制件的尺寸及形状精度，提高表面质量、密度、硬度，使制件表面产生塑性变形，以矫正烧结过程所产生的变形所使用的校形模具。其各类模具的结构特点见表 9-55。

表 9-55 粉末冶金模结构、特点

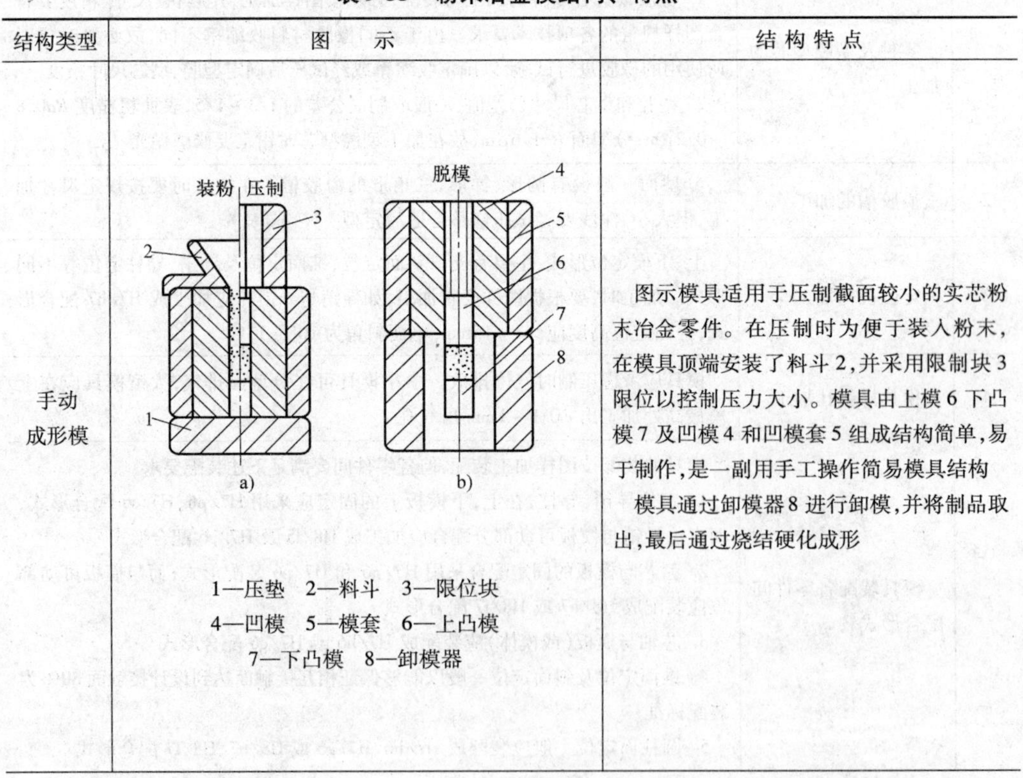

结构类型	图示	结构特点
手动成形模	1—压垫 2—料斗 3—限位块 4—凹模 5—模套 6—上凸模 7—下凸模 8—卸模器	图示模具适用于压制截面较小的实芯粉末冶金零件。在压制时为便于装入粉末，在模具顶端安装了料斗 2，并采用限制块 3 限位以控制压力大小。模具由上模 6 下凸模 7 及凹模 4 和凹模套 5 组成结构简单，易于制作，是一副用手工操作简易模具结构 模具通过卸模器 8 进行卸模，并将制品取出，最后通过烧结硬化成形

（续）

结构类型	图　示	结构特点
机动成形模	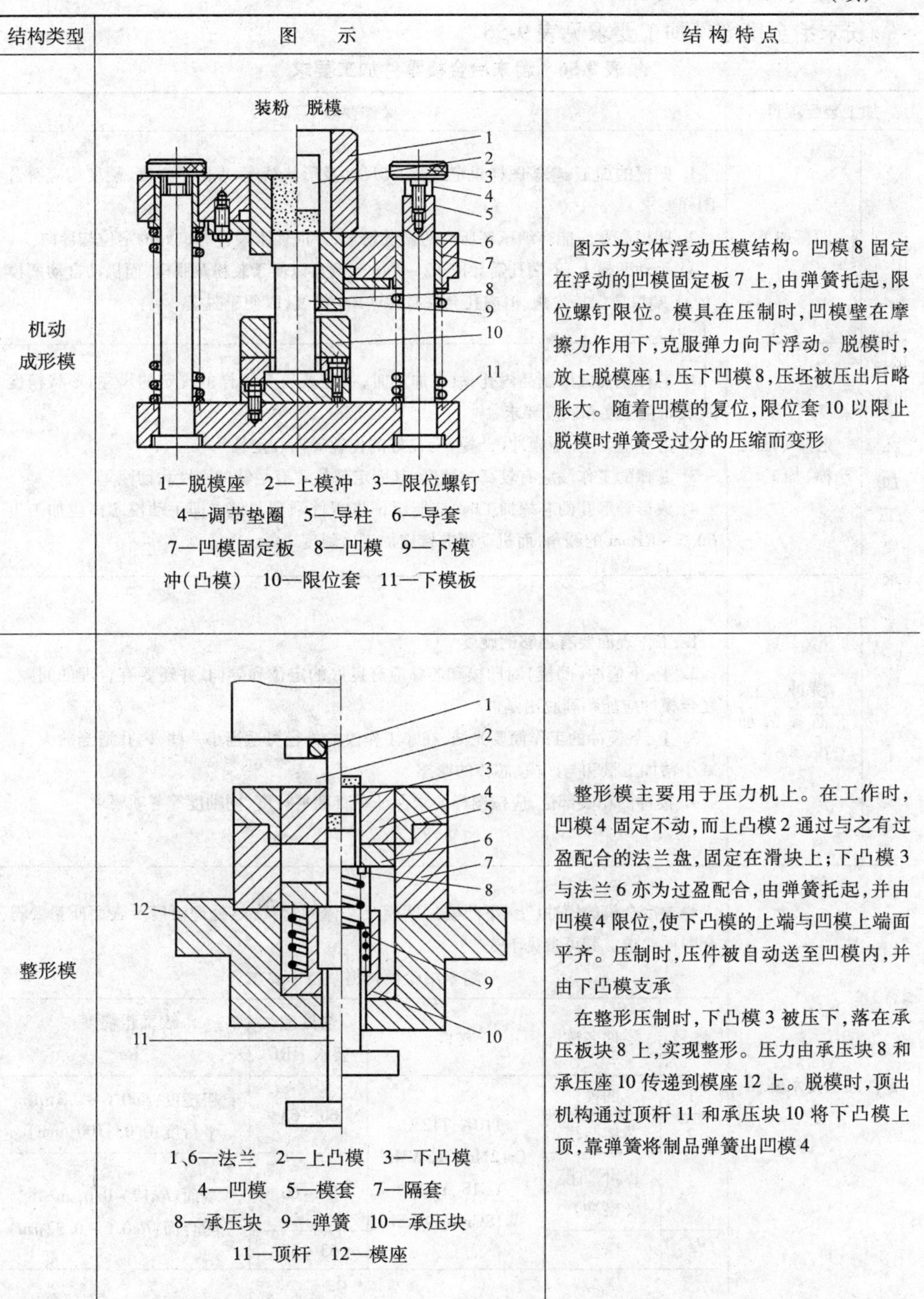 1—脱模座　2—上模冲　3—限位螺钉　4—调节垫圈　5—导柱　6—导套　7—凹模固定板　8—凹模　9—下模冲（凸模）　10—限位套　11—下模板	图示为实体浮动压模结构。凹模8固定在浮动的凹模固定板7上，由弹簧托起，限位螺钉限位。模具在压制时，凹模壁在摩擦力作用下，克服弹力向下浮动。脱模时，放上脱模座1，压下凹模8，压坯被压出后略胀大。随着凹模的复位，限位套10以限止脱模时弹簧受过分的压缩而变形
整形模	1、6—法兰　2—上凸模　3—下凸模　4—凹模　5—模套　7—隔套　8—承压块　9—弹簧　10—承压块　11—顶杆　12—模座	整形模主要用于压力机上。在工作时，凹模4固定不动，而上凸模2通过与之有过盈配合的法兰盘，固定在滑块上；下凸模3与法兰6亦为过盈配合，由弹簧托起，并由凹模4限位，使下凸模的上端与凹模上端面平齐。压制时，压件被自动送至凹模内，并由下凸模支承 在整形压制时，下凸模3被压下，落在承压板块8上，实现整形。压力由承压块8和承压座10传递到模座12上。脱模时，顶出机构通过顶杆11和承压块10将下凸模上顶，靠弹簧将制品弹簧出凹模4

2. 模具零件加工要求

粉末冶金模零件加工要求见表9-56。

表9-56 粉末冶金模零件加工要求

<table>
<tr><th colspan="2">加工装配项目</th><th>操作要点</th></tr>
<tr><td rowspan="3">零件加工要求</td><td>凹模加工</td><td>1. 凹模的加工,应按图样规定进行,其尺寸及形状精度、表面粗糙度、硬度均应符合图样要求
2. 凹模高度应能容纳压坯所需的松散粉末,并应使下模冲有良好的定位与导向
3. 手动凹模上、下端孔需导成 $R2\sim R4$mm 倒角以便于装粉及脱模,而机动自动凹模上、下端口要保持尖角,但内孔允许有≤1∶100 锥度,以便于脱模</td></tr>
<tr><td>芯棒(压孔凸模)加工</td><td>1. 芯棒主要成形制品内孔,故在加工时,一定要符合图样的规定的尺寸,形状精度及表面粗糙度和硬度要求
2. 芯棒应与上、下模冲(凸模)有良好的位置导向和定位
3. 芯棒的工作段应有较高的硬度,其固定部位要有足够的刚性和韧性
4. 成形异形孔的芯棒加工时,应能保证将压件顺利脱模。即手动模芯棒应加工出 $R0.5\sim R1$mm 的圆角,而机动模芯棒应加工出斜度</td></tr>
<tr><td>模冲(上、下凸模的加工)</td><td>1. 工作表面要有足够的硬度
2. 上、下模冲(凸模)对凹模和芯棒应有良好的定位和导向,并还要有合理的间隙。复合模冲应能顺利脱出制件
3. 上、下模冲的工作面要光洁,在非工作段的外径可适当小一些,内孔适当放大,以减小精加工量和与凹模、芯棒的摩擦
4. 模冲的相关部位,应按图样要求保证垂直度平行度,同轴度等各项要求</td></tr>
<tr><td colspan="2">零件加工技术要求</td><td>粉末冶金模的模冲(上、下凸模)、凹模及芯棒的材料,热处理硬度及表面质量要符合图样要求。其可参见下表
粉末冶金模材料及技术要求
<table>
<tr><th>序号</th><th>零件名称</th><th>材料</th><th>热处理要求 HRC</th><th>表面粗糙度 Ra</th></tr>
<tr><td>1</td><td>凹模</td><td rowspan="4">T10A、T12A
Cr12MoV、CrWMn
YG18、YG15
W18Cr4V、9CrSi</td><td rowspan="2">60~63</td><td rowspan="2">粗糙度:Ra0.6~0.16μm
平行度:0.03:100(mm)</td></tr>
<tr><td>2</td><td>芯棒凸模</td></tr>
<tr><td>3</td><td>上、下凸模(模冲)</td><td>56~60</td><td rowspan="2">端面:Ra12~0.6μm
配合面:Ra0.6~0.32μm</td></tr>
<tr><td>4</td><td>压套</td><td>53~57</td></tr>
</table>
</td></tr>
</table>

3. 模具装配要点

粉末冶金模的装配与所有型腔模一样，应按设计图样进行组装，即先装配部件，然后再进行总装配，并要符合图样规定的装配尺寸及所有技术要求。

（1）模具装配要求

1）模具中的主要零件如凹模、型芯、上、下凸模的连接要安全可靠、装卸方便、结构简单、节省材料、整齐美观。

2）模具根据不同的压制方式，往往需要凹模、型芯、下、上凸模采用浮动装置，其浮动力一般由弹簧、摩擦、气动和液压等产生，在设计时应根据具体要求和条件进行设计。

3）模具的脱模复位机构，一般是由同一结构来完成的。脱模要保证压坯的完好，动作准确可靠，复位后要求位置准确。

4）模具要有良好的加工工艺性及经济性。即模具复杂程度要与制品生产批量和生产率相结合，以达到降低制件成本及提高质量的目的。

（2）装配要点及方法

粉末冶金模的装配方法及要点见表9-57。

表9-57　粉末冶金模的装配要点

步序	装配步骤	装配方法及操作要点
1	凹模与模套的装配	1. 凹模与模套配合为过盈配合(H7/m6),在装配时,应有一定的过盈量 2. 将凹模压入模套后应磨平上、下端面,并要保证相互的垂直度及同轴度
2	凹模或凹模与模套组合与模座的连接	1. 将凹模或凹模与模套安装到模板或模板座内 2. 按图样规定的连接方式用圆柱销定位,螺钉紧固 3. 将模板上面用平面磨床磨平
3	上模冲(凸模)的装配	1. 将上模冲(凸模)安装到模板上,并按图样规定的连接方式用销钉定位,螺钉紧固 2. 在装配时,应保证上模冲对模板基面的垂直度,以及与凹模间的间隙,但不能太松或紧涩
4	下模冲(下凸模)的装配	1. 将下模冲(下凸模)按图样规定的方式用销钉定位,螺钉紧固到下模板上 2. 在安装时,要保证下模冲与固定板的垂直度及凹模孔配合间隙,但不能漏粉
5	芯棒的装配	1. 将芯棒装入芯棒座,按图样规定的连接形式,用螺钉或过盈压配合形式,固紧 2. 装配时要保证芯棒与模板的垂直度以及与上、下模冲(凸模)的同轴度与配合间隙大小

（续）

步序	装配步骤	装配方法及操作要点
6	导柱、导销与导套的装配	1. 装配导柱导套与固定板上 2. 导柱与导销装配后，应保证导柱与导套、导销与销孔配合间隙及配合精度，一般要求 H7/h6
7	浮动机构装配	1. 凹模、芯棒或上、下模冲的浮动机构按图样进行装配。装配后应能满足压制方式和补偿装粉的要求 2. 由弹簧、气动或液压产生的浮动力，应在装配后，能方便调节，使浮动稳定可靠
8	脱模复位机构的装配	1. 按图样装配脱模、复位机构。装配后要保证脱模时的顶出或拉下的距离准确，并能调节 2. 复位要求位置准确，在机械压力机上复位动作要求快而冲击力小，且重复性好
9	调节装粉结构	1. 通过改变凹模、上、下模冲及芯棒之间的相对位置，调节装粉 2. 调节浮动机构进行装粉量调节
10	总体装配及试压	模具各部件按规定装配后，经检查无误，可按总装配图进行模具的总体装配，并要满足装配技术要求。装配后即可上机试压

4. 模具的调试

粉末冶金模经装配后，可安装到指定的压力机上，按工艺规程进行试压，并根据试压出的试件经质量检验后，所发现的缺陷与不足进行调整，直到试出合格制件为止。其调试方法见表 9-58。

表 9-58 粉末冶金模调试方法

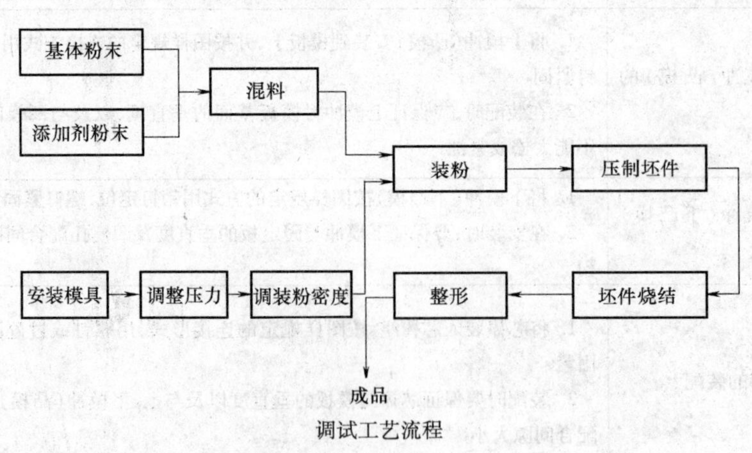

调试工艺流程

（续）

弊病类型	产生原因	调整方法
局部密度超差 密度低	1. 凹模型腔太粗糙 2. 润滑不良 3. 粉料压制性能较差 4. 补偿装粉不恰当 5. 制品长细比或壁厚过大，单向压制不适用	1. 抛磨型腔，使其表面光洁 2. 改善润滑条件，在模壁或粉料中加润滑剂 3. 更换粉料或使粉料还原退火 4. 调节补偿装粉量 5. 改用双向压制
拐角处产生裂纹 裂纹	1. 补偿装粉不当 2. 粉料压制性差 3. 脱模方式不对	1. 调整补偿装粉 2. 改善粉料压制性能 3. 改进脱模方式，使其脱模力均衡
侧面龟裂	1. 凹模出口处有毛刺 2. 粉料不洁，含有石墨偏析分层 3. 压力机上、下台面不平行或模具垂直度及平行度装配时超差 4. 粉末压制性差	1. 修整凹模 2. 在粉料中加润滑油，以免石墨偏析 3. 修整压力机及模具 4. 改善粉末压制性能
制件产生重皮或纹皱 波纹	1. 压力不平衡，局部压力过大或过小 2. 补偿装粉不良 3. 粉末压制性能差	1. 改善压力，供其各向压力平衡，大小一致 2. 合理补偿装粉，避免局部过压 3. 改善粉末压制性能
制件尺寸超差 —	1. 模具本身制造精度超差或刚度差被磨损 2. 压制工艺参数不合理	1. 改善模具制造精度控制合理公差范围内，加大淬火硬度 2. 调整压制工艺参数

（续）

弊病类型	产生原因	调整方法
制件棱角掉边 剥落	1. 镶拼凹模，接触面缝隙过大 2. 脱模不当 3. 密度不均，局部密度过低	1. 重新镶拼模具，使其接缝缩小，紧密贴合 2. 改进脱模方式 3. 改进压制方式，避免局部密度过低
制品表面划伤	1. 脱模精度差，脱模时划伤 2. 凹模壁不光洁，太粗糙 3. 模膛不洁或产生模痕或啃伤	1. 提高脱模精度或改进脱模方式，防止脱模划伤 2. 抛磨凹模 3. 修刮模腔
制品同轴度超差 —	1. 模具装配精度差 2. 装粉不均 3. 模具凸、凹模间隙过大 4. 模冲导向部位太短 5. 模具导向精度差	1. 重新装配模具 2. 采用振动或吸入式装粉 3. 合理调整间隙 4. 加大模冲导向部位尺寸 5. 重新调整或装配模具导向装置，使其精度提高

八、塑料挤出模及吹塑模制造要点

（一）塑料挤出模的制造

挤出成形是一种连续生产塑料制品的高效率成形方法，所使用的模具称为塑料挤出模。挤出模又称挤出机头，它的作用是将来自挤出机料筒的熔融塑料转变成各种形状及截面的制品，如管材、棒材、异形材及薄膜等，现已被广泛应用到工业生产之中。

1. 模具（机头）的结构及成形过程

管材成形是塑料挤出成形的主要方法之一，其所使用的模具结构构成及成形过程见表9-59。

表 9-59 管材挤出模结构构成及成形过程

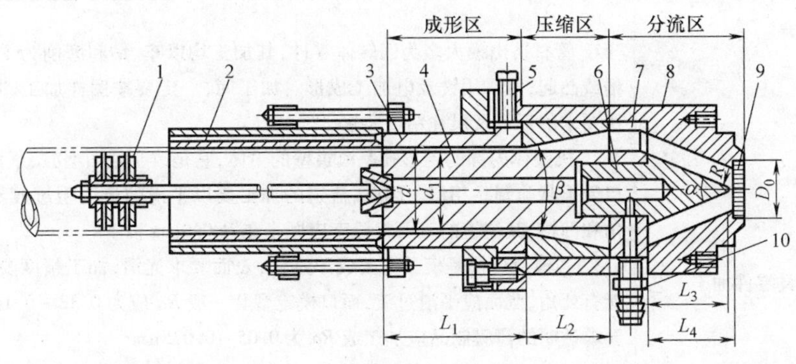

直向管材挤出模

1—气塞 2—定型套 3—口模 4—芯模 5—调节螺钉 6—分流器 7—分流器支架 8—机头体 9—过滤板 10—空气进口接头

模具所用设备及作用	管材挤出模(机头)所使用的设备主要是挤出机,机头(模具)、定型装置、冷却槽、牵引设备和切割设备等多种工序的联合体。其中成形模具(机头)(图示)是成形时的主要部件,它的主要作用是对管材成形和定形
模具的结构组成	模具由机头体 8、过滤板 9、分流器 6、调节螺钉 5、芯模 4 和口模 3 等零件构成,其中芯模、口模是成形管材内、外形状的主要零件。而调节螺钉主要调节芯模、凹模的间隙,以保证管材壁厚均匀;定型套 2 是使制品有良好的表面质量及准确尺寸和几何形状的零件
模具成形制品机理及过程	模具在使用时,由挤出机从料筒内输送到模具中的塑料熔体,首先经过过滤网和过滤板 9(栅板),将料流的螺旋运动变成直线运动,同时阻止未熔化的塑料及杂物进入模具,并经分流器 6 分流后,变成薄环状,再经过分流器支架后得到进一步塑化。待熔体进入由口模 3 和芯模 4 之间所构成的环形通道平稳流动,从而成形为所需形状及尺寸的管材,并再经定型套使管材尺寸、形状定型,经冷却后成为合格的管材 管材挤出成形主要控制参数是温度、挤出速率、牵引速度和压力。合理的参数控制,便可得到优质管材产品

2. 模具加工装配调试

挤出模的加工、装配调试要点见表 9-60。

表 9-60 塑料挤出模的加工、装配调试要点

序号	加工项目	工艺操作要点
1	模具零件加工工艺要点	1. 管材挤出模大多为回转体零件，其加工均以车、钻和磨削为主，局部的窄槽或凸起，可采用铣及电加工成形。加工时，一定要按图样加工，并符合图样所要求的形状及尺寸精度要求 2. 机头体内部的锥形孔是流道壁的主体，它是改变截面型腔，逐渐过渡到模口处形状与制品相似。因此，流道的加工要以平滑的流线型过渡不允许有死角和凹槽，其流道的表面粗糙度应抛光在 *Ra*0.8μm 以下 3. 芯模及口模是模具主要成形零件，表面要求光滑，加工精度要求较高，不能有死角，截面应平滑过渡，而口模定型套一般 *Ra* 应为 0.32 ~0.16μm。对于要求透明的薄膜制品应加工成 *Ra* 为 0.05 ~0.025μm 4. 用于板材或片材的挤出模具，其模口的形状是以矩形为主要特征，其加工主要以数控铣床或电加工为主，但加工后要进行光整加工，全部流道应光滑过渡 5. 挤出模材料应满足耐腐蚀，耐磨损，并要有足够的刚度和强度。其口模、模芯，一般用 40Cr、5CrMnMo、Cr12MoV 制作，淬火硬度为 30HRC，并要调质处理
2	模具装配要点	1. 模具在装配前应将零件进行清洗，去除毛刺，并要在流道表面涂上一层有机树脂，以防装配时产生划痕 2. 装配时，在流道表面上应放一层纸或塑料薄膜加以保护，然后先安装与机筒连接的法兰，再安装机头体，分流器支架、芯模、口模、定型套与紧固压板等 3. 在装配中，对于相互连接的部件接合面或拼合面要保证拼合严面。整个流道的接缝处或截面变化的过渡处均应平滑。流道表面要抛光，*Ra* 应小于 0.4μm 4. 装配时，芯模与口模间、芯模与定位套之间要使间隙调整均匀。在测间隙时，应要用软质塞规检测，以防划痕 5. 机头上的电加热设备，要使各处加热均匀。连接各零件的螺栓，装配时要涂上石墨，以保证拆卸方便
3	模具调试要点	1. 模具调试前，要对设备及原材料进行检查，使之符合调试工艺规程要求，并使设备处于良好的工作状态运行 2. 试模时，先以低速进行启动，然后再逐渐提速 3. 在试模中若发现制品产生缺陷，要全面分析产生原因后，再进行逐项调整，直到缺陷消除，试制出合格产品，才能交付生产使用

（二）塑料中空吹塑模的制造

中空塑件吹塑成形是把塑料型坯放在模腔中，合模后借助压缩空气吸胀、定型、加热冷却后而得到一定形状的中空塑件的方法。其使用的模具称为吹塑模。如各种规格的塑料瓶，全是用此模具经吹塑制成的。

1. 模具结构组成

塑料中空吹塑模结构见表9-61。

表9-61　塑料中空吹塑模结构组成

图　示	零件名称	图号	零件在模具中的功用
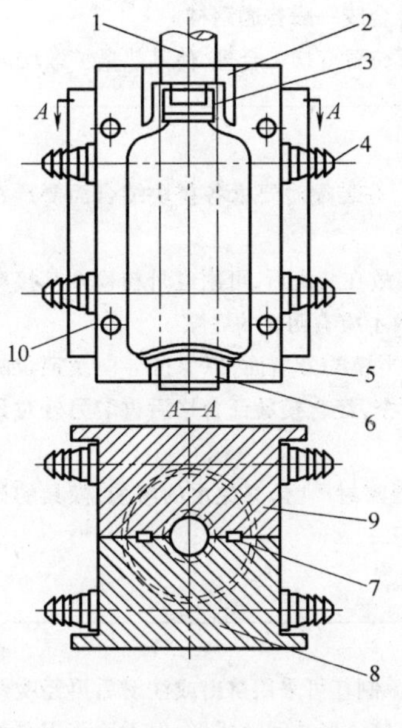 1—型坯　2、6—余料槽 3、5、7—切口　4—冷却水嘴 8—动模　9—定模　10—导柱	定模	9	固定并起成形零件作用
	动模	8	可移动与定模组成形腔，成形制品外表面
	余料槽	2、6	容纳多余的熔料
	加热和冷却装置	4	根据塑料品种不同而设置，如聚碳酸脂、聚枫、聚甲醛设加热装置，而聚氯乙烯、聚苯乙烯设冷却装置
	切口	3、5、7	在模具闭合时切断余量或在吹塑前夹持坯料，一般宽度在1～2mm，角度为15°～30°比较适宜
	导柱	10	对动定模起导向、定位作用

2. 模具加工装配调试要点

塑料中空吹塑模的加工、装配及调试要点见表9-62。

表 9-62　塑料中空吹塑模加工装配调试要点

序号	加工项目	操作工艺要点
1	零件的加工	1. 吹塑模的制造主要是针对型腔零件动模及定模的加工。其形状复杂，除整体结构外还有花纹文字、螺纹等。型腔表面常用数控铣削、电火花成形加工，而花纹、文字等局部特殊表面采用雕刻、化学腐蚀等加工 2. 吹塑模的螺纹（瓶口）型腔加工时，可将两半型腔对合在一起，采用数控车削加工，也可以用电火花在一次装夹下分别加工，但要保证螺纹的连接性和不错位 3. 吹塑模多为两半型腔，故在加工时要求对合面平整，对合后不应有明显的缝隙及合模线。因此，在加工时可采用精磨、研磨及抛光等工艺加工 4. 吹塑模一般在相应部位应开有余料槽，以容纳多余的熔料，而为了不影响成形，在分型面上设有排气孔，以排出空气。这些溢料槽及排气孔的大小，均应在试模经修正后确定 5. 吹塑模常用的材料为铍铜合金、浇铸铝合金或一般普通钢材 6. 大型吹塑模应设有冷却水道，在加工时其位置应加工合理，使其热量扩散均匀
2	模具的装配	1. 吹塑模型腔的底部和口部为镶拼式结构，在装配时要求各拼块结合面要严密贴合，组合后的型腔表面要光洁、平滑光顺 2. 吹塑模整体型腔浇口不应有塌边或凹坑，故在装配后，可用红丹粉检查其接触是否均匀。合模后型腔浇口周边 10mm 范围内不应有明显的缝隙 3. 吹塑模的导柱、导套安装后，应垂直于两半模的分型面，以保证导向及定位的准确。其装配的顺序是：先装互为对角线的两个，经合模验证合格后再装另外对角线的两个，严防两半型腔产生错位 4. 装配时，冷却水道的连接件与型腔模板要密封严密，避免水的渗漏；模具的排气要顺畅，无阻
3	模具的调试	1. 吹塑模试模一般分制坯及成形两个过程。制坯可采用挤出或注射后再经吹塑成形，也可以采用挤出—吹塑（注射—吹塑）直接成形或间歇成形，但无论采用哪种方法，试模前都应将挤出、注射、吹塑设备及各种辅助装置试先调整好。如采用连续工作的多工位注射—拉深—吹塑机组，应保证各部位动作灵活、定位准确、相互协调，节拍一致 2. 在试模时，要严格控制温度及空气的压力，并根据不同的吹塑工艺方法及制品的壁厚，调整吹塑比 3. 调试时，模具要安装稳固、锁模力要足够大 4. 在吹塑时，要根据制件的质量变化，正确的分析并确定调整工艺参数以及模具，直到能成批生产出合格的制品零件，才能交付生产使用

第十章　模具的维护与检修

模具是工业生产的基础工艺装备，广泛的应用在国防、机械、电子、轻工、日用品、汽车、家电等各个生产领域，并成为制造业的先行领头产业。其精度的高低，质量的好坏，对产品质量、效益起决定性作用。但对模具的使用，不仅要注重其制造质量的高低，更主要的还要注重其使用保养、维护和修配。这是因为即使设计制造精度再高、质量再好，由于使用保养、维护不当，也会使模具在长期使用过程中，由于受冷、热交变的冲击、磨损，过早的失去其应有的效能，使产品质量降低、甚至损坏，给生产带来巨大损失。因此，做为模具使用企业，正确地使用、维护保养检修模具，是恢复模具的原有技术状态、延长模具的使用寿命，保证制件的质量，降低成本和确保生产正常进行的至关重要的工作，必须要给以高度重视。

一、模具使用维护的内容与方法

模具是一种既精密又复杂的生产工艺装备。其制造工艺复杂，成本较高，故在使用过程中，要做到精心施工、维护与保养，使用后要细心保管与检修。使之永远处于良好的工作状态，保证生产的正常进行。

1. 模具使用中的维护

1）模具使用前的检查。

2）模具在成形设备上的正确安装与调整。

3）模具在使用过程中的正常润滑。

4）模具在使用过程中的检查与随机检修。

5）模具使用后的正确拆卸。

2. 模具日常维护与保养

1）模具使用后的技术状态鉴定。

2）模具的检修及易损件制备。

3）模具的精心保管及运输、防护。

4）模具入库保管及发放制度的建立与执行。

5）模具技术资料的保管。

6）模具维护性修理计划及修配管理。

3. 模具使用维护保养方法

模具的使用维护保养工作应贯穿在模具使用前后、使用过程之中、运输与保管各个环节之中，其方法见表 10-1。

表 10-1 模具使用维修保养方法

序号	项目	使用维护保养方法
1	做好模具使用前的检查	1. 模具在安装使用前,要对照工艺文件,检查所使用的模具的规格、型号是否与所制零件相符,其工艺过程与模具是否相适应 2. 对于新制造的模具,是否经过试模、检查试模所提供的试件是否与所要制零件技术要求相符,模具有无合格证书 3. 对于旧模具的再次使用,要查模具结构的完整性,模具各零件是否完整无损,并根据技术状态鉴定证书或上次使用后的末件质量检查结果,确定模具能否能再继续投入安装使用 4. 对于经检修后的模具,查看检修后的试模结果再决定是否安装使用 5. 检查模具各工作零件刃口、型腔表面质量是否完好,各紧固部位有无松动,并擦拭干净,方能上机安装
2	选用合适的成形加工设备	模具在使用安装时,必须要按工艺规程要求选择相应的模具成形设备规格及型号,并应检查设备的工艺性能与动作的可靠性,发现缺陷要排除后方能使用
3	正确安装与调整模具	1. 安装前,操作者一定要熟悉模具的使用性能、安装方法 2. 安装时要谨慎小心,不要损伤模具,安装要牢固 3. 安装后试运行时,要使模具动作平稳、满足模具在使用时各项成形条件指标,如压力、速度、温度等参数
4	熟悉模具使用规程及操作工艺	1. 模具使用操作者,一定在上岗操作前进行相应技术培训,取得岗位操作合格证后方能上岗操作 2. 在操作时,一定要遵守工艺守则,并按工艺规程操作 3. 操作者要对自己的工作有高度的事业、责任感,有秩有序的操作,决不能粗心大意,以免造成人身安全事故或引起模具的损坏
5	做好模具使用过程中随机检查和维修	1. 模具在使用过程中,维修工应定期随机检查,发现问题,立即停机检修 2. 在开始使用模具前应使模具空运行几下,观察模具与设备有无异常现象。若没有再投料进行试生产 3. 在初始的制件中要进行检测,检测合格后方能继续生产 4. 模具在运行中要随时检查模具运行状况,若发现异常要立即停止工作,通知维修部门检修,处置合适后再继续开机使用 5. 维修人员要随时检查模具紧固状况,并随时进行由于振动磨损松弛了的螺钉紧固

（续）

序号	项目	使用维护保养方法
6	要对模具进行合理的润滑	模具在运行过程中，要随时对其按工艺规定进行各部位润滑，以减少不必要的磨损
7	要对模具进行合理拆卸	1. 模具从机床卸下时，要按正常操作程序，不能乱拆乱卸 2. 拆卸后的模具要擦拭干净，并涂油防护和防锈 3. 模具吊运要稳妥，慢起，轻放 4. 拆卸下的模具要做技术状态鉴定、确定检修与否
8	要对模具做技术状态检查和检修	1. 根据技术状态检验结果对模具要定期检修 2. 检修时要按工艺方案进行，检修后要进行试模，再次做技术状态检查，以确定下次能否使用
9	要做好模具存放及保管	1. 存放前要涂好防护油以防生锈 2. 模具应存放在干燥、通风的库内保存，应放在架上

二、模具使用维护工作的组织

模具在使用过程中，由于其内部零件受到冷、热交替变化及压力的冲击和腐蚀，零件会逐渐被磨损，失去原有的工作性能，再加上操作者的粗心大意甚至被损坏，影响产品质量和生产的正常进行。为延长模具的使用寿命，使其恢复到原有工作状态，企业必须要合理地安排及组织对模具的维护与修配工作。

1. 维修人员的配备

在一般使用模具生产零、部件制品的企业中，为了使模具能得到合理的使用，做到安全正常生产，根据生产规模及批量的大小，应设立模具维修车间或维修小组，实施以预防为主、修配为辅的管理模式，监督模具的使用以及运行生产状况，发现问题及时解决或修配，并在模具使用后，对其进行技术状态鉴定和检修，以使模具处于良好技术状态下工作，最大限度地延长模具使用寿命，防止制品出现缺陷，以降低制件的制造成本，提高企业经济效益。

模具维修组织的成员，应该是具有一定模具制造经验、工作责任心强的模具钳工来担任，并要配备一些专业技术人员。在通常的情况下，要求他们的技术专业水平和实践经验比较全面，即不仅要具有钳工操作过硬的技能，精通模具的专业知识以及模具制作、装配、调试、验收检验、使用的操作本领，更主要的是还要有善于分析、解决模具出现故障的能力。只有这样，才能在模具出现故障后，在最短的时间内修复后使用，不误生产的正常进行。

2. 模具维修工的职责

1）熟悉本企业产品所用模具的种类及每个制品零件所用模具套数、工艺流程及使用状况、并对每套模具在使用后要进行模具技术状态鉴定，建立技术档案。

2）详细掌握要检修的模具结构组成、成形制品原理及工作过程，并能修整配制模具的易损备件。

3）负责与操作者一起安装、调试模具。并在模具工作中，随时跟踪检查模具的工作状况，随机进行修整，使之处于正常工作。

4）负责需检修的模具零件的修配、更换及装配。

5）负责修配装配后的模具调试工作。

6）负责对模具操作工的技术培训及指导工作。

3. 维修设备及工具的配备

维修模具所需的设备与工具配备见表10-2。

表10-2 维修模具所用设备及工具

名称		图示	用途
维修用设备	试模用小型成形设备	—	能供小型冲模使用的压力机，若大型冲模及各类型腔模，可采用生产车间的设备，主要用于修配后试模用
	手扳压力机	—	供模具维修时零件压入装配，压印，锉修，导柱、导套压入，压出用
	钳工用台虎钳、工作台钻床、抛光机、砂轮机	见表1-1	主要用于修配时钳工的锉修加工，打孔、攻螺纹、抛光及模具的部件、装配及拆卸等
	手推起重小车	—	供模具运输用
维修用主要工具	撬杠	R_4 R_2 R R_1 R_3 L	主要用于开启模具
	夹钳		夹持零件用

（续）

名称		图示	用途
维修用主要工具	螺钉定位器	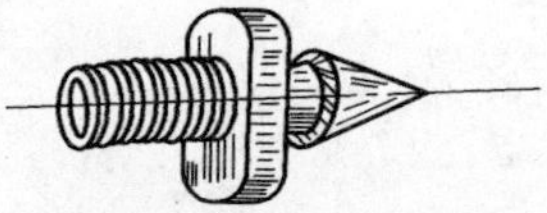	用于螺钉装配定位，以保证装配的位置正确
	样板夹	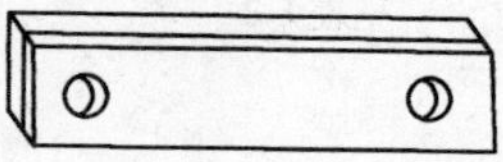	夹持样板以配作模具零件用
	拔销器	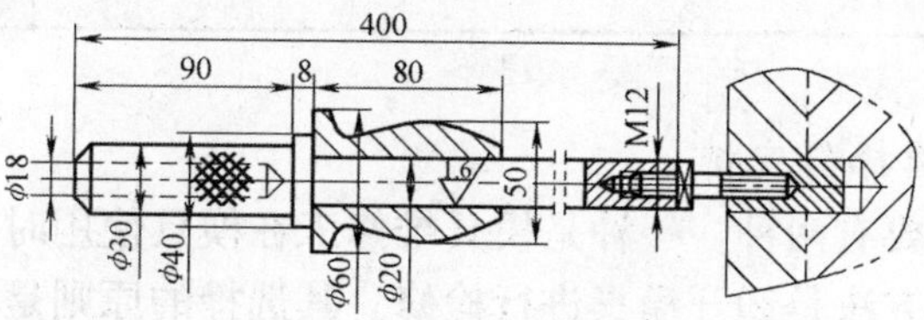 400 90 8 80 M12 φ18 φ30 φ40 φ60 φ20 16 50	用于取出或装配销钉
	铜锤	—	锤击模具用以调整零件正确位置
	内六角板手	—	取出或拧紧内六角螺钉用
	细纹整形锉	—	5~12 支整形锉，锉修零件成形用
	磨石	—	用于修磨零件，粒度 100~200 目各种形状
	手动砂轮机及磨头	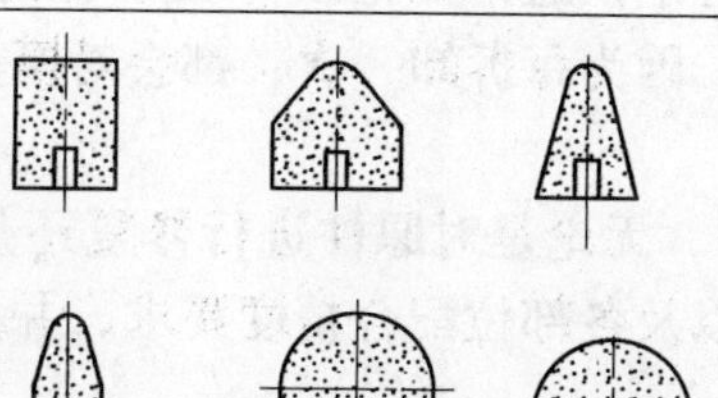	用于修磨零件，粒度 40、60、80 目
	抛光轮	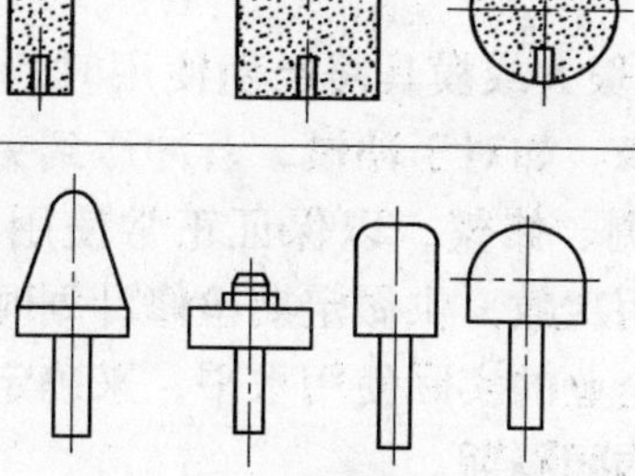	布轮、毛毡及皮革轮三种，主要用于抛光用
	砂纸、砂布	—	粒度 40 目、80 目、120 目、180 目，用于模具零件打磨、抛光

（续）

名称		图示	用途
维修用量具	钳工用各种量具如游标卡尺、高度尺、角尺、塞规及百分、千分表	见表1-2	主要对修理零件的划线、测量及检测用

4. 维修方式的选择与安排

模具维修方式主要有两种。一种是模具维修工在模具使用时，随机进行维护性保养与检修；另一种方法是卸开模具进行检修。其选择的原则是：

1）模具在使用过程中，若发现所成形的制品质量出现缺陷或模具工作时产生不正常响声及故障，应立即停机检查故障产生的原因，对于一些小的毛病，能随机进行临时修整的尽量不要将模具从机床上随意卸下，应按随机维修的方法，进行修复后继续使用。对于实在不能随机修复的再从设备上卸下，根据故障的部位，损坏程度进行恢复原技术状态的检修。

2）模具在工作中出现故障后或每批次使用后，即使没有出现较大毛病，都应检查一下正常的磨损程度，并结合末件检查制品质量状况，决定模具是否需要修理或需检修部位。在修理的过程中，通常要把损坏及影响制件质量的部位进行拆卸、检修，勿需将模具大拆大卸，因为每拆卸一次，都会对模具的技术状态造成很大影响。

3）模具在检修的过程中，无论是对原件进行修复还是更换新的部件，都要满足原图样设计的尺寸、精度以及各部位配合精度要求，并要对其进行重新研配和修整。

4）对需成形制品批次量很大或模具需长期使用时，应定期检查模具各部位磨损状况，以决定是否需要检修。如对于冲模，若冲压到一定数量后，即使没发现大的毛病，也要对模具进行检测、修整，以保证正常使用，延长使用寿命。表10-3列出了冲模刃磨间的平均使用次数，供做定期检修计划时参考。

对于型腔模，要结合本企业的实际使用水平，来确定定期检修的时间。但其检修时间，应安排在二次生产的间隔期。

5）在对模具进行全面检修时，应对模具的各部位配合精度及全部零件尺寸精度和完好度作一次全面检查。检查时要按原设计图样要求进行。对不符合要求的部件，要进行修配或更换，使其达到原设计要求。

表 10-3　冲模两次刃磨间的平均使用次数　（万冲次）

被冲材料	材料厚度 t/mm	模具形式		
		简单	中等	复杂
铝及铜	≤1.5 >1.5～3	4 3	3.5 2.5	3 2
软钢[w(C)<0.3%]	≤1.5 <1.5～3	3 2.5	2.5 2	2 1.5
中硬钢[w(C)≤0.3%～0.5%]	≤1.5 >1.5～3	2.5 2	2 1.5	1.5 1

注：1. 表中数据针对用合金钢制成的凸、凹模模具。
2. 采用硬质合金冲模时，其使用次应比表中高 5～10 倍。
3. 采用碳素工具钢模具时，取表中数据的 0.5～0.7 倍。

6）模具在检修时，要适应生产的要求，若生产中急需的应以最快、最短的时间修理完毕。在修理完成之后，要和新制模具一样按要求进行组装、调整和试模，经验收合格后才能交付使用。

5. 模具技术状态的鉴定

（1）技术状态鉴定的必要性

模具在制成或在使用过程中，由于模具制造工艺不合理，模具在机床上安装或使用不当，模具零件的自然磨损以及设备发生故障等原因，都能使模具零部件失去原有的使用精度。致使影响制件的质量和生产效率。因此，在模具制成或使用时，必须主动掌握模具技术状态的变化，并认真及时地予以处理，使其经常在良好状态下工作。

同时，通过对模具及时的技术状态鉴定，可以掌握模具的磨损程度以及模具损坏的原因，从而制定出修理内容及修理方案，这对延长模具使用寿命，降低制品件的成本也是十分重要的。

（2）技术状态鉴定方法

一般情况下，对于新制成或经检修后的模具，是通过试模来鉴定的，而对于使用后准备交库保存的模具则是通过使用时末件的质量状况检测和模具使用中的工作性能检查来进行技术鉴定的。

模具技术鉴定的方法见表 10-4。

表 10-4 模具技术鉴定的方法

鉴定内容		检查方法
制件质量检查	检查内容	1. 制件尺寸精度是否符合图样要求 2. 制件形状及表面质量有无明显缺陷 3. 制件毛刺或飞边是否符合规定要求 4. 制件外观有无明显弊病
	首件检测	1. 检查模具安装调整后首批制件是否符合图样要求 2. 将首批检查结果与前次使用后末件检查结果相比较是否发生变化，以确定模具安装的正确与否
	模具使用中的检测	1. 抽查模具批量生产中的制件，进行质量检测 2. 将检测结果与首件检查结果相对比，根据尺寸精度变化状况，确定模具磨损状况及使用性能变化情况
	末件检测	1. 模具在使用后，检测末件的质量 2. 根据末件的质量变化状况来判断模具有无检修的必要
模具工作性能检查	检查工作零件	检查模具各工作零件各紧固部位有无松动，能否正常工作，其间隙分型面密合是否发生变化，表面有无磨损或划痕
	检查卸推料零件	检查各推件及卸料机构工作是否灵活，有无磨损及变形
	检查导向零件	检查导柱、导销及导套有无松动和磨损，配合状态是否发生变化
	检查定位零件	检查定位装置是否可靠、有无松动及位置发生变化或磨损后定位不准
	检查安全防护零件	检查模具安全防护装置是否完好，有无安全隐患

三、模具随机维护性检修

模具在使用过程中，由于零部件间的冲击及磨损，使用一段时间后，总会出现这样或那样的毛病及故障。这些故障，有时可不必将模具从机床上卸下，直接在机床上进行维护性修整，使之恢复到原有工作状态，不误生产的正常进行。这种检修方法俗称随机维护性检修。

（一）冷冲模的随机检修

冷冲模随机维护性检修主要内容包括：模具易损零件，如凸、凹模、定位板、定位块及顶杆，连续模中的挡料块磨损后的备件更换，凸、凹模表面的修磨，被损坏零件的临时修复，紧固松动了的零件以及对导柱、导套的清洁、润滑，根据所冲制品零件检测的质量缺陷调整模具使其恢复正常等。其维护性检修方法见表 10-5。

表 10-5　冲模随机维护性检性方法

模具检修部位	图　示	检修方法
模具易损零件的更换	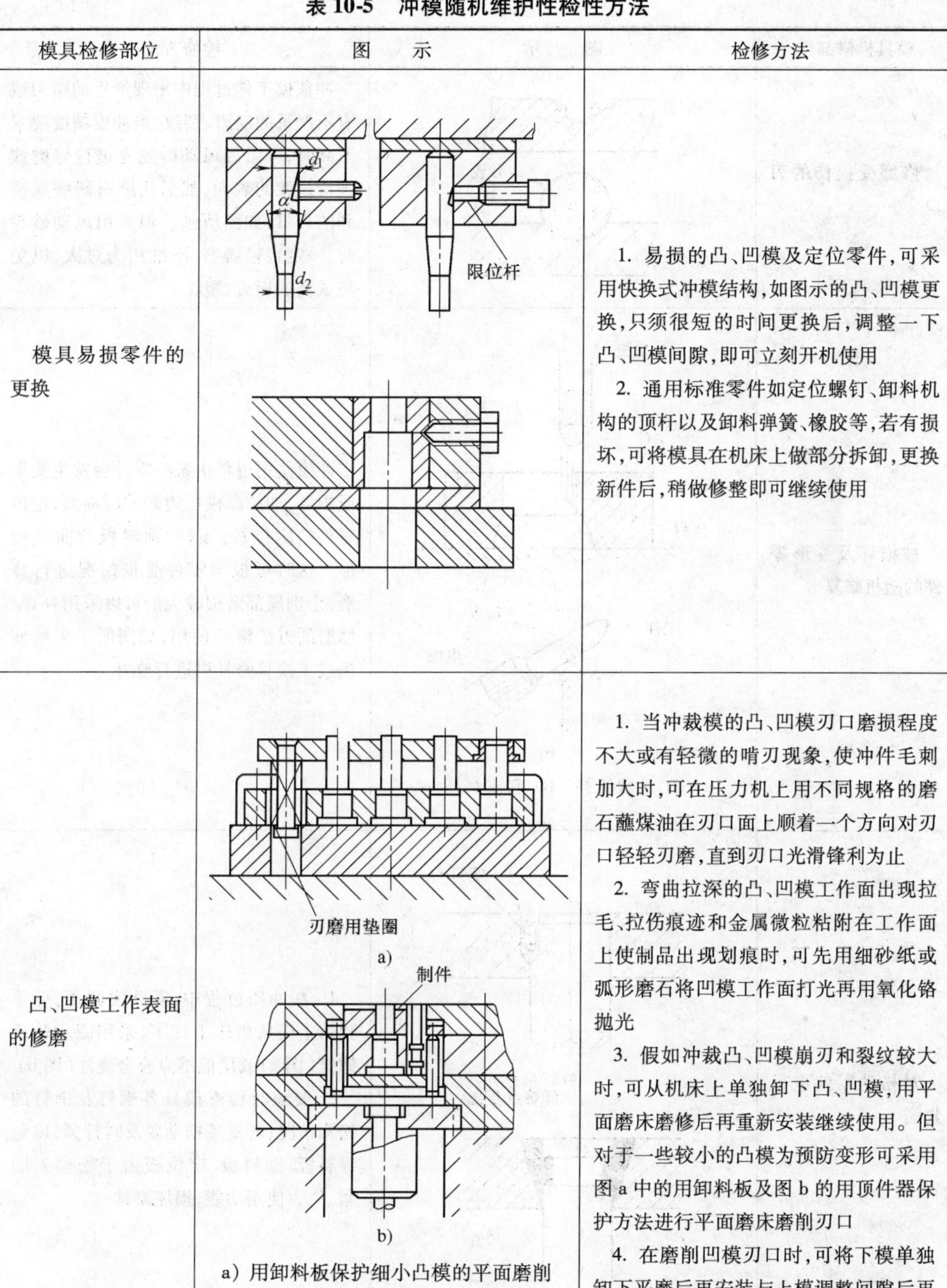 	1. 易损的凸、凹模及定位零件，可采用快换式冲模结构，如图示的凸、凹模更换，只须很短的时间更换后，调整一下凸、凹模间隙，即可立刻开机使用 2. 通用标准零件如定位螺钉、卸料机构的顶杆以及卸料弹簧、橡胶等，若有损坏，可将模具在机床上做部分拆卸，更换新件后，稍做修整即可继续使用
凸、凹模工作表面的修磨	a）用卸料板保护细小凸模的平面磨削 b）用顶件器保护凸模的平面磨削	1. 当冲裁模的凸、凹模刃口磨损程度不大或有轻微的啃刃现象，使冲件毛刺加大时，可在压力机上用不同规格的磨石蘸煤油在刃口面上顺着一个方向对刃口轻轻刃磨，直到刃口光滑锋利为止 2. 弯曲拉深的凸、凹模工作面出现拉毛、拉伤痕迹和金属微粒粘附在工作面上使制品出现划痕时，可先用细砂纸或弧形磨石将凹模工作面打光再用氧化铬抛光 3. 假如冲裁凸、凹模崩刃和裂纹较大时，可从机床上单独卸下凸、凹模，用平面磨床磨修后再重新安装继续使用。但对于一些较小的凸模为预防变形可采用图 a 中的用卸料板及图 b 的用顶件器保护方法进行平面磨床磨削刃口 4. 在磨削凹模刃口时，可将下模单独卸下平磨后再安装与上模调整间隙后再继续使用，但刃磨的吃刀量一定要小

（续）

模具检修部位	图　示	检修方法
修磨受损伤的刃口	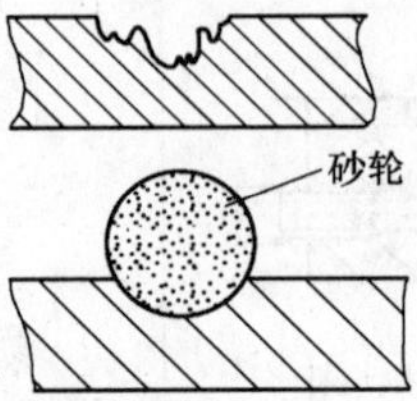 砂轮	冲裁模工作过程中出现严重的啃刃或有不严重的崩刃、裂纹，当冲模精度要求不高时，可采用风动砂轮先进行修磨成圆滑过渡的表面，然后用磨石研磨成锋利的刃口，如图所示。但采用风动砂轮时，一定轻轻研磨，不准用力过大，以免造成新的崩刃、裂纹
被损坏及变形零件的随机修复	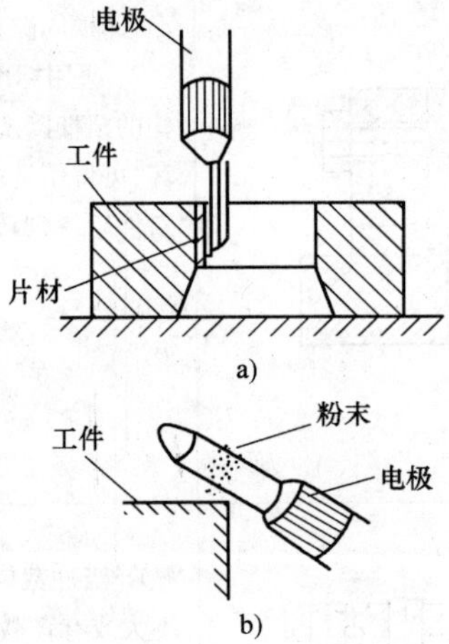 电极 工件 片材 a) 工件 粉末 电极 b) a）片状修补　b）粉末修补	冲模使用过程中某些零件会发生变形或损坏，如拉深模压边圈的压料面，定位零件的定位板，顶杆、顶料板弯曲或变形。这时可根据零件受损情况进行修磨，个别局部磨损较大的可以采用补焊、修磨的方法继续使用，如图所示采用便携式工模具修补机进行修补
对松动零件进行紧固	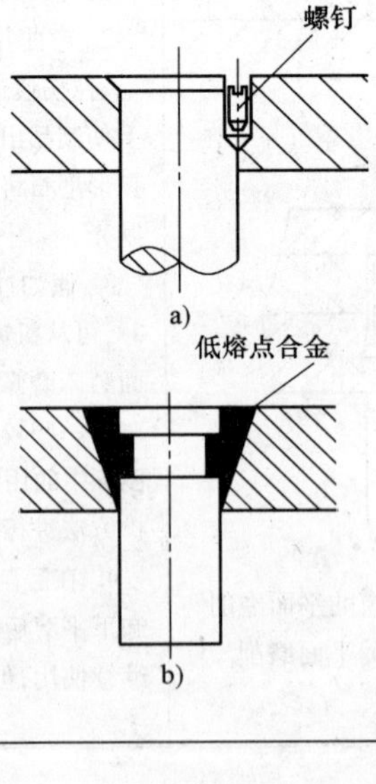 螺钉 a) 低熔点合金 b)	1. 在冲压过程中，若凸模脱落，可单独将上模从机床上卸下，采用图示骑缝螺钉（图 a）或用低熔点合金浇注（图 b） 2. 要随时检查模具各螺钉及销钉的松紧情况，若发现松动要及时拧紧，以免导料板、卸料板、定位板由于松动未固紧，失去使用功能，损坏模具

（续）

模具检修部位	图　示	检修方法
调整因自然磨损而改变的凸凹模间隙	锤击方向 45°～60°	在冲压过程中，若发现制品毛刺变大，弯曲、拉深件壁厚高低不均，表明凸、凹模间隙发生变化，应立即停机调整凸、凹模相对位置或用手动砂轮、磨石进行刃磨、捻压使之间隙合适，达到正常工作状态
导向零件的清洁与润滑	—	在冲压过程中要时刻检查导套、导柱的工作运转状况，按工艺规程及时涂抹润滑油，以减少磨损保证模具上、下对中，正常工作
根据制件质量状况随机进行调整及检修	—	在冲模进行随机维护性检修时，可根据制件质量变化状况，进行随时调整及修复。其依据可参照本书第八章： 表8-14　冲裁模常见弊病及调整方法 表8-20　弯曲模常见弊病及调整方法 表8-28　拉深模常见弊病及调整方法 表8-34　精冲模调试方法 表8-38　冷挤压模弊病及调整方法 表8-42　覆盖件冲模调整方法

（二）锻模的随机检修

锻模是在极大的冷热交变，锤击受力恶劣条件下工作的。故在使用时，要按工艺规程严格进行模具的锻前安装、预热、锻压过程的冷却与合理润滑，使其在良好的工作状态下工作。同时，还要对其进行随机维护，发现问题及时检修。

锻模的随机检修方法见表10-6。

表10-6　锻模随机检修方法

锻模弊病类型	图　示	随机检修方法
模膛局部产生裂纹，圆角部位隆起或表面塌陷变形	—	采用风动砂轮在机位上打磨、或用刮刀刮光，修整后继续使用，但表面质量、尺寸精度一定要达到要求

（续）

锻模弊病类型	图　示	随机检修方法
锻模局部产生较大裂纹	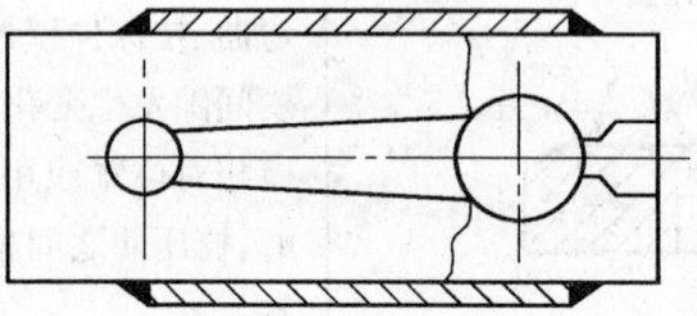	锻打时由于砧座不平，预热、冷却不佳，使模具产生裂纹，可在模膛侧面进行补焊后继续使用，以使裂纹不再继续扩大
锻模筋，凸起，或边缘局部碎裂	—	采用堆焊同类金属的方法进行修复，堆焊后用手动砂轮打磨，使其恢复到原有形状
复杂型面处断裂	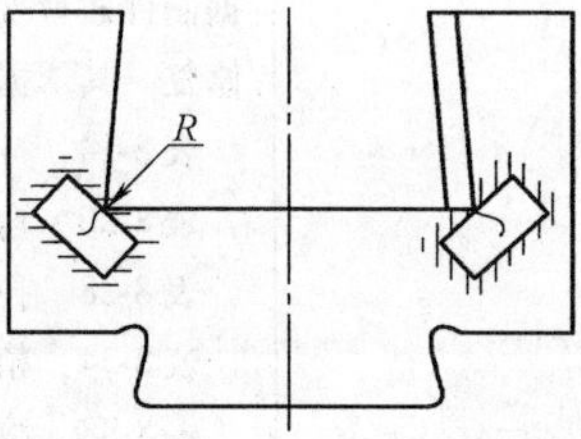 R	采用补焊方法修复，焊后一定要打磨抛光
按制件质量进行修磨	—	抽取制件进行检测，根据制品质量状况进行相应修整，其方法参见表 9-52

（三）塑料模的随机检修

塑料模与其他型腔模相比，结构一般更加复杂、精密，故在使用时，要更加注意保养和维护。即要选用合适的成形设备，确定合理的成形工艺条件，模具的安装要牢固可靠；操作时要严格执行工艺规程，如模温要保持正常；不能忽冷忽热；各滑动零件如导柱、导套、导销以及卸推料零件要动作零活，配合准确；每次合模成形时，型腔要清理干净，并要合理润滑和进行冷却，模具在停歇时，要将模具闭合，并在型腔及型芯上涂防锈或脱模剂，以防止模具受损伤及锈蚀。同时，在模具使用过程中，要随时检查零件紧固松紧程度以及各零部件的动作情况，使其处于完好工作状态。即使发生一些小毛病，也不要急于卸下模具，尽量随机进行修整后，再继续使用。

塑料模随机检修方法见表 10-7。

表 10-7　塑料模随机检修方法

模具弊病类型	图　示	随机检修方法
分型面密合不严，致使制品飞边加厚	Δ_1—分型面磨削深度 Δ_2—型腔加深深度 $\Delta_1=\Delta_2$ 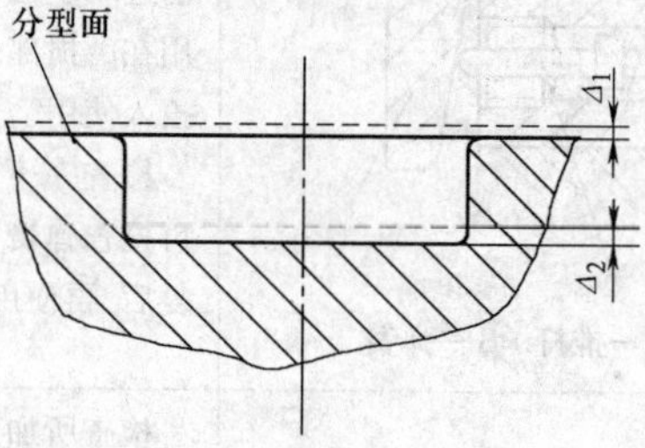 分型面	分型面由于长期使用磨损、或紧固螺钉松动使动，定（凸、凹）模位置发生倾斜，而使分型面合模后不严密，造成制品飞边加大变厚，这时可以将定模或动模卸下，在平面磨床上将分型面磨平，再把型腔加工到原来的深度，重新安装调整后，即可继续使用
细小型芯或脱模系统顶推杆弯曲、折断，影响制件质量及脱模	—	1. 更换新的型芯或顶、推杆 2. 顶、推杆若弯曲，可进行修整调直后，再继续使用
嵌件未放稳就合模使型腔碰成凹坑	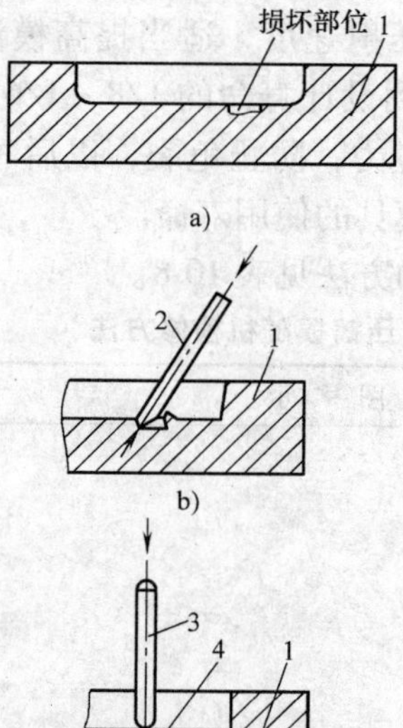 损坏部位　1 a) 2　1 b) 3　4　1 c) a)型腔受损小坑 b)用錾子凿孔 c)镶补纯铜 1—型腔　2—錾子 3—碾錾　4—纯铜块	若在型腔表面压成小坑，可在压坑处用錾子先錾一个小坑（图 b）并用錾把小坑周边向外稍翻卷，然后把一纯铜杆烧红；退火后取一小段塞在小坑内，再用錾子将纯铜镶块捻挤并把小坑四周翻边盖上（图 c），将铜块嵌住，再锉修平，并用磨石，砂布抛光即可使用

（续）

模具弊病类型	图　示	随机检修方法
侧抽芯机构难以脱模	F 1 3　2 1—斜楔　2—推杆　3—弹簧	如图示的斜芯机构当斜楔 1 受到磨损后若产生凹槽，则侧推杆 2 就难以前进或复位。遇到这种情况，则可采用在磨损部位进行补焊，磨平后即可投入使用 检查一下推杆 2，是否弯曲、变形，再检查弹簧 3，是否弹力失灵，并且修复后，再使用或更换新的推杆与弹簧
根据制品零件质量进行修复	—	检查所加工的制件，若发生质量缺陷可按表 9-23、表 9-36 所示调整方法做临时性修复

（四）合金压铸模的随机检修

压铸模是在急热急冷的条件下工作的，模具的平均寿命要比其型腔模低得多。因此，在使用过程中，要精心保养和维护，即操作时要严格按工艺规程，在工艺许可的范围内，尽量降低铸液温度，压射速度，适当提高模温、并在使用一段时间后，要定期进行检修。新模具使用到设计寿命的 1/8 ~1/6 时应对型腔进行 450℃ 回火和进行渗碳、抛光，以消除内应力，防止龟裂，以后每生产 1.2 ~1.5 万次要进行上述同样的保养与维护，延长模具的使用寿命。

压铸模使用过程中，随机检修的方法见表 10-8。

表 10-8　压铸模随机检修方法

模具弊病类型	图　示	随机检修方法
模具粘模，零件难以取出	—	模具发生粘模工件取不出来时应用木质或竹质工具取出，决不能用铁制器具取出，以免刮伤型腔表面，更不能用喷灯加热，否则会使型腔表面产生软点和脱碳废件取出后，要进行抛光，使模具型腔表面恢复到原有精度及表面质量

（续）

模具弊病类型	图　示	随机检修方法
模具型腔产生龟裂，表面由于经常腐蚀而粗糙	—	模具常时间使用，型腔表面若产生微小裂纹、龟裂或表面粗糙时，可用砂纸及磨石进行抛磨使其消除后再继续使用
型腔边缘裂损太大或压有凹坑	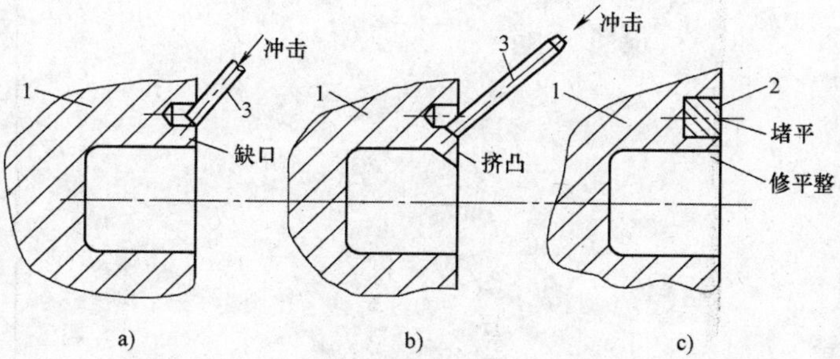 挤捻法修复型腔 a）碰伤缺口处附近钻孔 b）用碾錾冲击，并将侧壁挤凸 c）扩孔、堵平、修复侧壁 1—型腔　2—圆销　3—錾捻	1. 型腔边缘处产生较大裂纹或掉渣时，可采用图示的挤捻或堆焊的方法进行补救 2. 若型腔某处被压成凹坑，可按表 10-7 所示的凹模型腔凹坑补救方法进行检修
细小型芯或推杆、复位杆弯曲折断	—	1. 弯曲或磨损应拆卸后修复继续安装使用 2. 更换新的备件

（续）

模具弊病类型	图　示	随机检修方法
模具活动部位发涩，产生磨损过快	—	要定期对各活动部位，如导柱导套进行合理润滑。在润滑时，要将润滑剂涂在可动部位表面上，涂时要均匀，最好在表面形成一层薄膜，以减少摩擦
型腔、型芯磨损过快	—	1. 若型腔型芯磨损过快，可将其进行一次回火，消除表面应力或进行渗氮，淬硬去除脱碳层处理 2. 适当降低金属液温度及注射速度
根据制品零件质量状况进行修复	—	模具在工作过程中，定期抽测制品质量，根据制品弊病类型，进行临时修整，其方法参见表9-45

四、模具的翻修方法

模具的翻修又称大修、检修，是在模具使用过程中或在技术鉴定时，若发现模具损坏过于严重，而又无法随机检修时，为延长使用寿命，进行拆卸，重新更换备件、修整的一种检修方法。

（一）模具翻修原则及过程

1. 模具的翻修原则

模具的翻修一般采用嵌镶及更新两种方法进行。嵌镶法是指：模具部件损坏时，修理者在原有零件基础上，去除损坏部位，再嵌镶上一块同样金属的镶块，修整后再继续使用。而更新法是指：在实在无法嵌镶及零件破损较大的情况，只有更换新的易损备件进行修复。但无论采有哪种方法，翻修模具时，都要遵守下述翻修原则：

1）修整或更新的零件，一定要符合原件或原图样的设计要求，其形状、尺寸及表面质量要控制在图样规定的公差范围之内。

2）翻修装配后的模具各机构配合精度、位置精度要符合原设计要求。

3）翻修装配后的模具，经研配与修整后要经过试模，其试模的试件一定要达到制品图样或原件的各项质量要求。

4）翻修的时间长短，一定要符合生产的安排及需求。

2. 模具翻修的实施过程

模具修理钳工接到模具翻修任务后，应按一定的程序进行修配。其实施过程可参照表 10-9 实施方法与过程进行。

表 10-9　模具翻修的实施过程与方法

步序	实施工艺过程	操作方法
1	熟悉所修模具的原始设计图样和制品零件图或实样	1. 参照模具，熟悉要翻修的模具设计图样弄清，弄懂模具的结构构成及动作原理及成形制品的工作过程 2. 熟读制品零件图，掌握其尺寸精度、表面质量及各项技术要求
2	检查预翻修模具质量及检修前末件制品质量	1. 按模具的总装配图及零部件图分别测量其基准定位尺寸和决定模具的精度尺寸、如工作零件凸、凹模型腔型芯工作部位尺寸，凸、凹模间隙及定位零件的定位尺寸，观察并确定模具经使用后的零件尺寸及精度变化状况 2. 检查定位零件、导向零件、卸退料零件如导柱、导套、定位表面，凸、凹模、型腔、型芯工作表面的完好状况及磨损后表面质量情况 3. 检测时，要随时将测量结果与原始数据比较，找出偏差值并与发现的各部件表面质量缺陷及弊病记录下来，以做为制订修理方案依据 4. 检查模具破损前末批的制品零件与制件产品图相对比确定质量缺陷

（续）

步序	实施工艺过程	操作方法
3	分析检查结果，确定检修部位及方法，制定出检修方案	根据对所修冲模进行全面检查结果和检查记录，结合原始图样认真分析模具失效及故障所在，找出发生故障及影响产品质量的原因，从而可确定模具检修部位。再根据修理部位检测结果，确定翻修内容及方法，从而可编写出检修卡，以指导检修工作正确实施 模具检修卡内容包括： 1. 模具名称、编号及使用次数 2. 模具检修原因及发生故障前末件质量状况 3. 模具检测结果及故障发生部位 4. 确定修理方案，即更换备件还是检修 5. 检修后的要求，试模结果及误差分析
4	按检修方案及检修卡规定的方法拆卸模具	1. 拆卸原则：按检修方案所规定的修理部位进行操作，即只拆卸被损坏修理部位，不需修的部位不拆，以减少再次装配的麻烦 2. 拆卸方法：小型模具可用木锤或铜锤敲击模板，使模具分开；大中型模具采用专用工具进行拆卸。内六角螺钉用内六角扳手拧下，而圆柱销用拔销器拆卸 3. 拆卸注意事项： 1）拆卸前应先根据模具结构确定拆卸程序，必免盲目乱拆，损坏模具其他部件 2）拆卸顺序应与模具装配顺序相反，即先拆外部附件，然后再拆主体部件。拆卸组件时，应从外到内，从上到下，依次进行 3）拆卸使用的工具必须要保证零件不受损伤，建议采用专用工具，严禁在工作面上锤击 4）拆卸时要将零件安装方向辨别清楚，如镶块的嵌镶方向 5）对于成形零件如凸、凹模、型腔、型芯等拆卸后应放在专用器具内，以防磕碰而损伤 6）容易产生位移而又无定位的零件，如凸、凹模、型腔、型芯、定位零件等，在拆卸前应用划针在相配合的相邻零件上划好标记，以便重新装配时，容易确定装配位置
5	清洗拆卸后的零件，并进行修复	对拆卸后的零件进行清洗（一般用汽油）干净，按检修卡进行认真修复或补救，实在不能恢复的，制作新件或备件更换
6	重新装配模具	1. 零件经修复检查合格（或领取的易损备件）应按模具装配方法进行，对其重新装配 2. 装配时要注意装配精度

（续）

步序	实施工艺过程	操作方法
7	检测装配后模具质量并安装调试	1. 按试模工艺规程将修复后的模具在指定成形设备试模，调整，直试出合格件为止 2. 试模时应注意： 1）配作的复修零件，一定要按图样检查，要符合原件的尺寸精度、表面质量及硬度要求 2）翻修后的模具经认定试模合格后并恢复到原有技术状态方能继续使用及入库保管

（二）易损件的制备

模具维修的宗旨：一是要将损坏失效的模具修复正确，使修复后的模具尽量能达到原始模具的质量标准和使用性能；二是要快速修理，使被损坏的模具能在最短的时间快速修复使用，以不误生产的正常进行。

要达到快速修理，模具易损零件的成品和半成品坯件储备尤为重要。只有这样，在模具零件由于磨损或损坏失效时，维修工作人员可通过更换备件用极短时间将其修理完毕，投入正常使用。

1. 备件的准备形式

常用模具易损备件主要有标准件及专用零部件两大类。

（1）通用标准件

通用标准件包括各类型号的标准内六角螺钉，圆柱销、柱头卸料螺钉标准模架或导柱、导套、导销、导板及各类弹簧、橡胶等。这类零件应根据本企业工艺标准资料所规定的规格、型号和使用消耗需求从市场中购买，并进行必要的储备。其储备的标准件应具有可靠的互换性，其中导柱与导套应成对配制，保证导向精度。

（2）模具专用备件

专用备件是指模具易损件。其主要包括易磨损及折断细小凸模、型芯、顶杆以及易坏损的凹模，定位零件等。特别是对于大批量生产的多工位连续模的凸、凹模镶块更应事先准备。这类零件多以成品及半成品坯件形式储备，其尺寸精度、表面质量一要符合设计要求，与原模相应零件能有较好的互换性。

2. 备件的制备方法

模具易损件备件的制备，一般多采用配作的方法。即所制作的备件，要能代替已裂损而无法修复的报废零件，在几何形状、尺寸精度、配合关系和力学性能等方面要达到原设计要求，才能保证模具原有的使用性能和制件的质量。其备件的加工，在设备条件较好的企业，可以采用数控机床，数控电火花，线切割机床以及成形磨床直接按图样加工；而缺少这类设备的模具使用企业，仍需以配作加工为主，其方法见表10-10。

表10-10 易损零件备件制备配作方法

配作制备方法	图示	操作方法
压印配作法	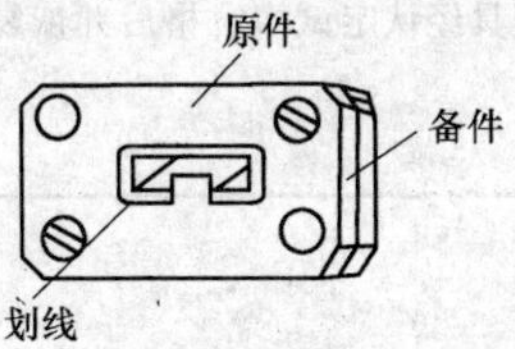 原件 备件 划线	1. 先把备件坯料的各部分尺寸按图样进行粗加工，并磨光上、下两平面 2. 按照模具底座、固定板或原来的冲模零件把螺钉孔和销孔一次加工到尺寸 3. 把备件坯料紧固在冲模上后，可用铜锤锤击或用手扳压力机进行压印 4. 压印后卸下坯料，按刃痕进行锉修加工 5. 把坯料装入冲模中，进行第二次压印及锉修 6. 反复压印锉修，直到合适为止
划印配作法	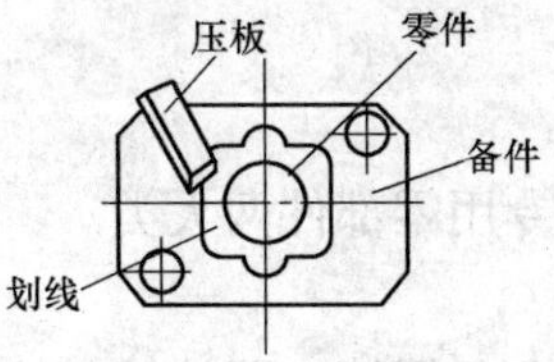 压板 零件 备件 划线	1. 用原来的冲模零件划印；利用废损的工件与坯件夹紧在一起，再沿其刃口，在坯件上划出一个带有加工余量的刃口轮廓线。然后按这条轮廓线加工，最后用压印法来修整成形 2. 用压制的合格制件划印；即用原冲制的零件，在毛坯上划印，然后锉修、压印成形
芯棒定位配作法	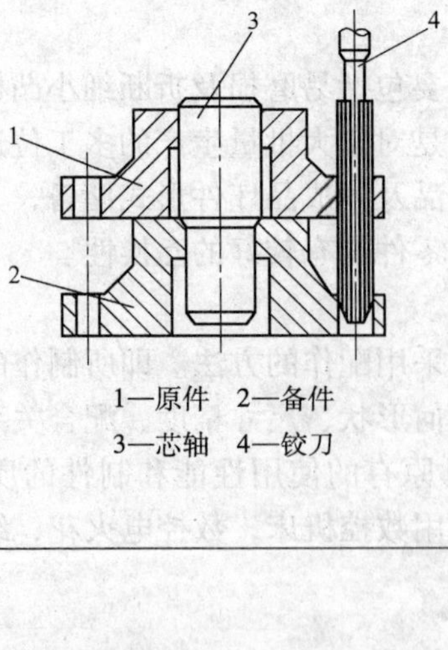 1—原件 2—备件 3—芯轴 4—铰刀	加工带有圆孔的冲模备件，可以用芯棒来加工定位、使其与原模保持同心再加工其他部位

（续）

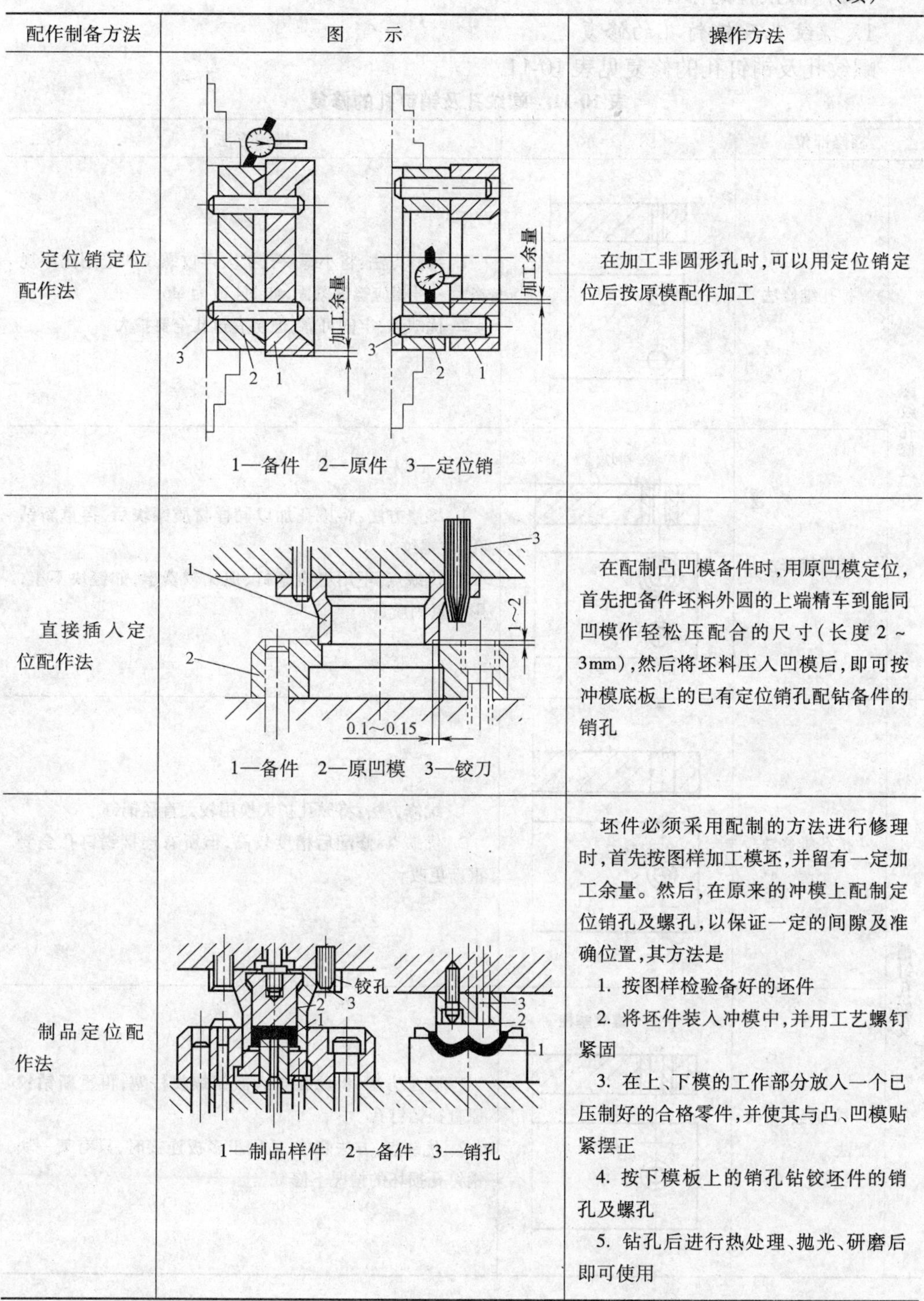

配作制备方法	图　示	操作方法
定位销定位配作法	加工余量 1—备件　2—原件　3—定位销	在加工非圆形孔时，可以用定位销定位后按原模配作加工
直接插入定位配作法	1～2　0.1～0.15 1—备件　2—原凹模　3—铰刀	在配制凸凹模备件时，用原凹模定位，首先把备件坯料外圆的上端精车到能同凹模作轻松压配合的尺寸（长度 2～3mm），然后将坯料压入凹模后，即可按冲模底板上的已有定位销孔配钻备件的销孔
制品定位配作法	铰孔 1—制品样件　2—备件　3—销孔	坯件必须采用配制的方法进行修理时，首先按图样加工模坯，并留有一定加工余量。然后，在原来的冲模上配制定位销孔及螺孔，以保证一定的间隙及准确位置，其方法是 1. 按图样检验备好的坯件 2. 将坯件装入冲模中，并用工艺螺钉紧固 3. 在上、下模的工作部分放入一个已压制好的合格零件，并使其与凸、凹模贴紧摆正 4. 按下模板上的销孔钻铰坯件的销孔及螺孔 5. 钻孔后进行热处理、抛光、研磨后即可使用

（三）破损件的修配

1. 螺纹孔及销钉孔的修复

螺纹孔及销钉孔的修复见表10-11。

表10-11 螺纹孔及销钉孔的修复

翻修部位		图示	操作方法
螺纹孔修复	扩孔维修法	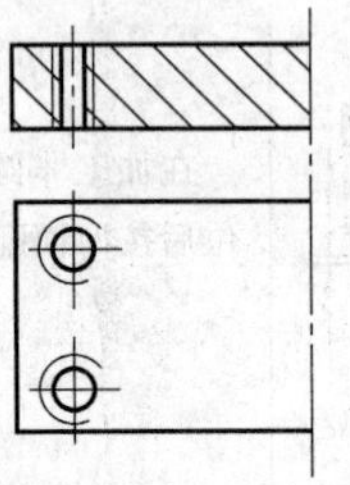	1. 维修方法：将小螺纹孔扩大再攻螺纹即选用比原规格大一号相应螺钉紧固，如M4改为M6 2. 优缺点：牢固可靠，但所有过孔全要扩大
	镶拼维修法	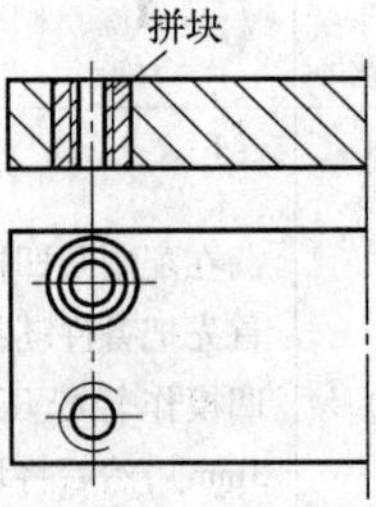 拼块	1. 维修方法：将原孔加以同样材质镶块后，再重新钻孔、攻螺纹 2. 优缺点：不用更换螺钉、但比较费事，如镶块不牢，影响紧固质量
销钉孔修复	扩孔维修法	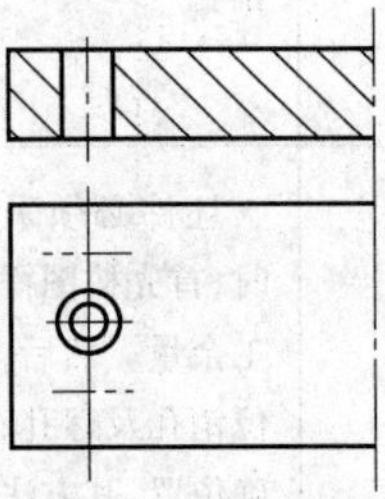	1. 维修方法：将原孔扩大换用较大直径销钉 2. 优缺点：修配后精度较高，但所有连接销钉孔全要重新更改
	镶螺纹塞修配法	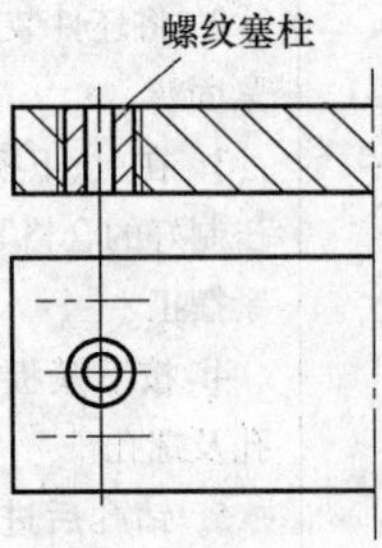 螺纹塞柱	1. 修配方法：将原孔扩大嵌镶螺纹柱塞，再重新钻铰原直径销钉孔 2. 优缺点：方法简单、适用于多板连接时，只有某一块销钉孔损坏的情况下修复

2. 定位零件的修复

定位零件的修复方法见表10-12。

表10-12　定位零件的修复

修复部位	图　示	操作方法
定位销、小型定位板定位精度变化或损坏	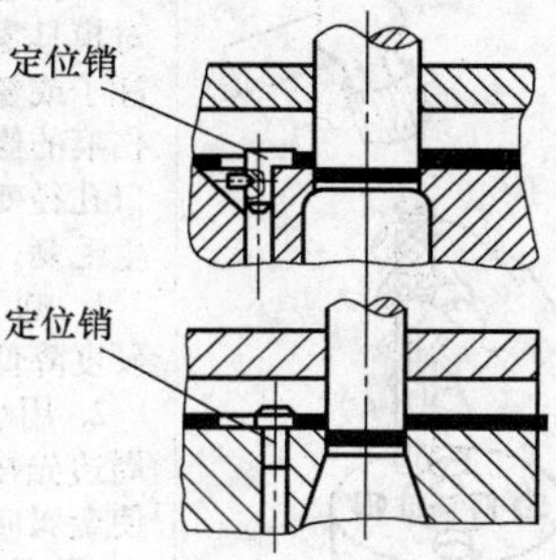	1. 冷冲模的定位销、定位板及导正销由于长期磨损、失去定位作用后,可采用更换新的备件,换取后,模具可继续使用 2. 若紧固定位板的螺钉或销钉松动位置发生变化而影响定位精度,应及时将其调整后紧固牢固 3. 若定位销固定孔,因受冲击振动变形或变大,使定位销松动影响定位精度可卸下定位销,将固定孔扩大或采用镶套再钻孔固定定位销,也可以将定位销安装部位直径变大,再重新安装
连续模导料板、挡料块磨损,定位不准	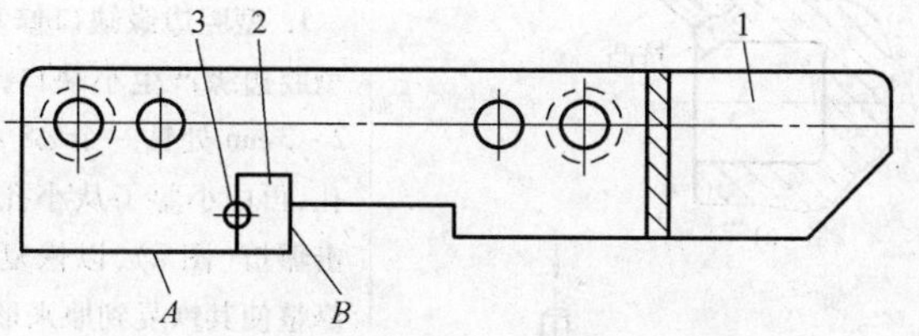 1—导料板　2—挡料块　3—圆柱销	1. 检查挡料块2,若发现松动或磨损厉害,可将导料板从模具上单独卸下,更换新挡料块2,再用捻修挤压法将其与导料板固紧,用平面磨床磨平即可使用。为紧固牢固,也可用圆柱销3固紧 2. 经修理后的导料板与挡料块的组合在安装时,应重新调整其位置,并使 *A*、*B* 面磨平,互为垂直,经试模合格后使用
用于弯曲、拉深等半成品的大型定位板局部损坏磨损	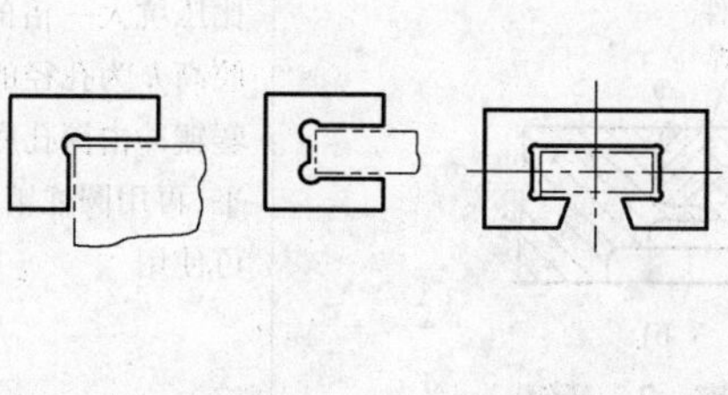	若大型定位板某部位损坏,可采用检修补焊、修磨等方法修复后,安装调整合适后,继续使用。实在不能修复的再更换新的备件

3. 成形零件修复

模具的成形零件多采用优质合金钢制造，价格昂贵，且加工制造工艺复杂，若损坏后尽量以修复继续使用为主，实在不能修复的，再更换备件，以降低制件成本。工作成形零件常采用的修复方法见表10-13。

表10-13　模具成形零件修复方法

修复方法		图　示	操作工艺说明
挤捻修复法	修复孔径变大了的冲裁模凹模刃口	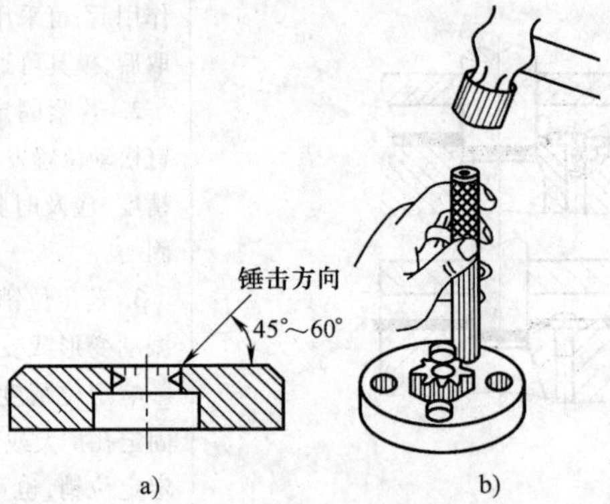 锤击方向　45°～60° a)　b) a) 损坏了的凹模刃口 b) 挤捻修复方法	挤捻修复法是利用金属的延展性对模具零件表面小而浅的伤痕用小锤子或錾碾敲打四周或背面来弥补伤痕的修理方法，如图示的凹模刃口孔径变大，致使间隙变化，制品产生毛刺，其检修的方法是： 1. 卸下凹模，使其加热退火后，硬度降低到38～42HRC 2. 用小锤子锤击錾捻棒，沿刃口周边先按45°～60°向内锤击捻挤，使金属向内移动，刃口孔径变小（图a），再垂直敲击，使其密实 3. 修磨挤捻后的刃口孔径到尺寸 4. 将修复挤捻后的凹模淬硬，调整间隙后即可使用
	修复型腔边缘缺口及表面凹坑	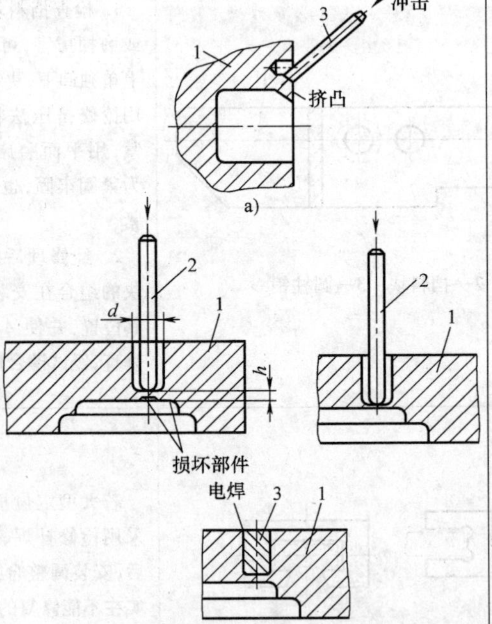 冲击　3　1　挤凸 a) 2　d　1　h　2　1 损坏部件 电焊　3　1 b) 1—损坏型腔　2—錾辗	1. 型腔边缘缺口修复：若型腔模型腔边缘产生小缺口，可在其附近2～3mm处钻一个ϕ8～10mm不通孔，再用小錾子从小孔向缺口处冲击辗挤（图a），以恢复缺口不足经修整使其恢复到原来形状及尺寸精度，然后再把小孔用同样材料堵塞磨平，即可恢复使用 2. 型腔面产生凹坑修复：若型腔底面由于脱落嵌件而压成小坑，可将型腔底面（背面）相应处，钻一个比压坑大一倍的深不通孔（距离型腔高h为孔径的1/2～1/3）然后用錾辗冲击深孔底部（图b）将凹坑辗平，再用圆柱销堵平深孔，修整后即可使用

（续）

修复方法		图　示	操作工艺说明
镶拼修复法	修复冲裁模刃口	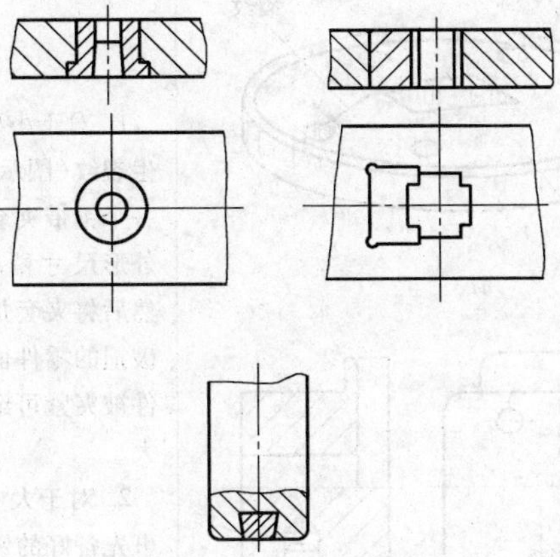	1. 将损坏的凸、凹模卸下，退火使硬度降低 2. 用线切割或手工切掉损坏部位 3. 将制成的相应镶块嵌入 4. 钳修嵌镶部位，并按图样加工到尺寸 5. 重新淬硬，修磨刃口后即可安装使用
	修复型腔表面	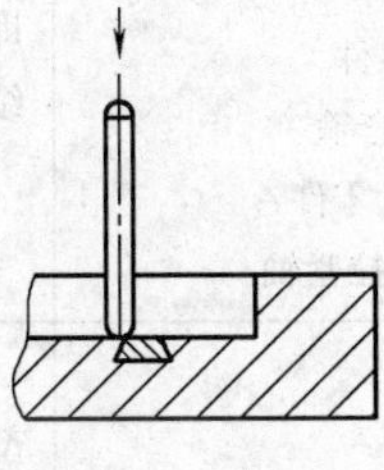	型腔表面若被挤压成小凹坑或微小裂纹，则可将小凹坑周围用扁錾向外稍翻卷，然后把纯铜烧红，嵌进錾出的小坑内（图示）再用錾辗将其辗实，并把四周翻卷边盖上，修磨后即可继续使用
锻压修复法		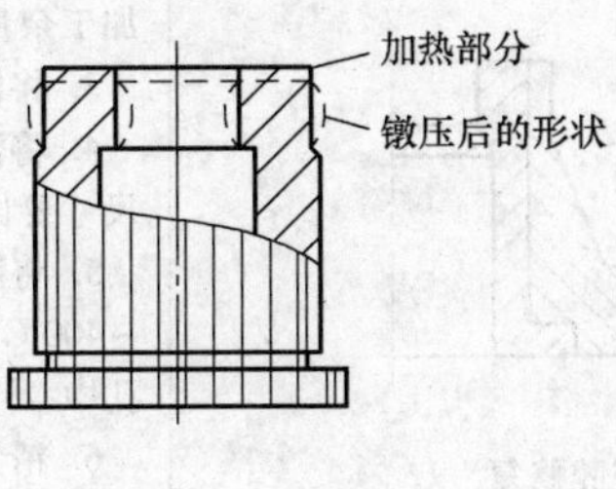 加热部分 镦压后的形状	1. 修复凸凹模：如图示的凸凹模，若刃口部位崩裂，可将其损坏部位加热到适于锻打的红热状态，然后放在压力机上使其加压变粗，冷却后再修配成原来的尺寸，经淬硬后即可重新使用 2. 大、中型凸、凹模间隙变大的修复：将刃口周边用乙炔气焊嘴慢慢移动加热，待发红后用手锤轻轻敲击刃口周边，使其向内收缩（凸模镦粗），待刃口各部位延展寸寸敲击均匀后（一般为 0.1～0.2mm），停止敲击，再继续加热保持几分钟，冷却后可采用压印锉修法将间隙修整合适 刃口修复后再用火焰淬火法将其淬硬，修整后即可继续使用

（续）

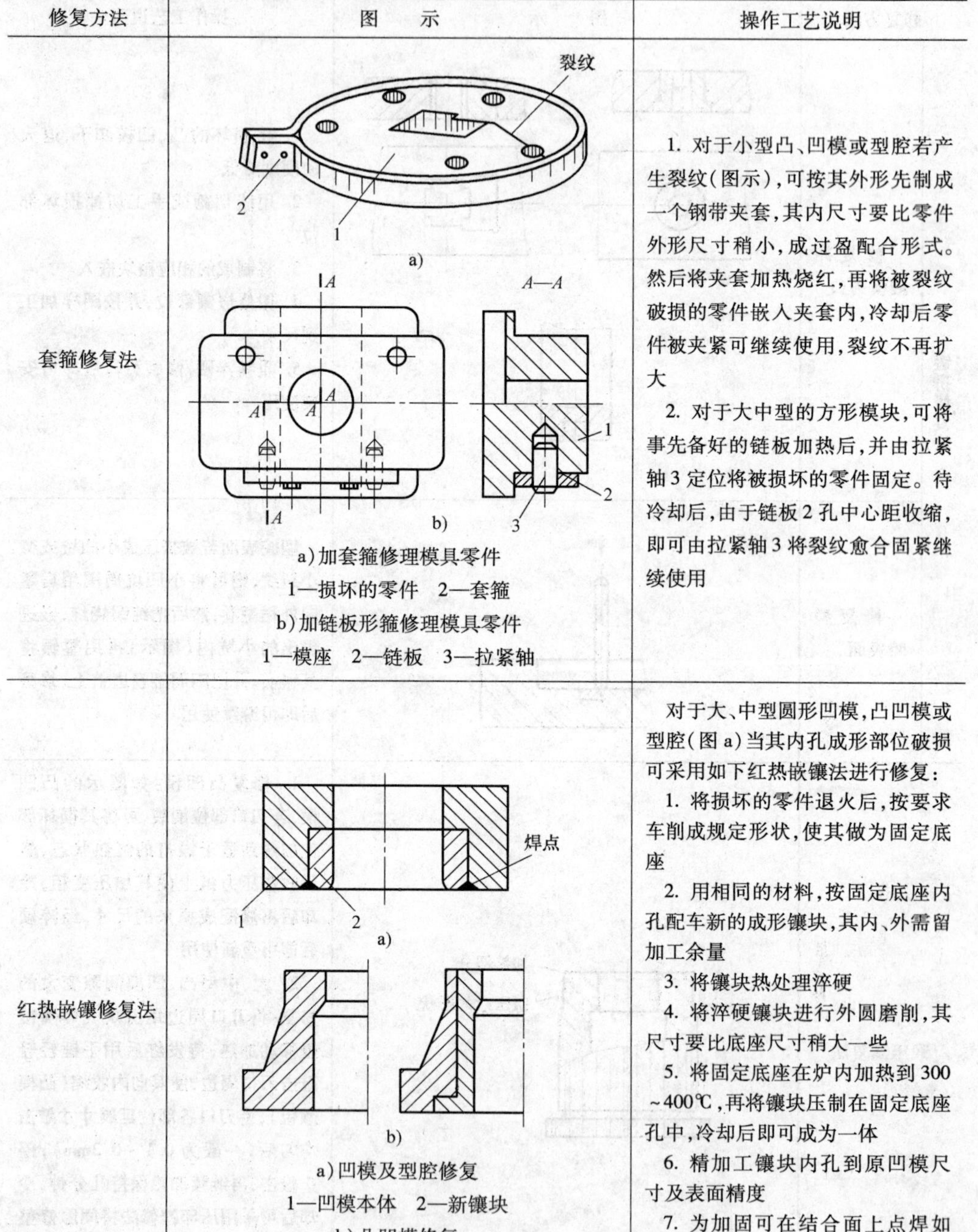

修复方法	图示	操作工艺说明
套箍修复法	a）加套箍修理模具零件 1—损坏的零件　2—套箍 b）加链板形箍修理模具零件 1—模座　2—链板　3—拉紧轴	1. 对于小型凸、凹模或型腔若产生裂纹（图示），可按其外形先制成一个钢带夹套，其内尺寸要比零件外形尺寸稍小，成过盈配合形式。然后将夹套加热烧红，再将被裂纹破损的零件嵌入夹套内，冷却后零件被夹紧可继续使用，裂纹不再扩大 2. 对于大中型的方形模块，可将事先备好的链板加热后，并由拉紧轴3定位将被损坏的零件固定。待冷却后，由于链板2孔中心距收缩，即可由拉紧轴3将裂纹愈合固紧继续使用
红热嵌镶修复法	a）凹模及型腔修复 1—凹模本体　2—新镶块 b）凸凹模修复	对于大、中型圆形凹模，凸凹模或型腔（图a）当其内孔成形部位破损可采用如下红热嵌镶法进行修复： 1. 将损坏的零件退火后，按要求车削成规定形状，使其做为固定底座 2. 用相同的材料，按固定底座内孔配车新的成形镶块，其内、外需留加工余量 3. 将镶块热处理淬硬 4. 将淬硬镶块进行外圆磨削，其尺寸要比底座尺寸稍大一些 5. 将固定底座在炉内加热到300~400℃，再将镶块压制在固定底座孔中，冷却后即可成为一体 6. 精加工镶块内孔到原凹模尺寸及表面精度 7. 为加固可在结合面上点焊如图a所示 8. 平磨顶面，修整后即可继续使用

（续）

修复方法		图示	操作工艺说明
焊补修复法	电焊补焊凹模刃口	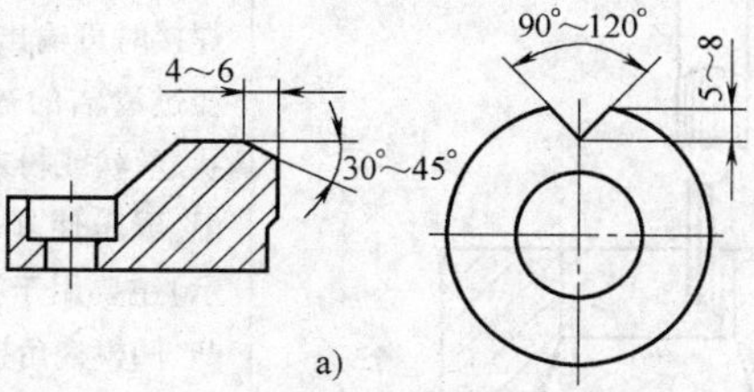 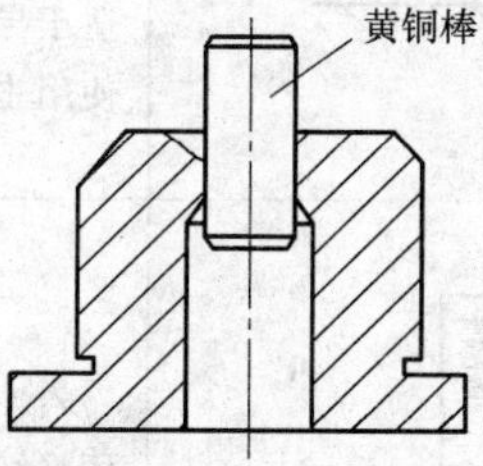 4～6 30°～45° 90°～120° 5～8 a) 黄铜棒 b) a）斜面形状 b）内孔黄铜棒保护	1. 将被损坏部位用砂轮修磨成与平面成30°～45°斜面（图a），并做一相应镶块 2. 将被损坏的零件预热，Cr12MoV，9SiCr按回火温度预热，而对于小型T10A镶块可不预热 3. 预热的工件及镶块在加热炉进行补焊，使用的直流电焊机，一般焊接电流为120A左右 4. 焊后要用锤敲打焊缝，以消除其表面应力 5. 焊后立即送入炉内，保温30min，随炉冷却到100℃后出炉空冷 6. 磨床磨削加工到尺寸 在用电焊法修复零件时其焊条一定要干净、并选用与基体一样材料，而在砂轮修磨刃口被损面时，一定要用铜棒插入被损孔内保护，以防崩裂扩大
	堆焊修补模具零件	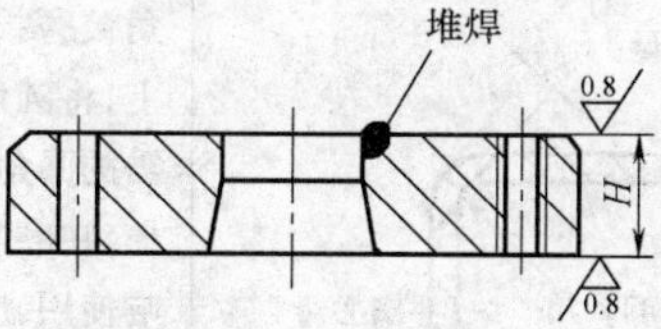 堆焊 0.8 H 0.8	若损坏的零件其开裂部位修正量不大，或局部发生缺陷，开裂裂纹，可采用氩弧焊对其修正后，即可以继续使用，其要点是： 1. 采用的焊条（丝）材料必须要与所修补的零件材料相同或相近，硬度一致以使堆焊后的零件硬度均匀 2. 在堆焊时电流强度要控制在最小程度，以防零件基体被局部硬化 3. 零件在堆焊过程中，预热温度始终要保持在500℃以下 4. 零件在堆焊后要进行退火、回火，正火等热处理，以增强焊接结合力

（续）

修复方法		图　示	操作工艺说明
焊补修复法	电阻焊焊补损坏了的凸、凹模刃口	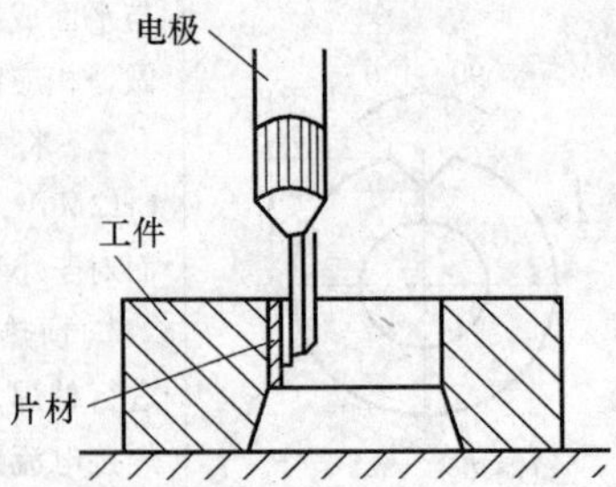	电阻焊焊补是一便携式工模具修补工具，目前应用最为广泛。它在焊接时可输出一种高能电脉冲，将经过清洁的被损零件表面覆以片状、丝状或粉末状修补材料，通过高温，碾压使其与基体连在一起（图示）主要用于零件尺寸超差较大及凸、凹模棱角损伤后的修复，目前不适于导柱、导套、滑动零件的修补。使用非常方便、可靠、如图所示
修磨修复法	用油石手工修磨变钝的凹模凸模刃口	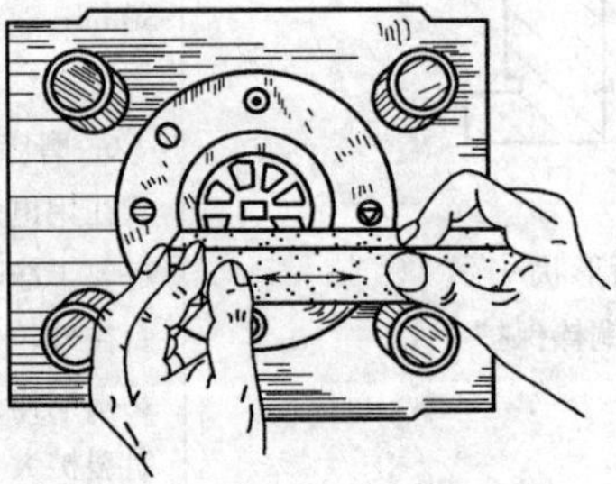	若冲裁模凸、凹模刃口变钝时，可用粗细不同的磨石，蘸取煤油，在刃口表面按同一方向细心地来回刃磨，直到用手指刮一下，感觉锋利为止
	修磨变形类冲模及型腔模被损零件	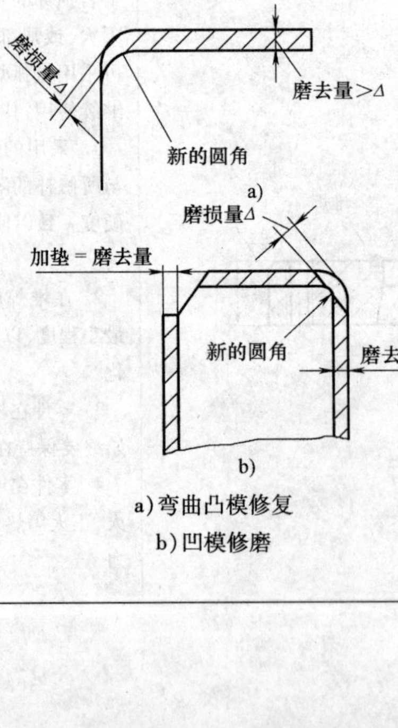 a）弯曲凸模修复 b）凹模修磨	若弯曲、拉深、成形模及型腔模圆角被磨损变大时可先在平面磨床上，将圆角磨平，再用砂轮打修成所需的圆角大小即可使用。但对于凹模，在磨削修复后，若尺寸变小而影响使用，应采取加垫进行补偿，如图所示

（续）

修复方法		图　示	操作工艺说明
修磨修复法	修磨模膛	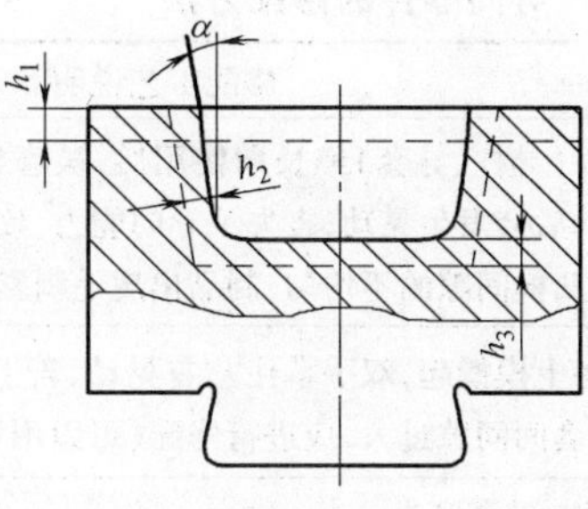 $h_1 = h_3$	若锻模模膛磨损厉害，工作型面与模膛凸起部位产生严重塌陷或模膛边缘有大量热疲劳裂纹时，可在分模面上刨磨一层金属，然后与制造新模一样，再用机电加工使模膛加深、打磨、淬硬后继续使用
电镀修复法	型腔、型芯及凸、凹模表面镀硬铬	—	对于拉深、成形凸凹模或型腔和型芯，若经磨损后失去了表面光洁及尺寸精度后，可以采用镀硬铬的方法进行修复。其镀铬层一般为0.2～0.3mm，而转角部位应厚度大一些，修抛后，即可继续使用
	型腔型芯，整体表面采用电刷镀修复	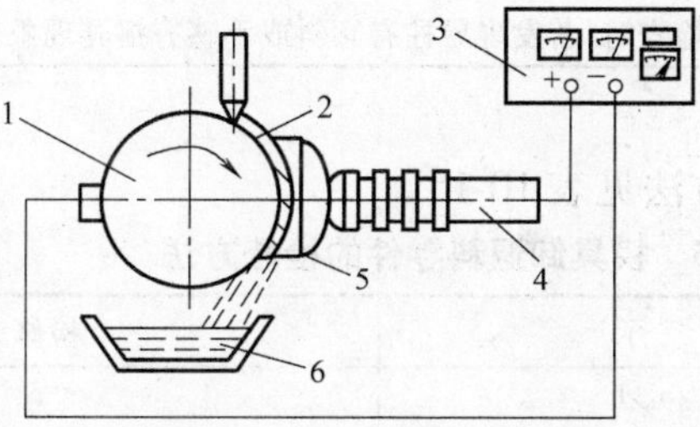 1—工件　2—镀液　3—电源 4—镀笔　5—脱脂棉　6—容器	型腔型芯若整体磨损严重，可采用如图所示的电刷镀进行修复。即利用电刷镀笔在表面上进行无槽电镀，形成一层镀层，修磨后即可立刻继续使用，电刷镀层的厚度可达0.8mm
浇注修复法		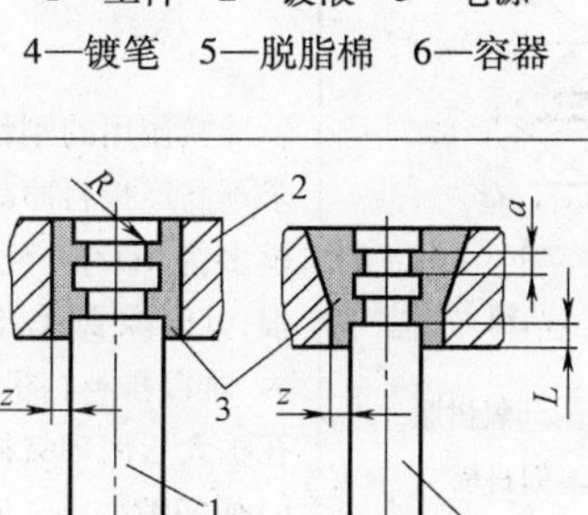 1—凸模　2—低熔点合金 （环氧树脂无机粘结剂） 3—凸模固定板	若冷冲模的细小凸模长期受振动而松动，可将凸（凹）模固定板卸下，在原有固定板的固定孔加以扩大，然后用低熔点合金浇注或用无机粘结剂、环氧树脂粘结固定，调整凸、凹模间隙后可继续使用。但这种方法只适用于冲裁2mm以下的冲模使用

4. 导向零件的修复

导向零件的修配方法见表10-14。

表10-14 导向零件的修配方法

序号	项目	修配工艺说明
1	导向零件磨损后对模具的影响	导向零件(导柱、导套)经长期使用后,被磨损而使导向间隙变大或受到冲击振动后会发生晃动,丧失了导向能力,致使上、下模相碰,损坏冲模或造成凸、凹模间隙的不均匀,制品出现毛刺影响了产品质量
2	检查方法	用撬杠将上模撬起,双手掌住左右晃动,若上模板在导柱中摆动,则表明导柱、导套间间隙过大,应进行修配(可以用量具检查)
3	检修方法	1. 把导柱、导套磨光 2. 对导柱进行镀硬铬 3. 镀铬的导柱与研磨后的导套配合研磨导柱,使之间隙恢复到原来的精度 4. 将经研磨后的导柱、导套抹一层薄油,使导柱插入导套孔中。这时,用手转动或上下移动而不觉得发死及过紧、过松即为合适 5. 将导柱压入下模板。压入时需将上、下模板合在一起,使导柱通过上模板孔再压下去,并用角尺测量,以保证垂直度 6. 用角尺检查后,将上、下模板合起来,用手检查其配合程度和修理质量 7. 检查时,若发现导柱有倾斜或手感有摇晃现象,应重新修配

5. 卸、退料零件的修复

模具卸、退料零件的修复方法见表10-15。

表10-15 模具卸退料零件的检修方法

卸料机构形式	图示	检修方法
冲模刚性卸料板的修复	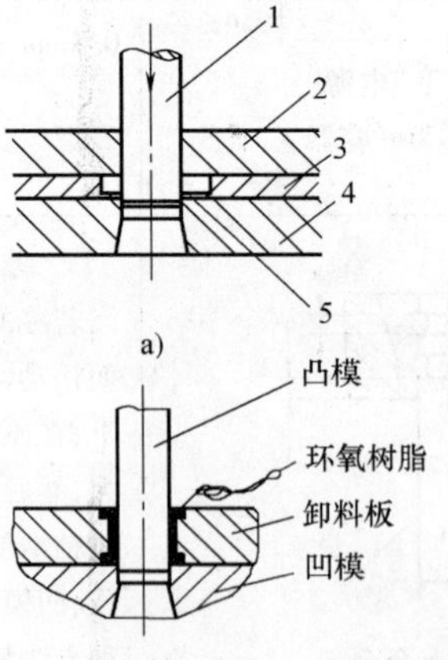 a) b) 1—凸模 2—卸料板 3—导板 4—凹模 5—工件	冲模使用的刚性卸料板,多用于平整度要求不高厚板料冲裁,如连续模,其卸料孔与凸模多为H7/h7配合形式,经长期使用与磨损,其间隙变大,使条料被凸模带入卸料孔内,难以排料(图a)其修理方法是可将卸料孔扩大后用环氧树脂或低熔点合金浇注(图b)使间隙变小。而对于漏料孔错位不易使制品漏下,应重新调整凹模与底座漏孔位置

（续）

卸料机构形式	图示	检修方法
冲模弹性卸料板的修复	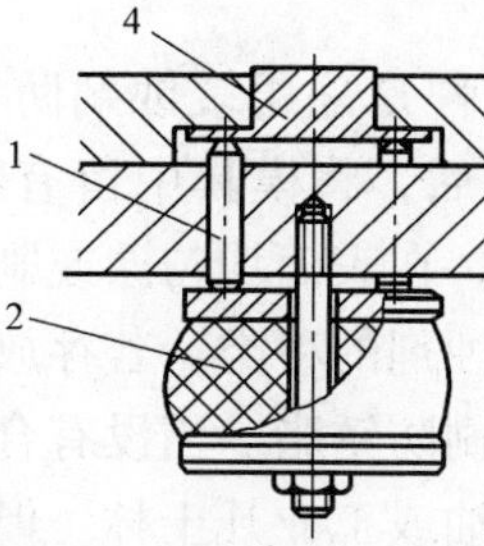 a) 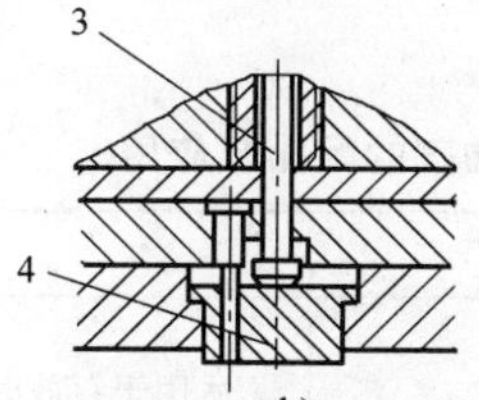 b) 1—顶杆 2—弹性橡胶或压簧 3—打料杆 4—卸料板	冲模的弹性卸料板多用于复合模，常出现的故障是顶杆、打料杆弯曲折断或弹簧、橡胶弹力不足而难以卸下料来。修复的方法一般是更换新的顶杆、打料杆、弹簧或橡胶后继续使用
型腔模推杆的修复	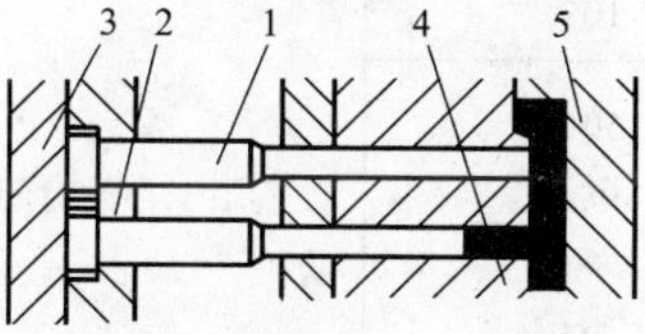 推杆机构 1—推杆 2—推杆固定板 3—垫板 4—动模 5—定模	型腔模在使用过程中，常会出现推杆折断及弯曲现象，这多是由于多根推杆配合松紧不一，致使推出力不平衡而造成的个别推杆偏载而折断或推杆孔磨损后与分型面不垂直，推出时推杆偏斜等因素引起的。其修理方法主要是更换新的推杆后，调整好与动模过孔松紧一致以及与分型面垂直后即可继续使用
斜销抽芯机机构的修复	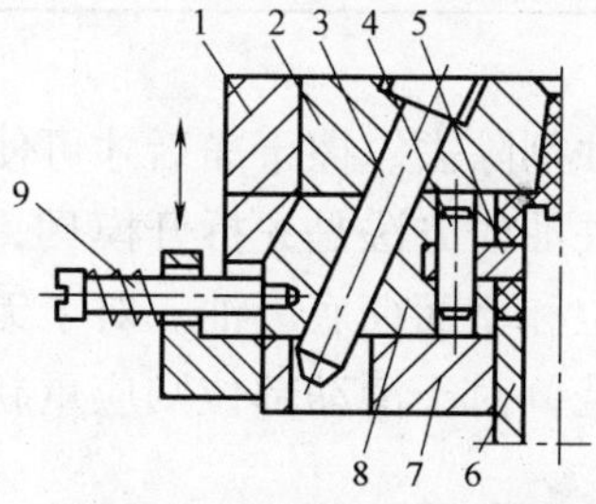 1—压紧楔 2—定模板 3—斜销 4—销钉 5—侧型芯 6—推管 7—动模板 8—滑块 9—弹簧	在型腔模中，多采用斜销抽芯机构（图示）以成形侧凸、侧凹，即开模时斜销3迫使滑块8向外运动完成抽芯动作后由推管6推出制品。若由于长期磨损，使斜销动作失灵，则难以使推管6推出制品，这时一定要检查滑块8与斜销3是否配合完好，并使其动作自如，二是要检查弹簧9是否失灵，若失灵要更换新弹簧，三是要检查侧型芯5是否弯曲，并要进行修整合适，使其能正常工作

五、模具的养护、运输与保管

1. 模具锈蚀的防护

模具防锈的方法有多种，最常用的一种是采用缓蚀剂防锈。即在新制模具试模、验收合格运输之前或模具经使用卸下后，将模具中留有的杂物如脱模时的残渣、垢物、油类等彻底清除，擦拭干净后，在表面均匀涂或刷一薄层缓蚀剂。在涂刷时，要根据模具的存放时间长短确定缓蚀剂的种类。若存放及运输时间较短可以采用防锈油；存放、运输时间较长，应涂刷防锈脂。当没有合适的防锈油、防锈脂可供使用时，也可以使普通全损耗系统用油或工业凡士林。但效果不如防锈油与防锈脂好。

缓蚀剂的配方见表10-16。

表10-16 各类缓蚀剂的配比及应用

<table>
<tr><th colspan="2">缓蚀剂类型</th><th>配制方法（质量分数）</th><th>应　用</th></tr>
<tr><td colspan="2">防锈油</td><td>汽缸油 85%
精制石墨 10%
蓖麻油 5%</td><td>适用于存放时间及运输路途较短的模具防护</td></tr>
<tr><td rowspan="3">防锈脂</td><td>第Ⅰ种配方</td><td>工业凡士林 90%
精制松香 10%</td><td rowspan="3">适用于存放时间与运输时间较长的模具防护</td></tr>
<tr><td>第Ⅱ种配方</td><td>工业凡士林 50%
L-AN68 40%
石蜡 8%
硬脂酸铝 2%</td></tr>
<tr><td>第Ⅲ种配方</td><td>工业凡士林 50%
石油磺酸钡 50%</td></tr>
<tr><td colspan="2">普通缓蚀剂</td><td>全损耗系统用油或工业凡士林</td><td>效果不如采用缓蚀剂好</td></tr>
</table>

模具使用时，应将模具上涂的缓蚀剂除去、擦干净后才可使用，特别是对于塑料等型腔模，绝不允许型腔内有油。去油的方法是先拆开模具，接着用稀料或其他溶剂刷洗，要保证杆类、型芯镶块部位和型面彻底去油。对于无法拆开的部位可注入溶剂，一边用压缩空气吹，一边擦洗，对于滑动部位则应重新注入润滑油后，才能安装使用。

2. 机械损伤的防护

模具在制造、装配、运输、装卸的过程中，应加以防护，以免造成不必要的损伤。

1）模具在开启时应采用撬杠，不能用铁锤敲击模座。

2）调整冲模凸、凹模或型腔模的型腔及型芯间隙及相互位置时，应用铜锤敲打而不能用铁锤，特别是淬硬的模具零件。

3）导向零件配合面无论在使用或保管时都应保持良好的润滑。

4）对于难以卸下的制件，应用铜棒去除绝不能用铁器去除，以防刮伤刃口和型面。

5）型腔模的型面不允许和防止有硬物锤击。

6）在保管存放模具时，对于冲模的上、下模或型腔模的分模面，为防止直接撞碰而造成模具的破损，要加装限位块限位。对于大型模具，如果定、动模或上、下模分开存放，应将工作部分用硬纸板或木板盖好。

3. 运输与包装的防护

模具在出厂运输时，应注意以下防护：

1）模具出厂或入库前应擦拭干净。所有零件的表面都应涂缓蚀剂或采用封存包装。

2）凡出厂需运输的模具都要求进行包装，在包装时最好用木箱，四周固定住，并应防潮、防磕碰。运输箱上的标记要求按运输部门的规定执行，以保证正常运输中模具完好无损。

3）型腔模定、动模尽可能整体包装，对于水嘴、油嘴、液压缸、气缸、电气零件允许分体包装，水、液、气、电路进口或出口处采取封口措施，以防进入杂物。

4）包装箱内应附有产品合格证及使用说明书。

4. 模具的保管及养护

模具的保管，应使模具能处于可使用状态，即入库的新模具，一定要经过生产使用部门试模验证，并带有试件随模具一起保存；对于经使用后归还回来的模具，一定要经过技术状态鉴定确认可以在下次能继续使用的模具；经修理后的模具，应经试模合格后方能入库保管。不符合上述条件的一般不允许入库，以免鱼目混珠，防止模具在下次使用时，造成不应有的损失。

模具在保管存放时，应注意以下几方面内容：

1）储存模具的模具库应通风良好、防止潮湿，并便于存进和取出。

2）储存模具时，应分类存放、摆放整齐。

3）小型模具应放在架上保管，大、中型模具放在底层和库房进口处，其底面应以枕木垫平、放齐。

4）模具入库时，应擦拭干净，并在导柱顶端的贮油孔中注入润滑油后，再盖上纸层，以防灰尘及杂物落入而影响导向精度。

5）在凸模、凹模刃口处或型腔中以及导柱面应涂以防锈油，以防长期存放后生锈。

6）在存放模具时，应在模具上、下模分型面之间垫以限位木块，以避免卸料装置长期受压而失效。

7）模具上、下模，动模与定模不应拆开存放，以免损坏工作零件。

8）模具应定期进行技术状态鉴定，对于鉴定不合格的模具应及时修理或报废，并实行隔离存放。

另外，当保管的模具种类较多时，也可按使用频繁程度再加以分别存放。如经常使用、偶尔使用或暂不使用等几类分别存放，这样可有利于库内的整理和方便存取。

模具的发放一定按生产通知单，注明制品名称、图号及标明模具代号，方可发放使用。

第十一章　模具工操作技术经验与技巧

模具的生产制造与维修技术，几乎集中了机电加工所有精华，有时又是机、电、钳的结合。但无论采用何种高精技术加工，最终都离不开模具钳工的手工操作。而长期以来，从事模具制造与维修的工人，在熟练掌握常规基本操作的基础上，创新，开发研制了很多的实用技巧和窍门，在生产中发挥了积极的作用。挖掘、收集、学习和总结这些经验及方法技艺，对模具事业的发展有着非常重要和积极的意义。

一、模具图样的巧读

模具图样是表达模具设计意图，是生产加工与维修模具的依据。因此，模具工在接到生产制造或检修模具任务后，首先必须要看懂图样，正确而全面地理解模具设计意图，以使自己在制造与维修模具过程中，按设计要求，分清主次，多快好省地完成制造、维修模具的任务。

模具设计图样比较复杂，要看懂看清全部图样，需要花费很长时间。故经验比较丰富的钳工，在接到制模、修模任务后，对图样的识读一般分两个阶段进行。

1. 第一阶段是先概括了解总装配图

1）首先看装配图右上角的产品零件图。了解模具所要制的产品零件的形状、大小、精度、尺寸要求及模具所要完成的工序。

2）看模具结构图。掌握模具基本结构、组成、模具大小和复杂程度等。

3）看图样右下角标题栏及零件明细表，并对照装配结构图样，弄清明细表中零件所在位置，分析其作用，掌握其所用件数，使用材料，热处理要求等。

此阶段的主要目的是对所制造、修理的模具有一个初步概念，以便安排工作计划，做好制造、维修的准备工作。对于修配的模具，最好将实体模具与图样结合起来对照识读，这样能加快识读效果。

2. 第二阶段是结合零件划线读懂图样

1）在对模具的每个零件开始划线时，首先要根据图样的投影关系，想像出其整体形状，并找出其在总装配图中的相对位置，分析其安装方法和作用，以及与其他零件配合关系。

2）对零件的每个尺寸都要认真查看及分析，并在坯料上进行仔细划线。这样可以对图样看得更透彻，而且划线差错也比较少，有利于节省时间和提高识图与工作效率。

3）所有零件划线之后，可进行归纳总结。即在弄清划线零件的结构和各零件所处位置及相互间装配关系的基础上，结合装配图及零件图的各项技术要求，进一步掌握整个模具的设计意图和装配工艺性。并通过对模具拆装顺序的分析，检查模具及各零件的设计是否合理，并积极提出改进意见。

模具经过划线后，一般可对模具结构，成形过程，零件的基本形状及主要工作部位的尺寸精度、表面质量要求有了基本了解。看懂图样，对了解模具设计意图模具零件的后序加工、模具的装配与调试提供了极其有利的方便条件。

二、零件精密划线小技巧

模具零件在加工时，均需在坯件上划线，以作为依据进行加工。划线的准确性，直接影响下道工序的加工精度。为提高划线的准确度及划线精度，表 11-1 列出了几种划线技巧与方法，供划线时参考。

表 11-1　模具零件精密划线技巧

	划线项目	图　示	划线技巧
1	划线基准面的选择	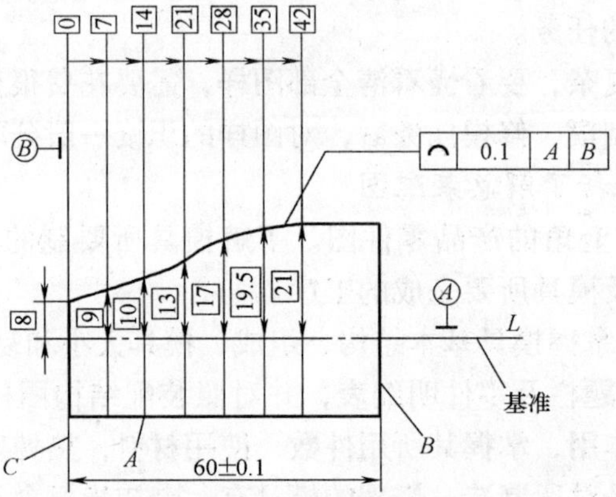 0　7　14　21　28　35　42 Ⓑ　0.1　A　B 8　9　10　13　17　19.5　21 Ⓐ　L　基准 C　A　60±0.1　B	1）尽量用同一基准面来划线，基准面越多则划线产生的误差越大 2）基准面应选择大一些，长一些的表面，这样的基准划线时稳定可靠，如图所示，尽管设计基准是表面 C 和直线 L，但考虑到表面 C 面积小，以它作基准划 0～42 刻线，立起来划线时不够稳定，所以应选择表面 A 为基准比较稳定可靠。在精加工时再以表面 A 为基准，以保证 B、A 面垂直度
2	圆弧与直线、圆弧与圆弧的连接	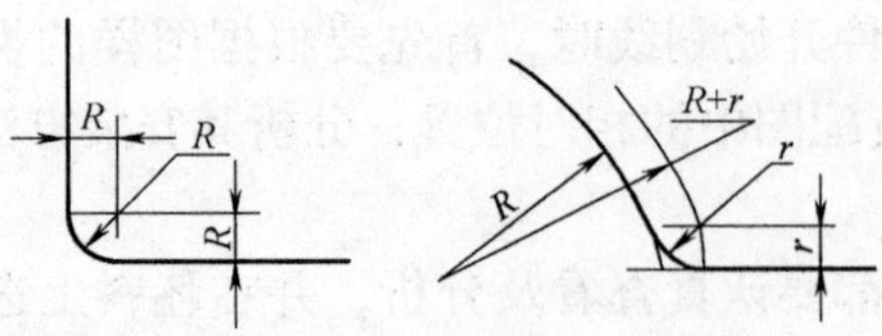 R　R　R R+r　R　r　r	常规的划线方法是采用划规试划圆弧，然后看是否与直线（圆弧）相切的试凑法，若采用作图法求出圆弧中心（如图所示），再划圆弧，要比常规试凑法准确，但要花费较多时间

（续）

划线项目		图　示	划线技巧
3	角度的精确划线	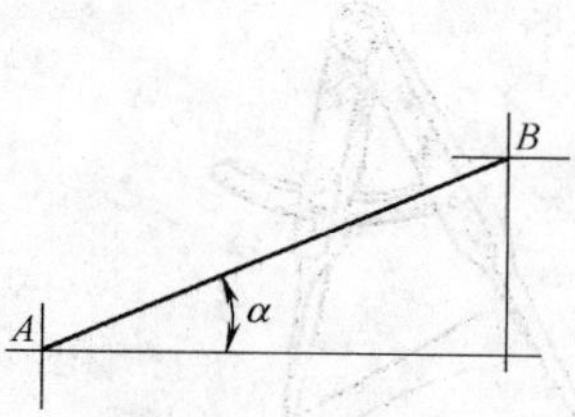 B　A　α	在划线时，为了使角度能精确，可采用三角计算，先求出斜线的两点尺寸，如 *A*、*B* 点（图示），然后再将其连接起来，要比用角规划出来的线准确得多，特别是对尺寸较大的图样划线
4	按坐标点连接圆滑曲线	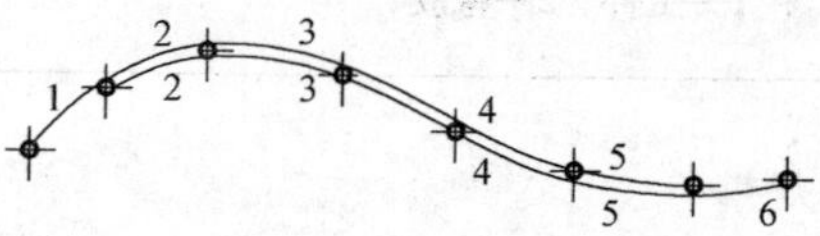 1　2　2　3　3　4　4　5　5　6	在连接圆滑曲线时，一般采用曲线板连接。但为了连接准确，必须要保证连上三个点。同时，后面一段与前面一段连接，必须要重复一段，如图所示
5	左、右对称的两个零件共同划线	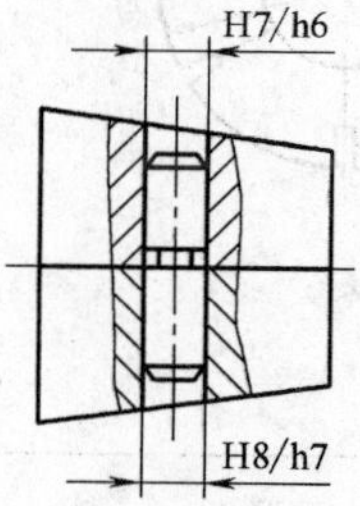 H7/h6　H8/h7	模具结构中，常有左右对称的零件共用一张图，划线时，为使划线准确，应参照总装配图，弄清其对称性，然后两件放在一起同时划出，这样既准确，又节省划线时间，如图所示垂直分型面塑料压缩模左、右对称的两个分型面的划线
6	需要两面加工的深孔零件双面划线	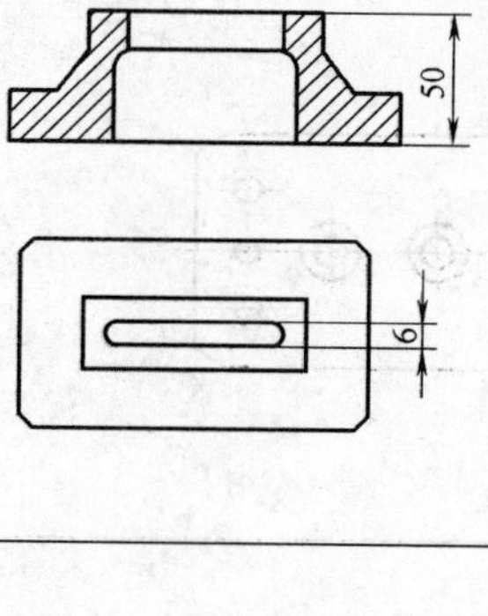 50　6	对于孔小而深的模具零件（如图示的凸凹模），由于孔小而深，不能一次铣透，必须翻过来两面铣，因此划线必须要两面划，同时要注意两面线要同心这样才能使后序加工精确

（续）

	划线项目	图示	划线技巧
7	在光滑表面上划圆	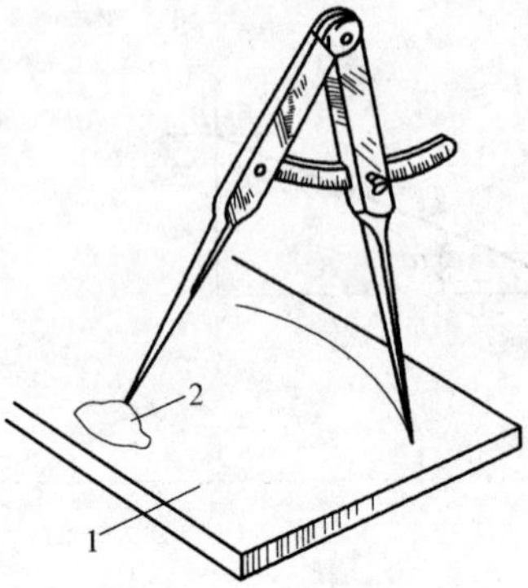 1—工件 2—橡胶	如图示中的光滑表面，不允许在圆心上打圆心眼时，可在其圆心部位涂一层柏油1或橡胶2，划出中心线后用划规划出圆弧
8	曲线镶块刃口的划线	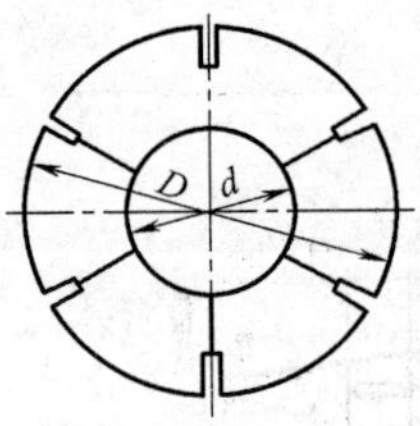 D d	曲线镶块刃口（图示）的常规划线方法是：先将各镶块的结合面划线加工磨削贴合在一起用样板划出刃口曲线。若先在样板上划出各镶块的接合线，然后把样板上的线条一段一段地分别划在各个镶块上（留出磨量），并同时划出结合面再进行加工。这样既比前一种方法省时，而且划线准确性高，并便于加工
9	固定板销孔的划线	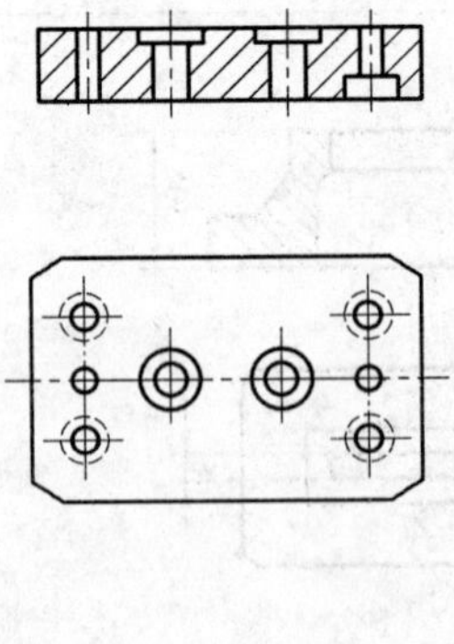	为了准确划线，还应注意后续加工加装配的方便性。如图示冲裁模固定板的划线，为了镗孔时找正应首先在上平面划线，但在装配时销孔的位置线就会被盖住（销孔是在装配时与底板、垫板销孔同时钻铰），故销孔的位置线应划在下面，以免钻铰偏移，影响装配精度和准确性

（续）

	划线项目	图　示	划线技巧
10	上、下模板的划线	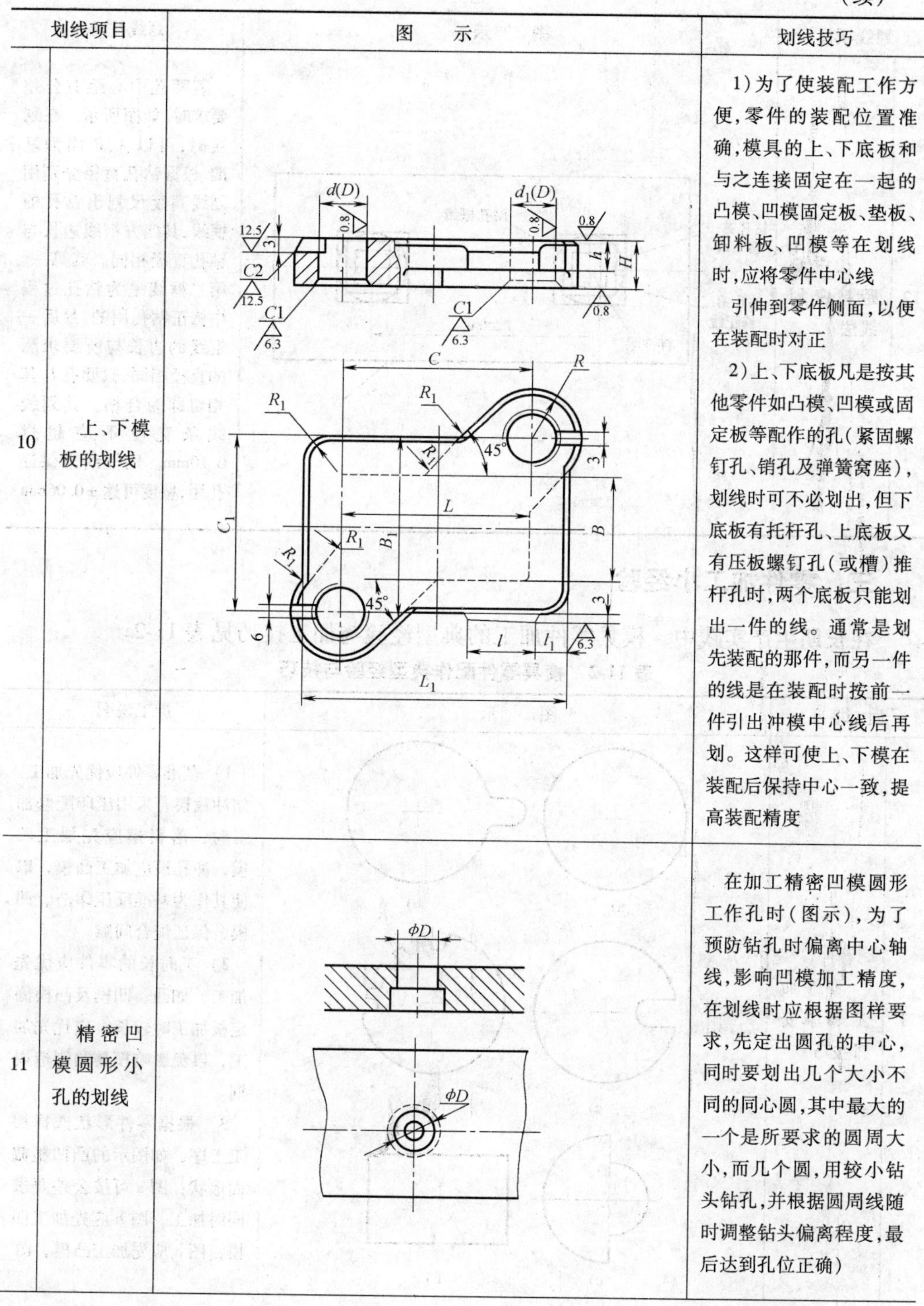	1）为了使装配工作方便，零件的装配位置准确，模具的上、下底板和与之连接固定在一起的凸模、凹模固定板、垫板、卸料板、凹模等在划线时，应将零件中心线引伸到零件侧面，以便在装配时对正 2）上、下底板凡是按其他零件如凸模、凹模或固定板等配作的孔（紧固螺钉孔、销孔及弹簧窝座），划线时可不必划出，但下底板有托杆孔、上底板又有压板螺钉孔（或槽）推杆孔时，两个底板只能划出一件的线。通常是划先装配的那件，而另一件的线是在装配时按前一件引出冲模中心线后再划。这样可使上、下模在装配后保持中心一致，提高装配精度
11	精密凹模圆形小孔的划线		在加工精密凹模圆形工作孔时（图示），为了预防钻孔时偏离中心轴线，影响凹模加工精度，在划线时应根据图样要求，先定出圆孔的中心，同时要划出几个大小不同的同心圆，其中最大的一个是所要求的圆周大小，而几个圆，用较小钻头钻孔，并根据圆周线随时调整钻头偏离程度，最后达到孔位正确）

（续）

划线项目		图　　示	划线技巧
12	孔中心距精密划线法	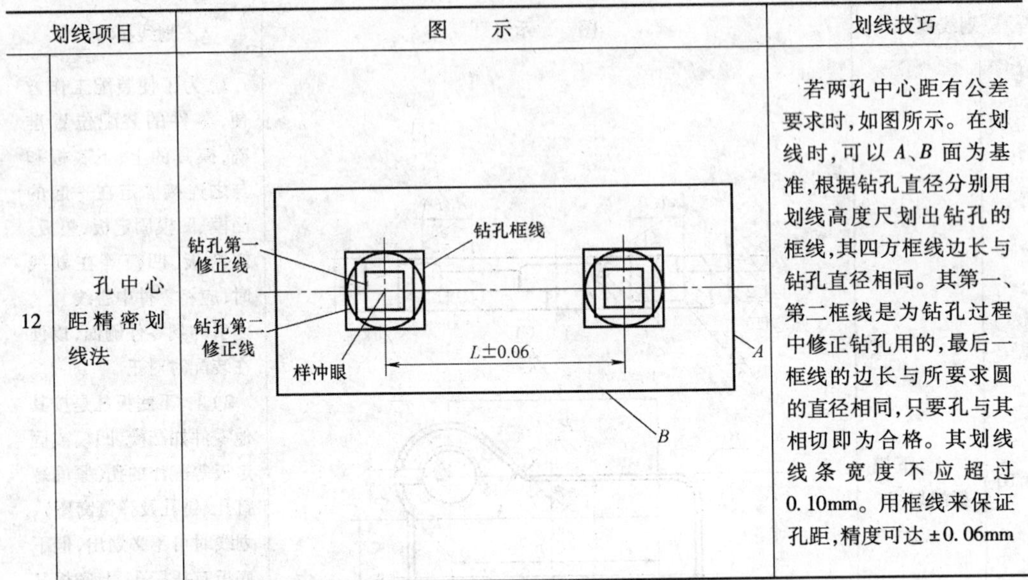	若两孔中心距有公差要求时，如图所示。在划线时，可以 A、B 面为基准，根据钻孔直径分别用划线高度尺划出钻孔的框线，其四方框线边长与钻孔直径相同。其第一、第二框线是为钻孔过程中修正钻孔用的，最后一框线的边长与所要求圆的直径相同，只要孔与其相切即为合格。其划线线条宽度不应超过 0.10mm。用框线来保证孔距，精度可达 ±0.06mm

三、零件加工小经验

在长期生产实践中，模具零件加工的典型经验与加工技巧见表 11-2。

表 11-2　模具零件配作典型经验与技巧

加工项目		图　　示	加工说明
1	零件加工顺序安排技巧	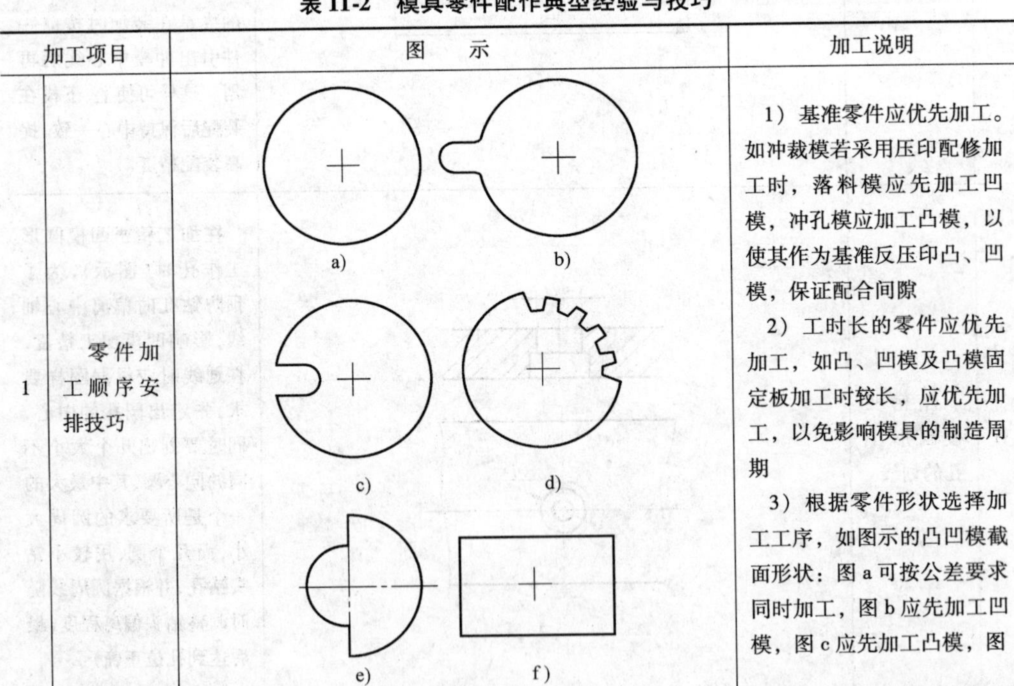	1）基准零件应优先加工。如冲裁模若采用压印配修加工时，落料模应先加工凹模，冲孔模应加工凸模，以使其作为基准反压印凸、凹模，保证配合间隙 2）工时长的零件应优先加工，如凸、凹模及凸模固定板加工时较长，应优先加工，以免影响模具的制造周期 3）根据零件形状选择加工工序，如图示的凸凹模截面形状：图 a 可按公差要求同时加工，图 b 应先加工凹模，图 c 应先加工凸模，图

（续）

加工项目		图　示	加工说明
1	零件加工顺序安排技巧	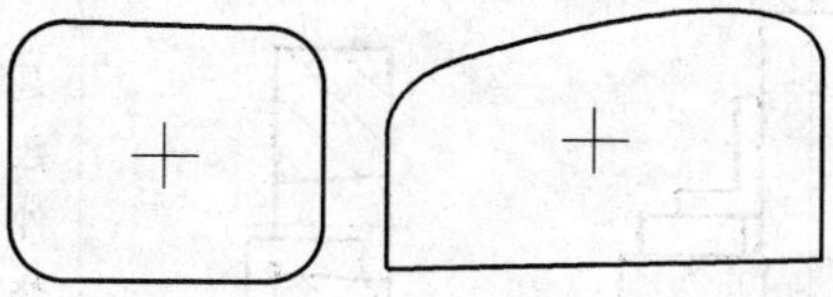 g)　h)	d先加工凸模，图e若是整体凹模，先加工凸模。若是镶拼凹模应先加工凹模；矩形件应视有、无圆角而定，如果有尖角（图f）应先加工凸模，如果是圆角（图g）应先加工凹模；对于不规则形状（图h），应先加工凸模为好。对于形状复杂，而两线之间都是圆弧的应先加工凹模
2	在一块料上同时锯出凸模与凹模的方法	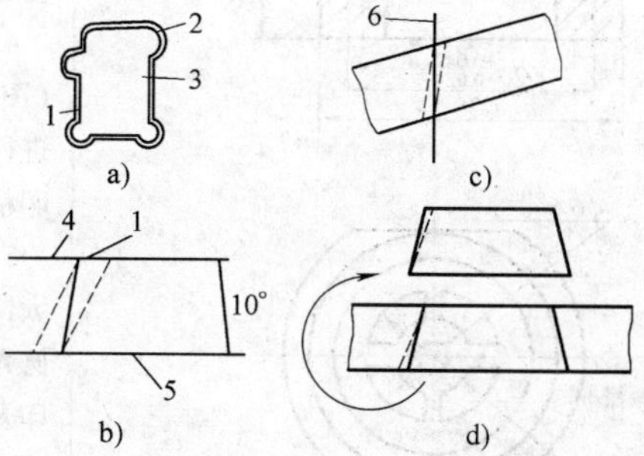 a)　b)　c)　d) 1—斜孔　2—轮廓线　3—相应线 4—凹模刃口　5—凸模刃口　6—锯条	1）先在磨平的凹模坯料的上平面找正凹模孔位置划出所冲零件图形的（可借助样板划线）轮廓线2后，再向内划出与轮廓线相距1.2mm的相应线3，如图a所示 2）在线上钻ϕ6mm斜孔（倾斜10°），上孔口与凹模刃口4相切，下孔口与凸模刃口5相切（图b） 3）将坯料倾斜10°，锯条6通过孔1下锯（图c），开始锯切 4）修整锯下的凸模与凹模坯件，即制成可用的凸、凹模（图a） 5）若凸模较短，可将其焊接加长使用

（续）

<table>
<tr><th>加工项目</th><th>图　示</th><th>加工说明</th></tr>
<tr><td>3　冲模凸凹模压印锉修经验</td><td>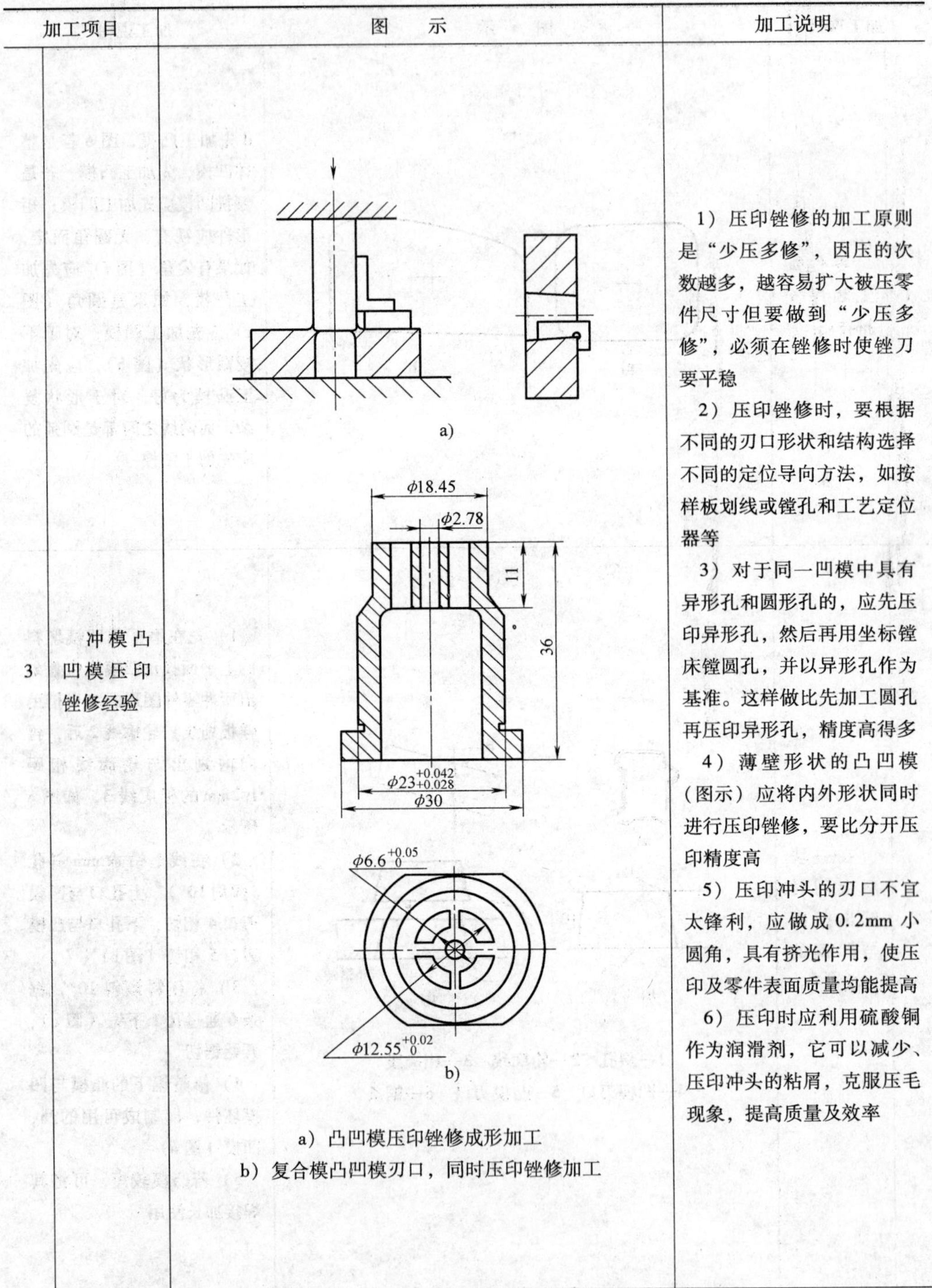a）凸凹模压印锉修成形加工
b）复合模凸凹模刃口，同时压印锉修加工</td><td>1）压印锉修的加工原则是“少压多修”，因压的次数越多，越容易扩大被压零件尺寸但要做到“少压多修”，必须在锉修时使锉刀要平稳
2）压印锉修时，要根据不同的刃口形状和结构选择不同的定位导向方法，如按样板划线或镗孔和工艺定位器等
3）对于同一凹模中具有异形孔和圆形孔的，应先压印异形孔，然后再用坐标镗床镗圆孔，并以异形孔作为基准。这样做比先加工圆孔再压印异形孔，精度高得多
4）薄壁形状的凸凹模（图示）应将内外形状同时进行压印锉修，要比分开压印精度高
5）压印冲头的刃口不宜太锋利，应做成 0.2mm 小圆角，具有挤光作用，使压印及零件表面质量均能提高
6）压印时应利用硫酸铜作为润滑剂，它可以减少、压印冲头的粘屑，克服压毛现象，提高质量及效率</td></tr>
</table>

（续）

	加工项目	图　示	加工说明
4	精冲模（无间隙或小间隙）凸凹模压印锉修	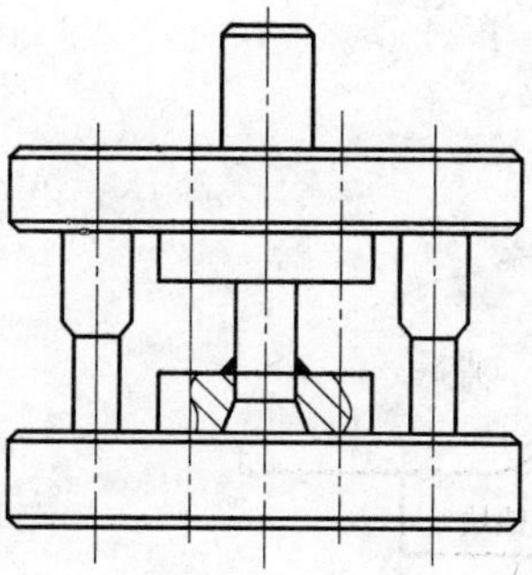	对无间隙（小间隙）凸、凹模压印时，一般都是将凸、凹模淬火硬度降低到 38～42HRC 后再将凹模、凸模都装在底板上，并打好圆柱销，利用模具本身的导柱、导套导正，使内外刃口同时压印锉修成形，这样可保证间隙均匀
5	用硬质合金划线刀研磨细小凹模口	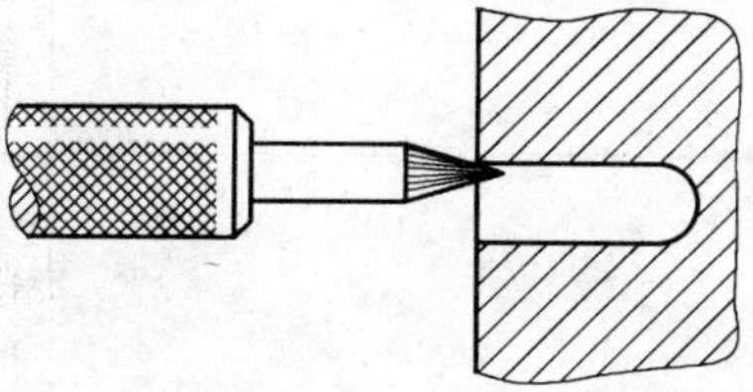	一些细小的凹模口，往往是用油石蘸煤油刃磨，稍不注意就容易崩裂。如果采用如图所示的方法，将一个硬质合金划线刀用金刚石研磨工具研磨出一些纵槽后来研磨，既安全又耐用
6	多个细小凸模的修磨方法	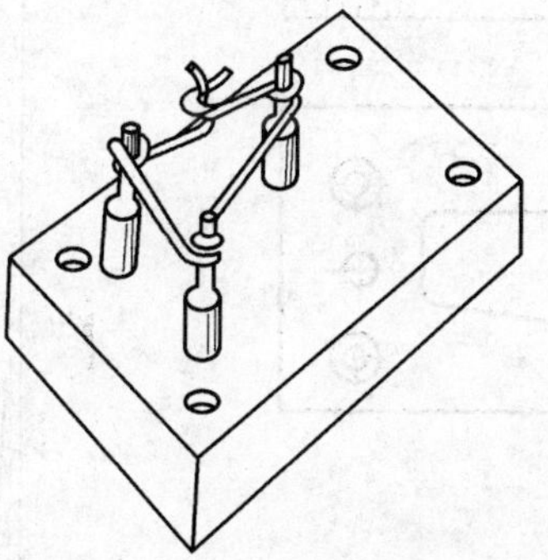 a) 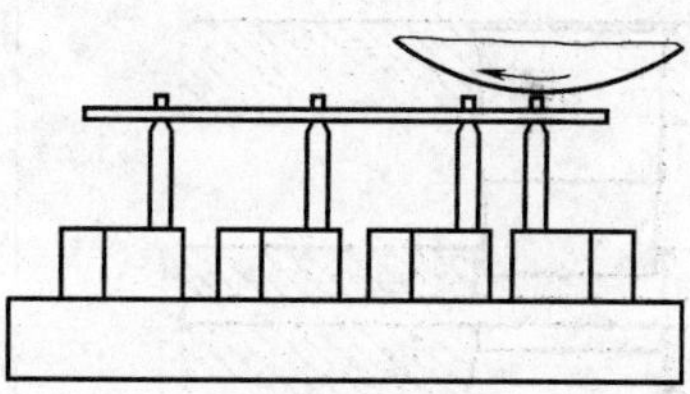 b) a）铁丝捆绑法 b）套板保护法	在同一个固定板上固定多个细小凸模，要刃磨刃口使其锋利时，为防止凸模受力变形或折断，可采取下述两种方法： 1）用铁丝捆绑住凸模头部，使其连在一起，即可使凸模得到有效支持，预防变形或折断，如图 a 所示 2）磨削时一般在模具上进行，并将一块用原模具冲过孔的样板或样件，套在细小凸模上再进行刃磨，可对凸模进行保护。若孔太大，可用钢球放在孔上，先用手锤敲击球体，使孔径缩小后，再套进凸模中

（续）

加工项目		图示	加工说明
7	凹模镶块按凸模研配	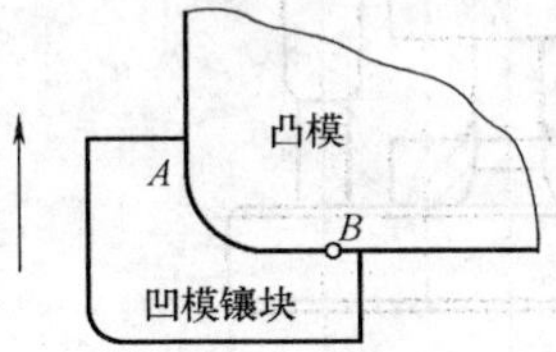 凸模 A B 凹模镶块	图示为一凹模镶块按凸模研配的方法（以箭头所示方向移动进行研配），在研配时，由于A面与移动方向一致，很容易碰上铅粉，但它不一定是应该修磨的地方，因此研配时要善于识别。此外，如果发现B点间隙过大，在研配时可将凹模镶块稍稍绕逆时针方向转动，看哪里碰的最严重就修磨哪里，直到合适为止
8	凸、凹模淬火前精修方法	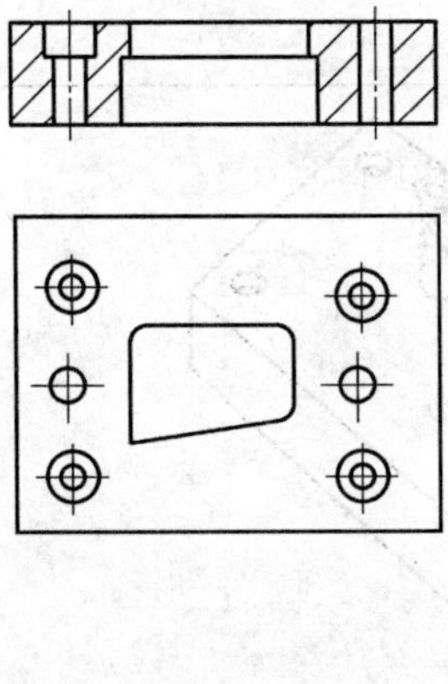	1）淬火前若精修凸模与凹模时，要根据热处理变形的规律，修磨成公差上限或下限。如T10A材料的凹模，一般淬硬后的规律是"收缩"，应在淬火前修磨成上限偏差，或做的更大一些，淬火后基本上不用修磨或修量也小 2）对于如图所示的凹模，刃口若有尖角或圆角，热处理前应把尖角处修好，其余圆角在热处理淬硬后以尖角处为基准来修磨，因为尖角淬硬后不易修磨
9	凸模固定板卸料板、凹模板同时镗加工	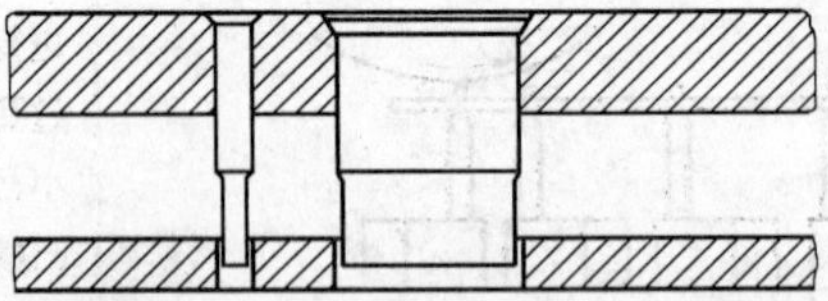 a) a）模具结构	在加工冲模时，为了使凸模与凹模孔有准确位置，可将凸模固定板、卸料板、凹模板叠在一起，用圆柱销或夹钳紧固在一起，然后用钻头同钻铰小孔或用镗刀镗出大孔，并在凹模底扩出落料漏料孔。然后修正凸模固定

（续）

	加工项目	图　示	加工说明
9	凸模固定板卸料板、凹模板同时膛加工	 b) b）加工示意图 1—镗刀　2—钻头　3—圆柱销	板与凸模固定孔成 H7/m6。卸料板与凸模配合孔成 H7/h7 的配合关系，再装上凸模，通过卸料板孔导向研配凹模与凸模间隙，使之均匀。这样做，比各板单独按划线加工更能保证上、下模的对应关系
10	型腔的锉修方法	a) b) a）成形细锉 b）型腔凹角处锉修	1）锉修加工主要用于型腔热处理前铣、押、车加工的表面，即必须用锉刀锉去刀痕，以提高型腔的表面质量 2）对于直通的型腔一般用直柄锉刀锉修，而对于曲面形状的型腔表面应用根据形状采用特制的锉刀（见图 a）锉削成形 3）曲面锉刀可用普通的平直组锉用气焊的还原火焰加热，弯成所需的形状后，再用盐浴炉加热在铅浴炉淬硬而制成 4）型腔曲面锉修时，应先用凸半圆锉锉凹角（图 b)，然后再锉平面。用圆弧半径稍小于凹角半径的弯组锉沿着凹角的方向锉修。当凹角部的刀痕基本消除后，再用平锉修平面

（续）

加工项目		图　示	加工说明
11	型腔的抛光方法	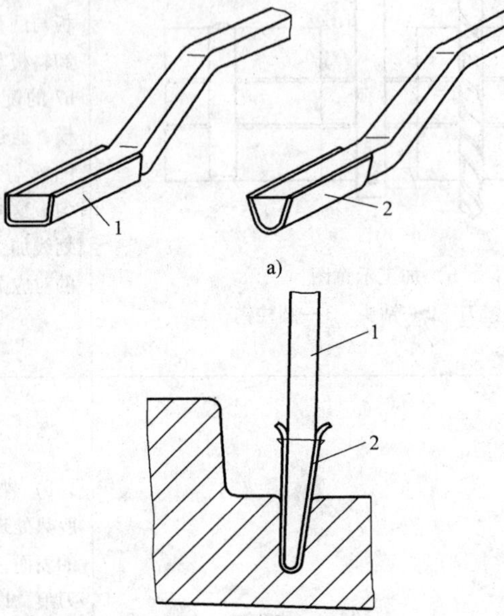 a）抛光工具 1—砂纸　2—木制或竹质手把 b）抛凹槽用工具 1—竹片　2—鹿皮	1）型腔用组锉锉修后，可用油石或砂纸进行抛光。油石分圆形、半圆形和方形各种不同形状，可对不同型面抛磨。对特殊形状，在砂轮机磨削成形即可 2）用砂纸抛磨时，可将砂纸粘在图a的自制抛光工具上。抛光工具多为木质或竹质做成，截面可根据型面做成任意形状，可用水溶液胶或聚醋酸乙稀胶将砂纸粘接，不用时用水浸泡去除 3）抛光时的纹路，也就是砂纸在金属表面移动的痕迹，应先为螺纹形、交错形，最后采用直线形，即用砂纸在同一方向上往复打磨。其顺序是：应先从凹槽凹角开始，最后是平面或大圆弧曲面 4）用砂纸抛光后，再用抛光膏（红宝石膏）或抛光粉（研磨粉）进行精抛光。精抛光时，采用黄铜制作的研磨棒研磨小尺寸圆孔，而用鹿皮、羊皮或法兰纸包在木片或竹片上蘸抛光膏研磨（图b）
12	凹模圆形孔的研磨方法	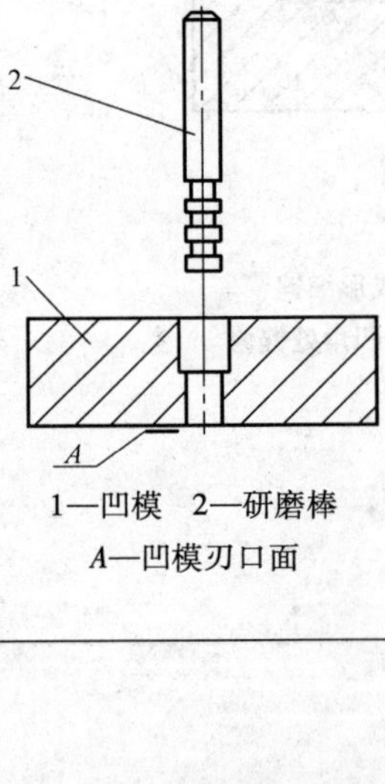 1—凹模　2—研磨棒 *A*—凹模刃口面	对于硬质合金凹模型孔，以及经钻、镗加工的小尺寸凹模圆形孔，为了使小孔有一定的出模斜度或使孔变大，加大间隙，对热处理淬硬后要进行研磨。其研磨的方法是：将用黄铜棒车成的研磨棒，配加研磨膏，从凹模的背面对孔进行研磨，使孔变大。但要注意： 1）研磨棒的直径要比孔直径小0.2～0.4mm 2）研磨时要均匀，防止出现椭圆

（续）

	加工项目	图　示	加工说明
13	硬质合金模块与基体的焊接固定法	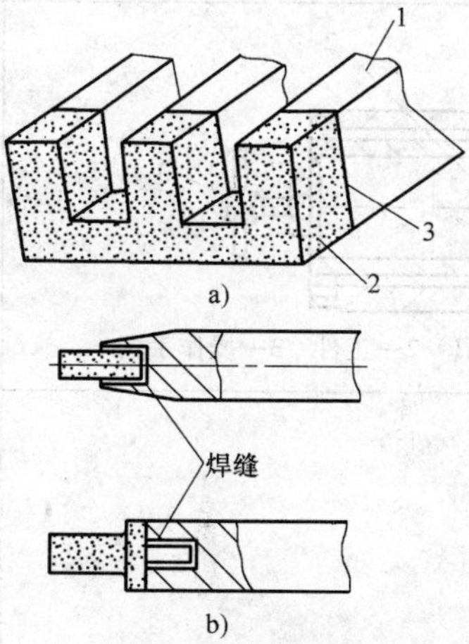 a） b） a）铜钎焊法 1—固定板基体　2—硬质合金模块　3—焊料 b）气焊焊接法	1. 钎焊法 如图 a 所示，采用黄铜（58%）、钾（38%）、锰（4%）组成的105焊料，借助脱水硼砂、硼酸和氧化锂等混合物构成的焊剂，在一定温度下进行焊接 2. 气焊焊接法 1）将合金模块与基体先进行喷砂、处理后，再用硼砂水溶液煮沸、洗净烘干 2）点燃焊枪，将基体焊接面均匀预热至700℃左右 3）待硼砂熔化后，再将氧气增加将蘸有焊剂的焊料熔入焊缝中，直至均匀布满为止 4）将焊件放入箱式电炉中回火，温度为300℃，时间3～4h，或者埋入100℃的热砂中，缓慢冷却，再进行回火，效果会更好 3. 浸焊焊接法：对于较大的凹模在焊接时，可将不锈钢坩埚，在炉内预热后加入焊料再加热至700℃，并加入硼砂，再将用硼砂处理后的合金块及基体面在炉旁预热至400℃后，放入浸液再预热至700℃沉入下层的金属液中，使焊料侵入焊缝内。停放一段时间，即可取出，再进行回火处理（温度为300℃，时间为2～3h） 在浸焊时要注意：为了保证非焊接面光洁，焊前要涂以半干油墨和石英粉配制的涂料进行保护

（续）

<table>
<tr><th></th><th>加工项目</th><th>图　　示</th><th>加工说明</th></tr>
<tr><td>14</td><td>用凸模对固定板压印光切固定法</td><td>a)　b)
a）凸模对固定板压印　b）直接压入光切
1—固定板　2—凸模　3—直角尺　4—垫块</td><td>凸模与凸模固定板的配合多为紧密过盈配合，故在用凸模压印加工固定板型孔时，要防止锉松，即在初步压印后，锉去余量，在尚留有0.1mm均匀余量时，可直接将凸模压入并光切内壁，达到配合要求，其方法见图a、b</td></tr>
<tr><td>15</td><td>外圆柱面的手工研磨方法</td><td> 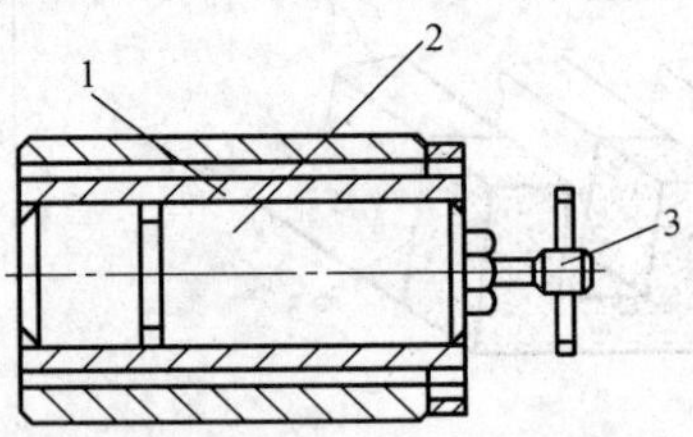1—特制研磨工具　2—工件　3—操作手柄</td><td>将工件2安置在特制的工具1上，并在工件2外圆涂一层薄而均匀的研磨剂。然后装入已固定好的研具孔内，调整好研磨间隙。手握工具手柄3使工件既做正、反方向的转动，又做轴向往复运动，以保证研磨面能均匀的研磨</td></tr>
<tr><td>16</td><td>内圆柱面（内孔）手工研磨方法</td><td> 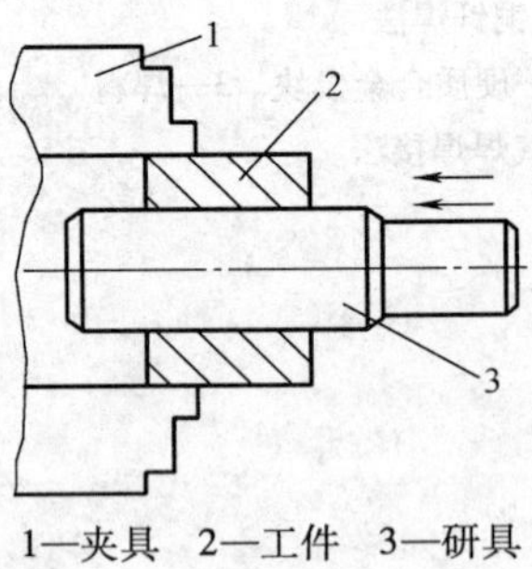1—夹具　2—工件　3—研具</td><td>将工件固定好，再将研磨剂均匀地涂在研具表面，然后插入工件内（图示），用手转动研具（将研具装在铰杆上）同时作轴向和往复运动，进行研磨。研具可采用整体式或可调式。整体式研磨棒常采用5支一组形式；其尺寸公差见下表
整体研磨棒直径差
<table>
<tr><th>号数</th><th>尺寸规定/mm</th><th>备注</th></tr>
<tr><td>1</td><td>比研磨孔小0.015</td><td rowspan="3">开螺旋槽</td></tr>
<tr><td>2</td><td>比1号大
0.01～0.015</td></tr>
<tr><td>3</td><td>比2号大
0.005～0.008</td></tr>
<tr><td>4</td><td>比3号大
0.005</td><td rowspan="2">不开螺旋槽</td></tr>
<tr><td>5</td><td>比4号大
0.003～0.005</td></tr>
</table></td></tr>
</table>

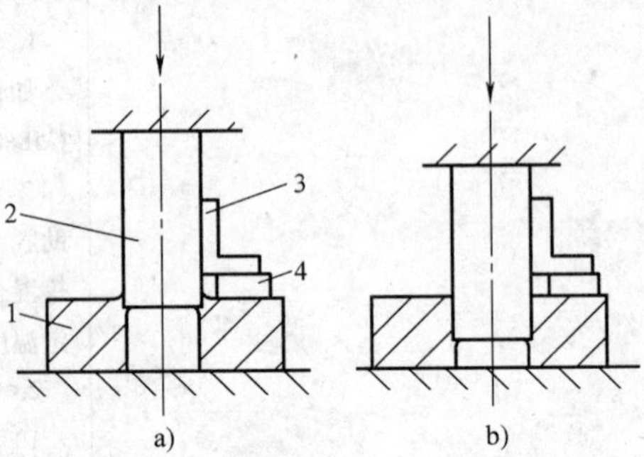

（续）

加工项目		图　示	加工说明
17	不通孔的研磨方法	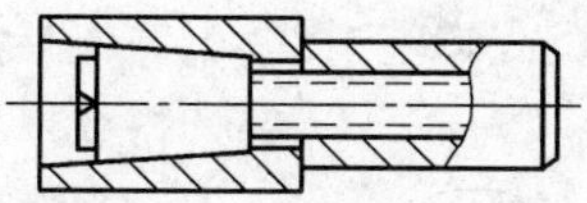	不通孔研具形式见图示。它是利用螺纹通过锥度使外径胀大。研磨前要求工件孔径接近最终尺寸要求，研磨量尽量要小。研磨棒长度必须要比工件长5～10mm。前端有大于直径0.01～0.03mm的倒锥 粗磨时，应采用W20研磨剂，精研时，应先洗净研磨剂，再用细研磨剂研磨
18	圆锥面的手工研磨方法	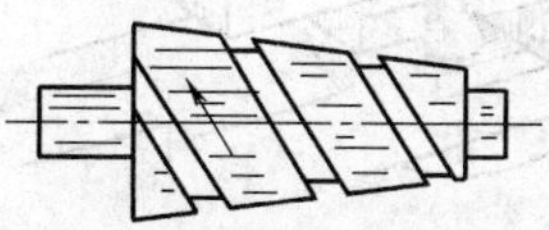 a) 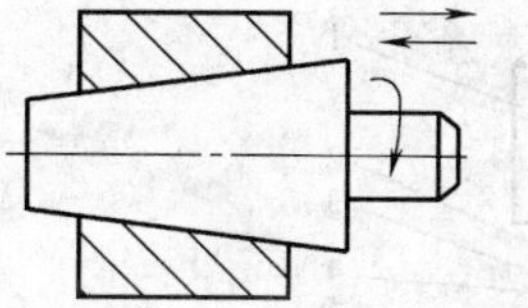 b) a）研磨棒 b）研磨锥面	研磨一般在车床或钻床上进行。使用的研磨棒应为带有螺旋槽（图a），研磨的转动方向应与研棒螺旋槽一致。在磨前研磨棒（套）应均匀涂一层研磨剂插入锥孔（锥体）后，进行旋转及往复运动（图b），并不断地用手推出推入反复研磨。达到精度时，将研具拔出，擦净研磨剂，再套入，用上述方法对其进行抛光
19	薄板零件的锉削方法	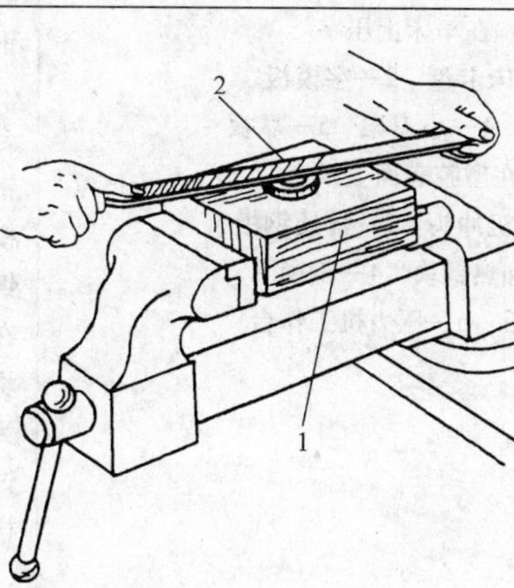 2 1 1—木块　2—零件	将薄板零件2放入木块1内，然后用台虎钳夹紧，即可将木板内的小薄板类零件锉平，但零件在板内凹坑内一定要放平，不得偏斜；若锉销斜面，应将木板模内做成相应的斜面再锉削

（续）

	加工项目	图　示	加工说明
20	模具零件表面的印字方法	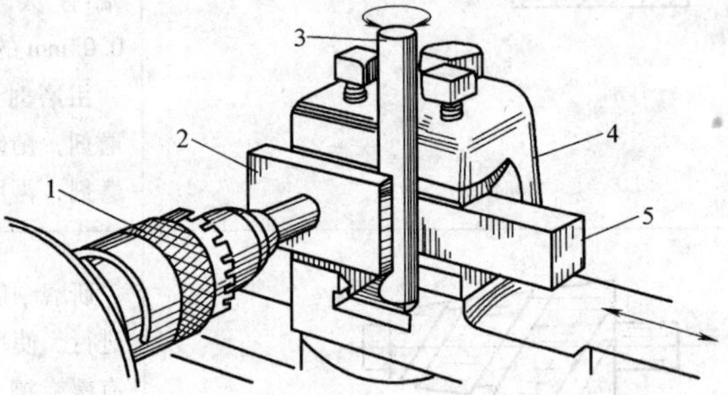 a) 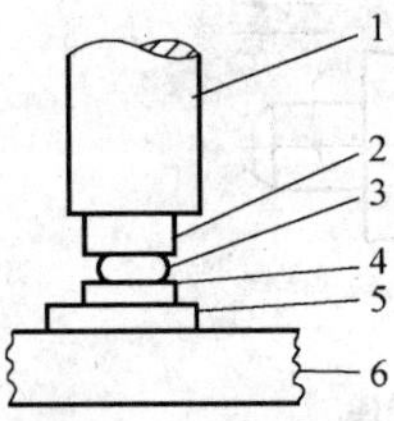 b) a）在车床上压字 1—车床卡盘　2—字模板 3—工件　4—小刀架　5—靠板 b）在型腔表面上压字 1—压力机冲头　2—淬硬钢板 3—加热铜块　4—钢模 5—钢板　6—压力机工作台	1）用打字头打字：在零件上手工用字头打字，其字头必须拿平，用力敲打必须要垂直字的平面，并要一次敲击成功。当在外圆面上印字时，可以采用一个字头敲打两次的办法来得到清晰的字印，这时要注意作用力和字头必须要与零件表面保持垂直，也就是说锤打两次中，字头须沿圆弧表面转动一点，以保持作用力和字头与圆弧成法线方向 2）图a是在车床上压字的方法。将字模板2用柄部卡到卡盘1上，在小刀架4上固定一个与字模板平行的靠板5。横刀架前进、后退一次，即在工件3上压印出一个字 3）若没有适用的雕刻机而需要在模腔表面上印字时，可在一个能进入模腔的钢模4上印字后，淬火到58～60HRC。再在压力机工作台6上，放淬硬钢板5，在钢板5上放置钢模4，在钢模4上放置加热铜块3，在铜块3上放置淬硬钢板2。在冲头1压力下，即可在铜块3上压出字，将铜块3作为电极，用电火花机床腐蚀，即可在型腔表面印出字样

（续）

加工项目		图　示	加工说明
21	多曲面工件的研磨	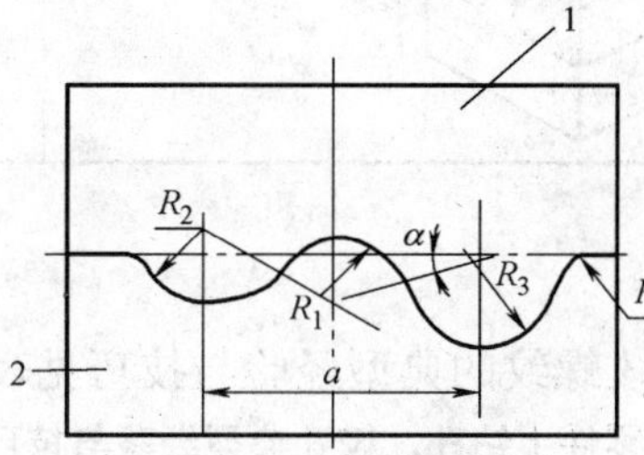 1—镶块　2—研磨工具	在模具制造中，常遇到多曲面工件的研磨，如图示中塑料模镶块1的研磨。研磨工具2的加工是研磨的关键。其加工方法是： 1）将镶块用线切割或样板加工成形，并将研磨工具2也按此方式加工成形 2）在镶块1的表面涂抹一层薄而均匀的红丹粉显示剂，用着色法按镶块1的形状精加工研磨工具2，直到形状完全与镶块1吻合为止 3）研磨工具与镶块形状完全吻合后，即可对镶块进行研磨
22	细小凸模快速回火方法	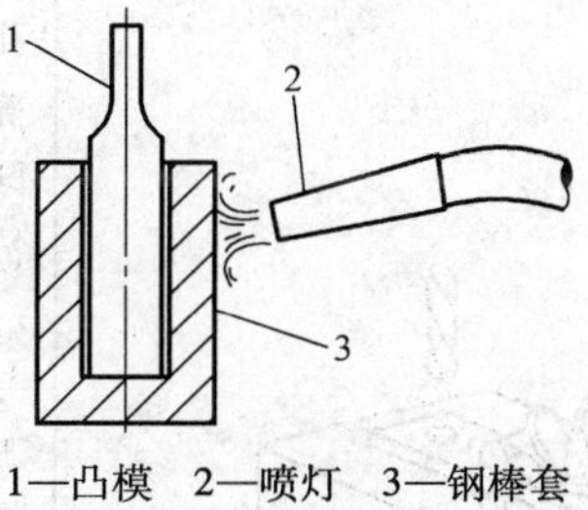 1—凸模　2—喷灯　3—钢棒套	细小凸模1淬火以后，可将其立即放在一个用钢棒做成的孔内（图示），其孔径要比凸模大0.8mm，露出工作部位。然后用喷灯烧烤钢棒外壁，使之加热到变色为止。当凸模外露部位显示出草黄色，即表明已达到回火要求。这样做可比炉内回火时间短，对快换式凸模急用极为有利，缩短了随机检修时间
23	细小凸模退火方法	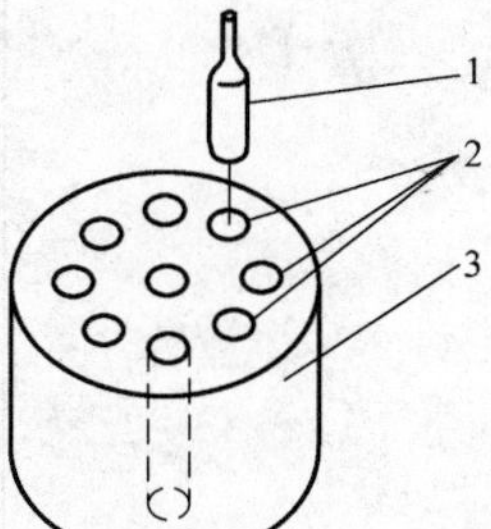 1—凸模　2—小孔　3—钢块	细小凸模在加工或维修需要退火时，由于加热后会迅速冷却，而达不到退火目的。此时可在一个较大的钢块上钻一系列孔（图示），将凸模根据直径大小放在相应孔内，并一起加热后再放入有绝热材料的箱内封闭。隔夜冷却后，即可达到退火软化的目的

（续）

加工项目		图　示	加工说明
24	厚薄变化大的零件淬火前保护	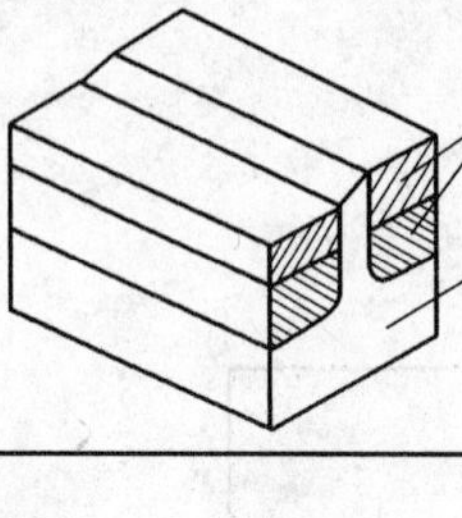 铁块 工件	若零件的形状厚、薄变化较大（图示），淬火后薄壁易变形，这时可在薄的部分用铁丝捆上两个铁块，以改善加热和淬火条件，防止畸变

四、零件钻孔小妙招

在模具零件上钻孔、铰孔及攻螺纹的典型经验与技巧见表 11-3。

表 11-3　模具零件上钻孔、铰孔典型经验与技巧

加工项目		图　示	操作说明
1	按划线钻孔操作技巧	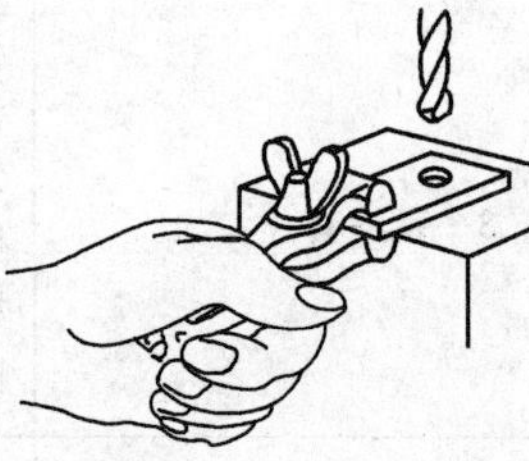	1）钻孔前，把孔的中心样冲眼冲大一些，以使钻头预先落到样冲眼中。这样钻孔时钻头就不会偏离中心 2）钻孔时，先使钻头对准样冲眼，然后轻轻试钻一浅窝，看看钻孔位置与划的线相比较是否正确，若钻出的浅窝与所划的钻孔圆周线不同心，应马上根据偏离情况移动工件进行修正 3）移动工件后试钻。当试钻到与划线圆周线同心时，即可固定工件，正式钻孔 4）孔快要钻透时，必须要手动进给，轻轻钻透，以防钻头折断 5）钻大于 ϕ25mm 的大孔时，应先用小于 ϕ12mm 的钻头钻预孔，把预孔按划线钻正后，再用大钻头扩孔 6）钻 ϕ3mm 以下小孔时，不能自动进刀，主轴转数也不要过快，要手动进给，但要轻，不要用力过猛，同时要经常提取钻头排屑 7）不论钻大孔或钻小孔都要合理使用切削液，以免钻头受热烧红而退火

（续）

加工项目		图　示	操作说明
2	冲裁模圆形直孔凹模刃口钻铰加工	D<6	1）凹模直孔刃口在钻孔时，为提高孔精度和质量，应采用二次钻削的方法。即先用小直径钻头钻小孔（留0.2～0.5mm加工余量），再扩钻铰到要求的尺寸 2）为提高精度，钻孔后再采用手工铰孔，孔公差等级可达到H7～H8
3	钻 $\phi3$～6mm以下凹模小孔的方法	140°～160° 0.2 d 70° a) 140°～160° 65° l l/3 35° d b) a）普通钻头改磨成的双重锋角钻头 b）普通钻头改磨成的单边第二锋角钻头	1）采用双重锋角（图a）或单边磨出第二锋角（图b）的特制钻头，其锋角角度一般为140°～160°；直径<1mm钻头应在放大镜下刃磨 2）采用高转速，利用尾屑的作用促使切屑顺利排除 钻孔直径<1mm时，转速应达到10000～15000r/min，进给量要小而均匀；直径≥1mm时转速应达到1500～3000r/min 3）采用手动进给，进给要均匀开始钻时，进给量尽量要小；钻头定心后仍要控制进给，保证钻头正确位置。钻削中的进给要控制好手动和感觉，当钻头弹跳时，使它有一个缓冲范围，防止折断 4）钻削时，应不时提起钻头排屑使钻头在空气中冷却，并及时向孔内注足切削液润滑，以菜籽油为宜

（续）

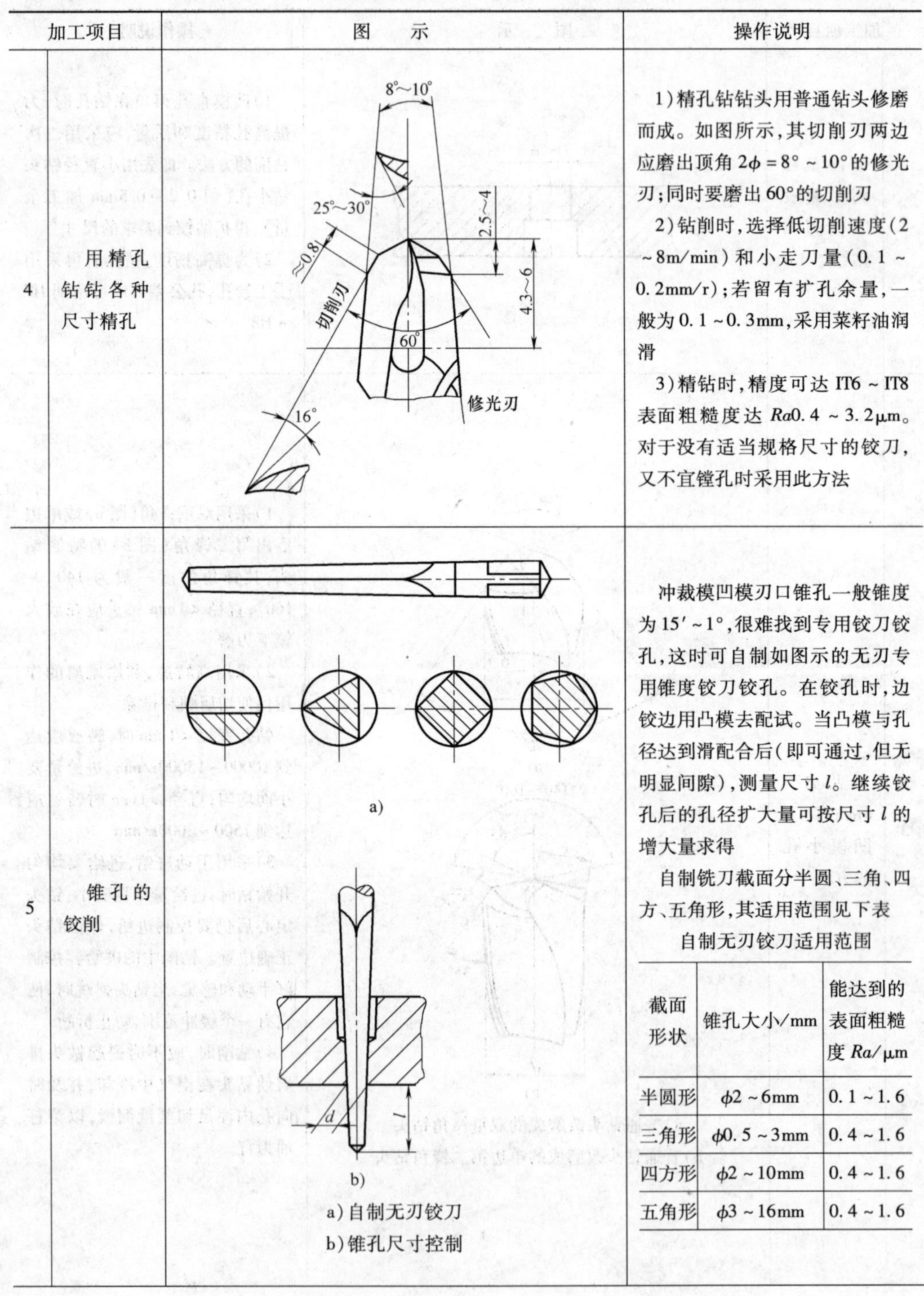

加工项目		图示	操作说明
4	用精孔钻钻各种尺寸精孔		1）精孔钻钻头用普通钻头修磨而成。如图所示，其切削刃两边应磨出顶角 $2\phi=8°\sim10°$ 的修光刃；同时要磨出60°的切削刃 2）钻削时，选择低切削速度（2～8m/min）和小走刀量（0.1～0.2mm/r）；若留有扩孔余量，一般为0.1～0.3mm，采用菜籽油润滑 3）精钻时，精度可达IT6～IT8表面粗糙度达 $Ra0.4\sim3.2\mu m$。对于没有适当规格尺寸的铰刀，又不宜镗孔时采用此方法
5	锥孔的铰削	a）自制无刃铰刀 b）锥孔尺寸控制	冲裁模凹模刃口锥孔一般锥度为15′～1°，很难找到专用铰刀铰孔，这时可自制如图示的无刃专用锥度铰刀铰孔。在铰孔时，边铰边用凸模去配试。当凸模与孔径达到滑配合后（即可通过，但无明显间隙），测量尺寸 l。继续铰孔后的孔径扩大量可按尺寸 l 的增大量求得 自制铣刀截面分半圆、三角、四方、五角形，其适用范围见下表

自制无刃铰刀适用范围

截面形状	锥孔大小/mm	能达到的表面粗糙度 $Ra/\mu m$
半圆形	$\phi2\sim6$mm	0.1～1.6
三角形	$\phi0.5\sim3$mm	0.4～1.6
四方形	$\phi2\sim10$mm	0.4～1.6
五角形	$\phi3\sim16$mm	0.4～1.6

（续）

加工项目		图示	操作说明
6	配钻钻孔的几种方法	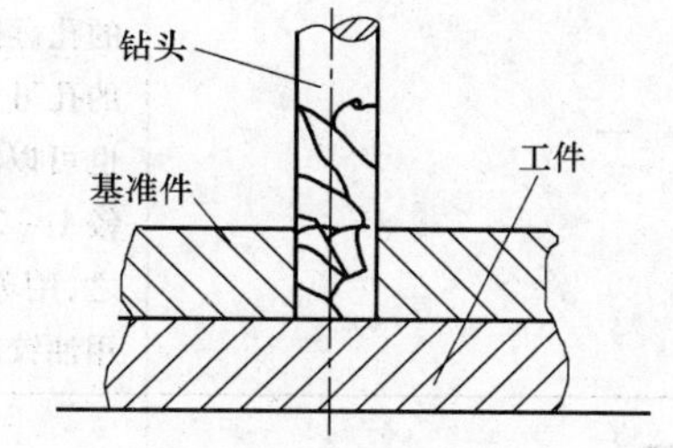 钻头 基准件 工件 a) 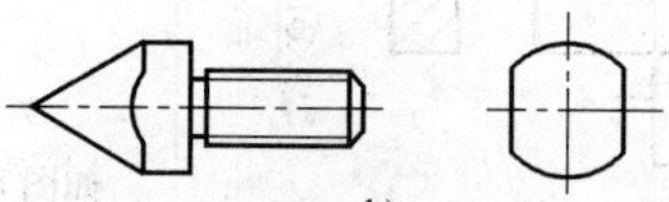 b) a）引钻法 b）螺纹中心冲印孔法	模具上互相配合的螺钉孔，柱销孔，弹簧窝座等，为了保证其位置一致性，一般都是采取配作的办法，即先将其中的一件按图样做好作为基准件，然后与其装配的零件则在装配时按此基准件的孔引钻或者号出孔位来钻。其配作的方法主要是： 1）引钻：就是利用钻头直接通过基准件已钻出的孔引钻相应零件的孔。只适用于基准件是通孔的情况如图 a 所示 2）利用基准件的孔划线，即通过划针比照基准件已加工孔在相应预连接板件上划线 3）利用螺纹中心冲印孔法，如图 b 所示，只适用于基准件是螺孔的零件 4）用纸或者是红铅粉，将基准件孔影印到另一板上。这种办法适用于各种不通孔或弹簧窝座
7	钻孔找正钻头	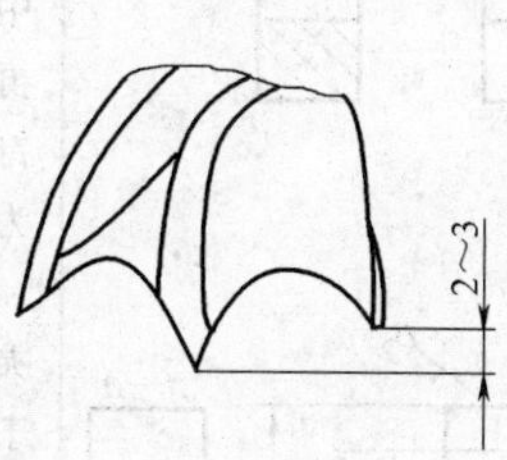 2～3	将普通钻头刃磨成图示形状，其中心刃高出切削刃 2～3mm。这样在钻孔时找正最为方便，因钻头尖部刚刚进入工件，钻头的外缘就在工件上划出印痕，以此与所划的线可以直接进行比较。如果钻头位置偏离，应马上纠正，找好中心重钻
8	钻窝座孔平钻头	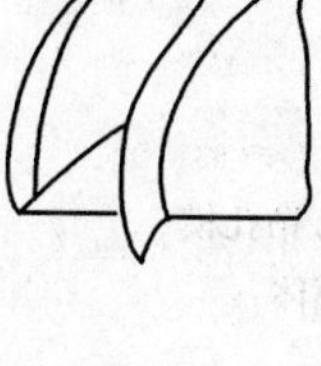	将钻头刃磨成图示的平钻头，即可在加工弹簧窝座时一次加工成形，不需要再锪窝，还可以钻底面不平的孔

（续）

加工项目		图　示	操作说明
9	用冷却液或钻床转速来控制铰出销孔的大小	—	在铰削柱销孔时，若铰刀已磨损到下限时，为了要铰出大一点的孔，可用油作冷却液，这样铰出的孔可大一些；发现孔铰出后小，也可以将转速提高，用原铰刀再铰1～2遍，即可使孔加大。反之，用苏打水和乳化液作润滑比用油铰出孔的直径要小
10	用钻孔模套加工孔系，以控制其位置精度	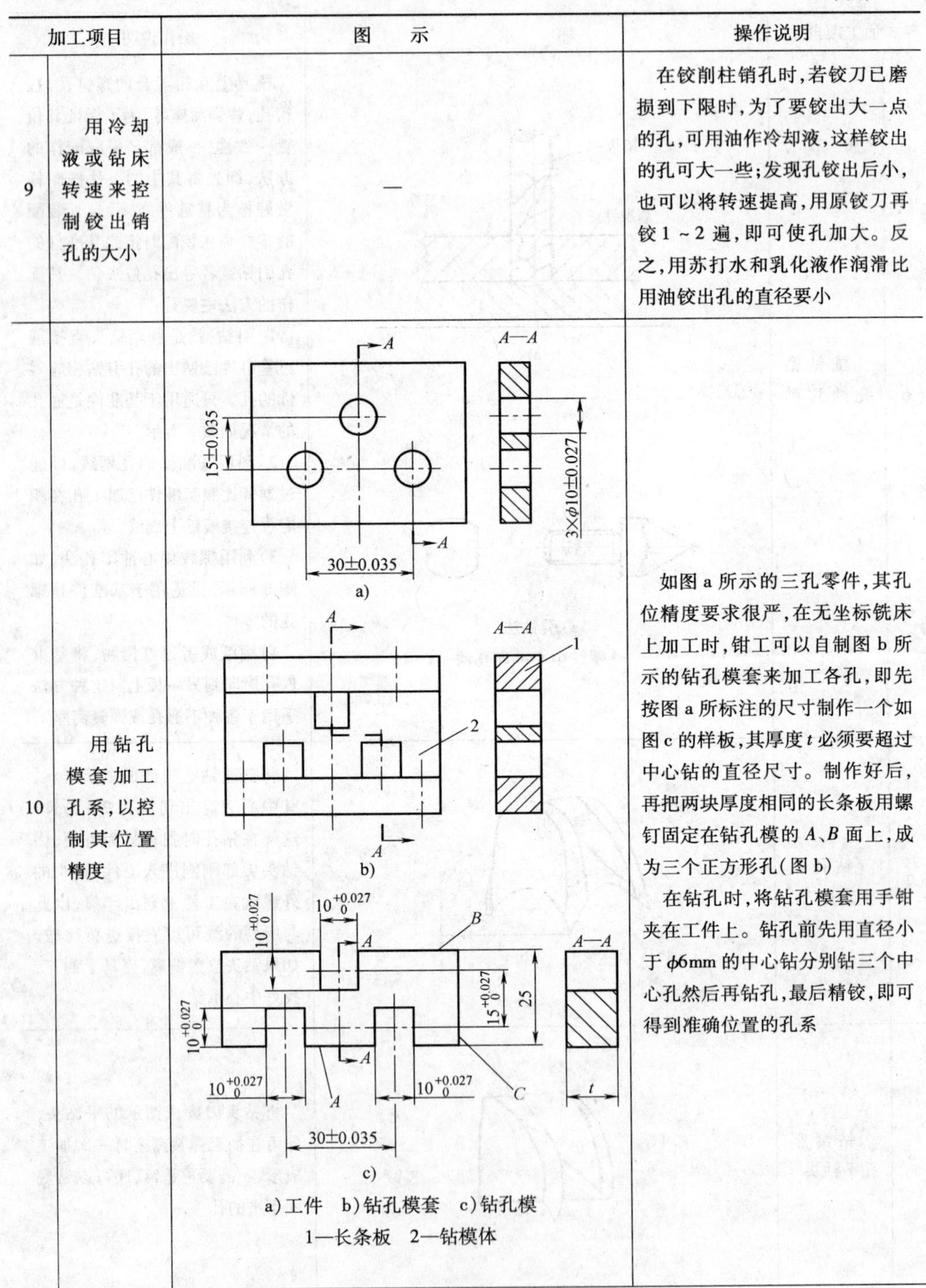 a）工件　b）钻孔模套　c）钻孔模 1—长条板　2—钻模体	如图a所示的三孔零件，其孔位精度要求很严，在无坐标铣床上加工时，钳工可以自制图b所示的钻孔模套来加工各孔，即先按图a所标注的尺寸制作一个如图c的样板，其厚度t必须要超过中心钻的直径尺寸。制作好后，再把两块厚度相同的长条板用螺钉固定在钻孔模的A、B面上，成为三个正方形孔（图b） 在钻孔时，将钻孔模套用手钳夹在工件上。钻孔前先用直径小于ϕ6mm的中心钻分别钻三个中心孔然后再钻孔，最后精铰，即可得到准确位置的孔系

（续）

	加工项目	图　示	操作说明
11	钻孔及螺纹长度的控制	d L	1）紧固螺孔有效长度 L 钢制零件：等于螺钉直径径 d 铸铁零件：等于 $1.5d$ 2）销孔配合长度只需保证柱销直径的两倍，其余可稍微扩大。销孔配合太长，其垂直度及表面粗糙度难以保证，反而使柱销容易打毛；而螺纹接触面过长，则易使螺纹接触面变坏
12	在摇臂钻床上攻螺纹	—	在摇臂钻床（255钻床）上攻M8以上的大螺纹，主要是利用机床本身的摩擦离合器，而不再需要攻螺纹夹头。其操作方法是： 1）机床主轴不固定，让丝锥在孔中浮动，自动找正中心 2）离合器挂半车，手把落在“合”与“开”中间位置，而且一个手操纵进手把，另一个手不离开离合器手把 3）如果发生问题时，离合器要立即脱开，以防丝锥被折断 用摇臂钻攻M8以上螺纹，既省力垂直度又好。但要反复练习，注意安全。同时，丝锥要锋利，螺孔不要太深，在有效长度范围内即可。若深度超过 $1.5d$，可将下面的孔扩大

五、装配模具小技艺

模具装配过程中，典型经验及操作技巧见表11-4。

表 11-4 模具装配的典型经验及技巧

<table>
<tr><th colspan="2">装配项目</th><th>图 示</th><th>操作说明</th></tr>
<tr><td>1</td><td>上、下模分别按图样安装</td><td>—</td><td>将上、下模按装配图样，分别进行安装，然后用坐标镗床对工作部分进行找正后，再镗上、下模板的导柱、导套孔，装上导柱、导套。一般情况下，间隙是比较均匀的，钳工可不再修整间隙。但为了装配准确，防止由于坐标镗床找正时的误差而影响间隙，最好的办法是：在上模与下模装配时，只拧紧紧固螺钉，先不要钻柱销孔，待导柱，导套装配试模合适后再钻铰柱销孔，打入销钉，这样做更为保险</td></tr>
<tr><td>2</td><td>圆柱销的安装要领</td><td> 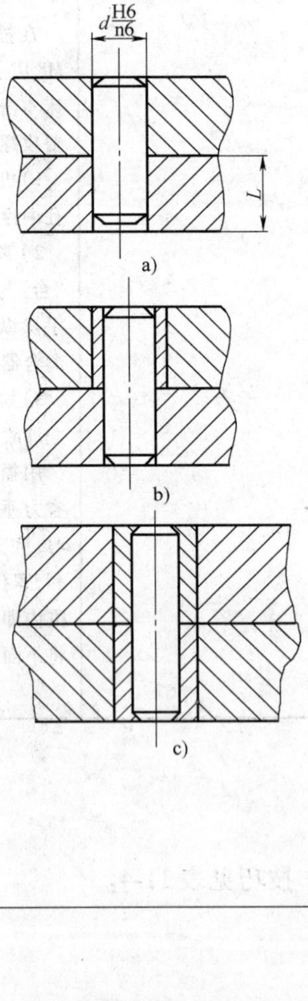$d\frac{H6}{n6}$
L
a)
b)
c)</td><td>1. 安装圆柱销的孔应先钻预孔后铰孔。其铰削余量见下表
铰销余量
<table><tr><td>销孔直径/mm</td><td>≤5</td><td>≥5～20</td><td>>20</td></tr><tr><td>铰削余量/mm</td><td>0.1～0.2</td><td>0.2～0.3</td><td>0.5</td></tr></table>2. 柱销孔一般应手工铰孔，铰孔时应从较硬材料一面铰入，否则会使孔扩大
3. 淬硬零件的销孔，在装配前应检查是否有热处理变形。若稍有变形，可将其用旧铰刀铰孔，然后用铸铁研磨棒研至正确尺寸；也可以用标准硬质合金铰刀再进行铰孔
4. 圆柱销孔的配钻铰安装：
1）对于一件淬硬一件不淬硬的零件，安装圆柱销时，应从淬硬零件已加工销孔的一面引钻，即先用与圆柱销孔径相同的钻头引钻（图 a），再用留有铰削余量的钻头钻预孔和铰孔。但在装配时应从淬硬件一面装入圆销，也可以将待淬硬零件在淬硬前将孔扩大，淬硬后再用软钢堵上磨平上、下面，装配时直接钻铰，如图 b 所示。其扩大孔的直径应比圆柱销孔直径增大 3～4mm
2）若装配的两零件均为淬硬件，将其在热处理前均扩大，在淬硬后，用软钢堵住，可同时钻铰，装入销钉，比单独钻、铰更为精密，如图 c 所示
3）圆柱销安装应为 H6/n6，配合形式，配合长度 L 应为圆销直径的 1.5～2 倍，见图 a</td></tr>
</table>

（续）

装配项目		图　示	操作说明
3	采用样板装配固定多孔冲模的凸模	—	在装配多工位连续模时，如果凸模固定板不是整体的，而是由多个固定板构成，为了保证多凸模之间的相对位置精度，在装配前应先制作一个整体样板，使其各孔大小与凸模成滑配合形式；利用其将凸模定位后再装配固定。这样不仅安装方便，而且定位准确，但样板应用坐标镗床镗孔，以保证孔位精度
4	用粘结剂粘结法调整零件间相互位置并安装固定	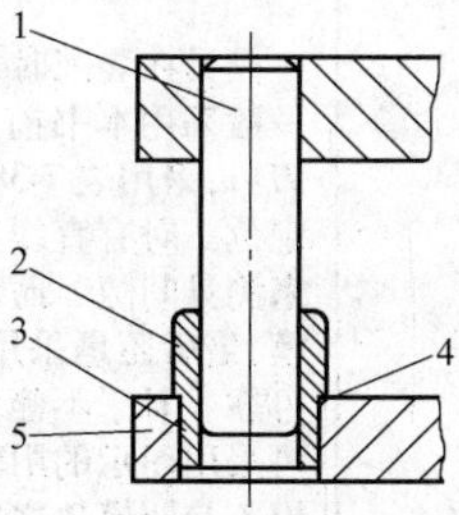 a） 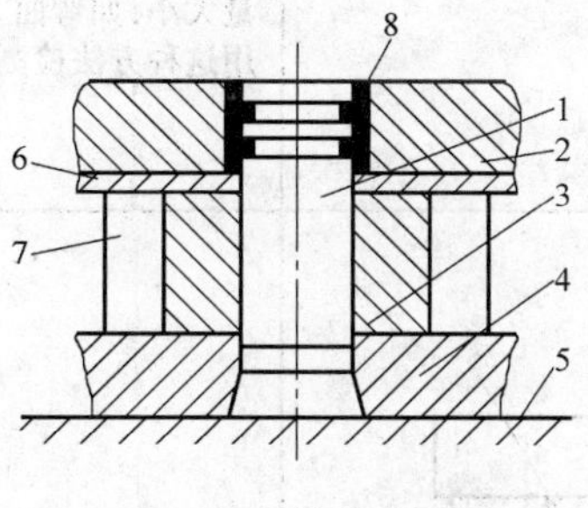 b） a）导套粘结 1—已固定在模板上的导柱　2—被粘结导套　3—粘结剂　4—上模座　5—粘结剂注射孔 b）粘结固定凸模 1—凸模　2—凸模固定板　3、4、5—安装后的凹模组合　6—垫板　7—等高垫铁　8—浇注粘结剂	利用粘结剂粘结法来调整零件间相互配合位置，主要是借助较大的粘结间隙来补偿模具零件间的位置误差，如凸、凹模之间间隙及对中、导柱、导套河配合间隙等 1. 使用的粘结剂主要有914粘结剂（天津延安化工厂）、CX-212粘结剂（北京椿树橡胶制品厂）及（ZH-50-6A）快固胶结剂（江西亚太） 2. 以安装后的导柱为准粘结导套：先将模座放置在平台上，将上、下模座用等高垫块定位对中后，检查相关位置精度合格，并用丙酮、三氯乙烯将粘结部位清洗涂油后，调节好导套与导柱的相互位置（导柱在模板上先固定）及间隙，即可注入914粘结剂，在20～25℃环境下粘结，固化3～5h即可使用，如图a所示 3. 以安装好的凹模为准，配粘结装配凸模，即将安装在下模的凹模组合按图b放在平台上，将凸模固定板2，垫板6用等高垫铁，垫起，调节凸模1与凹模3，使之间隙均匀后，即可注入CX-212等粘结剂，固化3天即可使用 粘结剂粘结固定法，特别适用于无间隙或间隙较小的精冲模装配

（续）

装配项目		图　示	操作说明
5	上、下模同时打柱销装配法	—	1. 先装下模(或上模),但只将螺钉穿入不要拧太紧,销孔先不加工 2. 再装上模(或下模),但只将螺钉穿入不要拧的太紧,销孔不要加工 3. 调整上、下模,凸、凹模间隙(利用试切或厚薄规),使间隙均匀后再将上、下模螺钉紧固 4. 同钻铰上模与下模销孔,打入销钉即可。采用这种装配方法,既省力省时,又便于间隙调整
6	冲模装配时找正及检测间隙的方法	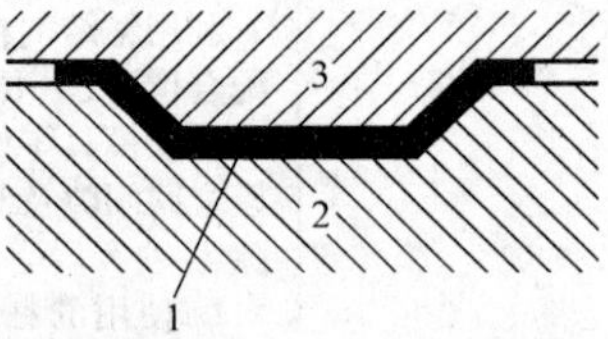 1—钎焊料　2—凹模　3—凸模	模具在装配时,对间隙的控制,冲裁模一般采用本书前述的方法,对于圆形的刃口,采用表7-38所述的工艺定位器来定位。对有直线刃口,通常采用厚薄规来测量间隙。而对于间隙比较小的冲裁模,最后还是采用试切薄纸的方法比较可靠。对于不能用量规来检验的内部,可采用图示的用软熔丝钎焊料1压在凸模3与凹模2之间,取出后用千分尺测量大小,如弯曲、拉深、成形模均可以采用这种方法检测间隙
7	冲裁凸、凹模装配校准方法	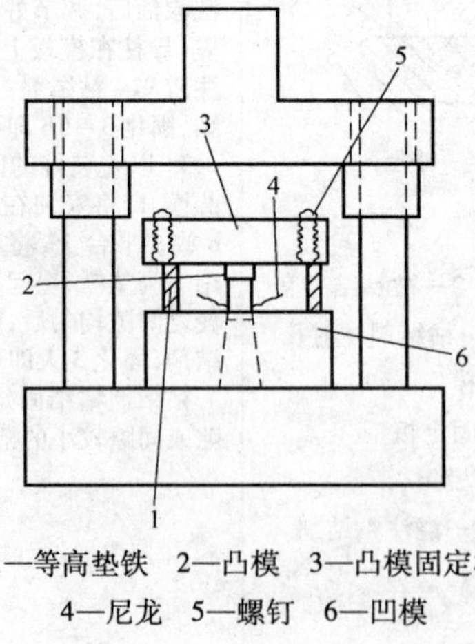 1—等高垫铁　2—凸模　3—凸模固定板 4—尼龙　5—螺钉　6—凹模	如图所示,将凸模2固定在固定板3上后,在固定板与凹模6之间用等高垫板1支承,并在凹模口上垫上一块尼龙4,使凸模将尼龙压入凹模口内,并不使尼龙在四周有断裂处,然后即可把凹模固紧,其间隙也保证了均匀。若间隙大时,也可以用布代替尼龙来校准间隙

（续）

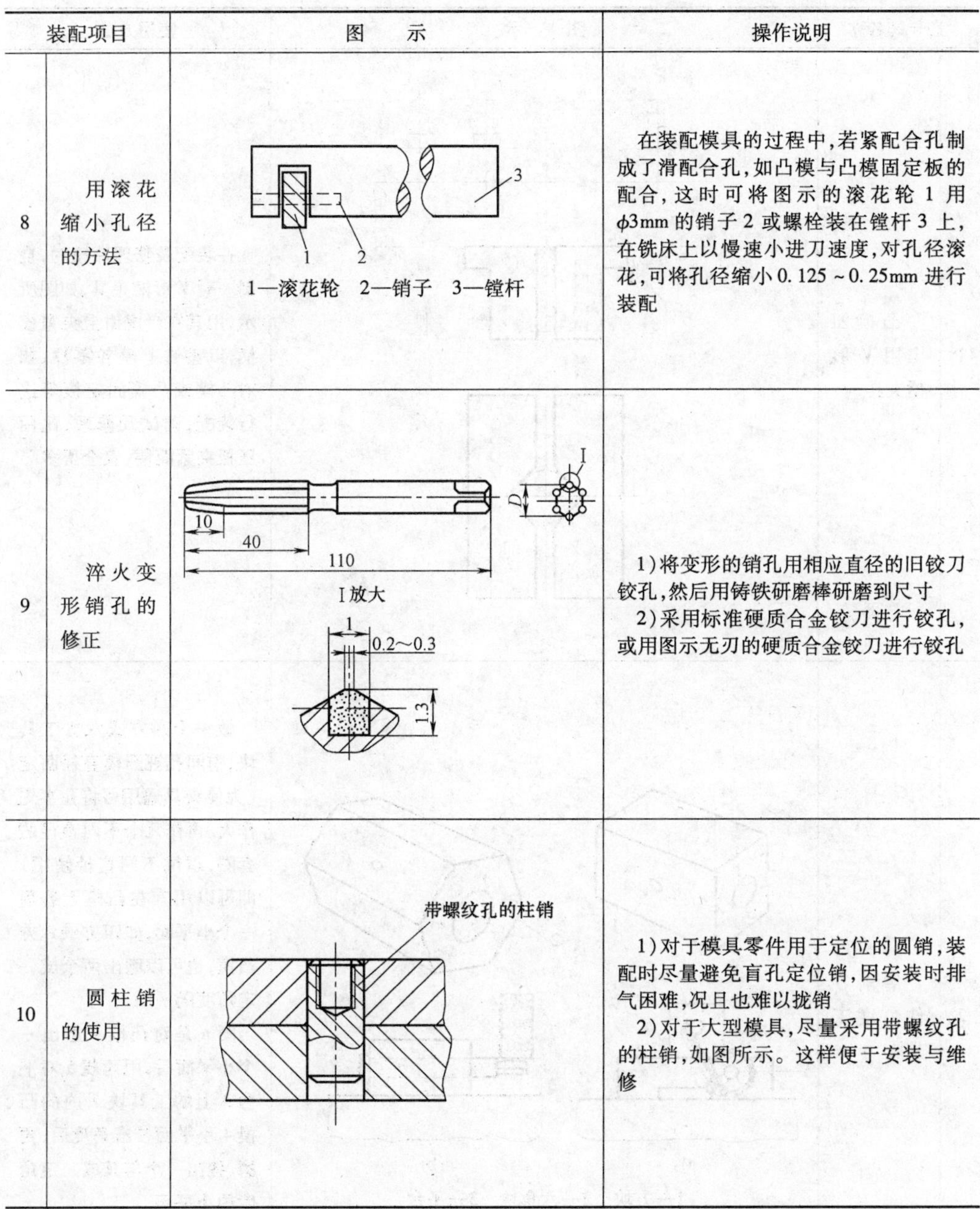

装配项目		图　示	操作说明
8	用滚花缩小孔径的方法	1—滚花轮　2—销子　3—镗杆	在装配模具的过程中，若紧配合孔制成了滑配合孔，如凸模与凸模固定板的配合，这时可将图示的滚花轮 1 用 ϕ3mm 的销子 2 或螺栓装在镗杆 3 上，在铣床上以慢速小进刀速度，对孔径滚花，可将孔径缩小 0.125～0.25mm 进行装配
9	淬火变形销孔的修正	10　40　110　D　I I放大 1　0.2～0.3　1.3	1）将变形的销孔用相应直径的旧铰刀铰孔，然后用铸铁研磨棒研磨到尺寸 2）采用标准硬质合金铰刀进行铰孔，或用图示无刃的硬质合金铰刀进行铰孔
10	圆柱销的使用	带螺纹孔的柱销	1）对于模具零件用于定位的圆销，装配时尽量避免盲孔定位销，因安装时排气困难，况且也难以拢销 2）对于大型模具，尽量采用带螺纹孔的柱销，如图所示。这样便于安装与维修

六、自制模具制修小工具

在模具制造及修配中，常用的自制小胎具、卡具、工具见表 11-5。

表 11-5　模具制造修配中常用小工具、胎具及卡具

	工卡具名称	图　示	使用方法
1	凸模加工用 V 形槽夹具	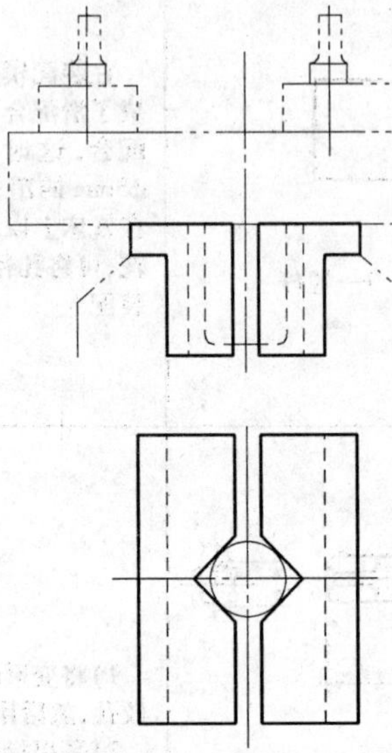	在装配及修理冲模时，自制一对 V 形槽夹具，如图所示，用其在台虎钳上夹紧模柄，以整修上模各零件，如对凸模或凸模固定板等进行装配，调试及修理，比用压板夹紧简便、安全得多
2	磨削零件角度工具块	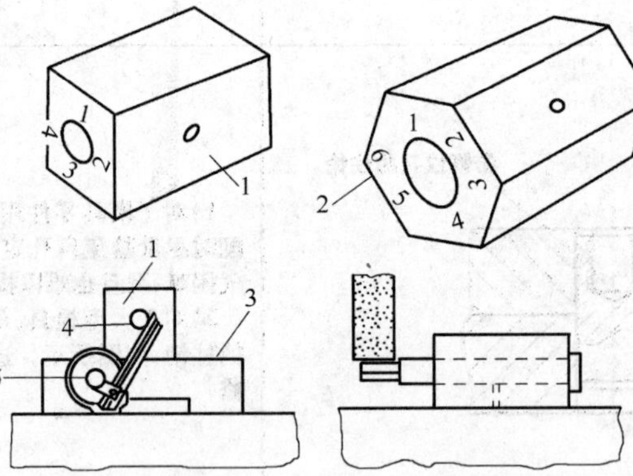 a)　b) 1—方块　2—六角块　3—平台 4—凸模　5—角规	做一个四方或六方工具块，中间孔视凸模直径而定（为使夹具通用可将孔事先作大，再作几个不同直径的套圈，以供不同直径使用）即可以用其在凸模上磨削一个小平面，如四方或六方凸模，也可以磨出两个成一定角度的平面 图 a 是对凸模 4 磨出一个小平面后，用角规 5 对平台 3 上的工具块 1 内的凸模 4 小平面校准角度后，再磨、锉出一个与其成一定角度的小平面 图 b 是直接将工具块 1 或 2 放在电磁平台上，将凸模磨成四方或六方形

（续）

	工卡具名称	图　示	使用方法
3	钻床台阶式易调压板	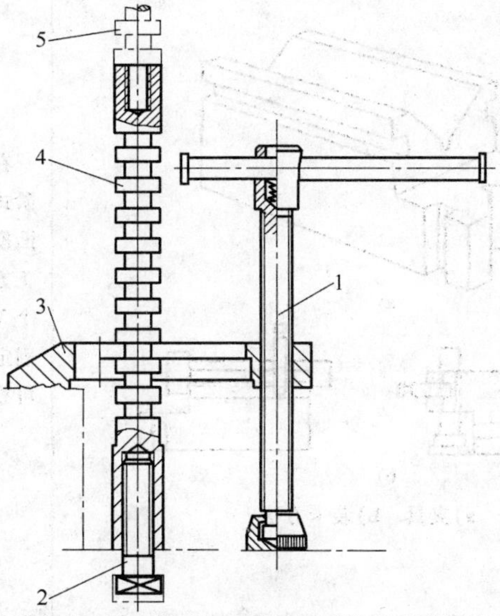 1—主调节杆　2—调节螺钉　3—压板　4—副调节杆　5—加长杆螺钉	在钻床上进行钻孔，铰孔、攻螺纹加工时，必须先将工件用压板压平，鉴于模具制造为多品种生产，零件的尺寸大小不一，故可以采用图示台阶式易调压板，既调节方便，又节省辅助时间，并适于不同规格的尺寸零件钻夹 图示台阶式易调压板在加工不同厚度的工件时，只需调节主、副调节杆1、4高度即可。即将副调节杆4往左移至压板3的圆孔内（或压板3向右移），压板3即可在调节杆4上下移动至所需高度，压住不同高度的工件。加长杆螺钉，可根据工件高度需要而增加，因而减少了螺钉规格和数量
4	磨削细小凸模及型芯防止过热变形的夹具	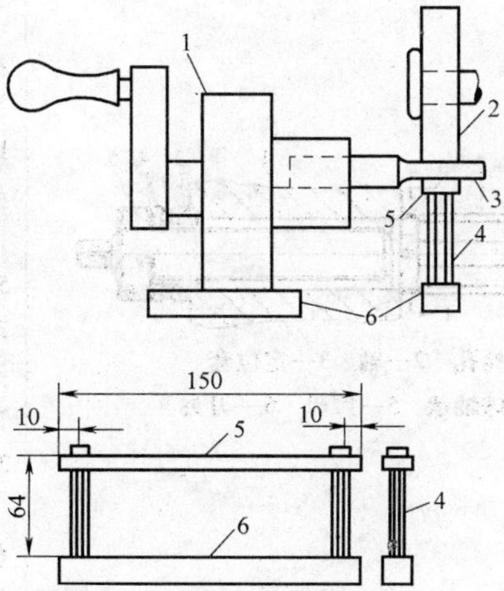 150　10　10　64 1—通用磨削夹具　2—砂轮　3—细小工件　4—螺纹柱（可调高低）　5—顶块　6—底座	磨削时，将细小工件3在通用夹具上由砂轮2磨削时，在凸模下面用支架支承，支架顶块可用散热、吸热快的铜顶块5和钢底座6与螺纹柱4组成。在螺纹柱上套有压簧，总是将上梁5顶在被磨的凸模3上。这样做可使凸模尽快散热，防止变形，而且磨削平稳，质量好，精度高

（续）

工卡具名称		图　示	使用方法
5	带凸缘零件磨削时双V形槽夹具	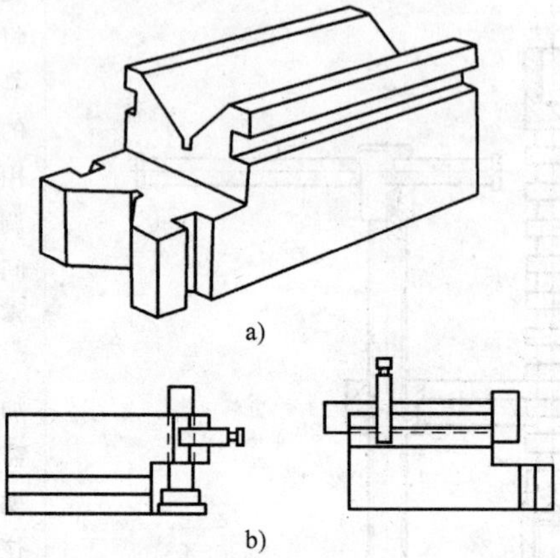 a) b) a）夹具　b）装卡方法	在模具制造中，常遇到台阶式零件如台阶凸模、台阶凹模。为使其锉及磨削加工方便，可以采用图示有两个V形槽的夹具进行装夹固定。使用起来极为方便可靠
6	简易拆装手工扩孔工具	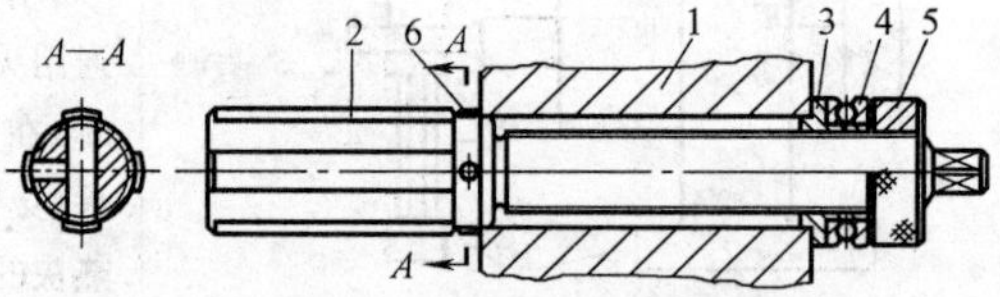 A—A　2　6　A　1　3　4　5　A 1—螺栓孔　2—轴　3—定位套 4—推力球轴承　5—螺母　6—刀头	在无法用钻床扩孔的工件，可采用图示的简易扩孔工具，其螺母5作进刀用，定位套3内为光孔，起定位导向作用。当刀头进入孔1后，轴2后面的花键也起导向作用。轴2的螺纹采用左旋，这样顺扳起来螺母5不会退出。因装有推力球轴承4，扳起来较轻。刀头可用高速钢，要比花键突出0.1～0.3mm，后角采用2°～3°较好 此工具主要适用于大型模具螺栓或机床用地脚螺钉装拆、其效果很好，6.5mm余量一次即可完成

（续）

	工卡具名称	图 示	使用方法
7	特型V形块多功能夹具	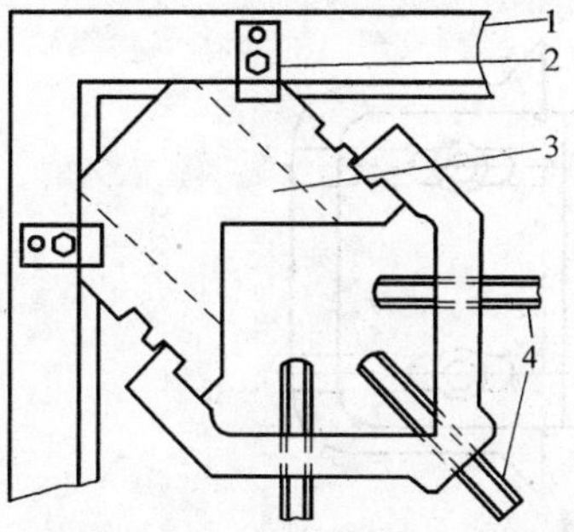 1—导轨 2—压板 3—V形块 4—螺栓	图示为用特型V形块构成的多功能夹具，主要用来加工凸模和凹模等零件时的装夹，如线切割及其他机械加工。V形块3有两个靠在导轨1上的45°角，用两个压板2和三个螺栓4紧固。使用起来非常方便牢固
8	带螺纹孔的圆柱销启销工具	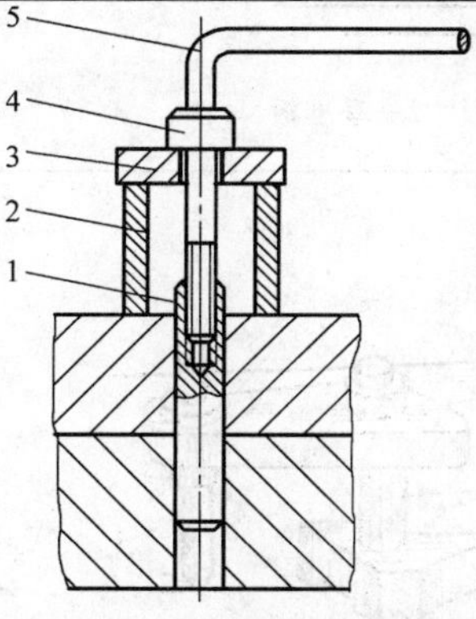 1—圆柱销 2—铁架 3—垫板 4—螺钉 5—扳手	在拆装大、中型模具所使用的带螺纹孔的圆柱销时，可用图示的工具，其拆卸、装配非常方便
9	模具安装用弹簧压板	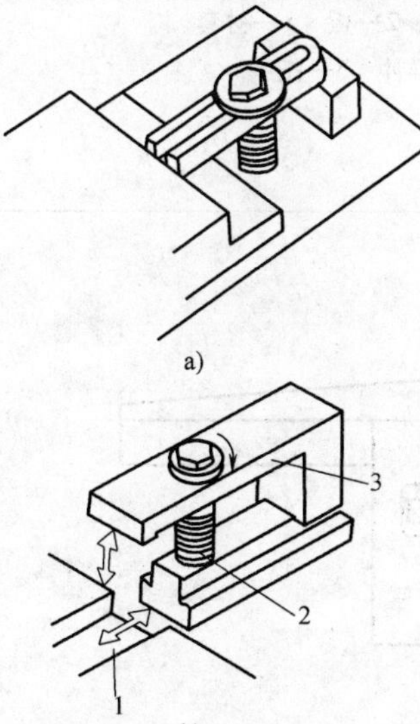 a) b) 1—机床V形槽 2—压簧 3—压板	将模具安装在压力机上，一般常采用图a的压板，既零散，又不方便。不如将其改制成图b所示的带弹簧压块，既方便又好用，而效果比图a好，拆卸方便，便于存放。即压板由弹簧顶开，由螺栓压紧，装在压力机V形槽内

（续）

工卡具名称		图　　示	使用方法
10	划线用划线刀	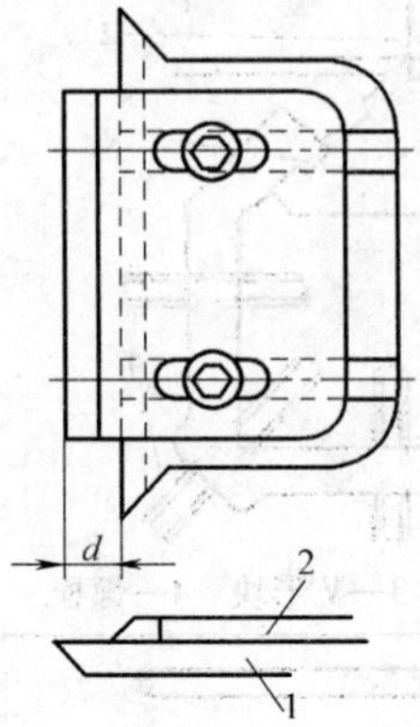 d 2 1 1—板　2—基准板	图示为一自制划线刀。将有刃和槽的板1和基准板2用螺栓固定在一起，调好距离后，可用其进行划线
11	精密打样冲眼工具	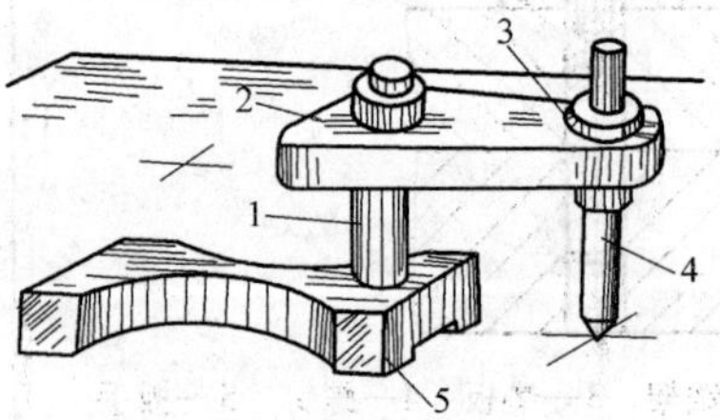 1 2 3 4 5 1—立柱　2—板　3—衬套 4—样冲　5—把手	图示为一精密打样冲眼工具，其样冲4由板2上的衬套3导向，板2在固定于把手5的立柱1上可以转动。在打眼时，使样冲尖对准标点后，打击样冲，即可在工件上冲眼，非常方便、准确，而且冲眼垂直于板面，在用钻头打孔时，不致于跑偏
12	自制脱模斜度斜角检测尺	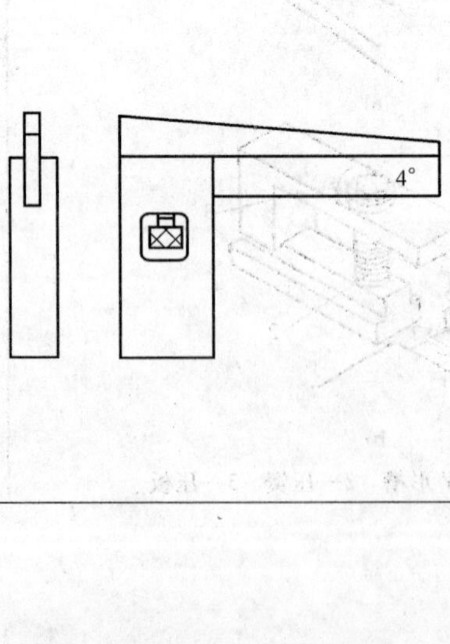 4°	型腔模的型芯与型腔，拉深弯曲凸凹模以及冲裁模凹模孔，在设计时一般都标有脱模斜度，多为1°～1°30′，为了在加工修整时进行检测，可按图示作一个标准斜角尺（根据图样作成不同的角度），以检测型腔脱模斜度及刃口斜度

（续）

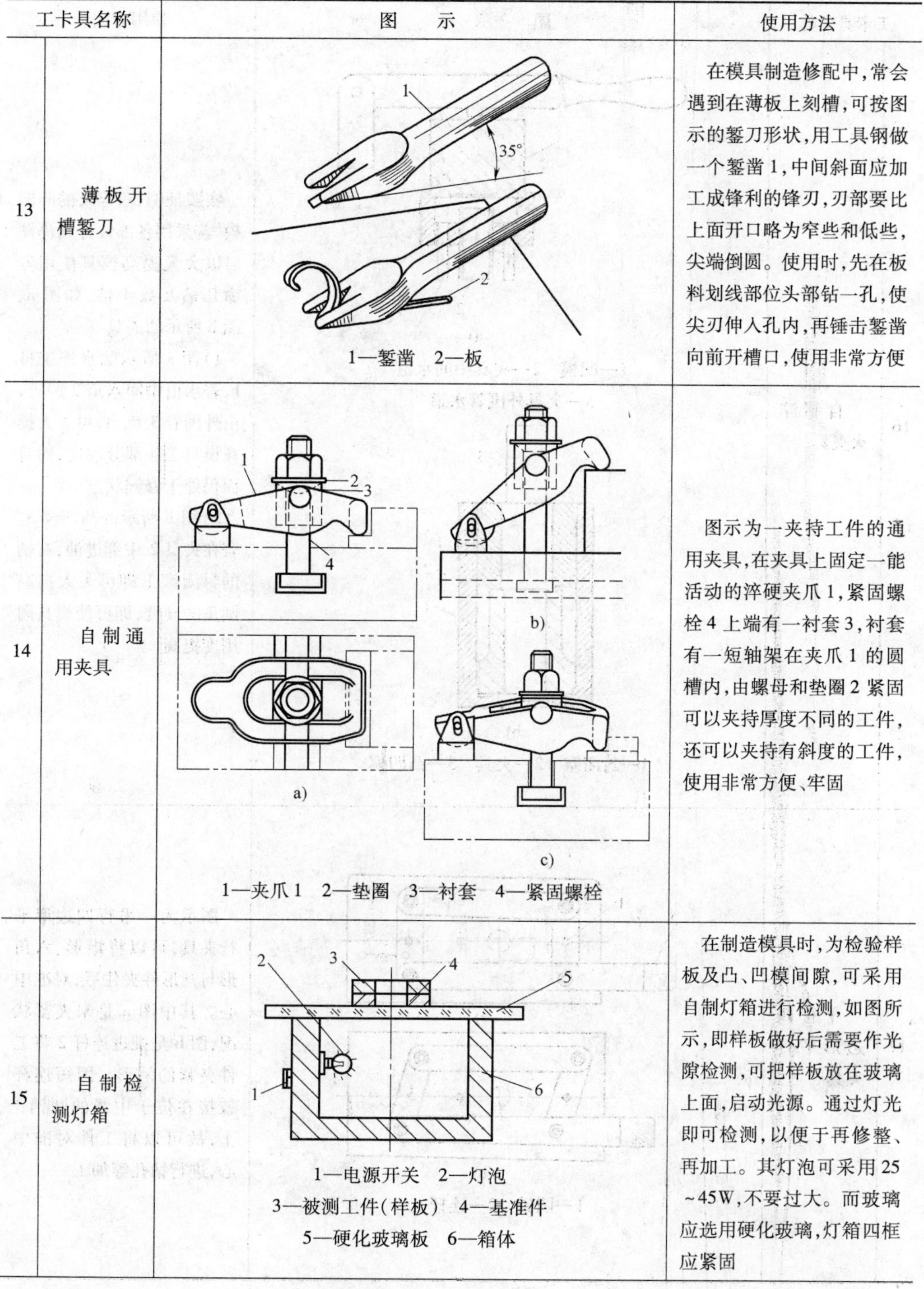

	工卡具名称	图示	使用方法
13	薄板开槽錾刀	1—錾凿　2—板	在模具制造修配中，常会遇到在薄板上刻槽，可按图示的錾刀形状，用工具钢做一个錾凿1，中间斜面应加工成锋利的锋刃，刃部要比上面开口略为窄些和低些，尖端倒圆。使用时，先在板料划线部位头部钻一孔，使尖刃伸入孔内，再锤击錾凿向前开槽口，使用非常方便
14	自制通用夹具	a)　b)　c) 1—夹爪1　2—垫圈　3—衬套　4—紧固螺栓	图示为一夹持工件的通用夹具，在夹具上固定一能活动的淬硬夹爪1，紧固螺栓4上端有一衬套3，衬套有一短轴架在夹爪1的圆槽内，由螺母和垫圈2紧固可以夹持厚度不同的工件，还可以夹持有斜度的工件，使用非常方便、牢固
15	自制检测灯箱	1—电源开关　2—灯泡 3—被测工件（样板）　4—基准件 5—硬化玻璃板　6—箱体	在制造模具时，为检验样板及凸、凹模间隙，可采用自制灯箱进行检测，如图所示，即样板做好后需要作光隙检测，可把样板放在玻璃上面，启动光源。通过灯光即可检测，以便于再修整、再加工。其灯泡可采用25~45W，不要过大。而玻璃应选用硬化玻璃，灯箱四框应紧固

（续）

	工卡具名称	图　　示	使用方法
16	自制淬火夹具	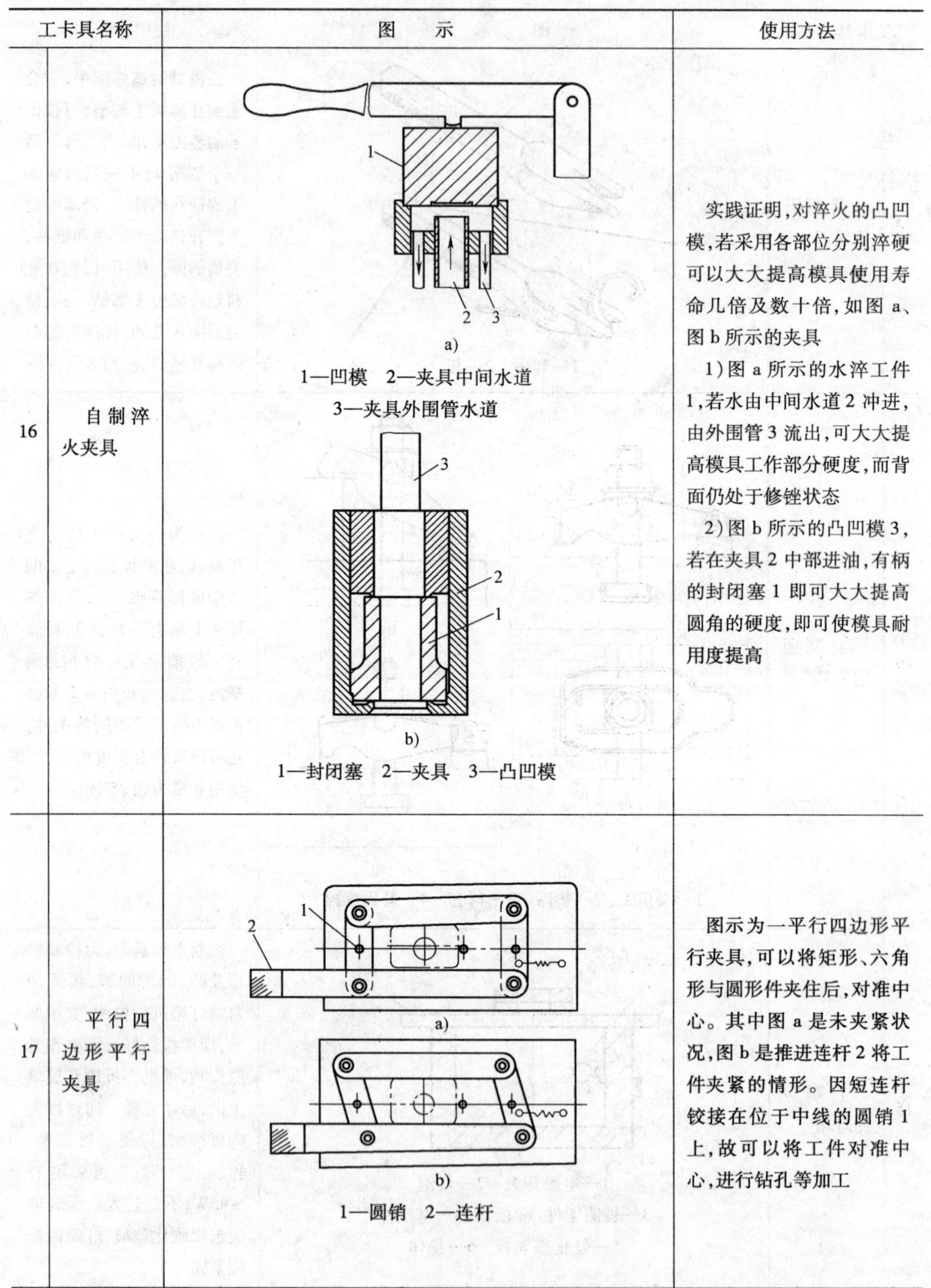 a) 1—凹模　2—夹具中间水道 3—夹具外围管水道 b) 1—封闭塞　2—夹具　3—凸凹模	实践证明，对淬火的凸凹模，若采用各部位分别淬硬可以大大提高模具使用寿命几倍及数十倍，如图 a、图 b 所示的夹具 1）图 a 所示的水淬工件 1，若水由中间水道 2 冲进，由外围管 3 流出，可大大提高模具工作部分硬度，而背面仍处于修锉状态 2）图 b 所示的凸凹模 3，若在夹具 2 中部进油，有柄的封闭塞 1 即可大大提高圆角的硬度，即可使模具耐用度提高
17	平行四边形平行夹具	a) b) 1—圆销　2—连杆	图示为一平行四边形平行夹具，可以将矩形、六角形与圆形件夹住后，对准中心。其中图 a 是未夹紧状况，图 b 是推进连杆 2 将工件夹紧的情形。因短连杆铰接在位于中线的圆销 1 上，故可以将工件对准中心，进行钻孔等加工

（续）

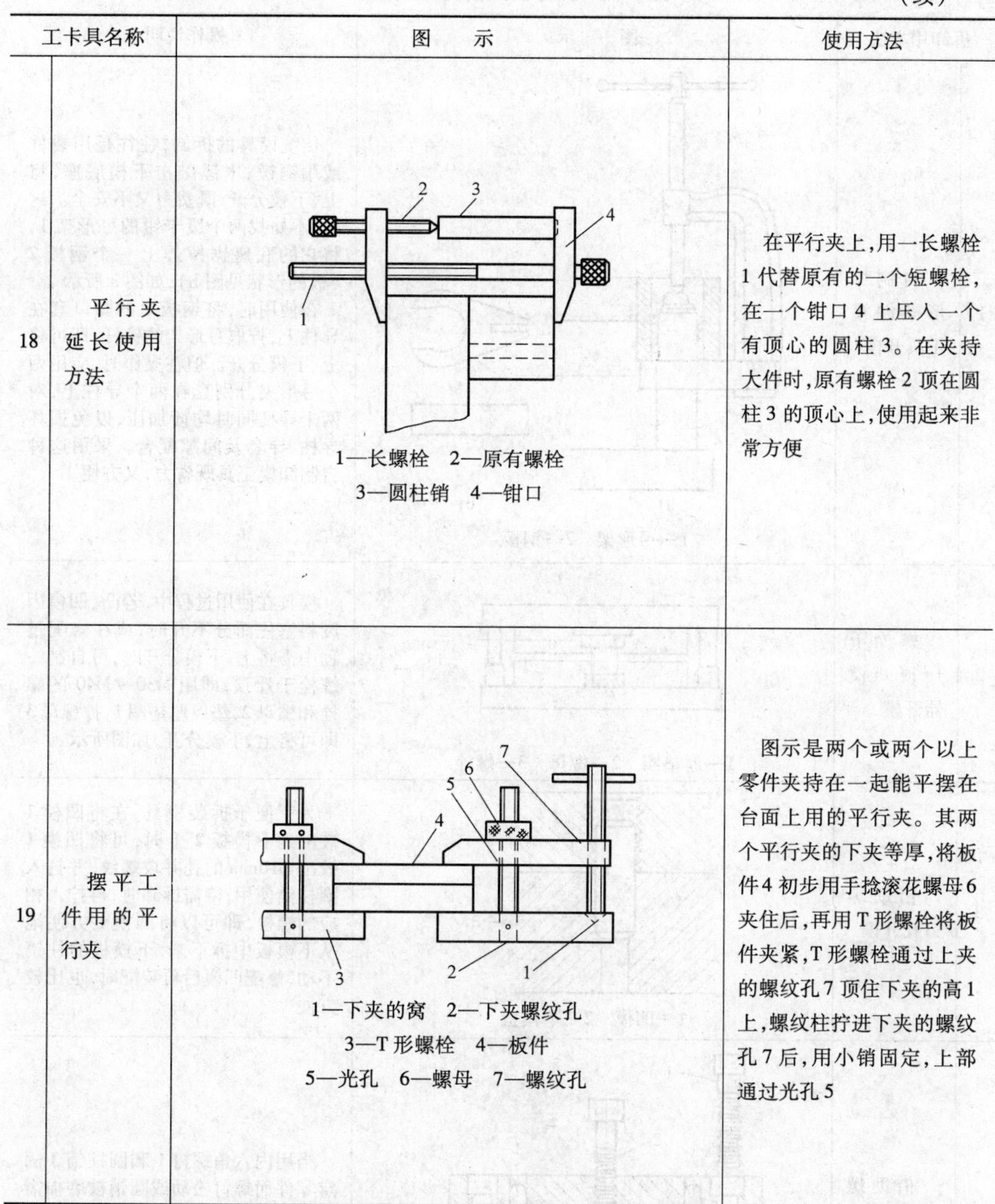

	工卡具名称	图　示	使用方法
18	平行夹延长使用方法	1—长螺栓　2—原有螺栓 3—圆柱销　4—钳口	在平行夹上，用一长螺栓1代替原有的一个短螺栓，在一个钳口4上压入一个有顶心的圆柱3。在夹持大件时，原有螺栓2顶在圆柱3的顶心上，使用起来非常方便
19	摆平工件用的平行夹	1—下夹的窝　2—下夹螺纹孔 3—T形螺栓　4—板件 5—光孔　6—螺母　7—螺纹孔	图示是两个或两个以上零件夹持在一起能平摆在台面上用的平行夹。其两个平行夹的下夹等厚，将板件4初步用手捻滚花螺母6夹住后，再用T形螺栓将板件夹紧，T形螺栓通过上夹的螺纹孔7顶住下夹的高1上，螺纹柱拧进下夹的螺纹孔7后，用小销固定，上部通过光孔5

七、拆卸模具小窍门

在模具修配过程中，常见的拆卸模具小窍门见表11-6。

表 11-6　拆卸模具的方法与窍门

	拆卸用方法	图　示	操作说明
1	自制弓形架卸模工具开模	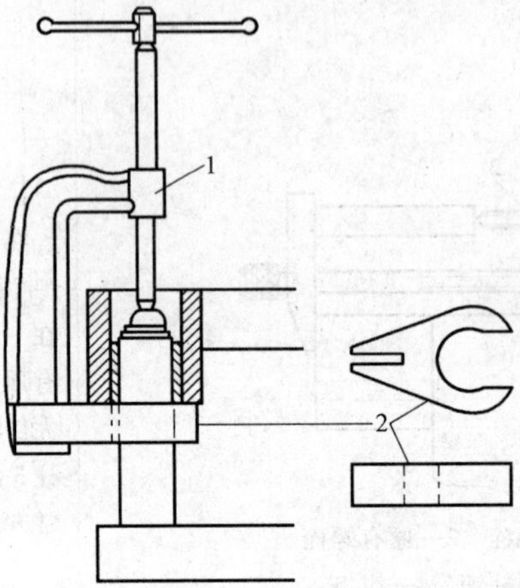 a)　b) 1—弓形架　2—钢板	传统模具的拆卸，往往是用撬杠或用铜锤、木锤敲击下模底座，将上、下模分开，既费力又不安全。这时，不妨找两个废卡钳的弓形架 1，将它的底座锯掉焊上一个钢板 2（板的形状见图 b），如图 a 所示 在使用时，将钢板 2 的开口套在导柱上，拧取弓形架的铰杆，即可将上、下模分开。但在操作时，应用两个弓形夹分别套在两个导柱上，对两个导柱同时均衡加压，以免损坏导柱、导套及间隙配合。采用这种自制卸模工具既省力，又方便
2	螺栓千斤顶开模器开模	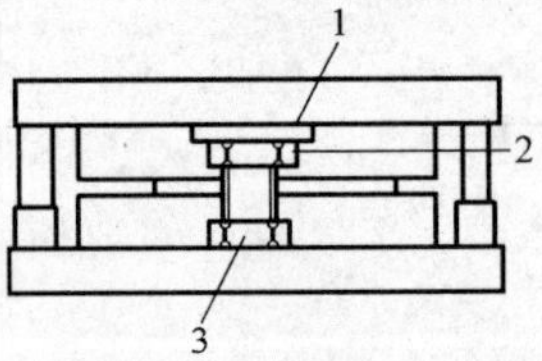 1—厚垫圈　2—螺母　3—螺栓	模具在使用过程中，若凸、凹模因废料塞住而分不开时，或在修配过程中需将上、下模分开时，可自制一螺栓千斤顶，即用 M30 ~ M40 的螺栓和螺母 2，垫以厚垫圈 1，拧螺母 3 即可将上、下模分开，如图所示
3	借助螺钉孔开模	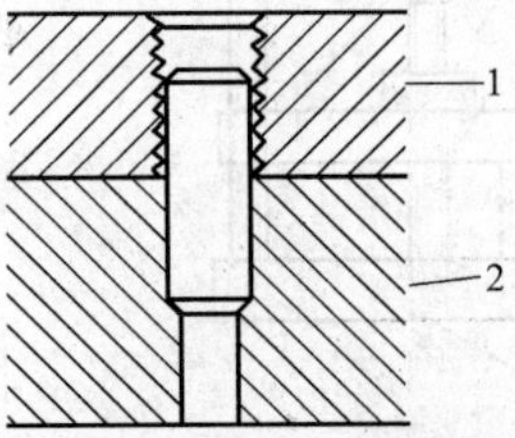 1—凹模　2—下模板	为了便于拆装模具，在将凹模 1 装配到下模板 2 上时，可将凹模 1 铰出 ϕ10mm 的孔并攻螺纹，并打入圈柱销使用；待需拆卸时，再拧入相应的螺栓，即可以将凹模 1 方便地从下模板中拆下来，下模板的柱销不动，修配凹模后再装配时，也比较方便
4	借助螺栓使两件分开	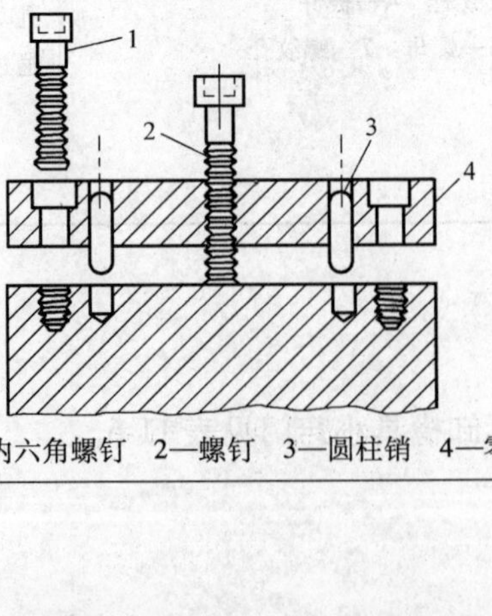 1—内六角螺钉　2—螺钉　3—圆柱销　4—零件	当用内六角螺钉 1 和圆柱销 3 固定零件而螺钉松动或圆销被磨损需修配时，若强行拆卸会造成损伤。这时可在件 4，适当部位做一螺纹孔，用螺钉 2 拧顶，使两件分开

（续）

拆卸用方法		图　示	操作说明
5	用自制定位销卸拆工具卸下定位销	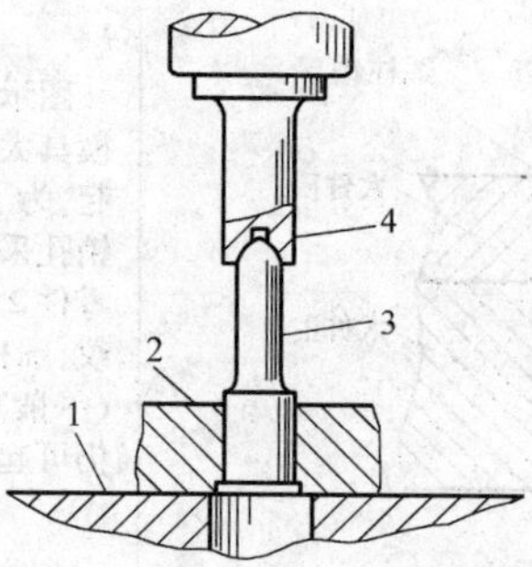 1—垫板　2—固定板　3—定位销　4—工具	若在拆卸模具定位销时用榔头将定位销敲打掉，易将其打伤，故可做一个如图示所用的工具4其下端有直径适当的中心孔，用此打击定位销3的非工作部位即可将定位销安全卸下。但工具4的外径应略小于定位销固定板2上的孔
6	取出孔内断螺栓的方法	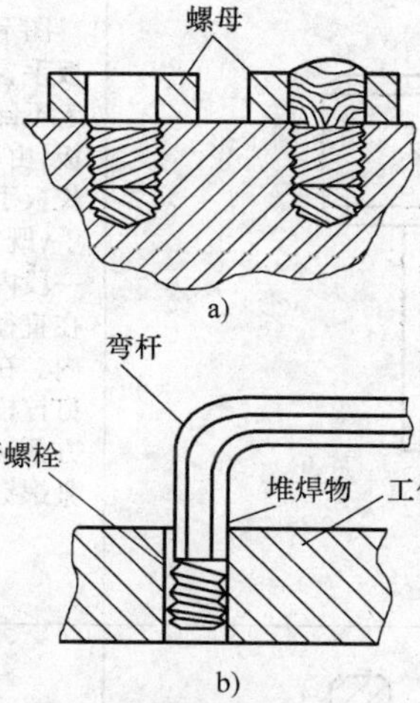 螺母 a) 弯杆 断螺栓 堆焊物　工件 b) a）堆焊螺母取断茬法 b）堆焊弯杆取断茬法	若在拆卸中，不慎将螺钉或柱销弄断在孔内无法取出时，可将一比孔大的螺母放在孔上，用细焊条点焊，待冷却后，再用扳手将其和断茬一起拧下，将其取出（图a），也可以将一弯杆在孔中堆焊（图b），将其取出
7	方便拆卸的自制小工具	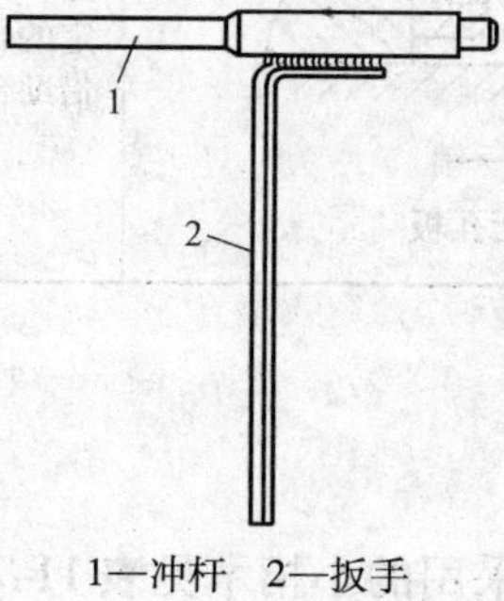 1—冲杆　2—扳手	经常拆卸时，可以将拆装内六角螺钉用的扳手2和拆装圆柱销用的冲杆1（淬硬）焊在一起即可互为把手又不散失，随身携带，使用非常方便，如图所示

（续）

拆卸用方法		图　　示	操作说明
8	拆卸模具重件方法	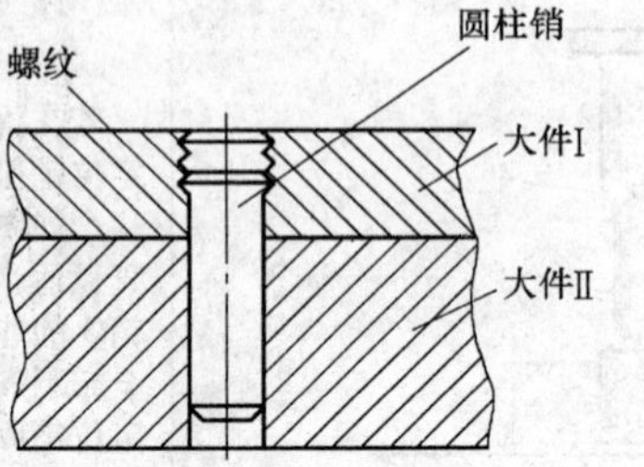 螺纹 圆柱销 大件Ⅰ 大件Ⅱ	图示是拆卸模具重件的方法。若模具大件Ⅰ和Ⅱ用圆柱销固定在一起，为了将二者拆开，可对零件2的销孔采用攻螺纹的方法，用螺栓将零件2和零件3分开。由于攻螺纹，圆柱销与销孔的接触面仍很大（一般减少30%），故在重新装配后仍可起定位作用
9	自制大头扳手	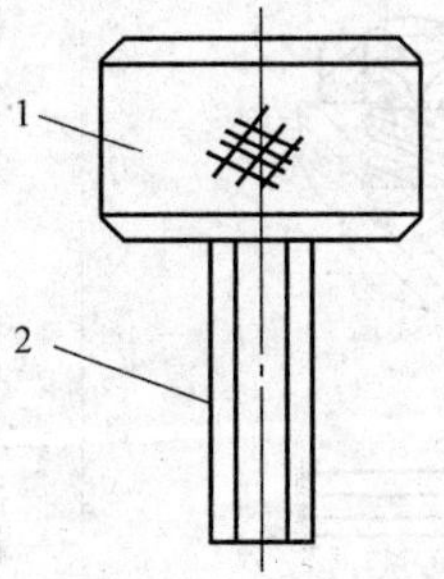 1 2	图示为一拆装模具零件自制的小扳手，在随机检修时，模具在压力机上不卸下，但要拆某些零件如卸料板，由于受到模具空间限制，很难用长扳手卸下，故自制如图示的小扳手，既方便又实用。在制作时可将一段内六角棒2压入或用螺钉固定在直径为螺钉头3倍的滚花头1内。在使用时，先用一般扳手将螺钉拧松，再用这种大头扳手拧出，又方便又省事。在装配时，可用其拧紧螺钉，再用扳手紧固即可
10	改装台虎钳将销压入压出	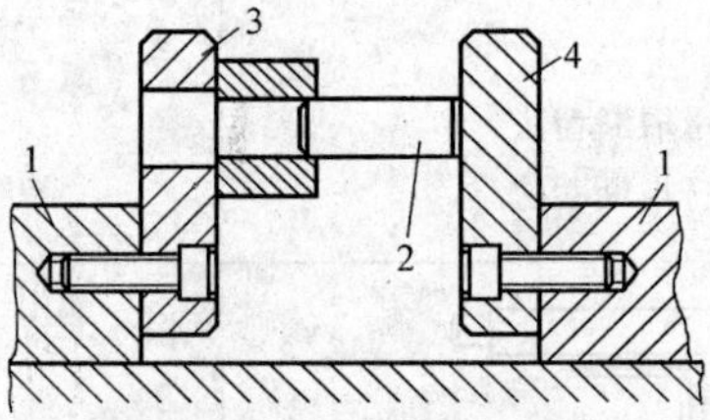 3 4 1 1 2 1—台虎钳　2—销 3—孔板　4—无孔板	将台虎钳钳口1的上边，固定一个有孔板块3，在另一边钳口上固定一个无孔板块4，将工件垫到一定的合适高度后（图未画出），即可借助台虎钳力量，将销2压出压入

八、使用与维护模具小招术

在使用与维护模具的过程中，常采用的小招术见表11-7。

表 11-7　使用与维护模具常见的妙招

使用与维护方法		图　示	操作说明
1	高速冲压用模具的润滑	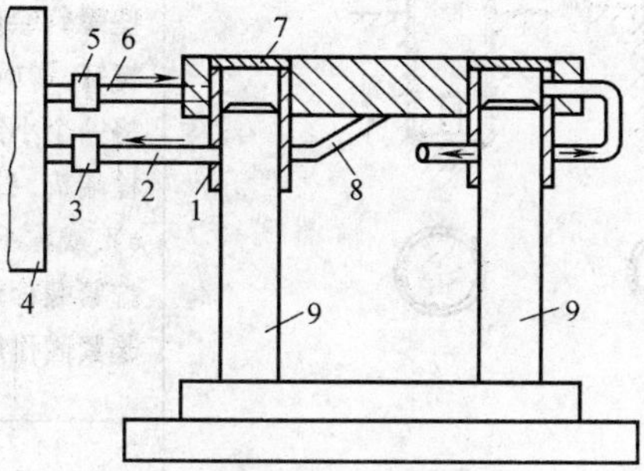 5 6 7 3 2 1 8 4 9 9 1—导套　3、5—单向阀 4—油箱　2、6、8—管道 7—盖板　9—导柱	高速冲压的压力机(1000 次/min)模具,应对导柱和导套进行很好的润滑。其方法如图所示,即从油箱 4 过来的油,经过单向阀 5 和管道 6 进入导套 1 的上端空间,该空间位于导套上端盖板 7 和导柱 9 之间。导套上行时,是吸油阶段,而导套下行时空间的油被挤压,经过导柱上端的油槽由油管 2、经过单向阀 3 回到油箱。使导柱、导套每冲压一次都能得到充分润滑,达到较好的润滑效果。其他导柱、导套另有管道 8 连通
2	导柱、导套润滑方法	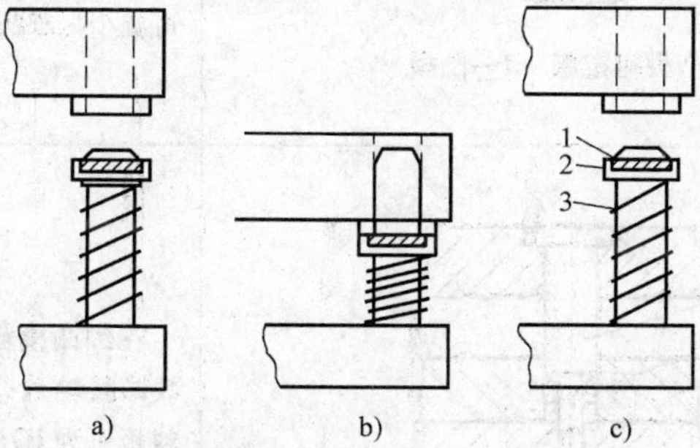 1 2 3 a)　b)　c) 1—毛毡片　2—浅杯　3—弹簧	图示为导柱润滑方法。在导柱上用弹簧 3 支持一个浅杯 2,杯内有储油的毛毡片 1,待导柱上、下往复运动时,毛毡片即将其润滑。效果很理想,而储油杯在弹簧的作用下也随之上、下浮动
3	在模具上装自动润滑喷雾机构进行坯件润滑	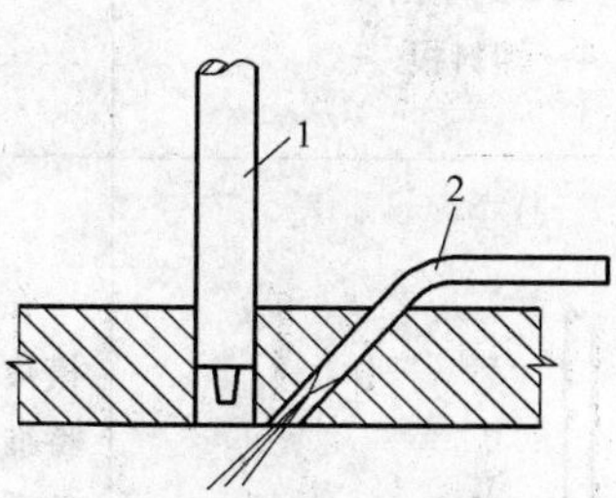 1 2 1—凸模　2—喷管	在拉深零件时,对于第二次拉深后的半成品再次拉深时,为方便起见,可在卸料板上凸模 1 的旁边开一斜孔(图示)插入润滑剂喷管 2。喷管则利用三通管一个支管的压缩空气流形成的虹吸作用,将润滑剂引入并雾化,喷向坯件。待凸模上行时,拨动阀门,停止喷雾,即每冲压一次均能得到良好润滑

（续）

使用与维护方法		图　示	操作说明
4	预防螺钉在不通孔中松动的方法	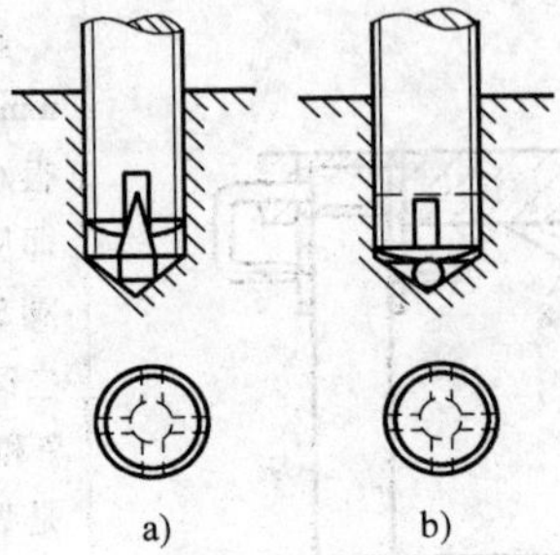 a)　b)	模具在使用一段时间后，有一些螺钉会松动，特别是不通孔用螺钉，影响模具使用。这是可以将一个小锥形件先压入开槽的螺栓端头，拧紧时将端头胀开（图a），或在不通孔中放一个小钢球，拧紧螺栓时将端头胀开（图b），起紧固作用
5	减少拉深凸模磨损的方法	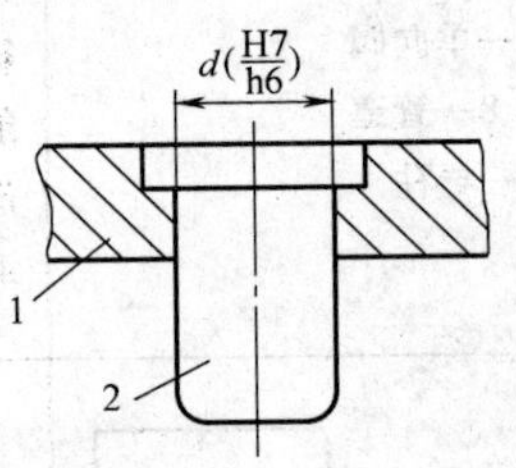 $d(\frac{H7}{h6})$ 1 2 1—凸模固定板　2—凸模	拉深模在拉深过程中，常会使凸模在形成凸缘部位磨损严重，故在修理时，可将凸模2与凸模固定板1，改制成滑配合固定，隔一段时间，将凸模转一个方向，即可减少局部磨损程度
6	预防细小凸模在截面变化处断裂的方法	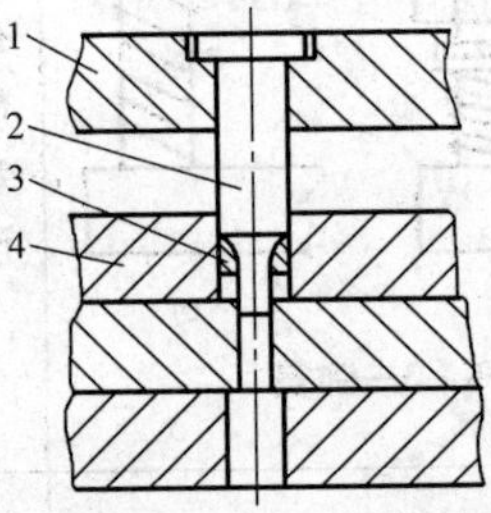 1 2 3 4 1—凸模固定板　2—细小凸模 3—合金块　4—卸料板	在细凸模截面变化处，压铸一块减振轴承合金块3，使其与卸料板4为H7/h6滑配合形式，即可起到保护细小凸模悬在截面处，减少断裂的机会，如图所示
7	粗细凸模的安装	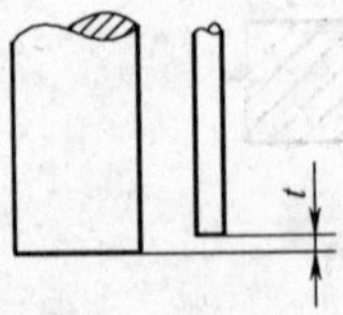 t	在修配冲模时，若遇到一粗凸模离细凸模较近时，在装配时应将细凸模低于粗凸模一个料厚t的高度，如图所示，以免细凸模受粗凸模拉动而折断

（续）

使用与维护方法		图　示	操作说明
8	细小凸模更换修配方法	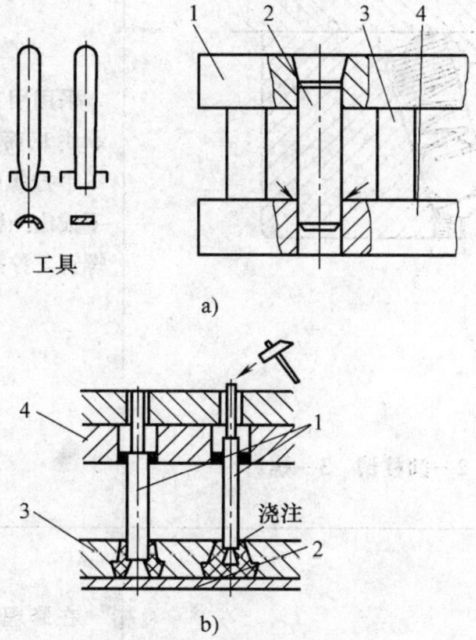 工具 a) b) a)挤压固定法 1—凹模　2—凸模　3—垫块　4—固定板 b)环氧树脂固定凸模 1—凸模　2—垫板　3—固定板　4—凹模 浇注	1)将凸模从固定板卸下，清洗干净 2)把固定板放在平台上，并用等高垫垫起，使凸模朝上 3)将铜锤对准损坏了的凸模砸下 4)将固定板翻转过来，再用等高垫垫起 5)将新凸模工作部分朝下，并引进固定在相应形孔中，再用手锤轻轻地装其敲入固定板中，并保证垂直于基面 6)将新更换的凸模与凹模配准，调好间隙再用錾子将其固紧 7)将更换好的凸模固定板组合在平面磨床上，磨平平面后，再翻转过来平磨刃口面，使其与其他凸模平齐，刃口锋利。在磨削时，为不使凸模折断，应用样板或原卸料板保护，见表11-2 8)装配后，再一次调整间隙即可使用 细小凸模更换也可以采用低熔点合金及环氧树脂浇注及粘结固定，如图b所示
9	预防冲压时板料偏移的方法	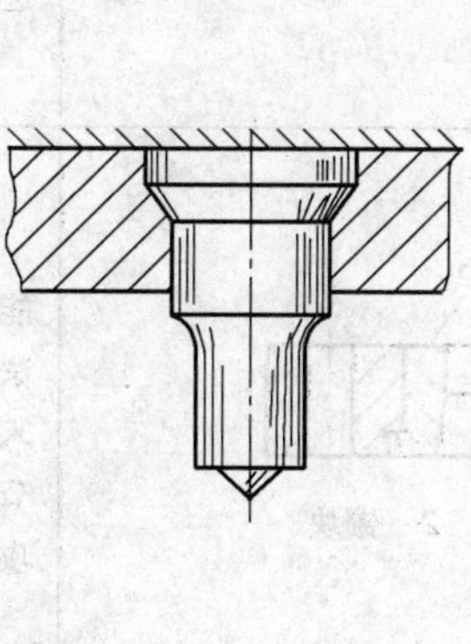	在冲压过程中，若发现板料偏移影响冲裁质量时，可将凸模端头修整出一个小尖锥，即可防止板料偏移，保持正常的间隙值，如图所示

（续）

	使用与维护方法	图　示	操作说明
10	快换式凸模结构	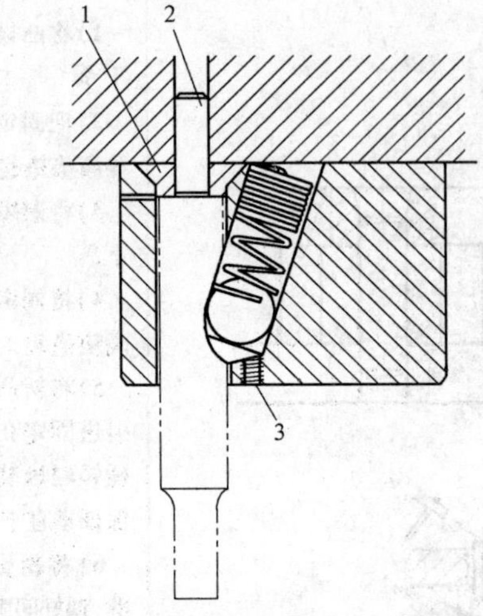 1—支承块　2—圆柱销　3—螺钉	采用用圆柱销2定位的凸模支承块1，而不用垫板。在换取时，一手拧螺钉3顶钢球，而另一只手拔出凸模。装上新凸模后再将螺钉3拧掉即可
11	修整凹模刃口间隙的方法	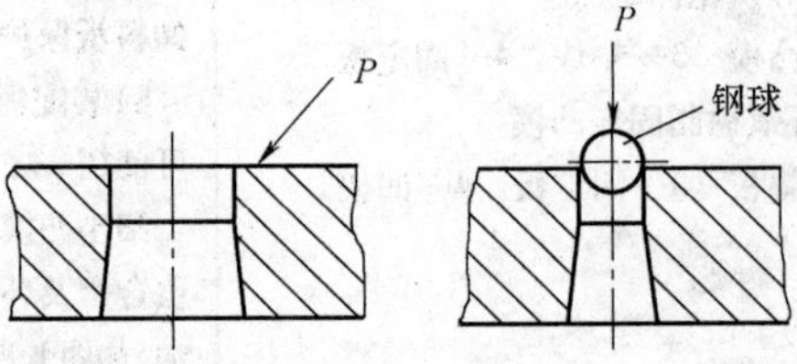 P　a)　P　钢球　b)	在修理冲模时，若发现凹模刃口由于磨损间隙变大或刃口局部损坏，可以将其表面用火焰退火，用锤击扁錾的方法向内挤压，使刃口向内收缩，修整合适进行表面火焰淬火后继续使用。如图a所示。若凹模为小圆孔间隙变化时，可用图b的方法，在孔上放一小钢球，锤击钢球使孔收缩后再进行修整
12	镶块修配法	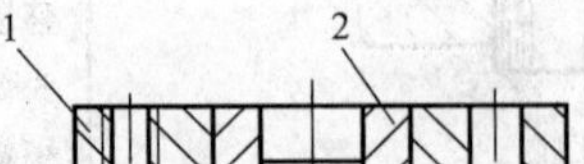 1—原旧凹模板　2—镶块	当冲压模具的凹模彻底损坏不能再修复时，可采用图所示的方法，将原凹模退火，采用镶块2镶入原模板的修理方法。这样不仅节约贵重金属材料而且不用重新攻螺纹、销孔，节省了修配的麻烦

（续）

使用与维护方法		图　示	操作说明
13	用酸腐蚀法改变凸、凹模间隙	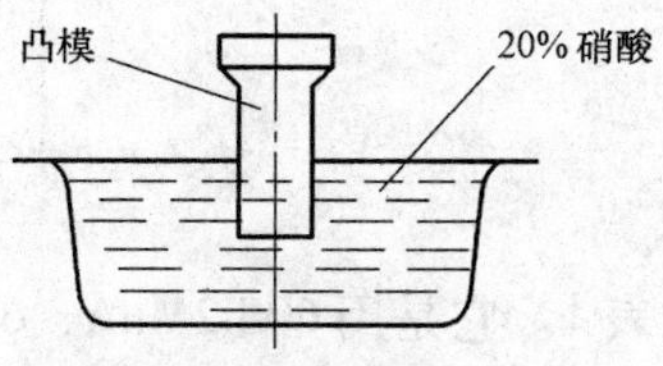 凸模 20%硝酸	在修配冲模时，若自制凸模工作部位过大，与凹模相配间隙过小时，可将其浸在质量分数为20%的硝酸水熔液中进行腐蚀，以使其缩小，加大间隙。但时间的确定应先用一样件试用后，再作为凸模的腐蚀时间
14	板件孔位转移方法	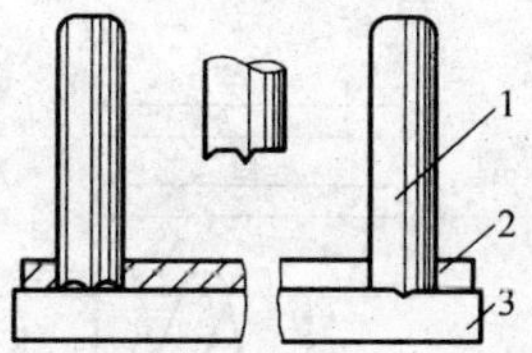 1 2 3 a) 1—冲头　2—旧件　3—新件 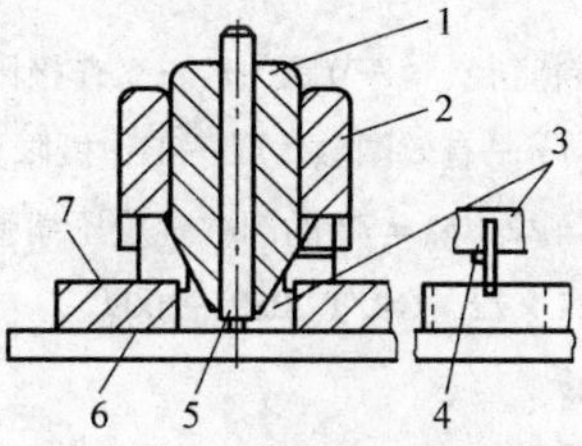 1 2 3 7 6　5　4 b) 1—内套　2—套筒　3—滑板 4—螺钉　5—样冲　6、7—工件	在修配过程中，若要将原件的孔位精确地转移到新件上可采用图a所示的方法，用特制的冲头1，在新件3上，通过旧件2孔的引导压一个中心眼和环槽，即可保证中心眼位于中心，同时在钻孔时还可以通过所压环印检测钻孔的偏斜度 图b是转移孔位用的冲头，在套筒2内有一个锥端内套1，并在其孔内有一个中心样冲5，套筒2下端有三个槽口，槽内各有一个滑板3，用螺钉4头部插入滑板槽内。该装置放到工件7的孔上后，内套1的锥端使滑板3的凸起卡在孔边上，为样冲冲定中心。锤击冲头在工件6上即可打印出工件的同心眼 本方法主要适用于同心、同轴度要求较高的两个工件孔位转移，如柱销孔、凸模、凹模、卸料板、凸模固定板，同一凸模的固定及过孔

附录　模具常用标准件

一、圆柱螺旋压缩弹簧

冲模常用的螺旋压缩弹簧见附表 1。它是用 60Si2MnA、60Si2Mn 或碳素弹簧钢丝制成的、热处理硬度为 43～48HRC，其两端圈并紧磨平或制扁。

附表 1　圆柱螺旋压缩弹簧　　（单位：mm）

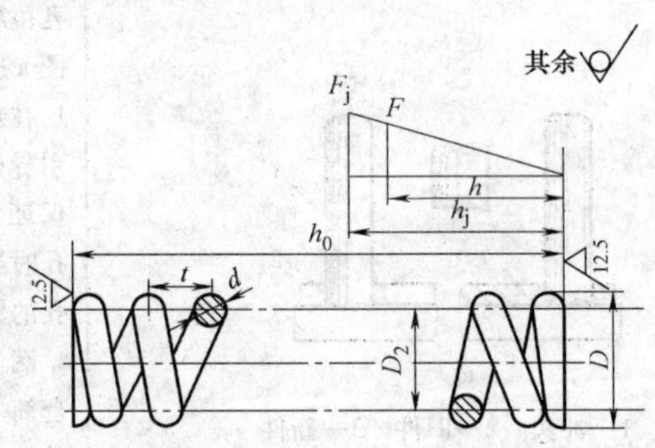

D_2—弹簧中径　d—材料直径　t—节距　F_j—工作极限负荷

h_0—自由高度　L_1—展开长度　n—有效圈数　h_1—工作极限负荷下变形量

标记示例：$d=1.6$　$D=22$　$h_0=72$ 的圆柱螺旋压缩弹簧：

弹簧 1.6×22×72　GB/T 2089—2009

序号	D	d	h_0	t	h_j	f	F_j	n	序号	D	d	h_0	t	h_1	f	F_j	n
1	10	1	20	3.5	8.6	1.59	22	5.4	10	18	2	55	5.7	23.2	2.5	98	9.3
2			30		13.2			8.3	11			65		27.5			11
3	12	2	25	3.3	6.6	0.98	156	7	12			75		32			12.8
4			35		9.8			10									
5	15	3	45	4.1	9.4	0.94	440	10	13	20	4	45	5.3	9.4	1.23	780	7.7
6			50		10.3			11	14			55		11.8			9.6
7			55		11.8			12.7	15			65		14.1			11.5
8			65		14.1			15	16			70		15.2			12.4
9			75		16.4			17.5									

（续）

序号	D	d	h_0	t	h_j	f	F_j	n
17	22	4	45	5.7	11.4	1.59	700	7.2
18			55		14.4			8.9
19			65		17			10.7
20			75		18.2			11.5
21	25	4	45	6.4	13.8	2.16	590	6.4
22			55		17			7.9
23			65		20.5			9.5
24			75		23.7			11
25	25	5	55	6.6	11.7	1.57	1200	7.5
26			65		14.7			9
27			75		16.6			10.6
28			80		17.7			11.3
29	30	4	85	8.0	33.9	3.32	480	10.1
30			100		39.8			12
31			120		48.1			14.5
32			140		56.4			17

序号	D	d	h_0	t	h_1	f	F_j	n
33	30	5	50	7.6	14.4	2.45	950	5.9
34			60		17.6			7.2
35			70		20.8			8.5
36	30	6	60	7.8	13.1	1.88	1700	7
37			70		15.4			8.2
38			80		17.9			9.5
39	35	5	60	8.9	18.2	2.94	800	6.2
40			70		21.4			7.3
41			80		24.7			8.4
42			100		31.2			10.6
43	40	6	60	9.9	20.1	3.79	1200	5.4
44			70		24.2			6.4
45			80		28			7.4
46			110		39.8			10.5
47			170		62.5			16.5

二、聚氨酯橡胶弹簧

冲模常用的聚氨酯橡胶弹簧见附表2。

附表2　聚氨酯橡胶弹簧　（单位：mm）

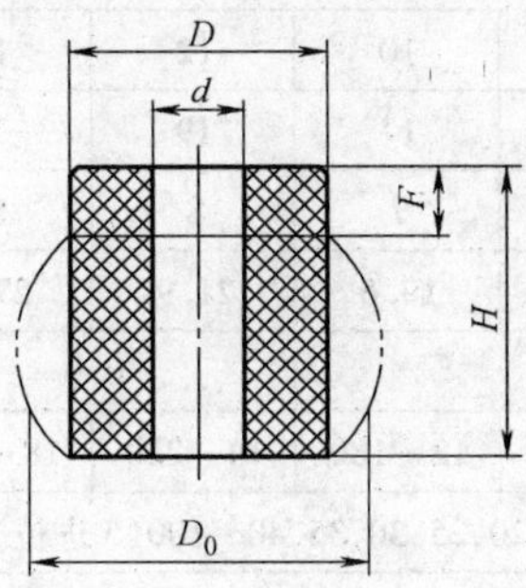

标记示例：$D=32$　$H=50$ 的聚氨酯橡胶弹簧：

聚氨酯橡胶弹簧：32×50

（续）

D	d	F（最大）	最大负荷/N	D_0（最大）	H						备注
					25	32	40	50	63	80	
25	10.5	0.25H	3430	31.5	*	*	*				
32	13.5		4900	40		*	*	*			
40	13.5		9800	50			*	*	*		
50	17		17600	62.5				*	*	*	

注：1. 材料聚氨酯。

2. 硬度为邵氏 A80 ±5 或 90 ±5。

三、六角螺栓

模具常用的六角螺栓见附表3。

附表3　六角螺栓（GB/T 30—2000）　　（单位：mm）

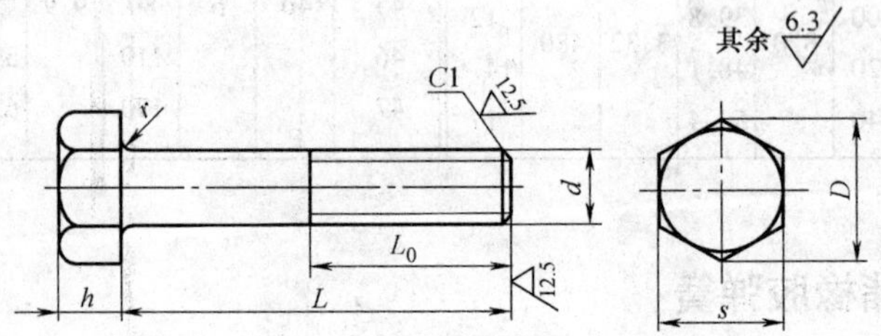

标记示例：细牙普通螺纹，直径 10mm，长 100mm，不经表面处理的六角头螺栓：

螺栓：GB 30. M10 ×100

螺栓上全部制螺纹时应加标记号：螺栓 GB30M10 ×100-Q

d	5	6	8	10	12	16	20	24	30
s	8	10	14	17	19	24	30	36	46
h	3.5	4	5.5	7	8	10	13	15	19
D	9.2	11.5	16.2	19.6	21.9	27.7	34.6	41.6	53.1
r	0.3	0.4			0.6		1		
L 范围	6 ~ 50	8 ~ 75	10 ~ 85	12 ~ 180	14 ~ 220	18 ~ 220	25 ~ 240	32 ~ 260	40 ~ 260
L 系列	6,8,10,12,16,20,25,30,35,40 ~ 100（5 进位），110 ~ 260（10 进位）								
L_0	$L \leqslant 125$　$L_0 = 2d + 6$mm $125 < L \leqslant 200$　$L_0 = 2d + 12$mm $L > 200$　$L_0 = 2d + 25$mm								

注：材料 Q235。

四、沉头螺钉

模具常用沉头螺钉见附表4。

附表4　沉头螺钉（GB/T 68—2000）　（单位：mm）

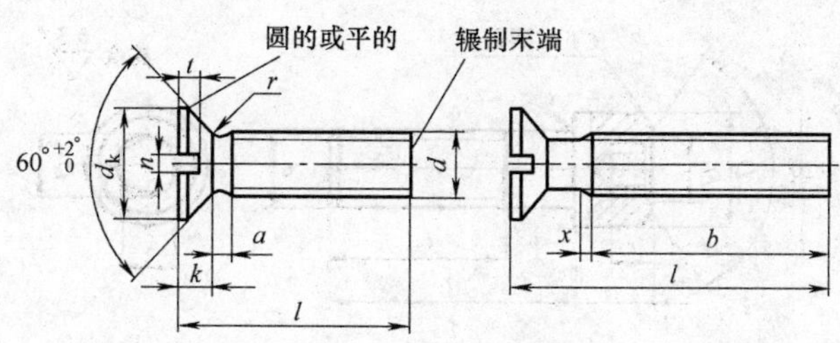

<table>
<tr><td colspan="3">螺纹规格 d</td><td>M1.6</td><td>M2</td><td>M2.5</td><td>M3</td><td>(M3.5)①</td><td>M4</td><td>M5</td><td>M6</td><td>M8</td><td>M10</td></tr>
<tr><td colspan="3">P②</td><td>0.35</td><td>0.4</td><td>0.45</td><td>0.5</td><td>0.6</td><td>0.7</td><td>0.8</td><td>1</td><td>1.25</td><td>1.5</td></tr>
<tr><td>a</td><td colspan="2">max</td><td>0.7</td><td>0.8</td><td>0.9</td><td>1</td><td>1.2</td><td>1.4</td><td>1.6</td><td>2</td><td>2.5</td><td>3</td></tr>
<tr><td>b</td><td colspan="2">min</td><td>25</td><td>25</td><td>25</td><td>25</td><td>38</td><td>38</td><td>38</td><td>38</td><td>38</td><td>38</td></tr>
<tr><td rowspan="3">d_k③</td><td colspan="2">理论值 max</td><td>3.6</td><td>4.4</td><td>5.5</td><td>6.3</td><td>8.2</td><td>9.4</td><td>10.4</td><td>12.6</td><td>17.3</td><td>20</td></tr>
<tr><td rowspan="2">实际值</td><td>公称 = max</td><td>3.0</td><td>3.8</td><td>4.7</td><td>5.5</td><td>7.30</td><td>8.40</td><td>9.30</td><td>11.30</td><td>15.80</td><td>18.30</td></tr>
<tr><td>min</td><td>2.7</td><td>3.5</td><td>4.4</td><td>5.2</td><td>6.94</td><td>8.04</td><td>8.94</td><td>10.87</td><td>15.37</td><td>17.78</td></tr>
<tr><td>k③</td><td colspan="2">公称 = max</td><td>1</td><td>1.2</td><td>1.5</td><td>1.65</td><td>2.35</td><td>2.7</td><td>2.7</td><td>3.3</td><td>4.65</td><td>5</td></tr>
<tr><td rowspan="3">n</td><td colspan="2">公称</td><td>0.4</td><td>0.5</td><td>0.6</td><td>0.8</td><td>1</td><td>1.2</td><td>1.2</td><td>1.6</td><td>2</td><td>2.5</td></tr>
<tr><td colspan="2">max</td><td>0.60</td><td>0.70</td><td>0.80</td><td>1.00</td><td>1.20</td><td>1.51</td><td>1.51</td><td>1.91</td><td>2.31</td><td>2.81</td></tr>
<tr><td colspan="2">min</td><td>0.46</td><td>0.56</td><td>0.66</td><td>0.86</td><td>1.06</td><td>1.26</td><td>1.26</td><td>1.66</td><td>2.06</td><td>2.56</td></tr>
<tr><td>r</td><td colspan="2">max</td><td>0.4</td><td>0.5</td><td>0.6</td><td>0.8</td><td>0.9</td><td>1</td><td>1.3</td><td>1.5</td><td>2</td><td>2.5</td></tr>
<tr><td rowspan="2">t</td><td colspan="2">max</td><td>0.50</td><td>0.6</td><td>0.75</td><td>0.85</td><td>1.2</td><td>1.3</td><td>1.4</td><td>1.6</td><td>2.3</td><td>2.6</td></tr>
<tr><td colspan="2">min</td><td>0.32</td><td>0.4</td><td>0.50</td><td>0.60</td><td>0.9</td><td>1.0</td><td>1.1</td><td>1.2</td><td>1.8</td><td>2.0</td></tr>
<tr><td>x</td><td colspan="2">max</td><td>0.9</td><td>1</td><td>1.1</td><td>1.25</td><td>1.5</td><td>1.75</td><td>2</td><td>2.5</td><td>3.2</td><td>3.8</td></tr>
<tr><td colspan="3">l</td><td>2.5 ~ 16</td><td>3 ~ 20</td><td>4 ~ 25</td><td>5 ~ 30</td><td>6 ~ 35</td><td>6 ~ 40</td><td>8 ~ 50</td><td>8 ~ 60</td><td>10 ~ 80</td><td>12 ~ 80</td></tr>
</table>

① 尽可能不采用括号内的规格。

② P——螺距。

③ 见 GB/T 5279。

五、内六角螺钉

模具常用的标准内六角螺钉见附表5。

附表5 内六角螺钉（GB70.1—2008） （单位：mm）

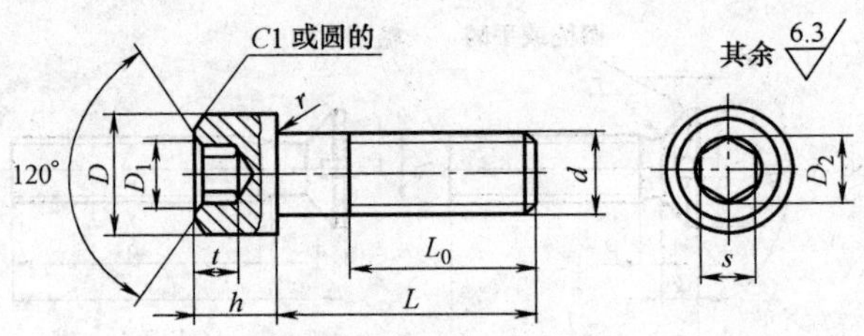

标记示例：d = M10 L = 50 螺钉

螺钉 GB70.1 M10 × 50

d		M5	M6	M8	M10	M12	M16	M20
D		8.5	10	13	16	18	24	30
h		5	6	8	10	12	16	20
L_0（参考）		22	24	28	32	36	44	52
L	20	*	*	*	*			
	25	*	*	*	*	*		
	30	*	*	*	*	*		
	35		*	*	*	*	*	
	40		*	*	*	*	*	
	45		*	*	*	*	*	
	50			*	*	*	*	*
	60			*	*	*	*	*
	70				*	*	*	*
	80					*	*	*
	100					*	*	*
	120						*	*

注：1. 材料35钢。

2. 热处理硬度28～38HRC。

3. * 为建议优先采用尺寸。

六、卸料螺钉

常用卸料螺钉见附表6。

附表6 圆柱头内角卸料螺钉 （单位：mm）

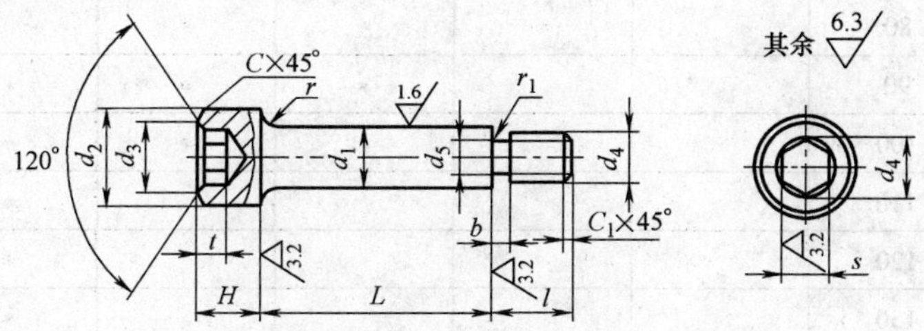

标记示例：d = M10，L = 50 圆柱头内角卸料螺钉：

内六角卸料螺钉 M10×50 JB/T 7650.5—2008

d		M6	M8	M10	M12	M16	M20
d_1		8	10	12	16	20	24
t		7	8	10	14	20	26
d_2		12.5	15	18	24	30	36
H		8	10	12	16	20	24
t		4	5	6	8	10	12
s		5	6	8	10	14	17
d_3		7.5	9.8	12	41.5	17	20.5
d_4		5.7	6.9	9.2	11.4	16	19.4
$r \leqslant$		0.4	0.4	0.6	0.6	0.8	1
$r_1 \leqslant$		0.5	0.5	1	1	1.2	1.5
d_5		4.5	6.2	7.8	9.5	13	16.5
C		1	1.2	1.5	1.8	2	2.5
C_1		0.3	0.5	0.5	0.5	1	1
b		2	2	3	4	4	4
L	35	*					
	40	*	*				
	45	*	*	*	*		
	50	*	*	*	*		
	55	*	*	*	*		

（续）

d		M6	M8	M10	M12	M16	M20
L	60	*	*	*	*		
	65	*	*	*	*		
	70	*	*	*	*		
	80		*	*	*		*
	90			*	*	*	*
	100			*	*	*	*
	110					*	*
	120					*	*
	130					*	*
	140					*	*
	150					*	*
	160						*
	180						*
	200						*

注：1. 摘自 JB/T 7650.5—2008。
2. 材料，45 钢。
3. 热处理，硬度 35 ~40HRC。
4. * 表示建议先用尺寸。

七、圆柱销

模具常用圆柱销型号规格见附表 7。

附表 7　圆　柱　销

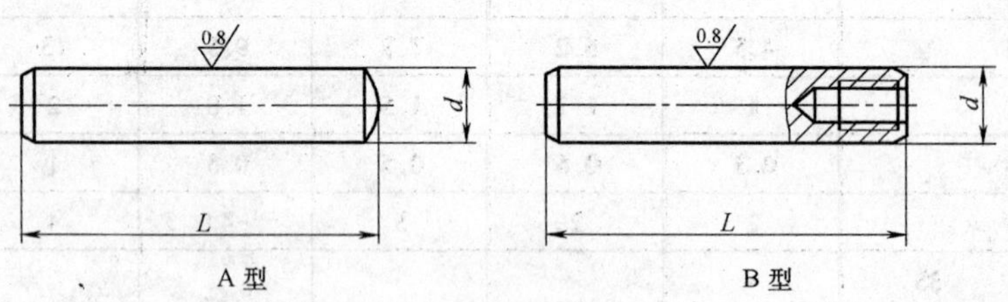

A 型　　B 型

标记示例：A 型柱销 $d=10$　$L=50$　销 GB/T 119　$A10\times50$

标记示例：B 型标销 $d=10$　$L=50$　销 GB/T 120　$B10\times50$

（续）

d	L									
	20	26	30	35	40	45	50	60	80	100
$6^{+0.012}_{+0.004}$	*	*	*							
$8^{+0.015}_{+0.006}$			*	*	*					
$10^{+0.015}_{+0.006}$					*	*	*			
$12^{+0.018}_{+0.007}$					*	*	*	*		
$16^{+0.018}_{+0.007}$							*	*	*	
$20^{+0.021}_{+0.008}$								*	*	*

注：1. 材料 35 钢。

2. 硬度 28 ~32HRC。

参 考 文 献

[1] 航空工艺装备设计手册编写组．航空工艺装备设计手册：冷冲模设计［M］．北京：国防工业出版社，1977.

[2] 模具制造手册编写组．模具制造手册［M］．北京：机械工业出版社，1982.

[3] 黄荣强，范志远，周承高．锻模设计基础［M］．北京：中国铁道出版社，1984.

[4] 压铸模设计手册编写组．压铸模设计手册［M］．北京：机械工业出版社，1981.

[5] 刘洪璞．模具钳工实用技能［M］．北京：机械工业出版社，2006.

[6] 梁炳文．板金冲压工艺与窍门［M］．北京：机械工业出版社，2005.

[7] 薛启翔．冲模制造实用技能［M］．北京：机械工业出版社，2005.

[8] 王新华．冲模钳工手册［M］．北京：机械工业出版社，2009.

[9] 闫文平，肖亚慧．模具工识图［M］．北京：化学工业出版社，2007.

[10] 王敏杰，宋满仓．模具制造技术［M］．北京：电子工业出版社，2006.

[11] 刘航，等．模具制造技术［M］．西安：西安电子科技大学出版社，2006.

[12] 塑料模设计手册编写组．塑料模设计手册［M］．北京：机械工业出版社，2004.